国家自然科学基金项目（51210013，91547202，51479216，91547108）
国家科技支撑计划（2012BAC21B0103）
水利部公益项目（201301002-02，201301071）　　　　　　　联合资助
广东省水利科技创新项目（2011-11，2014-20）
广东省水资源综合规划

变化环境下南方湿润区水资源系统规划体系研究

陈晓宏　刘丙军　涂新军　于海霞 等　编著

科学出版社

北　京

内 容 简 介

本书主要研究总结以广东省为典型的南方湿润区水资源演化特征以及水资源开发、利用、节约、保护、配置、布局、管理的基本方法和水资源综合规划体系成果。具体内容包括：提出了水资源规划体系的组成与任务，评价了广东省水资源数量、质量、开发利用情况及其演变的基本特征，提出了水文要素变异分析识别基本方法以及以珠江三角洲和东江流域为实例的水文要素变异识别分析结论，构建了水资源综合规划的五大体系：高效节约的节水型社会建设体系、科学合理的水资源动态需求预测体系、健康优美的水环境保护和生态建设体系、统一优化的水资源配置体系、健全完善的非工程保障体系，形成了一整套省级水资源综合规划的理论方法和具体实践。本书提出的理论方法和规划模式均在广东省得到实际应用，不仅具有南方湿润区高强度用水背景下水资源综合规划的突出特点，在先进的水资源开发利用、需求预测、节约保护、配置管理理论方法在变化环境下的实际应用方面也独具特色。本书可供大专院校水文水资源及相关专业高年级本科生、研究生教学科研使用，也可供水利、环保、市政等规划设计部门科研人员参考。

图书在版编目（CIP）数据

变化环境下南方湿润区水资源系统规划体系研究 / 陈晓宏等编著 . —北京：科学出版社，2016

ISBN 978-7-03-048976-0

Ⅰ.①变⋯　Ⅱ.①陈⋯　Ⅲ.①湿润区-水资源管理-管理规划-研究-中国
Ⅳ.①TV213.4

中国版本图书馆 CIP 数据核字（2016）第 140783 号

责任编辑：孟美岑　胡晓春 / 责任校对：张小霞
责任印制：肖　兴 / 封面设计：耕者设计工作室

科学出版社 出版
北京东黄城根北街 16 号
邮政编码：100717
http://www.sciencep.com

中国科学院印刷厂 印刷
科学出版社发行　各地新华书店经销

*

2016 年 6 月第　一　版　　开本：787×1092　1/16
2016 年 6 月第一次印刷　　印张：32
字数：745 000

定价：298.00 元
（如有印装质量问题，我社负责调换）

前　言

　　水资源是基础性的自然资源和战略性的经济资源，是生态与环境的控制性要素，也是国民经济建设和生态环境保护的命脉。随着人口不断增长、经济快速发展、城市化进程加快和人民生活水平逐步提高，水资源更加深刻地影响着经济社会活动的各个方面，直接关系到国家经济安全、社会稳定和可持续发展。

　　气候变化和人类不合理的水资源开发利用，导致区域、流域乃至跨流域水资源短缺、洪涝干旱与水环境污染等问题更加突出，水安全问题已成为经济社会发展的制约因素。习近平总书记明确提出"节水优先、空间均衡、系统治理、两手发力"的治水思路；党的十八大报告强调"建设生态文明，是关系人民福祉、关乎民族未来的长远大计"，把生态文明建设摆在现代化建设全局的突出位置；中共中央、国务院在2011年《关于加快水利改革发展的决定》中明确提出将实施最严格水资源管理制度作为加快转变经济发展方式的战略举措。可见，面对水资源开发利用所面临的严峻新形势，需要在时空上合理调配水资源使之满足日益增长的用水需求，根据水资源承载能力合理调整产业结构布局，最终达到人口、资源、环境和经济的协调发展，对区域与流域水资源进行统一协调规划、标本兼治、综合治理、开源节流、治污并重，研制适应变化环境的水资源系统体系规划，以实现水资源的合理开发、高效利用、优化配置、全面节约、有效保护、综合治理和科学管理的目标。

　　近10年来，在国家自然科学基金项目（51210013，91547202，51479216，91547108）、国家科技支撑计划（2012BAC21B0103）、水利部公益项目（201301002-02，201301071）、广东省水利科技创新项目（2011-11，2014-20）、广东省水资源综合规划等多个课题支持下，综合运用交叉学科理论方法，统计分析与概念性模型相结合，形成了一整套完整的变化环境下南方湿润地区水资源系统规划理论体系与方法，解决了快速动态变化过程中水资源量、质双控制的关键科学技术难题：气候变化和人类活动双重作用下水文水资源过程全要素变异识别、变化环境下非一致性水文水资源序列特征量重现期计算及其重构、快速城市化与用水总量控制约束等多要素胁迫下的水资源需求预测和用水总量控制约束下多维度水资源优化配置。创新性地研制了一系列水文要素全过程变异识别、多边多维水资源需求预测以及水资源自适应协同配置等理论和模型；在理论、模型与方法体系运用上，结合南方典型湿润区——广东省经济社会发展的战略需求，顶层设计了广东省四大片区、七大流域、三个水资源分区层次嵌套154个行政区的开发、利用、治理、配置、节约、保护、管理的布局和方案，涵盖了水资源可持续开发、利用、保护和节约所有方面，是迄今广东省最全面深入的水资源领域研究成果，对于促进水资源可持续利用，建设广东省资源节约型、环境友好型和经济可持续发展的和谐社会，都具有战略意义。

　　本书是在多年的课题研究和规划成果基础上总结撰写的。陈晓宏、刘丙军负责全书的研究思路与架构设计、主体内容研究与统稿工作。陈晓宏、刘丙军、于海霞等负责第 1 章编写；黄红明、史栾生、张蕾等负责第 2 章的研究与撰写；王兆礼、刘丙军、陈晓宏等负责第 3 章的研究与撰写；邓良斌、孙秋戎、陈晓宏等负责第 4 章的研究与撰写；涂新军、杨杰、陈其新等负责第 5 章的研究与撰写；江涛、黎坤、黄凡、于海霞等负责第 6 章的研究与撰写；刘丙军、刘德地、刘霞、成忠理、陈晓宏等负责第 7 章的研究与撰写；刘祖发、于海霞等负责第 8 章的研究与撰写；刘丙军、陈晓宏负责第 9 章的撰写。广东省水利厅林旭钿、卢华友、邱德华、黄华、林进胜、李铁、罗益信、黄芳、宋立荣、黄锦荣等对本书研究成果做出了贡献。叶海霞、林岚、杨冰、龙伟丽、彭思涵等参加本书图件和文字核对工作。科学出版社孟美岑编辑对本书稿进行了精心编辑和大量文字修订工作。

　　在本书的研究和撰写过程中，引用了众多参考文献的作者们做出的卓越成果，得到了广东省水利厅、广东省水文局、广东省水利电力勘测设计研究院等单位的大力支持，在此一并表示诚挚的感谢。

　　由于时间和水平有限，书中难免存在疏漏之处，恳请读者批评指正！

著　者

2016 年 2 月

于康乐园

目　　录

前言

1 概述 ……………………………………………………………………………… 1

  1.1 研究背景与意义 ……………………………………………………………… 1

  1.2 南方湿润区水资源系统的基本特征 ………………………………………… 2

  1.3 水资源规划体系的组成与任务 ……………………………………………… 4

  1.4 研究进展与发展趋势 ………………………………………………………… 5

  1.5 水资源系统规划的指导思想、基本原则与目标 ………………………… 26

  参考文献 ……………………………………………………………………… 28

2 研究区概况及水资源特征 ……………………………………………………… 39

  2.1 广东省自然地理基本情况 ………………………………………………… 39

  2.2 水资源数量及其演变 ……………………………………………………… 44

  2.3 水资源质量 ………………………………………………………………… 49

  2.4 水资源开发利用情况 ……………………………………………………… 51

  2.5 现状水安全形势 …………………………………………………………… 56

3 环境变化下区域水文要素变异研究 …………………………………………… 58

  3.1 水文要素变异分析识别方法 ……………………………………………… 58

  3.2 珠江三角洲水文要素变异分析 …………………………………………… 66

  3.3 东江流域水文要素变异分析 ……………………………………………… 132

  3.4 小结 ………………………………………………………………………… 179

  参考文献 ……………………………………………………………………… 182

4 高效节约的节水型社会建设体系 ……………………………………………… 185

  4.1 节水型社会建设的内涵与特征 …………………………………………… 185

  4.2 广东省节水现状与潜力分析 ……………………………………………… 188

  4.3 广东省重点领域节水规划 ………………………………………………… 197

  4.4 广东省节水型社会建设重点项目 ………………………………………… 212

  4.5 广东省节水型社会制度建设 ……………………………………………… 219

  参考文献 ……………………………………………………………………… 224

5 科学合理的水资源动态需求预测体系 ………………………………………… 226

  5.1 发达国家用水变化一般规律 ……………………………………………… 226

  5.2 水资源需水预测理论研究 ………………………………………………… 231

  5.3 广东省社会经济发展趋势分析 …………………………………………… 245

  5.4 广东省未来经济社会需水趋势分析 ……………………………………… 251

　　5.5　广东省水资源动态需求预测 ……………………………………… 263
　　5.6　基于用水胁迫下的广东省水资源需求预测 …………………… 280
　　参考文献 ……………………………………………………………… 298
6　健康优美的水环境保护和生态建设体系 ……………………………… 299
　　6.1　污染源与水环境质量现状评价 ………………………………… 299
　　6.2　水环境保护规划 ………………………………………………… 302
　　6.3　城市河流生态建设方案 ………………………………………… 343
　　参考文献 ……………………………………………………………… 374
7　统一优化的水资源配置体系 …………………………………………… 376
　　7.1　水资源优化配置的特征、形式与原则 ………………………… 376
　　7.2　基于复杂性理论的水资源优化配置模型 ……………………… 379
　　7.3　广东省水资源优化配置方案 …………………………………… 404
　　7.4　广东省水资源工程布局和实施方案 …………………………… 425
　　7.5　特殊情况下水供求对策措施 …………………………………… 440
　　参考文献 ……………………………………………………………… 459
8　健全完善的非工程保障体系 …………………………………………… 461
　　8.1　统一高效的水管理体制 ………………………………………… 461
　　8.2　科学合理的水权、水市场和水价体制 ………………………… 473
　　8.3　完善健全的水政策法规和执法体系 …………………………… 480
　　8.4　协作共享的科技与人才队伍体系 ……………………………… 488
9　主要成果和结论 ………………………………………………………… 495
　　9.1　主要成果 ………………………………………………………… 495
　　9.2　主要结论 ………………………………………………………… 496

1　概　述

1.1　研究背景与意义

水资源是基础性的自然资源和战略性的经济资源，是生态与环境的控制性要素，也是国民经济建设和生态环境保护的命脉。随着人口不断增长、经济快速发展、城市化进程加快和人民生活水平逐步提高，水资源更加深刻影响着经济社会活动的各个方面，直接关系到国家经济安全、社会稳定和可持续发展。

广东省是典型的华南湿润区域，社会经济发达、城市化程度高、人口密集，水资源可持续利用对保障经济社会可持续发展具有至关重要的作用。改革开放以来，广东各级水利部门在省委、省政府的领导下，认真贯彻落实科学发展观，积极践行可持续发展治水思路，以民生水利为重点，积极探索新形势下水资源开发利用与保护的新思路、新模式、新举措，为经济社会的发展起到保驾护航作用。然而，广东省人口和经济规模的迅速扩张，不仅导致对水资源量的需求剧增、防洪压力加大，而且导致污水排放大量增加、水环境恶化。广东省水资源本身及在开发利用过程中日益凸显出来的问题，正成为制约社会经济发展的瓶颈。这些问题包括以下几个方面：

1）水资源总量丰沛，但分配不均衡。广东省是水资源大省，多年平均年降水量达 1771 mm，但降水年际年内分配不均，80% 左右的降水集中在汛期，受水汽来源、地形等因素的影响，地区之间降水量差异较大，存在明显的三个高值区和六个低值区；水资源总量丰沛，本地水资源量和过境水资源量分别达到 1830 亿 m^3 和 2361 亿 m^3，但全省人均占有本地水资源量为 1990 m^3，低于全国人均 2200 m^3 的水资源占有量；水土资源分配极不平衡，经济社会发展较快的东江秋香江口以下、东江三角洲、西北江三角洲和韩江白莲以下及粤东诸河区等区域，人均占有水资源量分别为 1603 m^3、737 m^3、930 m^3 和 1304 m^3，均低于人均 1700 m^3 的水资源紧张标准。

2）水资源供需矛盾突出。自 1980 年以来，广东省用水人口约翻一番，GDP 增加 20 多倍，用水总量从 1980 年的 325 亿 m^3 增加到 2005 年 459 亿 m^3，已基本接近现状供水能力极限，经济社会快速发展对水资源的需求仍在增加，特别是珠江三角洲等经济发达地区用水需求量激增，但水污染未得到有效控制，水资源调蓄能力不足，水资源短缺问题严重，水资源配置能力亟待提高；另外，部分地区水资源可利用率较低，粤东、粤西诸小河源短流急，粤北石灰岩地区岩溶发育，水资源利用困难，存在资源型缺水的威胁。随着人们对生态环境质量的要求不断提高，生态、环境需水大量增加，水资源供需矛盾将日益突出。

3）水质型缺水问题突出。广东省水污染未得到有效控制，废污水处理能力不足，入河废污水量超过了全省废污水排放总量的 75%，流经城市的河段水体发黑发臭，部分水体丧失水源功能，珠江三角洲、潮汕平原片（包括韩江三角洲、榕江下游及练江）等局部地区水污染严重；近年来河床下切，海水倒灌，咸潮上溯的频率提高、范围扩大，已危及西江、北江、东江、韩江、鉴江等重要江河及珠江三角洲地区的水源水质。目前全省供水水源受到污染影响的水质型缺水人口达 1645 万人。

4）水资源利用效率低，浪费严重。2005 年，广东省水资源已利用量占主要江河可利用量的 30%，但是，西江水资源利用率仅为 1.5%；工业用水重复利用率为 47%；农业灌溉水利用系数不足 0.5。全省人均年用水量为 499 m³，高于全国人均 427 m³ 用水量；城乡人均生活用水量分别为 227 L/d 和 147 L/d，分别高于全国城乡人均 212 L/d 和 68 L/d 的生活用水量。

5）水资源管理体制有待完善。尽管全省各地级市已完成水务管理机构改革，但相关部门协调机制以及江河水库水资源统一调度机制需进一步完善，基层水资源管理组织和制度亟待健全，管理资金需要落实，水资源现代化管理和信息化建设需进一步加强。

6）非传统水源的开发利用力度不够。目前，广东省水资源开发利用主要以地表水为主，地下水为辅，对于雨水、污水、土壤水、大气水及海水等非传统水源的利用还非常有限，尤其是对大气水、土壤水的利用更是近乎空白。本省非传统水源的利用潜力很大，有效地利用这部分水源可以在一定程度上减少地表水和地下水的开发利用量，对水资源的可持续利用具有重要意义。

面对广东省水资源开发利用所面临的新形势，应在时空上合理调配水资源使之满足日益增长的用水需求、根据水资源承载能力合理调整产业结构布局，最终达到人口、资源、环境和经济的协调发展，迫切需要对广东省水资源统一协调规划、标本兼治、综合治理、开源节流、节水治污并重，研制适应变化环境的水资源系统体系规划，以实现水资源的合理开发、高效利用、优化配置、全面节约、有效保护、综合治理和科学管理的目标，为建设广东省资源节约型、环境友好型和经济可持续发展的和谐社会保驾护航。

1.2　南方湿润区水资源系统的基本特征

一般而言，年平均降水量超过 800 mm 的区域，被称为湿润区。从我国的地理分界来讲，秦岭既是我国南北气候（温带季风气候与亚热带季风气候）分界线，也是我国干湿地区（半湿润区与湿润区）分界线。秦岭以南地区终年温暖潮湿，尤其是我国长江以南地区气候湿润、降水充沛，一些区域年均降水量甚至超过 1600 mm（如广东省多年平均年降水量达 1777 mm，但地区变幅较大，变化范围为 1200～2800 mm）。与北方主要因资源性缺水而形成的水资源短缺问题不同，南方湿润区水资源问题主要是由水资源时空分布不均、水环境污染等复合因素产生的。其主要表现形式是：

1）水资源总量相对丰富，但时空分布极不均匀。丰水期水量过多洪涝问题突出，枯水期与北方类似供水不足。80%左右的径流集中在汛期，以洪水形式出现，大部分水量直接泄入海成为不可支配的水资源，该问题基本上可以在本地区通过"以丰补枯"的合理配置解决。

2）高强度人类活动，如快速城市化、流域内水库及河流梯级开发、河道挖沙等导致下垫面条件急剧变化，水循环要素发生重大变异，改变了水的输送规律，使得水资源时空分布和水生态系统发生巨大变化，如水文水资源要素特征值与极值偏离常规，同一断面水量频率与水位频率不对应，同一次水文事件中上下游水文要素频率不一致，等等。

3）南方湿润区在早期社会经济发展水平低下阶段（需水少）养成了人们粗放用水习惯，如生活用水定额偏高，农业灌溉以水田漫灌为主等，但污水处理能力与水平相对滞后，形成了用水多—排污多—水质性缺水的恶性循环，水污染造成的水资源短缺是最突出的水安全问题之一，水环境生态修复显得尤为重要。

4）经济社会发展与资源分布不匹配。南方湿润地区，尤其是流域下游的平原区或三角洲地区，经济社会高速发展，城市化程度高，人口密度大，用水强度大，但人均水资源量较低，如广东省深圳市人均水资源量仅为300 m^3左右，按照国际标准属严重缺水地区，而东莞、佛山、中山、广州的人均水资源量也都处于1000 m^3缺水线下，本地水资源十分有限。

5）水资源系统受多重压力影响，形势十分严峻。南方湿润地区人口密集、工业发达，用水强度大，污染治理相对滞后，资源型缺水和水质型缺水并存。近年来，南方湿润地区河流水系水污染呈逐年加重趋势，尤其是城市河段污染较为严重，生态环境建设及生态恢复能力不足，部分水库水质呈现富营养化状态，水生生态受到不同程度影响；另外，沿海地区尤其是三角洲地区，随着海平面不断上升和河口地区挖沙、围垦等影响，咸潮上溯盐水入侵的影响程度和范围不断加大，加之三角洲下游地区地势平坦，调咸库容及能力有限，咸潮已对生产、生活供水造成很大影响，严重危及沿海城市的饮用水安全。

尽管如此，在南方湿润地区，水资源短缺问题似乎并未引起人们重视。因此，至今未有成体系的南方湿润区水资源问题研究成果。实际上，在丰水期，南方湿润地区洪涝威胁严重，特别是如广东省的一些区域经济发达、人口稠密，而近20年来的快速城市化、中上游地区堤围标准不断提高导致洪水归槽等剧烈人类活动以及气候变化影响导致区域"五十年一遇"、"百年一遇"洪水时常出现，城市暴雨内涝更加突出；在枯水期，特别是在快速城市化发展的情况下，由于用水强度大，更加剧了水资源供需矛盾，加之区域上游水库拦蓄等人类活动影响，下游河道采沙等致使部分河段河床异常下切，取水供水出现困难，水环境水生态问题日益突出。同时，南方地区用水普遍较粗放，形成取用水量大—排污量大—水污染严重的恶性循环，水污染问题已成为华南湿润地区水安全的重要制约因素。总之，近些年来华南地区城市化速度加快，全球气候变化影响持续，导致该地区水循环要素显著变异，进而引起区域天然来水量、经济社会发展对水资源需求量均发生极大变化，区域洪水干旱频率及特征、水环境特征等都发生了明显变异。这些变化必然导致流域水资源供需关系显著变化，水资源规划系统的相应要素也会发生变化。

1.3　水资源规划体系的组成与任务

　　水资源不仅是一种自然资源，更是一种社会资源，水资源已经成为具有政治和经济意义的战略性资源，是国家综合国力的组成部分之一。可见，区域水资源系统规划涉及经济、社会、资源与环境的各个领域，一般是在摸清区域水资源及其开发利用现状、分析评价水资源状况及其承载能力的基础上，提出适应区域社会主义市场经济水资源保障需要的水资源合理开发、高效利用、综合治理、优化配置、全面节约、有效保护、科学管理的布局和方案，涵盖区域水资源开发、利用、节约与保护等所有方面。以广东省为例，其水资源规划体系包含高效利用的节水型社会建设体系、科学合理的水资源动态需求预测体系、健康优美的水环境保护和生态建设体系、统一优化的水资源配置体系、健全完善的非工程保障体系五大部分。水资源规划体系组成如图 1.1 所示。

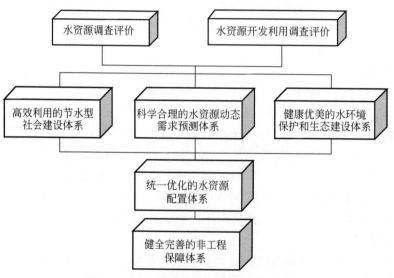

图 1.1　广东省水资源系统规划体系示意图

　　（1）水资源及开发利用现状调查评价

　　根据近年来区域水资源条件的变化，全面系统地调查评价区域水资源的数量、质量、能量、可利用量及其时空分布特点与演变趋势，全面准确地评价区域水资源条件和特点，重点研究变化环境下水文要素的变异特征；全面调查评价现状水资源开发利用水平、用水结构与变化趋势，综合分析水资源开发利用与经济社会可持续发展之间的协调程度。

　　（2）高效节约的节水型社会建设体系

　　在水资源开发利用现状调查评价基础上，以最严格水资源管理用水效率控制为前提，研究区域不同历史时期各行业用水指标的变化特征，综合分析用水指标与社会经济发展水平的相应关系，评估提高水资源利用效率和节水潜力，研究生产、生活与生态各用水部门不同规划水平年的节水目标，制定节水型社会建设方案。

（3）科学合理的水资源动态需求预测体系

深入分析经济社会领域各主要部门的用水规律及其阶段特征，按照最严格水资源管理制度的要求，综合考虑近、远期经济社会发展战略布局和水资源禀赋特征，编制与经济社会发展相适宜的水资源需求和生态环境水资源需求预测方案。

（4）健康优美的水环境保护和生态建设体系

水资源规划体系要把对水生态环境的保护和改善放在突出位置，始终强调"优先控源、综合整治、整体保护"的理念，以水功能区划为基础，科学计算水体水环境容量和纳污能力，实施以源头和全过程控制为主的全区域水污染综合治理，重视结合生态环境修复的水文化和水景观建设，突出以水源区、水库库区为重点的水土保持生态治理和小流域综合治理，实现水源地一体化保护、水污染源一体化控制和全区域人–水–环境生态的健康和谐共处。

（5）统一优化的水资源配置体系

根据经济社会发展和生态环境改善对水资源的要求及水资源的实际条件，运用复杂性理论构建水资源优化配置模型，科学提出协调上、中、下游，生活、生产和生态用水，流域和区域之间的水资源合理配置方案；统筹规划流域和区域水资源的开发利用和综合治理等措施，提出与生态建设和环境保护相协调，与经济社会发展相适应的水资源开发利用对策措施。

（6）高效可持续的非工程保障体系

分析区域现状水资源开发利用与管理活动中存在和出现的问题，研究现行水管理体制、机制、法制等方面的合理性或缺陷，提出需要加强的水权、水市场和水价体制、水资源管理及其政策法规建设、水资源人才队伍建设等非工程措施方面的要求；通过研究由于经济社会发展、市场经济体制逐步完善以及管理体制改革等外界形势的变化对水资源开发利用与配置可能带来的新的要求和变化，制定适应社会主义市场经济体制的水资源管理制度、政策法规体系、水权水市场制度、科技与人才发展计划以及水资源应急方案。

1.4　研究进展与发展趋势

1.4.1　水文水资源要素变异研究

1.4.1.1　降水

（1）降水周期研究

目前，国外有关降水周期的分析成果较多。早期采用的方法普遍为马尔可夫链、功率谱分析等，后来小波分析的应用更为广泛。Schwanitz[1]和 Mimikou[2]分别将马尔可夫链运用到德国和希腊的日降水量周期分析中，并得出相应主周期；1989 年，Maheras 和 Vafiadis[3]运用功率谱分析罗马年季降水变异，得出 2～3 a 和 64 a 等七个主要降水周期；1992 年，Maheras 等[4]运用功率谱分析地中海月降水时得出 13.6 a，3.5 a 和 2.2 a 的显著周期；Gershunov 等[5]对热带降水进行了周期分析；Kafatos 等[6]、Gu 等[7]和 Hsu 等[8]分别研究了海洋降水、南非经向风与降水以及北美洲暖季降水的周期时间特征，并得出其主要周期；Wang 等[9]运用小波分析和小波神经网络研究黑河流域时发现莺落峡年径流量存在 7 a 和 25 a 的主周期，正义峡存在 6 a 和 27 a 的主周期；Becker 等[10]研究发现长江流域年降水具有 2～3 a，7～9 a 的确定周期；Beecham 等[11]研究了澳大利亚墨尔本降水时间和演变特征，发现 3.6 h 和 12 h 强度的降水存在0.25～1 a 的周期尺度；Cengiz[12]运用小波变换研究五大湖区水位特征，发现五大湖区水位存在1 a 和 43 a 的周期成分，且密歇根湖表现出较明显的年际周期尺度特征；Partal[13]运用连续变换小波分析爱琴海流域的径流和降水的多尺度时间特征，研究表明该流域降水和径流发生了相似的变异，均存在 14 a 和 16 a 的周期成分，且径流量在流域内各站点都有显著的减少。

　　国内早期对降水时间序列进行周期成分提取主要服务于气象预报，多以降水实测序列的周期等特征预测未来月份或年的降水过程。运用的周期分析方法大致有方差分析、逐步回归周期分析、功率谱分析等。1986 年，李邦宪[14]尝试用逐步回归周期分析对金华月、季气象要素作长期预报，运用逐步回归法对试验周期序列进行逐个引入和剔除，最后选入的因子作为时间序列的主要周期；1989 年，林启明等[15]基于 APPLE-Z 微型计算机和 BASIN 编译程序运用方差分析法计算了嫩江流域 10 个水文站 1951～1983 年降水资料的主周期，得出该流域降水以 3 a 和 14 a 的周期为主的结论，并据此预测了流域未来 3 年的汛期降水；杨松[16]对我国不同雨区进行了谱分析，表明华南、西南地区以及长江流域存在明显的准双周期和单周期振荡，也具有 21.3～25.6 d 的周期；李强[17]利用逐步回归周期分析法对太原汛期降水进行预测，指出用逐步回归方法预报降水误差较小，与实测资料拟合较好，该法在周期提取方面优于方差分析法；王建新等[18]采用极大熵谱分析研究我国梅雨降水的周期振荡特征，表明梅雨降水存在较为明显且稳定的准七年振荡，而准两年振荡则不十分明显，且不稳定。

　　此后，专家学者们不只注重主周期成分提取和周期识别方法优劣等问题，而且将研究的重点转向降水周期的时空分布特征及其与太阳黑子、大气环流等的耦合。1995 年，张起仁[19]研究了北京地区年降水丰枯变换的周期特征，并进一步探索太阳黑子和年降水量变化的关系，得出太阳黑子处于高值时，正是年降水偏丰期的重要结论；刘广深等[20]研究东北降水时指出长白山及东北季风气候区降水变化有准 22 a 的周期性波动，且东北季风气候区里，东南季风强弱变化具有准 22 a 的周期性振荡。随着频谱分析方法的不断更新，小波分析方法逐渐进入人们的视线，1997 年，邓自旺等[21]首次将小波分析运用到降水序列的多时间尺度分析中，发现西安市气候变化全时间域内 20～40 a 尺度范围的周期变化信号很强。其他时间尺度的周期变化在时间域中分布很不均匀，具有很强的局部化特征。此后纪忠萍等[22,23]、孙卫国等[24]和衡彤等[25]运用小波分析方法陆续对广东、河南、新安江流域黄山等地降水周期和气候变化在不同时间尺度上的演变特征进行了研究。2006年，王澄海等[26]用小波分析和奇异谱分析两种方法相结合对西北地区降水周期进行分析，结果表明：西北地区降水周期随时间变化具有较强的区域性，降水普遍存在的准3a左右的周期在20世纪70~80年代显著性下降，5~7a的周期和9~14a的长周期也随时间有着不同的变化；郝志新等[27]采用小波变换方法研究黄河中下游地区降水周期，得出该区降水具有2~4a、准22a及70~80a等年际与年代际的振荡周期。孙善磊等[28]、刘兆飞等[29]、吴昊旻等[30]和刘扬等[31]分别先后研究了淮海地区、太湖流域、浙江丽水市和中国北方等区域不同时间段降水趋势和周期变化特征。

（2）降水趋势与突变研究

自20世纪中期起，人们就在探讨全球变暖与降水变化趋势的关系，依据实测数据变化规律预报未来一段时间内的降水趋势，其中研究极端降水、年降水和夏季降水的文献居多。1981年，Kellogg[32]探讨了气候变暖情况下降水的变化趋势；1986年，Karl等[33]分析了美国和加拿大月降水量趋势与温度的关系；1988年，Kozuchowski和Marciniak[34]研究了欧洲月平均气温与半年降水总量的变异，并预测未来欧洲北部降水可能增加；1990年，Schönwiese等[35]探讨了欧洲降水与温度的演变趋势及其与温室气体减少的潜在联系；Amanatidis等[36]、Groisman等[37]和Widmann等[38]分别先后研究得出希腊马拉松地区年降水有显著下降趋势，美国和加拿大年降水有所减少和瑞士冬季降水增加等结论；Cullather等[39]、Serrano等[40]和Buffoni等[41]分别对南极洲、伊比利亚半岛和意大利降水进行趋势分析，发现部分地区降水有下降趋势；2002年，Ventura等[42]发现博洛尼亚年降水呈下降趋势，尤以冬季最为突出；2003年，Yue等[43]研究日本年和月降水得出不同区域不同类型的降水空间分布各异的结论；Matsuyama等[44]、Klein Tank和Können[45]、Pal和Al-Tabbaa[46]、Łupikasza等[47]分别研究了热带南美洲、欧洲、印度以及波兰和德国不同区域不同降水特征指数时空演变趋势，结果表明热带南美洲北部降水缓慢减少，欧洲各极端降水指数均表现为上升趋势，印度冬季和秋季极端降水上升春季反而下降，德国中东部四季极端降水均呈上升趋势而波兰正好相反。Zhang等[48]、Endo等[49]和Gemmer等[50]分别对中国某些时段降水量、降水日数和极端降水时空演变特征进行研究，结果表明降水变化趋势会随着流域和时段的不同而呈现不同的变化特征，中国大部分流域降水均发生了不同程度的变异。Becker等[51]、Jiang等[52]和Tian等[53]分别研究了长江流域、环渤海地区和浙江省降水趋势特征，结果表明长江流域大部分地区夏季降水上升，环渤海地区夏季总降水量和极端降水频率、强度和比例均呈下降趋势，浙江省东部降水上升西部下降，大部分地区强降水和降水强度上升。

早期国内文献多为太阳黑子活动和环流特征与降水趋势关系的研究。1962年，刘世楷[54]以太阳及日月行星的运行规律概推中国水旱趋势。1973年，中央气象局研究所一室[55]分析太阳活动与环流和降水的关系，认为全国降水有普遍增多的趋势；赵汉光[56]指出，夏季西太平洋高压是否稳定西伸与西北地区夏季降水的多少有密切联系。

施其仁等[57]、徐群等[58]分别讨论了冬半年西风带大型高值环流系统与降水趋势的关系、淮河洪泽湖以上流域汛期降水趋势与前期海-气系统的遥联关系。

此后，学者们开始用统计学的方法分析降水时间序列本身的趋势特征，同时注重分析降水在不同年代段里的增加或减少趋势。严济远等[59]通过计算降水的总量、均方差及距平值等指标值分析长江三角洲各自然季节降水趋势；张继经[60]分析了辽宁省春季降水在不同年代里的趋势变化特征，指出春季的降水量有阶段性和区域性变化规律，即由 50 年代全省大部地区降水偏少，到 80 年代已逐步转变成偏多的趋势；哈斯[61]和范金松等[62]采用 5 年滑动平均、正交多项式回归等方法分别研究了南京、坝上高原降水序列的统计特征，指出了降水在各年代的变化趋势。

随后，对降水趋势的描述不仅限于年降水，而且较详尽地研究月降水、季节降水或降水极值序列变化趋势的时空分布特征，并分析降水与径流序列变异的一致性、与季风等气象因子的相关关系。与此同时，趋势的识别方法也得到了发展。葛小清等[63]采用线性拟合方法分析了浙江省月降水和年降水的变化趋势，指出该省在一年内呈现出一种时间上相对集中的变化趋势；翟盘茂等[64]用线性拟合方法研究中国降水极值时指出，降水日数极端偏多的区域范围呈越来越小的变化趋势，平均降水强度极端偏高的区域范围表现为扩大的趋势；任国玉等[65]和周丽英等[66]分别研究了全国和上海市降水变化趋势的空间特征，并分析了其与已发生旱涝灾害（如黄河断流、长江洪水、内涝）的关系；姜逢清等[67]和乔芬生[68]分别运用 Mahn-Kendall 统计检验法和多元线性回归方法研究了新疆北部和贵州降水序列的趋势特征；邓自旺等[69]指出江苏省平均降水量 1 月、3 月、6 月有显著的增多趋势，而 4 月、9 月两月有显著的减少趋势，年降水量南部增多而北部减少；李想等[70]认为 2002 年后的 5～10 年松花江流域仍将处于少雨期，辽河流域少雨期维持时间可能会稍长一些；苏布达等[71]研究表明，1986 年以来长江流域的极端强降水出现了显著增加的趋势；刘引鸽[72]利用累积距平、线性趋势估计及 Mann-Kendall 检验等方法研究表明，陕北黄土高原地区年平均降水南多北少，近 51 年来降水总体上呈减少趋势；徐利岗等[73]、段建军等[74]和陈波等[75]分别研究了中国北方荒漠区、黄土高原及周边地区和华中地区降水在时间空间上的变化趋势、10 年尺度降水量带动态变化以及不同级别强降水的时空变化趋势、突变和周期特征；邱临静等[76]基于滑动平均法、Mann-Kendall 趋势检验法和 Sen 斜率估计法的研究表明，20世纪 50 年代至 90 年代，延河流域径流变化过程基本与降水过程一致，但到了 21 世纪初期，降水量呈先升后降的变化趋势，而径流量呈下降趋势；殷水清等[77]指出，海河流域夏季总降水量和总降水小时数以及长、短历时降水量均呈减少趋势，但短历时降水量占总降水量的比重呈增加趋势。

1.4.1.2 径流

国内早期对于流域径流的研究主要采用资料分析方法，研究流域径流的基本特征。沈灿燊[78]在 1958 年珠江流域调查的资料基础上，对珠江流域地表径流的基本特征做出了初步分析。徐在庸等[79]通过资料分析及坡面径流试验，论证了坡面径流研究的重要性，并得出坡面流速公式。陈训深等[80]从自然地理的观点出发，结合资料分析，对赣江流域地表径流的特征作了初步分析，描绘出它的主要面貌，为后来的研究提供了重要参考。余泽忠[81]分析了福建地表径流的年均流量、相对流量以及地表径流系数，研究了地表径流量的年际变化、地表径流和水位的季节变化以及河流含沙量和输沙量等的变化，得到了福建地表径流的初步情况和变化规律。

随后，国内学者进一步深入地研究径流的物理形成机理和计算方法，试图揭示径流形成过程中各个要素的基本规律，以及它们之间的相互作用，从而找出径流形成的物理成因规律，给出其数学物理描述和相应的计算方法。金栋梁[82]阐述了根据资料条件和任务选择，使用"降雨径流变化趋势法"、"径流双累积法"、"流域蒸发差值法"以及"分项调查分析法"四种方法对径流资料进行还原估算的原理和步骤。汤奇成等[83]估算和分析了西北和华北地区河川径流资源和农业最需水月的径流变化。杜玉平[84]由等流时线概念出发，推导出流域径流成因公式，对流域出口断面流量的形成过程给予了新的解释，同时扩充和推广了 M. A. 维里加诺夫径流成因公式。

21 世纪初，国内学者逐渐关注于下垫面变化对径流的影响，研究森林、植被等的变化对流域径流的作用。李文华等[85]综合国内外诸多研究，认为去除森林可以使径流量增加，但森林与水的关系极其复杂，森林对径流量的影响因地域、森林类型以及森林管理方式等因素的不同而存在差异。王礼先等[86]对黄土高原以及北京土石山区就干旱地区森林对流域年总径流量、洪峰流量、枯水径流以及径流水质等方面的影响进行研究，认为在干旱地区随着森林植被覆盖率的增加，流域年总径流量减少，森林植被可以大幅度地减少小流域的暴雨洪峰流量，森林植被覆盖率越高，枯水径流量随之增加，森林可以很大程度上改善流域径流水质。石培礼等[87]对我国森林植被变化水文效应进行了综合分析，深入研究了森林植被变化对水文过程和径流的影响效应。

之后，学者们对流域径流的研究重点转移到洪潮遭遇、丰枯遭遇、洪水遭遇、枯水遭遇等水文问题上。

（1）洪水遭遇

Favre 等[88]探讨了上游洪水和区间洪水的遭遇问题；崔殿河等[89]利用黄河中游站点资料对"77.8.2"洪水中黄河与孤山川河之间的洪水遭遇情况进行了分析；高峰等[90]对黄河、汶河洪峰遭遇和洪量遭遇情况分别进行了分析，并提出了相应的洪水调度措施；张修龙等[91]以安康城区江北防洪堤设计为例，研究了小河沟与大河洪水遭遇分析方法；代斌[92]利用同期的阳朔站年最高水位和久大水库降雨量以及阳朔站年最大降雨量和典型洪水，对田家河与漓江流域洪水遭遇情况进行了分析；黄云仙[93]通过历年水文资料，利用统计分析方法，对长江和澧水在松澧地区出现洪峰遭遇和过程遭遇的情况进行了分析；戴明龙等[94]利用水文学分析法，全面地分析了长江上游与汉江洪水遭遇规律；熊莹[95]对长江上游洪水组成及遭遇规律进行了研究；范可旭等[96]为满足乌江白马航电枢纽的勘测设计需求，对乌江洪水与长江三峡洪水遭遇问题进行了研究；黄胜烨[97]为研究极端洪水遭遇状况下鄱阳湖的调蓄能力，对鄱阳湖流域和长江来水进行了洪水遭遇的研究分析；郭家力等[98]对鄱阳湖流域洪水遭遇和洪峰遭遇情况进行了研究，并定量地评价了鄱阳湖流域洪水遭遇危险度。

（2）丰枯遭遇

杜尚海等[99]利用多维 P-III 联合分布概率计算与模糊数学中的隶属度函数结合的方法，对石家庄市和汉江流域降水量的丰枯遭遇进行了分析，并以此为基础，模拟了各种丰枯遭遇条件下滹沱河地下水库的人工补给效果；郑红星等[100]采用经验频率法，按照年、季和月不同时间尺度降水系列，探讨了华北地区与长江中下游及汉江上游来水丰枯的遭遇情况；康玲等[101]采用经验频率法，利用南水北调中线水源区和受水区 40 余站 45 年降水资料，分析了水源区和受水区的丰枯遭遇特征；费永法[102]利用事件积方法研究了丰枯遭遇频率；王志良等[103]利用天津市滦河中上游区、于桥水库上游区和长江中上游区 40 年降水资料，进行了丰枯遭遇分析；戴昌军[104]分别用基于正态变换的 Morna 方法、理论导出的 TAN 方法、用于弱相关的经验公式 FGM 方法、将多维分布转化为一维分布计算的 FEI 方法、基于经验频率分析的 EFM 方法等多种多维联合分布计算方法对南水北调东线工程各水文区年径流丰枯遭遇情况进行了计算分析；韩宇平等[105]对南水北调中线工程的水源区与受水区以及黄河进行了丰枯遭遇分析；杨晓玉[106]利用丰枯划分方法对南水北调西线一期工程调水区内雅砻江和大渡河分别进行了流域内及流域间径流丰枯遭遇分析，并制定了补偿调度方案。

（3）洪潮遭遇

李松仕[107]以闽江下游白岩潭潮位站的洪潮组合为例，提出了根据不同的统计相关特性进行洪潮组合分析的理论；陈振丽[108]对洪水过程线和潮位过程线进行了调洪演算，分析了南康江整治工程洪潮组合情况；张阿龙等[109]利用分别以高潮位和高水位为主的遭遇方案，对湛江市洪潮遭遇情况进行了分析。

1.4.1.3 蒸发

蒸发是自然界水文循环过程中的主导因素之一，是水量平衡要素的重要组成部分，目前研究较为成熟的蒸发现象是水面蒸发，对于区域气候、旱涝变化趋势，水资源形成及变化规律，水资源评价等方面的研究有重要作用。随着科学的发展，高科技手段和方法在水面蒸发研究中的应用不断加强。如何把传统的研究理论与高科技手段有机地结合起来，并在实际中得到很好的应用，应是今后水面蒸发研究的重点[110]。

水面蒸发研究的内容主要包括水面蒸发观测仪器的研究、水面蒸发折算系数的研究以及水面蒸发量变化趋势的研究[110]。

（1）水面蒸发观测仪器的研究

1687 年英国天文学家 Halley 使用蒸发器测定蒸发量揭开了水面蒸发观测的序幕，其后世界各国也相继采用不同形式，不同材料、形状、大小和安装方式的蒸发器来测定水面蒸发量。我国水文站观测水面蒸发始于 20 世纪 20 年代[111]，先后使用的观测仪器有 Φ80 cm 口径的套盆式蒸发器、Φ20 cm 口径的小型蒸发皿和 E601 型蒸发器，此外部分蒸发实验站还分别设有 20 m^2、10 m^2 以及 100 m^2 的大型蒸发池和水面漂浮蒸发池[112]。目前广泛应用的是结合我国实际情况研制的 E-601B 型蒸发器，也就是通常所说的 E601 型蒸发器。已有研究表明，蒸发器口径、蒸发器材料、蒸发器内水深、蒸发器放置位置等因素都会对观测蒸发量产生影响[113,114]。此外，左洪超等[115]利用边界层理论和能量守恒原理提出了蒸发皿蒸发量的物理意义，即蒸发皿蒸发量是多因子共同非线性相互作用的结果。

随着水资源评价精度要求的不断提高，根据《水面蒸发观测规范》（SD265-88）规定，E601 型蒸发器已不能满足实际应用的需要。因此，水利部水文局 2002 年 11 月 1 日发文要求："尽早配置数字记录式蒸发器，提高蒸发观测的自动化程度"。目前我国使用的数字化水面蒸发观测仪器主要有 FZZ-1 型遥测蒸发器、AG1 型超声波蒸发传感器、FS-01 型数字式蒸发器[116]。由于对数字化仪器分辨率和精度的研究还不够完善，加之设备资金投入有限等多方面原因，我国水面蒸发数字化观测仪器发展缓慢。

（2）水面蒸发折算系数的研究

我国目前采用的水面蒸发资料主要通过观测蒸发器的蒸发量获得。用蒸发器观测的蒸发量除了受气候因子影响外，还受到蒸发器本身因素的影响[117]。因此为了保证水面蒸发计算资料的一致性，首先要进行不同蒸发器折算系数的分析和研究，然后把各种不同型号蒸发器的观测资料统一换算为 E601 型标准蒸发量[118]。蒸发器折算系数计算公式为

$$K = \frac{E_{池}}{E_{器}} \text{ 或 } K = \frac{E_{器}}{E_{601}}$$

式中，$E_{池}$ 为某时段由某蒸发池观测的水面蒸发量（mm）；$E_{器}$ 为某时段由某蒸发器观测的水面蒸发量（mm）；E_{601} 为某时段由 E601 型蒸发器观测的水面蒸发量（mm）。

各类型蒸发器年水面蒸发量与 20 m² 蒸发池蒸发量的折算系数以 E601 型最大，在 0.90 ~ 0.99 之间；以 Φ20 cm 口径蒸发皿最小，在 0.60 ~ 0.81 之间[112]。蒸发器折算系数的时空变化，主要取决于影响天然水体蒸发量与蒸发器蒸发量的各种物理因素，如辐射、水温、水汽压差、风速、储热量等的时空差异[119]。现阶段我国水面蒸发折算系数的研究主要集中在小型蒸发器与 E601 型蒸发器的换算上，其折算系数分布特点是：折算系数总体北方小、南方大，山地比平原略大，春季较小，秋冬季较大且呈单峰型变化，比气温的年内变化滞后 2 ~ 3 个月。折算系数最小的区域成片出现在东北、内蒙古和新疆天山以南的寒冷、干燥沙漠地区，其折算系数一般在 0.57 以下；折算系数大于 0.67 的区域为：浙江、福建、广东、海南、云南南部、贵州、湖南、四川南部大片山区、青藏高原南部、太行山区、沂蒙山区、大别山区以及秦岭[117]。从总体统计结果来看，折算系数大部分在 0.50 ~ 0.70 之间。各省（市）水面蒸发折算系数按月分布规律与全国的按月分布规律基本一致，即南大北小，11 月、12 月、1 月折算系数较大，4 月、5 月、6 月折算系数较小。

（3）水面蒸发量变化趋势的研究

在全球气候变暖的情况下，国内外许多学者越来越关注水面蒸发量的变化趋势研

究。1995 年，Peterson 等[120]发现水面蒸发量、气温日较差呈稳定下降趋势，且两者之间具有很好的相关性，得出云量的增加使气温日较差减小，引起水面蒸发量减小的推论。1997 年，Chattopadhyay 等[121]对印度 1960~1997 年多站点的水面蒸发资料进行研究，发现该地区平均水面蒸发量减小幅度为 0.30 mm/(d·dec)。2000 年，Lawrimore 和 Peterson[122]研究发现美国的水面蒸发量总体呈现下降趋势，但湿润的东南部地区除外。2004 年，Linacre[123]指出由于水体表面的辐射量降低，全球大部分地区的水面蒸发量减少，其减小幅度约为 0.1 mm/(d·dec)。

我国也有研究表明水面蒸发量呈明显下降的趋势。左洪超等[124]利用 1961~2000 年我国 62 个气象站的太阳辐射资料，分析了水面蒸发量与环境因子之间的相互关系，指出全国 66% 的水面蒸发量呈下降趋势，蒸发量与许多气象因子之间存在相关关系，其中与大气相对湿度的关系最密切。任国玉等[125]采用 600 余个气象站资料分析发现，从 1956 年到 2000 年，我国水面蒸发量呈现下降趋势，东部、南部和西北地区下降更多，海河和淮河流域减少尤为显著，黄河和辽河流域减少也较为明显，但松花江和西南诸河流域变化不大。安月改等[126]分析了河北省水面蒸发量的变化趋势，表明河北省蒸发量存在明显下降趋势，蒸发量下降与平均风速的减小存在正相关关系。邱新法等[127]发现黄河流域上游和下游水面蒸发下降，中游持平并略有上升。

1.4.1.4　咸潮上溯

国外河口咸潮入侵的研究起步较早，始于 20 世纪 30 年代的美国和荷兰，经过多年的发展，各国科研人员已通过各种方法对河口咸潮入侵规律进行了深入研究，对影响咸潮入侵的基本因素有了一定的认识。

早期对咸潮入侵的研究是在现场实地观察资料的基础上开始的，主要是对咸潮入侵的现象进行描述并提出咸潮入侵的基本理论。Simmons[128]通过对现场资料的分析，具体描述了咸潮入侵后盐度变化对流场的影响，并且提出了优势流这一新概念。Hansen[129]根据河口实测盐度和流速这两个参数来表征河口的环流特征和混合程度等特征，并提出了分层系数和环流系数两个重要的概念。这些基本概念提出后，对河口盐淡水混合的特征和程度，以及河口环流动力过程有了更具体的描述，为后人的研究做了基本的铺垫。Pritchard[130]通过对河口环流的研究，归纳出其不同点，利用 Hansen 提出的分层系数这一概念按河口盐淡水混合情况的不同，将河口类型分为：高度分层型、部分混合型和垂向均匀混合型。Simmons[131]将注入河口的径流量与潮流量的比值定义为混合指数，根据此混合指数的大小来将河口分为弱混合型、缓混合型和强混合型。Savenije[132]研究河口咸潮入侵的曲线分类，将其与河口几何特征类比，分为递降型、铃型、拱顶型和驼背型，对河口咸潮入侵数值模型的建立与率定提供了参考意义。魏炳乾等[133]对日本网走湖下游的河道进行了实地观测，获取了大量流速、盐度、温度及深度资料，以此来探讨河流弯道处的盐度分布特征。Haralambidou[134]对希腊北部 Strymon 河弱潮河口区盐水入侵数据进行分析，探讨了流量变化与盐楔几何特征变化的相关性以及盐水入侵对河口生态的影响。Bhuiyan[135]分析了海平面上升对孟加拉国 Gorai 网河区盐水入侵的影响。

除了上述原型实测分析法外，模型法也得到了广泛应用，其中包括数学模型和物理模型。运用模型法可以更为灵活地分析不同因素对咸潮入侵的影响。

Ippen 和 Harleman[136]首先将三维水动力方程和盐度守恒方程沿着河宽方向和垂直水深方向进行积分，建立了一维盐度数值模型，并在美国的部分中小河流上进行了验证，证明该模型在河床形态较规则，河宽不大，咸淡水强烈混合的河流上有一定的准确性和实用性。但是，大多数河口的断面形态不规则且盐度分层较为明显，这使得一维模型的应用有一定的局限性。对于这种弱混合型河口，由于其咸淡水高度分层，在楔面上会出现较明显的盐淡水交界面。Chen[137]针对上游无实测径流资料但对盐度有重要影响的流域范围，利用 HSPF 模型计算其径流，在河口区用垂向二维水动力模型计算盐度输运过程，根据两个模型的结果计算盐界位置，并得到它与日径流流量的经验关系，预测了上游径流减少对 Alafia 河咸界上溯的影响。Leendertse[138]等提出三维计算方法，首先将计算区域水体沿垂直方向划分为若干层，再假定各层间唯一可交换的是用摩擦力耦合的动量，而水体质量、盐度无法交换，然后将每层都用平面二维模型计算。Xu[139]基于三维水动力模型探讨了美国 Pamlico 河口区径流、潮汐和风场对盐水入侵和盐度分层的影响，并指出与河道垂直的横向风对盐水入侵和盐度分层有抑制作用。Walther[140]建立了阿曼沿海干旱农业地区的盐水入侵模型，并验证了模型的高精度性。

除了利用数学模型模拟出河道盐度的分布外，还可以利用物理模型进行试验研究，确定盐度在水流中的扩散和运输特性及其与水体、沙等的相互作用过程。Ippen[136]以水槽试验为基础，从物理实验角度重新定义了分层系数。Grigg 和 Ivey[141]根据实测盐度资料提出了盐度分层导致水体流场变化的观点，指出盐度的分层会引起潮汐动力、速度剪切力和地形的变化，并通过实验研究了因地形变化而引起盐度空间分布变化的现象。

我国在河口咸潮入侵理论和模型方面的研究起步较国外要晚，毛汉礼[142]研究了长江河口区以及杭州湾地区咸淡水混合情况，这是国内盐水入侵研究的开始。

我国在咸潮入侵方面的研究成果具有明显的地域性，包括长江河口、珠江河口，早期的研究也是以现场实测资料为基础。长江河口方面，沈焕庭等[143]研究了盐水入侵的时空分布规律，并探讨了南水北调工程的实施对长江河口区咸潮入侵产生的影响。之后不少学者对河口区咸潮入侵的规律和形成机制进行了更深入的研究与探讨，王超俊等[144]对三峡水库调度运行时的水文情势的变化进行了分析，发现长江上游三峡水库下泄流量的增大会对长江口咸潮入侵产生抵御影响。黄惠明等[145]的研究表明，三峡等大型水利工程的运行会对长江大通流量产生影响，进而影响长江口盐水入侵，但是三峡水库运行对长江口盐水入侵的形态影响不大，只有在枯水期大、中潮期间才产生显著影响。杨桂山[146]根据长江口纵向水文实测资料建立了了河段内1‰、5‰盐度的上溯距离和大通站流量的经验关系式，探讨了上游水库运行以及未来海平面升高后盐水入侵的变化趋势。宋志尧等[147]分析了长江口水利工程建设以及地形变化对长江口咸潮入侵加剧的影响，并提出了长江河口区整治所面临的问题。朱慧峰[148]对上海陈行水域的水库蓄水避咸、避污能力不足，三峡等大型水利工程对下游水沙造成影响以及长江口咸潮强度增强等问题做了分析，总结了长江口咸潮入侵的规律，并提出了相应的对策与上海市供水规划。研究人员分析大量实测数据发现，盐水入侵强度主要受到上游径流量的大小影响，咸潮在枯水年和特枯年最为严重，在枯水年，水利工程的兴建和运用如果会造成河口来流量的减少，则需要慎重考虑，为将上游流量对盐水入侵的影响进一步量化，部分文献通过相关分析等方法给出了河口受到严重咸潮影响时，上游控制流量的粗估值。

长江口咸潮入侵在数学模型研究上也发展迅速。朱留正[149]利用盐度扩散和质量守恒方程建立了长江口的一维水动力盐度耦合模型，并利用模型计算了长江口盐度的纵向分布以及入侵范围。周济福等[150]建立了长江河口的准二维盐度数值模型，探讨了径流、潮差变化对河口盐度分布及峰强度的影响。肖成猷[151]根据大量流量、潮位、地形资料研究了这些因子对长江口盐水入侵的影响，从物理形成机理上对盐度分布规律做了解释。建立了长江口北支的二维模型，模拟了盐水团倒灌的过程，并且分析出北支盐水入侵与上游流量间的定量关系，最后利用模型模拟了北支盐水倒灌的影响时间及范围。水利电力部上海勘测设计院[152]利用正交曲线网格建立了长江河口南支河段的三维盐度模型，模型的离散采用特征曲线差分法。关许为[153]为分析长江口深水航道整治工程对咸潮入侵的影响，还利用 Delft3D 数学模型对航道整治工程前后的盐度场进行了模拟计算和对比分析。龚政[154]基于 Princeton Ocean Model 建立了三维非线性的斜压水流盐度数值模型，经过验证表明该模型适用于长江河口区的盐度模拟。物理模型的应用由于其昂贵的费用而很难开展。

珠江河口咸潮入侵的成果相较长江河口要少，起步也较晚。黄新华等[155]在 20 世纪 60 年代开始研究珠江三角洲地区的咸潮危害问题，分析了珠三角地区咸潮活动的基本规律及其影响因素。应轶甫和陈世光[156]利用 1978～1979 年珠江河口的现场实测资料，对珠江河口伶仃洋海域的咸淡水混合特征进行了分析。胥加仕等[157]通过对实测资料的统计对比分析，发现咸潮的最主要影响因素是上游径流和外海潮汐，枯水期流域径流量的减少是咸潮加剧的直接原因。闻平[158]采用经验相关法对盐度、流量资料进行分析，认为径流是影响咸潮强度大小的主要因素，枯水期有效抑制咸潮入侵的方法是加大上游径流量。欧素英[159]利用聚类分析法分析了珠三角地区各口门水道的含氯度实测资料，对珠江三角洲各口门水道咸潮活动的差异进行了分析和归类。包芸等[160]改进了基于 Backhaus 的三维斜压模式中的盐度差分方程，使盐度数值模拟更加符合和反映真实的物理特性，并模拟了丰水期珠江河口区的盐度分布。自 2004 年冬实施珠江流域调水压咸措施以来，压咸水量和压咸时机受到了普遍关注，对近年连续多次补淡压咸工作，珠江水利委员会[161,162]做了全面的总结。

1.4.2　水资源需求驱动机理研究

1.4.2.1　国内外需水研究状况

（1）国外需水量预测研究

相对于人类开发利用水资源的活动，水资源需求预测历史很短，起初人们对水的观念是"取之不尽，用之不竭"，到了 19 世纪五六十年代时，西方发达国家经济快速发展，人口剧烈增长，用水量急剧上升，开始出现水资源危机时，才出现了水资源需求预测。需水预测研究最早始于美国。100 多年前美国内战结束后，城市供水系统随着城市重建和随后的工业化进程而不断建设，其时的供水系统已超前考虑了未来用水发展的需要[163,164]。之后，美国于 1963 年通过了水资源规划法案，成立了水资源委员会，并于 1965 年开始进行第一次全国水资源评价工作，1968 年完成评价报告，报告对美国 2000 年、2020 年的总需水量进行了预测，认为 2000 年、2020 年美国用水量将分别在 1965 年用水量的基础上增长 2 倍和 4.07 倍。1975 年美国开始考虑水污染、水资源量以及节水措施等因素对未来需水的影响，对需水预测结果进行了修订[165]。

水资源需求预测在世界范围的真正兴起是在 1977 年之后。1977 年联合国世界水会议在阿根廷的马德普拉塔召开，会议通过了"Mar del Plata Action Plan"，号召世界各国进行一次国家级的水资源评价活动[166]。1987 年、1992 年，联合国世界环境与发展委员会先后出版了《我们共同的未来》和《21 世纪议程》，报告指出水资源会在全世界引起危机，强调水资源合理利用的重要性，并提出"淡水资源水质保护和供应：水资源开发、管理和利用的综合途径"[167,168]。此后，水资源的研究工作开始围绕"可持续发展"这一主题展开，从而推动了需水量预测研究的深入进行[169]，世界各国亦在此之后陆续开展了水资源需求的中长期预测工作[170,171]。1978 年美国开始进行第二次全国水资源评价，并重新对各类用水进行了预测[172]。日本于 1983 年实现了对其在 21 世纪的需水量的预测，于 1984 年完成了全国范围内的水资源开发、利用以及保护现状调研评价工作。Scotland 分别在 1973 年、1984 年、1994 年进行了三次大范围的水资源评价及规划工作，并在 1994 年对需水量的预测值和需水实际值做了比较，其预测结果和实际用水量相接近[166]。联合国工业发展组织对全球的水资源需求进行了预测研究，研究成果认为，2025 年工业用水量要比 1995 年增加一倍多，即届时工业用水量将达到 15000 亿 m³[173]。Shiklomanov[174]于 1997 年对全球水资源量及需求量进行了分析评价，并对全球的淡水资源进行了综合评价。

国外许多专家、学者在需水量预测方面做了大量的研究和探讨，在需水量预测的方法和应用上取得了大量成果。

1972 年 Sales 和 Yevjevich[175]采用时间序列方法对月需水量预测问题进行了研究；Maiment、Panzen 和 Franklin 等[176~178]建立需水预测级联模型用于城市月需水量预测，同时他们在应用于美国得克萨斯州 6 个城市的需水量预测中考虑了降水量、气温和蒸发量等气候因子；1996 年 Billings[179]将水价、收入、降雨量、气温等作为系统输入要素，建立了月均需水量的多变量线性回归模型；Liu 等[180]比较了模糊逻辑模型、神经网络模型和自回归模型这三个短期预测模型各自的适用性，认为模糊逻辑模型和神经网络模型更适合短期需水量预测；2003 年，Alcamo 等[181]考虑用水效率、国民收入以及降雨天数等影响因素，建立了 WaterGAP2 模型，分别对工业、生活和农业需水量进行了预测；2008 年 Msiza 等[182]比较分析了在水资源短期和长期预测中均得到较为广泛应用的人工神经网络和支持向量机的需水预测方法，结果认为人工神经网络预测效果较支持向量机更好；2012 年，Yasar 等[183]应用逐步非线性回归模型对土耳其亚达那需水量进行了预测，模型中选取了大气温度、相对湿度、降雨量、全球太阳能辐射、日照时数、风速和大气压力等因素作为独立变量，结果表明亚达那市的需水量将由 2009 年的 384 万 m³ 增长到 2020 年的 499 万 m³。

（2）国内需水量预测研究

我国需水研究的发展与我国社会经济发展及用水历程是相关的。我国用水历程大致可分为两个大阶段：

第一阶段为 1980 年之前。全国需水预测工作研究范围较窄，大都集中在农业灌溉用水的研究上，工业和生活需水研究较为薄弱，基本上采用趋势外延预测需水，方法较为简单、单一。

第二阶段为 1980 年至今。1980 年，在我国农业区划的带动下，开始了第一次全国水资源综合规划并于 1986 年分别提出了全国、流域片和各省/自治区/直辖市三个层次的研究报告，进行了需水量预测研究；1992 年中国科学院水问题联合中心组织完成了重大课题"中国水资源开发利用在国土整治中的地位与作用"，参加编制了《中国 21 世纪议程》，以实现我国水资源持续利用为出发点，展开了新一轮需水量预测研究；2000 年，我国又开展了第二次全国水资源综合规划，以三级区套地市、分流域、分区域的方式进行了需水量预测，并进行了汇总分析[184]；2012 年，为贯彻 2011 年中央一号文件《中共中央国务院关于加快水利改革发展的决定》与中央水利工作会议的精神，落实国务院批复的《全国水资源综合规划（2010~2030 年)》，又组织开展全国水中长期供求规划编制工作。

第二阶段之后，我国众多专家对我国未来需水情况进行了大量研究预测，如姚建文等[185]预测我国 2010 年、2030 年、2050 年需水总量分别为 6600 亿~6900 亿 m³、7800 亿~8200 亿 m³、8500 亿~9000 亿 m³；贾绍凤等[186]采用库兹涅茨曲线对我国工业用水的变化规律进行了分析，认为在 2030 年左右我国基本进入需水的"零增长"阶段；而陈家琦[187]则认为，到 2100 年我国用水量才可达到国内水资源可使用量的极限，称为受水资源条件制约的零增长状态。在预测方法上，国内在 1980 年之前主要采用简单的年增长率法和线性回归法，80 年代之后，随着数理统计和预测方法以及计算机的发展，开始使用线性回归之外的方法进行需水预测。1990 年，丁宏达[188]在传统回归预测法的基础上，考虑数据系列的波动性，将回归理论与数字滤波理论相结合，提出了回归马尔可夫链法；1996 年，王煜[189]将灰色系统理论引入了需水预测中，并探讨了 GM（1,1）及其多个改进方法在需水领域的应用；余世民[190]根据灰色系统理论及拓扑学原理，建立了作物需水量的灰色拓扑预测模型；1998 年，吕谋等[191]利用随机过程及时间序列分析手段，根据用水量序列季节性、趋势性及随机扰动性的特点，建立了用水量预测的自适应组合平滑模型；张洪国等[192]采用灰色预测方法，建立了两次拟合等维灰数递补灰色用水量中长期预测模型，并应用于牡丹江、郑州、哈尔滨三地市的需水预测中，验证了其有效性和可行性；2000 年，张兴芳[193]采用系统动力学的方法建立了成熟需水预测模型，并应用于我国北方某缺水城市，取得了较好的预测结果；2002 年，王大正等[194]利用交互式递阶层次分解法构建了流域需水预测系统，系统中纳入宏观经济水资源模型建立社会、经济、生态和水资源之间的相互作用关系，实现了需水预测的多目标、多层次的结构体系；薛小杰和黄强[195]将改进的遗传算法和性能优于BP网络的径向基函数神经网络相结合，并进行网络优化，建立了黄河流域需水预测模型；2004年，柯礼丹[196]在分析研究国内外预测资料的基础上，提出人均综合用水量加趋势微调预测全国需水量的方法，并展望21世纪我国水资源可持续利用的前景；2006年，耿曙萍等[197]建立了一个基于研究区域经济层次的交互式城市需水预测模型，该模型能够充分体现出社会经济、生态、环境和水资源各个系统间的复杂关系，在乌鲁木齐市应用，取得了较好的效果；2008年，张灵等[198]将PP方法引入需水预测领域，并将免疫进化算法和PP耦合以简化参数优化运算，建立了需水预测PP模型，该模型在珠海市的应用结果表明其能够较好地解决高维非线性和非正态问题，在需水预测中有较强适用性；2010年，邵磊等[199]融合GM（1,1）和神经网络各自的优点，建立了基于实码加速遗传算法（real coded accelerating genetic algorithm，RAGA）的灰色 [grey model GM（1,1）] -径向基函数（radial basis function，RBF）神经网络预测模型，并应用该模型对山西工业需水量进行了预测，结果表明该模型相比单个传统模型具有相对较高的预测精度；2012年，明均仁和肖凯[200]引入随机森林方法对需水预测问题进行了实证研究，得出了随机森林方法不会受到训练集中异常值的影响而出现过度拟合的情况，模型稳健性较高的结论。

从国内外的研究进程可以看出，需水预测研究具有如下的变化特点：①预测的方法在不断完善，从最初的定性判断，到之后引进各种复杂数学模型进行结构化、系统化分析；②预测时长从最初的日、月等短期预测转向为关注中长期预测；③预测所考虑的影响因素越来越多，对水资源需求机理的研究在逐步深入。这些变化特点与当今各国由于水资源危机带来的对水资源需求预测要求的提高是相适应的。

1.4.2.2　需水预测发展前沿

（1）变化环境下的需水预测

近年来，气候变化和人类活动正深刻地影响着水资源供需系统，给供需水管理部门带来特殊的挑战[201]。一直以来，气候变化对水资源系统的影响是国内外研究的重点，相关研究也逐步证实了气候变化对部门需水量会产生深刻的影响，然而这些研究更多侧重水资源对气候变化的脆弱性评估及模型方法评价的探讨，对社会经济发展背景下，气候变化给用水带来的影响的量化问题研究的较少[202]。Boland[203]对气候不确定性条件下的城市用水及水资源保护措施所扮演的角色进行了评估，Frederick等[204]分析了经济增长以及气候变化对未来水资源供需平衡的影响，并提出了相应的适应对策。进入2000年之后，关于这方面的研究逐渐增多，2000年起Dowing等[205]对气候变化和水资源需求进行了全面的回顾研究（CCDEW），经过三年时间完成了CCDEW成果报告，该报告重点研究气候变化不确定性因素对水资源需求的影响，并进行了量化评估；2007年，Ruth等[206]通过调查新西兰汉密尔顿在一定气候和人口预测规划下的需水量和基础设施的需求，在城市规模上量化研究了气候变化和其他社会经济因素变化对需水的影响；2011 年，Wang 等[207]运用系统动力学方法构建了变化环境下的动力学需水模型，并应用于黄河中游秃尾河流域的需水预测中，结果表明模型预测结果误差较小，预测结果可为流域水资源的可持续发展管理提供依据。上述研究都表明，气候变化和社会经济变化都给城市供需水系统带来了潜在的影响，需通过一系列的研究揭示变化的情景及成因，建立量化关系模型，预测未来的变化趋势，为水资源需求的管理提供依据。

（2）组合预测模型（混合模型）的应用

需水预测是一个涉及社会、经济、水资源和环境的复杂巨系统，任何单一的模型都较难取得比较满意的结果，这也是当今需水预测普遍存在较大误差的原因。研究表明，将不同的预测方法进行组合，发挥单一方法各自优势并在混合模型中产生协同作用，得到的结果优于使用单一模型。蒋绍阶和江崇国[208]利用灰色模型和改进的 BP 神经网络模型，建立了最优权组合需水预测模型，并将该模型运用于我国南方某城市的需水预测中，取得了较高精度的预测结果；Pulido-Calvo 等[209]建立了 CNNs、模糊逻辑算法和遗传算法的组合模型，用于改善灌区需水预测；吕孙云等[210]建立了 BP、RBF 和 LSSVR 的组合预测模型，并采用最小方法组合预测技术对不同预测模型的结果进行集成，该模型应用于东莞市需水量预测中并取得了较好的成果。

此外，通过对单一模型进行组合，可以缓解模型组合的问题。需水预测中如何选择一种适合城市用水量模式的预测方法一直是个难题，学者对于这一问题也进行了一定研究，如王仰仁等[211]针对目前预测模型选择中以拟合误差最小为标准，预留近期一段系列资料用于检验模型及参数的方法，提出了能够用于分析不同预测期的预测精度的单一预测期法；王媛和冯骞[212]则针对传统以预测误差最小为标准选择模型的方法，提出了以预测值的置信区间最小为标准选择预测模型的方法。

（3）需水预测不确定问题，关注多要素的胁迫约束

需水预测受气候、经济和社会多个因素的影响，在当今气候变化条件下，经济发展以及人口的增长的变化都为需水预测带来了一定的不确定性，再加上政府宏观调整等因素，使得供需水管理更加复杂，也增加了预测结果的不确定性。因此，需水预测的不确定性来源分析及其预测结果的风险决策逐渐成为众多学者关注的对象，如赵立梅和唐德善[213]针对工业需水量预测中的风险因素，运用德尔菲法等风险估计方法对张家港市未来工业需水量进行预测，并通过风险决策选出了最优方案；Khatri 等[214]应用蒙特卡罗抽样、拉丁超立方抽样法和拔靴复制法来描述与气候变化、人口增长和经济增长相关的不确定，建立了一个全球气候变化压力和不确定性因素影响的需水预测模型，并应用于英国伯明翰市 2035 年的需水预测中；Bhatti 等[215]考虑了政策因素、经济问题以及水价等要素对未来需水变化的影响，建立了社会经济变化条件下，巴基斯坦城镇和农村的生活需水量的预测模型；Qi 等[216]针对经济繁荣与衰退交替波动问题，建立了变化的社会经济条件下的城市系统动力学需水预测模型，模型中考虑了气候变化、社会经济发展、人口增长和迁移、消费者用水行为等因素对未来需水的影响；Suttinon

等[217]采用投入产出分析法，建立了基于政府政策以及自由贸易体系下的工业市场份额变化的泰国工业需水预测模型。

由于需水预测不确定因素众多以及当今水资源短缺的形势带动了需水机理的研究，影响需水变化的内在动力因素受到关注，同时一些能够反映社会经济、气候、水资源等多要素系统的系统方法在需水预测中得到了越来越多的应用。

(4) 生态需水的关注

生态需水包括河道内生态需水和河道外城镇环境卫生需水，随着社会经济的发展以及人们生活水平的提高，对环境的要求也越来越高，在规划中已逐步考虑生态环境需水的重要性，但当前对生态需水的研究尚不成熟，生态需水的概念、内涵以及外延均未有统一的定义[218]，同时没有评价体系和方法，缺乏完善的定量计算方法，需进一步深入研究，为生态需水的合理量化以及生产、生活、生态需水合理比例的调控提供理论技术支持。

1.4.3　水环境保护与生态修复研究

1.4.3.1　水环境保护研究

国外特别是发达国家在水环境保护方面的成绩特别突出。研究成果主要集中于对水污染处理技术的研究、对水环境管理体制的研究、对循环经济理论的研究等。这些先进的科学技术和科研成果以及丰富的管理经验，给各国相关研究提供了丰富依据，尤其是在维持生态平衡和经济发展两者平衡的关系上做出了巨大贡献。

(1) 水污染处理技术的研究

在监测技术上，美国政府认为污染源监测技术方法是实施水污染源监控监管的基础。美国的清洁水法案 (CWA) 将污染物划分为三类：常规污染物、毒性污染物和非常规污染物。根据此污染物的分类，水污染手工监测技术体系分为已批准的分析方法和未经批准的其他监测方法两类。这种监测方法具有灵活性和多样性特点。国外遥感监测技术也很发达，美国学者 Lothrop 等利用 5 号陆地卫星 TM 数据评价了格林湾和森特勒尔莱克的水质情况。在水库水体营养化研究方面，台湾大学陈克胜和雷楚强利用陆地卫星 TM 数据进行了水库营养状态的评价[219]。

在水污染处理过程中，20 世纪 80 年代，日本琉球大学教授比嘉照夫成功开发了 EM 生物技术，此技术可以抑制河流中有害微生物的生长和繁殖，激活水体中持有净化功能的水生生物能力。通过这种水中生物互相结合的反应，达到净化与恢复水体的目标。1989 年美国阿拉斯加原油溢油，研究者在此事故治理过程中得到启发，在 20 世纪 90 年代发明了"生物-生态修复"技术，此技术可以利用特定水中生物（尤其是微生物）吸收、转化或降解水体中的污染物，使水体污染物减少或消除，以此还原水体生态功能。近几年，加拿大雷克海德大学材料和环境化学系副教授陈爱城将光催化和电化学氧化法两种污水处理方法相结合，创造出了新型水污染处理技术，此技术能更快捷、更廉价、更高效地去除污废水中难以消除的污染物[220]。

（2）水环境管理体制的研究[221]

国外发达国家对于水环境管理体制的研究多来源于政府机构，他们的水环境管理模式随着认知水平的提高与需求的不断变化，正在逐步完善。水环境管理体制主要包括：①水利部门管理下的集成管理模式，即设置水利部门为国家级专门负责水资源与水环境管理的机构，全面负责水管理工作，荷兰与俄罗斯都采用这种模式；②环保部门管理下的集成管理模式，此模式由环保部门负集中管理责任，前提是国家一级没有水环境管理或水资源的专门机构，德国和法国是典型代表国家；③分散管理模式，此模式由相关部门分别承担管理责任，前提是国家一级没有水环境管理或水资源专门机构，日本、英国与加拿大是具有代表性的国家；④低级别的集成分散式管理模式，例如以色列，全国水资源的管理工作由农业部长负责，还成立了由国家直接领导的"国家水委会"，来进行统一管理，是作为政府部门对全国水资源的保护、开发和利用进行管理的专职机构；⑤高级别的集成分散式管理模式，由国家总理指挥，建立国家水资源管理委员会全面承担水环境与水资源管理的责任，并组织相关部门负责人参与，澳大利亚南与印度是具有代表性的国家；⑥区域水环境管理体制，区域水环境管理委员会是具体实施水环境管理的政策法规，以及对水环境管理方案、措施进行选择和执行的专职机构。美国、荷兰、爱尔兰等国家均采用此模式。目前，国外流域水环境管理正在向多目标、多主体的"集成化"管理体制过渡。

（3）循环经济理论的研究

循环经济思想的演进可分为3个阶段：萌芽阶段、诞生阶段、蓬勃发展阶段。

第一阶段，萌芽阶段。"循环经济"（Circular Economy）一词最早出现于20世纪60年代，是美国的经济学家Kenneth提出的。按照Kenneth的观点，循环经济是指在人、自然资源和科学技术的大系统内，在资源投入、企业生产、产品消费及废弃的全过程中，把传统的依赖资源消耗的线性增长的经济，转变为依赖生态资源循环来发展的经济[222]。由于Kenneth的启蒙，循环经济概念下衍生出许多相关理论。20世纪60年代，John Ehrenfeld和Nicholas Gertlet在丹麦的卡伦堡市提出产业共生理论，他们的目标是建立一个循环性的产业共生系统。该系统可使企业有效利用废物，变废为宝，以降低废弃物的处理费用和环境负荷。

第二阶段，诞生阶段。1980年美国首先提出产业生态理论，该理论核心观点是以经济、文化、技术的不断发展为前提，强调环境与产业间的相互影响作用，以此促进环境负荷的评估及环境负荷的最低化。20世纪80年代，循环经济的"3R"原则产生，美国杜邦化学公司将减量化（Reduce）、再利用（Reuse）和再循环（Recycle）作为指导原则。1989年，Frosch等[223]提出了与"循环经济"有着诸多类似点的"工业生态学"概念，该概念认为工业生产中没有绝对的废弃物，反而全部是资源，工业生产的进行与环境保护通过适当方法完全可以实现相互统一。1990年，Pearce等[224]在《自然资源与环境经济学》一书中提出"循环经济"一词，并将其分为自然循环与工业循环两大部分。

第三阶段，蓬勃发展阶段。1994 年，联合国大学提出零排放（Zero Emission）的理论，成为低碳经济的启蒙理论。1996 年日本东京大学提出逆生产（Inverse Manufacturing）理论，这是一种新型的循环社会理论，该理论认为在产品的生产、使用、保修、回收和再利用的整个过程中，应尽可能减少资源和能源的使用程度及废弃物的排放量。进入 21 世纪，Lowe Emest 指出，循环经济的产业生态是一个自然的区域经济系统及与当地生物圈密切联系的服务系统。

1.4.3.2　水生态修复研究

（1）国外水生态修复研究进展

20 世纪 30～50 年代是水生态修复理论的雏形阶段。早期的水利工程主要以"治水"和"用水"为目标，为了防治水患灾害和满足航运、灌溉需求，对河流进行掠夺式的开发，大量使用混凝土、石块等硬质材料，造成河道渠化。这样的河流开发利用完全不顾河流生态系统的健康，打破生态平衡，造成水质恶化。面对日益严重的水质恶化现象，20 世纪 30 年代起，许多西方国家对传统水利工程导致自然环境被破坏的做法进行了反思，开始有意识地对遭受破坏的河流自然环境进行修复[225]。1938 年，德国的 Seifert 首先提出"近自然河溪治理"的概念，标志着河流生态修复研究的开端。"近自然河溪治理"是指能够在完成传统河道治理任务的基础上达到近自然、经济并保持景观美的一种治理方案[226]。至此，西方国家对河流治理的重点主要放在污水处理和河流水质保护上。

20 世纪 50～80 年代是水生态修复理论的形成阶段。随着污染控制措施的有效实施，河流的水质明显改善，但河流的生物多样性、生物栖息环境依然状况不佳，人们已经认识到混凝土护岸是导致河流生态系统恶化的重要原因，于是开始将生态学原理应用于土木工程。据此，20 世纪 50 年代联邦德国正式创立了"近自然河溪治理工程学"，提出要在工程设计概念中吸收生态学的原理和知识，改变传统的工程设计理念和技术方法，使河流的整治符合植物化和生命化的原理[227]。在整治方法上，强调人为控制和河流的自我恢复相结合[228]。"近自然河溪治理工程学"成为河流生态修复技术的主要理论基础。1962 年，美国生态学家 Odum 等将自我设计的生态学概念用于工程中，首次提出生态工程的概念[229]，并将生态工程定义为"人运用少量辅助能对以自然能为主的系统进行的环境控制"[230~233]。1982 年，Odum 又将生态工程修订为"设计和实施经济与自然的工艺技术"。与此同时，修复受损河流生态系统的实践研究也在欧洲国家相继展开。1965 年，Emst Bittmann 在莱茵河用芦苇和柳树进行生态护岸试验[234]，可以看做是最早的河流生态修复实践[235]。20 世纪 70 年代末瑞士 Zurich 州河川保护建设局又将德国的生态护岸法丰富发展为"多自然型河道生态修复技术"[236]，将已有的混凝土护岸拆除，改修成柳树和自然石护岸，给鱼类等生物提供生存空间，把直线形河道改修为具有深渊和浅滩的蛇形弯曲自然河道，让河流保持自然状态[237]。之后，此方法在欧美及日本推广开来。

20 世纪 80 年代至今为水生态修复实践全面展开阶段。随着生态工程在河流治理中的实践，河流保护的重点拓展到了河流生态系统的恢复，联邦德国和瑞士于 20 世纪 80 年代提出了"河流再自然化"的概念，将河流修复到接近自然的程度。英国在修复河流时也强调"近自然化"，优先考虑河流生态功能的恢复[238]。荷兰则强调河流生态修复与防洪的结合，提出了"给河流以空间"的理念[239]。美国的 Mitsch 和 Jorgensn 于 1989 年提出了"生态工程"理论，之后又不断论证了将生态学原理运用于土木工程中的理论问题，奠定了河道生态修复技术的理论基础[240]。20 世纪 90 年代以来，美国将兼顾生物生存的河道生态恢复作为水资源开发管理工作必须考虑的项目[241]。日本虽然于 1986 年才开始学习欧洲的河道治理经验[242]，但"多自然河道生态修复技术"在日本迅速发展起来。日本在学术上称之为"应用生态工学"，在行政上，建设省河川局将其称为"多自然河川工法"[243]。日本的堤坝不再用水泥板修造，而是提倡凡有条件的河段应尽可能利用木桩、竹笼、卵石等天然材料来修建河堤，并将其命名为"生态河堤"[244~246]。日本建设省推进的第九次治水五年计划中，对 5700 km 河流采用多自然型河流治理，仅在 1991 年，日本就有 600 多处试验工程实行多自然型河流治理法。同时，西方国家也大范围开展了河道生态整治工程的实践，德国、美国、日本、法国、瑞士、奥地利、荷兰等国家纷纷大规模拆除了以前人工在河床上铺设的硬质材料[247]，代之以可以生长灌草的土质边坡，逐步恢复河道及河岸的自然状态[248]。目前，河流生态修复已经成为国际大趋势[249]。

（2）国内水生态修复研究进展

近年来，我国生态学和水利学学者已经深刻认识到水利工程对生态环境的影响，开始从不同角度阐明开展河流生态修复研究的重要性，探索修复受损河流生态系统的技术手段[250]。

我国对河流生态修复技术的认知起始于 20 世纪 90 年代，其中比较有代表性的是刘树坤 1999 年提出的"大水利"理论框架，认为河流的开发应强调流域的综合整治与管理，同时注重发挥水的资源功能、环境功能和生态功能，流域的开发目标是提高流域自身的舒适度和富裕度，流域的开发与管理应以可持续发展为指导原则[251~256]。董哲仁于 2003 年提出了"生态水工学"的概念，分析了仅以水工工学为基础的治水工程对河流生态系统带来不利影响的弊病，提出在传统水利工程的设计中应结合生态学原理，充分考虑野生动植物的生存需要，保证河流生态系统的健康，建设人水和谐的水利工程[257,258]。同时，唐涛等[259]介绍了河流生态系统健康评价的国内外应用及发展趋势，概述了以水生生物指标为主的河流生态系统健康评价方法；郑天柱等[260]介绍了受污染水体的生态修复技术，针对新沂河的污水治理实例，分析其修复效果，认为河流流量、含氧量、生物多样性是河流生态修复的关键因素；高甲荣[226]在分析传统治理概念的基础上，提出了河溪的自然治理原则，并探讨了其应用的基本模式。王薇和李传奇[238]从分析河流廊道的空间结构和生态功能出发，提出了河流生态修复的概念和技术，详细介绍了美国、欧洲和日本的河流生态修复研究进展；王沛芳等[261]探讨了国内外城市水生态系统建设的弊病，提出了水安全、水环境、水景观、水文化和水经济"五位一体"的城市水生态系统建设模式。杨海军等[240]分析了水利工程对河流生态系统带来的压力，详细介绍了河流生态修复研究的内容和方法，认为应开展以恢复动植物栖息环境为目标的河岸生态修复技术研究；夏继红和严忠民[262]重点介绍了植物型生态护岸技术的国内外研究现状，指出该技术存在时间、位置、物种选择方面的限制，同时需要较高水平的技术工人及完善的维护保养。赵彦伟和杨志峰[263]研究了河流生态系统健康的概念、评价方法和发展方向，提出河流健康评价应关注其指标体系的构建、评价标准的判别和流域尺度的研究；达良俊和颜京松[264]针对城市人工水景观建设中缺乏整体性，人工硬化模式严重的弊端，首次在我国提出进行近自然型人工水景观建设的理论与概念。陈庆伟等[265]分析了大坝对河流生态系统造成的胁迫，介绍了水库生态调度技术措施。

1.4.4　水资源优化配置研究

水资源系统是非常复杂且具有不确定性的系统。水资源配置就是在掌握水资源系统特性的基础上，为决策者解决不同层次、不同目标、不同用户间的相互竞争、相互冲突的问题提供必要工具，从而实现以水资源的可持续利用支撑社会经济的可持续发展。

（1）国内外研究进展

国际上水资源配置研究始于 20 世纪 40 年代，水资源配置经历了一个由简单到复杂、由点到面逐步深入的过程。从研究方法上，配置模型由单一的数学规划模型发展为数学规划与模拟技术、向量优化等几种方法的组合模型[266]；对问题的描述由单目标发展为多目标，特别是大系统优化理论、复杂性理论、计算机技术和新优化方法的应用，使复杂的多水源、多用水部门优化配置问题变得可行[267]；从研究对象的空间规模上，由最初的灌区、水库等工程控制单元水量的优化配置研究，扩展到不同规模的区域、流域和跨流域水量优化配置研究[268]；从研究的水资源属性上，由最初的单一水量优化配置，扩展到水量、水质耦合，以及有生态环境需水参与的统一优化配置研究[269]；水源从地表水发展到地表、地下水、再生水等多水源联合调配[270]。近年来，随着人类剧烈活动和全球气候变化持续影响，变化环境下水资源系统优化配置研究正成为各国学者研究的热点前沿课题[271,272]。

在国内，由于经济社会高速发展和严峻水资源形势的迫切需求，水资源配置理论体系与方法得到不断发展完善。20 世纪 80 年代初，我国经济社会发展水平较低，此阶段水资源配置以水利工程调配为主，研究对象主要集中于防洪、灌溉、发电等水利工程，研究的目的是实现工程经济效益最大化；改革开放以后，随着区域经济迅猛发展，区域水资源优化配置研究成为水资源学科研究的热点之一。"八五"（1991～1995 年）攻关项目"黄河治理与水资源开发利用"提出了基于宏观经济的区域水资源合理配置理论和方法，主要从经济属性来研究水资源配置决策；20 世纪 90 年代后期，针对干旱地区水资源过度开采而导致的一系列水环境、生态问题，提出了面向生态、基于水量水质联合调控的水资源配置研究[273~275]。国家"九五"（1996~2000年）攻关专题"西北地区水资源合理配置和承载能力研究"提出了面向生态的水资源配置和基于自然–人工二元循环的水资源配置理论方法，进一步将水资源系统与社会经济系统、生态系统三者联系起来统一考虑，将基于宏观经济的水资源合理配置理论进行了一系列的拓展[276]；进入21世纪，我国社会经济与生态环境之间用水不平衡的矛盾日益突出，建立与流域水资源条件相适应的生态保护格局和高效的经济结构体系，实时统一调配流域水资源成为水资源可持续利用的根本出路[277,278]。"十五"（2001~2005年）科技攻关重大项目"水安全保障技术研究"提出了以宏观配置方案为总控的水资源实时调度体系，将流域水资源调配分割为"模拟–配置–评价–调度"四层总控结构，有效实现了流域水资源的基础模拟、宏观规划与实时调度的有机耦合和嵌套[279]；"十一五"科技支撑计划完成了"东北地区水资源全要素优化配置与安全保障技术体系研究"，解决了水资源分析与预报、全要素优化配置、实时监控、初始水权分配等技术难题；近年来，伴随人类活动和全球气候变化持续影响，水资源供需系统变异显著，变化环境下流域水资源优化配置研究成为学术前沿课题[280~282]。

（2）现有水资源优化配置研究特点

由于水资源系统涉及经济、社会、技术和生态环境的各方面，是复杂的巨系统，特别是随着社会的发展，新的问题不断出现，对水资源配置的要求越来越高，水资源优化配置也不断面临新的挑战。目前水资源优化配置研究的主要特点和存在的主要问题可归纳为如下几点：

1）通过建立水资源优化配置模型并求解，得到几种优化配置方案，但由于实际水资源配置系统中相互影响的因素多，边界条件及因果关系复杂，有些因素可以量化，有些难以量化甚至不能量化，因此，建模中的简化处理与实际之间存在一定的误差，在水资源配置系统中，无论供水量还是需水量，均存在众多不确定性因素，因缺乏不确定性因素对优化配置方案的分析，致使水资源优化配置研究成果的实际价值受到一定的限制。

2）重视水量的优化配置，但对水质水量统一优化配置研究不够。水质和水量问题是密切相关的，离开水质谈水量是没有实际意义的[283]。有关分析资料表明，在我国未来发展中，水质导致的水资源危机大于水量危机，必须引起高度重视。例如，海水入侵、地下水超采造成水质恶化引发的缺水；即使在水资源丰富的沿海地区，也可能由于咸潮入侵或水资源开发利用中对水质保护重视不够导致缺水。因此，在水资源优化配置过程中，应该充分重视水质问题，水质问题与环境和生态问题密切相关，实现水质水量的优化配置，必将有利于水环境与生态环境的改善和保护，最终实现水资源开发利用的良性循环。

3）重视工程措施，但对非工程措施在水资源优化配置中的作用研究不够，缺乏有效的初始水权分配机制、缺乏有机的补偿和激励机制、缺乏广泛的社会参与机制[284]。

4）对水资源配置系统的复杂性研究不够。水资源配置系统涉及自然、经济、社会以及生态环境等众多领域，是一个十分复杂的系统，而目前水资源配置研究的系统性和整体性较差，配置的自然科学基础和社会科学基础分离现象较为严重，针对水资源系统中由于各主体之间的相互适应性造就的复杂性研究较少，不利于真正模拟和优化配置水资源。总的来说，水资源优化配置是一个全局性问题，对于缺水地区，必然应该统筹规划调度水资源，保障区域发展的水量需求及水资源的合理利用。对于水资源丰富的地区，必须努力提高水资源的利用效率。

5）对南方湿润地区的水资源优化配置问题研究力度不够。目前水资源优化配置研究的理论与方法主要集中在我国北方水资源极度匮乏、缺水普遍且严重的流域或区域，要解决的是河流断流、沙漠化等极度的水资源危机问题，如海河流域、黄河流域和西北内陆河流域等[285]，其经典结论和思维模式带有浓厚的区域特征。而对于人口密度大、耕地资源紧缺、水网密布且社会经济快速发展的区域，水资源优化配置的研究成果相对较少。并且在水量充沛的地区，往往存在因水资源的不合理利用而造成的水环境污染破坏和水资源的严重浪费，必须予以高度重视。随着社会经济的发展和对水资源开发利用范围、深度的不断强化，人们对湿润区的水问题也愈加感受深刻，传统的具有北方特色的优化配置理论体系并不完全适用于南方湿润区，因此有必要构建具有南方湿润区特色的水资源配置理论与方法，从而驾驭干旱期水危机、确保供水安全、维系良好的水生态和水环境[286]。

（3）水资源优化配置的发展趋势

综合国内外研究成果，水资源优化配置研究发展趋势主要表现在以下几个方面：

1）水量水质的联合优化配置。一方面，随着经济社会发展，水资源开发程度加剧，各行业用水量大幅度增加，相应的污水排放量也急剧增加；另一方面，根据水功能区划的要求，一定区域范围内的水体纳污能力是有限的。这就客观要求将反映水质特征的水环境容量视为一种资源，和水资源量统一协调地进行配置。可见，水体的水环境容量，污水与用水之间的关系，污水排放和水体纳污量之间的关系，以及水质水量联合优化配置的理论、模型和方法，是水资源优化配置的重要研究课题。特别是随着我国南方湿润地区水资源问题日益突出，水质水环境问题将成为这些地区进行水资源优化配置的关键问题。

2）优化模型与模拟计算相结合。虽然流域水资源配置问题非常复杂，往往不存在最优解，仅仅通过优化技术难以得到满意的结果，而且结果难以执行并指导生产，但可以计算不同方案对应的不同解。模拟与优化模型相耦合，可以较快得出易于各方接受和实施的满意解。

3）水资源的优化配置要适应气候变化、人类活动影响下的变化环境。现代环境条件下，水资源具有自然、环境、生态、社会和经济五重基本属性，水资源配置研究也必须紧密围绕全属性的维系和各属性的协调来展开，水资源配置也必须考虑天然−人工水循环过程及其动态变化，除考虑配置系统中水资源的自然属性外还必须考虑其社会属性，从整体上把握水资源配置系统的复杂性。因此深入研究变化环境下的水资源优化配置模式，揭示变化环境与水资源系统及人类社会之间的关系，分析水资源的演变特征，评估环境变化对水资源配置的效应，可为未来水资源的系统规划设计、开发利用和管理应用提供科学依据。

4）南方湿润区的水问题，特别是枯水期和连续枯水年的水资源优化配置将受到重视。近年来，气候变化使得南方湿润区的极端气候事件出现频次增多，南方湿润区的水资源问题逐渐凸现出来，特别是枯水期和连续枯水年的水资源配置问题将是水资源优化配置研究的一个重要方向。另外，尽管水资源系统对气候变化的适应和调解能力在一定程度上是存在的，但当气候变化幅度过大、胁迫时间过长和短期的干扰过强时，可以使得在可预见期间内，以可预见的技术、经济和社会发展水平难以通过优化配置维持水资源系统本身的调节和修复，从而使其质量和数量都遭受破坏，威胁生态环境良性循环、社会经济可持续发展以及人类生存，即为"水资源的阈值"，因此要在分析水资源配置对变化环境响应的基础上来考虑此阈值对水资源配置的影响。

5）考虑不确定性因素，提高决策方案比选和配置效果的评价水平。水资源配置中常遇到许多不确定性问题，要充分考虑这些不确定性因素的影响，就需要利用不确定性模型予以分析。近年来不确定理论与方法在评价和预测方面均得到了发展，为水资源优化配置的方案比选和效果评价提供了有力的工具。

此外，新的优化算法、3S 技术将广泛应用于水资源优化配置中，为提高水资源优化配置效率提供有效手段。同时，对水资源配置涉及的水文学、水资源学、气象学、生态学、自然地理学、宏观经济学、信息技术、系统理论等多学科的交叉方面也将进行更多更深入的有益探索。

1.5　水资源系统规划的指导思想、基本原则与目标

1.5.1　指导思想

为适应广东省建设资源节约、环境友好、经济可持续发展的和谐社会以及 2030 水平年至 21 世纪中叶发达的经济社会对水资源的总体要求，应全面贯彻落实科学发展观和国家新时期的治水方针。坚持以人为本、人水和谐，坚持科学治水、依法管水，坚持全面规划、统筹兼顾、标本兼治、综合治理、开源节流，通过水资源的合理开发、高效利用、优化配置、全面节约、有效保护、综合治理和科学管理，实现广东省水资源与人口、经济、环境生态的协调发展，以水资源可持续利用支撑广东省经济社会可持续发展。

1.5.2　规划基本原则

坚持以人为本，科学配置的原则。坚持以人为本、人水和谐的科学治水观，以水资源承载力为基础，以保障城乡居民生活用水为前提，优化水资源区域及行业配置，逐步实现由单一的"以需定供"配置向综合的"以需定供与以供定需相结合"配置

转变。

坚持合理开发，全面节水的原则。遵循自然和经济规律，有序开发地表水，适度开发地下水，积极开发雨洪水、海水、空中云水和再生水，实现水资源利用由粗放型向高效、节约型转变，切实提高水资源综合利用率。

坚持综合治水，有效保护的原则。坚持在保护中开发、在开发中保护水资源，实行水污染物排放总量控制，强化水污染治理和水环境生态建设，水污染控制由末端治理为主转变为源头和全过程控制为主，由单一污染源治理转变为点、面污染源综合治理。

坚持依法治水，深化改革的原则。根据国家涉水相关法律法规，逐步健全广东省水资源地方性法规，正确处理水利工程的公益性和经营性关系，深化水资源管理体制和运行机制改革，严格流域取水总量控制和入河排污量控制，实现广东省水资源统筹协调管理。

1.5.3　规划水平年和主要目标

本次规划基准年为2000年，规划水平年为2010年、2020年和2030年。

规划总体目标：到2020年，广东省城乡供水安全保障体系进一步完善，基本实现以生态安全、水资源社会安全和经济用水安全以及人水和谐为主要标志的水利现代化，基本实现广东省水资源的可持续利用；到2030水平年，广东省范围内全面建成节水型社会，保障水资源与经济社会和环境生态的良性循环，完善各种水资源指标，以促进本省稳定发达社会的持续发展。主要规划目标及控制性指标是：

水资源社会安全目标：到2020年，广东省城市和农村（含乡镇）自来水普及率分别达到100%和90%，全面建成并进一步完善城乡供水安全保障和水利防灾减灾体系，供水水源保证率大中城市达97%以上，一般城镇达90%以上，水源水质均达到水功能区水质目标。到2030水平年，农村（含乡镇）自来水普及率达到99%，进一步保障水资源与经济社会和环境生态的良性循环。

经济用水目标：到2020年，平均每万元生产总值用水量比2005年下降50%左右，农业灌溉水利用系数达到0.65以上，城镇供水产销差率降低到12%以下，工业用水重复利用率达到80%以上。到2030水平年，平均每万元生产总值用水量比2005年下降80%左右，农业灌溉水利用系数达到0.70以上，城镇供水产销差率降低到8%以下，工业用水重复利用率达到93%以上。

生态安全目标：到2020年，广东省江河水功能区水质目标基本达标，主要江河国控和省控断面水质达标率达到98%；城乡饮用水源地水质达标率达到98%；工业废水达标排放率达到100%；城镇污水集中处理率达到80%以上，其中珠江三角洲地区城镇污水处理率达到90%以上，山区城镇污水处理率达到70%以上。到2030水平年，省内所有水功能区全部达到水质目标要求；城镇污水处理率达到90%以上，其中珠江三角洲城市达到95%以上；实现水资源与环境生态的良性循环。

参 考 文 献

［1］ Schwanitz D. The modelling of daily precipitation amounts with Markov-I chain ［J］. Gerlands Beitrge zur Geophysik, 1980, 89 （2）: 100-106.

［2］ Mimikou M. Daily precipitation occurrences modeling with Markov chain of seasonal order ［J］. Hydrological Science Journal, 1983, 28 （2）: 221-232.

［3］ Maheras P, Vafiadis M. Precipitation variations in Rome from 1782 to 1985: fluctuation, periodicity and regime ［J］. Zeitschrift für Meteorologie, 1989, 39 （4）: 202-207.

［4］ Maheras P, Balafoutis C, Vafiadis M. Precipitation in the Central Mediterranean during the last century ［J］. Theoretical and Applied Climatology, 1992, 45 （3）: 209-216.

［5］ Gershunov A, Michaelsen J. Climatic-scale space-time variability of tropical precipitation ［J］. Journal of Geophysical Research: Atmosphers （1984-2012）, 1996, D21 （101）: 26297-26307.

［6］ Kafatos M, Chiu L S, Yang R X, Xing Y K, Vongssard J, Yang K S. Interannual variation of oceanic precipitation ［C］. Geoscience and Remote Sensing Symposium, 2001. IGARSS '01. IEEE 2001 International, 3: 1143-1145.

［7］ Gu G J, Adler R F, Huffman G J, Curtis S. African easterly waves and their association with precipitation ［J］. Journal of Geophysical Research: Atmospheres （1984-2012）, 2004, 109 （D4）: 12pp.

［8］ Hsu H M, M W, Moncrieff, Tung W W, Liu C H. Multiscale temporal variability of warm-season precipitation over North America: Statistical analysis of radar measurements ［J］. Journal of the Atmospheric Sciences, 2006, 63 （9）: 2355-2368.

［9］ Wang J, Meng J. Research on runoff variations based on wavelet analysis and wavelet neural network model: A case study of the Heihe River drainage basin （1944-2005）［J］. Journal of Geographical Sciences, 2007, 17 （3）: 327-338.

［10］ Becker S, Hartmann H, Zhang Q, Wu Y, Jiang T. Cyclicity analysis of precipitation regimes in the Yangtze River basin, China ［J］. International Journal of Climatology, 2008, 28 （5）: 579-588.

［11］ Beecham S, Chowdhury R K. Temporal characteristics and variability of point rainfall: a statistical and wavelet analysis ［J］. International Journal of Climatology, 2010, 30 （3）: 458-473.

［12］ Cengiz T M. Periodic structures of Great Lakes levels using wavelet analysis ［J］. Journal of Hydrology and Hydromechanics, 2011, 59 （1）: 24-35.

［13］ Partal T. Wavelet analysis and multi-scale characteristics of the runoff and precipitation series of the Aegean region （Turkey）［J］. International Journal of Climatology, 2012, 32 （1）: 108-120.

［14］ 李邦宪. 试用逐步回归周期分析作月降水预报 ［J］. 浙江气象科技, 1986, 7 （4）: 11-12.

［15］ 林启明, 苏博颖. 应用降水周期进行嫩江流域汛期降水预报的探讨 ［J］. 东北水利水电, 1989, 60 （6）: 39-41.

［16］ 杨松. 我国不同雨区的降水周期现象以及与夏季风的可能关系 ［J］. 南京气象学院学报, 1989, 12 （2）: 223-230.

［17］ 李强. 用逐步回归周期分析法建立太原汛期 （6~8月） 降水预报模式 ［J］. 山西气象, 1994, 26 （2）: 24-25.

［18］ 王建新, 龚佃利, 施能. 我国梅雨降水的气候分布、客观分型及周期振荡特征 ［J］. 气象科学, 1994, 14 （1）: 46-52.

［19］ 张起仁. 北京地区太阳黑子活动周期和年降水关系的初步研究 ［J］. 首都师范大学学报: 自然科学版, 1995, 16 （1）: 81-86.

［20］ 刘广深, 米家榕, 戚长谋, 林学钰, 杨春雷. 东北地区降水周期与太阳活动的关系 ［J］. 长春地质学院学报, 1996, 26 （4）: 422-427.

［21］ 邓自旺, 林振山, 周晓兰. 西安市近50年来气候变化多时间尺度分析 ［J］. 高原气象, 1997, 16 （1）: 81-93.

[22] 纪忠萍, 何溪澄, 谷德军. 1994 年 6 月广东省特大洪涝期间气象要素的小波分析 [J]. 热带气象学报, 1998, 14: 148–155.

[23] 纪忠萍, 谷德军, 谢炯光. 广州近百年来气候变化的多时间尺度分析 [J]. 热带气象学报, 1999, 15 (1): 48–55.

[24] 孙卫国, 程炳岩. 河南省近 50 年来旱涝变化的多时间尺度分析 [J]. 南京气象学院学报, 2000, 23 (1): 251–255.

[25] 衡彤, 王文圣, 丁晶. 降水时间序列变化的小波特征 [J]. 长江流域资源与环境, 2002, 11 (5): 466–470.

[26] 王澄海, 崔洋. 西北地区近 50 年降水周期的稳定性分析 [J]. 地球科学进展, 2006, 21 (6): 576–584.

[27] 郝志新, 郑景云, 葛全胜. 黄河中下游地区降水变化的周期分析 [J]. 地理学报, 2007, 62 (5): 537–544.

[28] 孙善磊, 周锁铨, 金博, 李金建, 赖安伟. 淮海地区降水周期及突变特征分析 [J]. 气象科学, 2010, 30 (2): 221–227.

[29] 刘兆飞, 王翊晨, 姚治君, 康慧敏. 太湖流域降水、气温与径流变化趋势及周期分析 [J]. 自然资源学报, 2011, 26 (9): 1575–1584.

[30] 吴昊旻, 姜燕敏, 强玉华. 浙江丽水市降水特征多时间尺度周期变化规律的探究 [J]. 干旱气象, 2012, 30 (1): 34–38.

[31] 刘扬, 韦志刚. 近 50 年中国北方不同地区降水周期趋势的比较分析 [J]. 地球科学进展, 2012, 27 (3): 337–346.

[32] Kellogg W W. Precipitation trends on a warmer Earth [C]. Interpretation of Climate and Photochemical Models, Ozone and Temperature Measurements. AIP Publishing, 1982, 82 (1): 35–46.

[33] Karl T R, Kukla G, Gavin J. Relationship between decreased temperature range and precipitation trends in the United States and Canada, 1941–80 [J]. Journal of Climate and Applied Meteorology, 1986, 25 (12): 1878–1886.

[34] Kozuchowski K, Marciniak K. Variability of mean monthly temperatures and semi-annual precipitation totals in Europe in relation to hemispheric circulation patterns [J]. Journal of Climatology, 1988, 8 (2): 191–199.

[35] Schönwiese C D, Stähler U, Birrong W. Temperature and precipitation trends in Europe and their possible link with greenhouse-induced climatic change [J]. Theoretical and Applied Climatology, 1990, 41 (3): 173–175.

[36] Amanatidis G T, Paliatsos A G, Repapis C C, Bartzis J G. Decreasing precipitation trend in the Marathon area, Greece [J]. International Journal of Climatology, 1993, 13 (2): 191–201.

[37] Groisman P Y, Easterling D R. Variability and trends of total precipitation and snowfall over the United States and Canada [J]. Journal of Climate, 1994, 7 (1): 184–205.

[38] Widmann M, Schär C. A principle component and long-term trend analysis of daily precipitation in Switzerland [J]. International Journal of Climatology, 1997, 17 (12): 1333–1356.

[39] Cullather R I, Bromwich D H, van Woert M L. Spatial and temporal variability of Antarctic precipitation from atmospheric methods [J]. Journal of Climate, 1998, 11 (3): 334–367.

[40] Serrano A, Mateos V L, Garcia J A. Trend analysis of monthly precipitation over the Iberian Peninsula for the period 1921–1995 [J]. Physics and Chemistry of the Earth, Part B: Hydrology, Oceans and Atmosphere, 1999, 24 (1): 85–90.

[41] Buffoni L, Maugeri M, Nanni T. Precipitation in Italy from 1833 to 1996 [J]. Theoretical and Applied Climatology, 1999, 63 (1-2): 33–40.

[42] Ventura F, Pisa P R, Ardizzoni E. Temperature and precipitation trends in Bologna (Italy) from 1952 to 1999 [J]. Atmospheric Research, 2002, 61 (3): 203–214.

[43] Yue S, Hashino M. Long term trends of annual and monthly precipitation in Japan [J]. Journal of the American Water Resources Association, 2003, 39 (3): 587–596.

[44] Matsuyama H, Marrngo J A, Obregon G O, Nobre C A. Spatial and temporal variabilities of rainfall in tropical South America as derived from climate prediction center merged analysis of precipitation [J]. International Journal of Climatology, 2002, 22 (2): 175–195.

[45] Klein Tank A M G, Können G P. Trends in indices of daily temperature and precipitation extremes in Europe, 1946–99 [J]. Journal of Climate, 2003, 16 (22): 3665–3680.

[46] Pal I, Al-Tabbaa A. Trends in seasonal precipitation extremes-An indicator of 'climate change' in Kerala, India [J]. Journal of Hydrology, 2009, 367 (1): 62–69.

[47] Łupikasza E B, Hänsel S, Matschullat J. Regional and seasonal variability of extreme precipitation trends in southern Poland and central-eastern Germany 1951–2006 [J]. International Journal of Climatology, 2011, 31 (15): 2249–2271.

[48] Zhang Q, Xu C Y, Zhang Z, Chen Y D, Liu C L. Spatial and temporal variability of precipitation over China, 1951-2005 [J]. Theoretical and Applied Climatology, 2009, 95 (1-2): 53–68.

[49] Endo N, Ailikun B, Yasunari T. Trends and precipitation amounts and the number of rainy days and heavy rainfall events during summer in China from 1961–2000 [J]. Journal of the Meteorological Society of Japan, 2005, 83 (4): 621–631.

[50] Gemmer M, Becker S, Jiang T. Observed monthly precipitation trends in China 1951–2002 [J]. Theoretical and Applied Climatology, 2004, 77 (1-2): 39–45.

[51] Becker S, Gemmer M, Jiang T. Spatiotemporal analysis of precipitation trends in the Yangtze River catchment [J]. Stochastic Environmental Research and Risk Assessment (SERRA), 2006, 20 (6): 435–444.

[52] Jiang D J, Wang K, Li Z, Wang Q. Variability of extreme summer precipitation over Circum-Bohai-Sea region during 1961–2008 [J]. Theoretical and Applied Climatology, 2011, 104 (3-4): 501–509.

[53] Tian Y, Xu Y P, Booij M J, Lin S, Zhang Q, Lou Z. Detection of trends in precipitation extremes in Zhejiang, east China [J]. Theoretical and Applied Climatology, 2012, 107 (1-2): 201–210.

[54] 刘世楷. 从天象与降水的相关概推未来廿五年间中国水旱的趋势 [J]. 北京师范大学学报（自然科学版）, 1962, 1: 24–39.

[55] 中央气象局研究所一室. 1973～1980年我国大范围降水气候趋势的初步研究 [J]. 气象科技资料. 1973, 03: 2–13.

[56] 赵汉光. 西北地区夏季（6~8月）降水趋势预报及其环流特征分析 [J]. 气象科技资料, 1975, 02: 17–20.

[57] 施其仁, 孙令喜, 邢祖恩, 黄志学. 冬半年西风带大型高值环流系统与降水趋势 [J]. 气象, 1981, 10: 7–8.

[58] 徐群, 杨义文. 淮河洪泽湖以上流域汛期降水趋势和前期海-气系统的遥联关系 [J]. 海洋与湖沼, 1982, 13 (4): 358–369.

[59] 严济远, 许卫桐, 朱静燕, 徐家良. 长江三角洲各自然季节降水趋势 [J]. 地理研究, 1986, 5 (1): 51–57.

[60] 张继经. 辽宁春季降水演变特征及其趋势 [J]. 辽宁气象, 1991, (2): 20–22.

[61] 哈斯. 坝上高原近90年以来降水变化趋势 [J]. 中国沙漠, 1994, 14 (4): 47–52.

[62] 范金松, 陈开喜. 近百年来南京降水变化的趋势和特征 [J]. 气象科学, 1997, 17 (3): 237–245.

[63] 葛小清, 王叶仙. 浙江省降水变化趋势分析 [J]. 科技通报, 1998, 14 (3): 164–169.

[64] 翟盘茂, 任福民, 张强. 中国降水极值变化趋势检测 [J]. 气象学报, 1999, 57 (2): 81–89.

[65] 任国玉, 吴虹, 陈正洪. 我国降水变化趋势的空间特征 [J]. 应用气象学报, 2000, 11 (3): 322–330.

[66] 周丽英, 杨凯. 上海降水百年变化趋势及其城郊的差异 [J]. 地理学报, 2001, 56 (4): 467–476.

[67] 姜逢清, 朱诚, 胡汝骥. 1960～1997年新疆北部降水序列的趋势探测 [J]. 地理科学, 2002, 22 (6): 669–672.

[68] 乔芬生. 近80年来贵阳地区降水的气候特征与变化趋势分析 [J]. 贵州气象, 2003, 27 (2): 8–11.

[69] 邓自旺, 周晓兰, 陈海山. 江苏降水长期趋势及年代际变化空间差异分析 [J]. 应用气象学报, 2004, 15 (6): 696–705.

[70] 李想, 李维京, 赵振国. 我国松花江流域和辽河流域降水的长期变化规律和未来趋势分析 [J]. 应用气象学报, 2005, 16 (5): 593–599.

[71] 苏布达，姜彤，任国玉，陈正洪. 长江流域 1960～2004 年极端强降水时空变化趋势 [J]. 气候变化研究进展，2006，2（1）：9-14.

[72] 刘引鸽. 陕北黄土高原降水的变化趋势分析 [J]. 干旱区研究，2007，24（1）：49-55.

[73] 徐利岗，周宏飞，李彦，李晖，汤英. 中国北方荒漠区降水稳定性与趋势分析 [J]. 水科学进展，2008，19（6）：792-799.

[74] 段建军，王小利，高照良，张彩霞. 黄土高原地区 50 年降水时空动态与趋势分析 [J]. 水土保持学报，2009，23（5）：143-146.

[75] 陈波，史瑞琴，陈正洪. 近 45 年华中地区不同级别强降水事件变化趋势 [J]. 应用气象学报，2010，21（1）：47-54.

[76] 邱临静，郑粉莉，尹润生. 1952～2008 年延河流域降水与径流的变化趋势分析 [J]. 水土保持学报，2011，25（3）：49-53.

[77] 殷水清，高歌，李维京，Chen D L，郝立生. 1961～2004 年海河流域夏季逐时降水变化趋势 [J]. 中国科学：地球科学，2012，42（2）：256-266.

[78] 沈灿燊. 珠江流域地表径流的初步分析 [J]. 中山大学学报（自然科学版），1961，04：82-100.

[79] 徐在庸，胡玉山. 坡面径流的试验研究 [J]. 水利学报，1962，04：1-8.

[80] 陈训深，张思华. 赣江流域的地表径流 [J]. 江西师院学报（自然科学版），1980，01：91-106.

[81] 余泽忠. 福建的地表迳流 [J]. 福建师范学院学报（自然科学版），1956，02：122-152.

[82] 金栋梁. 水资源径流资料的还原计算 [J]. 水文，1981，02：21-27.

[83] 汤奇成，程天文，赵楚年，刘恩宝. 我国西北、华北地区地表径流量的估算及分析 [J]. 自然资源，1981，02：41-49.

[84] 杜玉平. 对 M·A 维里加诺夫流域径流公式的扩充与推广 [J]. 水土保持学报，1990，04：89-91，93.

[85] 李文华，何永涛，杨丽韫. 森林对径流影响研究的回顾与展望 [J]. 自然资源学报，2001，16（5）：398-406.

[86] 王礼先，张志强. 干旱地区森林对流域径流的影响 [J]. 自然资源学报，2001，16（5）：439-444.

[87] 石培礼，李文华. 森林植被变化对水文过程和径流的影响效应 [J]. 自然资源学报，2001，16（5）：481-487.

[88] Favre A C，Adlouni S E，Perrault L，Thiémonge N，Bobée B. Multivariate hydrological frequency analysis using Copulas [J]. Water Resources Research，2004，40（1）：290-294.

[89] 崔殿河，刘玉斗，赵梅. 1977 年黄河与孤山川河洪水遭遇分析 [J]. 东北水利水电，2012，30（8）：31-32.

[90] 高峰，武士国. 黄河汶河洪水遭遇与调度措施分析 [J]. 山东水利，2011，（4）：21-22.

[91] 张修龙. 小河沟与大河洪水遭遇情况分析方法探讨 [J]. 陕西水利，2009，（5）：131-132.

[92] 代斌. 田家河与漓江流域洪水遭遇分析 [J]. 广东水利水电，2012，7：28-31.

[93] 黄云仙. 松澧地区洪水遭遇分析 [J]. 湖南水利水电，2012，（3）：58-62.

[94] 戴明龙，叶莉莉，刘圆圆. 长江上游洪水与汉江洪水遭遇规律研究 [J]. 人民长江，2012，43（1）：48-51.

[95] 熊莹. 长江上游干支流洪水组成与遭遇研究 [J]. 人民长江，2012，43（10）：42-45.

[96] 范可旭，徐长江. 乌江洪水与长江三峡洪水遭遇研究 [J]. 水文，2010，30（4）：63-65.

[97] 黄胜烨. 极端洪水遭遇下鄱阳湖调蓄能力研究 [D]. 南京：南京大学硕士学位论文，2011.

[98] 郭家力，郭生练，徐高洪，李中平. 鄱阳湖流域洪水遭遇规律和危险度初步研究 [J]. 水文，2011，31（2）：1-5.

[99] 杜尚海，苏小四，吕航. 不同降水丰枯遭遇条件下滹沱河地下水库人工补给效果 [J]. 吉林大学学报（地球科学版），2010，40（5）：1090-1097.

[100] 郑红星，刘昌明. 南水北调东中两线不同水文区降水丰枯遭遇性分析 [J]. 地理学报，2000，55（5）：523-532.

[101] 康玲，何小聪. 南水北调中线降水丰枯遭遇风险分析 [J]. 水科学进展，2011，22（1）：44-50.

[102] 费永法. 多元随机变量的条件概率计算方法及其在水文中的应用 [J]. 水利学报，1995，8：60-66.

［103］王志良，杨弘．天津市水源地降水丰枯遭遇性分析［J］．海河水利，2004，6：15-18.

［104］戴昌军．多维联合分布计算理论在南水北调东线丰枯遭遇分析中的应用研究［D］．河海大学硕士学位论文，2005.

［105］韩宇平，蒋任飞，阮本清．南水北调中线水源区与受水区降水丰枯遭遇分析［J］．华北水利水电学院学报，2007，28（1）：8-11.

［106］杨晓玉．南水北调西线一期工程调水区径流特性及其丰枯遭遇分析［D］．天津大学硕士学位论文，2008.

［107］李松仕．洪潮组合计算方法研究［J］．水利科技，2006，2：3-4.

［108］陈振丽．南康江整治工程洪潮组合水文分析［J］．广西大学学报（自然科学版），2004，29（1）：89-92.

［109］张阿龙，刘鑫．沿海地区洪潮遭遇分析［J］．黑龙江水利科技，2006，04：44-45.

［110］武金慧，李占斌．水面蒸发研究进展与展望［J］．水利与建筑工程学报，2007，5（3）：46-50.

［111］施成熙，牛克源，陈天珠，朱晓原．水面蒸发折算系数研究［J］．地理科学，1986，6（4）：305-313.

［112］张有芷．我国水面蒸发试验研究概况［J］．人民长江，1999，30（3）：6-8.

［113］王积强．中国北方地区若干蒸发试验研究［M］．北京：科学出版社，1990.

［114］洪嘉琏，傅国斌，郭早男，杜占德，朱伟．山东南四湖水面蒸发实验研究［J］．地理研究，1996，15（3）：42-49.

［115］左洪超，鲍艳，张存杰，胡隐樵．蒸发皿蒸发量的物理意义，近40年变化趋势的分析和数值试验研究［J］．地球物理学报，2006，49（3）：680-688.

［116］张援朝，张敏，张永立．数字记录式水面蒸发器的研究与应用［J］．气象水文海洋仪器，2003，16（4）：1-9.

［117］任芝花，黎明琴，张纬敏．小型蒸发器对E601B蒸发器的折算系数［J］．应用气象学报，2002，13（4）：508-514.

［118］韦洁．不同蒸发器水面蒸发量折算系数的分析探讨［J］．广西水利水电，2004，33（3）：12-15.

［119］牛振红，孙明．水面蒸发折算系数的对比观测实验与分析计算［J］．水文，2003，23（3）：49-51.

［120］Peterson T C, Golubev V S, Groisman P Ya. Evaporation losing its strength［J］. Nature, 1995, 377：687-688.

［121］Chattopadhyay N, Hulme M. Evaporation and potential evapo- transpiration in India under conditions of recent and future climate change［J］. Agricultural and Forest Meteorology, 1997, 87（1）：55-73.

［122］Lawrimore J H, Peterson T C. Pan evaporation trends in dry and humid regions of the United States［J］. Journal of Hydrometeorology, 2000, 1（6）：543-546.

［123］Linacre E T. Evaporation trends［J］. Theoretical and Applied Climatology, 2004, 79（1-2）：11-21.

［124］左洪超，李栋梁，胡隐樵，鲍艳，吕世华．近40年中国气候变化趋势及其同蒸发皿观测的蒸发量变化的关系［J］．科学通报，2005，50（11）：1125-1130.

［125］任国玉，郭军．中国水面蒸发量的变化［J］．自然资源学报，2006，21（1）：31-44.

［126］安月改，李元华．河北省近50年蒸发量气候变化特征［J］．干旱区资源与环境，2005，19（4）：159-162.

［127］邱新法，刘昌明，曾燕．黄河流域近40年蒸发皿蒸发量的气候变化特征［J］．自然资源学报，2003，18（4）：437-442.

［128］Simmons H B. Some effects of Upland discharge on estuarine hydraulics［J］. Proceedings of the American Society of Civil Engineers, 1955, 81（792）：1-20.

［129］Hansen D V, Rattray M. New dimension in estuary classification［J］. Limnology and Oceanography, 1966, 11（3）：319-326.

［130］Pritchard D W. Observation of circulations in coastal plain estuaries［A］. In：Lauff G, ed. Estuaries［M］, Vol. 83. Washington D. C：AAAS Publ. 1967.

［131］Simmons H B, Brown F R. Salinity effects on estuarine hydraulics and sedimentation［J］. Proceedings of the Thirteenth Congress. International Association for Hydraulic Research, 1969, 13：311-325.

［132］Savenije H H G. Rapid assessment technique for salt intrusion in alluvial estuaries［D］. Delft：Doctoral Dissertation of Delft University. 1992.

［133］ 魏炳乾，夏双喜，内岛邦秀，早川博. 感潮河段弯道水流的水力特性 ［J］. 水动力学研究与进展，2007，22（1）：68–75.

［134］ Haralambidou K, Sylaios G, Tsihrintzis V A. Salt-wedge propagation in a Mediterranean micro-tidal river mouth ［J］. Estuarine, Coastal and Shelf Science, 2010, 90（4）：174–184.

［135］ Bhuiyan M J A N, Dutta D. Assessing impacts of sea level rise on river salinity in the Gorai river network, Bangladesh ［J］. Estuarine, Coastal and Shelf Science, 2012, 96：219–227.

［136］ Ippen A T, Harleman D R F. One-dimensional analysis of salinity intrusion in estuaries ［R］. Technical Bulletin No. 5 Corps of Eng. U. S. A., Vicksburg：Army Engineer waterways Experiment Station, 1961.

［137］ Chen X J. Modeling hydrodynamics and salt transport in the Alafia River estuary, Florida during May 1999–December 2001 ［J］. Estuarine, Coastal and Shelf Science, 2004, 61（3）：477–490.

［138］ Leendertse J J, Alexander R C, Liu S K. A three dimensional model for estuaries and coastal seas. Vol. I：Principles of Computation ［R］. Santa Monica, 1973.

［139］ Xu H Z, Lin J, Wang D X. Numerical study on salinity stratification in the Pamlico River Estuary ［J］. Estuarine, Coastal and Shelf Science, 2008, 80（1）：74–84.

［140］ Walther M, Delfs J O, Grundmann J, Kolditz O, Liedl R. Saltwater intrusion modeling：Verification and application to an agricultural coastal arid region in Oman ［J］. Journal of Computational and Applied Mathematics, 2012, 236（18）：4798–4809.

［141］ Grigg N J, Ivey G N. A laboratory investigation into shear-generated mixing in a salt wedge estuary ［J］. Geophysical and Astrophysical Fluid Dynamics, 1997, 85（1–2）：65–95.

［142］ 毛汉礼，甘子钧，蓝淑芳. 长江冲淡水及其混合问题的初步探讨 ［J］. 海洋与湖沼，1963，5（3）：183–206.

［143］ 沈焕庭，茅志昌，朱建荣. 长江河口盐水入侵 ［M］. 北京：海洋出版社，2003.

［144］ 王超俊，张鸣冬. 三峡水库调度运行对长江口咸潮入侵的影响分析 ［J］. 人民长江，1994，（4）：44–48，63.

［145］ 黄惠明，王义刚. 三峡及南水北调工程联合运行对长江河口盐水入侵影响初步研究 ［A］. 见：中国水利学会2007学术年会人类活动与河口分会场论文集 ［C］. 北京：海洋出版社，2007，21–28.

［146］ 杨桂山，朱季文. 全球海平面上升对长江口盐水入侵的影响研究 ［J］. 中国科学B辑，1993，23（1）：69–76.

［147］ 宋志尧，茅丽华. 长江口盐水入侵研究 ［J］. 水资源保护，2002，（3）：27–30.

［148］ 朱慧峰，吴合明，邵志刚. 上海市长江口水源地盐水入侵影响及对策研究 ［J］. 水利经济，2004，22（5）：48–49.

［149］ 朱留正. 长江口盐水入侵研究 ［D］. 南京：南京水利科学研究所硕士论文. 2000.

［150］ 周济福，刘青泉，李家春. 河口混合过程的研究 ［J］. 中国科学A辑，1999，（9）：835–843.

［151］ 肖成猷，沈焕庭. 长江河口盐水入侵影响因子分析 ［J］. 华东师范大学学报（自然科学版），1998，3：74–80.

［152］ 水利电力部上海勘测设计院. 长江口综合开发整治规划要点报告 ［R］. 上海，1988.

［153］ 关许为. 长江口深水航道治理工程回淤量及盐度计算报告 ［R］. 上海，1999.

［154］ 龚政. 长江口三维斜压流场及盐度场数值模拟 ［D］. 南京：河海大学博士学位论文. 2002.

［155］ 黄新华，曾水泉，易绍桢，注晋三. 西江三角洲的咸害问题 ［J］. 地理学报，1962，28（2）：137–148.

［156］ 应轶甫，陈世光. 珠江口伶仃洋咸淡水混合特征 ［J］. 海洋学报（中文版），1983，5（1）：1–10.

［157］ 胥加仕，罗承平. 近年来珠江三角洲咸潮活动特点及重点研究领域探讨 ［J］. 人民珠江，2005，（2）：21–23.

［158］ 闻平，陈晓宏，刘斌，杨晓灵. 磨刀门水道咸潮入侵及其变异分析 ［J］. 水文，2007，27（3）：65–67.

［159］ 欧素英. 珠江三角洲咸潮活动的空间差异性分析 ［J］. 地理科学，2009，29（1）：89–92.

［160］ 包芸，任杰. 采用改进的盐度场数值格式模拟珠江口盐度高度分层现象 ［J］. 热带海洋学报，2001，

20（4）：28-34.

［161］珠江水利委员会. 珠江流域2005~2006年干旱及压咸补淡应急调水［J］. 人民珠江，2006，（5）：46-47.

［162］珠江水利委员会. 珠江流域2004~2005年干旱与压咸补淡应急调水［J］. 人民珠江，2006，（5）：45，52.

［163］Hartley J A，Powell R S. The development of a combined water demand prediction system［J］. Civil Engineering Systems，1991，8（4）：231-236.

［164］贺丽媛，夏军，张利平. 水资源需求预测的研究现状和发展趋势［J］. 长江科学院院报，2007，24（1）：61-64.

［165］李琳. 社会经济安全条件下的城市需水量研究［D］. 郑州：郑州大学硕士学位论文，2006.

［166］展金岩. 深圳市水资源供需预测及可持续利用研究［D］. 北京：华北电力大学硕士学位论文，2012.

［167］World Commission on Environment and Development. Sustainable Development and Water. Statement on the WCED report "Our common Future"［J］. Water International，1989，14（3）：152-252.

［168］United Nations Conference on Environment and Development. Agenda 21［C］. Chapter 18. In：Earth Summit'92. London：The Regency Press Corporation，1992，157-172.

［169］马兴冠，傅金祥，李勇. 水资源需求预测研究［J］. 沈阳建筑工程学院学报（自然科学版），2002，18（2）：135-138.

［170］AL-Kharabsheh A，Ta'any R. Challenges of water demand management in Jordan［J］. Water International，2005，30（2）：210-219.

［171］Alcamo J，Döll P，Henrichs T，Kaspar F，Lehner B，Rösch T，Siebert S. Development and testing of the water GAP2 global model water use and availability［J］. Hydrological Sciences Journal，2003，48（3）：317-337.

［172］Prassifka D W. Current Trends in Water Supply Planning［M］. New York：Von Nostrand Reinhold Conpang，1988.

［173］李云玲. 水资源需求与调控研究［D］. 北京：中国水利水电科学研究院博士学位论文，2007.

［174］Shiklomanov I. Assessment of water resources and water availability in the world［R］. Comprehensive assessment of the freshwater resources of the world. Stockholm Environment Institute，Stockholm，Sweden，1997.

［175］Sales J D，Yevjevich V. Stochastic structure of water use time series［J］. Hydrology Papers（Colorado State University），1972，（52）：24-32.

［176］Maidment D R，Panzen E. Cascade model of monthly municipal water use［J］. Water Resources Research，1984，20（1）：15-23.

［177］Maidment D R，Miaou S P，Crawford M M. Transfer function models of daily urban water use［J］. Water Resources Research，1985，21（4）：425-432.

［178］Franklin S L，Maidment D R. An evaluation of weekly and monthly time series forecasts of municipal water use［J］. Journal of the American Water Resources Bulletin，1986，22（4）：611-621.

［179］Billings R B，Day M. Demand management factors in residential water use：the southern Arizona experience［J］. Journal of American Water Works Association，1989，81（3）：58-64.

［180］Liu K，Subbarayan S，Shoults R R，Manry M T，Kwan C，Lewis F L，Naccarino J. Comparison of very short-term load forecasting techniques［J］. IEEE Transactions on Power Systems，1996，11（2）：877-882.

［181］Alcamo J，Döll P，Henrichs T，Kaspar F，Lehner B，Rösch T，Siebert S. Development and testing of the WaterGAP2 global model of water use and availability［J］. Hydrological Sciences-Journal-des Sciences Hydrologiques. 2003，48（3）：317-337.

［182］Msiza I S，Nelwamondo F V，Marwala T. Water demand prediction using artificial neural networks and support vector regression［J］. Journal of Computers，2008，3（11）：1-8.

［183］Yasar A，Bilgili M，Simsek E. Water demand forecasting based on stepwise multiple nonlinear regression analysis［J］. Arabian Journal for Science and Engineering，2012，37（8）：2333-2341.

［184］姜琼. 基于可持续利用水量的需水预测方法研究——以延安市为例［D］. 南京：河海大学硕士学位论文，2006.

［185］姚建文，徐子凯，王建生. 21世纪中叶中国需水展望［J］. 水科学进展，1999，（2）：190-194.

[186] 贾绍凤,张士锋,杨红,夏军. 工业用水与经济发展的关系——用水库兹涅茨曲线 [J]. 自然资源学报,2004,19(3):279-284.

[187] 陈家琦. 中国水资源问题及 21 世界初期供需展望 [J]. 水问题论坛,2001,(10):43-44.

[188] 丁宏达. 用回归-马尔柯夫链法预测供水量 [J]. 中国给水排水,1990,6(1):45-47.

[189] 王煜. 灰色系统理论在需水预测中的应用 [J]. 系统工程,1996,14(1):60-64.

[190] 余世明. 作物需水量的灰色拓扑预测 [J]. 四川水利,1996,17(2):18-21.

[191] 吕谋,赵洪斌,李红卫,王常明. 时用水量预测的自适应组合动态建模方法 [J]. 系统工程理论与实践,1998,8:102-108,113.

[192] 张洪国,赵洪宾,李恩辕. 城市用水量灰色预测 [J]. 哈尔滨建筑大学学报,1998,31(4):32-37.

[193] 张兴芳. 城市需水量预测方法的研究 [J]. 太原理工学报,2000,31(2):159-161.

[194] 王大正,赵建世,蒋慕川,翁文斌. 多目标多层次流域需水预测系统开发与应用 [J]. 水科学进展,2002,13(1):49-54.

[195] 薛小杰,黄强,惠泱河,王煜,李勋贵. 基于径向基函数神经网络与改进遗传算法的黄河流域需水预测 [J]. 水土保持学报,2002,16(3):83-85,97.

[196] 柯礼丹. 人均综合用水量方法预测需水量——观察未来社会用水的有效途径 [J]. 地下水,2004,26(1):1-5,10.

[197] 耿曙萍,姜卉芳,何英. 交互式城市需水预测模型的建立及其应用 [J]. 新疆农业大学学报 2006,29(3):91-94.

[198] 张灵,陈晓宏,刘青娥. 基于 IEA 的需水预测投影寻踪模型研究 [J]. 灌溉排水学报,2008,27(1):73-76.

[199] 邵磊,周孝德,杨方廷,韩军. 基于 RAGA 的 GM(1,1)-RBF 组合需水预测模型 [J]. 长江科学院院报,2010,27(5):29-33.

[200] 明均仁,肖凯. 基于 R 语言的面向需水预测的随机森林方法 [J]. 统计与决策,2012,9:81-83.

[201] 蔡素芳,梅亚东. 需水预测研究综述 [A]. 变化环境下的水资源响应与可持续利用——中国水利学会水资源专业委员会 2009 学术年会论文集 [C],大连:大连理工大学出版社. 2009,219-224.

[202] Wood A W, Lettenmaier D P, Palmer R N. Assessing climate change implications for water resources planning [J]. Climatic Change,1997,37(1):203-228.

[203] Boland J J. Assessing urban water use and the role of water conversation measures under climate uncertainty [J]. Climatic Change,1997,37(1):157-176.

[204] Frederick K D. Adapting to climate impacts on the supply and demand for water [J]. Climatic Change,1997,37(1):141-156.

[205] Dowing T E, Butterfield R E, Edmonds B, Knox J W, Moss S, Piper B S, Weatherhead E K. CCDeW:Climate change and demand for water [R]. Oxford:University of Oxford,2003.

[206] Ruth M, Bernier C, Jollands N, Golubiewski N. Adaptation of water supply infrastructure to impacts from climate and socioeconomic changes:the case of Hamilton, New Zeland [J]. Water Resources Management,2007,21(6):1031-1045.

[207] Wang X J, Zhang J Y, Elmahdi A, He R M, Zhang L R, Chen F. Water demand forecasting under changing environment:a System Dynamics approach [J]. IAHS Publication,2011,(347):259-266.

[208] 蒋绍阶,江崇国. 灰色神经网络最优权组合模型预测城市需水量 [J]. 重庆建筑大学学报,2008,30(2):113-115.

[209] Pulido-Calvo I, Gutiérrez-Estrada J C. Improved irrigation water demand forecasting using a soft-computing hybrid model [J]. Biosystems Engineering,2009,102(2):202-218.

[210] 吕孙云,许银山,熊莹,梅亚东. 组合预测方法在需水预测中的应用 [J]. 武汉大学学报(工学版),2011,44(5):565-570.

[211] 王仰仁,刘斌,韩娜娜. 用水量预测模型选择的研究 [A]. 变化环境下的水资源响应与可持续利用——中

国水利学会水资源专业委员会 2009 学术年会论文集 [C]. 大连：大连理工大学出版社，2009，393-398.

[212] 王媛、冯塞. 基于预测误差的用水预测模型选择方法研究 [J]. 科学技术与工程，2010，10（19）：4762-4766.

[213] 赵立梅，唐德善. 张家港市工业需水量预测风险分析 [J]. 水利经济，2004，22（5）：45-47.

[214] Khatri K, Vairavamoorthy K. Water demand forecasting for the city of the future against the uncertainties and the global change pressures: a case of Birmingham [J]. World Environmental and Water Resources Congress, 2009, 5173-5187.

[215] Bhatti A M, Nasu S. Domestic water demand forecasting and management under changing socio-economic scenario [J]. Journal of Society for Social Management Systems, Japan, SMS, 2010, 10-183.

[216] Qi C, Chang N-B. System dynamics modeling for municipal water demand estimation in an urban region under uncertain economic impacts [J]. Journal of Environmental Management, 2011, 92（6）: 1628-1641.

[217] Suttinon P, TakashiN, Seigo N A S U. Industrial water demand prediction model: the case of changing industrial market share from free trade agreements [J]. Economic Viewpoint, 2007, 03: 9-11.

[218] 崔瑛，张强，陈晓宏，江涛. 生态需水理论与方法研究进展 [J]. 湖泊科学，2010，22（4）：465-480.

[219] 李红清. 遥感技术在水环境保护中的应用初探 [J]. 水利水电快报，2003，24（3）：24-25.

[220] 王少红. 科学家巧用两种污水处理方法治理水污染 [J]. 西南给排水，2009，（5）：8-8.

[221] 曾维华，张庆丰，杨志峰. 国内外水环境管理体制对比分析 [J]. 重庆环境科学，2003，25（1）：2-4.

[222] 吴季松. 新经济学理论系统及其实践体系 [N]. 科技日报，2009-10-11，第二版.

[223] Frosch R A, Gallopoulos N. Strategies for manufacturing [J]. Scientific American, 1989, 261（3）: 144-152.

[224] Pearce D W, Turner R K. Economics of Natural Resources and the Environment [M]. Baltimore: JHU Press, 1990.

[225] 廖先荣，王翠文，蒋文琼. 城市河流生态修复研究综述 [J]. 天津科技，2009，36（6）：31-32.

[226] 高甲荣. 近自然治理——以景观生态学为基础的荒溪治理工程 [J]. 北京林业大学学报，1999，21（1）：86-91.

[227] Laub B G, Palmer M A. Restoration ecology of rivers [J]. Encyclopedia of Inland Waters, 2009, （1）: 332-341.

[228] 姜正实，麻俊仁. 河流生态修复技术研究进展 [J]. 吉林水利，2008，（12）：19-21.

[229] Odum H T. Environmental Accounting: Emergy and Environmental Decision Making [M]. New York: Wiley, 1996.

[230] Mitsch W J, Jørgensen S E. Ecological Engineering: An Introduction to Ecotechnology [M]. New York: Wiley, 1989.

[231] Mitsch W J. Ecological Engineering: A New Paradigm for Engineers and ecologists [M]. Washington D C: National Academy Press, 1996.

[232] Mitsch W J. Ecological engineering: the 7-year itch [J]. Ecological Engineering, 1998, 10（2）: 119-130.

[233] Gray D H, Sotir R B. Biotechnical stabilization of highway cut slope [J]. Journal of Geotechnical Engineering, 1992, 118（9）: 1395-1409.

[234] 陈兴茹. 国内外河流生态修复相关研究进展 [J]. 水生态学杂志，2011，32（5）：122-128.

[235] U. S. Environmental Protection Agency. Stream corridor restoration: principles, processes and practices [S]. Washington, 1998.

[236] 颜兵文. 长株潭湘江河岸带景观生态规划研究 [D]. 长沙：中南林学院硕士学位论文，2005.

[237] 胡静波. 城市河道生态修复方法初探 [J]. 南水北调与水利科技，2009，7（2）：128-130.

[238] 王薇，李传奇. 河流廊道与生态修复 [J]. 水利水电技术，2003，34（9）：56-58.

[239] 杜良平. 生态河道构建体系及其应用研究 [D]. 杭州：浙江大学硕士学位论文，2007.

[240] 杨海军，内田泰三，盛连喜，王德利. 受损河岸生态系统修复研究进展 [J]. 东北师大学报（自然科学版），2004，36（1）：95-100.

[241] 蔡晔. 平原地区城市内河河道结构与水质恢复关系的实验研究 [D]. 苏州：苏州大学硕士学位论文，2007.

[242] 邓红兵，王青春，王庆礼，吴文春，邵国凡. 河岸植被缓冲带与河岸带管理 [J]. 应用生态学报，2001，12（6）：951-954.

[243] 罗新正，孙广友. 河堤环境效应略论 [J]. 环境科学研究，2001，14（2）：11-13.

[244] 赵润红，师卫华，赵辉. 城市护岸的发展历程和趋势 [J]. 现代园艺，2008. (9)：46-47.

[245] 刘晓涛. 城市河流治理若干问题的探讨 [J]. 规划师，2001，17 (6)：66-69.

[246] 陈风琴，耿福源，赵莹，史秀娟. 城市河流生态系统修复 [J]. 中国人口资源与环境，2010，20 (3)：365-367.

[247] 陶理志. 生态护坡在城市防洪堤的应用 [J]. 人民长江，2007，38 (5)：80-82.

[248] 赫晓磊. 山丘区生态河道设计方法研究 [D]. 扬州：扬州大学硕士学位论文，2008.

[249] 杨芸. 论多自然型河流治理法对河流生态环境的影响 [J]. 四川环境，1999，18 (1)：19-24.

[250] 张建春，彭补拙. 河岸带研究及其退化生态系统的恢复与重建 [J]. 生态学报，2003，23 (1)：56-63.

[251] 刘树坤. 刘树坤访日报告：自然环境的保护和修复（一）[J]. 海河水利，2002，(1)：58-60，70.

[252] 刘树坤. 刘树坤访日报告：自然环境的保护和修复（二）[J]. 海河水利，2002，(2)：56-60，64.

[253] 刘树坤. 刘树坤访日报告：湿地生态系统的修复（三）[J]. 海河水利，2002，(3)：61-63，69-70.

[254] 刘树坤. 刘树坤访日报告：湿地生态系统的修复（四）[J]. 海河水利，2002，(4)：61-64，67-70.

[255] 刘树坤. 刘树坤访日报告：河流整治与生态修复（五）[J]. 海河水利，2002，(5)：64-66，70.

[256] 刘树坤. 刘树坤访日报告：大坝建设中的生态修复（六）[J]. 海河水利，2002，(6)：62-65，70.

[257] 董哲仁. 生态水工学的理论框架 [J]. 水利学报，2003，(1)：1-6.

[258] 董哲仁. 生态水工学——人与自然和谐的工程学 [J]. 水利水电技术，2003，34 (1)：14-16.

[259] 唐涛，蔡庆华，刘建康. 河流生态系统健康及其评价 [J]. 应用生态学报，2002，13 (9)：1191-1194.

[260] 郑天柱，周建仁，王超. 污染河道的生态恢复机理研究 [J]. 环境科学，2002，23 (12)：115-117.

[261] 王沛芳，王超，冯骞，钱进，周建仁. 城市水生态系统建设模式研究进展 [J]. 河海大学学报（自然科学版），2003，31 (5)：485-489.

[262] 夏继红，严忠民. 国内外城市河道生态型护岸研究现状及发展趋势 [J]. 中国水土保持，2004，(3)：20-21.

[263] 赵彦伟，杨志峰. 河流健康：概念、评价方法与方向 [J]. 地理科学，2005，25 (1)：119-124.

[264] 达良俊，颜京松. 城市近自然型水系恢复与人工水景建设探讨 [J]. 现代城市研究，2005，(1)：8-15.

[265] 陈庆伟，刘兰芬，孟凡光，何宇，刘昌明. 筑坝的河流生态效应及生态调度措施 [J]. 水利发展研究，2007，7 (6)：15-17，36.

[266] Higgins A, Archer A, Hajkowicz S. A stochastic non-linear programming model for a multi-period water resource allocation with multiple objectives [J]. Water Resources Management, 2008, 22 (10): 1445-1460.

[267] Abed-Elmdoust A, Kerachian R. Water resources allocation using a cooperative game with fuzzy payoffs and fuzzy coalitions [J]. Water Resource Manage, 2012, 26 (13): 3961-3976.

[268] Juizo D, Lidén R. Modeling for transboundary water resources planning and allocation: the case of Southern Africa [J]. Hydrology and Earth System Sciences, 2010, 14 (11): 2343-2354.

[269] Nikoo M R, Kerachian R, Poorsepahy-Samian H. An interval parameter model for cooperative inter-basin water resources allocation considering the water quality issues [J]. Water Resource Manage, 2012, 26 (11): 3329-3343.

[270] Sehlager E. Challenges of governing groundwater in U. S. western states [J]. Hydrogeology Journal, 2006, 14 (3): 350-360.

[271] Milliman J D, Farnsworth K L, Jones P D. Xu K H, Smith L C. Climatic and anthropogenic factors affecting river discharge to the global ocean, 1951-2000 [J]. Global and Planetary Change, 2008, 62 (3): 187-194.

[272] Hoekema D J, Sridhar V. Relating climatic attributes and water resources allocation: A study using surface water supply and soil moisture indices in the Snake River basin, Idaho [J]. Water Resource Research, 2011, 47 (7): 209-216.

[273] 董增川，卞戈亚，王船海，李大勇. 基于数值模拟的区域水量水质联合调度研究 [J]. 水科学进展，2009，20 (2)：184-189.

[274] 张永勇，王中根，夏军，柳文华，刘晓洁. 基于水循环过程的水量水质联合评价 [J]. 自然资源学报，2009，24 (7)：1308-1314.

[275] 游进军, 薛小妮, 牛存稳. 水量水质联合调控思路与研究进展 [J]. 水利水电技术, 2010, 41 (11): 7-9.

[276] 王浩, 秦大庸, 王建华, 罗琳, 裴源生. 黄淮海流域水资源合理配置 [M]. 北京: 科学出版社, 2003.

[277] 粟晓玲, 康绍忠, 石培泽. 干旱区面向生态的水资源合理配置模型与应用 [J]. 水利学报, 2008, 39 (9): 1111-1117.

[278] 严登华, 王浩, 杨舒媛, 霍竹. 面向生态的水资源合理配置与湿地优先保护 [J]. 水利学报, 2008, 39 (10): 1241-1247.

[279] 裴源生, 赵勇, 王建华. 流域水资源实时调度研究——以黑河流域为例 [J]. 水科学进展, 2006, 17 (3): 395-401.

[280] 王浩, 游进军. 水资源合理配置研究历程与进展 [J]. 水利学报, 2008, 39 (10): 1168-1175.

[281] 严登华, 秦天玲, 肖伟华, 李冬晓. 基于低碳发展模式的水资源合理配置模型研究 [J]. 水利学报, 2012, 43 (5): 586-593.

[282] 张建云. 气候变化对水安全影响的评价 [J]. 中国水利, 2010, 8: 5-6.

[283] 岳春芳. 东南沿海地区水资源优化配置模型及其应用研究 [D]. 乌鲁木齐: 新疆农业大学博士学位论文, 2004.

[284] 王浩, 王建华, 秦大庸. 流域水资源合理配置的研究进展与发展方向 [J]. 水科学进展, 2004, 15 (1): 123-128.

[285] 裴源生, 赵勇, 罗琳. 相对丰水地区水资源合理配置研究——以四川绵阳市为例 [J]. 资源科学, 2005, 27 (5): 84-89.

[286] 佘国云. 丰水区域缺水期水资源调度研究 [M]. 北京: 中国水利水电出版社, 2007.

2 研究区概况及水资源特征

区域水资源时空分布特点与演变趋势、水资源开发利用现状及趋势是流域水资源规划体系的基础。本次研究，是在全国 1980 年第一次水资源评价基础上，延长水文序列至 1956~2000 年，以县级行政区和水资源五级区为计算单元，系统调查与分析广东省范围内各地市与三级水资源分区降水、蒸发、河流泥沙、径流诸水文要素的变化规律，地表与地下水相互转换关系和人类活动对水资源影响，重点评价地表水、地下水和总水资源的数量、质量、可利用量及其时空分布特点与演变趋势；分析各分区水资源的供、用、排、耗水的现状结构以及演变趋势，研究生活、生产、河道内生态环境用水结构及其变化趋势，探讨水资源开发利用与社会经济发展的相应关系；综合评价现状条件下水资源的开发利用程度、开发类型与利用模式、用水水平、用水效率、水质及生态环境现状、水资源开发利用中存在的问题，综合分析水资源开发利用与经济社会可持续发展之间的协调程度。

2.1 广东省自然地理基本情况

2.1.1 自然地貌

广东省位于我国大陆南端，地处北纬 20°08′~25°32′、东经 109°40′~117°20′，北回归线横贯中部。广东省北倚南岭，与湖南、江西两省相连，东邻福建，西接广西，南濒浩瀚的南海，西南端隔琼州海峡与海南相望。广东省国土面积 179638 km²，本次水资源评价面积为 177579 km²，约占全国总面积的 2.2%。广东省地形复杂，山丘起伏，河流纵横，除珠江流域的河流外，还有韩江及众多独流入海的中、小河流。珠江流域的东、西、北江在广东省汇合，经宽广的珠江三角洲注入南海。

广东省大陆地势大体是北高南低，地形变化复杂，山地、丘陵、台地、谷地、盆地、平原相互交错，形成多种自然景观。大陆北部属中等山区，海拔一般在 500~1000 m，主要有南岭山脉的大庾岭、骑田岭等，海拔在 1000~1500 m；湘粤交界的石坑崆海拔 1902 m，为广东省的最高峰。大陆东部的东北山地和东南丘陵主要山脉有青云山、九连山、罗浮山、莲花山等，多为东北-西南走向平行排列的中山、低山，海拔在 1000 m 左右；山间广泛分布着红层盆地，较大的有兴梅盆地。大陆东南沿海有狭窄的平原，较大的有潮汕平原。大陆中南部的珠江三角洲平原是东、西、北江的下游河网区，河道众多，水系纷繁；三角洲北部海拔较高，有不少 20~50 m 的台地分布；中南部多为平原低洼，其间亦有零星山地、丘陵和台地分布。珠江三角洲以西是粤西山地台地，主要山脉是海拔 1000 m 左右的云开大山和云雾山等，山岭之间有开阔的盆地和河谷，如阳春岩溶盆地、罗定怀集红层盆地等。大陆西南端的雷州半岛是一个近代熔岩、浅海堆积和侵蚀形成的低平台地，海拔一般在 80 m 以下，地面宽广平坦，起伏和缓。广东省南部面临南海，海岸线东起闽粤交界大埕湾湾头，西至粤桂接壤英罗港洗米河河口，长达 3368 km，为全国各省海岸线长度之最。

2.1.2　河流水系

广东省位于珠江流域下游，境内河流众多，除珠江流域的河流水系外，尚有韩江流域及粤东沿海、粤西沿海等诸小河流水系。广东省集水面积在 100 km² 以上的各级干支流共 542 条，集水面积 1000 km² 以上的有 62 条；其中独流入海的河流 52 条，较大的有韩江、榕江、漠阳江、鉴江、九洲江等。542 条河流中发源于邻省或部分集水面积在邻省的有 44 条，发源于广东省流入邻省的有 8 条，即省际河流共有 52 条。珠江三角洲网河区有重要水道 26 条。

珠江流域面积 453690 km²，干流长度 2214 km，是我国第四大河流，水量则仅次于长江居全国第二。珠江流域是一个复合的流域，由西江、北江、东江、珠江三角洲诸河等四个水系组成。广东省境内的珠江流域包括西江水系一小部分、北江水系和东江水系的绝大部分和整个珠江三角洲网河区，面积共计 111400 km²。西江是珠江流域的主流，上游南盘江发源于云南省沾益县马雄山，至梧州汇桂江后始称西江流入广东省，在广东省境内汇入的主要支流有贺江、罗定江和新兴江，至三水思贤滘与北江相通并进入珠江三角洲网河区；西江干流至三水思贤滘长 2075 km，集雨面积 353120 km²，绝大部分在云南、贵州、广西等省（自治区）内，仅 17960 km² 属广东省境内。北江发源于江西省信丰县石碣大茅坑，流入广东省南雄境后称为浈江，至曲江和武江汇入后始称北江，向南流经英德、清远等县，至三水思贤滘与西江干流相通，进入珠江三角洲网河区，主要支流有武江、南水、连江、滃江、潖江、滨江、绥江等。北江干流至三水市思贤滘全长 468 km，集雨面积 46710 km²，绝大部分在广东省境内，集雨面积达 42930 km²。东江发源于江西省寻乌县桠髻钵，上游称寻乌水，在龙亭附近流入广东省后在龙川县五合圩与安远水汇合后始称东江，向西南流经龙川、河源、惠州等县市至东莞市石龙镇进入珠江三角洲网河区，主要支流有浰江、新丰江、秋香江、公庄河、西枝江、石马河等。东江干流至东莞市石龙镇全长 520 km，集雨面积 27040 km²，绝大部分在广东省境内，集雨面积达 23540 km²。

韩江流域是广东省除珠江流域外的第二大流域，干流发源于广东省紫金县七星嶂，上游称梅江，北东向流经五华、兴宁、梅县至大埔县三河坝与来自福建的汀江汇合后始称韩江，此后流向折向南，至潮安进入韩江三角洲分为东溪、西溪、北溪，经汕头市各入海口注入南海。韩江的主要支流有五华水、宁江、石窟河和汀江。流域范围包括广东、福建、江西三省部分县市，干流长 470 km，流域面积 30112 km²，其中汀江为 11802 km²，梅江为 13929 km²，韩江干流（三河坝—潮安）为 3346 km²，韩江三角洲（潮安以下）为 1035 km²。按省划分，广东占 59.3%（17851 km²）；福建占 40.1%

（12080 km²）；江西省占 0.6%（181 km²）。流域南北长约 310 km，平均宽约 98 km，河道平均坡降 0.4‰，干流及主要支流总长约 3435 km。

粤东沿海诸小河系中，集雨面积大于 1000 km²、独流入海的河流有黄岗河、榕江、练江、龙江、螺河及黄江等，其中榕江最大，集雨面积为 4628 km²。受地质构造线的影响，诸小河多呈西北东南流向。

粤西沿海诸小河系多属山地暴流性小河，河流短促、独流入海，集雨面积大于 1000 km² 的有漠阳江、鉴江、九洲江、南渡河、遂溪河等。较大的有鉴江、漠阳江、九洲江，集雨面积分别为 9464 km²、6091 km² 和 3337 km²。

2.1.3 水文地质概况

广东在地质构造上属华南活化地台的一部分，地壳活动频繁而强烈。地质构造的基本特征是构造运动具有多期性，各次构造运动形式各不相同，构成一幅错综复杂的构造图像。广东地质构造发展的历史大致可追溯到新元古代的震旦纪，此时广大地域汪洋一片，接受以浅海相为主的碎屑沉积，隐约显示的水下隆起带及沉降带构成广东省最古老的构造格架，总体构造方向为北东或北东东，为后期的发展阶段中广东构造轮廓的变迁奠定了一定基础。自寒武纪后又数度发生海侵，此时兴起的加里东构造运动以褶皱作用为主。寒武纪晚期地壳趋向活跃，岩浆活动比较强烈，部分地区曾隆起成陆，云开大山即形成于此时。到志留纪广东已普遍上升为陆。加里东运动后，自北向南发育有九峰、郁南–佛冈–九连、云开–腰右–增城三条北东向隆起带和同向的拗陷带，使广东构造景观进一步明朗。晚古生代地壳进入相对稳定的发展阶段，在海西运动的影响下又发生了数度海侵，中晚石炭世至早二叠世的海侵全盛时期，广泛接受了浅海相碳酸盐类沉积，粤北地区沉积的石灰岩最厚，为岩溶连续面积最大的分布区。

2.1.4 水资源分区

水资源分区是水资源管理、调查评价和开发利用的基础，也是水资源规划体系的基础。按照流域与行政区域有机结合的原则，在保持行政区域与流域分区的统分性、组合性与完整性，适应水资源评价、规划、开发利用和管理等工作的需要的前提下，考虑便于保持独立流域基础资料及成果统计的完整性，基本保持河流水系完整性的原则，进行水资源分区划分。在流域水资源二级分区的基础上，考虑流域分区与行政区域相结合的原则，广东省共划分三级区 13 个，四级区 42 个，五级区 158 个，其中珠江区三级区 11 个，四级区 39 个，五级区 154 个；长江区三级区 2 个，四级区 3 个，五级区 4 个。水资源分区见表 2.1 和图 2.1。

以广东省 2003 年的行政区划为根据，将 21 个地级市作为评价单元，然后将市区内各辖区（如深圳、珠海各区）合并，或将个别市相对独立的区域划分出来，作为县级行政分区（表 2.2）。

表 2.1　广东省水资源分区表

一级区	二级区	三级区	四级区	五级区
珠江	西江	桂贺江	1	4
		黔浔江及西江（梧州以下）	2	11
	北江	北江大坑口以上	3	10
		北江大坑口以下	4	23
	东江	东江秋香江口以上	3	12
		东江秋香江口以下	1	7
	珠江三角洲	东江三角洲	4	5
		西北江三角洲	8	20
	韩江及粤东诸河	韩江白莲以上	3	11
		韩江白莲以下及粤东诸河	5	25
	粤西桂南沿海诸河	粤西诸河	5	26
长江	洞庭湖水系	湘江衡阳以上	1	1
	鄱阳湖水系	赣江栋背以上	2	3
合计	8	13	42	158

表 2.2　广东省行政分区表

序号	地级分区	县级分区	小计
1	广州市	市区、番禺、花都、增城、从化	5
2	深圳市	深圳市	1
3	珠海市	珠海市	1
4	汕头市	市区、南澳、潮阳、潮南、澄海	5
5	韶关市	市区、曲江、始兴、仁化、翁源、乳源、新丰、乐昌、南雄	9
6	河源市	市区、紫金、龙川、连平、和平、东源	6
7	梅州市	市区、梅县、大埔、丰顺、五华、兴宁、蕉岭、平远	8
8	惠州市	市区、博罗、惠东、龙门、惠阳	5
9	汕尾市	市区、海丰、陆丰、陆河	4
10	东莞市	东莞市	1
11	中山市	中山市	1
12	江门市	市区、台山、新会、开平、恩平、鹤山	6
13	佛山市	市区、顺德、南海、三水、高明	5
14	阳江市	市区、阳东、阳西、阳春	4
15	湛江市	市区、遂溪、徐闻、廉江、雷州、吴川	6
16	茂名市	市区、电白、高州、化州、信宜、茂港	6
17	肇庆市	市区、广宁、怀集、封开、德庆、高要、四会、大旺	8
18	清远市	市区、佛冈、阳山、连山、连南、清新、英德、连州	8
19	潮州市	市区、潮安、饶平	3
20	揭阳市	市区、揭东、揭西、惠来、普宁	5
21	云浮市	市区、云安、新兴、郁南、罗定	5
合计	21	102	102

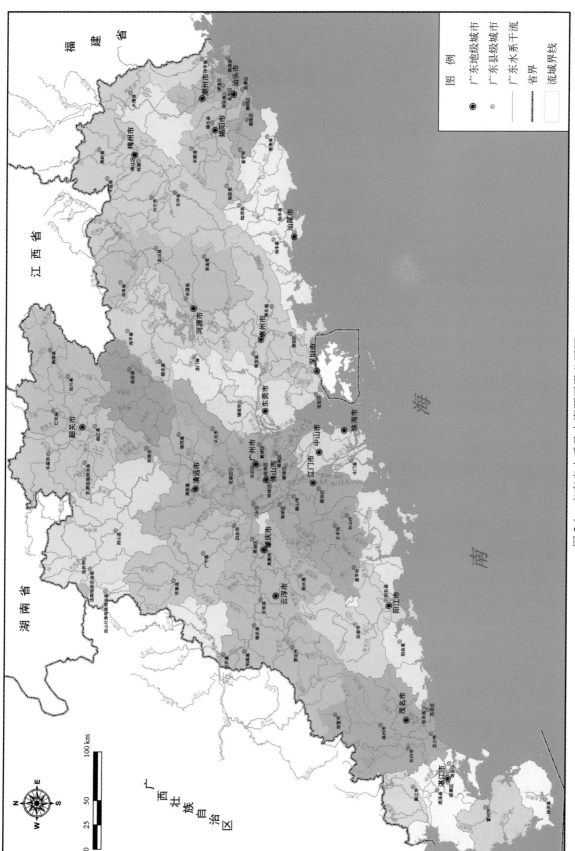

图 2.1 广东省水系及水资源五级分区图

2.2　水资源数量及其演变

2.2.1　水资源数量

（1）降雨

广东省降雨充沛，多年平均降雨量为 1771 mm，但地区变幅较大，变化范围为 1200~2800 mm。大致形成三个高值区和六个低值区，三个高值区包括：①粤东沿海莲花山脉东南迎风坡高区，多年平均年降雨量达到 1800~2600 mm；②东北江中下游高区，多年平均年降雨量最大值达 2400 mm；③粤西沿海高区，多年平均年降雨量达到 1800~2800 mm。六个低值区包括：①兴梅盆地低区，多年平均年降雨量为 1600 mm；②粤北南雄坪石低区，多年平均年降雨量在 1400~1600 mm 之间；③西江下游河谷低区，多年平均年降雨量在 1400~1600 mm 之间；④珠江三角洲低区，多年平均年降雨量为 1600 mm；⑤粤西雷州半岛低区，多年平均年降雨量在 1200~1600 mm 之间；⑥粤东潮汕平原低区，平均年降雨量在 1200~1600 mm 之间。

广东省降雨年际变化大，最丰年 1973 年降雨量为 2316 mm，最枯年 1963 年降雨量仅为 1260 mm，丰枯比达到 1.8 倍；降雨年内分布很不均匀，连续最大四个月降雨量约占全年降雨量的 55%~65%，连续最大四个月径流量占全年径流量的 55%~70%；在非汛期的 11 月至次年 3 月，降雨量一般仅占年降雨量的 10%~15%，在雷州半岛甚至仅占 5%~10%。

（2）蒸发能力和干旱指数

广东省多年平均年水面蒸发量为 1024.2 mm，在各蒸发站中，多年平均年水面蒸发量汕头南澳站最大，达到 1247.6 mm，清远马屋站最小，仅 783.8 mm。本省多年平均水面蒸发量年内分布不均，其中 6~10 月五个月水面蒸发总量为 552.7 mm，达到全年水面蒸发量的 53.9%。

广东省的干旱指数变化范围在 0.4~1.0 之间，大部分地区在 0.5~0.7 之间，沿海地区大于内陆，山区小于平原，多雨区小，少雨区大。

（3）河流泥沙

广东省河流含沙量较少，1980~2000 年多年平均悬移质含沙量在 0.10~0.70 kg/m³ 之间，其中韩江支流五华河最大，达 0.673 kg/m³；韩江支流琴江为 0.517 kg/m³；西江支流罗定江为 0.458 kg/m³；粤西的鉴江高州站为 0.480 kg/m³；北江、东江和粤东沿海诸河的多年平均悬移质含沙量较小，在 0.10~0.20 kg/m³ 之间；其他江河均在 0.20~0.40 kg/m³ 之间。

广东省河流悬移质含沙量的年内变化主要受降雨和径流变化影响，最大悬移质含沙量一般出现在 4~9 月，最小悬移质含沙量一般出现在 1~2 月、11~12 月，与降雨和月径流量年内变化基本一致。各大江河和主要支流的河流悬移质含沙量的年际变化不大。本省除了东江、榕江、罗定江等少数江河的河流悬移质含沙量有稍微减少的趋势外，其他江河悬移质含沙量变化很小。

广东省江河的输沙量主要受降雨径流和人类活动的影响，输沙模数反映流域的土壤侵蚀特征，输沙模数的大小反映水土流失的程度。韩江五华河多年平均年输沙模数最大，达 573 t/km^2；韩江支流琴江为 506 t/km^2；西江支流罗定江为 426 t/km^2；粤西的鉴江高州站为 405 t/km^2；北江、东江和粤东沿海诸河的多年平均年输沙模数较小，在 100~200 t/km^2 之间；其他江河均在 200~400 t/km^2 之间。

(4) 地表水资源量

按照 2003 年《广东省水资源分区》进行广东省各分区地表水资源量统计分析，地级行政区地表水资源量特征值见表 2.3。

1) 年径流

广东省平均年径流深变化范围为 400~1800 mm，属于丰水带和多水带。年径流地区分布大致以径流深等值线 1000 mm 线划分为高值区和低值区。大于 1000 mm 的高值区有三个，即粤东沿海莲花山东南迎风坡、粤西沿海云开大山东南迎风坡及东、北江中下游，最高达 1600~1800 mm；雷州半岛为广东省最低区，等值线由北向南递减，变化范围为 700~400 mm；其余地区则为 600~1000 mm。

表 2.3 广东省地级行政区地表水资源量特征值表

地级行政区	多年平均地表水资源量/亿 m^3	多年平均径流深/mm	变差系数 C_v	不同频率天然年径流量/亿 m^3						
				10%	20%	50%	75%	90%	95%	97%
广州市	74.6	1033	0.29	103.4	92.0	72.5	59.1	48.6	43.1	39.6
深圳市	20.9	1122	0.30	29.3	25.9	20.3	16.4	13.4	11.8	10.8
珠海市	17.5	1283	0.32	25.0	22.0	16.9	13.5	10.8	9.46	8.58
汕头市	17.5	828	0.29	24.2	21.6	17.0	13.8	11.4	10.1	9.27
韶关市	179.9	979	0.29	248.1	221.1	175.1	143.2	118.1	104.6	96.4
河源市	151.3	967	0.32	215.1	189.4	146.3	116.8	94.1	82.0	74.8
梅州市	141.8	893	0.30	199.2	176.2	137.4	110.7	90.0	78.9	72.3
惠州市	123.6	1106	0.30	173.9	153.2	119.9	96.9	79.1	69.8	63.9
汕尾市	62.6	1301	0.30	87.6	77.6	60.7	49.1	40.1	35.4	32.4
东莞市	22.5	911	0.30	31.4	27.8	21.8	17.6	14.4	12.7	11.6
中山市	16.9	1004	0.31	23.8	21.0	16.3	13.1	10.6	9.31	8.49
江门市	119.7	1277	0.31	169.1	149.3	115.8	93.0	75.3	66.1	60.2
佛山市	27.9	733	0.31	39.4	34.8	27.0	21.7	17.6	15.4	14.1
阳江市	108.2	1376	0.30	151.1	134.0	105.1	85.1	69.5	61.2	56.2

地级行政区	多年平均地表水资源量/亿 m³	多年平均径流深/mm	变差系数 Cv	不同频率天然年径流量/亿 m³						
				10%	20%	50%	75%	90%	95%	97%
湛江市	88.8	712	0.36	131.4	114.1	85.0	65.8	51.1	43.4	38.6
茂名市	110.2	973	0.31	155.0	137.1	106.8	85.9	69.8	61.2	56.0
肇庆市	140.2	944	0.27	192.1	172.5	138.8	115.2	96.5	86.3	80.1
清远市	236.9	1237	0.25	313.2	282.7	229.9	192.7	162.9	146.7	136.7
潮州市	31.7	1027	0.27	43.0	38.6	30.9	25.6	21.3	19.1	17.7
揭阳市	65.7	1249	0.28	90.1	80.6	64.1	52.6	43.5	38.8	35.7
云浮市	61.8	794	0.30	86.7	76.7	59.9	48.3	39.3	34.4	31.5
广东省	1820.2	1025	0.22	2350	2147	1791	1535	1328	1213	1143

2）出入境与入海水量

广东省入境水量很大，多年平均入境水量达 2361 亿 m³，为广东省当地水资源量的 1.30 倍。入境水量以由广西经西江流入的水量最大，多年平均年入境水量为 2070 亿 m³，占广东省总入境水量的 87.7%。其次是由福建流入的韩江水系，多年平均年入境水量为 117 亿 m³，占广东省总入境水量的 5.0%；广东省流入其他省份的水量较小，主要流入湖南、江西和广西三省（自治区），多年平均总出境水量为 23.3 亿 m³。广东省 1956～2000 年平均年出入境水量见表 2.4。

表 2.4　广东省 1956～2000 年平均年出入境水量　　　单位：亿 m³

水资源二级区	水资源三级区	入境水量	出境水量
西江	桂贺江	91.4	8.54
	黔浔江及西江（梧州以下）	2070	13.12
北江	北江大坑口以上	32.3	1.62
	北江大坑口以下	0.362	0.00
东江	东江秋香江口以上	29.6	0.00
韩江及粤东诸河	韩江白莲以上	117	0.00
	韩江白莲以下及粤东诸河	0.00	0.00
粤西桂南沿海诸河	粤西诸河	20.3	0.00
合计		2361	23.3

广东省珠江水系多年平均年入海水量为 3264 亿 m³，占广东省总入海水量的 81.2%。除珠江入海水量以外，其余各河多年平均年入海水量为 755 亿 m³，广东省多年平均年总入海水量为 4019 亿 m³。

（5）地下水资源量

广东省多年平均浅层地下水资源量约为 450 亿 m³，其中山丘区多年平均浅层地下水资源量为 406 亿 m^3，占 90.27%；平原区多年平均浅层地下水资源量为 46.4 亿 m^3，占 10.31%；两者之间的重复计算量为 2.64 亿 m^3。本省平均浅层地下水资源量补给模数为 26.8 万 $m^3/(a \cdot km^2)$。

广东省水资源总量丰沛，多年平均水资源总量为 1830 亿 m^3，其中，地表水资源量 1820 亿 m^3，地下水资源总量 450 亿 m^3，地表水与地下水不重复量为 10 亿 m^3。人均水资源占有量较少，按 2005 年人口统计，广东省人均年占有水资源量为 1990 m^3，其中，珠江三角洲、韩江及粤东诸河等地区，人均占有水资源量分别仅为 805 m^3 和 1665 m^3，均低于国际公认的水资源紧张的标准，甚至达到缺水标准。广东省各地级行政区多年平均水资源总量成果详见表 2.5。

表 2.5 广东省各行政分区多年平均水资源总量成果表

行政区名称	计算面积 /km^2	地表水资源量 R /亿 m^3	地下水资源量 Q /亿 m^3	地表水与地下水不重复量/亿 m^3	水资源总量 W/亿 m^3	产水模数 M /[万 m^3/($a \cdot km^2$)]	年降雨量 P /亿 m^3	产水系数 W/P
广州市	7222	74.6	14.9	1.00	75.6	104.7	133.3	0.57
深圳市	1864	20.9	4.37	0.03	20.9	112.4	35.5	0.59
珠海市	1365	17.5	2.06	0.45	18.0	131.6	27.8	0.64
汕头市	2111	17.5	3.94	1.20	18.7	88.5	33.2	0.56
韶关市	18385	179.9	44.1	0	179.9	97.9	309.3	0.58
河源市	15642	151.3	39.5	0	151.3	96.7	265.5	0.57
梅州市	15875	141.8	35.5	0	141.8	89.3	256.6	0.55
惠州市	11173	123.6	31.9	0.15	123.7	110.7	211.1	0.58
汕尾市	4815	62.6	14.4	0.00	62.6	130.1	102.0	0.61
东莞市	2465	22.5	5.46	0.36	22.8	92.6	41.1	0.55
中山市	1680	16.9	2.58	0.52	17.4	103.4	29.4	0.59
江门市	9372	119.7	23.3	0.33	120.0	128.1	188.3	0.64
佛山市	3813	27.9	6.81	1.05	29.0	76.0	59.4	0.49
阳江市	7865	108.2	22.7	0	108.2	137.6	176.6	0.61
湛江市	12471	88.8	27.9	2.50	91.3	73.2	191.0	0.48
茂名市	11320	110.2	31.5	0	110.2	97.3	202.8	0.54
肇庆市	14857	140.2	42.1	0.27	140.5	95.7	244.9	0.58
清远市	19152	236.9	54.8	0.02	236.9	122.8	363.4	0.65
潮州市	3087	31.7	7.42	0.72	32.4	105.0	53.6	0.60
揭阳市	5266	65.7	15.9	1.18	66.9	127.1	103.1	0.65
云浮市	7779	61.8	18.7	0	61.8	79.4	117.0	0.53
全省	177579	1820	450	9.79	1830	103.0	3145	0.58

2.2.2 水资源量演变情况

（1）水资源演变情势现状

根据降雨和地表水资源的多年变化规律，将 1956～1979 年和 1980～2000 年两个系列进行对比分析，降雨量和水资源量总体上来说比较稳定，广东省平均降雨量略减少0.2%，地表水资源量略增加了 1.6%，但是局部地区降雨量和地表水资源量变化较明显。

从广东省水环境质量变化趋势看，广东省大江大河控制站因流量大，纳污能力强且较稳定，水质总体仍保持较好；但很多流经城市的河段水质呈恶化趋势，特别是东莞东引运河、广州市境内的部分河涌、黄埔河段等，水质呈下降趋势。

（2）年降雨量的趋势变化

广东省主要河流不同时间段的降雨量基本稳定，不同系列年降雨量均值与长系列均值比较，略有增减，不同系列变化率基本在±3.0%以内。只有西江流域和北江流域1990～2000 年的降雨量变化稍大些，但相对 1956～2000 年长系列年降雨量均值的变化率也未超出±4.0%，分别为−3.9% 和 3.6%。

（3）年蒸发能力的变化

采用气象部门 20 cm 口径蒸发皿长期观测的年水面蒸发量资料分析，1980～2000年系列多年平均年水面蒸发量普遍小于 1979 年以前系列的多年平均年水面蒸发量。广东省 84 个气象站点的 1980～2000 年系列多年平均年水面蒸发量有 69 站减少，平均减少 7.87%；有 15 站增加，平均增加 2.89%；全省平均减少 5.95%。广东省各水资源二级区的蒸发能力都有较明显的减小，其中减小程度最大的是粤西诸河流域，减小率为 9.91%；减小程度最小的是北江流域，减小率为 3.64%。

（4）年径流量的变化

广东省主要河流 1980～2000 年径流呈现出增加态势，但变化幅度不大，基本在±5.0% 以内。只有西江和北江 1990～2000 年的增加趋势相对明显些，西江广西境内同期降雨增大的趋势比较明显。北江 1990～2000 年来流域平均年降雨量比长系列偏大3.6%，天然径流比长系列偏大 6.1%。

2.2.3 水资源可利用量

水资源可利用量是以流域为单元，在保护生态环境和水资源可持续利用的前提下，在可预见的未来，在统筹考虑河道内生态环境和其他用水的基础上，通过经济合理、技术可行的措施，在流域（或水系）地表水资源量中，可供河道外生活、生产、生态用水的一次性最大水量（不包括回归水的重复利用）。水资源可利用量是一个流域水资源开发利用的最大控制上限。

广东省水资源可利用量相对丰富，西江、北江、东江、珠江三角洲、韩江、粤东沿海和粤西沿海多年平均水资源可利用量分别为 740 亿 m^3、144 亿 m^3、134 亿 m^3、713 亿 m^3、86 亿 m^3、29 亿 m^3 和 57 亿 m^3。广东省主要水系水资源可利用总量成果详见表 2.6。

表 2.6　广东省主要流域水系水资源可利用总量　　　　　单位：亿 m^3

流域	水系	地表水可利用量	地下水与地表水不重复可利用量	水资源可利用总量
西江	贺江	31.90	0	31.90
	西江	708.30	0.14	708.44
北江	北江	144.20	0.10	144.30
东江	东江	134.33	0.06	134.39
珠江三角洲	珠江三角洲	709.9	2.91	712.8
韩江	韩江	85.57	0.54	86.11
粤东沿海	榕江	19.63	0.63	20.27
	螺河	4.07	0	4.07
	龙江	5.27	0	5.27
粤西沿海	鉴江	22.55	0.59	23.14
	漠阳江	19.47	0	19.47
	九洲江	14.50	0	14.50

注：上表为各流域水系水资源可利用总量，如西江包括上游云南、贵州、广西等流域内地区的可利用量。

2.3　水资源质量

2.3.1　废污水排放量

2010 年广东省工业废水和城镇生活污水排放总量为 124.23 亿 t（不包括火电直流冷却水和矿坑排水量），其中工业废水占 56.58%，生活污水占 32.25%。废污水排放量最大的是广州市，达 21.63 亿 t，其次为深圳市 13.41 亿 t、东莞市 12.71 亿 t、佛山市 11.83 亿 t，其余各市均小于 10 亿 t。2010 年广东省入河废污水量 94.14 亿 t，占广东省废污水排放总量的 76%。各行政分区 2010 年废污水排放量见表 2.7。

表 2.7　广东省各行政分区 2010 年废污水排放量统计表　　　　　单位：亿 t

行政区	阳江	汕尾	珠海	云浮	河源	揭阳	茂名	清远	潮州	湛江	汕头
排放量	1.29	1.85	2.64	2.20	4.54	3.37	2.93	2.71	2.70	3.33	3.77

行政区	梅州	韶关	肇庆	惠州	中山	江门	佛山	深圳	东莞	广州	广东省合计
排放量	4.41	4.72	4.29	6.85	7.77	5.26	11.83	13.41	12.71	21.63	124.23

2.3.2　地表水水质

据调查, 2010 年广东省主要江河以 I ~ III 类水质的河段居多。水质较好的河段是东江惠州以上河段、西江、北江、韩江、漠阳江等大江大河干流和珠江三角洲主要干流水道。水质较差的河段是流经城市河段(珠江广州河段、西南涌、白泥河、石岐河、江门河、东莞运河、市桥水道、西枝江惠州城区河段等)和水量较小的跨市河流(茂名小东江, 深圳龙岗河、坪山河、练江等)。广东省水库水质总体较好, 但水库、湖泊富营养化呈显著加重趋势。在监测的 70 个水库中, 主要污染项目为总氮。河流水功能区中保护区、保留区和渔业用水区水质较好; 而缓冲区、饮用水源区、工业用水区、农业用水区、景观娱乐用水区和过渡区水质达标率较低。

2.3.3　地下水水质

广东省地下水开采主要集中在雷州半岛浅层地下水及深层承压水。2010 年, 对该地区水资源四级区雷州半岛(除廉江)区域的浅层地下水水质进行的评价表明, 各评价单元内地下水水质均为 III ~ V 类, 主要超标项目为 pH、氨氮、铁、锰等。

2.3.4　水源地水质状况

根据 2010 年广东省环境统计, 2010 年城市饮用水源水质达标率 64.6%, 主要饮用水源地水质达标率 79.3%, 主要污染项目是总氮和细菌指标。东江、西江、北江干流上的水源地水质较好, 且水量较充沛; 珠江三角洲网河区的部分水源地水质较差, 中山、珠海等市水源地在枯水期受强咸潮影响出现严重的水质型缺水, 广州的江村、西航道水源地和深圳的石岩水库水质较差, 均为 V 类甚至劣 V 类; 粤东沿海、雷州半岛地区地表供水水源水质尚可, 但地下供水水源水质较差。

2.3.5　水环境质量的变化

广东省主要水质因子上升趋势的百分率显著高于其下降趋势的百分率, 总体上讲水质污染处于上升势头。河流水质恶化的主导因子是总硬度、COD_{Mn} 和氯化物, 而河流水质因子如五日生化需氧量、氨氮、溶解氧和挥发酚等则无趋势性变化。水库水质浓度具有上升趋势的主因子是有机污染指标, 如总氮、高锰酸盐指数和溶解氧等, 而水库水质因子如总硬度、五日生化需氧量和氨氮等则无趋势性变化。

广东省西江水系水质一直保持良好趋势; 北江水系水质总体良好, 保持平稳, 但部分河段个别水质指标含量有逐年上升变化; 东江水系水环境质量较好, 但由于近年对东江开发利用程度加大且下游河段受咸潮上溯影响, 高锰酸盐指数和氯化物含量有局部上升趋势; 珠江三角洲网河区水环境质量局部有逐年下降的趋势, 呈现有机污染型；韩江水系水质变化趋势不明显；粤东沿海诸河局部水环境质量有恶化趋势，呈有机污染型；粤西沿海诸河水环境质量总体趋势平稳，局部城市河段有机物污染有逐年上升趋势。针对重点城市 10 个河段的 DO、COD_{Mn} 和氨氮 3 项水质指标进行长序列分析，结果表明：从 1980 年到 2010 年，广东省部分流经城市河段的污染在逐年加重，部分地区出现了水质性缺水。污染物主要为耗氧有机物，DO、COD_{Mn} 和氨氮。

2.4　水资源开发利用情况

2.4.1　供水量与用水量

广东省 1980 年、1985 年、1990 年、1995 年、2000 年、2005 年、2010 年供水量分别为 324.8 亿 m³、332.1 亿 m³、362.9 亿 m³、399.5 亿 m³、431.0 亿 m³、425.15 亿 m³、425.29 亿 m³。其中地表水源供水分别占 95.45%、95.39%、95.57%、95.22%、94.96%、94.91%、94.68%。

2010 年广东省总供水量为 425.29 亿 m³（不包括对香港供水量 7.7 亿 m³ 和对澳门供水量 0.62 亿 m³）。广东省以地表水源供水为主，占总供水量的 94.7%，地下水源仅占 5.0%，其他水源占 0.3%。在广东省地表水供水量中，由蓄水、引水、提水和跨流域调水工程提供的供水量分别占 30.3%、27.3%、39.6%、2.8%。在广东省地下水供水量中，浅层水、深层水和微咸水分别占 81.0%、18.9%、0.1%。地下水开采利用较多的是湛江雷州半岛平原区，占广东省地下水开采总量的 35.0%，其余主要分布在粤东、粤北地区；广东省海水利用量为 96.2 亿 m³，主要为火电厂冷却用水。

2010 年广东省用水总量中，生产、生活和生态用水量分别为 352.49 亿 m³、67.70 亿 m³、5.10 亿 m³。按地级行政分区，用水量最多的是广州市，为 48.23 亿 m³，占广东省总用水量的 11.34%；用水量最少的是珠海市，为 4.74 亿 m³，只占广东省总用水量的 1.11%。2010 年广东省各行政分区用水量统计见表 2.8。

表 2.8　2010 年广东省各行政分区用水量统计表　　　单位：亿 m³

行政分区	生　产			生活	生态	总用水量
	农业	工业	城镇公共	居民生活	生态环境	
广州	11.08	21.63	4.74	9.81	0.97	48.23
深圳	0.54	6.06	4.61	6.68	0.85	18.74
珠海	1.05	1.69	0.79	1.09	0.12	4.74
汕头	5.52	1.81	0.54	3.17	0.13	11.17
佛山	10.58	7.92	2.10	5.30	1.13	27.03
韶关	14.66	4.90	0.48	1.72	0.17	21.93
河源	11.59	4.97	0.25	1.87	0.01	18.69
梅州	17.11	4.60	0.29	2.39	0.10	24.49
惠州	12.31	5.77	1.01	2.53	0.18	21.79

续表

行政分区	生　产			生活	生态	总用水量
	农业	工业	城镇公共	居民生活	生态环境	
汕尾	8.05	0.73	0.19	2.22	0.04	11.23
东莞	1.26	9.41	1.91	7.15	0.60	20.34
中山	6.45	7.52	1.05	1.69	0.19	16.91
江门	20.48	4.79	0.75	2.55	0.09	28.66
阳江	11.26	0.59	0.35	1.51	0.02	13.73
湛江	20.73	2.28	0.73	3.74	0.16	27.64
茂名	22.17	1.70	0.90	3.78	0.14	28.69
肇庆	13.26	3.75	0.50	2.26	0.03	19.79
清远	15.13	2.28	0.22	2.42	0.01	20.06
潮州	4.53	2.09	0.50	1.46	0.03	8.60
揭阳	11.29	2.16	0.41	2.93	0.06	16.85
云浮	12.23	1.84	0.41	1.43	0.07	15.99
广东省合计	231.30	98.49	22.70	67.70	5.10	425.29

2.4.2　供用水变化情况

随着经济社会的快速发展，广东省供水量呈逐年增加的趋势，且地表水供水量增幅较大。2000 年和 2010 年，在各水源供水中，地表水源供水量所占比例最大，占总供水量的 94.96% 和 94.68%，集雨工程和污水处理再利用供水量相对较少，约占 0.2% 左右。

广东省 1980~2010 年各类用水量统计见表 2.9。

表 2.9　广东省 1980~2010 年各类用水量统计表　　　　单位：亿 m^3

年份	用水量（原口径）				用水量（新口径）			
	工业	农业	生活	合计	生活	生产	生态	合计
1980	15	285	25	325	20	305	0	325
1985	20	282	30	332	23	309	0	332
1990	50	275	39	363	29	333	0	363
1995	86	265	48	400	36	363	1	400
2000	113	251	67	431	49	381	2	431
2010	98	231	96	425	68	352	5	425

从各行业用水变化情况看，1980~2010 年，广东省用水结构发生了较大的变化：工业用水比例由 4.6% 上升到 23.1%，生活用水由 7.7% 上升到 22.6%，农业用水则由 87.7% 下降到 54.3%。2000 年本省工业、农业、生活用水比例为 26.3∶58.2∶15.5；到 2010 年，广东省工业、农业、生活用水比例达到 23.1∶54.3∶22.6。广东省历年用水结构情况统计见表 2.10。

表 2.10 广东省 1980 ~ 2010 年用水结构情况统计表

年份	用水构成/%		
	工业	农业	生活
1980	4.6	87.7	7.7
1985	6.0	84.9	9.0
1990	13.8	75.8	10.7
1995	21.5	66.3	12.0
2000	26.3	58.2	15.5
2010	23.1	54.3	22.6

2.4.3 水资源开发利用程度

广东省多年平均本地地表水资源量 1820 亿 m^3，还有来自上游的多年平均入境水量 2361 亿 m^3，广东省水资源多年平均总量为 4191 亿 m^3；现有工程 90% 保证率供水量为 482.48 亿 m^3，占本地水资源量的 26.4%，占广东省水资源总量的 11.5%，水资源开发利用率尚不高，从总量上看还有较大的开发潜力。同时，广东省不同地区水资源利用率差别很大。

2.4.4 水资源利用效率

(1) 用水指标变化趋势

随着广东省产业布局和经济结构调整、技术进步与产业优化升级、用水管理和节水水平提高，改革开放 30 年来，广东省水资源利用效率提高十分明显。1980 ~ 2010 年间，广东省人均综合用水量由 621 m^3/a，下降至 408 m^3/a，各市城镇生活用水指标稳步上升，单位 GDP 用水量、工业用水指标明显下降，农田灌溉用水指标呈缓慢下降趋势。各市用水指标差异较大，这与人口密度、产业结构、地理、气候等诸多因素有关。

2010 年广东省人均年综合用水量为 408 m^3，万元 GDP 用水量 89 m^3，万元工业增加值用水量 47 m^3，农田实灌亩均用水量 666 m^3，城镇居民人均生活用水量 196 L/d，农村居民人均生活用水量 140 L/d。2010 年，人均年综合用水量最高的是韶关，达到 775 m^3，其次为云浮、江门，分别为 677 m^3 和 644 m^3；最低为深圳，人均年综合用水量为 181 m^3。2010 年广东省各行政分区用水指标统计见表 2.11。

表 2.11　2010 年广东省各行政区用水指标

行政分区	人均 GDP /万元	人均水资源量/m³		人均综合用水量 /m³	万元 GDP 用水量 /m³	万元工业增加值用水量/m³		农田灌溉亩均用水量/m³	居民生活人均用水量/(L/d)	
		2010 年	多年平均			含火电	不含火电		城镇生活	农村生活
广州	8.46	636	796	384	45	60	57	457	225	148
深圳	9.24	181	252	181	20	14	14	526	176	/
珠海	7.74	1193	1271	304	39	27	28	411	200	135
汕头	2.24	327	378	207	92	29	30	704	181	115
佛山	7.85	457	500	376	48	26	26	505	202	/
韶关	2.38	7191	6155	775	326	212	208	636	196	131
河源	1.61	5542	5438	632	393	230	233	801	204	153
梅州	1.41	3605	3443	577	410	203	201	732	170	142
惠州	3.78	2515	3337	474	125	60	59	634	166	128
汕尾	1.54	2103	2237	382	248	45	48	680	255	142
东莞	5.16	317	348	247	48	45	46	282	242	215
中山	5.93	601	715	541	91	73	74	489	152	131
江门	3.53	3132	2925	644	182	55	57	709	197	117
阳江	2.64	5384	4661	566	215	26	25	669	201	144
湛江	2.01	1374	1365	395	197	44	45	688	152	143
茂名	2.56	2397	1887	492	192	32	29	719	224	150
肇庆	2.77	3668	3822	505	182	86	86	612	187	135
清远	2.94	7297	6592	541	184	38	37	699	232	150
潮州	2.10	1315	1286	322	153	72	77	654	163	126
揭阳	1.72	1148	1195	286	167	39	40	753	145	125
云浮	1.70	2832	2641	677	399	121	120	829	199	133
全省	4.57	1916	1990	408	89	46	46	666	196	140

（2）与其他省份用水指标比较

广东省人均用水量及生活用水指标略高于全国平均水平，农田灌溉用水量远远高于全国平均水平，但低于邻近省份的海南和广西，单位 GDP 用水量和万元工业产值用水指标低于全国平均水平。随着节水技术的不断推广、生产工艺的更新和水重复利用率提高，广东省工业和农业用水指标有望进一步降低。生活用水指标随着城市化率的提高，在今后一定时期内仍会有所提高，当社会发展到一定阶段，随着节水器具普及化和城市化进程相对稳定，生活用水指标也将稳定并略有下降。广东省与部分省（市、自治区）用水指标比较见表 2.12。

表 2.12 广东省与部分省（市、自治区）用水指标比较

省（市、自治区）	人均 GDP /万元	人均用水量 /（m³/人）	单位 GDP 用水量 /（m³/万元）	农田灌溉用水指标 /（m³/亩*）	生活用水指标 /[L/（人·日）]		万元工业产值用水指标 /（m³/万元）	工业增加值用水指标 /（m³/万元）
					城镇生活	农村生活		
广东	1.24	401	446	809	255	114	51	189
全国平均	0.71	430	610	479	219	89	79	288
河北	0.75	310	420	252	222	64	37	122
山东	0.94	270	290	261	143	55	34	117
上海	2.72	650	240	352	368	92	114	395
海南	0.66	560	850	1061	311	129	142	570
广西	0.45	650	1440	1176	303	139	192	628

注：广东省指标为本次评价 2000 年成果，全国及其他省指标为 2000 年《中国水资源公报》统计数据。
*1 亩=666.667 m²。

2.4.5 水资源不合理开发与生态环境问题

受全球气候变化和区域水环境改变的影响，广东省防治洪涝、干旱、水污染和咸潮上溯等水患的任务艰巨；随着广东省城镇化、工业化进程的加快，水资源综合利用中供、用、排、耗关系和用水结构出现重大变化，水资源供需矛盾日益突出，水环境安全面临严峻挑战，部分区域水生态环境受到严重威胁。

（1）区域性季节性水资源供需矛盾突出，水资源配置能力亟待提高

近年来，珠江三角洲等经济发达地区用水需求量激增，水污染未得到有效控制，水资源调蓄能力不足，水质性缺水问题突出；粤北山区调蓄能力相对较强，但需水量相对较小，水资源未充分利用；东江流域和雷州半岛资源性缺水严重；西江水量丰富，但利用率低；农村供水安全问题不容忽视，2005 年，广东省农村自来水普及率仅为 73.8%，大部分地区缺少应急备用水源。

（2）部分水域水质污染严重，水质性缺水问题亟待解决

2005 年，广东省大中城市河段污染较为严重，生态环境建设及生态恢复能力不足，部分水库水质呈现富营养化状态，水生态受到不同程度影响。珠江三角洲及粤东等地区水土资源过度开发，水土流失严重，已出现水质性缺水问题；近年来，咸潮、突发性水污染等事件频繁发生。广东省大部分城市的饮用水源地还较为单一，在连续干旱年、特殊干旱季节及突发污染事故情况下，风险度较高的城市备用水源地的建设还不能完全满足城市饮水安全的需要。

（3）水资源利用效率低，城乡人均耗水量偏大

2010 年，广东省水资源已利用量占主要江河可利用量的 30%，但是，西江水资源利用率仅为 1.5%；工业用水重复利用率为 66%；农业灌溉水利用系数为 0.57。广东省人均年用水量为 408 m³，高于全国人均 427 m³ 用水量；城乡人均生活用水量分别为每日 196 L 和每日 140 L，分别高于全国城乡人均每日 212 L 和每日 68 L 的生活用水量。

（4）防洪减灾能力有待提高

主要江河防洪工程体系仍不完善，防洪（潮）能力不强。2005 年，县级以上城市防洪标准达标率仅为 40%；部分水利工程设施老化，配套不全，存在重建设轻管理的现象；水情监测预报能力和防治山洪灾害能力不强，城市与农村、沿海地区与山区的水利防灾减灾能力发展不平衡。

（5）水资源管理体制有待完善

尽管各地级市已完成水务管理机构改革，但相关部门协调机制以及江河水库水资源统一调度机制需进一步完善，基层水资源管理组织和制度亟待健全，管理资金需要落实，水资源现代化管理和信息化建设需进一步加强。

（6）非传统水源的开发利用力度不够

目前，广东省水资源开发利用主要以地表水为主，地下水为辅，对于雨水、污水、土壤水、大气水及海水等非传统水源的利用还非常有限，尤其是对大气水、土壤水的利用更是近乎空白。本省非传统水资源的利用潜力很大，有效地利用这部分水源可以在一定程度上减少地表水和地下水的开发利用量，对水资源的可持续利用具有重要意义。

2.5　现状水安全形势

2.5.1　现状缺水状况

现状缺水是指近期经济社会发展规模条件下，在设定来水情况下，河道外经济社会用水与其合理需求之间的差值。由于现在供水量中有一部分不合理的用水，现状缺水主要表现在两个方面，一是河道外经济社会供水不足造成的缺水，直接影响了居民生活质量和正常经济社会活动的合理用水需要；二是为了弥补供水不足和保障发展，许多地区以牺牲生态环境为代价，过度开发水资源，通过超采地下水和挤占河道内生态环境用水而形成的不合理供水量。广东省主要表现为工程性缺水，少部分水资源区存在资源性缺水。

广东省面积仅占全国的 1.9%，多年平均年降雨量占全国年降雨总量的 5.1%，降

雨深为全国均值的 2.73 倍；地表水资源量占全国地表水资源总量的 6.7%，径流深为全国均值的 3.61 倍；地下水资源量占全国地下水资源总量的 5.4%，为全国均值的 2.92 倍；水资源总量占全国水资源总量的 6.5%，为全国均值的 3.49 倍。除本省的产水量外，还有来自珠江、韩江等上游江河的入境水量，平均每年 2361 亿 m^3；加上本省的水资源总数共为 4191 亿 m^3。平均每年流入海洋和流出省境的水量分别为 4027 亿 m^3、23.3 亿 m^3，占流入省境和本地水资源总量的 97%。单独从数量而言，广东省水资源量与国内其他省区相比，尚属丰富；但从本省水资源时空分布不均并结合大规模人口、经济和污染较严重的部分水环境来看，本省水资源形势不容乐观。

2.5.2　供水水质安全状况

2005 年城市饮用水源水质达标率 66.1%，主要饮用水源地水质达标率 79.3%。有机物和细菌指标依然是广东省饮用水源水质的主要污染项目。东江、西江、北江干流上的水源地水质较好，且水量较充沛；珠江三角洲网河区的部分水源地水质较差，中山、珠海等市水源地在枯水期受强咸潮影响出现严重的水质性缺水，广州的江村、西航道水源地和深圳的石岩水库水质较差，均为 V 类甚至劣 V 类；粤东沿海、雷州半岛地区地表供水水源水质尚可，但地下供水水源水质较差。按地市水源情况分析，水质较好的城市有：河源、云浮、阳江、肇庆、梅州等，水质较差的城市有广州、东莞等。

3 环境变化下区域水文要素变异研究

水文要素时空变异的直接后果是水文特征的时空不对应及其频率的不一致，从而导致水文水资源分析计算的偏差、分析出来的水文规律失真、防洪供水决策及判断失误，严重影响洪旱灾害预测和水资源开发利用，危及水利工程的设计施工和区域水资源安全等[1]。如何从深受气候变化和人类活动影响而发生变异的水文要素中分析出水文特征自然规律，准确把握水资源特征，合理调控水资源，是区域快速经济社会发展中的水安全和水资源可持续利用迫切需要研究解决的难题。因此，本次研究针对城市化程度较高的珠江三角洲和东江流域，开展环境变化下水文要素变异特征研究，旨在丰富变化环境下水文要素变异理论与方法，科学揭示变化环境下水循环要素演变趋势。

3.1 水文要素变异分析识别方法

3.1.1 时间序列分析方法

3.1.1.1 径流年内分布指标方法

（1）分布不均匀系数

由于气候的季节替换，降水、气温都有很明显的季节性变化，从而决定了径流的年内分布不均匀性。高要、石角、马口和三水的径流年内分布不均匀系数 Cu 计算公式如下：

$$Cu = \frac{\sigma}{\bar{R}}, \quad \sigma = \sqrt{\frac{1}{12}\sum_{i=1}^{12}(R_i - \bar{R})^2}, \quad \bar{R} = \frac{1}{12}\sum_{i=1}^{12}R(t) \quad (3.1)$$

式中，$R(t)$ 为各站点年内月径流量，$\bar{R}$ 为年内月平均径流量，σ 为均方差。Cu 值越大表明年内分配越不均匀，各月径流量相差悬殊。

（2）集中度、集中期

径流集中度（RCD）与不均匀系数意义近似，将各研究站点的月径流量按月以向量方式累加，其各分量之和的合成量占年径流量的百分数反映径流量在年内的集中程度；集中期（RCP）表示集中期出现的月份，1月取15°，2月取45°，依次按30°累加。计算公式如下：

$$\text{RCD} = \frac{\sqrt{R_x^2 + R_y^2}}{R_{\text{year}}}, \quad \text{RCP} = \arctan\frac{R_x}{R_y} \quad (3.2)$$

$$R_x = \sum_{i=1}^{12} r_i \sin\theta_i, \qquad R_y = \sum_{i=1}^{12} r_i \cos\theta_i \qquad (3.3)$$

式中，R_{year} 为年径流量，R_x、R_y 为各月的分量之和所构成的水平、垂直分量，r_i 为第 i 月的径流量，θ_i 为第 i 月的径流矢量角度。

（3）变化幅度极大比、极小比

变化幅度极大比 C_{max} 为年内最大月径流量与年内径流均值的比值，极小比 C_{min} 为年内最小月径流量与年内径流均值的比值。

3.1.1.2　趋势性分析方法

趋势性分析研究的是时间序列顺序递增或递减的变化规律，例如气温过程的缓慢逐年变冷或变暖的趋势或降水过程的缓慢逐年变小或变多的趋势等。通过分析某种趋势变化，可进一步分析这种变化的原因。这对分析降水或径流的变化趋势，预测未来可能出现的大洪水或枯水等方面显得尤为重要。

（1）线性回归分析法[2]

设水文序列 x_t 由趋势成分 P_t 和随机成分 ε_t 组成，即

$$x_t = P_t + \varepsilon_t \qquad (3.4)$$

趋势成分 P_t 可由多项式描述如下：

$$P_t = a + b_1 t + b_2 t^2 + \cdots + b_m t^m \qquad (3.5)$$

式中，a 为常数；$b_1, b_2, \cdots, b_m$ 为回归系数。实际问题中，P_t 可能是线性，也可能是非线性，一般先用图解法进行适配。当 $m=1$ 时为线性趋势，按多元线性回归分析法求出参数 a 和 b 的估计值。计算公式如下：

$$b = \frac{\sum_{t=1}^{n} (t - \bar{t})(x_t - \bar{x})}{\sum_{t=1}^{n} (t - \bar{t})^2} \qquad (3.6)$$

$$a = \bar{x} - \bar{b} \qquad (3.7)$$

式中，$\bar{t} = \dfrac{1}{n}\sum_{t=1}^{n} t$，$\bar{x} = \dfrac{1}{n}\sum_{t=1}^{n} x_t$，$n$ 为序列长度。

（2）斯波曼趋势检验[3]

斯波曼检验（Spearman's rho）是一种基于秩相关的检验方法，以 Spearman 秩相关系数来衡量评估序列的变化趋势，计算公式如下：

$$D = 1 - \frac{6 \sum_{i=1}^{n} (R(x_i) - i)^2}{n(n^2 - 1)} \qquad (3.8)$$

其中 $R(x_i)$ 表示某序列当中的一个水文数据 x_i 在相应水文序列中的排序（秩），定义斯

波曼检验统计量 Z_{sp} 如下：

$$Z_{sp} = \frac{D}{\sqrt{\dfrac{1}{n-1}}} \tag{3.9}$$

如果水文序列从小到大排序：

$Z_{sp} > 0$，表明该水文序列有上升趋势；

$Z_{sp} < 0$，表明该水文序列有下降趋势；

$Z_{sp} = 0$，表明该水文序列有没有趋势；

如果水文序列从大到小排序，则相反。

$|Z_{sp}| \leqslant Z_{\alpha/2}$，则接受零假设，即该水文序列趋势不显著；否则，趋势显著。

3.1.1.3　变异性分析方法

变异是水文序列产生急剧变化的一种形式，全球气候变化和人类活动的剧烈影响是水文序列出现突变的主要原因。低通过滤法、滑动 t 检验法、Cramer 法、滑动 F 识别与检验法[4]、Mann-Kendall 法[5,6]等方法都能够分析一个水文序列是否发生突变。如果存在显著变异则利用差积曲线——秩检验联合识别法[7]对存在变异的径流序列进行变点判断。

（1）Mann-Kendall 法

Mann-Kendall 的检验方法是非参数方法，其优点是不需要样本遵从一定的分布，也不受少数异常值的干扰，适用于类型变量和顺序变量，计算比较简便。

对于具有 n 个样本量的时间序列 x，构成一秩序列

$$S_k = \sum_{i=1}^{k} r_i \qquad (k = 1, 2, \cdots, n) \tag{3.10}$$

其中

$$r_i = \begin{cases} 0, & x_j < x_i \\ 1, & x_j \geqslant x_i \end{cases} \qquad (j = 1, 2, \cdots, i)$$

可见，秩序列 S_k 是第 i 时刻值大于第 j 时刻值个数的累计数。

在时间序列随机独立的假定下，定义统计量

$$UF_k = \frac{S_k - E(S_k)}{\sqrt{\mathrm{Var}(S_k)}} \qquad (k = 1, 2, \cdots, n) \tag{3.11}$$

式中，$UF_1 = 0$；$E(S_k)$、$\mathrm{Var}(S_k)$ 分别为累计数 S_k 的均值和方差；

在 x_1、x_2、$\cdots$、x_n 相互独立且有相同连续分布时，可由下式算出：

$$\begin{cases} \mathrm{Var}(S_k) = \dfrac{n(n-1)(2n+5)}{72} \\[2mm] E(S_k) = \dfrac{n(n-1)}{4} \end{cases} \tag{3.12}$$

UF_k 为标准正态分布，它按时间序列 x 的顺序 x_1、x_2、$\cdots$、x_n 计算出的统计量序列给定显著性水平 a，查正态分布表，若 $|UF_k| > U_a$，则表明序列存在明显的趋势变化。

（2）Hurst 系数法[8]

Hurst 系数可表征水文序列是否变异及变异程度。一般认为如果 H 等于 0.5 时，表明其序列过程是随机、天然的，即其过去变化与未来变化无关；如果 $H>0.5$，表明序列过去变化与未来变化相关值大于 0，过去的变化趋势将对未来变化趋势将产生同方向的影响（正持续效应）；如果 $H<0.5$，表明序列过去变化与未来变化相关值小于 0，过去的变化趋势将对未来变化趋势产生反方向的影响（反持续效应）。H 偏离 0.5 的程度越大，这种正（反）持续效应将越强烈，因而变异程度也越大。因此可以根据 Hurst 系数的大小，判断序列是否变异以及变异的程度。

利用 R/S 分析方法计算 Hurst 系数，该方法又称重标极差分析[9]，计算原理为：考虑一个时间序列 $\{X(t)\}$，$t=1,2,\cdots$，对于任意正整数 $\tau \geq 1$，定义均值序列

$$\overline{X_\tau} = \frac{1}{\tau} \sum_{i=1}^{\tau} X(t) \qquad (\tau = 1,2,\cdots,n) \tag{3.13}$$

用 $\xi(t)$ 表示累积离差

$$\xi(t,\tau) = \sum_{u=1}^{t} (X(u) - \overline{X_\tau}) \qquad (1 \leq t \leq \tau) \tag{3.14}$$

极差 R 定义为

$$R(\tau) = \max_{1 \leq t \leq \tau} \xi(t,\tau) - \min_{1 \leq t \leq \tau} \xi(t,\tau) \qquad (\tau = 1,2,\cdots,n) \tag{3.15}$$

标准差 S 定义为

$$S(\tau) = \left[\frac{1}{\tau} \sum_{t=1}^{\tau} (X(t) - \overline{X_\tau})^2 \right]^{\frac{1}{2}} \qquad (\tau = 1,2,\cdots,n) \tag{3.16}$$

对于任何长度 τ 均可计算出比值 $R(\tau)/S(\tau) = R/S$，且 Hurst 系数存在如下的指数律，即

$$R/S = (c\tau)^H \tag{3.17}$$

对上式取对数可得

$$\ln[R(\tau)/S(\tau)] = H(\ln c + \ln\tau) \tag{3.18}$$

可用线性回归法求参数 c 和 Hurst 系数 H。另一方面，分数布朗运动增量的相关函数与 Hurst 系数之间存在如下对应关系：

$$C(t) = 2^{2H-1} - 1 \tag{3.19}$$

采用与统计学相关系数检验类似的方法对分数布朗运动增量的相关函数进行检验，以此判断序列是否变异及变异程度。详细见表 3.1。

表 3.1　变异程度分级表[1]

相关函数 $C(t)$	Hurst 系数 H	变异程度
$0 \leq C(t) \leq r_\alpha$	$0.5 \leq H \leq H_\alpha$	无变异
$r_\alpha \leq C(t) \leq r_\beta$	$H_\alpha \leq H \leq H_\beta$	弱变异
$r_\beta \leq C(t) \leq 0.6$	$H_\beta \leq H \leq 0.839$	中变异
$0.6 \leq C(t) \leq 0.8$	$0.839 \leq H \leq 0.924$	强变异
$0.8 \leq C(t) \leq 1.0$	$H \geq 0.924$	巨变异

注：α、β 为显著性水平，且 $\alpha>\beta$；r_α、r_β 为 α、β 下相关系数 $C(t)$ 的最低值；$H_\alpha = \frac{1}{2}[1 + \ln(1+r_\alpha)/\ln 2]$。

（3）差积曲线——秩检验联合识别法[7]

差积曲线——秩检验联合识别法的计算原理如下：

对序列进行累积离差计算，做累积距平曲线，确定极值点为可能变异点。

$$P_t = \sum_{i=0}^{t} (P_i - \overline{P}) \tag{3.20}$$

式中，P_i 为各站点的径流量；$\overline{P}$ 是径流序列（$P_1, P_2, \cdots, P_n$）的均值；n 为序列长度；P_t 是前 t 项之和；$i \in (1, t)$，$t \in (1, n)$。

秩和检验通常是将一个序列（$P_1, P_2, \cdots, P_n$）分成（$P_1, P_2, \cdots, P_t$）和（$P_{t+1}, P_{t+2}, \cdots, P_n$）两个序列，其中序列样本个数较小者为 n_1，较大者为 n_2，即 $n_1 < n_2$，得出统计量 U 如下：

$$U = \frac{W - n_1(n_1 + n_2 + 1)/2}{\sqrt{n_1 n_2 (n_1 + n_2 + 1)/12}} \tag{3.21}$$

式中，W 为 n_1 中各数值的秩之和，U 服从正态分布，取 $\alpha = 0.05$，若 $|U| \geq U_{0.05/2} = 1.96$，表明变异点显著，否则，变异点不显著。

3.1.1.4　周期性分析方法

（1）滑动平均法[3]

滑动平均方法是对水文序列进行平滑处理来显示变化趋势。对数据量为 n 的水文序列 x，其滑动平均序列表示为

$$\hat{x}_j = \frac{1}{k} \sum_{i=1}^{k} x_{i+j-1} \qquad (j = 1, 2, \cdots, n - k + 1) \tag{3.22}$$

式中，k 是水文序列的滑动长度。作为一种规则，k 最好取奇数（5、7、9、11 等），以使平均值可以加到水文时间序列中项的时间坐标上。通过滑动平均，数据序列的独立性被削弱，自由度降低，降低的程度和滑动平均的阶数 k 有关。滑动平均的阶数 k 越大，数据序列中保留的信号越少，反之亦然。通过滑动平均后的不同数据序列之间的相关系数会增加。

（2）Morlet 小波分析

小波分析是刻画非平稳信息的有力工具，可以表征信号的局部特征，有利于揭示系列的多时间尺度变化情况。与实型小波相比，Morlet 小波更能够真实反映要素时间序列各个尺度的周期性及其在时域中的分布。

Morlet 小波是复数小波，定义为[2] $\psi(t) = e^{ict} e^{-t^2/2}$。其中 c 为小波中心频率，当 $c \geq 5$ 时 Morlet 小波能近似满足允许性条件。

对于给定的 Morlet 小波函数 $\psi(t)$，要素时间序列 $x(t) \in L^2(R)$ 的连续小波变化为

$$W_x(a, b) = |a|^{-\frac{1}{2}} \int_{-\infty}^{\infty} x(t) \overline{\psi}\left(\frac{t - b}{a}\right) dt \tag{3.23}$$

其中，a 为尺度因子，反映小波的观测粒度；b 为时间因子，反映时间上的平移；$\psi\left(\dfrac{t-b}{a}\right)$ 为 $\psi(t)$ 经伸缩和平移后取共轭得到的一簇函数。$W_x(a,b)$ 为小波变换系数，是连续小波在尺度 a、位移 b 上与信号的内积，表示信号与该点所代表的小波的相似程度。Morlet 小波变换系数的实部可表示不同特征时间尺度信号在强弱和位相两方面的信息，揭示了要素时间序列各个尺度的周期性变化。

将时域上的所有小波系数的平方进行积分，即为小波方差

$$W_x(a)=\int_{-\infty}^{\infty}|W_x(a,b)|^2\mathrm{d}b \tag{3.24}$$

小波方差代表了时间尺度的周期振荡的强弱，可以确定要素变化周期的主次关系。

目前小波分析方法对序列的多时间尺度特征分析主要通过小波系数图和小波能谱图实现。

小波系数图是反映小波变换系数 $W_x(a,b)$ 随尺度因子 a 和时间因子 b 变化而变化的数值图，通常以时间因子为横坐标、以尺度因子为纵坐标绘制成关于小波系数的二维等值线图。不同尺度下的小波变换系数时间序列可以反映系统在该时间尺度下的变化特征，通常正的小波系数对应于偏多期，负的小波系数对应于偏少期，小波系数为零则对应着转折点，某一尺度下小波变换系数正负波动越大，即小波系数绝对值越大，表明该时间尺度变化越显著。确定某一尺度有显著周期变化后，往往还可以进一步绘制该尺度下小波系数的时间序列变化图，分析其相位变化。

小波能谱图也称为小波方差图，利用小波方差来反映波动能量随尺度变化的分布特征。小波方差是在某一尺度下对其时域上所有小波系数平方的积分，积分越大表明波动的能量越大。通过小波能谱图可以确定一个水文时间序列中存在的主要时间尺度，即主要周期，其在小波能谱图中往往以峰值的形式出现，其功能与傅里叶分析中的方差密度图一致[10]。有学者[11]还从统计学的角度，基于白噪音和红噪音理论推导出用来检验小波能谱峰值显著性的噪音能量谱（置信度95%）。

需要特别注意的是，小波分析的周期性或近似周期性特征的分析是在傅里叶分析基础上发展而来的，所以要求用于小波变换的母小波本身也应具备良好的周期性特征，并与傅里叶分析存在稳定的数值联系，因此不是所有的母小波都适合用于多时间尺度的小波分析，目前常用的主要是 Morlet 和 Marr 小波，其小波变换中尺度因子 a 与傅里叶分析中的周期 T 间存在着一一对应关系[11]。采用 Morlet 小波时，其尺度因子与周期 T 对应关系为

$$T=\frac{4\pi}{\Omega_0+\sqrt{2+\Omega_0^{2}}}\times a \tag{3.25}$$

式中，当 $\Omega_0=5$ 时，则有 $T\approx1.232a$。

3.1.2　位相相关分析方法

基于连续小波分析的交叉小波分析是将小波变换和交叉谱分析两种方法结合产生

的一种新型信号分析技术。它可以再现两个时间序列在时频空间中的相位关系。

设定两时间序列 $x(s)$ 和 $y(s)$，在时频域中的相对位相可以由 W_n^{xy} 的复角来表示。并通过对所研究的两个时间序列的位置信水平和均值的估计，然后计算其尺度元素间的位相差。在分析图中的影响锥曲线内（置信度=95%），其位相角可以定量描述所研究的时间序列的关系；其中平均角 $\bar{a}$ 可由以下公式得出：

$$\bar{a} = \arg(\bar{x},\bar{y}), \quad \bar{x} = \sum_{i=1}^{n} \cos(a_i), \quad \bar{y} = \sum_{i=1}^{n} \sin(a_i) \tag{3.26}$$

式中，a_i（$0 < a_i \leqslant 360°$）为样本中的 n 个角度。

通过位相差的箭头所指角度大小可以判断两个时间序列各尺度成分的时滞相关性。

3.1.3 水文遭遇分析方法

对于多变量水文概率分布问题，目前常用的方法主要有经验频率分析、正态变换法、多维转换为一维等。多变量经验频率分析需要有足够长的数据系列才能保证准确；多变量正态分布的原始数据必须经过正态化转换，而正态化转换只能改进正态的近似程度，并不能保证变换后的数据能充分接近于正态分布，且多变量正态模型假设各变量都必须服从正态分布，这往往与实际不符；多维转换为一维法的有效性及无偏性较差。

采用 Copula 函数也可进行多变量概率问题的求解。该函数不限定变量的边际分布，可以描述变量间非线性、非对称的相关关系，尤其是当变量维数 $n \geqslant 3$，Copula 函数构建的多变量概率模型简便、适用性强。

（1）Copula 函数原理[12,13]

Copula 函数也称"连接函数"，其本质是将多维变量联合分布函数与多个单变量边缘分布函数连接起来。Copula 函数是将多个随机变量的边缘分布相连接得到其联合分布的多维联合分布函数，定义域为 [0,1]，在定义域内均匀分布。Copula 函数能不依赖于随机变量的边缘分布函数而反映出随机变量的相关性关系，所以联合分布可以分为两个独立的部分分别进行处理，包括随机变量的边缘分布以及随机变量间的相关性关系，相关性关系可以用 Copula 函数来表示。

采用不同方法可以构造不同类型的 Copula 函数。Copula 函数类型众多，比较常见的类型有 Archimedean Copula 函数、Plackett Copula 函数及椭圆 Copula 函数。Archimedean Copula 函数是 Copula 函数中一种重要的类型，又可以分为对称型和非对称型两种，在水文分析领域广泛应用的是对称型 Archimedean Copula 函数，其表达式为

$$C(u) = \varphi^{-1}\left[\sum_{i=1}^{n} \varphi(u_i)\right] \quad (i = 1, 2, \cdots, n) \tag{3.27}$$

式中，生成元 φ 在 [0,∞] 域内为连续严格递减函数。

水文统计中最常应用的是三种二维 Archimedean Copula 函数，分别为 Clayton Copula 函数、Gumbel-Hougaard（GH）Copula 函数和 Frank Copula 函数。

1）Clayton Copula 函数，仅适用于随机变量存在正相关关系的时候，其表达式及生成元分别为

$$C(u,v;\theta) = (u^{-\theta} + v^{-\theta} - 1)^{-\frac{1}{\theta}}, \quad \theta > 0 \tag{3.28}$$

$$\varphi(t;\theta) = \frac{1}{\theta}(t^{-\theta} + 1) \tag{3.29}$$

2）Gumbel-Hougaard（GH）Copula 函数，仅适用于随机变量存在正相关关系的时候，其表达式和生成元分别为

$$C(u,v;\theta) = \exp\{-[(-\ln u)^{\theta} + (-\ln v)^{\theta}]^{\frac{1}{\theta}}\}, \quad \theta \geqslant 1 \tag{3.30}$$

$$\varphi(t;\theta) = (-\ln t)^{\theta} \tag{3.31}$$

3）Frank Copula 函数，既适用于随机变量存在正相关关系的时候，也适用于随机变量存在负相关关系的时候，且不限相关性程度，其表达式和生成元分别为

$$C(u,v;\theta) = -\frac{1}{\theta}\ln\left[1 + \frac{(e^{-\theta u} - 1)(e^{-\theta v} - 1)}{e^{-\theta} - 1}\right] \tag{3.32}$$

$$\varphi(t;\theta) = -\ln\left(\frac{e^{-\theta t} - 1}{e^{-\theta} - 1}\right) \tag{3.33}$$

（2）Copula 函数参数估计

常用 Copula 函数的参数估计方法有三类，极大似然法、适线法及非参数估算方法。其中适线法指在一定的适线准则下求解统计参数，使得频率曲线与经验点据拟合效果最好，非参数估算方法是通过 Kendall 秩相关系数 θ 与 τ 的关系间接求得，非参数估算方法参数估计法具有置信区间窄、结果稳定的优势。

Kendall 秩相关系数是用于度量水文变量相关性的重要指标之一，可以用于描述变量之间的线性相关关系和非线性的相关关系。假定 (X_1, Y_1)，(X_2, Y_2) 为独立同分布向量，且 $X_1, X_2 \in X, Y_1, Y_2 \in Y$，则

$$\tau = P[(X_1 - X_2)(Y_1 - Y_2) > 0] - P[(X_1 - X_2)(Y_1 - Y_2) < 0] \tag{3.34}$$

假定 C 为 (X, Y) 变量的 Copula 函数，则

$$\tau = 4\iint_{0}^{1}\int_{0}^{1} C(u,v) \, \mathrm{d}C(u,v) - 1 \tag{3.35}$$

其中，Kendall 秩相关系数计算式为

$$\tau = (C_n^2)^{-1} \sum_{i<j} \mathrm{sign}[(X_i - X_j)(Y_i - Y_j)] \quad (i, j = 1, 2, \cdots, n) \tag{3.36}$$

$$\mathrm{sign}(x) = \begin{cases} 1, & x > 0 \\ 0, & x = 0 \\ -1, & x < 0 \end{cases} \tag{3.37}$$

假定 C 为 Archimedean Copula 函数，则存在

$$\tau = 1 + 4\int_{0}^{1} \frac{\varphi(t)}{\varphi'(t)} \mathrm{d}t \tag{3.38}$$

三种常用二维对称型 Archimedean Copula 函数，Clayton Copula、GH Copula 和 Frank

Copula 的 Kendall 秩相关系数 θ 与 τ 的关系见表 3.2。

表 3.2　Copula 中 θ 与 τ 关系

Copula 函数类型	θ 与 τ 关系
Clayton Copula	$\tau = \dfrac{\theta}{\theta+2}$
GH Copula	$\tau = 1 - \dfrac{1}{\theta}$
Frank Copula	$\tau = 1 + \dfrac{4}{\theta}\left[\dfrac{1}{\theta}\int_0^\theta \dfrac{t}{\exp(t)-1}\mathrm{d}t - 1\right]$

（3）Copula 函数拟合优选

常用的 Copula 函数优选方法有离差平方和最小准则（OLS 准则）方法、池田信息准则（AIC 准则）方法[14]、K-S 方法、Genest-Rivest 方法[15]、χ^2 检验方法等。其中 Genest-Rivest 方法是一种 Archimedean Copula 函数的直观优选方法，主要采用该方法进行 Copula 函数的拟合优选。

首先分别计算经验估计值 $K_j(t)$ 和理论估计值 $K_c(t)$，然后点绘 K_c-K_j 关系图，点据越集中分布于 45° 对角线附近，表明 Copula 函数拟度越高。

$$K_j(t) = \frac{m(t_i < t)}{N}, \qquad t_i = \frac{M(i)}{N-1} \tag{3.39}$$

$$K_c(t) = t - \varphi(t)/\varphi'(t^+), \qquad t \in (0, 1] \tag{3.40}$$

式中，$M(i)$ 为联合观测值样本中满足条件（$x \leqslant x_i$，$y \leqslant y_i$）的观测值个数；$m(t_i < t)$ 为满足 $t_i < t$ 的个数；φ 为生成元函数，$\varphi'(t^+)$ 为 φ 的右导数。

3.2　珠江三角洲水文要素变异分析

珠江三角洲是复合三角洲，由西、北江思贤滘以下、东江石龙以下网河水系和入注三角洲诸河组成，素有"三江汇流，八口出海"的美誉。西北江三角洲是珠江三角洲的重要组成部分，由西江水系和北江水系组成，水道密布，纵横复杂，水系复杂，河网密度高达 0.68~1.07 km/km²[16]，受到上游径流和下游潮流的共同作用，河道流量、流向随时间变化，水流特征年内、年际分布差异都很大。近年来，城市化规模迅速扩展，人类活动的剧烈影响使西北江三角洲及其周边地区的河网、下垫面的自然形态均发生了的显著改变[17]，水文水资源特征变异显著，加上自然地理因素和气候变化导致的水文特征时空分布的异常，地区洪、枯极端性水情呈频繁趋势[18]，河区腹地汛期连年出现高水位，城区内涝和外江河洪水同步风险加大[19]；季节性干旱甚至秋冬春连旱出现的概率显著增加[20]，水资源供需矛盾更加突出；水质型缺水长期未得到改善、咸潮上溯现象凸显[21]，已成为困扰地区经济社会现代化发展的主要原因之一。

西江、北江干流是西北江三角洲主要水源河流，其水文情势直接关系到下游西北江三角洲地区的防洪、补枯、压咸、水资源利用和水灾害防治等问题。受到剧烈的人类活动和全球变暖海平面上升等情况影响，区域水文要素发生变异，极端水文事件时有发生。西江与北江流域自然地理情况和气候类型相似，暴雨形成原因和发生时间以及洪水河道汇流时间也相近，容易发生两江同时发生大洪水的情况。西、北江流域近二十年内陆续发生"94.6"、"98.6"、"05.6"、"08.6"、"09.7"等大洪水[3,4]，"94.6"、"05.6"和"08.6"洪水发生时，出现西、北江洪水同时发洪的情况，两江洪峰在思贤滘相遇，且两江发生洪水时，经常恰逢天文大潮，洪潮遭遇，加剧了洪水情势威胁。近年来，由于珠江流域连续干旱，枯水期西、北江干流径流量偏小，两江在思贤滘汇流后在进入西北江三角洲前进行再次分配，导致西北江三角洲枯水期总入流量减小，干旱时有发生，且上游径流量的减少影响了珠江口咸潮的发生情况和剧烈程度，咸潮上溯现象愈加严峻[5]，对非汛期工业、生活用水取水影响严重，对人体健康和经济社会发展带来严重危害。因此，研究珠江三角洲的径流、盐水入侵等水文现象，对于西、北江流域以及下游西北江三角洲地区的水资源可持续利用都具有重要意义。

3.2.1　径流基本特征分析

3.2.1.1　高要石角径流特征分析

以 1957 ~ 2008 年的高要、石角实测月、年径流资料，定量分析西北江三角洲上游径流变化规律，为西北江三角洲水资源合理配置提供科学依据。

（1）径流年内分配特征分析

高要、石角站的径流分配都很不均匀，主要集中在汛期 4 ~ 9 月份，汛期的径流量占全年径流的75%以上，见表3.3。由图3.1可以看出，高要和石角站都属于径流"单锋型"，但高要、石角径流最大月份较为一致，高要站的径流量最大都出现在 7 月份，而石角站径流最大出现在 6 月份。

表 3.3　高要、石角站各月平均径流量及占年径流量百分比

水文站	径流量及其占比	1	2	3	4	5	6	7	8	9	10	11	12
高要	径流量/亿 m³	54.59	51.12	70.48	128.03	238.43	372.55	413.57	344.84	226.76	134.14	96.62	64.31
	百分比/%	2.49	2.33	3.21	5.83	10.86	16.97	18.84	15.71	10.33	6.11	4.4	2.93
石角	径流量/亿 m³	11.76	14.87	28.07	51.67	71.53	80.02	50.39	40.5	28.4	18.94	14.34	11.3
	百分比/%	2.79	3.53	6.65	12.25	16.96	18.97	11.95	9.6	6.73	4.49	3.4	2.68

分析高要、石角不同年代的不均匀系数、集中度、集中期和变化幅度的变化。由表3.4可以看出，高要站的不均匀性系数和集中度比较一致，20 世纪 50 ~ 80 年代呈下降趋势，90 年代后有所回升，总体有所下降，表明年内径流趋于均匀化；集中期变化不大，径流主要集中在 6、7 月份。石角站的不均匀性系数和集中度比较一致，总体呈

下降趋势，年内径流分配也趋于均匀化，集中期在 80 年代有所提前，径流主要集中在 5、6 月份。高要、石角径流变化幅度极大比和极小比都变化不大。

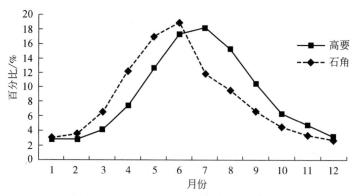

图 3.1　高要、石角站径流年内分布曲线

表 3.4　高要、石角站各年代年内分配特征

水文站	年份	Cu	RCD	RCP	C_{max}	C_{min}
高要	1957～1959	0.79	0.52	192.35	2.49	0.2
	1960～1969	0.72	0.48	198.46	2.28	0.25
	1970～1979	0.7	0.48	197.34	2.22	0.25
	1980～1989	0.57	0.4	197.22	1.83	0.33
	1990～1999	0.76	0.49	195.12	2.66	0.28
	2000～2008	0.75	0.48	189.29	2.49	0.3
	1957～2008	0.69	0.47	195.3	2.27	0.28
石角	1957～1959	0.82	0.49	156.31	3.05	0.21
	1960～1969	0.73	0.46	165.97	2.72	0.29
	1970～1979	0.68	0.42	160.2	2.51	0.36
	1980～1989	0.65	0.42	145.7	2.4	0.31
	1990～1999	0.61	0.42	161.28	2.19	0.31
	2000～2008	0.66	0.44	168.77	2.39	0.31
	1957～2008	0.65	0.43	160.11	2.3	0.32

　　西北江三角洲过境水量非常丰富，只是年内分布十分不均匀，容易出现枯水期缺水现象和咸潮上溯现象。因此本次重点分析高要、石角的枯季径流占年内分布（枯水期径流/年径流量）的变化。由图 3.2 和图 3.3 可以看出，高要站和石角站的枯季径流比重变化较为一致，高要站的枯季径流比重最大为 0.355，石角站的枯季径流比重最大为 0.45，都在 1983 年；高要站在 1979 年达到最小，只有 0.15，石角站在 1968 年达到最小，仅为 0.12。总体来说，高要、石角站的枯季径流比重的滑动平均序列基本围绕均值上下波动。另一方面，高要、石角的枯季径流比重都有下降的趋势，Z_{sp} 均小于 0，但趋势不显著；高要枯季径流比重序列 Hurst 系数为 0.664，小于 $H_\alpha = 0.674$，因此判定

该序列无明显变异；同样，石角站的枯季径流比重序列 Hurst 系数为 0.544，小于 $H_\alpha =$ 0.674，判定序列无明显变异（见表 3.5）。

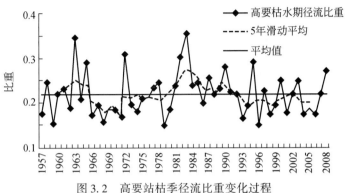

图 3.2　高要站枯季径流比重变化过程

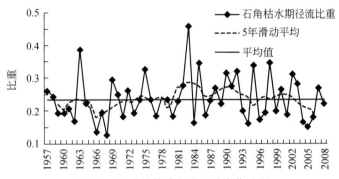

图 3.3　石角站枯季径流比重变化过程

表 3.5　高要、石角枯季径流比变化特征

序列	均值	变差系数	Sperman（Z_{sp}）	趋势性	显著性	Hurst 系数	变异结果
高要枯期径流比重	0.218	0.23	−0.511	下降	不显著	0.664	无变异
石角枯期径流比重	0.235	0.29	−0.536	下降	不显著	0.544	无变异

（2）径流年际变化特征

从高要站的年径流序列过程线（图 3.4）可以看出，序列基本围绕均值上下波动。1965 年之前的滑动平均值处于均值之下，1965～1985 年的滑动平均值处于均值之上，1985～1991 年则处于均值之下，1992～2002 年左右基本处于均值之上，之后则处于均值之下。高要的年径流滑动平均序列在均值上下波动，不存在显著性突变。

从石角的年径流序列过程线（图 3.5）可以看出，序列基本围绕均值上下波动。1961～1970 年石角站的滑动平均值在均值以下，1971～1983 年滑动平均值基本在均值以上，1984～1991 年在均值以下，1992～2000 年在均值以上，之后则处于均值以下。石角的年径流滑动平均序列在均值上下波动，不存在显著性突变。

对高要、石角站的年径流序列进行斯波曼趋势检验和 Hurst 系数法分析，结果见表

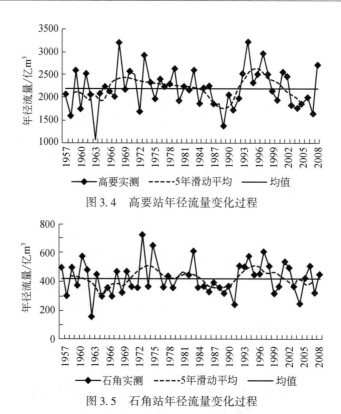

图 3.4 高要站年径流量变化过程

图 3.5 石角站年径流量变化过程

3.6。高要站年径流量存在下降趋势，$Z_{sp}=-0.01$，趋势不显著；石角站年径流量存在上升趋势，$Z_{sp}=0.27$，同样趋势不显著。高要站年径流序列的 Hurst 系数为 0.59，石角站年径流序列的 Hurst 系数为 0.53，都小于 H_α，都不存在明显的变异。

表 3.6 高要、石角站点年径流序列统计成果分析

水文站	年限	均值/亿 m³	Cv	Z_{sp}	趋势性	显著性	Hurst 值	变异结果
高要	1957~2008	2195.44	0.19	-0.01	下降	不显著	0.59	无变异
石角	1957~2008	421.79	0.26	0.27	上升	不显著	0.53	无变异

3.2.1.2 马口三水径流特征分析

西北江三角洲上游径流在思贤窖汇合再分流进入西北江三角洲，马口、三水站是径流在思贤窖分流后的主要控制站，研究马口、三水站的来水特征能很好的分析上游径流进入西北江三角洲后的水量分配情况。本次以 1960~2009 年的马口、三水实测月、年径流资料为基础，定量上游径流在思贤窖的水量分配规律，为西北江三角洲水资源合理配置提供科学依据。

（1）径流年内变化特征

马口站和三水站的径流分配都主要集中在汛期 4~9 月份，马口站汛期的径流量占

全年径流的 76.88%，三水站汛期径流量占全年径流的 84.31%，径流分配极不均匀。由图 3.6 可以看出，马口站和三水站同样属于径流"单锋型"，年内分配曲线较为一致，最大径流量都出现在 7 月份，其中三水站 6、7 月份径流量占全年径流的比重均超过 20%。具体结果见表 3.7。

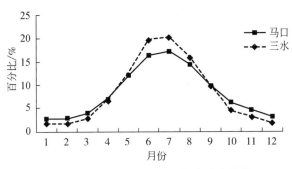

图 3.6　马口、三水站径流年内分布曲线

表 3.7　马口、三水站各月平均径流量及占年径流量百分比

水文站	径流量及其占比	1	2	3	4	5	6	7	8	9	10	11	12
马口	径流量/亿 m³	63.54	61.7	88.46	160.62	272.76	373.14	392.01	327.8	223.72	138.56	102.87	71.09
	百分比/%	2.79	2.71	3.89	7.06	11.98	16.39	17.22	14.4	9.83	6.09	4.52	3.12
三水	径流量/亿 m³	7.71	7.95	13.7	30.13	59.21	93.63	96.54	75.47	44.38	21.87	14.44	8.58
	百分比/%	1.63	1.68	2.89	6.36	12.5	19.77	20.38	15.93	9.37	4.62	3.05	1.81

　　分析马口、三水站各年代的年内分配指标（表 3.8），径流在思贤滘汇合分流后，各年代马口、三水站的年内分配指标变化趋势都比较一致，20 世纪 60~80 年代，两站的不均匀系数和集中度呈下降趋势，在 80 年代，马口站和三水站年内分配最均匀，不均匀系数最低，分别为 0.54 和 0.69，其后在 90 年代回升。径流集中期方面，两个站均呈下降趋势，表明最大径流集中时间有所提前。马口站径流极大比最大达到 2.43，径流极小比最小为 0.28；三水站径流极大比最大达到 2.72，径流极小比最小达到 0.1。

表 3.8　马口、三水站各年代年内分配特征

水文站	年份	Cu	RCD	RCP	C_{max}	C_{min}
马口	1960~1969	0.64	0.44	194.96	2.04	0.28
	1970~1979	0.64	0.44	192.86	1.97	0.29
	1980~1989	0.54	0.37	186.9	1.79	0.35
	1990~1999	0.68	0.45	190.39	2.43	0.3
	2000~2009	0.7	0.45	188.47	2.36	0.34
	1960~2009	0.63	0.45	190.88	2.07	0.33

水文站	年份	Cu	RCD	RCP	C_{max}	C_{min}
	1960 ~ 1969	0.96	0.63	192.03	2.67	0.1
	1970 ~ 1979	0.9	0.6	189.39	2.48	0.12
三水	1980 ~ 1989	0.69	0.47	185.14	2.17	0.21
	1990 ~ 1999	0.8	0.53	189.75	2.69	0.21
	2000 ~ 2009	0.84	0.54	186	2.72	0.24
	1960 ~ 2009	0.82	0.55	188.55	2.45	0.2

　　分析马口、三水站的枯季径流占年内径流的比重（图 3.7、图 3.8 和表 3.9）马口站枯季径流比重最大为 0.377，三水站枯季径流比重最大为 0.345，都出现在 1983 年；马口站的枯季径流比重在 1968 年达到最小，为 0.163，三水站在 1966 年达到最小，仅为 0.063。总体来说，马口站的枯季径流比重的滑动平均序列基本围绕均值上下波动，而三水站的滑动平均序列在 1980 年后就在均值以上。马口的枯季径流比重存在下降的趋势，Z_{sp} 为 -0.207，下降趋势不显著；而三水站的枯季径流比重有上升趋势，Z_{sp} 为 2.815，趋势显著。计算马口、三水枯季径流比重序列的 Hurst 系数，分别为 0.503 和 0.672，都小于 $H_{\alpha}= 0.674$，判定该序列无明显变异。

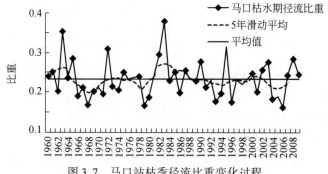

图 3.7　马口站枯季径流比重变化过程

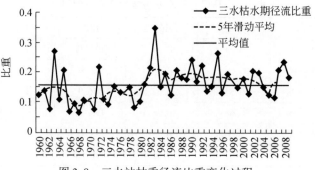

图 3.8　三水站枯季径流比重变化过程

表3.9　马口、三水枯季径流比变化特征

序列	均值	变差系数	Sperman（Z_{sp}）	趋势性	显著性	Hurst 系数	变异结果
马口枯期径流比重	0.232	0.19	−0.207	下降	不显著	0.503	无变异
三水枯期径流比重	0.157	0.37	2.815	上升	显著	0.672	无变异

（2）径流年际变化特征

分析马口站和三水站的年径流量序列（图3.9 和图3.10），马口站年径流丰枯变化与三水站并不一致，马口站滑动平均序列基本围绕均值上下波动，不存在显著性的突变。而三水站滑动平均序列在1992 年后有一个明显的上升趋势，1992 年后的滑动平均值都在均值之上，有明显的变化。对两个站的年径流序列进行斯波曼趋势检验和 Hurst 系数法，结果见表3.10。马口站年径流量均存在下降趋势，$Z_{sp}=-1.34$，下降趋势不显著；三水站存在显著的上升趋势，$Z_{sp}=3.82$。马口站的 Hurst 系数为0.802，三水站的 Hurst 系数达到1.157，均大于 H_α，马口站属于中变异类型，三水站属于强变异类型；因此要对马口站和三水站年径流序列进行进一步的变异点分析。

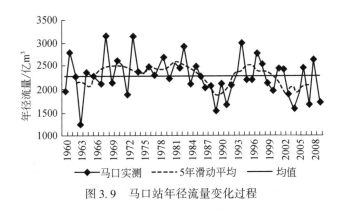

图3.9　马口站年径流量变化过程

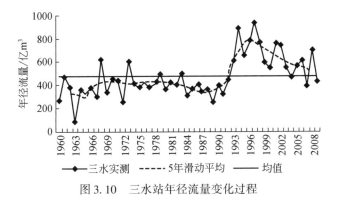

图3.10　三水站年径流量变化过程

表 3.10 马口、三水站点年径流序列统计成果分析

水文站	年限	均值/亿 m³	Cv	Z_{sp}	趋势性	显著性	Hurst 值	变异结果
马口	1960~2009	2276.27	0.18	−1.34	下降	不显著	0.802	中变异
三水	1960~2009	473.6	0.36	3.82	上升	显著	1.157	强变异

利用差积曲线-秩检验联合识别法对马口站和三水站的径流量进行进一步的变异点分析。由图 3.11 和图 3.12 可以看出，马口站的累积距平差积曲线的最小点和最高点分别在 1967 年和 1986 年，三水站的累积距平曲线在 1992 年有一个明显的最小点。通过秩检验法对这些变异点进行检验，结果见表 3.11。马口站 1967 年统计量 $U<1.96$，变异不显著，而 1986 年统计量 $U=2.287>1.96$，认为该变异点变异显著，表明 1986 年为马口站年径流序列的变异点；三水站 1992 年的统计量 $U=4.967>1.96$，检验结果显著，表明 1992 年为三水站年径流序列的变异点。

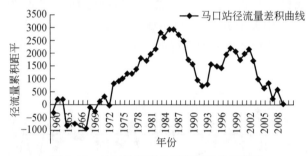

图 3.11 马口站径流量累积距平差积曲线

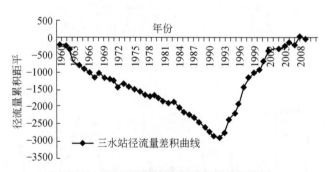

图 3.12 三水站径流量累积距平差积曲线

表 3.11 马口、三水站变异点分析结果

站点	统计量 U	显著性	可能变异点	是否变异点
马口	0.688	不显著	1967	否
	2.287	显著	1986	是
三水	4.967	显著	1992	是

3.2.1.3　变异结果分析

思贤滘连接西、北江，马口站为西江控制节点、三水站为北江控制节点。马口和三水站在八九十年代发生了明显变异，变异点分别为1986年和1992年。大量相关研究表明，思贤滘分流比发生变异与20世纪末剧烈的人类活动密切相关[16,22]。20世纪80年代中期开始到90年代初，大规模采掘西北江河床泥沙导致西北江三角洲上游河床下切严重，这是导致思贤滘分流比发生明显变异的关键性因素。

根据变异分析结果，马口站径流演变过程可划分为两个时期：1960~1985年和1986~2009年，三水站径流演变过程划分为两个时期：1960~1991年和1992~2009年，分别计算径流年内分配特征和年际变化的各个统计指标值。

从变异前后的径流年内分配不均匀性看，三水站的径流年内分配不均匀系数较马口站的值要大；三水站变异后年内分配的不均匀系数较变异前的值要小；马口站则相反，变异后年内分配的不均匀系数较变异前的值要大。说明三水站的径流年内分配较马口站的不均匀；三水站变异后径流年内分配趋于均化；马口站变异后径流年内分配则更加不均匀。从径流年内分配集中度看，三水站和马口站的径流集中期基本没有变化。从径流年内变化幅度看，三水站变异后极大比变大，极小比也变大；马口站变异后极大比变大，极小比则与变异前相当。表明三水站变异后的径流年内分配变化幅度较变异前小，马口站变异后的径流年内分配变化幅度较变异前大。具体情况见表3.12。

表 3.12　变异前后径流年内分配特征对比

站点	时段	不均匀系数 C_u	集中度 RCD	集中期 RCP	C_{max}	C_{min}
三水	1960~1991	0.83	0.56	188.71	2.34	0.16
	1992~2009	0.82	0.54	188.37	2.58	0.23
	1960~2009	0.82	0.55	188.55	2.45	0.20
马口	1960~1985	0.60	0.41	191.42	1.87	0.32
	1986~2009	0.67	0.45	190.29	2.30	0.34
	1960~2009	0.63	0.43	190.88	2.07	0.33

三水站的变异前年径流量均值为383.6亿 m^3，变异后的年径流量均值为633.59亿 m^3，有明显的提升；马口站变异前年径流量均值为2387.86亿 m^3，变异后下降到2155.38亿 m^3（见表3.13）。分流比方面，三水站变异前后的平均年分流比为0.14和0.22，有明显的提升，枯季分流比由0.09上升到0.18；马口站变异前平均年分流比为0.86，变异后下降为0.80，枯季分流比变异后有所下降。变异前后的三水站各月分流比的增大幅度基本一致，都在0.1上下，如图3.13所示。

表 3.13　变异前后径流年际变化特征对比

站点	时段	均值/亿 m³	变差系数 Cv	年分流比	枯季分流比
三水	1960~1991	383.6	0.25	0.14	0.09
	1992~2009	633.59	0.25	0.22	0.18
	1960~2009	473.6	0.37	0.17	0.12
马口	1960~1985	2387.86	0.16	0.86	0.92
	1986~2009	2155.38	0.19	0.8	0.84
	1960~2009	2276.27	0.18	0.83	0.88

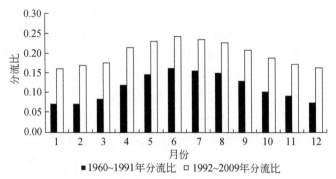

图 3.13　三水站变异前后的各月份分流比情况

3.2.2　径流丰枯遭遇分析

西江、北江来水量大小对下游西北江三角洲水资源配置有重要的影响,但两江来水丰枯状况并不一致,而当两江产生同枯遭遇的极端情况时,会导致西北江三角洲咸潮上溯情况加剧,严重影响下游咸潮影响区的供水安全。而传统的单站频率分析方法无法准确地分析两站来水的频率,因此在单站频率分析的基础上,进一步采用 Copula 函数对高要、石角站径流量序列的丰枯遭遇情况进行分析。

3.2.2.1　洪水遭遇分析

西江和北江洪水发生条件相似,如遇极端情况,两江洪水在思贤滘发生遭遇,则易发生灾害性的特大洪水,对于下游的西北江三角洲影响重大,造成的损失巨大。为应对这类西、北江洪水发生遭遇而形成特大洪水的极端情况,需要对两江流量进行洪水遭遇分析。此处主要应用 Copula 函数对西、北江干流控制站点高要站、石角站流量进行联合分布分析,探寻两江洪水遭遇情况。

（1）单站洪水频率分析

1）序列非一致性识别

高要站年最大日流量序列和年最大 7 日平均序列流量均呈现较为显著的总体上升趋势，整体趋势一致（1980~1990 年间相对较小），多年平均值分别为 32131 m³/s 和 28761 m³/s，年平均上升幅度分别为 183.7 m³/s 和 95.6 m³/s；石角站年最大日流量序列和年最大 7 日平均序列均呈现为总体较为平稳略有上升趋势，其中年最大日流量序列上升趋势更显著，多年平均值分别为 9674 m³/s 和 6898 m³/s，年平均上升幅度分别为 24.3 m³/s 和 2.4 m³/s。各序列特征值见表 3.14；高要、石角站年最大日流量变化过程图见图 3.14。

表 3.14 高要、石角站年最大日流量和年最大 7 日平均流量序列特征值

特征值	年最大日流量		年最大 7 日平均流量	
	高要站	石角站	高要站	石角站
均值/(m³/s)	32131	9674	28761	6898
标准差/(m³/s)	9329	3052	8451	2640
变差系数 Cv	0.29	0.32	0.29	0.38
年变化幅度/(m³/s)	183.7	24.3	95.6	2.4

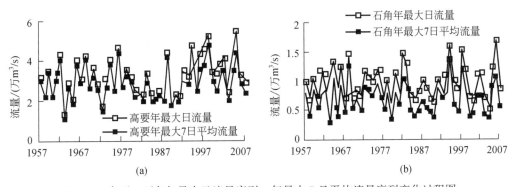

图 3.14 高要、石角年最大日流量序列、年最大 7 日平均流量序列变化过程图

对高要和石角站年最大日流量序列和年最大 7 日平均流量序列进行 Mann-Kendall 非一致性识别，取 $\alpha=0.05$，两个站流量序列均通过显著性检验，存在非一致性，且高要站序列存在显著突变点，在 1992 年左右，石角站流量序列过程复杂，存在多个可能变异点，需进行进一步检验才可以确定变异点。高要、石角年最大日流量序列、年最大 7 日平均流量序列 M-K 检验结果见图 3.15。

模比系数差积和结果见图 3.16，由图中可知，高要和石角年最大日流量序列曲线整体趋势都是先下降后上升，在 1992 年左右均存在一个明显的均值突变，曲线由明显的下降趋势转变为明显的上升趋势。其中高要站变化趋势更明显，石角站变化过程波

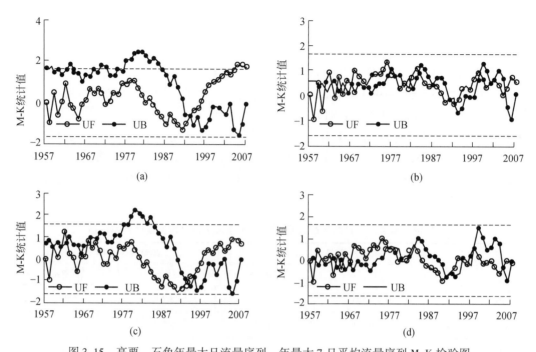

图 3.15 高要、石角年最大日流量序列、年最大 7 日平均流量序列 M-K 检验图

（a）高要年最大日注量；（b）石角年最大日流量；（c）高要年最大 7 日平均流量；（d）石角年最大 7 日平均流量

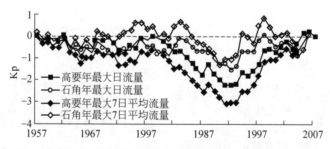

图 3.16 高要、石角年最大日流量、年最大 7 日平均流量序列模比系数差积和检验图

动更复杂，整体结果与 Mann-Kendall 法结果相一致。

2）基于 TVM 的洪水频率分析与特征值重构

对高要和石角站年最大日流量序列，采用 Gamma 分布等 10 种概率线型，对假设的八种趋势用极大似然法进行参数估算，用 AIC 方法进行优选，结果见表 3.15 和表 3.16。高要年最大日流量序列最优 TVM 模型为 GEVAP 模型，石角站年最大日流量序列最优 TVM 模型为 GEVCL 模型，高要年最大 7 日平均流量序列最优 TVM 模型为 WEICL 模型，石角站年最大 7 日平均流量序列最优 TVM 模型为 WEICP 模型。

表 3.15　高要站 TVM 模型 AIC 拟合检验

序列	概率线型	趋 势 模 型							
		S	AL	AP	BL	BP	CL	CP	DL
年最大日流量序列	Gamma	1081.0	1082.0	1080.0	1083.0	1084.5	1080.4	1080.3	1083.9
	Gumbel	1081.6	1080.5	1080.4	1082.8	1085.4	1080.5	1082.0	1081.2
	LN2	1080.5	1079.7	1079.2	1082.4	1084.3	1079.4	1081.5	1080.6
	Logistic	1082.9	1082.9	1081.8	1084.6	1086.4	1082.1	1084.4	1086.3
	Norm	1080.8	1081.7	1078.0	1082.7	1083.7	1079.5	1078.8	1080.0
	PIII	1081.9	1081.2	1080.6	1083.8	1085.8	1080.7	1082.9	1082.2
	GEV	1079.3	1078.1	1077.8	1081.3	1083.3	1078.2	1078.4	1079.8
	GLO	1083.6	1084.8	1082.9	1085.6	1087.6	1083.0	1084.5	1086.7
	Weibull	1081.0	1079.3	1078.5	1082.6	1083.7	1089.5	1078.9	1079.9
	LN3	1082.5	1081.8	1081.1	1084.8	1083.5	1081.4	1083.5	1082.6
年最大 7 日平均流量序列	Gamma	1076.1	1074.2	1074.2	1074.4	1076.3	1074	1074.2	1072.4
	Gumbel	1072.4	1071.8	1071.5	1073.7	1072.3	1071.9	1071.8	1072.1
	LN2	1081.2	1080.5	1080.4	1082.8	1085.4	1080.4	1082	1081.6
	Logistic	1071.8	1071.4	1071	1071.3	1073	1070.7	1071	1070.2
	Norm	1073.7	1071.7	1071.8	1072	1073.9	1071.6	1071.8	1070.1
	PIII	1073.6	1071.9	1072	1072.1	1074.1	1071.7	1072	1070.2
	GEV	1073.3	1071.7	1071.8	1071.7	1073.7	1071.6	1071.7	1070
	GLO	1071.8	1072.8	1072.8	1071	1073.8	1069.9	1071.7	1071.2
	Weibull	1071.4	1070.9	1070.7	1070.2	1072.1	1069.5	1070	1069.8
	LN3	1073.3	1073	1072.7	1073.7	1073.6	1072.2	1073	1071.4

表 3.16　石角站 TVM 模型 AIC 拟合检验

序列	概率线型	趋 势 模 型							
		S	AL	AP	BL	BP	CL	CP	DL
年最大日流量序列	Gamma	969.1	967.6	969.3	967.6	967.9	967.4	969	967.6
	Gumbel	970.3	968.6	970.6	968.6	968.2	967.3	970.9	969.1
	LN2	970.7	968.9	971	969.3	969	967.5	971.1	969.3
	Logistic	972.8	970.9	972.8	970.8	972.3	968.9	972.4	970.6
	Norm	970	969	970.5	968.6	969.9	967.9	969.8	968
	PIII	969.7	967.3	969	968.3	968.2	966.6	969	967.3
	GEV	967.1	966.4	968.7	967.1	968	966.3	968.2	968.3
	GLO	969.5	969.4	971.5	969.6	971.4	967.6	971.3	971.5
	Weibull	968.2	968	967.7	967.5	967.6	967.2	967.2	968
	LN3	971.1	968.9	971	969.4	971.2	967.5	970.7	969.3

续表

序列	概率线型	趋 势 模 型							
		S	AL	AP	BL	BP	CL	CP	DL
年最大7日平均流量序列	Gamma	951.3	949	951	949	950.8	949.4	950.4	951
	Gumbel	952	950	951.9	949.9	951.4	950	948	951.9
	LN2	951.7	949.8	951.7	949.7	951.2	949.8	948	951.7
	Logistic	957.4	955.6	957.4	955.4	957.2	955.5	953.5	957.3
	Norm	955.2	953.3	955.3	953.1	955	953.3	951.4	955.1
	PIII	953.9	950.8	952.6	950.6	952.2	950.9	948.7	952.6
	GEV	953.6	951.7	953.7	951.6	953.4	951.8	949.7	953.6
	GLO	956.9	955.2	956.8	954.9	956.5	955	952.9	957.2
	Weibull	951	948.5	949.9	948.4	949.1	949	947.7	950.3
	LN3	953.7	951.7	953.6	951.7	953.7	951.7	949.7	953.7

　　根据高要、石角年最大日流量序列 TVM 法优选结果模型参数,计算均值 m 和标准差 σ 的变化过程,结果见图 3.17。

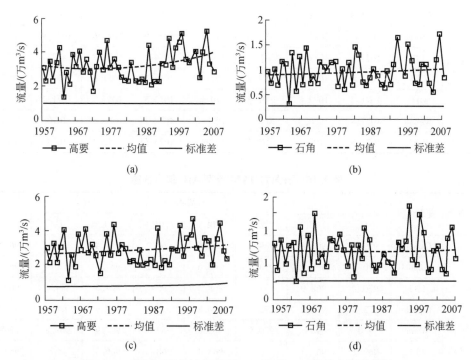

图 3.17　高要、石角站各序列 TVM 均值、标准差变化过程图

(a) 高要年最大日流量;(b) 石角年最大日流量;(c) 高要年最大 7 日平均流量;(d) 石角年最大 7 日平均流量

　　高要站年最大日流量序列最优 TVM 模型为 GEVAP 模型,均值 m 变化曲线为平稳略有下降后显著上升的抛物线形;标准差 σ 反映序列的离散程度,在 AP 模型控制下,

标准差保持不变。石角站年最大日流量序列最优 TVM 模型为 GEVCL 模型，均值 m 与标准差 σ 变化过程整体保持一致，表现为线性增加趋势。高要站年最大 7 日平均流量序列最优 TVM 模型为 WEICL 模型，均值 m 变化曲线呈线性平稳上升；标准差 σ 与均值变化过程保持一致。石角站年最大 7 日平均流量序列最优 TVM 模型为 WEICP 模型，均值 m 与标准差 σ 变化过程整体保持一致，表现为微弱的抛物线形增加趋势。各序列均值 m 保持在均值曲线两侧，标准差变化趋势也与曲线整体趋势一致，说明各 TVM 模型曲线拟合效果较好，选择模型合理。

为分析 TVM 结果的合理性，探讨变化环境下水文特征值的变化，对其水文特征值进行重构，选择指定设计流量，计算重现期变化过程；指定重现期，计算设计流量变化过程。为确定指定的设计流量，选择传统水文频率计算 $T=100$ a 的设计流量结果作为指定流量；选择 $T=100$ a 作为指定重现期。

传统频率法计算 $T=100$ a 的设计流量计算，选用 TVM 法中涉及的 Gamma 分布等10 种线型，选用线性矩法（L 矩）进行参数估计，最后用 OLS 准则、K-S 法、RSME准则和 PPCC 准则进行线性优选，确定选用的线型和参数，然后计算 $T=100$ a 的设计流量结果，计算结果见表 3.17。高要站、石角站年最大日流量序列传统频率法计算 $T=100$ a 的设计流量分别为 57789 m^3/s 和 51665 m^3/s，高要站、石角站年最大 7 日平均流量序列传统频率法计算 $T=100$ a 的设计流量分别为 18149 m^3/s 和 14545 m^3/s。

表 3.17　传统频率法计算 $T=100$ a 设计流量结果

序列	年最大日流量		年最大 7 日平均流量	
	高要	石角	高要	石角
最优线型	GEV	GEV	Weibull	Weibull
$T=100$ a 设计流量/（m^3/s）	57789	18149	51665	14545

对高要站年最大日流量序列，选择设计流量 $Q_0=57789$ m^3/s，用最优 TVM 模型GEVAP 模型参数进行分析，在指定重现期下设计流量呈现先上升后下降的趋势，选择$T=100$ a 进行设计流量的计算，设计流量随时间先减小后显著上升。变化过程见图3.18（a1）（a2）。

对石角站年最大日流量序列，选择设计流量 $Q_0=18149$ m^3/s，用最优 TVM 模型GEVCL 模型参数进行分析，指定设计流量条件下重现期整体表现为下降趋势，且下降速度渐缓，选择 $T=100$ a 进行设计流量的计算，设计流量随时间呈现为线性增加的趋势。变化过程见图 3.18（b1）（b2）。

对高要站年最大 7 日平均流量序列，选择设计流量 $Q_0=51665$ m^3/s，用最优 TVM模型 GLODL 模型参数进行分析，在指定设计流量下重现期整体表现为下降趋势，选择$T=100$ a 进行设计流量的计算，设计流量线性增加。变化过程见图 3.18（c1）（c2）。

对石角站年最大 7 日平均流量序列，选择设计流量 $Q_0=14545$ m^3/s，用最优 TVM模型 GLOCP 模型参数进行分析，在指定设计流量下重现期表现为略有上升后下降趋势，选择 $T=100$ a 进行设计流量的计算，设计流量先减小后增加。变化过程见图 3.18（d1）（d2）。

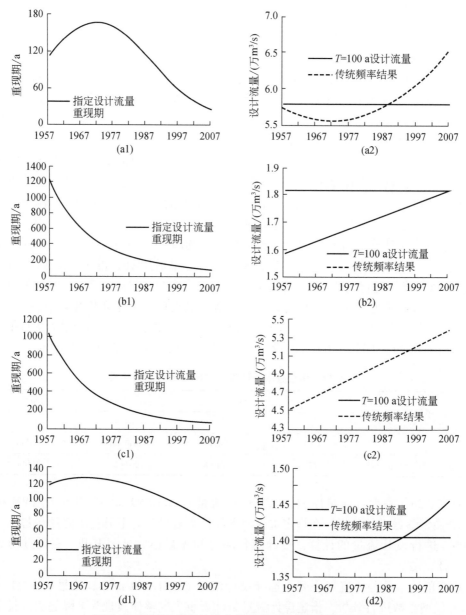

图 3.18　高要、石角站洪水流量序列特征值变化过程图

（a1）（a2）高要站年最大日流量；（b1）（b2）石角站年最大日流量；（c1）（c2）高要站年最大 7
日平均流量；（d1）（d2）石角站年最大 7 日平均流量

（2）联合洪水频率分析

1）边缘分布

为构造合适的 Copula 函数，先进行边缘分布的确定计算。传统的边缘分布一般利用常见的 PIII 分布等，利用常规矩法、线性矩法等进行参数估算进而确定边缘分布。但是不同地域的不同水文情势适用的分布类型不一样，GEV 分布、Gumbel 分布等也常

见于水文变量的分布拟合。另外，受快速城市化、典型人类活动、海平面上升等多重复杂因素影响，地区降雨、径流等水文要素发生显著变异，水文序列一致性遭到严重破坏。传统的边缘分布水文线型基于水文变量序列的一致性前提，传统的水文频率分析方法不再适用，本次边缘分布选用基于 TVM 的非一致性水文频率分析方法进行频率计算，选取近期 $t=2007$ 作为时间基准点。年最大日流量序列和年最大 7 日平均流量序列的统计特征参数见表 3.18。

表 3.18   年最大日流量序列和年最大 7 日平均流量序列特征值

特征值	年最大日流量序列		年最大 7 日平均流量序列	
	高要	石角	高要	石角
均值 $m/(\mathrm{m}^3/\mathrm{s})$	32167	4502	28761	3947
标准差 σ	9296	3606	8368	2984
变差系数 Cv	0.29	0.80	0.29	0.76
偏态系数 Cs	0.35	1.25	0.37	1.17

TVM 优选结果见表 3.19 和表 3.20，模型参数见表 3.21。高要站年最大日流量序列边缘分布最优 TVM 模型为 GEVAP 模型，对应石角站序列边缘分布最优 TVM 模型为 LN2CL 模型；高要站年最大 7 日平均流量序列边缘分布最优 TVM 模型为 WEICL 模型，对应石角站序列边缘分布最优 TVM 模型为 PIIICL 模型。

表 3.19   年最大日流量序列 TVM 模型 AIC 拟合检验

站点	概率线型	趋 势 模 型							
		S	AL	AP	BL	BP	CL	CP	DL
高要	Gamma	1081.0	1082.0	1080.0	1083.0	1084.5	1080.4	1080.3	1083.9
	Gumbel	1081.6	1080.5	1080.4	1082.8	1085.4	1080.5	1082.0	1081.2
	LN2	1080.5	1079.7	1079.2	1082.4	1084.3	1079.4	1081.5	1080.6
	Logistic	1082.9	1082.9	1081.8	1084.6	1086.4	1082.1	1084.4	1086.3
	Norm	1080.8	1081.7	1078.2	1082.7	1083.7	1079.5	1078.8	1080.0
	PIII	1081.9	1081.2	1080.6	1083.8	1085.8	1080.7	1082.9	1082.2
	GEV	1079.3	1078.1	1077.8	1081.3	1083.3	1078.2	1078.4	1079.8
	GLO	1083.6	1084.8	1082.9	1085.6	1087.6	1083.0	1084.5	1086.7
	Weibull	1081.0	1079.3	1078.5	1082.6	1083.7	1089.5	1078.9	1079.9
	LN3	1082.5	1081.8	1081.1	1084.8	1083.5	1081.4	1083.5	1082.6
石角	Gamma	956.6	957.5	959.9	958.4	960.4	957.4	959.9	959.7
	Gumbel	966.3	967.5	969.9	968.3	970.2	967.0	969.5	968.9
	LN2	956.2	953.4	953.9	955.4	953.4	949.3	955.2	953.8
	Logistic	982.8	984.1	986.1	984.5	986.2	983.3	985.3	985.3
	Norm	984.1	985.9	987.3	985.0	987.7	983.8	985.5	985.9
	PIII	957.9	954.9	956.8	956.2	958.1	954.8	958.2	956.7
	GEV	959.0	960.1	961.7	961.5	960.6	960.0	961.9	961.4

站点	概率线型	趋 势 模 型							
		S	AL	AP	BL	BP	CL	CP	DL
石角	GLO	959.2	962.8	964.2	960.2	961.9	960.9	962.7	963.5
	Weibull	956.3	956.8	956.3	955.9	956.9	955.0	959.4	956.7
	LN3	956.9	957.2	958.8	957.2	958.8	956.6	959.9	958.6

表 3.20　年最大 7 日平均流量序列 TVM 模型 AIC 拟合检验

站点	概率线型	趋 势 模 型							
		S	AL	AP	BL	BP	CL	CP	DL
高要	Gamma	1076.1	1074.2	1074.2	1074.4	1076.3	1074.0	1074.2	1072.4
	Gumbel	1072.4	1071.8	1071.1	1073.7	1072.3	1071.9	1071.8	1072.1
	LN2	1081.2	1080.5	1080.4	1082.8	1085.4	1080.4	1082.0	1081.6
	Logistic	1071.8	1071.4	1071.0	1071.3	1073.0	1070.7	1071.0	1070.2
	Norm	1073.7	1071.7	1071.8	1072.0	1073.9	1071.6	1071.8	1070.1
	PIII	1073.6	1071.9	1072.0	1072.1	1074.1	1071.7	1072.0	1070.2
	GEV	1073.3	1071.7	1071.8	1071.7	1073.7	1071.6	1071.7	1070.0
	GLO	1071.8	1072.8	1072.8	1071.0	1073.8	1069.9	1071.7	1071.2
	Weibull	1071.4	1070.9	1070.7	1070.2	1072.1	1069.5	1070.0	1069.8
	LN3	1073.3	1073.0	1072.7	1073.7	1073.6	1072.2	1073.0	1071.4
石角	Gamma	942.8	941.9	944.2	942.8	944.2	941.4	943.6	943.4
	Gumbel	952.4	950.2	949.5	950.8	951.7	948.8	951.3	951.5
	LN2	940.1	940.2	941.9	941.2	942.8	939.6	942.6	941.9
	Logistic	966.8	965.3	964.3	965.0	966.3	963.9	965.9	966.3
	Norm	966.8	965.7	967.4	964.9	966.9	963.6	966.1	965.8
	PIII	939.7	937.9	940.3	939.2	939.0	938.6	939.7	940.7
	GEV	946.5	945.4	946.9	945.2	945.5	944.0	947.1	946.8
	GLO	947.1	945.8	946.2	945.5	946.7	945.0	947.6	948.8
	Weibull	941.9	939.9	941.8	940.2	940.3	939.6	942.7	956.6
	LN3	943.6	942.0	943.8	942.3	943.8	941.6	944.6	943.5

表 3.21　高要站年最大日流量、年最大 7 日平均流量及对应石角站流量序列最优 TVM 参数

序列		年最大日流量序列		年最大 7 日平均流量序列	
		高要	石角	高要	石角
最优 TVM 概率模型		GEV	LN2	WEI	PIII
最优 TVM 趋势模型		AP	CL	CL	CL
最优 TVM 参数	m_0	32144.5	3387.2	26145.6	3027.0
	a_m	−255.1	46.9	101.4	35.3
	b_m	7.95	/	/	/
	σ_0	9562.6	/	/	/
	a_σ	/	/	/	/

续表

序列		年最大日流量序列		年最大 7 日平均流量序列	
		高要	石角	高要	石角
最优 TVM 参数	b_σ	/	/	/	/
	es	/	/	/	397.34
	k	0.141	/	2.51	/
	Cv	/	0.97	0.29	0.78

2）Copula 函数参数估计

以年最大日流量序列、年最大 7 日平均流量序列构造二维 Copula 联合分布函数，包括 Clayton Copula、GH Copula、Frank Copula、AMHCopula 函数，其 Kendall 相关系数 τ 和相应的 Copula 函数参数 θ 见表 3.22。其中 Kendall 相关系数显示，序列呈现正相关，以上四种 Archimedean Copula 函数均可适用。

表 3.22　年最大日流量序列、年最大 7 日平均流量序列二维 Copula 联合分布参数

序列	Kendall 系数 τ	Copula 函数参数 θ			
		Clayton	GH	Frank	AMH
年最大日流量	0.26	0.70	1.35	2.47	0.86
年最大 7 日平均流量	0.35	1.09	1.54	3.54	1.03

3）Copula 函数拟合优选

以年最大日流量序列和年最大 7 日平均流量序列构造二维 Copula 联合分布函数，选用 OLS 准则、AIC 准则、K-S 准则、经验-理论频率相关系数法、Genest-Rivest 方法、检验方法等进行检验，拟合结果见表 3.23，Kc-Ke 拟合见图 3.19 和图 3.20。年最大日流量序列和年最大 7 日平均流量序列最优 Copula 函数均为 GH Copula 函数。

表 3.23　年最大日流量序列和年最大 7 日平均流量序列二维 Copula 联合分布拟合检验表

序列	检验项	Clayton	GH	Frank	AMH
年最大日流量	OLS	0.166	0.162	0.164	0.162
	AIC	−181.3	−183.6	−182.5	−183.4
	K-S	0.294	0.292	0.293	0.293
	经验-理论频率	0.905	0.910	0.903	0.909
	Kc-Ke	0.993	0.994	0.991	0.860
	卡方检验	116.5	106.4	106.7	109.2
年最大 7 日平均流量	OLS	0.069	0.067	0.068	0.069
	AIC	−271.1	−274.0	−271.6	−270.0
	K-S	0.130	0.126	0.127	0.130
	经验-理论频率	0.981	0.981	0.985	0.980
	Kc-Ke	0.990	0.993	0.991	0.885
	卡方检验	109.2	82.6	88.1	113.3

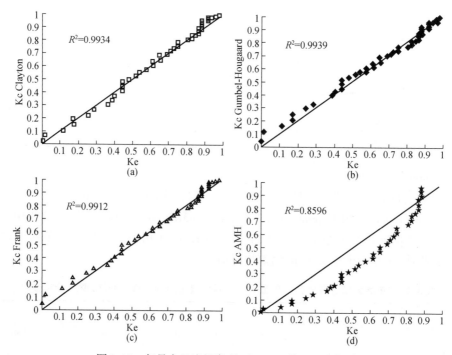

图 3.19　年最大日流量序列 Copula 函数 Kc-Ke 拟合

（a）Clayton Copula；（b）Gumbel-Hougaard Copula；（c）Frank Copula；（d）AMH Copula

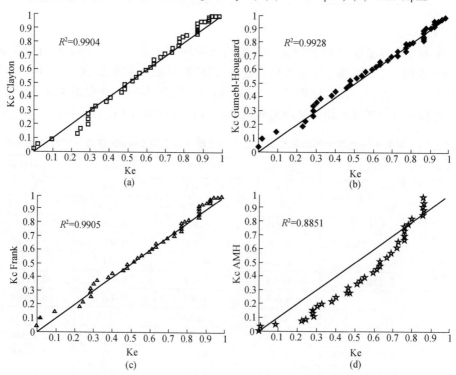

图 3.20　年最大 7 日平均流量序列 Copula 函数 Kc-Ke 拟合

（a）Clayton Copula；（b）Gumbel-Hougaard Copula；（c）Frank Copula；（d）AMH Copula

（3）洪水遭遇结果分析

1）联合分布结果分析

给定设计重现期 $T=1000$ a，500 a，200 a，100 a，50 a，20 a，10 a，对年最大日流量序列和年最大 7 日平均流量序列构造的二维 Copula 函数，分别计算边缘分布设计值、联合分布重现期（联合重现期和同重现期）以及联合分布设计值，结果见表 3.24 和表 3.25。最大日流量序列和年最大 7 日平均流量序列构造的二维 Copula 函数对应的联合概率分布图、联合分布等值线图、联合重现期等值线图、同重现期等值线图和条件概率图见图 3.21 和图 3.22。

表 3.24　年最大日流量序列联合分布重现期与设计值

设计重现期/a	单站设计值/（m³/s）		联合分布重现期/a		联合分布设计值/（m³/s）	
	高要站	石角站	联合重现期	同重现期	高要站	石角站
1000	74180	21304	598	3039	75805	58258
500	71791	20449	299	1517	73583	49354
100	65243	18149	60	299	67492	32181
50	61914	17001	30	147	64395	26118
20	56928	15305	12	56	59758	19168
10	52603	13853	6	26	55735	14620

表 3.25　年最大 7 日平均流量序列联合分布重现期与设计值

设计重现期/a	边缘分布设计值/（m³/s）		联合分布重现期/a		联合分布设计值/（m³/s）	
	高要站	石角站	联合重现期	同重现期	高要站	石角站
1000	60170	16725	638	2306	76667	27010
500	57792	15976	319	1152	72047	24698
100	51665	14051	64	229	61367	19286
50	48678	13113	32	113	56738	16928
20	44264	11730	13	44	50503	13767
10	40424	10528	7	21	45602	11324

对年最大日流量序列联合概率分布重现期进行分析。从联合重现期来看，对于设计重现期一样的单变量重现期而言，联合重现期大于其单变量重现期的一半，且设计重现期越大，差异越明显，当单站设计重现期为 1000 a 时，联合重现期为 598 a。从同重现期来看，对于设计重现期一样的单变量重现期而言，同重现期大于单变量重现期的两倍，当设计单站重现期为 1000 a 时，同重现期超过 3000 a。以 $T=100$ a 为例，假设边缘分布重现期为 100 a 时，最优 Copula 函数 Clayton Copula 联合重现期和同重现期分别为 60 a 和 299 a。

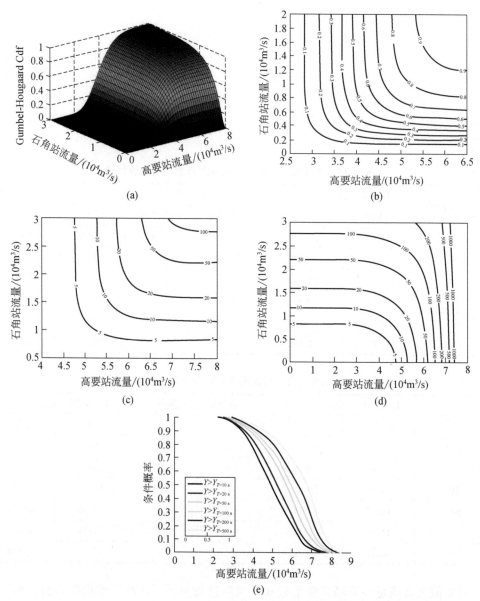

图 3.21 年最大日流量序列 GH Copula 函数联合分布及重现期

（a）联合概率分布图；（b）联合分布等值线图；（c）联合重现期等值线图；

（d）同重现期等值线图；（e）条件概率分布图

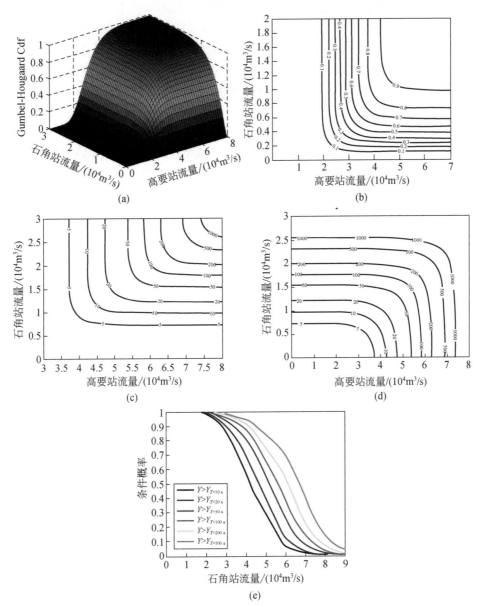

图 3.22　年最大 7 日平均流量序列 GH Copula 函数联合分布及重现期

（a）联合概率分布图；（b）联合分布等值线图；（c）联合重现期等值线图；

（d）同重现期等值线图；（e）条件概率分布图

对年最大日流量序列联合重现期设计流量进行分析，同设计重现期条件下，单站流量设计值小于联合重现期条件下的流量设计值。以 $T=100$ a 为例：若单变量设计重现期为 $T=100$ a，高要站和石角站年最大日流量序列设计值分别为 65243 m^3/s 和 18149 m^3/s；若联合分布重现期为 $T=100$ a，对应的流量设计值分别为 67492 m^3/s 和 32181 m^3/s，单站重现期下流量设计值比联合分布重现期下的流量设计值偏低 3.45% 和 77.3%。

对年最大 7 日平均流量序列联合概率分布重现期进行分析。从联合重现期来看，对于设计重现期一样的单变量重现期而言，联合重现期大于其单变量重现期的一半，当单站设计重现期为 1000 a 时，联合重现期为 638 a。从同重现期来看，对于设计重现期一样的单变量重现期而言，同重现期大于单变量重现期的两倍，当设计单站重现期为 1000 a 时，同重现期约为 2300。以 $T=100$ a 为例，假设边缘分布重现期为 100 a 时，最优 Copula 函数 Clayton Copula 联合重现期和同重现期分别为 64 a 和 229 a。

对年最大 7 日平均流量序列联合重现期设计流量进行分析，同设计重现期条件下，单站流量设计值小于联合重现期条件下的流量设计值。以 $T=100$ a 为例：若单变量设计重现期为 $T=100$ a，高要站和石角站年最大日流量序列设计值分别为 51665 m³/s 和 14051 m³/s；若联合分布重现期为 $T=100$ a，对应的流量设计值分别为 61367 m³/s 和 19286 m³/s，单站重现期下流量设计值比联合分布重现期下的流量设计值偏低 18.78% 和 37.26%。

2）条件分布结果分析

对年最大日流量序列和年最大 7 日平均流量序列，因为 GH Copula 为对称型 Copula 函数，所以固定其一个边缘分布值，结果是一样的。固定其中一个边缘分布重现期分别为 $T=1000$ a、500 a、200 a、100 a、50 a、20 a、10 a，对另一个边缘分布求条件概率。年最大日流量序列和年最大 7 日平均流量序列条件概率计算结果分别见表 3.26 和表 3.27。

表 3.26　年最大日流量序列条件概率　　　　　单位：%

重现期	10 a	20 a	50 a	100 a	200 a	500 a	1000 a
10 a	38.5	24.9	12.6	7.1	3.8	1.7	0.9
20 a	49.8	35.7	20.2	12.1	6.9	3.1	1.6
50 a	62.8	50.6	34.0	22.7	14.0	6.8	3.7
100 a	70.7	60.6	45.4	33.4	22.5	11.8	6.7
200 a	77.0	68.9	56.1	44.9	33.1	19.3	11.7
500 a	83.3	77.3	67.8	58.8	48.2	33.0	22.2
1000 a	86.9	82.2	74.6	67.4	58.6	44.5	32.9

表 3.27　年最大 7 日平均流量序列条件概率　　　　　单位：%

重现期	10 a	20 a	50 a	100 a	200 a	500 a	1000 a
10 a	47.8	31.0	15.3	8.4	4.4	1.9	1.0
20 a	62.0	45.6	25.6	15.0	8.3	3.6	1.9
50 a	76.4	64.1	44.2	29.4	17.7	8.2	4.4
100 a	83.8	74.9	58.7	43.8	29.2	14.7	8.2
200 a	88.9	82.7	70.8	58.3	43.5	24.9	14.7
500 a	93.2	89.4	82.0	73.7	62.3	43.4	29.0
1000 a	95.4	92.8	87.6	81.8	73.5	58.0	43.4

对年最大日流量序列，以高要站重现期为 $T=100$ a 为例，石角站发生 10 a 一遇以上水平洪水的概率是 70.7%，发生 50 a 一遇以上水平洪水的概率为 45.4%，发生 100 a 一遇以上水平洪水的概率为 33.4%，发生 1000 a 一遇以上水平洪水的概率为 6.7%。

对年最大 7 日平均流量序列，以高要站重现期为 $T=100$ a 为例，石角站发生 10 a 一遇以上水平洪水的概率是 83.8%，发生 50 a 一遇以上水平洪水的概率为 58.7%，发生 100 a 一遇以上水平洪水的概率为 43.8%，发生 1000 a 一遇以上水平洪水的概率为 8.2%。从年最大日流量序列和年最大 7 日平均流量序列条件概率计算结果可以看出，两江洪量遭遇的可能性要高于洪峰遭遇的可能性。

3.2.2.2 枯水遭遇分析

西江和北江非汛期气候条件相似，如遇极端枯水情况，两江在思贤滘遭遇进入西北江的径流量剧烈减少，对于下游的西北江三角洲枯水期生活生产用水取水产生影响，造成损失；且在西北江三角洲上游西江、北江总入流量偏少的情况下，下游珠江口在非汛期会发生咸潮上溯的情形，取用水和向港澳供水任务艰巨。为应对这类非汛期两江枯水遭遇产生的极端情况，需要对两江流量进行枯水遭遇分析。此处主要应用 Copula 函数对西、北江干流控制站点高要站、石角站流量进行枯水联合分布分析，探寻两江枯水遭遇情况。

（1）单站枯水频率分析

1）序列非一致性识别

高要站年最小日流量、年最小 7 日平均流量序列呈现较为显著的总体平稳上升趋势，多年平均值分别为 1196 m³/s 和 1464 m³/s，年平均上升幅度分别为 4.4 m³/s 和 6.6 m³/s；石角站年最小日流量序列、年最小 7 日平均流量序列波动较大，多年平均值分别为 227 m³/s 和 245 m³/s，年平均上升幅度分别为 0.8 m³/s 和 1.3 m³/s。序列特征值见表 3.28；高要、石角站年最小日流量变化过程图见图 3.23。

表 3.28 高要、石角站年最小日流量、年最小 7 日平均流量序列特征值

特征值	年最小日流量		年最小 7 日平均流量	
	高要站	石角站	高要站	石角站
均值/(m³/s)	1196	227	1464	245
标准差/(m³/s)	390	75	408	85
变差系数 Cv	0.33	0.33	0.28	0.35
年变化幅度/(m³/s)	4.4	0.8	6.6	1.3

对高要和石角站年最小日流量和年最小 7 日平均流量序列进行 M-K 非一致性识别，取 $\alpha=0.05$，高要站和石角站流量序列均通过显著性检验，存在非一致性。石角站流量序列突变点显著，在 1968 年左右；而高要站流量序列过程复杂，存在多个可能变异点，特别是在 1980 年之后，年最小日流量序列的 UF 与 UB 曲线存在许多交点，需进行进一步检验才可以确定变异点，结果见图 3.24。

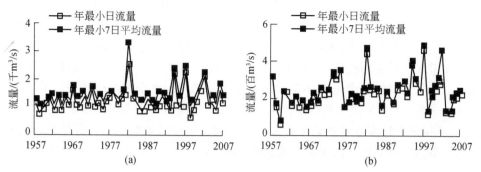

图 3.23　高要、石角年最小日流量序列、年最小 7 日平均流量序列变化过程图

（a）高要；（b）石角

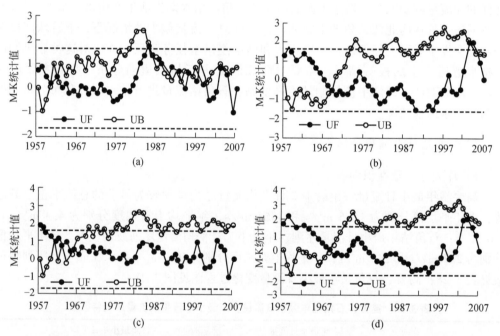

图 3.24　高要、石角年最小日流量序列、年最小 7 日平均流量序列 M-K 检验图

（a）高要年最小日流量；（b）石角年最小日流量；（c）高要年最小 7 日平均流量；（d）石角年最小 7 日平均流量

从模比系数差积和图中可知，高要站流量序列整体趋势都是先下降后上升，且在 1970 年左右均存在一个较明显的趋势转变，曲线由下降趋势转变为波折上升趋势。石角站序列曲线整体趋势为下降–上升–下降–上升，转折点分别为 1969、1975、1984 和 1993 年，整体结果与 Mann-Kendall 法结果相一致，结果见图 3.25。

2）基于 TVM 的枯水频率分析与特征值重构

对高要和石角站年最小日流量序列，采用 Gamma 分布等 10 种概率线型，对假设的 8 种趋势，用极大似然法进行参数估算，用 AIC 方法进行优选。高要年最大日流量序列最优模型为模型 GEVDL，石角站年最大日流量序列最优 TVM 模型为 GLOCL，高要年最小 7 日平均流量序列最优模型为模型 GLODL，石角站年最小 7 日平均流量序列最优

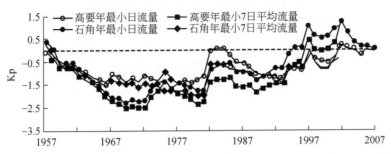

图 3.25　高要、石角年最小日流量、年最小 7 日平均流量序列模比系数差积和检验图

TVM 模型为 GLOCL。高要和石角站年最小日流量序列和年最小 7 日平均流量序列 TVM 模型 AIC 拟合检验结果见表 3.29 和表 3.30。

表 3.29　高要站 TVM 模型 AIC 拟合检验

序列	概率线型	趋势模型							
		S	AL	AP	BL	BP	CL	CP	DL
年最小日流量序列	Gamma	744.7	746.5	748.2	742.7	744.7	744.9	746.2	741.0
	Gumbel	738.8	740.8	742.3	738.6	738.8	740.5	742.1	737.3
	LN2	740.8	742.7	744.4	739.6	741.3	741.9	743.4	738.2
	Logistic	749.7	751.1	752.8	747.0	748.8	749.3	750.8	746.8
	Norm	757.4	758.0	759.5	752.7	754.5	754.8	755.3	751.0
	PIII	745.7	745.2	746.8	741.3	742.8	744.5	746.0	740.5
	GEV	738.7	740.7	741.2	738.6	738.5	740.3	741.8	738.4
	GLO	739.9	741.7	742.9	739.1	738.7	741.7	743.2	738.6
	Weibull	747.3	747.5	742.1	741.3	739.1	748.9	750.0	740.5
	LN3	741.2	743.2	744.7	740.1	739.1	742.9	744.4	738.8
年最小 7 日平均流量序列	Gamma	762.2	743.9	745.3	744.5	746.1	741.8	742.0	737.5
	Gumbel	728.8	728.6	729.3	730.7	732.1	727.2	727.7	725.8
	LN2	737.6	737.5	738.9	738.6	740.6	735.7	736.3	731.9
	Logistic	744.2	743.2	744.4	742.6	744.6	741.1	741.9	738.5
	Norm	761.0	759.9	760.7	758.1	758.1	757.1	755.5	751.8
	PIII	727.1	726.1	726.8	728.7	729.9	725.5	726.0	725.4
	GEV	723.9	723.9	723.8	725.5	725.1	723.4	724.3	723.3
	GLO	723.1	723.2	723.1	724.7	723.3	722.9	723.0	722.5
	Weibull	728.6	727.9	737.7	728.9	742.4	731.1	729.9	727.4
	LN3	724.6	723.8	724.3	726.1	723.4	723.6	723.5	723.3

表 3.30　石角站 TVM 模型 AIC 拟合检验

序列	概率线型	趋 势 模 型							
		S	AL	AP	BL	BP	CL	CP	DL
年最小日流量序列	Gamma	585.1	585.4	585.5	586.6	586.4	582.2	584.7	587.4
	Gumbel	585.7	585.9	586.5	586.5	583.9	581.2	585.2	587.9
	LN2	587.5	587.3	587.7	588.1	585.5	582.2	585.7	589.3
	Logistic	584.9	585.6	585.4	586.9	588.7	584.8	585.6	587.4
	Norm	588.6	589.2	588.7	590.4	592.3	588.1	588.9	590.7
	PIII	585.1	585.4	585.5	586.6	586.3	582.2	584.7	587.4
	GEV	584.2	584.6	584.8	585.7	583.9	581.0	584.2	586.6
	GLO	582.0	582.6	582.5	583.8	583.0	580.4	582.2	584.5
	Weibull	587.7	586.6	602.4	588.3	585.6	581.5	587.1	588.6
	LN3	587.5	587.3	587.7	588.1	590.8	582.2	585.7	589.3
年最小 7 日平均流量序列	Gamma	594.0	594.4	592.8	595.8	594.7	592.4	593.2	595.1
	Gumbel	594.4	594.8	593.2	596.3	594.2	592.2	593.6	595.3
	LN2	593.9	594.4	592.1	595.9	592.9	591.0	593.3	595.0
	Logistic	597.1	596.9	596.3	598.0	599.0	596.1	595.1	596.6
	Norm	600.7	600.0	598.7	600.7	601.7	598.6	597.2	599.9
	PIII	595.9	596.3	594.6	597.8	595.4	593.3	594.7	596.3
	GEV	595.2	595.9	594.0	597.2	594.2	592.5	594.5	596.2
	GLO	593.4	594.2	592.0	595.4	592.2	590.5	592.7	594.3
	Weibull	598.1	596.6	594.8	599.7	593.3	591.9	595.4	597.4
	LN3	595.9	596.4	594.1	597.9	598.2	592.9	595.3	597.0

　　高要站年最小日流量序列最优 TVM 模型为 GEVDL 模型，均值 m 变化趋势为线性增加趋势，标准差也表现为线性增加趋势，整体幅度超过均值变化幅度。石角站年最小日流量序列最优 TVM 模型为 GLOCL 模型，均值 m 与标准差 σ 变化过程保持一致，都表现为线性增加趋势。高要站年最小 7 日平均流量序列最优 TVM 模型为 GLODL 模型，均值 m 与标准差 σ 均表现为线性增加，变化幅度不一致。石角站年最小 7 日平均流量序列最优 TVM 模型为 GLOCL 模型，均值 m 与标准差 σ 变化过程整体保持一致，表现为线性增大趋势。高要、石角站各序列 TVM 均值、标准差变化过程见图 3.26。

　　对高要和石角站年最小日流量序列，用传统频率法计算 $T=100$ a 的设计流量，结果见表 3.31，年最小日流量序列的设计流量分布为 689 m^3/s 和 83 m^3/s，年最小 7 日平均流量序列的设计流量分别为 1016 m^3/s 和 93 m^3/s。

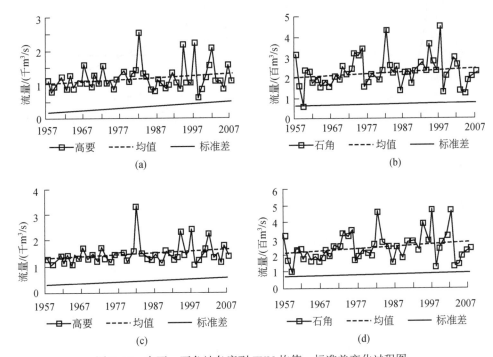

图 3.26　高要、石角站各序列 TVM 均值、标准差变化过程图

（a）高要年最小日流量；（b）石角年最小日流量；（c）高要年最小 7 日平均流量；（d）石角年最小 7 日平均流量

表 3.31　传统频率法计算 $T=100$ a 设计流量结果

序列	年最小日流量		年最小 7 日平均流量	
	高要	石角	高要	石角
最优线型	GEV	GLO	GLO	GLO
$T=100$ a 设计流量 /（m^3/s）	689	83	1016	93

　　对高要站和石角站年最小日流量序列和年最小 7 日平均流量序列，选择设计流量用最优 TVM 模型进行重现期的计算，选择 $T=100$ a 进行设计流量计算，计算结果见图 3.27。高要站年最小日流量序列指定设计流量下重现期逐渐减小，指定重现期下设计流量随时间线性减小；石角站年最小日流量序列指定设计流量下重现期和指定重现期下设计流量均随时间线性增大。高要站年最小 7 日平均流量序列指定设计流量下重现期和指定重现期下设计流量均随时间线性减小；石角站年最小 7 日平均流量序列指定设计流量下重现期和指定重现期下设计流量均随时间变化增大。

（2）联合枯水频率分析

1）边缘分布

年最小日流量序列和年最小 7 日平均流量序列统计特征参数见表 3.32。

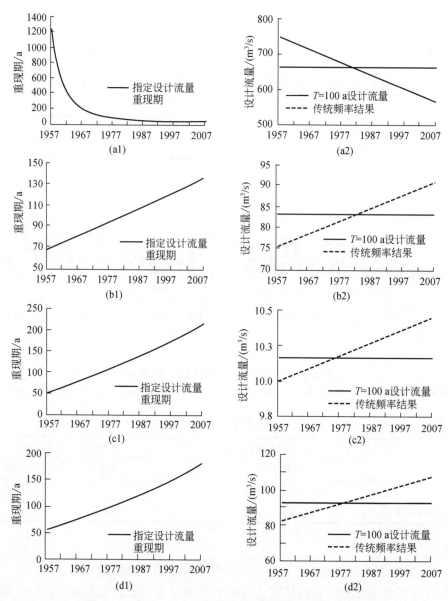

图 3.27　高要、石角站枯水流量序列特征值变化过程图

(a1)（a2）高要年最小日流量；（b1）（b2）石角年最小日流量；（c1）（c2）高要年最小 7 日平均流量；
(d1)（d2）石角年最小 7 日平均流量

表 3.32　年最小日流量和年最小 7 日平均流量序列特征值

特征值	年最小日流量序列		年最小 7 日平均流量序列	
	高要	石角	高要	石角
均值 m /（m³/s）	1196	376	1464	362
标准差 σ	390	198	404	182
变差系数 Cv	0.33	0.53	0.28	0.50
偏态系数 Cs	1.65	1.52	2.60	1.72

　　TVM 优选结果模型参数见表3.33。高要站年最小日流量序列边缘分布最优 TVM 模型为 GEVDL 模型,对应石角站序列边缘分布最优 TVM 模型为 GEVCL 模型;高要站年最小7日平均流量序列边缘分布最优 TVM 模型为 GLODL 模型,对应石角站序列边缘分布最优 TVM 模型为 LN2CL 模型,AIC 拟合检验结果见表3.34和表3.35。

表 3.33　高要站年最小日流量、年最小7日平均流量及对应石角站流量序列最优 TVM 参数

序列		年最小日流量序列		年最小7日平均流量序列	
		高要	石角	高要	石角
最优 TVM 概率模型		GEV	GEV	GLO	LN2
最优 TVM 趋势模型		DL	CL	DL	CL
最优 TVM 参数	1056.7	351.2	1295.0	305.1	305.1
	5.39	1.0	6.7	2.2	2.2
	/	/	/	/	/
	209.4	/	297.88	/	/
	6.2	/	5.84	/	/
	/	/	/	/	/
	/	/	/	/	/
	−0.077	−0.18	−0.34	/	/
	/	0.57	/	−0.47	−0.47

表 3.34　年最小日流量序列 TVM 模型 AIC 拟合检验

站点	概率线型	趋 势 模 型							
		S	AL	AP	BL	BP	CL	CP	DL
高要	Gamma	744.7	746.5	748.2	742.7	744.7	744.9	746.2	741.0
	Gumbel	738.8	740.8	742.3	738.6	738.8	740.5	742.1	737.3
	LN2	740.8	742.7	744.4	739.6	741.3	741.9	743.4	738.2
	Logistic	749.7	751.1	752.8	747.0	748.8	749.3	750.8	746.8
	Norm	757.4	758.0	759.5	752.7	754.5	754.8	755.3	751.0
	PIII	745.7	745.2	746.8	741.3	742.8	744.5	746.0	740.5
	GEV	738.7	740.7	741.2	738.6	738.5	740.3	741.8	738.4
	GLO	739.9	741.7	742.9	739.1	738.7	741.7	743.2	738.6
	Weibull	747.3	747.5	742.1	741.6	739.1	748.9	750.0	740.5
	LN3	741.2	743.2	744.7	740.1	739.1	742.9	744.4	738.8

续表

站点	概率线型	趋 势 模 型							
		S	AL	AP	BL	BP	CL	CP	DL
石角	Gamma	672.4	671.7	672.6	672.2	672.8	670.5	672.0	673.2
	Gumbel	671.9	671.2	671.6	671.7	672.1	669.9	671.3	672.7
	LN2	669.1	668.7	668.4	669.0	668.4	667.1	668.4	670.2
	Logistic	684.3	683.4	685.3	683.9	685.8	682.7	684.3	685.1
	Norm	689.4	688.0	690.4	688.7	690.6	688.0	688.3	689.7
	PIII	668.6	668.5	666.8	668.0	666.6	666.2	666.5	669.4
	GEV	667.6	667.9	663.9	667.4	662.6	661.8	660.9	668.6
	GLO	671.5	671.2	669.4	671.3	669.8	669.5	670.0	672.6
	Weibull	671.1	670.8	669.3	671.0	669.8	669.1	669.9	672.2
	LN3	670.2	670.0	667.8	670.1	671.0	668.2	668.7	671.4

表 3.35　年最小 7 日平均流量序列 TVM 模型 AIC 拟合检验

站点	概率线型	趋 势 模 型							
		S	AL	AP	BL	BP	CL	CP	DL
高要	Gamma	762.2	743.9	745.3	744.5	746.1	741.8	742.0	737.5
	Gumbel	728.8	728.6	729.3	730.7	732.1	727.2	727.7	725.8
	LN2	737.6	737.5	738.9	738.6	740.6	735.7	736.3	731.9
	Logistic	744.2	743.2	744.4	742.6	744.6	741.1	741.9	738.5
	Norm	761.0	759.9	760.7	758.1	758.1	757.1	755.5	751.8
	PIII	727.1	726.1	726.8	728.7	729.9	725.5	726.0	725.4
	GEV	723.9	723.9	723.8	725.5	725.1	723.4	724.3	723.3
	GLO	723.1	723.2	723.1	724.7	723.3	722.9	723.0	722.5
	Weibull	728.6	727.9	737.7	728.9	742.4	731.1	729.9	727.4
	LN3	724.6	723.8	724.3	726.1	723.4	723.6	723.5	723.3
石角	Gamma	662.0	663.2	664.8	663.5	665.2	661.3	662.4	662.2
	Gumbel	660.5	661.8	663.1	662.3	663.3	660.0	661.2	661.2
	LN2	658.4	659.7	659.4	660.3	658.5	658.2	659.7	659.5
	Logistic	672.5	672.9	674.7	672.8	674.8	671.1	672.5	672.6
	Norm	679.8	679.8	681.3	678.4	680.3	676.1	676.1	676.9
	PIII	661.2	661.0	661.8	659.8	661.3	659.4	660.7	660.5
	GEV	662.0	661.7	662.3	660.4	661.8	660.0	661.6	661.5
	GLO	662.4	662.1	662.8	660.9	662.2	660.4	662.3	662.2
	Weibull	661.0	661.5	661.0	661.3	661.4	659.7	662.2	660.2
	LN3	661.5	661.0	661.8	660.1	661.1	659.6	661.1	661.1

2）Copula 函数参数估计

年最小日流量序列和年最小 7 日平均流量序列构造 Copula 函数，包括 Clayton Copula、GH Copula、Frank Copula、AMH Copula 参数，其 Kendall 相关系数 τ 和相应的 Copula 函数参数 θ 见表 3.36。其中 Kendall 相关系数显示，序列呈现正相关，其中年最小 7 日平均流量序列正相关性更高，以上四种 Archimedean Copula 函数均可适用。

表 3.36　年最小日流量序列、年最小 7 日平均流量序列 Copula 参数

序列	Kendall 系数 τ	Copula 函数参数 θ			
		Clayton	GH	Frank	AMH
年最小日流量序列	0.26	0.72	1.36	2.52	0.87
年最小 7 日平均流量序列	0.43	1.51	1.76	4.60	1.13

3）Copula 函数拟合优选

年最小日流量序列和年最小 7 日平均流量序列构造二维 Copula 联合分布函数，拟合结果见表 3.37，Kc-Ke 拟合结果见图 3.28 和图 3.29。年最大日流量序列和年最大 7 日平均流量序列最优 Copula 函数均为 Clayton Copula 函数。

表 3.37　年最小日流量序列和年最小 7 日平均流量序列二维 Copula 联合分布拟合检验表

序列	检验项	Clayton	GH	Frank	AMH
年最小日流量	OLS	0.075	0.076	0.079	0.077
	AIC	−262	−261	−257	−259
	K-S	0.158	0.169	0.159	0.165
	经验–理论频率	0.975	0.973	0.967	0.970
	Kc-Ke	0.994	0.992	0.990	0.859
	卡方检验	104.2	104.3	108.0	105.1
年最小 7 日平均流量	OLS	0.122	0.128	0.124	0.125
	AIC	−212.4	−207.9	−210.9	−210.1
	K-S	0.231	0.244	0.234	0.250
	经验–理论频率	0.960	0.954	0.952	0.934
	Kc-Ke	0.993	0.988	0.988	0.887
	卡方检验	99.9	111.1	106.2	/

（3）枯水遭遇结果分析

1）联合分布结果分析

给定重现期 $T=1000$ a，500 a，200 a，100 a，50 a，20 a，10 a，计算年最小日流量序列和年最小 7 日平均流量序列，分别计算边缘分布重现期，联合分布重现期（联合重现期和同重现期），以及联合分布设计值，结果见表 3.38 和表 3.39。年最小日流量序列和年最小 7 日平均流量序列构造的二维 Copula 函数对应的联合概率分布图、联合分布等

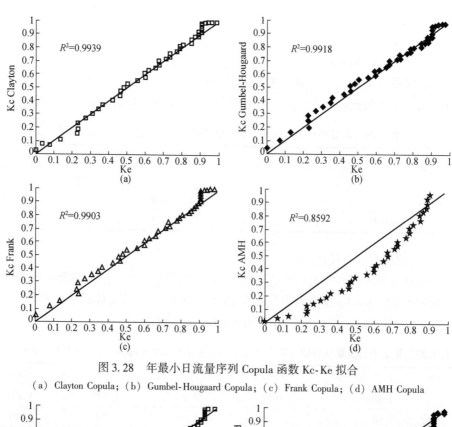

图 3.28　年最小日流量序列 Copula 函数 Kc-Ke 拟合

（a）Clayton Copula；（b）Gumbel-Hougaard Copula；（c）Frank Copula；（d）AMH Copula

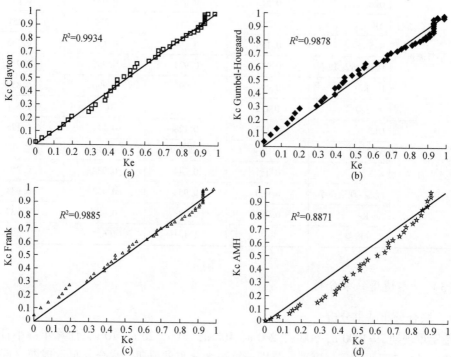

图 3.29　年最小 7 日平均流量序列 Copula 函数 Kc-Ke 拟合

（a）Clayton Copula；（b）Gumbel-Hougaard Copula；（c）Frank Copula；（d）AMH Copula

表 3.38 年最小日流量序列联合分布重现期与设计值

设计重现期/a	边缘分布设计值/（m³/s）		联合分布重现期/a		联合分布设计值/（m³/s）	
	高要站	石角站	联合重现期	同重现期	高要站	石角站
1000	426	42	618	2611	469	96
500	456	53	309	1301	507	108
100	551	83	62	256	627	144
50	606	69	31	126	696	165
20	700	122	13	48	810	201
10	792	143	6	23	921	240

表 3.39 年最小 7 日平均流量序列联合分布重现期与设计值

设计重现期/a	边缘分布设计值/（m³/s）		联合分布重现期/a		联合分布设计值/（m³/s）	
	高要站	石角站	联合重现期	同重现期	高要站	石角站
1000	976	59	731	1581	986	101
500	991	72	366	791	1004	111
100	1044	107	73	158	1065	144
50	1078	153	37	79	1105	164
20	1138	177	15	32	1176	200
10	1200		7	16	1252	239

值线图、联合重现期等值线图、同重现期等值线图和条件概率图见图 3.30 和图 3.31。

对年最小日流量序列联合概率分布重现期进行分析。从联合重现期来看，对于设计重现期一样的单变量重现期而言，联合重现期大于其单变量重现期的一半，当单站设计重现期为 1000 a 时，联合重现期为 618 a。从同重现期来看，对于设计重现期一样的单变量重现期而言，同重现期大于单变量重现期的两倍，当设计单站重现期为 1000 a 时，同重现期约为 2600 a。以 $T=100$ a 为例，边缘分布重现期为 100 a 时，最优 Copula 函数 Gumbel-Hougaard Copula 联合重现期和同重现期分别为 62 a 和 256 a。

对年最小日流量序列联合重现期设计流量进行分析，同设计重现期条件下，单站流量设计值小于联合重现期条件下的流量设计值。以 $T=100$ a 为例：若单变量设计重现期为 $T=100$ a，高要站和石角站年最小日流量序列设计值分别为 551 m³/s 和 83 m³/s；若联合分布重现期为 $T=100$ a，对应的流量设计值分别为 627 m³/s 和 144 m³/s，单站重现期下流量设计值比联合分布重现期下的流量设计值偏低 13.8% 和 73.5%。

对年最小 7 日平均流量序列联合概率分布重现期进行分析。从联合重现期来看，对于设计重现期一样的单变量重现期而言，联合重现期大于其单变量重现期的一半，当单站设计重现期为 1000 a 时，联合重现期为 731 a。从同重现期来看，对于设计重现期一样的单变量重现期而言，同重现期小于单变量重现期的两倍，当设计单站重现期为 1000 a 时，同重现期约为 1500 a。以 $T=100$ a 为例，边缘分布重现期为 100 a 时，最优 Copula 函数 Gumbel-Hougaard Copula 联合重现期和同重现期分别为 73 a 和 158 a。

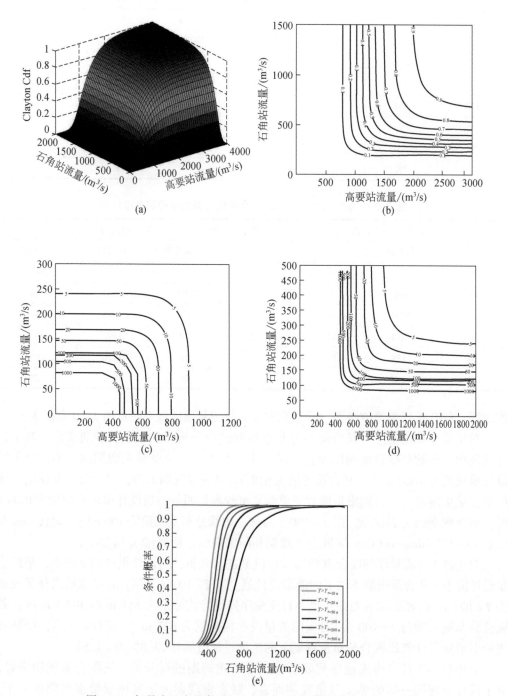

图 3.30　年最小日流量序列 Clayton Copula 函数联合分布及重现期

（a）联合概率分布图；（b）联合分布等值线图；（c）联合重现期等值线图；

（d）同重现期等值线图；（e）条件概率分布图

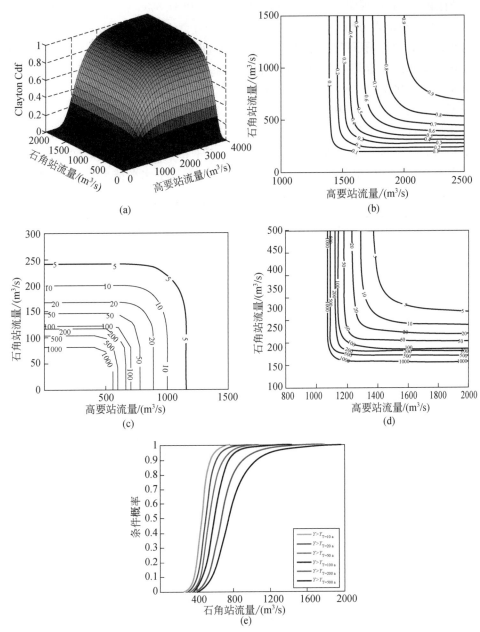

图 3.31　年最小 7 日平均流量序列 Clayton Copula 函数联合分布及重现期
（a）联合概率分布图；（b）联合分布等值线图；（c）联合重现期等值线图；
（d）同重现期等值线图；（e）条件概率分布图

对年最小 7 日平均流量序列联合重现期设计流量进行分析，同设计重现期条件下，单站流量设计值略小于联合重现期条件下的流量设计值。以 $T = 100$ a 为例：若单变量设计重现期为 $T = 100$ a，高要站和石角站年最大日流量序列设计值分别为 1044 m^3/s 和 93 m^3/s；若联合分布重现期为 $T = 100$ a，对应的流量设计值分别为 1065 m^3/s 和 144 m^3/s，单站重现期下流量设计值比联合分布重现期下的流量设计值偏低 2.0% 和 34.6%。

2）条件分布结果分析

对年最小日流量序列和年最小 7 日平均流量序列，因为 Clayton Copula 为对称型 Copula 函数，所以固定其一个边缘分布值，结果是一样的。固定其中一个边缘分布重现期分别为 $T=1000$ a、500 a、200 a、100 a、50 a、20 a、10 a，对另一个边缘分布求条件概率，结果见表 3.40 和表 3.41。

对年最小日流量序列，以高要站重现期为 $T=100$ a 为例，石角站发生 10 a 一遇以上水平枯水的概率是 97%，发生 50 a 一遇以上水平枯水的概率为 78.6%，发生 100 a 一遇以上水平枯水的概率为 60.1%，发生 1000 a 一遇以上水平枯水的概率为 9.7%。

表 3.40　年最小日流量序列条件概率　　　　　　单位：%

重现期	10 a	20 a	50 a	100 a	200 a	500 a	1000 a
10 a	61.0	39.6	18.6	9.7	4.9	2.0	1.0
20 a	79.2	60.4	33.3	18.5	9.7	4.0	2.0
50 a	92.8	83.3	60.2	39.3	22.5	9.7	4.9
100 a	97.0	92.6	78.6	60.1	39.3	18.5	9.7
200 a	98.8	97.0	90.2	78.5	60.1	33.2	18.5
500 a	99.7	99.1	96.9	92.5	83.0	60.1	39.2
1000 a	99.9	99.6	98.8	96.9	92.5	78.5	60.1

对年最小 7 日平均流量序列，以高要站重现期为 $T=100$ a 为例，石角站发生 10 a 一遇以上水平枯水的概率是 99%，发生 50 a 一遇以上水平枯水的概率为 86.3%，发生 100 a 一遇以上水平枯水的概率为 67.4%，发生 1000 a 一遇以上水平枯水的概率为 9.9%。从年最小日流量序列和年最小 7 日平均流量序列条件概率计算结果可以看出，两江枯水遭遇的可能性要高于洪水的可能性。

表 3.41　年最小 7 日平均流量序列条件概率　　　　单位：%

重现期	10 a	20 a	50 a	100 a	200 a	500 a	1000 a
10 a	67.7	43.2	19.4	9.9	5.0	2.0	1.0
20 a	86.5	67.5	36.1	19.4	9.9	4.0	2.0
50 a	96.8	90.2	67.4	43.1	23.8	9.9	5.0
100 a	99.0	96.8	86.3	67.4	43.1	19.4	9.9
200 a	99.7	99.0	95.3	86.3	67.4	36.1	19.4
500 a	99.9	99.8	99.0	96.8	90.1	67.4	43.1
1000 a	100.0	99.9	99.7	99.0	96.8	86.3	67.4

3.2.3　盐水入侵特征分析

珠江三角洲河口区有八大出海口门，盐水入侵严重的年份各口门均有不同程度的受灾现象，但磨刀门河口区受灾程度往往最重。西江磨刀门水道作为珠江三角洲的主要入海水道，途经江门、中山、珠海三市，其中对珠海、中山两市的影响较大，珠海市平岗、广昌等重要取水泵站和中山市全禄水厂、西河水闸、南镇水厂等重要泵站均在水道两岸。澳门特区虽不是磨刀门流经区域，但其供水主要来自珠海市的泵站，也是受影响较大的地区。因此，本次研究重点选取磨刀门水道为示点，研究该水道在剧烈人类活动和海平面持续上升双重作用力情况下的盐水入侵规律。

3.2.3.1 磨刀门水道盐水入侵基本特征

珠江三角洲的盐水入侵一般出现在 10 月至次年 4 月。珠江三角洲地区发生较严重咸潮的年份是 1955 年、1960 年、1963 年、1970 年、1977 年、1993 年、1999 年、2004 年、2005 年、2006 年等。

磨刀门水道具有径流作用强、潮流作用相对较弱的动力特点。20 世纪 60~80 年代，由于河口向海推进，河床自然淤高，咸水界下移，磨刀门水道的盐水入侵现象呈逐年减弱趋势。但是自 20 世纪 90 年代以来，尤其是 1998 年以来，珠江三角洲强咸潮的发生频率有越来越高的趋势，且咸潮灾害的影响范围逐年扩大、危害程度逐年加剧。

根据我国《生活饮用水水源水质标准》规定，当河道水体氯化物含量超过 250 mg/L 时，即满足不了供水水质的要求。因此 250 mg/L 成为研究咸潮的一个标准值，超过该标准值，则认为咸潮入侵发生直接危害。对于取水泵站，盐度超过该标准值的时段也被认为是不可取水时段，或称超标时段。咸潮肆虐期间，磨刀门水道沿程的挂定角、广昌、平岗、南镇和全禄等水厂均受到较大影响，被迫停产或降压、降质供水，对珠海、中山和澳门等城市供水和农业生产造成严重影响。

收集整理磨刀门水道主要站点近十年枯水期（一般为 10 月至次年 3 月）逐日盐度及超标时段等资料，主要数据如表 3.42 至表 3.44、图 3.32 至图 3.34 所示。可以看出磨刀门水道盐水入侵现象加剧主要体现为持续时间变长，盐度浓度增高，并呈现上溯期前移的变化特点。

由表 3.42 可知，平岗泵站仅有 2002~2003 年枯水期基本不受咸潮入侵影响，其他年份均存在不同程度的盐度超标过程，其中 2005~2006 年枯水期盐度超标最严重，整个枯水期超标跨度近 5 个月（9 月末至次年 2 月底），记录到 1582 个小时的超标时段，折合超标时间近 60 多天，将近两个月。2006 年 12 月 18 日日均盐度达到 4612 mg/L，约为标准值的 18 倍。中游广昌泵站（表 3.43）受咸潮入侵影响更为严重，自 2001 年记录以来每年均出现超标时段，且超标时间几乎横跨整个枯水期，即使是咸潮入侵最轻的 2002~2003 年，广昌泵站记录超标时间跨度仍近 4 个月（11 月中至次年 3 月中）。

从平岗泵站近十年枯水期超标时段统计情况看（表 3.42），2003 年以前平岗泵站枯水期六个月超标时段历时均在 700 h 以下，之后大部分年份超标历时均超过 700 h，其中较严重的 2005~2006、2007~2008 和 2009~2010 年超标历时均超过 1200 h。从平岗泵站枯水期盐度超标历时变化趋势（图 3.33）与盐度最大值变化趋势（图 3.34）亦可看出，近十年枯水期平岗泵站盐度总超标天数、总超标时数与盐度最大值均存在明显上升趋势，说明盐水入侵影响具有时段越来越长、强度越来越大的趋势。此外，磨刀门水道盐水入侵还显现出发生时间前移的变化特点。由表 3.44、图 3.32 可以看出，

表 3.42　磨刀门水道平岗泵站盐度监测情况

年份	超标开始时间	超标结束时间	总超标天数/d	总超标时数/h	连续不可取水天数/d	最大值出现时间	
						出现时间	最高值/(mg/L)
1998~1999	12月12日	4月11日	63	670	7	3月14日	3155
1999~2000	1月30日	3月4日	37	391	5	2月2日	2179
2000~2001	12月7日	2月18日	26	220	0	1月6日	571
2001~2002	12月26日	2月9日	14	140	3	1月25日	1201
2002~2003	2月13日	2月13日	1	1	0	2月13日	378
2003~2004	12月5日	3月31日	61	767	7	2月4日	2103
2004~2005	12月7日	3月19日	61	704	7	1月9日	2065
2005~2006	9月25日	2月28日	92	1582	10	1月27日	4308
2006~2007	11月3日	2月17日	46	732	6	12月18日	4612
2007~2008	11月4日	2月18日	82	1242	6	12月8日	3173
2008~2009	12月23日	2月21日	32	227	0	12月24日	636
2009~2010	9月29日	2月25日	109	1433	8	12月29日	2880
2010~2011	11月18日	2月20日	52	722	7	2月16日	2752

表 3.43　磨刀门水道广昌泵站盐度监测情况

年份	超标开始时间	超标结束时间	最大值出现时间	
			出现时间	最高值/(mg/L)
2001~2002	10月30日	3月10日	1月26日	4163
2002~2003	11月18日	3月20日	3月8日	1858
2003~2004	10月6日	4月28日	2月4日	6222
2004~2005	10月2日	3月30日	1月9日	5399
2005~2006	9月23日	12月31日	12月30日	7184
2006~2007	9月24日	2月28日	12月17日	7200
2007~2008	10月16日	2月28日	1月17日	5202
2008~2009	12月19日	3月1日	1月9日	3800
2009~2010	9月24日	3月1日	11月3日	5961
2010~2011	11月1日	3月1日	2月16日	6060

2004年以前平岗泵站枯水期超标时段主要集中在十二月至次年三月，之后超标时段明显前移，主要集中在十一月至次年二月，其中2009~2010年枯水期超标时段前移最突出，仅十月份就统计到超过300 h的超标历时，意味着该月超过40%的时间为不可取水时间。

　　表3.45为磨刀门水道平岗站、广昌站与挂定角站2004~2005年枯水期分旬监测时段内日均超标历时，可以看出广昌站与挂定角站受盐水入侵影响十分严重，日均超标历时在20 h左右。至2005年3月底，广昌站与挂定角站仍然没有摆脱盐水入侵影响，

挂定角站日均超标历时接近 24 h，而广昌站日均超标历时则在 19 h 左右。

表 3.44　磨刀门水道平岗泵站盐度超标时段情况　　　　　单位：h

年份	超标总历时	10 月	11 月	12 月	1 月	2 月	3 月
1998～1999	670	0	0	158	158	116	238
1999～2000	391	0	0	5	81	205	100
2000～2001	220	0	0	46	90	84	0
2001～2002	140	0	0	5	121	14	0
2002～2003	1	0	0	0	0	1	0
2003～2004	767	0	0	131	307	214	115
2004～2005	704	0	5	219	349	88	43
2005～2006	1582	4	133	471	472	502	0
2006～2007	732	0	89	281	257	105	0
2007～2008	1242	0	355	342	388	157	0
2008～2009	227	0	0	49	93	85	0
2009～2010	1433	303	341	426	210	152	1
2010～2011	722	0	102	127	229	264	0

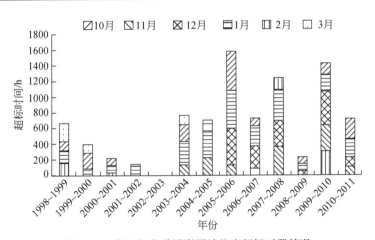

图 3.32　磨刀门水道平岗泵站盐度超标时段情况

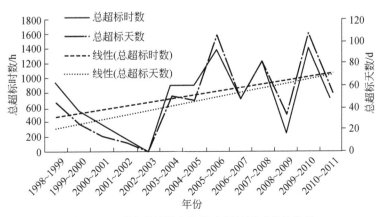

图 3.33　平岗泵站枯水期盐度超标历时变化趋势

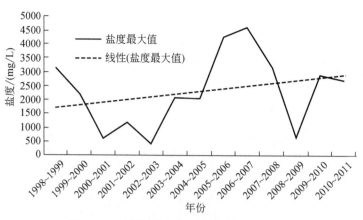

图 3.34　平岗站枯水期盐度最大值变化趋势

表 3.45　2004~2005 年枯水期分旬监测时段内日均超标历时　　单位：h

年	月	旬	平岗站	广昌站	挂定角
2004	10	上旬	0.00	17.40	19.60
		中旬	0.00	12.70	18.10
		下旬	0.00	18.73	0.82
		月合计	0.00	16.35	12.45
	11	上旬	0.50	19.20	0.00
		中旬	0.00	18.00	0.00
		下旬	0.00	22.50	18.20
		月合计	0.17	19.90	6.07
	12	上旬	8.10	22.00	23.80
		中旬	2.80	17.40	21.90
		下旬	10.00	24.00	24.00
		月合计	7.06	21.23	23.26
2005	1	上旬	18.10	24.00	24.00
		中旬	6.70	24.00	24.00
		下旬	9.18	23.18	26.40
		月合计	11.26	23.71	24.00
	2	上旬	4.00	22.40	24.00
		中旬	4.00	24.00	24.00
		下旬	1.00	19.75	22.88
		月合计	3.14	22.21	23.68
	3	上旬	2.20	19.80	23.30
		中旬	1.70	19.30	23.90
		下旬	0.40	18.00	23.64
		月合计	1.39	19.00	23.61

3.2.3.2 磨刀门水道水文潮汐条件

磨刀门水道河道内水力水文条件主要受径流和潮汐两大驱动因素影响，是典型的河优型河口，其径流的季节性变化十分明显，在年内经历从径强潮弱到径弱潮强的变化过程。在洪季，其径流量超过全年的 75%，而枯季西江流量基本不超过 6 000 m³/s。洪季以径流作用为主，枯季潮汐动力明显加强，是径潮动力联合控制的水道，口门外拦沙区域又受到波浪作用的显著影响，受径流、波浪控制。

（1）水文

珠江流域水量丰沛，在我国大江大河中，年总径流量仅次于长江而居于第二位。据 1956～2000 年资料，珠江流域水资源总量为 3370 亿 m³，其中珠江三角洲水资源总量 285 亿 m³，扣除 106 亿 m³ 用水量，珠江河口出海河川径流量为 3264 亿 m³。多年平均径流量西江马口站为 2322 亿 m³，北江三水站为 451 亿 m³，东江博罗站为 235 亿 m³。

磨刀门水道径流来源以西江为主，北江次之。汛期径流量占全年总量的 70% 以上，且磨刀门径流分配量居三角洲八大口门之首，占上游西、北江来水量的 25% 以上。汛期洪水频繁且具有洪量大、历时长的特点。洪水多成因于两类天气降雨：一类属锋面雨，由静止锋、西南槽等类型的天气产生的降雨，多发生在西江中上游和北江流域，洪水出现较早；另一类为热带气旋系统的热带低压、热带风暴、台风形成的暴雨，其特点是历时短、强度大、受雨面相对少，洪水出现较迟。

磨刀门径流分配量占西、北江来水量的 25% 以上[23]。三水和马口分别为西江和北江的控制站点，可以用马口站与三水站的合流量来表征磨刀门上游来水大小。多年平均径流量西江马口站为 2322 亿 m³，北江三水站为 451 亿 m³。珠江流域的降水受季风气候控制，径流年内分配不均，每年 4～9 月为洪季，马口、三水站径流量分别占年总量的 76.9% 和 84.8%；1～3 月及 10～12 月为枯水期，马口、三水站径流量分别占总量的 23.1% 和 15.2%。分析三水、马口 1960～2009 年的年均流量，其变化过程见图 3.35。可见，近 50 年磨刀门上游来水基本平稳，略呈上升趋势，在 1994 年达到最大值 12416 m³/s。由于盐水入侵在枯水期最为剧烈，分析磨刀门上游枯水期来水变化更具研究意义。

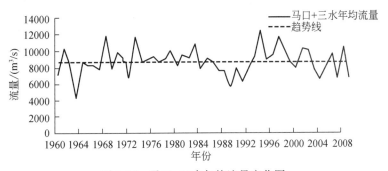

图 3.35 马口+三水年均流量变化图

进一步分析三水、马口近十年枯水期月均流量，其统计结果如表 3.46、图 3.36 所示。由表 3.46 可以看出，近十年"马+三"枯水时期流量在 2008~2009 年最大，达到 5819 m³/s，其次是 2002~2003 年，达到 5765 m³/s，其他年份均未超过 4000 m³/s。就单月份而言，10、11 月流量最大，在 5000 m³/s 左右，1、2 月流量最小，均不足 3000 m³/s。枯水期流量大的年份咸潮入侵强度较小，枯水期流量少的年份如 2003~2004 年、2004~2005 年、2005~2006 年、2006~2007 年及 2007~2008 年，流量的减少则与同期磨刀门咸潮入侵加剧相呼应。

表 3.46　马口+三水近十年枯水期平均流量　　　　　单位：m³/s

年份	10 月	11 月	12 月	1 月	2 月	3 月	枯水期均值
1999~2000	6288	6556	3130	2023	1917	3229	3857
2000~2001	7875	4298	2522	2193	2627	3779	3880
2001~2002	5012	5464	3468	2721	3067	3856	3931
2002~2003	7491	6674	5809	5894	4347	4376	5765
2003~2004	3536	3063	2456	2255	2201	2389	2650
2004~2005	2424	2134	2008	2399	2734	3062	2460
2005~2006	3195	2764	2124	1842	1759	3421	2518
2006~2007	3788	3937	3009	2775	2860	3923	3382
2007~2008	3583	2894	2380	2953	4003	3935	3291
2008~2009	7439	12167	4132	3639	3228	4309	5819
1999~2009 均值	5063	4995	3104	2869	2874	3628	3756

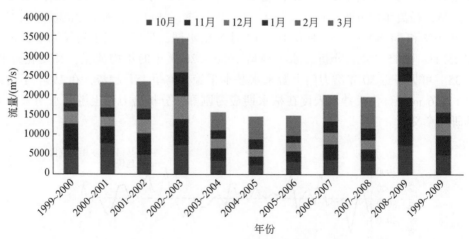

图 3.36　马口+三水近十年枯水期平均流量

（2）潮汐

珠江河口的潮汐为不正规半日混合潮型，一天中有两涨两落，半个月中有大潮汛和小潮汛，历时各三天。在一年中夏潮大于冬潮，最高最低潮位分别出现在春分和秋分前后，且潮差最大，夏至冬至潮差最小。因受汛期和风暴潮的影响，最高潮位一般出现在 6～9 月，最低潮位一般出现在 12～2 月。平均潮差以磨刀门最小，为 0.86 m，东西两侧略大。伶仃洋湾头为 1.35 m，崖门为 1.24 m。潮差从河口湾的湾口向湾头增加，从各分流水道口门向上游递减。枯水期潮区界距口门 100～300 km，西江可达梧州-德庆，北江达芦苞-马房，东江达铁岗；洪水期潮区界距口门 40～70 km。潮流一般为往复流，枯水期潮流界距口门 60～160 km，西江达三榕峡，北江至马房，东江至石龙；洪水期潮流界一般在口门附近，唯虎门水道可达广州。口外海滨涨潮流向西北，落潮流向东南，流速为 0.5 m/s 左右，伶仃洋的涨落潮流轴线明显分异，落潮流路偏西，涨潮流路偏东。

磨刀门是以径流作用为主的河口，其潮流作用较径流作用相对较弱，水道的潮汐为不规则半日混合潮型，其潮差一般不超过 1.5 m[24]，为弱潮型河道，日潮不等现象显著，潮位潮期均不相等，一个日周期内发生两次高潮、两次低潮，历时约 24 h 50 min，且冬春之间高高潮多出现在夜间，低低潮多出现在白天，夏秋之间则相反。潮差年际变化不大，年内变化较大，枯水期潮差大于汛期潮差。洪水期上游来水较大，河口涨潮流不明显，小潮时河口区完全由径流动力所控制。上游来水来沙以及地形造成了落潮历时与涨潮历时的差异，使得前者一般大于后者。河口潮流具有复流和旋转流的特性，落潮时潮流速度大于涨潮时潮流速度。表 3.47 反映了灯笼山、大横琴、三灶三个站点的各时期特征潮位变化情况。

表 3.47　磨刀门河口潮位变化　　　　　　　　单位：m

站名	时间	年平均高潮位	年平均低潮位	年平均潮位	涨潮潮差	落潮潮差
灯笼山	20 世纪 70 年代	0.489	-0.369	0.030	0.860	0.860
	20 世纪 80 年代	0.476	-0.344	0.029	0.822	0.822
	20 世纪 90 年代	0.493	-0.341	0.047	0.834	0.83
	2000～2003	0.508	-0.365	0.049	0.868	0.86
大横琴	1975～1979	0.408	-0.632	-0.173	1.040	1.04
	20 世纪 80 年代	0.400	-0.615	-0.173	1.014	1.01
	20 世纪 90 年代	0.439	-0.501	-0.093	0.937	0.93
	2000～2003	0.478	-0.463	-0.073	0.938	0.93
三灶	20 世纪 70 年代	0.388	-0.716	-0.150	1.104	1.10
	20 世纪 80 年代	0.373	-0.721	-0.170	1.095	1.09
	20 世纪 90 年代	0.381	-0.699	-0.150	1.083	1.08
	2000～2003	0.423	-0.660	-0.108	1.085	1.08

注：以珠江基面为基准面。

表 3.47 表明磨刀门口潮差总体变化情况如下：20 世纪 70 年代至 90 年代初，三站潮差有一个先减后增的变化过程，90 年代初至 2003 年，潮差呈增加的趋势。大横琴站的潮差变化是三站中最大的，20 世纪 70 年代至 2003 年潮差减小了约 0.1 m。根据三站

的潮差变化趋势分析，可以发现磨刀门河口在 20 世纪 90 年代初之前潮汐动力有减弱的趋势，而在 90 年代初之后，潮汐动力有增强的趋势。

三灶站处于磨刀门水道出海门外侧，距离磨刀门 16 km 左右，其潮位特征受外海潮汐、上游径流来水来沙情况以及河口区地形条件影响较大，是珠江河口区最重要的验潮站之一，其潮位变化能反映该海域潮汐的基本特征，对研究珠江口潮位时间演变规律具有较好的代表性。收集三灶站 1965～2008 年逐月高、低潮位时间过程（高程起算面为珠江基面），潮位基本资料见表 3.48。资料长度为 44 a，其中最高潮位为 0.78 m，最低潮位为-0.93 m，高潮位序列的均值为 0.39 m，低潮位序列的均值为 -0.68 m。其变化过程如图 3.37 所示，三灶站枯水期高潮位和低潮位两者变化特征基本一致，均呈增加趋势。高潮位在 0.4 m 左右波动，其中 1998～2008 年最近十个枯水期中有八个枯水期平均高潮位高于 0.4 m；低潮位在-0.7 m 左右波动，增加趋势更明显，其中 1998～2008 年最近十个枯水期平均低潮位均高于-0.7 m。

表 3.48　潮位基本资料情况

站名	资料长度/a	起讫时间/年	最高潮/m	最低潮/m	月高潮位均值/m	月低潮位均值/m
三灶站	44	1965～2008	0.78	-0.93	0.39	-0.68

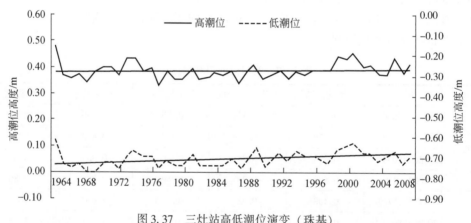

图 3.37　三灶站高低潮位演变（珠基）

珠江河口区大规模无序采砂与围垦导致河口区水沙平衡、地形和动力环境发生显著变化，加之海平面逐年上升，河口区潮位过程发生显著变异。运用差积曲线-秩检验联合识别法，分别对三灶站 1965～2008 年逐月高潮位和低潮位时间序列进行变异分析。

结果表明，三灶站高潮位和低潮位均发生显著变异，变异点在 20 世纪 90 年代左右。其中，月高潮位变异点在 1995 年，月低潮位序列变异点在 1987 年。月高潮位的统计量为 2.56，月低潮位的统计量为 5.26，均大于 1.96，因此变异点显著。高、低潮位时间序列变异分析检验见表 3.49。

表 3.49   月高、低潮位序列变异分析

序列	可能变异点	统计量 U	显著性（95%）	是否为变异点
月高潮位	1995	2.56	显著	是
月低潮位	1987	5.26	显著	是

表 3.50 表明高、低潮位序列变异后平均上升幅度均较大，分别为 0.127 mm/m 和 0.154 mm/m，表明变异后潮位序列上升在加快。月高潮位变异前后平均上升速率增幅更显著，达 0.125 mm/m，高潮位加速上升使得珠江口汛期防洪压力增加和非汛期的咸潮上溯加剧；低潮位变异前后平均上升速率增幅为 0.034 mm/m，低潮位加速上升，未来可能对珠江口的排涝问题产生重大影响。

表 3.50   三灶站高、低潮位序列变异前后特征值变化情况

序列	时段	均值/m	变差系数 Cv	偏态系数 Cs	上升幅度/(mm/m)
月高潮位	全序列	0.386	0.29	0.69	0.074
	变异前	0.376	0.30	0.84	0.002
	变异后	0.406	0.26	0.45	0.127
月低潮位	全序列	-0.710	0.15	-0.56	0.133
	变异前	-0.727	0.14	-0.75	0.120
	变异后	-0.692	0.15	-0.41	0.154

张蔚等[25]利用 Mann-Kendall 检验对磨刀门水道南华、竹银、灯笼等站点长期的潮差序列的研究成果亦表明磨刀门水道潮差有增加趋势，结果如表 3.51 所示。水务机构对灯笼山各年枯季涨潮潮差的统计资料表明[27]，灯笼山站枯季涨潮潮差 1996~2005 年明显大于 20 世纪七八十年代，潮差经历了强弱强的阶段（见表 3.52）。

表 3.51   珠江三角洲西江河网站点潮差变化趋势计算结果[25]

站点	潮差序列年份	Z_{MK}	趋势
南华	1954~2005	5.32	增加
竹银	1959~2005	5.19	增加
灯笼山	1959~2005	0.14	增加

表 3.52   灯笼山不同时期枯水期涨潮潮差统计值[26]

年份	平均涨潮潮差/m	年份	平均涨潮潮差/m
1959~1975	0.95	1996~2003	0.93
1967~1985	0.88	2004~2005	0.92
1986~1995	0.89		

分析探讨潮位变异规律影响因素的研究表明，近几十年，西北江三角洲地区经济和社会的快速发展，人类活动及河道演变等因素使该地区水情发生了显著变异：

1）20 世纪 80 年代初，航运部门对珠江三角洲进行了航道整治，使珠江三角洲区域河床受到大幅冲刷并使河槽严重下切，河床高程降低，部分防洪大堤的堤基被掏空，尤其是北江干流。

2）自 20 世纪 80 年代中期以来，由于大规模城市化建设和围垦用沙大量增加，珠江三角洲出现了大规模、大数量的采掘河床泥沙的现象。1990～1995 年采沙达到高峰期，采沙数量最多。大量无序地采沙是三角洲上部河床下切的直接原因。

上述航道整治、采沙活动及洪水因素，引起三角洲上部河床普遍降低，水面比降加大，水力坡度和水流流速也相应加大，表现为同流量下三角洲上部河段水位大多下降，同级水位的流量则成倍增加，而口门拦门沙发育，海平面上升，潮位顶托[22]。近期潮差的变大与咸潮的入侵强度加强相呼应，高低潮位的逐年增加特征与全球海平面上升的大环境基本吻合，也在一定程度上助长了咸潮上溯。

3.2.3.3　磨刀门水道盐度周期特征

盐度时间序列具有明显的多时间尺度波动特征，小波分析方法在时域和频域都有表征信号局部信息的能力，适宜于分析信号的多层次时间结构和局部化特征。通过计算盐度时间序列不同时间尺度下的小波系数，绘制小波系数图与小波能谱图，可以提取并描述盐度变化的周期特征。

（1）盐度变化的日周期特征

运用 Morlet 小波变换方法，分析广昌站不同年份枯水期逐小时盐度数据样本周期特征（图 3.38、图 3.39 和表 3.53）。分析 2001～2010 年枯水期各盐度序列小波变化系

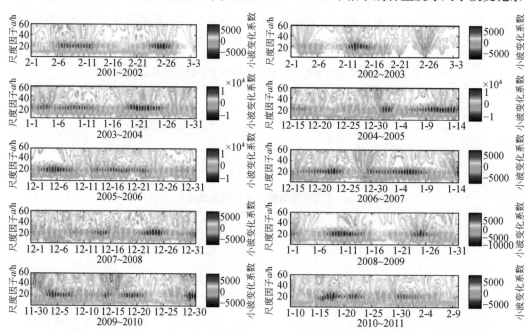

图 3.38　广昌逐时盐度序列小波系数图

数图（见图 3.38），图中横坐标为日期，纵坐标为尺度因子 a，红色等值线表示正值，红色越深表示正值越大；蓝色表示负值，颜色越深表示负值越小。高低值中心对应的纵坐标值为尺度因子 a，可以通过式（3.25）折算成周期 T，表示该序列存在大小为 T 的周期性震荡。各盐度序列均在 $a = 15 \sim 25$ h 尺度附近存在一个间断、数值正负交替的波动特征带，高低值以 $a = 20$ h 为中心，即以 20 h 周期变化最为显著。通过式（3.25）换算，可推算出磨刀门水道盐度变化第一主周期成分为 24.6 h。同时，在 2006~2007 年枯水期也出现 $a = 12.3$ h 的次周期，但信号较弱。进一步分析 2001~2010 年枯水期各盐度序列的小波能谱图（见图 3.39），发现第一周期成分 24.6 h 基本通过置信度 95% 的红噪音能量谱检验，周期变化显著；次周期成分 12.3 h 周期能量均未通过置信度 95% 的检验，周期变化不明显。

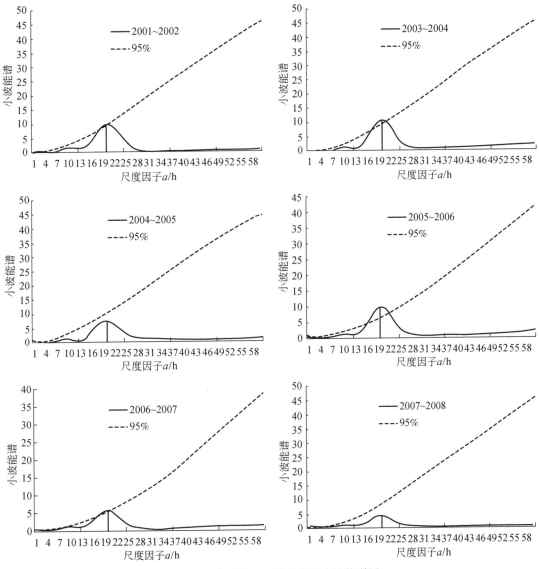

图 3.39　广昌站逐时盐度序列小波能谱图

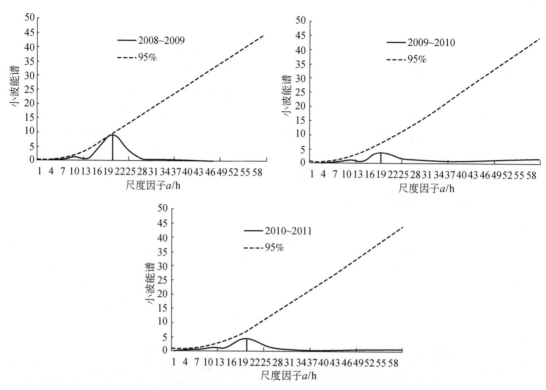

图 3.39　广昌站逐时盐度序列小波能谱图（续）

表 3.53　广昌站逐时盐度序列周期特征

序号	基本时间特征		盐度特征		第一周期		第二周期	
	年份	历时/h	超标时间/h	盐度高值	盐度均值	尺度/h	周期/h	尺度/h	周期/h
1	2001～2002	744	441	5200	793	20*	24.6	10	12.3
2	2003～2004	744	730	9500	3213	20*	24.6	10	12.3
3	2004～2005	744	688	10 480	2838	20	24.6	10	12.3
4	2005～2006	744	744	9800	4124	20*	24.6	10	12.3
5	2006～2007	744	696	7360	2735	20*	24.6	10	12.3
6	2007～2008	744	727	7700	2895	20	24.6	10	12.3
7	2008～2009	744	672	8400	1694	20*	24.6	10	12.3
8	2009～2010	744	743	9200	3602	20	24.6	10	12.3
9	2010～2011	744	734	7800	2557	20	24.6	10	12.3

注：＊表示通过显著性检验。

　　同样用 Morlet 小波变换分析平岗站 2008 年 1 月 1 日～2008 年 1 月 31 日的逐时盐度序列（共 744 个数据）的日周期特征。分析平岗站盐度逐时序列的小波系数图（图 3.40），盐度序列在 $a=20$ h 尺度附近存在一个间断、数值正负交替的波动特征带，高低值以 $a=20$ h 为中心，即以 $a=20$ h 周期变化最为显著。通过 Morlet 母小波周期换算公式可换算出磨刀门水道盐度变化第一主周期成分为 24.6 h。此外，磨刀门水道逐时盐度变化还存在 12.3 h 的变化周期，但不如 $T=24.6$ h 的周期明显。进一步分析 2001~2010 年枯水期各盐度序列的小波能谱图（图 3.41），发现第一周期成分 24.6 h 通过了置信度 95% 的红噪音能量谱检验，周期变化显著；次周期成分 12.3 h 周期能量未通过置信度 95% 的检验，周期变化不明显。

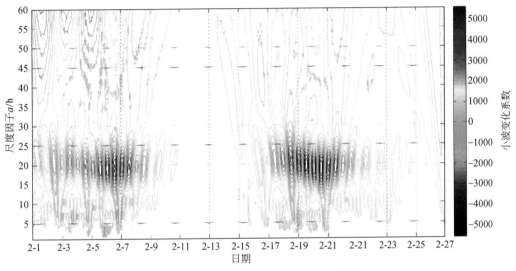

图 3.40 平岗逐时盐度序列小波系数图

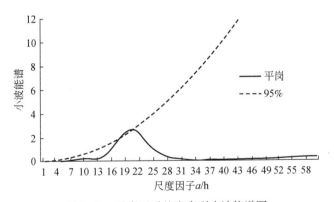

图 3.41 平岗逐时盐度序列小波能谱图

上述研究表明，磨刀门水道盐度变化存在明显的日周期变化特征，包含显著的 24.6 h 第一周期成分和不明显的 12.3 h 次周期成分。磨刀门水道盐度日周期变化特征与磨刀门口门潮汐日周期特征基本吻合，即磨刀门口门潮汐属于不规则半日潮，潮汐具备较稳定的全日变化周期和不稳定的半日变化周期。包芸等[27]的研究结果也表明，咸界的变化周期和潮汐类似，具有日周期波动规律。

（2）盐度变化的半月周期特征

运用 Morlet 小波变换方法，分析不同年份（2003～2004 年、2006～2007 年、2007～2008 年、2008～2009 年、2009～2010 年、2010～2011 年）广昌站、平岗站枯水期逐日盐度数据样本周期特征（图 3.42 至图 3.45）。结果表明，磨刀门水道盐度变化具有多时间周期特征，主周期成分为 14.8 d。分析枯水期各盐度序列小波变化系数图（图 3.42、图 3.44），各盐度序列均在 $a=10～15$ d 尺度附近存在一个间断、数值正负交替的波动特征带，高低值以 $a=12$ d 为中心，即以 12 d 周期变化最为显著。通过 Morlet 母小波周期换算公式可换算出磨刀门水道盐度变化第一主周期成分为 14.8 d。另外，若干场次咸潮盐度出现 20～30 d 的变化周期，如 2006～2007 年、2009～2010 年、2010～2011 年均出现了 $a=25$ d 的变化周期，换算后为 30.8 d，即存在月周期。这些周期变化在不同时段所表现出的强弱不同。此外，盐度序列的小波系数图还表明，不同年份，盐度变化的剧烈程度，以及相应持续时间都有所不同。以平岗站 2009～2010 年为例，11 月 23 日～1 月 15 日，盐度序列存在剧烈的数值正负交替波动，其他分析时段的变化则不明显。进一步分析各年份枯水期盐度序列的小波能谱图（图 3.43、图 3.45），发现第一周期成分 14.8 d 基本全部通过置信度 95% 的红噪声能量谱检验，周期变化显著；30 d 左右的次周期成分均未通过置信度 95% 的检验，周期变化不明显。

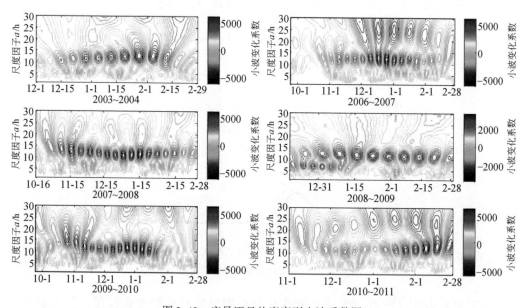

图 3.42　广昌逐日盐度序列小波系数图

上述研究表明，磨刀门水道盐度变化存在明显的半月周期变化特征，包含显著的 14.8 d 第一周期成分和不明显的 30 d 左右次周期成分。这与磨刀门口门潮汐半月周期特征基本吻合。与闻平等[23]和刘杰斌等[28]的研究成果一致，磨刀门水道氯化物含量的半月变化主要与潮汐半月周期有关。

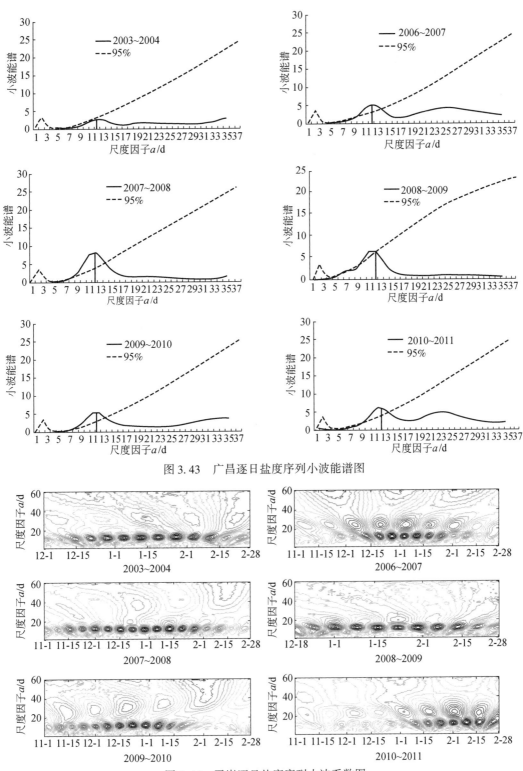

图 3.43 广昌逐日盐度序列小波能谱图

图 3.44 平岗逐日盐度序列小波系数图

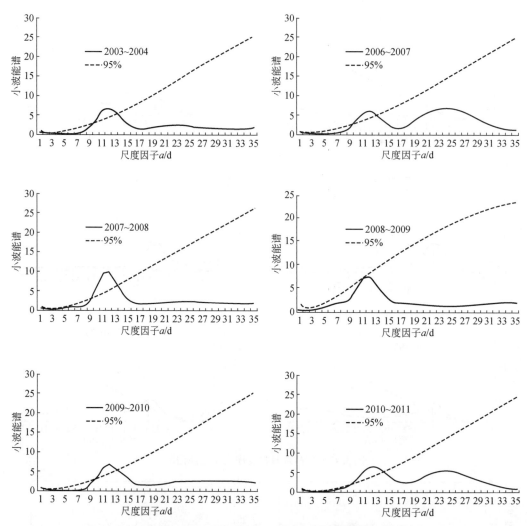

图 3.45　平岗站逐日盐度序列小波能谱图

3.2.3.4　磨刀门水道盐度变化与潮汐、径流的滞时特征分析

　　河口是河流与海洋交汇过渡地区，其最根本的特点是受海洋和陆地（河流）的双向作用。影响咸潮入侵的动力因子主要是淡水径流及潮汐动力，其他还有河口形状、河道水深、风力风向、海平面变化及人类活动等因素。

　　潮汐动力影响最稳定且具有一定周期性。受太阳及月球引力的影响，周期性表现在日周期及朔望周期。陈荣力等[29]研究表明，珠江河口区盐度变化与潮位变化过程密切相关；薛建强[30]指出磨刀门水道咸界运动落后于潮位变化，且不同周期的滞后情况有所不同。但目前研究尚未明确河口区盐度变化与潮汐过程在时间上的相位关系。

　　径流具有明显的季节变化及年际变化特点，盐水入侵也相应表现出季节变化及年际变化特征。径流的季节变化取决于雨汛的迟早、上游来水量的大小和台风等因素。

汛期4~9月雨量多，上游来水量大，咸界被压下移，大部分地区咸潮消失。枯季径流动力减弱，盐水侵入珠江三角洲网河区。径流对盐度变化起逆向驱动作用，即径流量的加大将抑制盐水入侵，使盐度下降。在珠江三角洲地区，由于河网水系复杂，枯水期潮流界、潮区界上移明显[31]，研究者通常选择三角洲顶端的马口、三水流量或者更上游的梧州、石角流量作为上游径流量分析磨刀门水道径流与盐度的驱动关系。朱三华等人[24]研究指出思贤滘流量对平岗等站点盐度有直接影响。相关研究也表明，在半月以上的时间尺度下，径流与盐度往往能分析出较好的驱动响应关系，并建立经验统计驱动模型。

基于此，利用交叉小波分析方法在分析时间序列共振周期及位相关系上的优势，利用近十年枯水期磨刀门水道广昌站、平岗站逐日盐度序列与三灶站同期潮位过程资料及马口三水合流量序列，研究了磨刀门水道盐度变化和潮汐过程、径流过程的滞时特征。

（1）盐度变化与潮汐过程的滞时特征

同样选用 Morlet 小波变换方法，分析上述六年枯水期三灶站潮差日变化序列的周期性特征。如图 3.46 所示：磨刀门水道口门潮汐过程具有半月周期特征。分析三灶站潮差序列的小波系数图（图 3.46），可以看出各潮差序列均在 $a=10\sim15\ \mathrm{d}$ 尺度附近存在一个间断、数值正负交替的波动特征带，高低值以 $a=12\ \mathrm{d}$ 为中心，即以 $a=12\ \mathrm{d}$ 周期变化最为显著。通过 Morlet 母小波周期换算公式换算出三灶站潮差变化第一主周期成分为 14.8 d，这与磨刀门口门潮汐半月周期特征基本吻合。

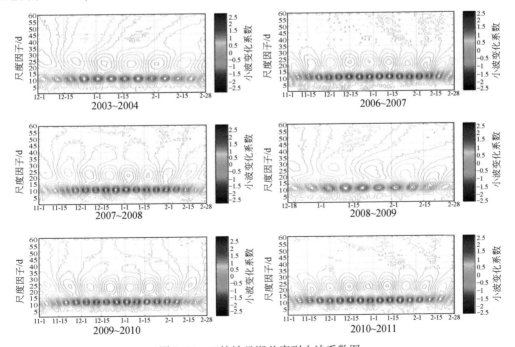

图 3.46 三灶站日潮差序列小波系数图

由上述分析可知,盐度与潮汐的半月周期特征十分相似。因此,尝试运用交叉小波及小波相干谱方法,从相关性角度分析潮汐动力对磨刀门水道盐度的影响。交叉小波功率谱及小波相干谱如图 3.47 至图 3.50 所示。交叉小波功率谱中,白色的高能区表示两时间序列存在共同的高能量区,即在对应的坐标上存在相关关系,颜色越白,表示交叉小波谱 W^{XY} 越大,两者相关关系越显著。每个高能区外围的黑色实线为置信度为 95% 的边界线,线内值通过检验,而锥形线内则表示该区域内的结果不受边缘效应影响。小波相干谱中的白色区域也表示两时间序列存在相关关系,白色区域越大,相关关系就越可靠。

分析各年份枯水期盐度序列与潮差序列的交叉小波功率谱及小波相干谱图得出如下结论:

1) 三灶站日潮差序列与广昌站、平岗站盐度序列均具有良好的相关关系。

各年份枯水期盐度序列与潮差序列的交叉小波功率谱(XWT)在时频域上显示出相似的特征,即在 15 ±1 d 的时间尺度上,广昌站、平岗站盐度过程均与三灶站潮差过程出现了显著的高能量区,且通过置信度为 95% 的红噪声检验,表明两者在 15 d 左右的周期尺度上显著相关(图 3.47、图 3.49)。进一步分析各年份枯水期盐度序列与日潮差序列的交叉小波相干谱(WTC)(图 3.48、图 3.50),盐度序列与潮差序列之间在 2~20 d 之间不同区域上都存在不同程度的相关关系,进一步表明,盐度与潮差之间的相关关系是确实存在的。总体上看,15 d 周期在时域的能量分布较均匀,在大潮期周围较为显著,在小潮期附近能量有所减弱。说明潮汐作用强时潮汐过程与盐度变化相关性更为显著。

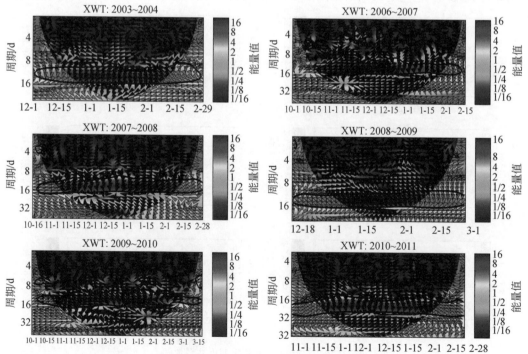

图 3.47　广昌站盐度与三灶站日潮差序列交叉小波功率谱(XWT)

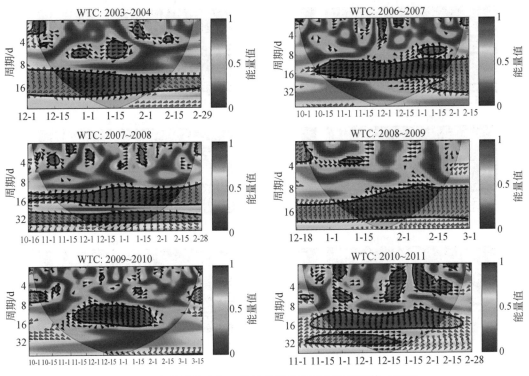

图 3.48 广昌站盐度与三灶站日潮差序列小波相干谱（WTC）

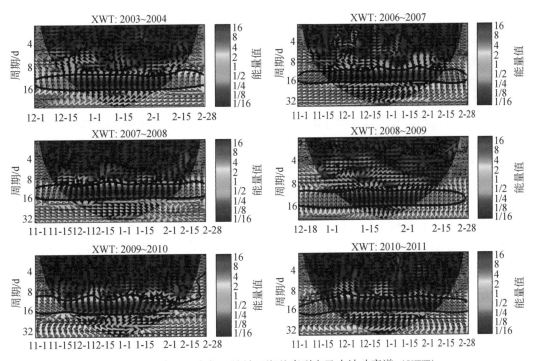

图 3.49 平岗站盐度与三灶站日潮差序列交叉小波功率谱（XWT）

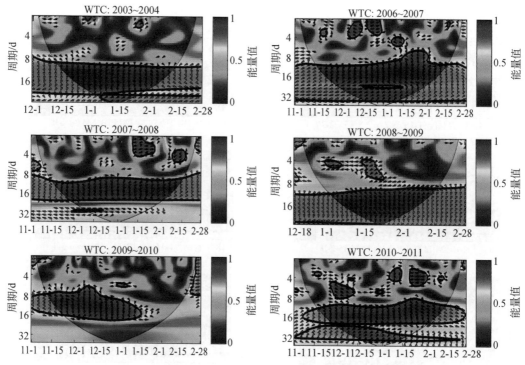

图 3.50　平岗站盐度与三灶站日潮差序列小波相干谱（WTC）

2）磨刀门水道盐度与潮差的相关关系较为稳定，一致表现为盐度变化超前于潮差变化，各年份超前变化时间各不相同，且总体来看，广昌站盐度变化超前于潮差变化的时间略小于平岗站。

广昌盐度过程与潮汐过程存在 3.1 ± 0.6 d 左右的位相差。分析广昌站各年份的位相关系得表 3.54，各年份盐度变化和潮汐过程的位相角平均为 $75°\pm15°$，说明当潮汐过程表现为 15 d 的周期变化时，广昌站盐度变化先于三灶站潮差变化 0.21 ± 0.04 个周期，即广昌站盐度变化较三灶站潮差变化提前 3.1 ± 0.6 d。

平岗盐度过程与潮汐过程存在 3.9 ± 0.6 d 左右的位相差。分析平岗站各年份的箭头指示得表 3.55，各年份盐度变化和潮汐过程的位相角平均为 $94°\pm15°$，说明当潮汐过程表现为 15 d 的周期变化时，平岗站盐度变化先于三灶站潮差变化 0.26 ± 0.04 个周期，即平岗站盐度变化较三灶站潮差变化提前 3.9 ± 0.6 d。

这与闻平[23]的研究结果，即在咸潮入侵的半月周期潮相变化中，磨刀门水道含氯度日最大值并不出现在潮差最大值日，而是提前 3～5 d 的结论一致。对比表 3.54、表 3.55 可知，三灶潮差序列与广昌盐度序列的平均滞时小于与平岗序列的滞时，约小了 0.8 d。这与两站点的地理位置有关，广昌站位于磨刀门水道下游，距出海口仅 15 km，较靠近三灶站，而平岗站位于磨刀门水道中游，距出海口 35 km，因此广昌站受潮汐动力的影响要先于平岗站。

盐度变化之所以提前于潮差变化与河口地区的盐度输运环流有关。在小潮期向大潮期转换期间，潮差每日都在明显增大，此时磨刀门口门外海水盐度也比其他时期要高。也就是说，在小潮转大潮期间，水平盐度梯度往往较平时会更大，使得盐度向上输运更明显，从而导致盐度变化提前于潮差变化。以 2009~2010 年为例，对比水平盐度梯度与潮差变化（图 3.51、3.52）可知，三灶站盐度最大值出现在 11 月 15 日及 12 月 1 日（5264 mg/l 及 6616 mg/l），相应的，与广昌站、平岗站的水平盐度梯度最大值也均出现在这两天（797 mg/l、4553 mg/l 及 966 mg/l、3898 mg/l），而三灶站潮差最大值分别出现在 11 月 19 日及 12 月 4 日（223 cm 及 267 cm），即盐度变化提前于潮差变化 3 天左右。

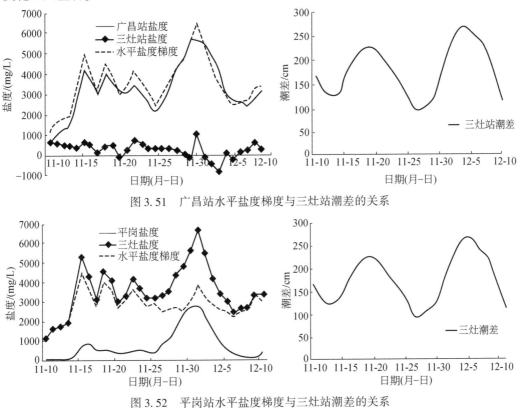

图 3.51 广昌站水平盐度梯度与三灶站潮差的关系

图 3.52 平岗站水平盐度梯度与三灶站潮差的关系

3）分析各年份交叉小波功率谱，盐度变化与潮差过程的时滞关系各不相同，具体情况见表 3.54、表 3.55。2003~2004 年、2008~2009 年、2010~2011 年枯水期，盐度变化和潮汐过程的交叉小波功率谱在 15 d 的周期上表现出高能量，两者位相角约为 70°~100°；2006~2007、2009~2010 年枯水期，两者位相关系为 85°~115°；2007~2008 年枯水期，两者位相关系为 80°~110°。对比各年份潮差可知，咸潮上溯过程中，对应潮差越大的年份，盐度与潮差之间的位相角越大，即盐度变化提前潮差变化越多。如 2006~2007 年、2007~2008 年及 2009~2010 年（潮差分别为 1.75 m、1.75 m、1.74 m）的咸潮上溯问题比较严重，盐度与潮差之间的位相角大于 2003~2004 年、2008~2009 年及 2010~2011 年（潮差分别为 1.71 m、1.67 m、1.69 m）的位相角，说明潮汐动力越强，对盐度变化的影响越大。

表 3.54　广昌站盐度变化与三灶站潮差过程的位相关系

年份	2003~2004	2006~2007	2007~2008	2008~2009	2009~2010	2010~2011
位相关系	72°±15°	100°±15°	95°±15°	60°	50°±10°	90°
提前时间/d	2.9±0.6	4.2±0.6	4.0±0.6	2.5	2.1±0.4	3.7

表 3.55　平岗站盐度变化与三灶站潮差过程的位相关系

年份	2003~2004	2006~2007	2007~2008	2008~2009	2009~2010	2010~2011
位相关系	87°±15°	100°±15°	95°±15°	88°±15°	100°±15°	84°±15°
提前时间/d	3.6±0.6	4.2±0.6	4.0±0.6	3.7±0.6	4.2±0.6	3.5±0.6

（2）盐度变化与径流过程的滞时特征

同样选用 Morlet 小波变换方法，分析上述六年枯水期马口三水合流量序列的周期性特征。马口三水合流量序列的小波系数图（图 3.53）表明，各流量序列均在 $a=10~15$ d 尺度附近存在一个间断、数值正负交替的波动特征带，高低值以 $a=12$ d 为中心，即以 $a=12$ d 周期的变化最为显著。通过 Morlet 母小波周期换算公式可换算出磨刀门水道盐度变化第一主周期成分为 14.8 d。但流量序列的周期变化特征较为复杂，不同年份，高值区出现的周期不同，径流序列的数值正负交替波动强度以及持续时间均同样存在差异。如部分年份流量变化还存在 25~30 d、45~55 d 的变化周期，如 2006~2007 年出现了 $a=25$ d 的变化周期，换算后为 30.8 d；2010~2011 年出现了 $a=55$ d 的变化周期，换算后为 67.8 d。而 2007~2008 年及 2009~2010 年份，径流序列在 $a=12$ d 周期上的波动特征不明显，表现为稳定偏少年份，这与实际流量资料相符合。

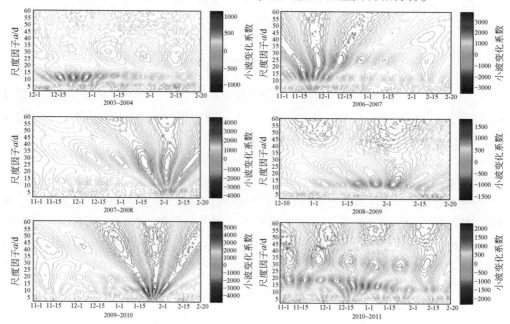

图 3.53　马口三水合流量序列小波系数图

由上述分析可知，径流与盐度的半月周期特征十分相似。因此，尝试运用交叉小波及小波相干谱方法，从相关性角度分析径流动力对磨刀门水道盐度的影响。由于径流动力对盐度变化具有逆向驱动作用，为了得到两者之间的相关关系，取马口三水合流量的倒数序列与广昌盐度序列、平岗盐度序列进行交叉小波变换，得到交叉小波功率谱及小波相干谱，如图 3.54 至图 3.57 所示。分析上述六年枯水期盐度序列与径流序列的交叉小波功率谱及小波相干谱图，得出如下结论：

1）马口三水合流量序列与广昌站盐度序列、平岗站盐度序列具有较良好的相关关系。但总体来看，径流动力对盐度变化的影响没有潮汐动力强。

各年份枯水期盐度序列与合流量序列的交叉小波功率谱（XWT）在时频域上显示出相似的特征，即在 15 ±1 d 的时间尺度上，盐度序列与径流序列存在共同的显著高能量区，且通过置信度为 95% 的红噪声检验，表明两者在 15 d 左右的周期尺度上相关显著（图 3.54、图 3.56）。在部分年份，马口三水合流量与平岗盐度之间还在其他周期上存在一定的相关关系。如 2006~2007 年，流量序列跟盐度序列在 30 d 左右的周期上还存在一定的相关性，且通过置信度为 95% 的红噪声检验。进一步分析两序列各年枯水年份的小波相干谱（图 3.55、图 3.57），盐度序列与合流量序列在 2~20 d 的周期上在个区域内均存在高值区，进一步表明盐度序列与径流序列之间存在相关关系。对比

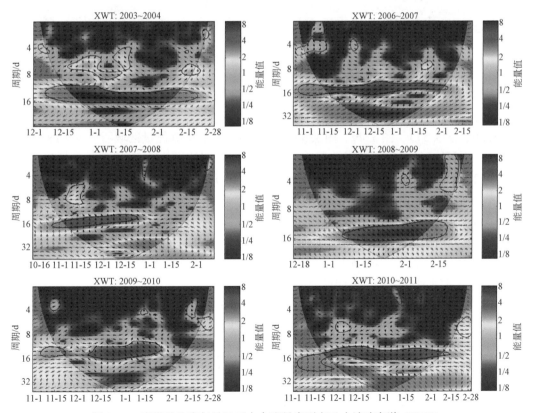

图 3.54　广昌站盐度与马口三水合流量序列交叉小波功率谱（XWT）

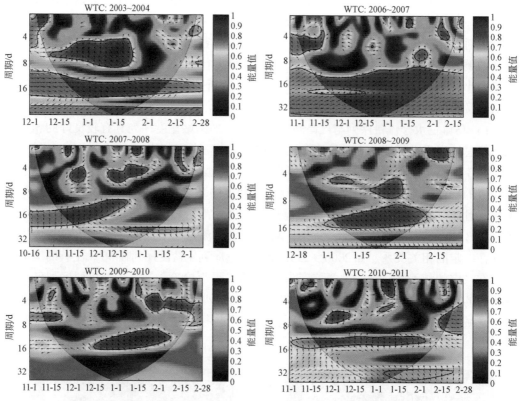

图 3.55　广昌站盐度与马口三水合流量序列小波相干谱（WTC）

平岗站盐度与三灶站日潮差序列、马口三水合流量序列交叉小波功率谱（图 3.49、图 3.56），平岗站盐度与三灶站日潮差序列、马口三水合流量序列小波相干谱（图 3.50、图 3.57），图 3.49、图 3.50 中通过置信检验的高能量区域明显少于图 3.56、图 3.57，可见，径流动力对于盐度变化的影响没有潮汐动力大。以 2007～2008 年为例，图 3.49 中通过 95% 置信检验的时间段仅为 10 月 28 日至 12 月 28 日，即 12 月 28 日后盐度变化几乎不受合流量变化影响，但仍持续受潮差变化影响。广昌站也出现了类似现象。黄方等[32]研究指出，枯水期盐度变化主要受潮汐动力影响。

2）磨刀门水道盐度与马口三水合流量的相关关系较为稳定，一致表现为盐度变化滞后于合流量变化，各年份滞后变化时间各不相同，且总体来看，广昌站盐度变化滞后于潮差变化的时间略大于平岗站。

广昌站盐度过程与合流量过程存在 3.9±0.6 d 左右的位相差。分析各年份的位相关系得表 3.56，各年份盐度变化和径流过程的位相角大致为 95°±15°，说明当径流过程表现为 15 d 的周期变化时，马口三水合流量序列变化先于广昌站盐度变化 0.27±0.04 个周期，即平岗站盐度变化较合流量变化滞后 3.9±0.6 d。

平岗站盐度过程与合流量过程存在 3.7±0.6 d 左右的位相差。分析各年份的箭头指示得表 3.57，各年份盐度变化和径流过程的位相角大致为 90°±15°，说明当径流过程表现为 15 d 的周期变化时，马口三水合流量序列变化先于平岗站盐度变化 0.25±0.04 个周期，即平岗站盐度变化较合流量变化滞后 3.7±0.6 d。

对比表 3.56、表 3.57 可知，两站点 2003～2004 年盐度序列与径流序列的位相角均为 0°，表明该年份盐度变化与径流过程几乎同步，这与该年份为特枯年有关，由表 2.1 知，该年份枯水期平均流量仅为 1932.1 m³/s，而其余五年枯水期平均流量均在 3000 m³/s 以上，因此，2003～2004 年盐度变化受径流动力影响远小于其他年份。其他年份广昌盐度序列较三水马口合流量序列的平均滞时略大于平岗序列的滞时，约大了 0.2 d。这与两站点的地理位置有关，平岗站位于磨刀门水道中游，而广昌站位于磨刀门水道下游，因此平岗站受径流动力的影响要先于广昌站。

3）对比上游同期径流过程，位相角的变化与上游同期径流量的变化亦存在一定对应关系，即当上游径流量由大到小变化时，位相角也表现出由大到小变化的规律。如 2003～2004 年及 2006～2007 年枯水期，上游同期径流量变化情况均为由大到小，与之

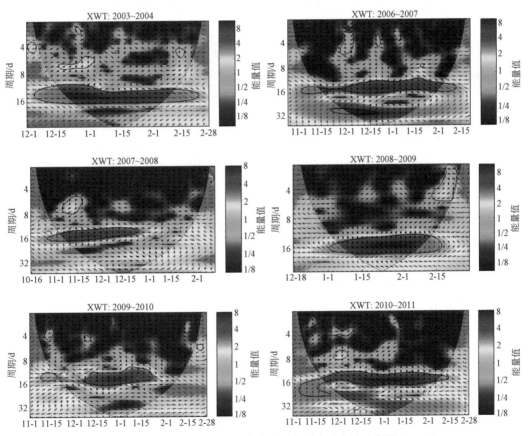

图 3.56 平岗站盐度与马口三水合流量序列交叉小波功率谱（XWT）

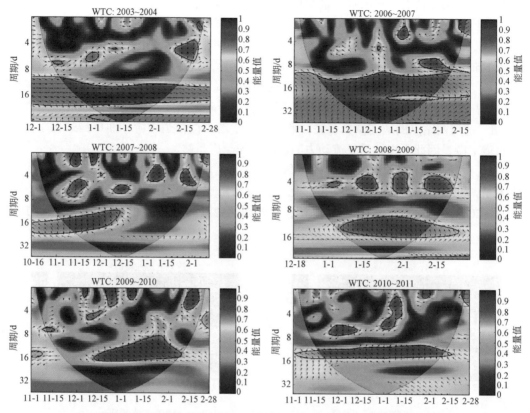

图 3.57　平岗站盐度与马口三水合流量序列小波相干谱（WTC）

相对应，交叉谱的位相角也由大到小变化；2007～2008 年、2009～2010 年枯水期的情况则相反，上游同期径流量与位相角变化规律均为由小到大。可见，径流对盐度变化存在逆向驱动作用，即上游径流过程变大时，河口区站点盐度变小，盐度变化提前于潮汐过程的时间越长；反之，上游径流过程减小，河口区站点盐度增大，盐度变化提前于潮汐过程的时间则越短。这与刘杰斌等[28]研究成果一致，即上游径流的大小会影响盐水上溯速度和距离。

表 3.56　广昌站盐度变化与合流量序列的位相关系

年份	2003～2004	2006～2007	2007～2008	2008～2009	2009～2010	2010～2011
位相关系	0°	30°±15°	90°±15°	135°	120°±15°	100°±15°
滞后时间/d	0	1.23±0.6	3.7±0.6	5.55	4.9±0.6	4.1±0.6

表 3.57 平岗站盐度变化与合流量序列的位相关系

年份	2003～2004	2006～2007	2007～2008	2008～2009	2009～2010	2010～2011
位相关系	0°	90°±15°	90°±15°	90°±15°	110°±15°	90°±15°
滞后时间/d	0	3.7±0.6	3.7±0.6	3.7±0.6	4.5±0.6	3.7±0.6

上述分析表明，虽然磨刀门水道盐度变化主要受潮汐动力影响，受径流动力影响较小，但上游径流量对盐度仍有不可忽视的抑制作用，当径流量增加时，其对盐度变化的抑制作用亦会增强。以平岗站 2003～2004 年枯水期为例，图 3.58 表明了平岗站盐度超标历时与三水马口径流量的关系，图中趋势线表明了超标历时随着径流量的增大而减少，当合流量小于 2500 m³/s 时，日超标历时总体较高，甚至达到了 24 h 超标，而当合流量大于 2500 m³/s 时，日超标历时基本在 10 h 以下，甚至为 0 h。说明径流动力对平岗站盐度变化有较明显的抑制作用。对比广昌站盐度超标历时与马口三水径流量的关系（图 3.59），图中总体超标历时均较高，并没有出现随径流量增大而较少的规律，说明径流动力对广昌站盐度变化的抑制作用较弱。

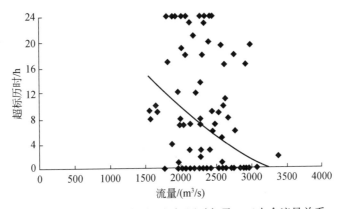

图 3.58 平岗站盐度序列日超标历时与马口三水合流量关系

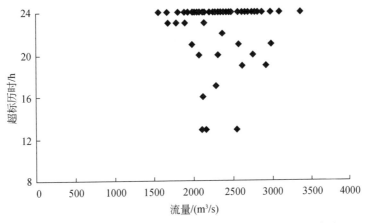

图 3.59 广昌站盐度序列日超标历时与马口三水合流量关系

3.3　东江流域水文要素变异分析

东江流域位于珠江三角洲的东北端，南临南海并毗邻香港，西南部紧靠华南最大的经济中心广州市，西北部与粤北山区韶关和清远两市相接，东部与粤东梅汕地区为邻，北部与赣南地区的安远市相接，地理坐标为东经 113°52′ ~ 115°52′，北纬 22°38′ ~ 25°14′。东江为珠江流域的三大水系之一，发源于寻邬桠髻钵山，干流流经河源、惠州、东莞等市，在东莞石龙经东江河网区汇入狮子洋，东江河道（石龙以上）长 520 km，集水面积 27040 km²，主要支流有浰江、新丰江、秋香江、公庄河、西枝江、石马河等。

东江流域属于亚热带气候，具有高温、多雨、湿润、日照长、霜期短、四季气候明显等特点。因受地理位置和地形地貌的影响，北部山区和东南沿海各种气象因素差异较大。气象因素的变化是导致水文要素变异的一大原因，降水量、温度、水面蒸发等情况能直接影响径流情势；另一方面，近年来，随着经济社会的发展，土地利用方式的转变，城市化进程的加快，特别是深圳、东莞等地区的快速发展，东江流域下垫面分布特征发生了明显变化。下垫面变化通过影响径流的形成间接影响径流情势。

因此，对东江流域水文要素变异进行分析时，重点研究水文系统变化的驱动力。本节将分析东江流域土地利用与土地覆被变化的情况，并且重点分析东江流域近 45 年来的气候因子（降水量、温度、水面蒸发量）的时空变化，以及近 45 年来的径流和实际蒸发动态，并在此基础上尝试建立气象要素与水文要素之间的典型关系，进而分析归纳东江流域水文系统变化的成因与驱动力系统。

3.3.1　东江流域土地利用数据处理和现状分析

3.3.1.1　流域土地利用数据和现象分析方法[33]

（1）TM 数据选择与预处理

采用近 n 年获取的适当分辨率的 TM 数字图像，根据研究区各种植物生长的物候历分析，确定适宜时相。选取对应时相的 8 景（p121r043、p121r44、p122r043、p122r044 × 2）卫星数据。所有图像数据以 1∶50000 地形图为基准进行几何精纠正及不同时相的准确配准。以红外波段阈值法去除海域部分，叠加流域矢量界线，处理生成不同时相的研究区数字图像。选择 TM7、4、2 波段进行假彩色合成，并进行均衡化、线性拉伸等增强处理，获得最佳目视效果的图像。

（2）土地利用遥感分类方法

由于研究区不同地类的光谱信息混淆现象较为普遍，因此常规的光谱统计分类方法较难获取理想的分类结果。在此采用决策树分类法与 BP 神经网络相结合的综合分类模型[34]。

决策树分类法模拟人工分类过程，对数据从根节点往下逐级分类。它不需要数据的分布假设，能够处理噪声数据，分类结构直观，算法灵活、运算效率高。虽然决策树分类法已被成功应用于许多分类问题中，但应用于遥感分类的研究成果还比较少[35]。

与传统分类方法相比，ANN 分类方法具有更强的非线性映射能力，能处理和分析复杂空间分布的遥感信息，一般可获得更高精度的分类结果，因此 ANN 方法在遥感土地覆盖/土地利用分类中被广泛应用，特别是对于复杂类型的土地覆盖分类，ANN 方法显示了其优越性。人工神经网络方法已经比较广泛地应用于地学分析[36~38]；Bruzzone 等在 TM-5 遥感数据、空间结构信息数据、辅助数据（包括高程、坡度等）等空间数据基础下，用 ANN 方法对复杂土地利用进行了分类，精度比最大似然分类方法高9%[36]。刘纯平等提出了基于 Dempster-Shfer's 理论和模糊 Kohonen 的神经网络分类融合法[38]，取得了比模糊 Kohonen 更好的分类效果，但图像数据的增大和鉴别框架元素的增多引起了计算复杂度的增加。

训练人工神经网络从而获取神经网络的连接权值矩阵，是人工神经网络在土地利用分类应用中重要的一环。一方面可以尽可能加快网络收敛速度，另一方面构建的网络稳健性与可靠性更强。

利用训练好的网络联接矩阵，基于 ERDAS IMAGINE 空间建模工具（Spatial Modeler），构建出一个 BP 神经网络土地利用分类程序模型。模型的图形界面如图 3.60 所示。

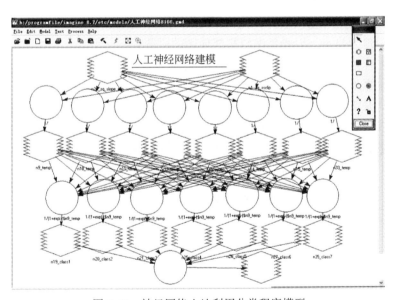

图 3.60 神经网络土地利用分类程序模型

其中各个图形符号表示意义见图 3.61。

（3）流域土地覆被分类系统

土地利用状况是人们依据土地本身的自然属性以及社会需求，经长期改造和利用的结果[39]。依据不同的土地用途和利用方式，土地利用的分类系统有不同的类别和等

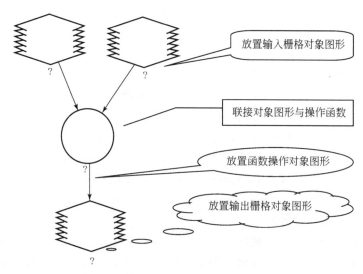

图 3.61 神经网络空间建模图形意义说明

级。一级分类以土地用途为划分依据，如耕地、园地、林地、草地、城乡居民及工矿用地、交通用地、水域、特殊用地、未利用地等；二级分类以利用方式为主要标注，如耕地又分水田、水浇地、旱地、菜地等。一二级分类按国家标准统一命名及编码排序。为反映土地利用的地域差异，允许因地制宜的作适当增删。第三级分类则是根据区域特点，由地方自定，但要考虑与相邻地区的协调。

在遥感影像进行分类训练样本区的选择之前，需要建立各种土地利用类型的解译标志，因此根据地物特征反映到影像上的光谱变化特征，科学、合理地建立土地利用目视解译标志是影像解译要解决的首要问题，一方面要考虑不同特征的光谱反映特点，另一方面也要考虑特定影像类型解译各类土地利用的可能性。根据国家分类标准，针对研究区域的自然地理条件和当前的土地利用现状，将研究区的土地利用类型分类为耕地、园地、林地、草地、居民地、水域和未利用地（裸地）等，如表 3.58 所示。

表 3.58 流域土地利用分类表

一类分类	二类分类	地物光谱特征	地形与分布特征
A 水域		色调呈蓝色（河流、池塘）或暗蓝色（水库）	分布于山谷或平原洼地
B 林地		绿色	分布于丘陵，山地
C 园地		淡绿色，规则块状	分布于丘陵
D 耕地	D1 旱地	色调呈灰褐色，不规则块状	分布于平原、丘陵
	D2 水田	色调呈浅红色，有灰黑色斑块	分布于农村的公路，河流两旁
E 建设用地		色调呈紫色斑块，纹理呈粗粒状	分布于平原、坡度较小
F 草地		色调呈暗绿色	分布于河滩
G 未利用地		色调呈粉红色，深红色或者白色	坡度较大或推平地

3.3.1.2 土地利用现状分析结果

利用遥感分类与土地覆被分类的方法，对东江流域土地进行分类，并分析土地利用状况。图 3.62 给出了 20 世纪 80 年代初和 2000 年东江流域土地利用的空间格局。表 3.59 为 20 世纪 80 年代初东江流域各区域土地利用现状；表 3.60 为 2000 年初期东江流域各区域土地利用现状。

从图 3.62 与表 3.60 中可以看出，2000 年东江流域耕地 6850.5 km²，占 25.2%；园地 896.7 km²，林地 16938.9 km²，占 62.2%；草地 946.1 km²，占 3.5% 城镇用地 769.8 km²，占 2.8%；水域 592.5 km²，占 2.2%；未利用地 238.6 km²，占 0.9%。从空间分布格局来看，耕地主要分布在寻乌、龙川、和平、东源、博罗、惠阳、惠东等县；城镇用地主要分布在惠州市区、龙岗区、博罗等县区；林地主要分布在东源、紫金、惠东、和平、寻乌、龙川、连平等县；园地主要分布在紫金、博罗、东源、惠州市区、惠东、惠阳等县；水域主要分布在东源、惠州市区、惠东、博罗、龙川、惠阳等县区；未利用地主要分布在东莞市、宝安区、龙岗区、新丰等县区。

表 3.59　20 世纪 80 年代初东江流域各区域土地利用现状　　　单位：km²

区域	耕地	园地	林地	草地	城镇用地	水域	裸地	总面积
寻乌	290.5	222.0	1501.1	74.2	1.0	1.7	1.3	2091.8
安远	98.3	42.7	400.1	22.5	0.6	0.3	0.4	564.8
定南	137.3	85.9	691.3	36.1	0.9	2.8	0.6	954.9
兴宁	25.8	24.2	207.6	10.2	0.1	1.1	0.1	269.1
龙川	339.0	196.5	1555.9	119.2	2.5	39.2	1.5	2253.8
和平	379.5	216.0	1582.1	105.2	1.5	8.4	1.7	2294.4
连平	288.2	69.5	1478.9	116.9	1.7	3.9	1.3	1960.4
东源	657.1	260.3	2703.4	137.0	0.2	252.9	2.9	4013.8
河源市区	149.0	17.2	162.6	15.3	3.2	11.8	0.6	359.7
紫金	389.3	174.4	2028.4	120.9	2.4	16.4	1.7	2733.5
新丰	85.6	14.3	947.0	178.6	0.5	2.0	17.4	1245.4
龙门	73.1	9.0	103.7	9.3	0.4	1.1	0.3	196.9
博罗	581.5	68.2	875.0	127.0	3.9	42.8	2.5	1701.3
惠州市区	676.6	45.2	555.1	47.0	7.2	109.3	2.9	1443.3
惠阳	467.9	39.5	446.4	37.8	2.1	25.7	2.0	1021.4
惠东	605.9	178.0	1786.3	113.8	5.1	62.1	2.6	2753.9
东莞市	373.9	17.0	238.4	21.2	2.1	20.3	1.6	674.5
宝安区	183.4	7.6	65.7	28.2	1.1	3.2	0.8	290.0
龙岗区	242.4	17.4	124.4	7.6	1.4	15.7	1.1	410.1
东江流域	6044.4	1705.1	17453.6	1328.0	37.8	620.7	43.4	27233.1

注：由于计算误差，表中获取的流域面积合计与实际总面积有出入。

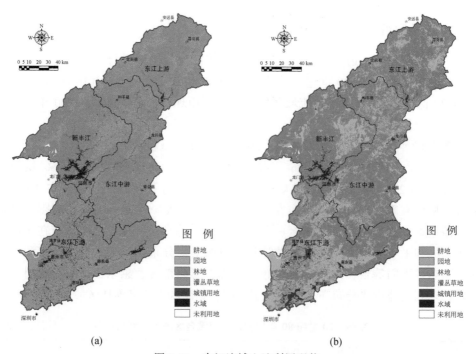

图 3.62　东江流域土地利用现状

(a) 20 世纪 80 年代初；(b) 2000 年年初

表 3.60　2000 年初期东江流域各区域土地利用现状　　　　　　单位：km²

区域	耕地	园地	林地	草地	城镇用地	水域	裸地	总面积
寻乌	508.6	15.4	1534.3	27.9	1.7	1.7	2.2	2091.8
安远	139.8	6.4	410.5	6.4	0.8	0.3	0.6	564.8
定南	190.4	6.1	737.8	13.7	3.3	2.9	0.8	954.9
兴宁	56.5	2.5	206.1	2.3	0.3	1.1	0.2	269.1
龙川	630.6	35.9	1493.4	38.6	12.4	40.0	2.8	2253.8
和平	647.8	29.6	1563.4	39.6	7.1	4.1	2.8	2294.5
连平	380.2	34.0	1452.2	88.5	2.2	1.7	1.7	1960.3
东源	896.8	125.0	2629.4	102.1	12.1	244.5	3.9	4013.8
河源市区	112.0	25.9	158.1	11.8	41.5	9.9	0.5	359.7
紫金	493.9	138.0	1942.5	103.2	45.4	8.3	2.2	2733.5
新丰	93.3	13.8	943.0	175.8	0.5	1.6	17.4	1245.4
龙门	74.7	9.4	101.2	9.9	0.4	1.1	0.3	197.0
博罗	600.1	129.2	725.4	91.1	110.4	42.5	2.7	1701.3
惠州市区	546.7	94.6	494.2	44.2	151.7	109.3	2.6	1443.3
惠阳	444.5	78.0	348.9	51.2	71.1	25.7	2.0	1021.4
惠东	674.3	84.5	1820.8	75.1	34.0	62.1	3.0	2753.9
东莞市	205.5	25.6	222.6	23.4	89.9	17.5	89.9	674.5
宝安区	83.5	8.0	66.3	28.4	42.2	2.5	59.0	290.0
龙岗区	71.3	34.8	88.6	12.8	142.8	15.7	44.0	410.1
东江流域	6850.5	896.7	16938.9	946.1	769.8	592.5	238.6	27233.1

注：由于计算误差，表中获取的流域总面积与实际的有出入。

3.3.2 东江流域1980~2000年土地利用与土地覆被变化分析

土地利用变化的速度是表示区域土地利用类型变化的动态度，对于比较区域土地利用变化的区域差异和预测未来土地利用变化趋势都具有重要的意义。

3.3.2.1 LUCC分析方法

(1) 单一土地利用类型动态度[40]

单一土地利用类型动态度表达的是区域一定时间范围内某种土地利用类型的数量变化情况，其表达式为:

$$K = \frac{Ub - Ua}{Ua} \times \frac{1}{T} \times 100\% \tag{3.41}$$

式中，Ua、Ub 分别为研究期初及研究期末某一种土地利用类型的数量; T 为研究时段长。当 T 设定为年时，K 为研究时段内某一土地利用类型的年变化率。

(2) 综合土地利用动态度[40]

区域综合土地利用动态度可描述区域土地利用变化的速度，其表达式为

$$LC = \left\langle \left(\sum_{i=1}^{n} \Delta LU_{i-j} \right) / 2 \sum_{i=1}^{n} LU_i \times (1/T) \right\rangle \times 100\% \tag{3.42}$$

式中，LU_i 为研究区域起始时间第 i 类土地利用类型面积; ΔLU_{i-j} 为研究时段内第 i 类土地利用类型转化为非 i 类土地利用类型面积的绝对值; T 为研究时段长度。当 T 设定为年时，LC 为该研究区综合土地利用年变化率。

(3) 空间叠置分析

采用 Arc/INFO GIS 软件包中的空间统计分析技术来处理空间属性数据。通过对各时期的土地利用图进行叠合等空间分析运算，获得20世纪80年代初、2000年年初两个时期的土地利用变化图和城镇用地扩展图; 将两个变化时期的土地利用变化图分别与县域行政区划图、子流域边界图进行叠合，并根据自然断裂 (natural break) 法进行聚类分析，获得研究期土地利用扩展的空间分异图。

(4) 空间自相关分析

空间自相关是指同一个变量在不同空间位置上的相关性，可以衡量一个地区内所有对象之间的相关性，描述一个地区的对象分布特征，即如果两种对象距离很近，而且具有相似的空间属性，则它们具有高度的空间相关。相反，如果它们距离很近，但是具有不同的空间属性，则这些对象是相互独立的。衡量空间自相关性的指标很多，Moran 系数和 Geary 系数是常用的两个系数，计算方法见参考文献[41]。

（5）相对变化率分析

区域某一特定土地利用类型相对变化率可表示为

$$R = \frac{|K_b - K_a| \times C_a}{|C_b - C_a| \times K_a} \tag{3.43}$$

式中，K_a、K_b 分别为区域某一特定土地利用类型研究初期及研究末期的面积；C_a、C_b 分别代表全研究区域某一特定土地利用类型研究初期及研究末期的面积。R 指某一土地利用类型相对变化率，若 $R>1$，则表示某一县区的该种土地利用类型变化快于全流域的变化。

3.3.2.2　东江流域 LUCC 研究结果

从表 3.59 至表 3.62 可以看出，近 20 年来东江流域耕地面积从 20 世纪 80 年代初的 6044.4 km² 增加到为 2000 年的 6850.5 km²，增加了 806.4 km²；城镇用地由 37.8 km² 增加到 769.8 km²，增加了 732 km²，呈快速增长趋势；林地面积由 1745.65 km² 减少为 16938.37 km² 减少了 514.77 km²，呈现快速减少趋势；而其他类型和水体则变化很小。从单一土地利用类型来看，城建用地、裸地（包括推平未建地）的年变化率是最大的，分别为 96.76%、22.50%，林地、水域变化较慢，分别为 -0.15%、-0.23%。研究时段内，流域综合土地利用年变化率为 1.8%，变化相对较快。

表 3.61　东江流域土地利用变化幅度　　　　　　单位：km²

区域	耕地	园地	林地	草地	城镇用地	水域	裸地
寻乌	218.15	-206.66	33.23	-46.36	0.69	0.00	0.95
安远	41.52	-36.28	10.44	-16.09	0.24	0.00	0.18
定南	53.03	-79.80	46.48	-22.41	2.40	0.07	0.23
兴宁	30.78	-21.71	-1.43	-7.94	0.17	0.00	0.13
龙川	291.64	-160.67	-62.46	-80.52	9.93	0.79	1.29
和平	268.28	-186.35	-18.69	-65.58	5.54	-4.37	1.17
连平	91.99	-35.57	-26.70	-28.41	0.51	-2.22	0.39
东源	239.72	-135.31	-74.06	-34.89	11.88	-8.38	1.04
河源市区	-37.04	8.65	-4.46	-3.45	38.30	-1.82	-0.16
紫金	104.59	-36.42	-85.92	-17.65	43.03	-8.10	0.46
新丰	7.64	-0.45	-4.01	-2.84	0.04	-0.37	0.00
龙门	1.59	0.37	-2.45	0.58	-0.01	-0.08	-0.01
博罗	18.57	61.05	-149.92	-35.95	106.45	-0.34	0.13
惠州市区	-129.90	49.39	-60.90	-2.77	144.50	0.04	-0.36
惠阳	-23.42	38.46	-97.47	13.41	69.02	0.05	-0.04
惠东	68.36	-93.55	34.50	-38.69	28.98	0.02	0.38
东莞市	-168.33	8.58	-15.74	2.24	87.76	-2.77	88.26
宝安区	-99.97	0.43	0.60	0.26	41.13	-0.69	58.24
龙岗区	-171.16	17.41	-35.81	5.19	141.45	-0.02	42.94
东江流域	806.04	-808.43	-514.77	-381.86	732.00	-28.21	195.23

表 3.62 东江流域土地利用动态度 单位：%

区域	耕地	园地	林地	草地	城镇用地	水域	裸地
寻乌	3.76	−4.65	0.11	−3.12	3.44	0.00	3.76
安远	2.11	−4.25	0.13	−3.57	2.11	0.00	2.11
定南	1.93	−4.64	0.34	−3.11	13.68	0.12	1.93
兴宁	5.98	−4.48	−0.03	−3.89	5.83	0.00	5.83
龙川	4.30	−4.09	−0.20	−3.38	19.70	0.10	4.37
和平	3.53	−4.31	−0.06	−3.12	18.13	−2.60	3.53
连平	1.60	−2.56	−0.09	−1.21	1.55	−2.85	1.55
东源	1.82	−2.60	−0.14	−1.27	297.21	−0.17	1.82
河源市区	−1.24	2.51	−0.14	−1.13	59.08	−0.77	−1.24
紫金	1.34	−1.04	−0.21	−0.73	89.74	−2.46	1.34
新丰	0.45	−0.16	−0.02	−0.08	0.41	−0.94	0.00
龙门	0.11	0.20	−0.12	0.31	−0.09	−0.33	−0.09
博罗	0.16	4.48	−0.86	−1.41	136.33	−0.04	0.27
惠州市区	−0.96	5.47	−0.55	−0.29	100.74	0.00	−0.62
惠阳	−0.25	4.87	−1.09	1.77	165.56	0.01	−0.10
惠东	0.56	−2.63	0.10	−1.70	28.67	0.00	0.72
东莞市	−2.25	2.52	−0.33	0.53	204.92	−0.68	269.26
宝安区	−2.73	0.28	0.05	0.05	195.75	−1.07	362.18
龙岗区	−3.53	4.99	−1.44	3.40	509.37	−0.01	201.99
东江流域	0.67	−2.37	−0.15	−1.44	96.76	−0.23	22.50

利用 GIS 的空间分析功能得到东江流域的土地利用变化图（图 3.63），并对全区土地利用数据空间叠置分析的结果进行统计排序，得到土地利用变化的转移矩阵（表 3.63），可进一步描述土地利用类型之间的相互转化情况。由表 3.63 可以看出：①土地利用变化的面积占总面积的 29%，变化程度较高。②耕地的增加量主要是由林地、草地和园地转化而来，分别为 2425.08 km²、347.04 km²、334.76 km²，而在耕地的减少量中，大部分转化为林地与城镇用地。上游地区耕地面积的大幅上升则是在城镇用地面积持续增高的基础上实现的，其主要原因是由于草地的开发利用，部分林业用地转向了耕地，加之土地的整理，田土块的归并，耕地面积在此期内有较大的增幅。③林地主要是由草地、耕地和未利用土地转化而来，林地减少的部分主要转化为耕地和草地。④草地的增加量主要由耕地、林地转化而来，而减少的部分主要转化为耕地、林地。⑤城镇用土地的增加主要由耕地、林地转化而来，极少部分经土地整理后转化为耕地与林地。

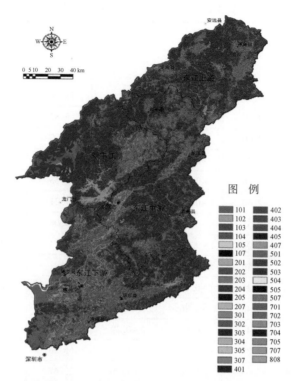

图 3.63 东江流域土地利用类型的转化

图例中数字 1~8 分别代表耕地、园地、林地、草地、城镇用地、水域、未利用地，如 102 代表耕地向园地转换

表 3.63 东江流域土地利用变化的转移矩阵 单位：km²

用地转换	耕地	园地	林地	草地	城镇用地	水域
耕地	4112.84	260.05	1069.44	150.91	476.16	8.89
园地	347.04	174.77	1121.73	40.73	20.10	0.77
林地	2425.08	445.99	14065.58	392.27	122.57	2.17
草地	334.76	9.03	616.09	361.08	6.97	0.07
城镇用地	0.42	0.07	0.22	0.02	29.25	0.01
水域	52.60	6.80	65.82	1.14	26.21	468.13

注：由于成像月份不同，未利用地（包括推平未建地、裸地）与耕地中旱地混淆比较严重，故未列出。

应用空间自相关指数可以分析出对象的空间分布规律。在应用神经网络分类图的基础上，提取出了各土地利用类型的分布图，并计算出其 Moran 系数和 Geary 系数（表 3.64）。Moran I 一般用来描述空间的自相关性。由于该指数也可以分析集中和分散的程度，Moron I 的最大值为 1，反映被描述现象最集中的情形。该值减小，反映该现象分散程度增大。从计算结果可以看出建设用地的 Moran 系数从 1980 年到 2000 年呈现逐渐减小的趋势，Geary 系数呈现增加的趋势，这说明研究区从 20 世纪 80 年代初到 2000 年扩展的建设用地在空间上分布呈现从集中向分散的发展趋势，充分反映了建设用地从中心向外围扩展的空间分布格局。

表 3.64 东江流域各土地利用类型的空间自相关指数

土地利用类型	Moran I		Geary c	
	20 世纪 80 年代初	2000 年	20 世纪 80 年代初	2000 年
耕地	0.8584	0.8634	0.1416	0.1367
园地	0.5341	0.6028	0.4659	0.3972
林地	0.8904	0.9229	0.1096	0.0772
草地	0.6638	0.6808	0.3362	0.3192
城镇用地	0.9657	0.7982	0.0344	0.2018
水域	0.8757	0.8951	0.1244	0.1050
未利用地	0.9737	0.8134	0.0264	0.2256

依据式（3.43）计算并生成东江流域土地利用相对变化率指数 R 的空间分布（如表3.65所示），依据自然断裂法（natural break）进行空间聚类，可以分析1980～2000年流域各类用地变化的区域分异规律，从而对流域用地变化的区域与空间分异特征进行较深入分析。从表3.65可以看出，东江流域的土地利用变化存在明显的区域差异：兴宁、龙岗区、龙川、寻乌、定南县、东莞市与宝安区耕地变化幅度大于流域总体的变化幅度，而其他几个县域新丰、龙门、博罗、惠阳、惠东的耕地变化幅度则小于总体的幅度；林地方面则是博罗、惠州市区、惠阳、龙岗区的变化幅度大于流域总的变化幅度；草地的变化是上游的大于流域总体的变化幅度；东莞、东源、龙岗、惠州、宝安区建设用地的变化大于流域总体的变化幅度；未利用地（裸地）方面则是东莞、宝安区、龙岗区的变化幅度较大。

表 3.65 东江流域各区域土地利用相对变化率 单位：%

区域	耕地	园地	林地	草地	城镇用地	水域	裸地
寻乌	5.63	1.96	0.75	2.17	0.04	0.00	0.17
安远	3.17	1.79	0.88	2.49	0.02	0.00	0.09
定南	2.90	1.96	2.28	2.16	0.14	0.52	0.09
兴宁	8.96	1.89	0.23	2.70	0.06	0.00	0.26
龙川	6.45	1.72	1.36	2.35	0.20	0.44	0.19
和平	5.30	1.82	0.40	2.17	0.19	11.42	0.16
连平	2.39	1.08	0.61	0.84	0.02	12.56	0.07
东源	2.74	1.10	0.93	0.89	3.07	0.73	0.08
河源市区	1.86	1.06	0.93	0.79	0.61	3.41	0.06
紫金	2.01	0.44	1.44	0.51	0.93	10.84	0.06
新丰	0.67	0.07	0.14	0.06	0.00	4.13	0.00
龙门	0.16	0.09	0.80	0.22	0.00	1.46	0.00
博罗	0.24	1.89	5.81	0.98	1.41	0.17	0.01
惠州市区	1.44	2.31	3.72	0.20	1.04	0.01	0.03

区域	耕地	园地	林地	草地	城镇用地	水域	裸地
惠阳	0.38	2.05	7.40	1.23	1.71	0.04	0.00
惠东	0.85	1.11	0.65	1.18	0.30	0.01	0.03
东莞市	3.38	1.06	2.24	0.37	2.12	3.01	11.97
宝安区	4.09	0.12	0.31	0.03	2.02	4.70	16.09
龙岗区	5.29	2.11	9.76	2.36	5.26	0.03	8.98

3.3.3　东江流域景观生态特征变化

3.3.3.1　流域景观生态特征变化分析方法

土地利用是人类主要的生产生活方式。大小不一、形状各异的各种土地利用类型斑块在空间上分散或聚集，形成了不同的土地利用空间格局，是自然、生物和社会要素相互作用的结果。土地利用的空间格局是景观过程在一定时间片断上的具体体现，表现为在自然要素和人类活动综合作用下的一系列异质性的图形。土地利用变化不仅表现在土地资源在数量和质量上的变化，同样还表现在土地利用/覆被空间格局的变化上。这是因为各种土地利用/覆被类型的斑块并没有永久的形式，在自然环境的制约、人类活动和社会经济条件的影响和干预下，总在空间、数量、质量以及不同尺度上发生着变化，这种个体单元（斑块）的不稳定必然导致整体的空间结构发生变化。通过区域土地利用空间格局及其变化的定量研究，能够发现一定时域范围内土地利用/覆被变化的空间发展规律、过程和趋势，为土地利用变化的预测和模拟奠定基础。

土地作为地表自然综合体是一种特色鲜明的系统整体，具有突出的空间异质性，而生态整体性正是实现土地持续开发利用的有效途径之一。因此，景观生态学上的一些指标，如景观多样性、景观破碎度、景观聚集度和景观分维数等，也可以用来衡量土地利用结构变化的状况。

（1）景观多样性

景观多样性指景观中斑块类型的丰富和复杂程度，主要考虑不同景观类型在景观中所占面积的比例和类型的多少。景观多样性反映景观斑块类型的面积异质性，多样性指数越高，各类型所占的面积比例越相当。这里采用 Shannon-Weaver 多样性指数

$$SHEI = -\sum_{k=1}^{n} Pk\ln(Pk) \tag{3.44}$$

式中，SHEI 为景观多样性指数，Pk 为各种斑块类型所占面积百分比，n 为景观类型的数目。

（2）景观破碎度

景观破碎度指景观被分割的破碎程度，反映景观斑块的面积异质性，平均斑块面

积越小，景观破碎度越大，斑块内部生境损失越大。该指数的计算公式为

$$FN1 = Np/Nc \tag{3.45}$$

式中，FN1 表示景观整体破碎化程度，Np 是景观斑块总数，Nc 表示景观面积。

（3）景观聚集度

景观聚集度指景观中不同景观类型的非随机性或聚集程度，反映一定数量的景观类型在景观中的相邻关系、相互分散性，代表景观斑块的邻接异质性，一般采用相对聚集度来表示。

$$RC = 1 - C/C_{max} = -(\sum_{i=1}^{n} \sum_{j=1}^{n} P_{ij}\ln(P_{ij}))/(2\ln(n)) \tag{3.46}$$

式中，RC 为相对聚集度指数，C 为复杂性指数，P_{ij} 是缀块类型 i 与 j 相邻的概率；C_{max} 是 C 的最大可能值。RC 取值范围为 $0 \sim 1$。RC 取值大，表明景观以少数大斑块为主或同一类型斑块高度连接；RC 取值小，表明景观由分散交错的许多小斑块组成。

3.3.3.2　景观生态特征变化分析结果

随着流域上游农田化过程的加剧以及人类活动对土地覆被原始状态的改变，一些景观基底不断地被改变，尤其是流域林地、草地大面积转化为耕地，景观开始向着破碎化发展，因此斑块密度在不断增加。因此把握流域各种景观总体上斑块密度的变化特征，可以为理解其他景观指数的变化奠定基础。从表 3.66 中斑块周长面积分维数的变化趋势看，流域耕地、园地、城镇用地等土地利用类型的斑块周长面积分维数增加，其余各类用地在减少。这是由于优势景观林地、耕地、草地不断破碎化引起的，说明由于人类活动影响的加重，各种基底景观不断破碎化，斑块的形状变得更加不规则。

从表 3.67 可以看出，从 1980 到 2000 年，流域土地利用斑块数目增加，反映了人类活动干扰下，土地利用景观呈现破碎化的趋势。多样性指数从 1.039 增加到 1.0452，主要原因是优势景观林地面积下降，优势度有所下降，因此多样性指数相应上升。土地利用斑块面积变异系数很大，说明研究区内既有很大的斑块也有细小的斑块，表现在具体土地利用类型上，区内既有大面积的城镇建设用地，又有小而分散的农村居民点，反映了研究区城乡交错的土地利用格局。林地分布也有类似情况，既有大面积的林区，也有小片绿化用地。形状指数和分维数反应土地利用斑块形状的复杂性，斑块的几何形状越简单，表明受人类干扰的程度越大。20 年间，景观形状指数（LSI）、面积加权平均分维数（FRAC_AM）都有一定程度的下降，说明斑块形状复杂程度呈下降趋势，与此相对应，连通性指数（COHESION）也从 99.90 下降到 99.84，而蔓延度指数（CONTAG）、景观分离度（DIVISION）增加，表明东江流域斑块的破碎化程度在不断加重，自然景观不断被人工景观所替代，尤其是林地、草地等自然景观被耕地所替代，人类活动对土地利用格局的影响逐步加强。这些都是导致流域的景观多样性增加的原因，农田化过程不仅使景观多样性增加，同时也使得林地、园地更加聚集，对比聚集度指数（CLUMPY）的变化趋势，也证明了这一结论。

表 3.66　东江流域土地利用类型景观指数变化

类型	阶段	PLAND	FRAC_AM	CLUMPY	COHESION	CONTIG_MN	LSI	PAFRAC
耕地	1980	22.32	1.3019	0.8294	99.67	0.3955	345.3	1.3622
	2000	26.71	1.3076	0.8277	99.59	0.3494	359.8	1.3636
园地	1980	6.26	1.1015	0.512	74.00	0.3107	630.1	1.3931
	2000	3.29	1.1057	0.5936	79.30	0.3143	392.7	1.3535
林地	1980	64.09	1.4257	0.7495	99.96	0.3022	397.0	1.3661
	2000	62.20	1.3723	0.8316	99.94	0.311	277.0	1.347
草地	1980	4.88	1.1032	0.6519	83.11	0.3494	402.8	1.3734
	2000	3.47	1.0942	0.6732	83.56	0.3144	324.1	1.3449
城镇用地	1980	0.11	1.068	0.971	97.97	0.9446	6.3	1.2435
	2000	2.50	1.1634	0.7954	95.26	0.331	174.3	1.3648
水域	1980	2.28	1.271	0.8746	99.30	0.4512	102.7	1.3611
	2000	1.76	1.2795	0.8949	99.41	0.4277	76.3	1.3594

表 3.67　东江流域土地利用格局景观指数变化

景观指数	LSI	FRAC_AM	FRAC_AM	CONTAG	COHESION	DIVISION
1980	372.893	1.3579	1.3579	60.8956	99.8963	0.8557
2000	288.1659	1.3295	1.3295	62.4687	99.8392	0.8859
景观指数	SHDI	SHEI	SIDI	MSIDI	SIEI	MSIEI
1980	1.039	0.5339	0.5326	0.7606	0.6214	0.3909
2000	1.0452	0.5371	0.5386	0.7734	0.6283	0.3975

3.3.4　东江流域近 45 年来的气候变化分析

3.3.4.1　东江流域降水量变化分析

（1）降水量变化的多时间尺度特征

1）年降水量变化

为了分析流域年降水量的变化趋势，对每幅年降水分布图所有栅格的值加和求平均，即得到整个流域平均的年降水量序列。图 3.64 反映了东江流域 45 年来降水量序列随时间变化的状况。从总的趋势来看，流域内总降水量的 M 值为 -0.14（见表 3.68），没有变化，这与有关东江流域降水变化的研究成果是一致的[42~45]。用线性回归分析发现近 45 年降水量增加了约 12 mm（增加率为 2.7 mm/10a）。用 M-K 方法进行变点分析（图 3.65），结果表明，45 年间降水演变趋势不存在突变现象。

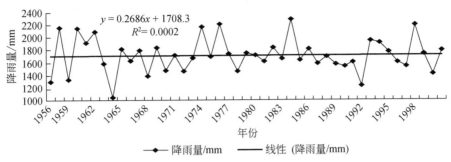

图 3.64 东江流域 1956 ~ 2000 年降水量变化趋势

表 3.68 1956 ~ 2000 年东江流域及其各分区不同时间尺度降水量的变化趋势 M 值

流域	上游	中游	新丰江	下游	东江
1 月	0.81	0.95	0.83	1.05	0.85
2 月	0.54	−0.08	0.23	−0.56	−0.06
3 月	1.43	0.83	0.85	0.39	0.91
4 月	1.84	*2.23*	*2.30*	*2.15*	*2.03*
5 月	*−2.42*	−1.57	−1.59	−1.24	−1.82
6 月	−1.28	−0.77	−1.03	−0.99	−0.95
7 月	1.22	0.97	1.80	0.66	1.14
8 月	1.01	1.18	0.62	0.54	1.03
9 月	−0.33	−0.83	−0.41	−0.62	−0.72
10 月	−0.70	−0.60	−0.46	−0.23	−0.35
11 月	−0.68	−0.41	−0.74	0.43	−0.41
12 月	0.00	0.70	0.00	1.18	0.66
汛期	−0.68	−0.17	−0.04	−0.29	−0.56
主汛期	−1.74	−1.49	−1.22	−1.10	−1.49
非汛期	0.68	0.17	0.04	0.29	0.56
年	0.37	0.08	−0.25	−0.33	−0.14

注: M 值代表 45 年来降水的增减趋势, 其中负值表示有减少趋势, 正值表示增加, 0 表示没有变化, 数值绝对值越大, 变化趋势可信度越高。斜体数字表示信度水平在 90% 以上。

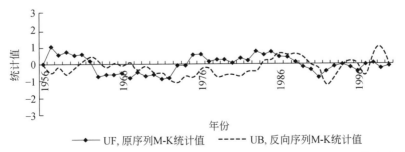

图 3.65 东江流域 1956 ~ 2000 年降水量变化突变检测 (图中实线表示 95% 信度检验线)

利用方差分析方法来确定年降水量序列是否具有显著的周期性，结果表明流域年降水序列存在明显的 12 a 第一主周期震荡与 8 a 第二主周期震荡。把年降水量变化处理为标准化的年距平值时间序列后，再作小波变换，在图 3.66 和图 3.67 中分别给出了小波变换系数的实部和模值，其中的纵坐标是以年为单位的时间尺度（对应于半个时间周期），横坐标是以年为单位的时间变化。

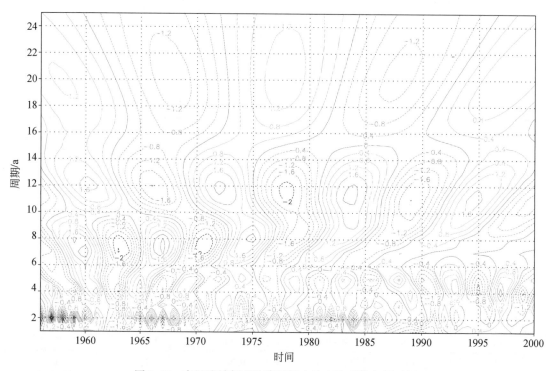

图 3.66　东江流域年平均降雨量小波变换系数实部时频

由图可见，年降水量变化表现出了十分明显的多时间尺度变化特征。其中，图 3.66 的小波变换系数的实部反映了年降水量变化在不同时间尺度上变化的降水量多少的时间振荡特征；图 3.67 的小波变换系数的模值反映了年降水量变化在不同时间尺度上变化的能量密度的时间演变特征；图 3.66 显示了东江流域近 45 年平均降水在不同时间尺度上的周期震荡，图中信号的强弱通过小波系数的大小来表示，等值线为正的用实线表示，代表降水偏多；等值线为负的用虚线表示，代表降水偏少，小波系数为零则对应着突变点。不同时间尺度所对应的降水结构是不同的，小尺度的多少变化表现为嵌套在较大尺度下的较为复杂的多少结构。在 10~12 a 时间尺度上，周期震荡非常显著，年降水经历了多→少→多→少的循环交替，而且直到 2000 年等值线也未闭合，说明 2000 年以后的一段时间内年降水将继续偏少；6~8 a 时间尺度在 1956~1976 年表现非常明显，在其他时段则表现不是很明显，其中心时间尺度在 8 a 左右；18~24 a 时间尺度表现明显，其中心时间尺度在 20 a 左右，正负位相交替出现。

以上分析了流域年降水序列存在的几个周期范围，小波方差图反映了能量随时间尺度（a）的分布，可以确定一个时间序列中各种尺度扰动的相对强度，对应峰值处的

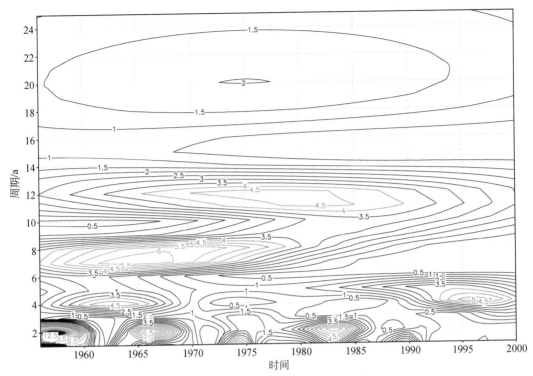

图 3.67　东江流域年平均降雨量小波变换系数模平方时频

尺度称为该序列的主要时间尺度，用以反映时间序列的主要周期。图 3.68 为降雨距平序列的不同频率小波方差，据此确定各序列中存在的主要周期。从中可以看出，东江流域年降水量变化的特征时间尺度为 4 a、8 a、12 a 与 20 a，其中 12 a 左右的周期振荡最强，为年降雨量变化的第 1 周期，即主周期。这些特征时间尺度的出现规律表明：年降水量变化主要表现在较小的时间尺度上，随着时间尺度的增大其作用变小。

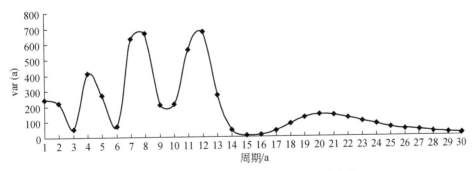

图 3.68　东江流域年降雨量不同频率小波方差

　　根据小波方差得出主周期后，可分析主周期的小波系数图。图 3.69 为主周期 12 a 尺度周期的小波系数图。小波系数为正时是多雨期，为负时是少雨期。对于 12 a 时间尺度来看，20 世纪经历了多雨期-少雨期-多雨期-少雨期 4 个阶段。因为 12 a 尺度的周期变化能量最大，对原始降雨量序列的方差贡献也最大，从图中可以看出 2000 年以后小波系数开始由负值变为正值，因此，2000 年以后的 5 a 左右，年降雨量将处于少雨期。

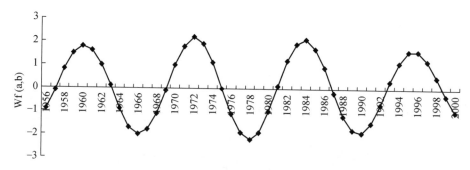

图 3.69　东江流域年降雨量 12 a 尺度变化趋势

2）汛期、主汛期、非汛期降水量变化

对东江流域的汛期（4~9 月）、主汛期（5~7 月）与非汛期（10 月~翌年 3 月）降水量的变化趋势进行了分析（表 3.68），结果表明：45 年来汛期降水量的 M 值为 -0.56，呈不显著减少趋势；主汛期降水量的 M 值为 -1.49，下降趋势较为明显；非汛期的 M 值为 0.56，呈不显著下降趋势。突变分析结果表明（图略），主汛期降水序列在 1982 年前后发生了由多到少的突变；汛期与非汛期降水序列则不存在突变现象。

3）月降水量变化

不同月份降水量变化趋势差异明显。从整个流域来看，1 月、3 月、4 月、7 月、8 月、12 月这 6 个月是呈现增加趋势的月份，其中 4 月（$M=2.03$）通过了 $a=0.05$ 的显著水平检验，降雨量增加显著；2 月、5 月、6 月、9 月、10 月、11 月降水量都呈不显著减少趋势，其中 5 月份（$M=-1.82$）下降相对明显。由以上分析得知，各月对年降水变化的贡献有很大的差异。全年来说，降水呈下降趋势的月份有 6 个，其中 2 月、10 月、11 月为降水量较少的月份。而出现增加趋势的月份有 6 个，其中 7 月、8 月为降水量较多的月份。两者互相抵消，使得年降水量无变化趋势。但这种变化却加剧了降水年内分布的不平衡，即雨水较多的 7 月、8 月降水增加较多，因而使得流域洪涝灾害的频率和强度都有加大的趋势。

（2）降水量变化的空间演变特征

图 3.70 为东江流域 1956~2000 年平均降水量的空间分布图。可以看出，受纬度的差异、距海洋的远近以及地形的变化等因素的影响，东江流域的降水总体上呈现沿海多山区少、下游多上游少、南部多北部少的特点。高值区（1800 mm 以上）主要分布于西枝江流域，由于流域南临南海，地处亚热带海洋性季风气候区，再加上莲花山脉的阻挡，因而雨量充沛；低值区（1600 mm 以下）主要分布于上游寻乌水、安远水及枫树坝水库流域；流域大部分地区的降水量在 1600~1800 mm。另外，从 12 幅各月平均降水量分布图（图略）来看，也都具有与上述基本相似的分布特征。

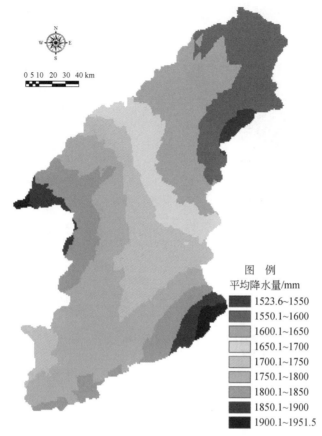

图 例

平均降水量/mm

■ 1523.6~1550
■ 1550.1~1600
□ 1600.1~1650
□ 1650.1~1700
□ 1700.1~1750
□ 1750.1~1800
■ 1800.1~1850
■ 1850.1~1900
■ 1900.1~1951.5

图 3.70　多年平均降水量空间分布图

　　尽管东江流域降水量整体上呈无变化趋势，但存在明显的区域差异性和较大的空间异质性。采用线性趋势分析法、M-K 非参数统计法对流域 45 年来年平均降水量的变化趋势进行分析，如表 3.68 和图 3.71、图 3.72、图 3.73 所示。结果表明：①总体上来看，变化趋势分布基本分成南、北两部分，北部为正值区，以增加为主，增加比较明显的区域位于上游寻乌水流域，最大增加率达 6.69%；南部大部分为负值区，以减少为主，减少比较明显的区域位于下游西枝江流域及新丰江水库地区，最大减少率达 4.55%。②从各分区来看，上游地区降水量呈微弱的增加趋势（$M=0.37$）；下游地区基本呈微弱的减少趋势（$M=-0.34$）；中游及新丰江地区无明显趋势变化。③东江流域年降雨量增加区域面积占总面积的 30.8%，减少区域面积占 44.6%，但二者都没有达到 90% 信度水平的地区，无趋势变化区域占 24.6%。

　　为进一步分析东江流域降水的空间演变特征，反映不同地理区域的降水气候变化特征，利用 GIS 软件对流域 45 年序列降水量进行主成分分析（图 3.74、图 3.75 与表 3.69），表 3.69 给出前 10 个主分量的方差及累计方差贡献百分比。由表 3.69 可知，第 1 主分量的方差贡献占总方差的 52.6%，远大于其他各个主分量的方差贡献，集中了东江流域降水最主要的信息，前 4 个主分量累计方差贡献为 82.2%，因而它们所对应的各个降水空间振荡型基本上代表了东江流域降水最主要的空间振荡形态。

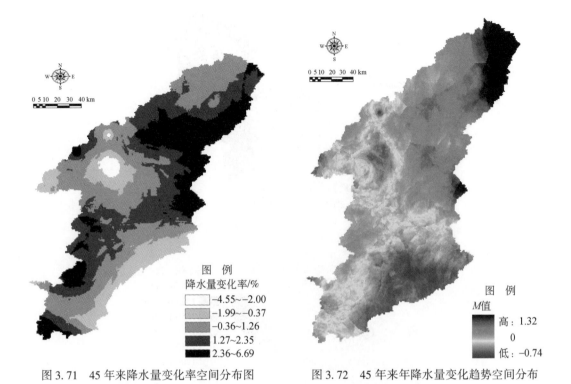

图 3.71　45 年来降水量变化率空间分布图　　　　图 3.72　45 年来年降水量变化趋势空间分布

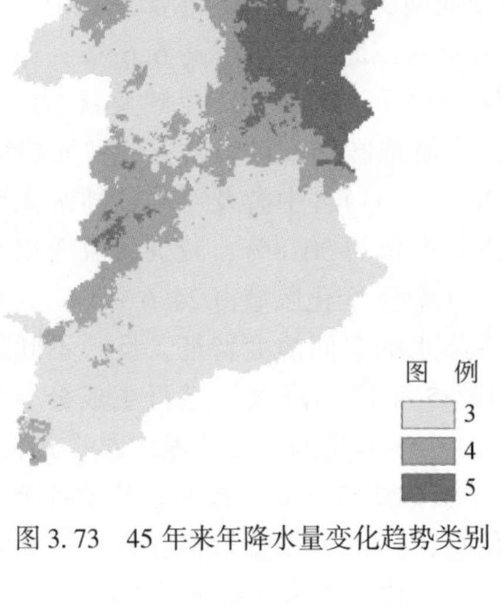

图 3.73　45 年来年降水量变化趋势类别

表 3.69　前 10 个主分量的方差贡献　　　　　　单位：%

主成分	1	2	3	4	5	6	7	8	9	10
特征值	23.7	5.9	4.0	3.4	1.9	1.2	0.9	0.8	0.6	0.6
方差贡献	52.6	13.2	8.8	7.6	4.2	2.7	2.0	1.7	1.3	1.3
累计方差贡献	52.6	65.8	74.6	82.2	86.4	89.1	91.0	92.8	94.1	95.4

从第 1 主分量空间振荡型 [图 3.74（a）] 可知，流域分为东北、西南两部分，东北均为负值区，其中低值中心位于流域上游源区，西南地区均为正值区，其中高值中心位于惠东与新丰县地区，与多年平均降水量的空间分布情况类似。因此，该主成分主要反映的是流域多年平均降水量差异分布情况。第 2 主分量所对应的空间振荡型 [图 3.74（b）] 为东南与西北相反变化的空间型，大致以东江干流为界，流域西北部为正值区，高值中心位于新丰县，东南部为大片的正值区，高值中心位于惠东地区。亦即当流域东南部降水相对偏多时，西北部降水偏少；流域西北部降水相对偏多时，东南部降水偏少，约以 4 a 为周期摆动。中上游和下游变化相反的空间振荡型是流域降水的第 3 空间型 [图 3.74（c）]，负值区主要位于下游的平原地区，而正值区位于流域西北部地区，高值中心在连平，震荡周期大致在 2～5 a。以河源市为中心南北对称分布的空间振荡型是流域降水的第 4 空间型 [图 3.74（d）]，负值区主要位于下游的深圳、东莞地区，而正值区位于流域中部地区，高值中心在河源市区、博罗、紫金一带。

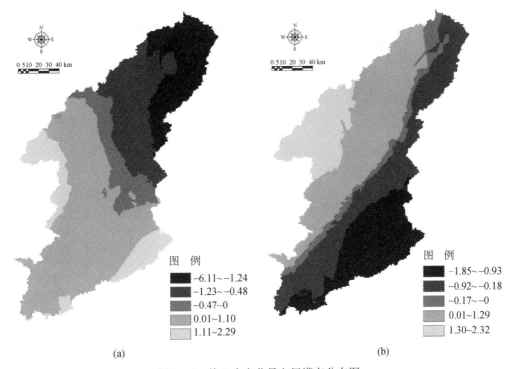

（a）　　　　　　　　　　　　　　　　　　（b）

图 3.74　前 4 个主分量空间模态分布图

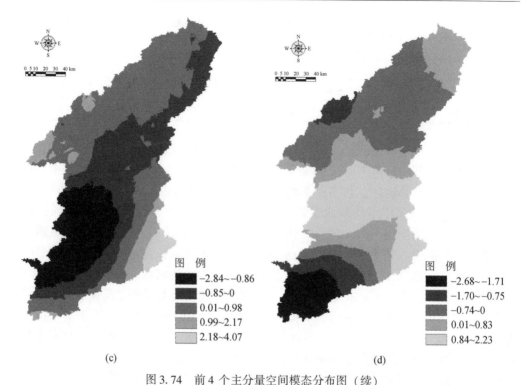

图 3.74　前 4 个主分量空间模态分布图（续）

（a）第 1 主分量；（b）第 2 主分量；（c）第 3 主分量；（d）第 4 主分量

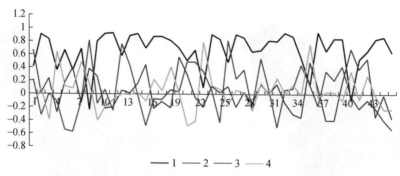

图 3.75　前 4 个主成分的因子载荷曲线

3.3.4.2　东江流域平均气温变化分析

（1）平均气温变化的多时间尺度特征

1）年平均气温变化分析

图 3.76 给出了东江流域年平均气温距平序列。1956～2000 年流域年平均气温整体的上升趋势非常显著（$M=3.91$，信度水平>99%），温度变化速率达 0.17 ℃/10 a；45 年来，平均气温上升了约 0.76 ℃。突变分析结果表明（图 3.77），年平均气温在 1990 年前后发生了非常明显的变暖突变（信度水平>99%），流域增温主要是从 20 世纪 80 年代中期开始的。20 世纪 80 年代中期以前，流域平均气温始终在较小的范围内上下波

动，以后气温就一直呈明显的上升趋势。因此，近45年来流域近地面平均气温的增暖主要是发生在最近的15余年内。从偏暖年份看，20世纪80年代中期以后的数量也明显增多。1980年代中期以前的30年间，只有8年平均温度距平值为正，且其绝对值较小；而以后却出现了10个偏暖年份，而且温暖的程度也越来越大。记录中最暖的1998年流域平均温度距平值达1.14 ℃。20世纪90年代是流域20世纪后半叶最暖的十年，1998年则是最暖的一年。这可能与1986~2000年间出现的几次高强度的厄尔尼诺事件有关，与中国的平均气温变化趋势大体一致[46~51]。

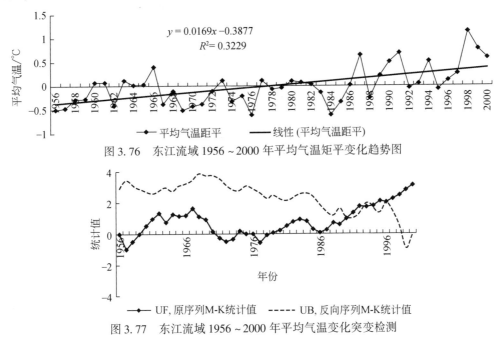

图3.76 东江流域1956~2000年平均气温矩平变化趋势图

图3.77 东江流域1956~2000年平均气温变化突变检测

2）平均气温的年内变化分析

对不同月份平均气温的变化趋势进行了分析，结果表明（表3.70），1956~2000年间，流域整体上呈上升趋势的有1月、2月、5月、6月、7月、8月、9月、10月、11月、12月10个月份，其中10月增加最显著（M值为3.95，信度水平>99%），5月上升趋势较微弱，M值为仅为0.04；3月呈微弱的下降趋势，M值为-0.19，都没达到显著水平；4月M值为为0.0，无变化趋势。

表3.70 1956~2000年东江流域及其各分区不同时间尺度平均气温的变化趋势 M 值表

流域	1月	2月	3月	4月	5月	6月	7月	8月	9月	10月	11月	12月	全年
上游	1.90	0.81	-0.91	-0.14	-0.12	2.34	0.23	-0.02	-0.66	3.02	1.47	0.95	1.94
中游	2.48	1.12	-0.27	0.04	0.27	2.92	1.63	1.65	1.84	4.16	2.13	1.86	3.99
新丰江	2.25	1.08	-0.35	0.21	0.56	3.31	2.17	2.19	1.84	4.53	2.28	1.96	4.51
下游	2.88	1.26	0.27	0.25	-0.06	3.12	2.13	2.19	2.69	4.24	2.05	1.65	4.36
东江	2.44	1.10	-0.19	0.00	0.04	3.08	1.51	1.61	1.51	3.95	2.03	1.63	3.91

以 6 月为例（见表 3.70，图略），整个流域 6 月平均气温上升了约 1.17℃，增加速率为 0.26℃/10 a；突变分析结果表明，6 月平均气温在 20 世纪 80 年前后发生了非常明显的变暖突变（信度水平>99%）。因而流域 6 月份增温主要是从 20 世纪 80 年代初期开始的，与夏季平均气温序列有较好的一致性，但比年平均气温序列提前了 5 年。1987 年以后，上升趋势也有加快的迹象。

（2）平均气温变化的空间演变特征

图 3.79 显示的是东江流域 45 年来多年平均气温的空间分布。可以看出，流域多年平均气温为 19.00℃，地区间最大温差达 12.1℃，受纬度差异以及地形变化等因素的影响，总体上呈现出明显的从南向北、从下游到上游的递减趋势。其中，深圳、东莞、惠州、博罗等地区的平均气温最高，多在 21℃以上，有的地区高达 22.3℃；流域北部地区特别是江西省寻乌、安远等地平均气温最低，多低于 16℃，有的地区仅有 10.01℃；流域中部大部分地区平均气温在 16～21℃。另外，从 12 幅各月平均气温分布图（图略）来看，也都具有与上述描述基本相似的分布特征。

尽管流域平均气温整体上呈显著上升趋势，但存在明显的区域差异性和较大的空间异质性。采用 M-K 非参数统计法对流域 45 年来年平均气温的变化趋势进行分析（表 3.70 与图 3.78 至图 3.81），结果表明：①总体上来看（图 3.21），流域气温全部呈增加趋势，中南部地区比北部山区增温明显，增温高值区位于深圳、东莞地区，有些象元 45 年来增加了 7.62%。②从各分区来看（表 3.70），流域各区域平均气温均表现为增暖趋势。其中，上游增温趋势不显著（$M = 1.94$，信度水平<95%），中、下游地区、新丰江流域增温趋势非常显著（信度水平>99%）。③从各象元来看，除上游源区（面积约占 13.0%）平均气温呈不显著增加趋势外，其他地方（面积占 87.0%）均表现为

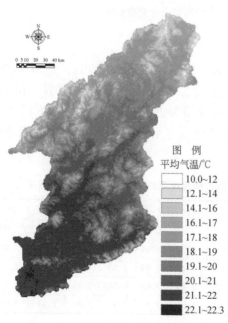

图 3.78　多年平均气温空间分布图

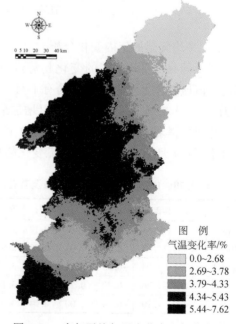

图 3.79　多年平均气温变化率空间分布图

显著增暖。其中，大部分区域为极显著增加区域（信度水平 > 99% 的象元约占 79.6%），主要位于中下游地区，河源、博罗、紫金、东莞、深圳地区均包括在内。

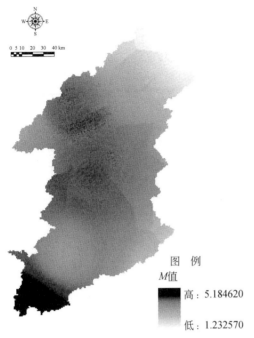

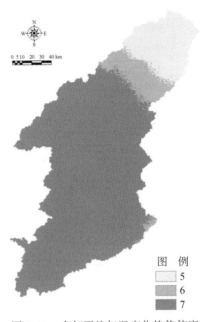

图 3.80　多年平均气温变化趋势空间分布图　　　图 3.81　多年平均气温变化趋势信度
　　　　　　　　　　　　　　　　　　　　　　　　　　　　　　　水平分布图

3.3.4.3　东江流域水面蒸发量变化分析

小型蒸发皿由镀锌铁或其他合金制成，直径 20 cm。用这种仪器观测的蒸发量代表理想水体的蒸发，在湿润微风气候条件下与实际的水面蒸发量比较接近。蒸发皿蒸发量虽然不能直接代表水面蒸发，但与水面蒸发之间存在很好的相关关系，是水文、气象台站常规观测项目之一。由于实际蒸发的测定非常困难，而蒸发皿观测资料累积序列长、可比性好，长期以来，一直是水资源评价、水文研究、水利工程设计和气候区划的重要参考指标。为了简化起见，统一把蒸发皿观测的蒸发量简称为水面蒸发量或蒸发量。

（1）水面蒸发量变化的多时间尺度特征

1）年变化

图 3.82 给出了东江流域年蒸发皿蒸发量序列。1956 ~ 2000 年流域年蒸发皿蒸发量整体的下降趋势非常显著（$M = -2.88$，信度水平 > 99%），蒸发量下降速率达 30.9 mm/10a；45 年来下降了约 139.0 mm。突变分析结果表明（图 3.83），年平均气温在 1986 年前后发生了非常明显的下降突变（信度水平 > 99%），流域蒸发量下降主要是从 1980 年代中期开始的。1980 年代中期以前，流域蒸发皿蒸发量始终在一定范围内上下波动，以后就一直呈明显的下降趋势。因此，近 45 年来流域蒸发皿蒸发量的下降

主要发生在最近的 15 余年内。从负距平年份看，20 世纪 80 年代中期以后的数量也明显增多。20 世纪 80 年代中期以前的 30 年间，只有 8 年距平值为负；而以后的 15 年却有 10 年的距平值为负，而且出现了连续 8 年（1992～1998）负距平值的情况。这与中国蒸发皿蒸发量整体的下降趋势相一致[52]，也与任国玉[53]等的研究结果大体一致。

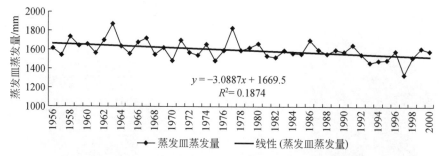

图 3.82　东江流域 1956～2000 年蒸发皿蒸发量变化趋势

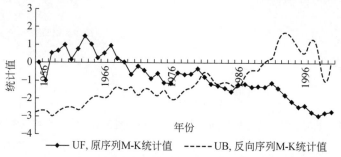

图 3.83　东江流域 1956～2000 年蒸发皿蒸发量变化突变检测

2）月变化

对不同月份蒸发量的变化趋势进行了分析，结果表明（表 3.71），1956～2000 年间，流域蒸发量整体上呈下降趋势的有 1 月、2 月、3 月、4 月、5 月、7 月、8 月、9 月、11 月 9 个月份，其中 4 月份下降最显著（M 值为 -3.41，信度水平 >99%），11 月份下降趋势较微弱，M 值为仅为 -0.14；6 月、10 月、12 月 3 个月份呈上升趋势，M 值分别为 0.25、0.43、0.33，都没达到显著水平。

表 3.71　1956～2000 年东江流域及其各分区不同时间尺度蒸发皿蒸发量的变化趋势 M 值表

流域	1 月	2 月	3 月	4 月	5 月	6 月	7 月	8 月	9 月	10 月	11 月	12 月	全年
上游	-1.05	-0.37	-2.42	-3.08	-0.99	0.12	-2.59	-2.48	-2.03	-0.31	0.46	0.70	*-3.62*
中游	-1.26	-0.68	-1.70	-2.81	-0.91	0.66	-1.05	-0.91	-0.06	1.03	0.50	0.77	-1.55
新丰江	-1.45	-0.72	-2.11	-2.69	-0.39	0.77	-1.34	-0.58	0.27	1.10	0.91	1.01	-0.89
下游	-2.40	-1.32	-2.03	-3.56	-2.32	0.35	-2.05	-1.61	-0.93	-0.27	-0.93	-1.61	*-2.85*
东江	-1.70	-0.91	*-2.09*	*-3.41*	-1.43	0.25	-1.80	-1.18	-0.58	0.43	-0.14	0.33	*-2.88*

注：斜体表示该月份或分区蒸发量下降显著。

以 4 月份为例 (见表 3.70 与图 3.84), 整个流域 4 月蒸发量下降了约 31.0 mm, 增加速率为 6.9 mm/10a; 突变分析结果表明, 4 月蒸发量在 1980 年前后发生了非常明显的变暖突变 (信度水平>99%)。因而流域 4 月份下降主要是从 20 世纪 80 年代初期开始的, 比年蒸发量序列提前了几年。1987 年以后, 下降趋势有加快的迹象。

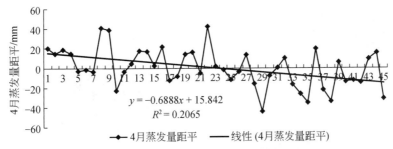

图 3.84 东江流域 1956 ~ 2000 年 4 月蒸发皿蒸发量变化趋势

(2) 水面蒸发量变化的空间演变特征

图 3.85 显示的是东江流域 45 年来多年平均蒸发量的空间分布情况。可以看出, 流域多年平均蒸发量为 1599 mm, 地区间最大相差达 409 mm, 受纬度差异、海拔高度、日照时数及地形变化等因素的影响, 总体上呈现出明显的从南向北、从下游到上游、从平原到山区的递减趋势。其中, 惠州市区、惠阳等地区的蒸发量最高, 多在 1650 mm 以上, 有的地区高达 1720 mm; 新丰江流域特别是连平等地蒸发量最低, 多低于 1400 mm, 有的地区仅有 1309 mm; 流域中上游大部分地区蒸发量为 1400 ~ 1600 mm。另外, 从 12 幅各月蒸发量分布图 (图略) 来看, 也都具有与上述描述基本相似的分布特征。

尽管流域蒸发量整体上呈显著下降趋势, 但存在明显的区域差异性和较大的空间异质性。采用 M-K 非参数统计法对流域 45 年来年蒸发量序列的变化趋势进行分析 (表 3.71 与图 3.86 至图 3.88), 结果表明: ①总体上来看 (图 3.86), 流域全部呈下降趋势, 下游平原地区比北部山区下降明显, 下降速率高值区位于深圳、东莞地区, 有些象元 45 年来下降了 20% 以上。②从各分区来看 (表 3.71), 流域各区域蒸发量均表现为下降趋势。其中, 上游与下游下降趋势极显著 (M 值分别为-3.62、-2.85, 信度水平>99%), 中游地区及新丰江流域下降趋势不显著 (M 值分别为-1.55、-0.89, 信度水平<95%)。③从各象元来看 (图 3.88), 除流域中部地区 (面积约占 54.3%) 蒸发量呈不显著下降趋势外, 其他地方 (面积占 45.7%) 均表现为显著下降趋势。其中, 极显著下降区域 (信度水平>99% 的象元约占 31.5%) 主要位于上游源区与下游平原区, 包括寻乌、博罗、东莞、深圳地区; 显著下降区域 (信度水平>95%) 的象元约占 14.1%。

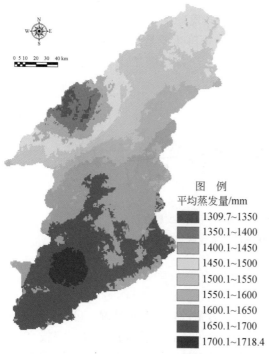

图例

平均蒸发量/mm

- 1309.7~1350
- 1350.1~1400
- 1400.1~1450
- 1450.1~1500
- 1500.1~1550
- 1550.1~1600
- 1600.1~1650
- 1650.1~1700
- 1700.1~1718.4

图 3.85　多年平均蒸发皿蒸发量空间分布图

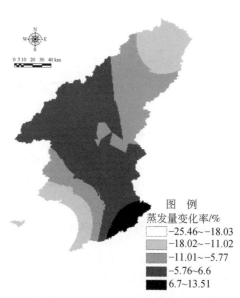

图例

蒸发量变化率/%

- −25.46~−18.03
- −18.02~−11.02
- −11.01~−5.77
- −5.76~6.6
- 6.7~13.51

图 3.86　年蒸发量变化率空间分布图

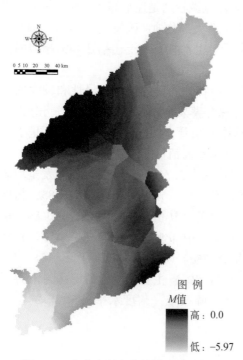

图例

M值

高: 0.0

低: −5.97

图 3.87　年蒸发量变化趋势空间分布图

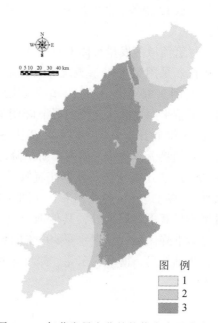

图例

- 1
- 2
- 3

图 3.88　年蒸发量变化趋势信度水平分布图

3.3.4.4 东江流域水面蒸发量变化的气候因素分析

蒸散（发）既是地表热量平衡的组成部分，又是水量平衡的组成部分，是水循环中最直接受土地利用和气候变化影响的一项；反过来，蒸散（发）又可减少辐射向感热的转化，增加空气湿度，提高最低气温及降低最高气温，起到调节气候的作用。全球性陆面蒸散对大气环流和降水均有重要影响。因此，进行蒸散（发）变化及其原因研究，对深入了解气候变化规律及探讨气候变化的原因具有十分重要的意义[54,55]。

蒸发量是一个敏感性很强的气候要素，它不仅受风速、相对湿度、降水量等因子的影响，还会受到日照（或辐射）和气温的影响。但实际上，影响蒸发皿蒸发的因子绝不是这么简单[56]。为了分析东江流域蒸发量下降的原因，对影响蒸发量的主要气候因子作了统计分析，如表 3.72 所示。从中可以看出，①区域 1953~2005 年年平均风速以每 10 年 0.041 m/s 的速率减少，通过了 0.01 的信度检验。②在 1953~2005 年期间区域平均的相对湿度以 0.99/10a 的速率减少，通过了 0.01 的信度检验。③区域平均的日照时数以 9.6 h/10a 的速率减少，通过了 0.001 的信度检验。④区域平均气压略有下降，但变化趋势不明显。⑤区域平均气温与平均最低气温都呈显著的上升趋势，平均最高气温上升趋势不明显，但平均日较差却以 0.265 ℃/10a 的速率减少，通过了 0.001 的信度检验。⑥1953~2005 年 53 年间降雨量无变化趋势，与前述 1956~2000 年分析结果基本一致。

表 3.72　东江流域气候要素变化趋势及其与蒸发量相关系数表

要素	平均气压	平均气温	平均最高气温	平均最低气温	平均日较差	平均相对湿度	降雨量	日照时数	平均风速
样本	51	53	52	53	53	53	53	53	53
b	−0.007	0.025	0.006	0.033	−0.265	−0.099	1.257	−9.576	−0.041
TC	−0.134	0.743	0.190	0.805	−0.613	−0.569	0.045	−0.656	−0.374
ECY	0.231	−0.350	0.352	*−0.649*	*0.802*	−0.100	−0.365	*0.813*	0.187
ECM	*−0.676*	*0.801*	*0.857*	*0.746*	0.225	−0.006	0.026	*0.769*	−0.115

注：b 为倾向值，指线性回归的回归系数；TC 指气候要素与时间序列的相关系数；ECY 指年系列气候要素与蒸发量的相关系数；ECM 指月系列气候要素与蒸发量的相关系数；斜体表示该年或月系列气候要素与蒸发量具有较好的线性关系。

风速和日照均为影响蒸发的重要因子，它们的明显减少在很大程度上从气候因子角度诠释了本区蒸发皿蒸发量呈下降趋势的原因；而相对湿度呈下降趋势，说明它们对蒸发皿蒸发的作用是正的而不是负的，无法解释观测到的蒸发变化趋势，也说明本地区陆面蒸发并不像文献[57]推测的那样显著地影响了蒸发皿蒸发量的变化。但东江流域的平均气温不断升高，而蒸散量却呈现显著的下降趋势，尤其表现在春季与夏季。这与任国玉等[53]的研究结果一致，即蒸散量下降的原因主要是太阳净辐射和风速的显著下降，抵消了气温上升所引起的蒸散量的上升，反而使蒸散量表现为下降趋势[58~60]。

　　为了进一步分析影响蒸发量的主要气候因子，将流域 1953~2001 年月序列、年序列蒸发量分别与各个气象要素做了相关分析（表 3.72）。由表 3.72 可见，区域年蒸发量与日照时数、平均气温日较差具有较好的线性关系。蒸发量与平均最低气温呈显著负相关，与日照时数、平均日较差等因素呈显著正相关。水分蒸发过程通常受到能量供给条件、水汽输送条件与蒸发介质的供水能力等三方面物理因素的影响。能量供给条件主要源于太阳辐射，水汽输送条件取决于风速的大小，而蒸发皿的蒸发量经折算以后代表理想的水体的蒸发量。从表 3.72 还可以看出，蒸发量与日照时数有密切的相关关系，相关系数达 0.813，说明太阳辐射的影响是非常重要的。与平均风速也呈现微弱的正相关关系，相关系数为 0.187。同时蒸发量与气温平均日较差也具有很高的相关程度，相关系数高达 0.802，可见，平均日较差的显著下降在蒸发量减少趋势中可能也起着重要作用，这与 Peterson[61] 等的发现是一致的。一般情况下，在一天中，对蒸发作用影响大的是日间的最高温度，日较差常常和日最高气温变化相联系。因此，日较差同蒸发之间的高度相关似乎是可以理解的。东江流域日照时数的显著下降趋势，特别是夏季日照时数的显著减少，也可能和气溶胶含量增加有关，但这还需要进一步研究证实。

　　物理分析表明蒸发潜力与许多气象因子之间存在相关[52]。蒸发潜力与气象环境因子的线性相关系数的属性随地域变化，正好印证了物理分析的结果。多元线性回归结果表明蒸发潜力确实是各种气象要素综合作用的效应，而且蒸发量与日照时数的相关最好。平均而言，降水量对蒸发潜力的影响较小。仅用单个环境因子难以解释蒸发潜力的变化[60]。

3.3.5　东江流域近 45 年来的径流和实际蒸发动态分析

　　参照刘昌明等人的研究成果[62]，根据研究需要，对东江流域水文循环系统的概化如图 3.89 所示。为考察东江流域水文系统的变化趋势，本研究将在这一概念性模型的基础上，分别讨论水循环过程三个核心要素（降雨 P、径流 RN、蒸发 EPT）中的径流和蒸发的变化规律。此外，为分析流域水文循环系统变化的原因，还分析了实测径流

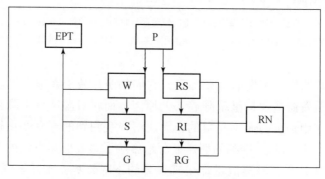

图 3.89　东江流域水文循环系统概化图

P. 降水；EPT. 蒸散发；W. 土壤水分通量；S. 土壤水；G. 地下水；RS. 地表径流；RI. 壤中流；
RG. 地下径流；RN. 天然径流

和径流系数（C）的变化规律。选取东江流域干流上的三个主要站点：龙川站、河源站和博罗站作为主要控制断面，分不同区段加以研究。考虑到资料的可靠性和完整性，选取了研究范围内 1956～2000 年的观测资料。采用资料主要包括逐月降水资料和逐月天然径流及实测径流资料。

3.3.5.1　东江流域天然径流变化分析

（1）年天然径流序列变化趋势分析

图 3.90 与表 3.73 给出了东江流域三个主要控制站年天然径流量变化趋势分析结果。从中可以看出，对三个控制站而言，年天然径流序列有不显著的增加趋势，都没有通过 0.05 的信度检验。其中，龙川、河源控制站以上区间年天然径流量增加相对明显，年均变化量分别为 1622.7 万 m^3、4624.0 万 m^3，博罗站增加趋势不明显，这与流域降雨量变化趋势非常相似，说明二者具有较高的相关性。

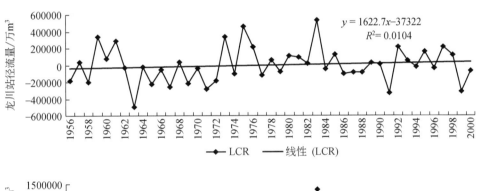

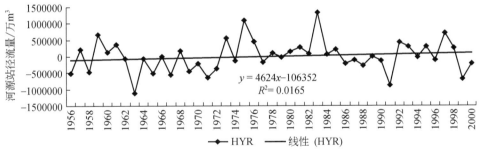

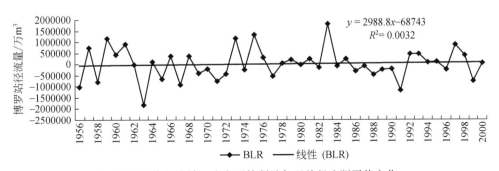

图 3.90　东江流域三个主要控制站年天然径流距平值变化

利用 M-K 检测方法对流域径流序列进行了突变分析（表 3.73 与图 3.91），结果表明：三个控制站径流时间序列都没有通过突变检验，但也呈现出了一定的变化。龙川、河源控制站径流序列 1973 年发生了由少到多的变化，博罗站径流序列分别于 1962 年发生了由多到少的变化，1991 年发生了由少到多的变化，但没达到显著性水平。上述三站径流时间序列突变分析结果与研究中对降水分析的结果相吻合。

表 3.73　东江流域三个主要控制站年天然径流序列变化分析结果

	龙川站	河源站	博罗站
集雨面积/km²	7699	15750	25325
序列长度/年	45	45	45
均值/10^8 m³	65.3	152.0	244.6
统计值 M	0.889	0.869	0.269
变化趋势	不显著增加	不显著增加	不显著增加
变化速率/(万 m³/a)	1622.7	4624.0	2988.8
M-K 突变检测结果	无	无	无

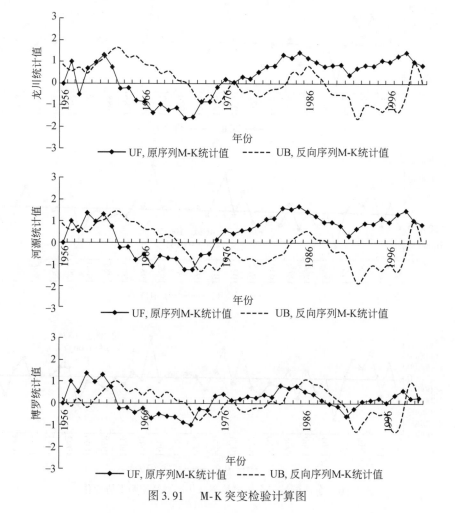

图 3.91　M-K 突变检验计算图

（2）1956～2005 年天然径流序列变化的小波分析

小波变换系数的实部包含给定时间和尺度下，相对于其他时间和尺度，信号的强度和位相两方面的信息。小波变换系数的实部为正时表示径流量偏多，为负时表示径流量偏少，为零时对应着突变点[11,62～68]。图 3.92 为博罗站年径流量的 Morlet 小波变换系数的实部时频分布图。从中可以分析出径流量存在明显的年际变化，存在 3～5 a、6～9 a、11～14 a、16～22 a 四类尺度的周期性变化规律。其中 11～14 a 时间尺度表现最明显，其中心时间尺度在 12 a 左右，正负位相交替出现，即年径流量经历了丰水期→枯水期→丰水期→枯水期的循环交替，而且到 2003 年等值线已闭合，说明 2005 年以后一段时间内年径流量将由少变多；3～5 a 时间尺度表现十分明显，其中心时间尺度在 4 a 左右，正负位相交替出现；6～9 a 时间尺度在 1956～1985 年期间表现十分明显，其中心时间尺度在 8 a 左右，正负位相交替出现，在 1986～2005 年时段则表现不是很明显。16～22 a 时间尺度表现十分明显，其中心时间尺度在 19～20 a 左右，正负位相交替出现，即年径流量经历了丰水期→枯水期的循环交替。

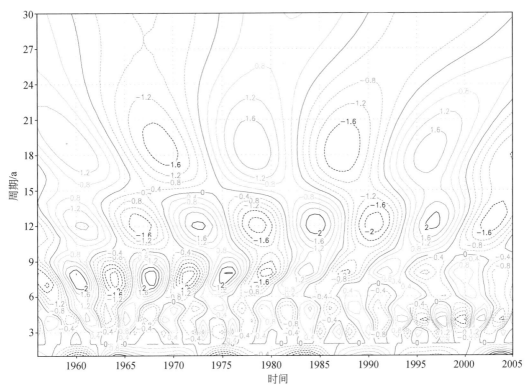

图 3.92　博罗站年径流量小波变换系数实部时频

小波变换系数的模平方相当于小波能量谱，可从中分析出不同周期的振荡能量。模平方越大，其对应时段和尺度的周期性越显著。图 3.93 为博罗站年径流量小波变换系数模平方时频分布图。从中可以分析出，它们的年际尺度特征十分明显。其中 11～

14 a 时间尺度变化最强，主要发生在 1975～1995 年，振荡中心在 1990 年左右；6～9 a 时间尺度变化较强，主要发生在 1956～1985 年，振荡中心在 1965 年左右；3～5 a 时间尺度变化较弱，主要发生在 1956～1970 年，振荡中心在 1965 年左右；其余均非常弱。

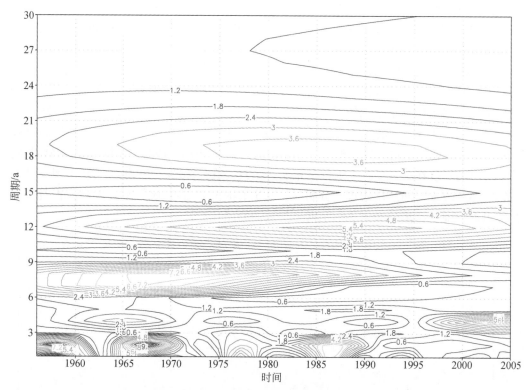

图 3.93　博罗站年径流量小波变换系数模平方时频

　　小波方差随尺度的变化过程称为小波方差图，它反映了波动的能量随尺度的分布。通过小波方差图，可以确定一个水文序列中存在的主要时间尺度，即主周期。为了定量说明博罗站年径流量变化的多时间尺度特征，图 3.94 给出了东江流域博罗站径流量小波方差分布，其中的纵坐标是小波方差，横坐标是以年为单位的时间尺度。图 3.94 中有 4 个峰值，分别对应上游 4 a、8 a、12 a 与 19 a 的时间尺度，第 1 峰值是 12 a，说明 12 a 左右的周期振荡最强，为年径流量变化的第 1 周期，即主周期；第 2 周期为 8 a，第 3 周期为 19 a，第 4 周期为 4 a。

　　根据小波方差得出主周期后，可分析主周期的小波系数图。图 3.95 为主周期 12 a 尺度周期的小波系数图。小波系数为正时是丰水期，为负时是枯水期。对于 12 a 时间尺度来看，20 世纪经历了丰水期—枯水期—丰水期—枯水期四个阶段。因为 12 a 尺度的周期变化能量最大，对原始径流量序列的方差贡献也最大，从图中可以看出 2005 年以后小波系数开始由负值变为正值，因此，2005 年以后的 6 a 左右，年径流量将处于偏丰期。

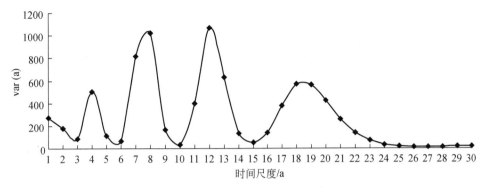

图 3.94   东江流域博罗站径流量小波方差

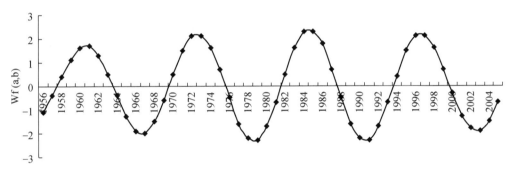

图 3.95   东江流域博罗站 12 a 尺度径流变化趋势

3.3.5.2   东江流域年蒸散发（EPT）变化分析

年蒸散发的估计有多种方法。这里取年降雨量和年天然径流深差值作为年蒸散发的估计公式为[69]：

$$EPT = P - RN \tag{3.47}$$

式中，EPT 为年蒸散发量（mm），P 为年降雨量（mm），RN 为年天然径流深（mm）。

图 3.96 与表 3.74 给出了东江流域三个主要控制站年蒸散发量变化趋势分析结果。从中可以看出，对三个控制站而言，年蒸散发量序列呈不显著的下降趋势，都没有通过 0.05 的信度检验。其中，龙川、河源控制站以上区间年蒸散发量下降相对明显，年均变化量分别为 -1.40mm、-2.43 mm，博罗站年蒸散发量下降趋势不明显。

利用 M-K 检测方法对流域径流序列进行了突变分析（表 3.74），结果表明：龙川、河源控制站年蒸散发量序列 1973 年发生了由少到多的突变，通过了 0.05 的信度检验，达到显著性水平；博罗控制站年蒸散发量时间序列没有通过突变检验，但也呈现出了一定的变化，即博罗站年蒸散发量序列 1973 年发生了由少到多的变化，但没达到显著性水平。

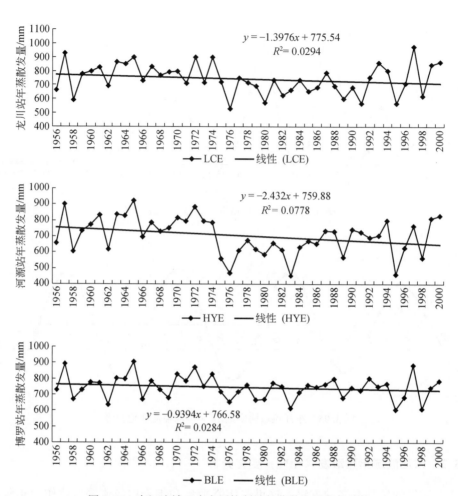

图 3.96　东江流域三个主要控制站年蒸散发量变化趋势

表 3.74　东江流域三个主要控制站年蒸散发量变化分析结果

	龙川站	河源站	博罗站
集雨面积/km²	7699	15750	25325
序列长度/a	45	45	45
年蒸散发量均值/mm	743.4	703.9	745.0
统计值 M	-1.47	-1.61	-0.95
变化趋势	不显著下降	不显著下降	不显著下降
变化速率/(mm/a)	-1.40	-2.43	-0.94
M-K 突变检测结果	1973 年	1973 年	无

3.3.5.3　东江流域径流系数（C）变化分析

除气候变化和水资源开发利用外，土地利用/土地覆被变化等其他因素也可能对水文循环产生特定的影响。水文循环的变化是多要素综合作用的结果。从径流变化的角度看，径流系数是一个简单而又包含众多要素的综合指标，反映了水资源开发利用、气候变化以及土地利用/土地覆被变化下水循环的变化。因而分析径流系数的变化，有助于认识径流变化的原因[48]。根据1956~2000年的降雨量和天然径流资料，由下式计算得到径流系数系列。

$$C = RN/P \tag{3.48}$$

式中，C 为径流系数，P 为年降雨量（mm），RN 为年天然径流深（mm）。

图3.97与表3.75给出了东江流域三个主要控制站径流系数变化趋势分析结果。从中可以看出，对三个控制站而言，径流系数序列呈不显著的增加趋势，都没有通过0.05的信度检验。其中，龙川、河源控制站以上区间径流系数下降相对明显，年均变化量分别为0.0014、0.0017，博罗站径流系数增加趋势不明显。

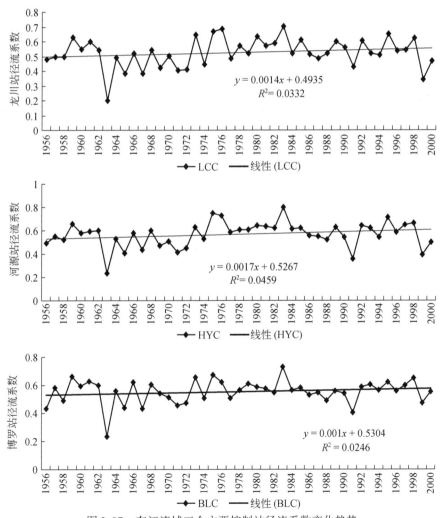

图3.97 东江流域三个主要控制站径流系数变化趋势

利用 M-K 检测方法对流域径流序列进行了突变分析（表3.75，图3.98），结果表明：龙川、河源控制站径流系数序列 1973 年发生了由少到多的突变，通过了 0.05 的信度检验，达到显著性水平；博罗控制站径流系数时间序列没有通过突变检验，但也呈现出了一定的变化，即博罗站径流系数序列 1973 年发生了由少到多的变化，但没达到显著性水平。

表 3.75　东江流域三个主要控制站径流系数变化分析结果

	龙川站	河源站	博罗站
集雨面积/km²	7699	15750	25325
序列长度/a	45	45	45
序列均值	0.525	0.566	0.554
统计值 M	1.22	1.80	0.56
变化趋势	不显著增加	不显著增加	不显著增加
年变化速率	0.0014	0.0017	0.0010
M-K 突变检测结果	1973 年	1973 年	无

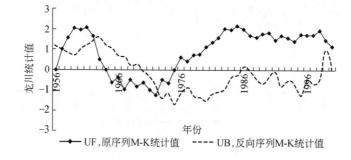

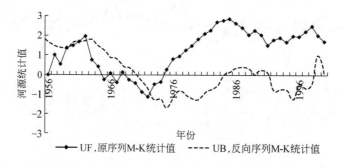

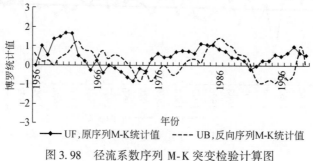

图 3.98　径流系数序列 M-K 突变检验计算图

由上述突变分析结果可知，东江流域径流系数的变化可分为两个阶段，即 1956~ 1972 年人类活动强度较低的阶段和 1973~2000 年人类活动强度较高的阶段。表 3. 76 给出了东江流域人类活动强度高、低两个阶段的水文要素变化情况。从中可以看出，两个阶段的径流系数分别为 0. 522 和 0. 572，后一阶段比前一阶段增加了 0. 050，约占多年平均径流系数的 9. 0%。这就意味着径流系数的变化将导致年径流量增加 285126 万 m³，约占多年平均年径流量的 11. 7%。

表 3. 76　东江流域人类活动强度高、低两个阶段的水文要素变化

水文要素	站名	多年平均值	1956~1972 年平均值	1973~2000 年平均值	变化量	占多年平均值百分比/%
径流/万 m³	LC	653428	571815	701270	129455	19. 81
	HY	1519973	1319658	1637398	317740	20. 90
	BL	2445836	2266083	2551208	285126	11. 66
年蒸发量/mm	LC	743. 4	790. 1	716. 0	−74. 1	−9. 97
	HY	703. 9	774. 4	662. 7	−111. 7	−15. 87
	BL	745. 0	768. 3	731. 3	−36. 9	−4. 96
径流系数	LC	0. 525	0. 474	0. 554	0. 080	15. 33
	HY	0. 566	0. 507	0. 601	0. 094	16. 54
	BL	0. 554	0. 522	0. 572	0. 050	9. 01
降雨量/mm	LC	1602. 7	1542. 1	1638. 2	96. 1	6. 00
	HY	1670. 2	1613. 2	1703. 5	90. 3	5. 41
	BL	1711. 5	1663. 8	1739. 5	75. 7	4. 43

注：LC 指龙川，HY 指河源，BL 指博罗。

3.3.6　东江流域水文系统变化成因分析

天然状况下，流域内径流量的变化趋势主要受自然因素如气候和下垫面的影响。随着人类改造自然能力的不断增强，人类活动对流域水文的影响愈加显著。天然水循环特征必然因人类活动而改变，并反过来影响水资源的开发利用。因此，只有在认识水循环规律的基础上，水资源的开发利用才有可能趋于合理和高效，从而实现水资源的可持续利用。探索东江流域水循环的演化规律，分析水文循环系统各要素对人类活动、气候变化以及土地利用和土地覆被变化的响应，对于寻找协调流域人水关系的适应性对策，维系流域社会经济可持续发展具有重要意义[69~71]。

本研究认为影响流域水文系统变化的主要因素有两个，一是气象因子的变化，二是人类活动的影响。人类活动对径流的影响主要表现在两个方面：第一，随着经济和社会的发展，河道外引用消耗的水量不断增加，直接造成径流量的减少，称为直接影响；第二，由于城市化、水土保持措施、农业化等活动改变了流域的下垫面条件，造成径流量的减少或增加，称为间接影响[72]。因此，正确评估气候变化与人类活动对水

文序列的影响程度,成为现阶段研究工作的首要任务。

3.3.6.1　气候变化的水文效应初步分析

（1）气候驱动力因子主成分分析

气候变化对水资源系统的影响可能是直接的,也可能是间接的。例如,气温的变化将导致蒸散发的变化;而由气候变化引起的土地利用/土地覆被变化则可能间接地改变水文循环过程,气候变化导致的降雨径流的改变等更深入地影响供水、需水、水资源管理。气候变化对水资源的影响可归纳表述为图3.99。

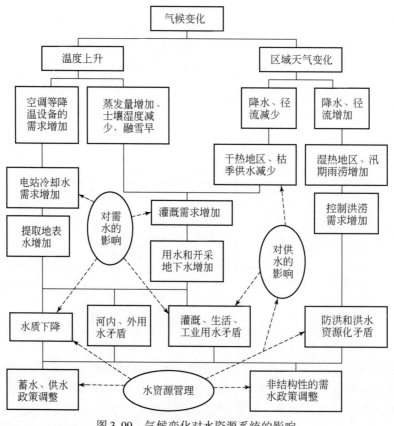

图3.99　气候变化对水资源系统的影响

全面评价气候变化对水文循环的影响是一项复杂艰巨的工作。本研究仅就气候变化对径流的影响这一侧面加以探讨。

河流径流量与气候因子之间的关系是已知的,即气候因子对流域的影响是肯定的,但这种关系又是不确定的,是一种灰色关系。这里应用灰色关联分析法来研究河流径流量对气候因子的敏感程度。

应用灰色关联分析法计算东江流域年径流量与年降雨量、年均气温、年蒸发皿蒸发量、年平均最高温、年平均最低温、平均日较差、平均相对湿度、日照时数之间的灰色关联系数为（表3.77）：$r1 = 0.769$，$r2 = 0.451$，$r3 = 0.436$，$r4 = 0.408$，$r5 = 0.464$，$r6 = 0.418$，$r7 = 0.566$，$r8 = 0.421$。可以看出，按与年径流量关系密切程度从大到小排序的各项因子为年降水量，平均相对湿度，年平均最低温，年均气温，年蒸发皿蒸发量，日照时数，年平均日较差，年最高温。综合这两种分析方法，可以得出结论：东江流域年径流量的演变与年降水量、年平均相对湿度、年蒸发皿蒸发量、平均日较差关系最为密切。

表 3.77　东江流域径流量与气候因子之间的相关系数与灰色关联系数

分析方法	站名	降雨	平均气温	蒸发皿蒸发量	平均最高气温	平均最低气温	平均日较差	平均相对湿度	日照时数
相关分析	龙川	*0.925*	−0.056	*−0.516*	*−0.48*	0.229	*−0.559*	*0.564*	*−0.592*
	河源	*0.925*	−0.074	*−0.518*	*−0.503*	0.233	*−0.58*	*0.552*	*−0.589*
	博罗	*0.965*	−0.022	*−0.536*	*−0.384*	0.25	*−0.506*	*0.618*	*−0.553*
灰色关联分析	龙川	*0.676*	0.435	0.444	0.39	0.488	0.37	*0.509*	0.361
	河源	*0.67*	0.456	0.433	0.395	0.479	0.4	*0.501*	0.368
	博罗	*0.769*	0.451	0.436	0.408	0.464	0.418	*0.566*	0.421

注：斜体表示流域径流量与该气候因子具有较高相关性。

尽管东江流域径流量与上述气候因子之间具有较高的相关性，但也存在明显的区域差异性和较大的空间异质性。为了考查气候要素的空间场变化对流域水文水生态环境变化的影响，对博罗站径流时间序列 $f(t)$ 与气候要素格点场时间序列数据 $g(x,y,t)$ 采用相关系数场方法进行分析，计算结果如图 3.100 所示。从中可以看出，①降水量场变化与径流的相关系数都表现为正相关，高相关区主要位于流域中上游地区，其中

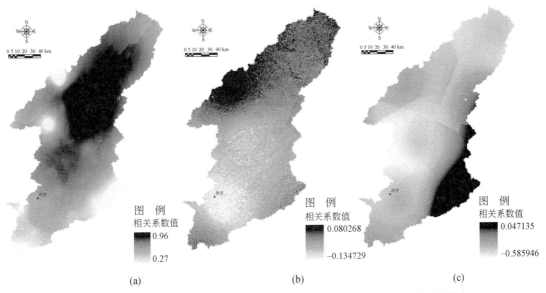

图 3.100　博罗站径流时间序列与气候要素格点场时间序列数据相关系数分布
（a）径流与降雨；（b）径流与平均气温；（c）径流与蒸发皿蒸发量

心在俐江、船塘河流域，相关系数在 0.96 以上；低相关区主要位于流域中下游，其中心在白盆珠水库上游区域及新丰江上游连平县境内，相关系数在 0.80 以下。②平均气温场变化与径流的相关系数都很低，为-0.13~0.10 之间，相关性非常差，这说明流域平均气温的变化与径流之间的线性关系不明显。③蒸发皿蒸发量场变化与径流的相关系数绝大部分为负值，高相关区主要位于流域上游与下游地区，其中心在公庄河、寻乌水与安远水流域，相关系数在-0.50 以下；低相关区主要位于流域下游，其中心在白盆珠水库上游区域，相关系数在 0.00 左右。总之，东江流域径流量变化与降水量场变化之间存在十分显著的相关关系，流域径流量变化主要是由于降水量场的变化造成的。

（2）气候与水文要素场的典型相关分析

以博罗站为例，选取 1956~2000 年气候要素序列：$x1$ 降雨，$x2$ 平均气温，$x3$ 蒸发皿蒸发量，$x4$ 平均最高气温，$x5$ 平均最低气温，$x6$ 平均日较差，$x7$ 平均相对湿度，$x8$ 日照时数，$x9$ 平均风速，$x10$ 平均气压；水文要素序列：$y1$ 天然径流，$y2$ 年蒸散量，$y3$ 径流系数。

运用 SPSS 中的子程序 CANCORR 直接对数据进行典型相关分析，得出运行结果（表 3.78、表 3.79、图 3.101）。由于同一随机变量组内各典型变量之间的样本协方差为零，不同组不对应的典型变量间的样本协方差也为零，这使得分析变量组 Y 和变量组 X 之间的关系转化为只需分析从两组中提取出的相对应的典型变量之间的关系。典型载荷的统计含义就是这种转化关系的反映，它作为典型相关分析的主要结果，体现出两个变量组之间的相关程度。从分析结果可以看出，三个典型相关系数分别是 0.9467、0.5434、0.4276，第一个统计检验达到极显著水平。其中，第一典型变量占总

表 3.78　水文与气候要素场典型相关系数及其显著性检验

No.	相关系数	Wilk's	卡方值	df	p 值
1	0.9467	0.0597	104.2669	30	0.0001
2	0.5434	0.5759	20.4173	18	0.3098
3	0.4276	0.8172	7.4704	8	0.4868

表 3.79　水文与气候要素场观察值与典型相关变量间的相关系数

气候	$x1$	$x2$	$x3$	$x4$	$x5$	$x6$	$x7$	$x8$	$x9$	$x10$
U1	0.989	-0.079	-0.395	-0.015	0.345	-0.337	0.443	-0.518	-0.118	-0.010
U2	-0.005	0.209	-0.027	-0.430	-0.026	0.035	0.573	0.064	-0.074	0.508
U3	-0.088	-0.249	-0.100	-0.489	0.505	-0.427	-0.148	-0.417	0.367	0.111
水文	$y1$	$y2$	$y3$							
V1	0.979	0.019	0.854							
V2	-0.131	0.473	0.122							
V3	0.157	-0.881	0.505							

方差的 56% 以上，因此，可取第一对典型变量来分析气候与水文要素场之间的相互关系。从第一组典型变量系数可以看出，主要反映了 $y1$ 天然径流、$y3$ 径流系数与 $x1$ 降雨量、$x7$ 平均相对湿度之间的正相关关系，与 $x8$ 日照时数、$x3$ 蒸发皿蒸发量之间的负相关关系。第二组典型变量系数主要反应了 $y2$ 蒸散量与 $x7$ 年平均相对湿度、$x10$ 年平均气压之间的正相关关系，与 $x4$ 平均最高气温之间的负相关关系。

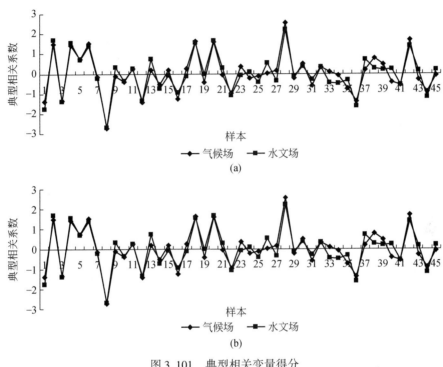

图 3.101 典型相关变量得分

（a）第一个典型相关变量；（b）第二个典型相关变量

（3）气候驱动力模型

针对博罗站天然径流资料和前面进行的驱动力因子主成分分析结果，采用多元线性回归的方法来建立径流量回归模型，选择的因子为对径流变化影响最大的年降水量、年平均相对湿度、年蒸发皿蒸发量、平均日较差。模型的数学结构为

$$REG = \beta_0 + \beta_1 X_1 + \beta_2 X_2 + \beta_3 X_3 + \cdots + \beta_k X_k + \varepsilon \tag{3.49}$$

式中，REG 为计算径流深，β_0，β_1，$\cdots$，β_k 为待定系数；X_1 表示年降雨量（mm）；X_2 表示年平均相对湿度；X_3 表示年蒸发量（mm）；X_4 表示平均日较差；ε 为随机变量。采用最小二乘法估计 β，然后确定回归模型的系数，得到回归模型如下：

$$REG = -1889.373 + 1.047 X_1 + 0.482 X_2 + 0.278 X_3 + 2.985 X_4 \tag{3.50}$$

用线性关系的显著检验（F 检验法）方法对多元线性回归模型进行检验。计算得 $F = 45.53$，远大于在 0.01 水平上的临界值 4.57，所以，该模型在 0.01 水平上显著。图 3.102 给出了控制站博罗水文站控制流域面积上的年径流深观测值 RN 与模型回归值

REG 的比较，可以看出，模拟值的波动变化趋势与实测值基本吻合，模拟精度较高。

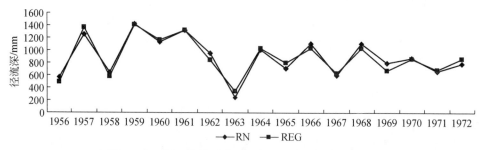

图 3.102　博罗站模型观测值 RN 与回归值 REG 比较

3.3.6.2　植被覆盖变化的水文效应初步分析

随着自然因素和人类活动的影响，流域下垫面发生改变，其中植被覆盖变化既能反映流域生态环境变化趋势，也对流域降水径流等有一定影响，探讨流域植被覆盖变化与降水、径流和泥沙等之间的关系是水文学关注的焦点之一[73,74]。目前，对珠江流域及其亚流域 NDVI 空间变化及其与降水的相关性研究有了一定进展[75,76]。但这些研究多是分析 NDVI 与降水、气温的相关性，对流域 NDVI 变化与径流变化的相关性进行研究的案例还较少。事实上，研究流域 NDVI 变化特征及其与区域降水、径流的相关性，探讨区域 NDVI 对降水、径流响应的区域差异，更具有重要的现实意义[77]。

（1）基础数据与计算方法

1）NDVI 数据来源及预处理

所使用的 NDVI 数据来自 GIMMS（Global Inventory Modeling and Mapping Studies）工作组进行了大气校正并消除了火山爆发等因素而得到的从 1981 年 7 月至 2003 年 12 月每 15 天的 NDVI/AVHRR 卫星遥感时间序列数据，空间分辨率为 8 km×8 km。GIMMS NDVI 数据被认为是相对标准的数据，因为它考虑了全球范围内各种因素对 NDVI 值的影响，并作了如下几方面的校正[34]：①卫星传感器的不稳定性校正；②热带阔叶林区云的覆盖引起的变形校正；③太阳天顶角和观测角度的校正；④火山气溶胶的校正；⑤对北半球冬季缺失的数据进行了插值；⑥短期大气气溶胶、水蒸气及云层覆盖的影响校正。每月的 NDVI 数据通过国际通用的 MVC 法获得，该方法可进一步消除云、大气、太阳高度角等因素的部分干扰，对通过 MVC 法获得的 NDVI 图像进行投影变换，转换成中国通用的北京 54 坐标系。在 GIS 软件 ArcGIS 支持下，用界定好的珠江流域边界截取得到珠江流域 NDVI 数字影像。

植被分类所使用的 1 km×1 km NDVI 数据来自国家基础地理数据共享中心[35]，格式为 Arc/INFO grid 格式，时间为 1998 年 1 月到 1998 年 12 月。

2）计算方法

采用线性倾向估计方法[49]对 1982～2003 年期间各象元 NDVI 值序列进行统计分析，其变化趋势是否显著通过对相关系数的显著性检验进行判断。同时还借助于肯德尔（Kendall）秩次相关法[49]来进行检验，该方法为非参数统计方法，更适合于水文、气象等非正态分布的数据。根据各象元年 NDVI 值变化趋势显著性水平，将其变化趋势分为如下 7 级：I，增加极显著（$\alpha \leq 0.01$）；II，增加显著（$0.01 < \alpha \leq 0.05$）；III，增加不显著（$\alpha > 0.05$）；IV，基本无变化；V，减少不显著（$\alpha > 0.05$）；VI，减少显著（$0.01 < \alpha \leq 0.05$）；VII，减少极显著（$\alpha \leq 0.01$）。

各象元 NDVI 变化率由下式计算：

$$NDVI 变化率 = 直线斜率/均值 \times 22 \times 100 \tag{3.51}$$

式中，直线斜率表示 NDVI 对年份的直线斜率，即对 22 年（1982~2003）的年平均或月 NDVI 值与年份之间求回归，所得的回归直线的斜率。均值为 22 年的平均年或月 NDVI 值。

（2）NDVI 与水文气象要素的相关性

1）年内 NDVI 与天然径流的相关性

图 3.103 给出了流域博罗控制站 1982~2003 年月平均天然径流量与 NDVI 平均值变化趋势。其他两个控制站 NDVI 逐月变化与径流量的变化趋势相似，说明就年内变化而言，植被覆盖度的增加并没有大幅度改变径流量，因为径流量的增加主要与降水有关，植被覆盖对天然径流的影响相对于降水的影响而言较小。

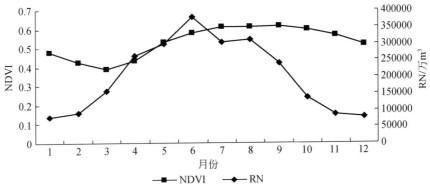

图 3.103　博罗控制站 1982~2003 年月平均天然径流量（RN）与 NDVI 平均值变化趋势

2）年平均 NDVI 变化的水文效应

为了反映 1982~2003 年植被覆盖变化对流域天然径流、年蒸散发及径流系数的影响程度，分别计算了年平均 NDVI 变化与径流深还原值 RN、降雨量 P、水面蒸发量 EPT、径流系数 C 变化的相关系数（表 3.80）。从表 3.80 可以看出，对流域各控制区域而言，NDVI 与天然径流、年蒸散发及径流系数都不具有明显的相关性，说明植被覆盖变化仅是影响天然径流量的因素之一，NDVI 的小幅度波动对天然径流变化影响不大。还可以看出，龙川站以上流域的植被覆盖变化对 RN、P、EPT、C 的影响强度比其他两个站要大。对整个东江流域而言，近 20 年来天然径流量变化不明显，NDVI 却呈不显著减少趋势，但二者负相关性程度较差，仅为 -0.093。另外，NDVI 与 EPT、C 的相关系数分别为 -0.319、0.061，相关性虽不明显，但可以说明流域植被的不显著减少使得流域蒸散发量下降，改变了流域的径流系数，相应地增加了流域的径流量。东江流域多年平均 NDVI 分布见图 3.104。

表 3.80　年平均 NDVI 变化与 RN、P、EPT、C 变化的相关系数

站名	RN	P	EPT	C
龙川	0.072	−0.070	−0.336	0.134
河源	0.005	−0.118	−0.299	0.032
博罗	−0.093	−0.184	−0.319	0.061

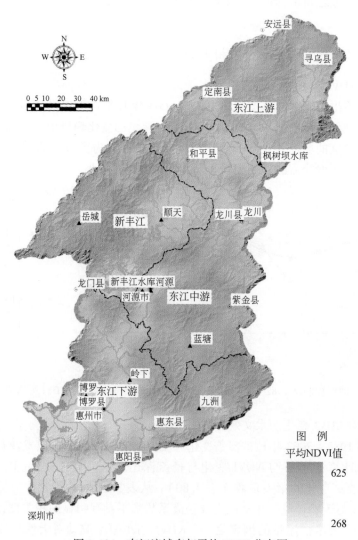

图 3.104　东江流域多年平均 NDVI 分布图

3) 月 NDVI 变化的水文效应

计算流域博罗站控制区域 1982~2003 年逐月天然径流量与逐月 NDVI 变化及其相关性（表 3.81）。结果表明 NDVI 与天然径流量变化在某些时段变化趋势相同，而且 NDVI 有一定的滞后，滞后期为 1~2 个月。这可能是因为径流量和 NDVI 都受降水影响，径流量变化对降水变化反应明显，而对 NDVI 变化的反应敏感程度低，同时植被覆盖变化对降水变化的反应敏感程度也较低，因而流域当月植被覆盖变化对径流量变化的影响就不会那么明显。但 NDVI 与月蒸发皿蒸发量序列的变化趋势相同，说明当月的植被变化就对当月的蒸散发产生了影响，而且非常显著（相关系数 $r=0.788$，信度水平>99.99%）。由此可见，植被覆盖变化对径流的影响较为复杂，传统的统计分析方法很难将其定量化。

表 3.81　博罗站控制区域月 NDVI 与月径流、月降雨量变化的相关性

水文要素	月径流量	月降雨量	月平均气温量	月蒸发皿蒸发量
序列长度/月	264	264	264	240
当月	0.195	0.014	0.639	0.788
上一月	0.469	0.324	0.825	0.722
上二月	0.573	0.514	0.788	0.506
上三月	0.530	0.569	0.515	0.169
下一月	-0.115	-0.225	0.287	0.526

3.3.6.3　人类活动对径流情势影响初步分析

前面的突变分析研究结果表明：东江流域降水（P）、径流系数（C）、年水面蒸发量（EPT）的突变时间与径流量较为一致，气温的突变时间与年径流量的突变时间不一致。这说明年径流量的变化并不完全依赖于气候变化，人为影响不可忽视。这里使用的天然径流只还原了取水和水利工程影响后的"天然径流"，而植被改变、水土流失、城镇化等造成的下垫面条件变化未被还原（称之为修正前的天然径流），因而模拟结果恰好反映了流域下垫面条件变化对对径流变化的影响。

本研究认为在 1973 年以前自然气候因子是年径流量变化的主导因素，人类活动对径流量的影响作用不大，这一阶段的径流量变化主要受自然驱动力的影响，径流量为自然状况下的径流量。而从 1973 年以后人类驱动力对流域径流量的变化产生了重大影响，径流量为人为影响后的径流量[78,79]。在这种情况下，利用博罗站 1956~1972 年的年径流量、年降雨量、年蒸发皿蒸发量和年平均日较差实测记录建立多元线性回归模型，模拟 1973 年以后的天然径流（图 3.105），对比该阶段实测径流量，其差值就是人类驱动力的影响。

为了定量化这种人类驱动力因素对流域径流的影响程度，对应用回归模型预测的径流量值 REG 与实际值 RN 比较，并分析各个时期人类活动对博罗站径流深的影响（表 3.82）。从中可以看出：①1973 年以来，尤其在 1991~2000 年，无论是人类活动的直接影响还是间接影响均逐渐增加，即人类活动的直接影响使径流深减少量逐渐增

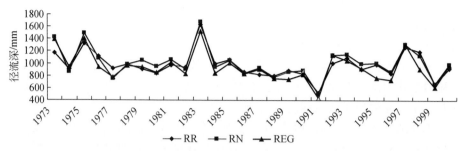

图 3.105　东江流域博罗站径流深实测值 RR、还原值 RN 与模型回归值 REG 比较

加，而间接影响使径流深增加量逐渐增加。②二者虽有相互抵消的作用，但间接影响程度超过了直接影响程度，使流域综合影响程度增加，流域径流深也逐渐增加。③人类活动使径流增加，时段 1973～1990、1991～2000、1973～2000 的径流深增加量分别为 26.51 mm、55.52 mm、36.87 mm，其影响程度（指人类活动影响占 REG 的比重）分别为 2.73%、6.28%、3.92%。由此得出结论，土地利用/土地覆被变化引起的流域下垫面条件变化是影响东江流域径流变化的主要因素，即城市建设造成的不透水面积增加、农业和其他活动造成的水土流失和植被退化等减小了流域的贮水能力，间接减少了流域的蒸发，这是引起流域内径流增加的主要原因。

表 3.82　东江流域人类活动对径流深的影响

时间段	RR/mm	RN/mm	REG/mm	人类活动对径流深的影响			
				直接影响/mm	间接影响/mm	综合影响/mm	综合影响程度/%
1956～1972	867.28	895.51	891.11	−28.22			
1973～1990	997.85	1028.71	971.34	−30.85	57.36	26.51	2.73
1991～2000	939.33	975.41	883.81	−36.07	91.60	55.52	6.28
1973～2000	976.95	1009.67	940.08	−32.72	69.59	36.87	3.92

注：影响程度指人类活动影响占 REG 的比重。

3.3.6.4　东江流域水文系统变化的驱动力体系

上节的研究结果表明，人类驱动力确实对径流演变产生了一定的影响，但是由于人类驱动力因素纷繁复杂，并且这些因素是相互耦合作用的，因此，难以对每个人类驱动力影响因素一一量化，只能得出一个综合的影响结果。根据对本流域的调查分析，人类驱动力因素的影响主要来自人口增长、人民生活和工农业生产用水量的日益增加、大量水利工程措施和农业耕作方式的改变。农业耕作方式的改变、城市化以及水土保持措施等引起的下垫面条件的改变，使流域的径流系数发生变化，进而影响径流量。

综上所述，由于自然过程对流域下垫面特性和流域产汇流特性的影响比较缓慢，而对降雨和蒸发特性的影响比较明显，所以考察自然过程对径流的影响时主要是指其通过改变流域降雨和蒸发特性而对径流产生的影响。人类活动对流域降雨特性和蒸发特性的影响则是一个相对缓慢的过程，有较长的时间跨度。但是，人类活动能够在很短的时间跨度内对流域的下垫面特性和产汇流特性产生很大的影响。因此，通常忽略人类活动对流域降雨特性和蒸发特性的影响，而主要研究其通过改变流域下垫面特性和产汇流特性对径流产生的影响。在某些区域，人工侧支循环对径流影响较大，其驱动作用也是不容忽视的[57]。随着大规模农田建设、水土保持建设、城镇建设等工程的实施，东江流域下垫面状况发生了极大的改变。具体来讲，植树造林、人工梯田、淤地坝等水保措施增加了地表植被的覆盖度，增加了地表的截留、叶面蒸散发以及植被的蒸腾量，同时改变了降水的入渗条件，相应减少了地表径流和地下径流量，增加了生态对于降水的有效利用量；水库建设增加了地表截留和渗漏、蒸发，使得地表径流减少，地下水的补给增加。另外城镇化率的提高导致不透水面积大幅度增加，从而减少了地表截留和入渗，使得地表径流增加，地下径流减少。各种因素综合作用，影响了流域地表、地下产水量，导致入渗、径流、蒸散发等水平衡要素的变化，改变了水资源量的构成。

　　本节在相关研究的基础上，总结出东江流域水文系统变化的驱动力体系，如图3.106所示。

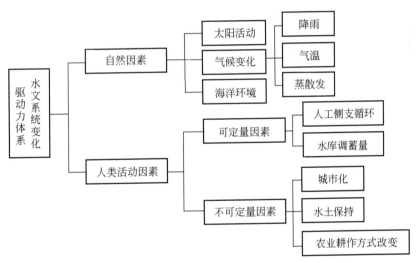

图 3.106　东江流域水文系统变化的驱动力体系

3.4　小　　结

3.4.1　珠江三角洲

（1）径流趋势变异特征

　　1）高要、石角、马口、三水站的径流分配不均匀，主要集中在汛期4~9月份，高要、石角站汛期径流量占全年径流的75%，马口站占76.88%，三水站占84.31%。高要、石角、马口、三水站枯季径流比重最大分别为0.355、0.45、0.377、0.345，序列无明显变异。

2）高要、石角、马口、三水站的年径流序列的 Hurst 系数分别为 0.59、0.53、0.802、1.157。说明高要、石角站无变异，马口站属于中变异类型，三水站属于强变异类型。

（2）珠江三角洲径流丰枯遭遇分析

1）函数选型。高要和石角站年最大日流量序列、年最大 7 日平均流量序列最优 TVM 模型分别为 GEVAP 模型、LN2CL 模型和 WEICL 模型、PIIICL 模型；高要和石角站年最小日流量序列、年最小 7 日平均流量序列最优 TVM 模型分别为 GEVDL 模型、GLOCL 模型和 GLODL 模型、GLOCL 模型。

2）洪（枯）水遭遇结果。高要石角联合分布重现期小于单站设计重现期，且在指定重现期下，联合分布设计值大于单站设计值。条件概率分析结果分别显示：西江、北江洪量遭遇的可能性要高于洪峰遭遇的可能性、两江（西江、北江）枯水遭遇的可能性要高于洪水遭遇的可能性。

（3）磨刀门水道盐水入侵规律分析

1）盐度变化存在 24.6 h 和 14.8 d 的主周期成分，还存在不明显的 12.3 h 和 30 d 次变化周期，与磨刀门水道不规则半日潮与半月潮结论一致。

2）咸潮上溯时磨刀门盐度变化受潮汐驱动影响，盐度与潮差的相关关系较为稳定，一致表现为盐度变化超前于潮差变化。总体来看，广昌站盐度变化超前于潮差变化的时间略小于平岗站。广昌站盐度超前潮差变化 3.1±0.6 d，平岗站超前潮差变化 3.9±0.6 d。对应潮差越大的年份，盐度与潮差之间的位相角越大，盐度变化提前潮差变化越多，即潮汐动力越强，对盐度变化的影响越大。

3）磨刀门水道上游径流动力对盐度变化存在明显抑制作用，一致表现为盐度变化滞后于合流量变化。总体来看，广昌站盐度变化滞后于潮差变化的时间略大于平岗站。广昌站盐度变化滞时为 3.9±0.6 d，平岗站盐度变化滞时为 3.7±0.6 d。位相角的变化与上游同期径流量的变化亦存在一定对应关系，即当上游径流量由大到小变化时，位相角也表现出由大到小变化的规律，对盐度变化的抑制作用也会增强。

3.4.2　东江流域

（1）土地利用现状与变化分析

1）从单一土地利用类型来看，1980~2000 年东江流域城建用地、裸地（包括推平未建地）的年变化率最大，分别为 96.76%、22.50%，林地、水域变化较慢，分别为 −0.15%、−0.23%。流域综合土地利用年变化率为 1.8%，变化相对较快。

2）从土地利用变化的转移矩阵来看，东江流域土地利用变化的面积占总面积的 29%，变化程度较高。同时建设用地的 Moran 系数从 1980 年到 2000 年呈现逐渐减小趋势，Geary

系数呈现增加趋势，说明东江流域建设用地在空间上呈现从集中向分散的发展趋势。

3）从景观生态特征变化来看，多样性指数从 1.039 增加到 1.0452，连通性指数从 99.90 下降到 99.84，蔓延度指数、景观分离度增加，这些都表明东江流域斑块的破碎化程度不断加重，自然景观不断被人工景观替代，人类活动对土地利用格局的影响逐步加强。

（2）水文要素变异分析

1）降水量：近 45 年来，年降水量增加了约 12 mm，降水演变趋势不存在突变现象；主汛期降水量下降趋势较为明显，序列在 1982 年前后发生了由多到少的突变；不同月份，降水量变化趋势差异明显，其中，1 月、3 月、4 月、7 月、8 月、12 月份呈现增加趋势，4 月份降水量增加显著，2 月、5 月、6 月、9 月、10 月、11 月份降水量呈现减少趋势，5 月份降水量下降显著。

2）气温：近 45 年来，流域年平均气温整体上升趋势显著，温度变化速率达 0.17℃/10 a，年平均气温在 1990 年前后发生明显的变暖突变；不同月份中 1 月、2 月、5 月、6 月、8 月、9 月、10 月、11 月、12 月等 10 个月份气温呈上升趋势，其中 10 月份增加最显著，5 月份上升趋势较微弱。

3）流域年蒸发皿蒸发量：近 45 年来，流域年蒸发皿蒸发量整体下降趋势显著，下降约 139.0 mm，蒸发量下降主要从 1980 年代中期开始；不同月份中 1 月、2 月、3 月、4 月、5 月、7 月、8 月、9 月、11 月等 9 个月份呈下降趋势，其中 4 月份下降最显著。

4）龙川、河源控制站径流系数序列在 1973 年发生由少到多的突变，通过了 0.05 的信度检验，达到显著性水平，反映了 1965～1972 年的人类活动强度较低阶段和 1973～2000 年的人类活动强度较高阶段。

（3）水文序列周期特征分析

1）年径流量存在 3～5 a、6～9 a、11～14 a、16～22 a 四类尺度的周期性变化规律，其中 11～14a 时间尺度表现最明显，其中心时间尺度在 12 a 左右，即年径流量经历了丰水期-枯水期-丰水期-枯水期 4 个循环交替。

2）东江流域年降水量变化的特征时间尺度为 4 a、8 a、12 a、20 a。其中 12 a 左右的周期振荡最强，为年降雨量变化的第 1 周期，即主周期，经历多雨期-少雨期-多雨期-少雨期 4 个阶段。

（4）河流径流量对气候因子的敏感性分析

东江流域年径流量的演变与年降水量（X_1）、年平均相对湿度（X_2）、年蒸发皿蒸发量（X_3）、平均日较差（X_4）最为密切。利用多元线性回归方法建立的径流回归模型如下：

$$REG = -1889.373 + 1.047 X_1 + 0.482 X_2 + 0.278 X_3 + 2.985 X_4$$

该模型在 0.01 水平上显著，模拟值的波动变化趋势与实测值基本吻合，模拟精度较高。

（5）NDV 与水文气象要素变异的相关性分析

1）就年内变化而言，植被覆盖度的增加并没有大幅度改变径流量。

2）月 NDVI 与月蒸发皿蒸发量序列的变化趋势相同，说明当月的植被变化对当月的蒸散发产生影响，相关系数达到 0.788。

参 考 文 献

［1］陈晓宏，涂新军，谢平，李艳. 水文要素变异的人类活动影响研究进展［J］. 地球科学进展，2010，25（8）：800-811.

［2］郑杰元. 气候变化影响下区域水文要素变化研究［D］. 广州：华南理工大学硕士学位论文，2011.

［3］魏凤英. 现代气候统计诊断与预测技术［M］. 北京：气象出版社，1999：30-100.

［4］陈广才，谢平. 水文变异的滑动 F 识别与检验方法［J］. 水文，2006，26（2）：57-60.

［5］Mann H B. Non-parametric tests against trend［J］. Econometrica，1945，13：245-259.

［6］Kendall M G. Rank Correlation Methods［M］. London：Charles Griffin，1948.

［7］于延胜，陈兴伟. 水文序列变异的差积曲线-秩检验联合识别法在闽江流域的应用——以竹岐站年径流序列为例［J］. 资源科学. 2009，31（10）：1717-1721.

［8］谢平，陈广才，雷红富，武方圆. 水文变异诊断系统［J］. 水力发电学报，2010，29（1）：85-91.

［9］王孝礼，胡宝清，夏军. 水文时序趋势与变异点的 R/S 分析法［J］. 武汉大学学报（工学版），2002，35（2）：10-12.

［10］丁晶，邓育仁. 随机水文学［M］. 成都：成都科技大学出版社，1988.

［11］Torrence C，Compo G P. A practical guide to wavelet analysis［J］. Bulletin of the American Meteorological Society，1998，79：61-78.

［12］段小兰，郝振纯. Copula 函数在水文应用中的研究进展［A］. 首届中国原水论坛论文集［C］. 河海大学学报，2010：113-116.

［13］Sklar M. Fonctions de répartition àn dimensions et leurs marges［J］. Publication de' Institutd statistiqne de Universitéde Paris，1959，8：229-231.

［14］Pons F A. Regional flood frequency analysis based on multivariate log-normal models［D］. Fort Collins，Colorado：PhD thesis，Colorado State University，1992.

［15］Genest C，Rivest L P. Statistical inference procedures for bivariate Archimedean copulas［J］. Journal of the American Statistical Association，1993，88（423）：1034-1043.

［16］张灵，王兆礼，陈晓宏. 西北江网河区顶端分流比变化特征研究［J］. 水文，2010，30（6）：1-4.

［17］侯卫东，陈晓宏，江涛，涂新军. 西北江三角洲网河径流分配的时间变化分析［J］. 中山大学学报（自然科学版），2004，43：204-207.

［18］白绍华. 西北江三角洲的洪水特征分析［J］. 中山大学学报论丛，2005，25（5）：286-288.

［19］张维，欧阳里程. 广州城市内涝成因及防治对策［J］. 广东气象，2011，33（3）：49-50，53.

［20］肖名忠，张强，陈晓宏. 基于多变量概率分析的珠江流域干旱特征研究［J］. 地理学报，2012，67（1）：83-92.

［21］闻平，戚志明，刘斌. 西北江三角洲压咸流量初步研究［J］. 水文，2009，29（S1）：74-75.

［22］谢平，唐亚松，陈广才，陈丽. 西北江三角洲水文泥沙序列变异分析——以马口站和三水站为例［J］. 泥沙研究，2010，（5）：26-31.

［23］闻平，陈晓宏，刘斌，杨晓灵. 磨刀门水道咸潮入侵及其变异分析［J］. 水文，2007，27（3）：65-67.

［24］朱三华，沈汉堃，林焕新，索晓波. 珠江三角洲咸潮活动规律研究［J］. 珠江现代建设，2007，12（6）：1-7.

[25] 张蔚，严以新，郑金海，吴宏旭．珠江三角洲年际潮差长期变化趋势 [J]．水科学进展，2010，21（1）：77-83.

[26] 谭启明．西江磨刀门水道咸潮上溯研究 [D]．广州：中山大学硕士学位论文，2005.

[27] 包芸，刘杰斌，任杰，许炜铭，戚志明．磨刀门水道盐水强烈上溯规律和动力机制研究 [J]．中国科学（G辑：物理学 力学 天文学），2009，39（10）：1527-1534.

[28] 刘杰斌，包芸，黄宇铭．丰、枯水年磨刀门水道盐水上溯运动规律对比 [J]．力学学报，2010，42（6）：1098-1103.

[29] 陈荣力，刘诚，高时友．磨刀门水道枯季咸潮上溯规律分析 [J]．水动力学研究与进展 A 辑，2011，26（3）：312-317.

[30] 薛建强．磨刀门水道咸潮运动规律初步分析 [J]．广西水利水电，2012（2）：26-27，33.

[31] 杨明远，任杰．珠江三角洲径潮动力数值模拟与特征分析 [J]．海洋工程，2008，26（4）：117-124.

[32] 黄方，叶春池，温学良，严金辉，张年春．黄茅海盐度特征及其盐水楔活动范围 [J]．海洋通报，1994，13（2），33-39.

[33] 王兆礼．气候与土地利用变化的流域水文系统响应——以东江流域为例 [D]．广州：中山大学博士学位论文，2007.

[34] Safavian S R，Landgrebe D. A survey of decision tree classifier methodology [J]. IEEE Transactions System Man and Cybermetics，1991，21（3）：660-674.

[35] 刘小平，彭晓鹃，艾彬．像元信息分解和决策树相结合的影像分类方法 [J]．地理与地理信息科学，2004，20（6）：35-39.

[36] 骆剑承，周成虎，杨艳．遥感地学智能图解模型支持下的土地覆盖/土地利用分类 [J]．自然资源学报．2001，16（2）：179-183.

[37] 周成虎，骆剑承，杨晓梅，杨存建，刘庆生．遥感影像地学理解与分析 [M]．北京：科学出版社，2001.

[38] 刘纯平，刘伟强，孔玲，夏德深．一种新的基于 Dempster-Shafer 理论的自适应遥感分类融合方法 [J]．国土资源遥感，2002（3）：48-53.

[39] 赵英时等．遥感应用分析原理与方法 [M]．北京：科学出版社．2003.

[40] 朱会义，李秀彬．关于区域土地利用变化指数模型方法的讨论 [J]．地理学报，2003，58（5）：643-650.

[41] Goodchild M F. Spatial Autocorrelation [M]. Norwich：Geo Books，1986.

[42] Gemmer M，Becker S，Jiang T. Observed monthly precipitation trends in China 1951-2002 [J]. Theoretical and Applied Climatology，2004，77（1-2）：39-45.

[43] 任国玉，吴虹，陈正洪．我国降水变化趋势的空间特征 [J]．应用气象学报，2000，11（3）：322-330.

[44] 王兆礼，陈晓宏，黄国如，杨涛．东江流域汛期降雨序列的小波分析 [J]．人民长江，2010，41（2）：52-55.

[45] 王兆礼，陈晓宏，张灵，李艳．近 40 年来珠江流域降水量的时空演变特征 [J]．水文，2006，26（6）：71-75.

[46] 任国玉，徐铭志，初子莹，郭军，李庆祥，刘小宁，王颖．近 54 年中国地面气温变化 [J]．气候与环境研究，2005，10（4）：717-727.

[47] 唐国利，任国玉．近百年中国地表气温变化趋势的再分析 [J]．气候与环境研究，2005，10（4）：791-798.

[48] 左洪超，吕世华，胡隐樵．中国近 50 年气温及降水量的变化趋势分析 [J]．高原气象，2004，23（2）：238-244.

[49] 汤海燕．广东省近 40 年来气候变化初探 [J]．广东气象，2003，(1)：37-39.

[50] 曾琮，陈创买，李晓娟．广东冬季气温时空变化特征 [J]．气象，2005，31（3）：56-60.

[51] 王兆礼，陈晓宏，黄国如．近 40 年来珠江流域平均气温时空演变特征 [J]．热带地理，2007，27（4）：289-293.

[52] 左洪超，李栋梁，胡隐樵，鲍艳，吕世华．近40a中国气候变化趋势及其同蒸发皿观测的蒸发量变化的关系 [J]．科学通报，2005，50（11）：1125-1130.

[53] 任国玉, 郭军. 中国水面蒸发量的变化 [J]. 自然资源学报, 2006, 21 (1): 31-44.

[54] Sun L, Wu G. Influence of land evapotranspiration on climate variations [J]. Science in China, Series D: Earth Sciences, 2001, 44 (9): 838-846.

[55] Shukla J, Mintz Y. Influence of land-surface evapotranspiration on the Earth's climate [J]. Science, 1982, 215: 1498-1501.

[56] Qi H. Centennial variations and recent trends in summer rainfall and runoff in the Yangtze River Basin, China [J]. Journal of Lake Sciences, 2003, 15 (Suppl.): 97-104.

[57] Brutsaert W, Parlange M B. Hydrologic cycle explains the evaporation paradox [J]. Nature, 1998, 396: 30.

[58] 王兆礼, 陈晓宏, 黄国如, 杨涛. 东江流域蒸发皿蒸发量时空演变特征及其原因分析 [J]. 灌溉排水学报, 2009, 29 (6): 22-25.

[59] 王艳君, 姜彤, 许崇育, 施雅风. 长江流域1961~2000年蒸发量变化趋势研究 [J]. 气候变化研究进展, 2005, 1 (3): 99-105.

[60] 郭军, 任国玉. 黄淮海流域蒸发量的变化及其原因分析 [J]. 水科学进展, 2005, 16 (9): 666-671.

[61] Peterson T C, Golubev V S, Grolsman P Ya. Evaporation losing its strength [J]. Nature, 1995, 377: 687-688.

[62] 王红瑞, 叶乐天, 刘昌明, 刘来福. 水文序列小波周期分析中存在的问题及改进方式 [J]. 自然科学进展, 2006, 16 (8): 1002-1008.

[63] 刘俊萍, 田峰巍, 黄强, 佟春生. 基于小波分析的黄河河川径流变化规律研究 [J]. 自然科学进展, 2003, 13 (4): 49-53

[64] 朱益民, 孙旭光, 陈晓颖. 小波分析在长江中下游旱涝气候预测中的应用 [J]. 解放军理工大学学报 (自然科学版), 2003, 4 (6): 90-93.

[65] 胡昌华, 张军波, 夏军. 基于MATLAB的系统分析与设计——小波分析 [M]. 西安: 西安电子科技大学出版社, 2000.

[66] 王文圣, 丁晶, 李跃清. 水文小波分析 [M]. 北京: 化学工业出版社, 2005.

[67] 刘毅, 杨晓怡, 段相宏. 区域降水的多时间尺度特征 [J]. 气象科技, 2005, 33 (1): 37-40, 44.

[68] 蒋晓辉, 刘昌明, 黄强. 黄河上中游天然径流多时间尺度变化及动因分析 [J]. 自然资源学报, 2003, 18 (2): 142-147.

[69] 刘昌明, 郑红星. 黄河流域水循环要素变化趋势分析 [J]. 自然资源学报, 2003, 18 (2): 129-135.

[70] 罗先香, 邓伟, 何岩, 栾兆擎. 三江平原沼泽性河流径流演变的驱动力分析 [J]. 地理学报, 2002, 57 (5): 603-610.

[71] 杨新, 延军平, 刘宝元. 无定河年径流量变化特征及人为驱动力分析 [J]. 地球科学进展, 2005, 20 (6): 637-642.

[72] 李艳, 陈晓宏, 王兆礼. 人类活动对北江流域径流系列变化的影响初探 [J]. 自然资源学报, 2006, 21 (6): 910-915.

[73] 余卫东, 闵庆文, 李湘阁. 黄土高原地区降水资源特征及其对植被分布的可能影响 [J]. 资源科学, 2002, 24 (6): 55-60.

[74] 卢金发, 黄秀华. 土地覆被对黄河中游流域泥沙产生的影响 [J]. 地理研究, 2003, 22 (5): 571-578.

[75] 王兆礼, 陈晓宏, 李艳. 珠江流域植被覆盖时空变化分析 [J]. 生态科学, 2006, 25 (4): 303-307.

[76] 王兆礼, 陈晓宏. 珠江流域植被净初级生产力及其时空格局研究 [J]. 中山大学学报 (自然科学版), 2006, 45 (6): 106-110.

[77] 李春晖, 杨志峰. 黄河流域NDVI时空变化及其与降水/径流关系 [J]. 地理研究, 2004, 23 (6): 753-759.

[78] Liu D, Chen X, Lian Y, Luo Z. Impacts of climate change and human activities on surface runoff in the Dongjiang River basin of China [J]. Hydrological Processes, 2010, 24 (11): 1487-1495.

[79] 王兆礼, 陈晓宏, 杨涛. 近50年东江流域径流变化及影响因素分析 [J]. 自然资源学报, 2010, 25 (8): 1365-1374.

4 高效节约的节水型社会建设体系

4.1 节水型社会建设的内涵与特征

4.1.1 节水型社会建设的内涵

节水型社会的概念最早由我国学者李佩成在 1982 年提出。他认为，建立节水型社会需要社会成员改变不珍惜水的传统观念，改变浪费水的传统方法，改变污染水的不良习惯，深刻认识到水的重要性和珍贵性，认识到水资源并非取之不尽用之不竭的，认识到为了获取有用的水需要花费大量的劳动、资金、能源和物质投入；并从工程技术上变革目前的供水、排水技术设施，使其成为可以循环用水、节约用水、分类用水的节水系统，实行有采有补、严格有序的管理措施，并将节水认识和节水道德传教于后世，这样才能把现在浪费水的社会，改造成"节水型社会"[1]。这一概念提出后，国内外学者从不同的角度对其进行了更为深入的理论探讨。

王浩等[2]认为，所谓节水型社会是指人们在生产、生活过程中，在水资源开发利用的各个环节，始终保持对水资源的节约和保护意识，以完备的管理体制、运行机制和法律体系为保障，在政府、用水单位和公众的共同参与下，通过法律、行政、经济、技术和工程等措施，结合社会经济结构调整，实行全社会在生产和消费上的高效合理用水，保持区域经济社会的可持续发展。程国栋[3]、Falkenmark 和 Rockstrom[4]指出，节水型社会是在明晰水权的前提下，通过调整水价、发展水市场等手段建立以水权为中心的管理体系、量水而行的经济体系，最终实现水资源集约高效利用、社会经济又好又快、发展、人与自然和谐相处的一种社会形态。汪恕诚[5]进一步对节水型社会的本质进行了论述，他指出，节水型社会的本质特征是建立以水权、水市场理论为基础的水资源管理体制，形成以经济手段为主的节水机制，不断提高水资源的利用效率和效益，促进经济、资源、环境的协调发展。

最近，一些研究者认为节水型社会建设是一项系统性、综合性很强的复杂系统工程，应构建能使水资源得到优化配置的相应体系，即构建与水资源优化配置相适应的节水防污工程技术体系、与水资源和水环境承载力相协调的经济结构体系、与水资源价值相匹配的社会意识和文化体系以及以水权管理为核心的水资源与水环境管理体系[6,7]。

总而言之，节水型社会作为一种社会形态，是指水资源集约高效利用、社会经济快速发展、人与自然和谐相处的社会[8]。它需要通过体制创新和制度建设，建立起以水权管理为核心的水资源管理制度体系、与水资源承载能力相协调的经济结构体系、与水资源优化配置相适应的水利工程体系；形成政府宏观调控、市场引导、公众参与的节水型社会管理体系，形成以经济手段为主的节水机制和自觉节约水资源的社会氛围，切实转变全社会对水资源的粗放利用方式，促进人与水和谐相处，改善生态与环境，实现水资源可持续利用，保障国民经济和社会的可持续发展。

节水型社会的内涵应包括相互联系的四个方面，即从水资源的开发利用方式上，把水资源的粗放式开发利用转变为集约型、效益型开发利用的社会，形成一种资源消耗低、利用效率高的社会运行状态；在管理体制和运行体制上，涵盖明晰水权、统一管理，建立政府宏观调控、流域民主协调、准市场运作和用水户参与管理的运行模式；从社会产业结构转型上看，涉及节水型农业、节水型工业、节水城市、节水型服务业等具体内容，由这一系列相关产业组成节水型社会产业体系；从社会组织单位看，涵盖节水型家庭、节水型社区、节水型企业、节水型灌区、节水型城市等组织单位，由社会基本单位组成节水型社会网络体系。

4.1.2　节水型社会建设的特征

节水型社会是一个公众具有自觉的节水意识，并形成完备有效的节水制度和政策法规体系保障，水资源宏观配置与微观利用高效，各行业用水和水生态环境安全的现代文明社会[9,10]。节水型社会不是节水和社会的简单叠加，而是节水与社会效应的复合，节水型社会作为先进文明的社会形态，其特征主要表现在数量、质量、时间三个维度上[11~14]。

（1）在数量维度上节水型社会的基本特征是高效

包括单位产品生产所需的取耗水量低（水资源利用效率高），以及单位耗水量的经济价值量和生态服务功能产出量大（水资源利用效益高）。高效用水一般包括宏观和微观两个方面：宏观配水高效指在保障社会公平的前提下，尽量向低耗水高产出部门配水，通过经济结构调整和提高部门用水保证率来实现高效利用、优水优用、水源配置高效等；微观供用水高效指减少供水过程消耗使得供水高效，以及农业、工业、生活和生态用水高效。水资源利用的高效性应当体现在经济高效、生态高效、社会高效三个方面[15]。经济高效性是把水资源作为一种社会经济产品引入市场因素，主要目的是对其进行优化配置，实现低投入高产出。生态高效性是水资源利用的更高要求，使得水资源可以得到充分循环利用，减少浪费和不合理使用。社会高效性是水资源利用的综合效用的有力支持和最终体现，即通过制度和体制的建立，实现全社会水资源利用效率的最优化，提高节水型社会建设的收益[16,17]。

（2）在质量维度上节水型社会的基本特征是和谐

包括整体上的水安全（供水安全和水生态与环境安全），以及局部间水资源配置的合理性。安全用水是保证社会安定、经济稳步发展的关键基础，是必须予以保证的[18]。

水资源安全是节水型社会建设的基本原则。水资源安全主要包括以下三方面：

1）自然属性的水资源安全。主要是指在预防和排除干旱、洪涝等方面的水安全，这是从水资源量上的水安全控制。

2）社会属性的水资源安全[19]。主要是指避免"自然-人工"的二元水循环模式对水资源安全产生的影响，包括水量短缺、水质污染、水环境破坏、水生态系统功能丧失、水资源浪费、水管理混乱等。在水资源本底条件基础上，利用工程和非工程手段，提高供水保证率，最大限度保障社会经济用水安全，特别是在突发水事件中，确保人饮安全；严格控制污水排放量，区域水质符合水功能区划标准，保护水体的良好自净能力[20]；基于区域区位特点和水生态要求，在适宜程度上保证河道内外生态用水量，保障其他物种的生存，创造宜居生态环境。

3）附加属性的水资源安全。主要是指基于水资源安全的粮食安全、经济安全、国家稳定等。

（3）在时间维度上节水型社会的基本特征是可持续

包括自然状态延续的可持续和社会状态运行的可持续，前者主要强调遵循自然规律，后者主要强调社会运行机制建设和社会道德、文化意识的培育并及时提供生产信息、指导生产，保护生产者的生产积极性[21~24]。市场在虚拟水战略的实施中扮演着重要角色，因此政府要加强对市场的监管，尽量防止市场因素引起的不利影响。政府也要在技术和资金上做好相关的支持准备，鼓励生产者大力发展高效益、低耗水的产业，以保证虚拟水战略的实施效果[8,25,26]。

4.1.3 节水型社会建设的核心

建立节水型社会的核心是建立有效的制度安排。节水意识和观念的全面梳理、节水投入的大幅增加、节水技术的大规模普及，只有在一个有效的制度框架下才可能发生[27~30]。例如，使区域发展战略与经济布局与水资源相适应的关键是建立健全水资源规划制度、区域用水总体控制制度和新建项目的水资源论证制度。保证各个用水单位按计划用水和节约用水的关键是完善水资源有偿使用制度和取水许可制度，并引入水权制度进一步增强用水单元的节水激励。挽救日益恶化的水环境的关键是严格执行节水设施和环保措施"三同时"制度及排污许可制度，并通过制度创新使取水许可制度和排污许可制度有机结合起来[31,32]。

新旧体制的转变需要付出很高的变迁成本，体制变迁的根本原因是随着资源稀缺程度的增加，引入新制度的收益大于成本[33~36]。但是由于制度变迁成本和收益的不对称性，较高的变迁成本会阻碍新制度的引进，这是节水型社会难以建立的根本原因[37,38]。准确地把握节水型社会建设的内涵和特征，积极、稳妥、协调地推进节水型社会建设，对于减少制度的变迁成本，平稳地度过制度转型的"阵痛期"具有积极的意义[39]。

4.2　广东省节水现状与潜力分析

4.2.1　节水现状分析

（1）用水总体效率分析

1980 年以来，各市城镇生活用水指标稳定上升，工业用水指标明显下降，农田灌溉用水指标变幅不大，呈缓慢下降趋势。各市用水指标差异较大，这与人口密度、产业结构、地理、气候等诸多因素有关。

广东省 1980～2000 年，人均年总用水量由 621 m³ 下降到 575 m³，至 2010 年下降到 408 m³。单位 GDP 用水量、工业用水指标、农田灌溉用水指标均呈下降趋势，可见随着设备的更新、节水技术的普及，用水效率明显提高。而城镇生活、农村居民用水指标则逐年略有上升（见表 4.1）。

表 4.1　广东省历年各项用水指标变化趋势统计表

年份	人均总用水量/（m³/人）	单位 GDP 用水量/（m³/万元）	城镇生活用水指标/[L/（人·日）]	一般工业用水定额（按产值）/（m³/万元）	农田灌溉用水指标/（m³/亩）	农村居民用水指标/[L/（人·日）]	大牲畜/[L/（头·日）]	小牲畜/[L/（头·日）]
1980	621	5136	196	261	862	94	85	41
1985	587	2860	212	178	867	97	88	42
1990	581	1658	240	122	871	106	88	44
1995	588	689	271	75	884	110	91	47
2000	575	401	347	51	809	114	89	49
2010	408	89	196	46	666	140	/	/

从广东省历年各项用水指标变化趋势统计表可以看出：万元产值用水量随着产值的升高而降低，这主要由于在经济发达地区，工业设备更新较快、节水技术逐渐普及，而且产业结构以低耗水产业和电子信息工业为主，其万元产值用水量较低，如深圳、珠海、东莞、中山等市；而在经济欠发达地区由于工业设备相对落后，工艺老化，用水重复率低，而且经济结构以高耗水产业和传统工业为主，因而万元产值用水量偏高，如河源、清远、梅州和韶关等市。

（2）节水工作存在问题

近年来，节水工作已取得了一些成效，但目前的节水水平与严峻的水资源形势还很不相称，传统的主要依靠行政措施推动节水的做法已不适应形势的要求。建设节水型社会是解决中国水资源问题的根本出路，是贯彻节约保护资源基本国策的战略措施，是实现可持续发展的必然要求。

当前的节水工作与经济社会发展要求仍然相距甚远。从1980年到现在，广东省一直存在缺水现象，水质恶化趋势未得到完全控制。节水工作在总体上对缓解缺水和水环境恶化问题显得乏力。

当前，广东省节水工作存在的主要问题为：

1）对水资源的严峻形势认识不足，缺乏忧患意识和紧迫感，节水观念比较淡薄，尚未形成强烈的节水意愿。

2）节水目标不够明确。广东省总的节水目标应以区域水资源的供需平衡为基础，与开源相协调，对不同的流域、区域按照不同时期资源状况和产业结构的调整进行目标分解，以指导不同地区和不同行业的节水工作。

3）节水工作规划不够系统，工作重点不突出。目前广东省没有节水的总体规划，造成了一些节水目标不配套的混乱现象。由于城市和农村水资源管理的分割，工农业、城镇生活用水的矛盾，对于节水问题还没有进行全面的系统分析；从水的需求来看，生产和生活用水都在抓节水，但目前重点不够突出。生产用水应以行业万元增加值用水定额为纲，逐步与国际接轨，促进产业结构调整；城镇生活用水应向国际节水型国家看齐；生态用水也应该节水，主要是系统规划，狠抓用水后的生态系统改善效益。

4）节水工作体制和机制不够健全完善。法律监督机制不够健全，国家有关节水管理的法规，只有国务院转发的"城市节水管理规定"，全面节水管理还缺少法律依据，监督力度更无从说起；市场激励机制不够完善，目前提高水价已成为大势所趋，但合理水价机制远未形成，水价的提高必须适时、适度、适地，才能真正形成激励机制，使节水形成产业、形成市场；管理体制不够集中有力，节水应该是地域、流域和行业提高用水总效率的统一体，应该有权威机构在统一的法规和政策指导下，互相配合、相互衔接、互为补充、优化配置。这样才能实现用水总效率的科学提高。而目前全国节水管理仍处于分割状态，管理力度不够。

5）节水的科技进步不够及时。节水技术以及节水的监测、管理和实施手段都很落后，与当前高新技术蓬勃发展，有利于水资源的高新技术产业迅速形成的局面形成反差。

上述问题中，最主要的是机制问题。节约用水涉及各行各业，千家万户，单靠政府行为，没有市场推动，没有政府引导，节水也必然难见成效。强有力的政府推动和切实有效的广大用水户的积极自觉行动相结合，才可能开创广东省节水工作的新局面。

4.2.2 节水潜力分析

（1）农业

农业节水潜力主要体现在灌溉水利用系数的提高上。相比之下，广东省的灌区基本上都未能达到规范的要求。根据2013年水资源公报数据，如果广东省的灌溉水利用系数能够从 2013 年的平均 0.53，提高到接近发达国家的水平，即接近 0.7 左右，则广东省农田灌溉用水可以节省约三分之一，加上林牧渔业的节水量，相比 2013 年节水潜力达到 22.39 亿 m^3。广东省农业节水潜力的分析结果见表 4.2。

表 4.2 广东省农业节水潜力（相比 2013 年）

行政区	发展阶段	有效灌溉面积/万亩	农田实灌面积/万亩	灌溉水利用系数	农田灌溉用水定额/(m^3/亩)	农业灌溉需水量/万 m^3	农业灌溉节水潜力/亿 m^3
广州市	2013 年水平条件	109.8	109.5	0.57	751.2	35456.0	1.24
	节水指标条件	109.8	109.5	0.68	661.0	23066.4	
深圳市	2013 年水平条件	3.2	2.5	0.59	477.0	623.0	0.02
	节水指标条件	3.2	2.5	0.68	419.7	433.4	
珠海市	2013 年水平条件	14.1	14.1	0.54	567.9	3637.0	0.10
	节水指标条件	14.1	14.1	0.62	499.7	2645.5	
汕头市	2013 年水平条件	62.2	61.4	0.53	736.6	21518.0	0.57
	节水指标条件	62.2	61.4	0.61	648.2	15834.1	
佛山市	2013 年水平条件	47.3	46.9	0.49	812.2	19654.8	0.55
	节水指标条件	47.3	46.9	0.58	714.7	14152.1	
顺德区	2013 年水平条件	1.8	1.8	0.49	900.3	833.3	0.02
	节水指标条件	1.8	1.8	0.58	792.2	603.9	
韶关市	2013 年水平条件	187.4	180.9	0.53	717.8	63294.9	1.67
	节水指标条件	187.4	180.9	0.61	631.6	46615.9	
河源市	2013 年水平条件	159.1	154.8	0.53	660.7	49571.5	1.30
	节水指标条件	159.1	154.8	0.61	581.4	36539.9	
梅州市	2013 年水平条件	191.2	186.9	0.51	713.7	66276.1	1.69
	节水指标条件	191.2	186.9	0.59	628.0	49376.7	
惠州市	2013 年水平条件	163.8	147.5	0.53	813.1	62504.1	1.65
	节水指标条件	163.8	147.5	0.61	715.5	45994.0	
汕尾市	2013 年水平条件	108.4	86.8	0.53	764.7	38532.1	1.03
	节水指标条件	108.4	86.8	0.61	672.9	28255.8	
东莞市	2013 年水平条件	19.7	19.7	0.59	369.7	2966.5	0.09
	节水指标条件	19.7	19.7	0.68	325.3	2059.8	
中山市	2013 年水平条件	23.3	23.0	0.64	760.2	6441.0	0.18
	节水指标条件	23.3	23.0	0.70	669.0	4684.4	
江门市	2013 年水平条件	190.5	184.5	0.52	772.3	71320.9	2.13
	节水指标条件	190.5	184.5	0.61	679.7	50036.9	

续表

行政区	发展阶段	有效灌溉面积/万亩	农田实灌面积/万亩	灌溉水利用系数	农田灌溉用水定额/(m³/亩)	农业灌溉需水量/万 m³	农业灌溉节水潜力/亿 m³
阳江市	2013 年水平条件	128.5	119.8	0.54	749.1	44035.4	0.77
	节水指标条件	128.5	119.8	0.57	659.2	36300.4	
湛江市	2013 年水平条件	343.6	290.9	0.51	644.9	108116.6	1.83
	节水指标条件	343.6	290.9	0.54	567.5	89820.3	
茂名市	2013 年水平条件	231.2	198.4	0.51	936.5	106365.3	1.86
	节水指标条件	231.2	198.4	0.54	824.1	87805.8	
肇庆市	2013 年水平条件	175.1	171.1	0.52	565.0	47743.3	1.23
	节水指标条件	175.1	171.1	0.59	497.2	35484.4	
清远市	2013 年水平条件	210.7	182.2	0.53	729.4	71796.4	1.58
	节水指标条件	210.7	182.2	0.59	641.9	56040.4	
潮州市	2013 年水平条件	53.7	53.5	0.53	682.5	17213.3	0.45
	节水指标条件	53.7	53.5	0.61	600.6	12666.5	
揭阳市	2013 年水平条件	121.2	111.0	0.53	885.1	50214.9	1.33
	节水指标条件	121.2	111.0	0.61	778.9	36919.2	
云浮市	2013 年水平条件	110.3	107.4	0.52	795.6	42262.1	1.09
	节水指标条件	110.3	107.4	0.59	700.1	31385.3	
全省	2013 年水平条件	2656.1	2454.4	0.53	736.7	926540.2	22.39
	节水指标条件	2656.1	2454.4	0.59	648.3	702612.3	

（2）工业

根据 2013 年水资源公报数据，分析工业各行业现状用水水平与节水指标实现条件下用水定额的差距，各行业现状用水的重复利用率与节水标准可能达到的最大重复利用率，并采用基准年各行业的工业产值估算工业节水潜力，分析结果见表 4.3。从表中可见，广东省的现状工业用水定额还很高，相当于发达国家的 5～15 倍；现状的重复利用率还很低，多数地级市的工业用水重复利用率在 50%～60% 范围内；现状的综合漏失率也比较高。因此，广东省工业用水有很大的节水潜力，相比 2013 年广东省工业节水潜力高达 37.73 亿 m³。表中节水指标条件为广东省的工业采取各种节水措施后可以达到的最优的用水指标；节水潜力为在现状工业增加值规模的基础上，如果用水指标达到节水指标条件下的指标后可能节约用水量，但由于将来随着定额的降低，工业增加值同时也会大幅度增长，所以实际的节水量没有这么多。

表4.3 广东省工业节水潜力（相比 2013 年）

行政区	发展阶段	工业增加值/亿元	工业用水定额/(m³/万元)	重复利用率/%	工业管网漏失率/%	非自备水源工业取水量/万 m³	工业节水潜力/亿 m³
广州市	2013 年水平条件	4754.85	85.05	84.5	13	40.44	6.25
	节水指标条件	5871.00	45.00	88	11	/	
深圳市	2013 年水平条件	5889.05	9.38	88.9	14	5.52	0.59
	节水指标条件	7014.00	9.00	90	10	/	
珠海市	2013 年水平条件	775.57	18.19	82.4	16	1.41	0.30
	节水指标条件	2082.00	13.00	86.4	10	/	
汕头市	2013 年水平条件	751.92	22.68	84.8	20	1.71	0.22
	节水指标条件	1434.00	18.00	86.9	10	/	
佛山市	2013 年水平条件	2793.03	30.36	52.5	11	8.48	13.85
	节水指标条件	4706.00	22.00	85.4	10	/	
顺德区	2013 年水平条件	1390.74	39.35	55	11	5.47	0.20
	节水指标条件		22.00	85	10	/	
韶关市	2013 年水平条件	360.30	136.97	53.6	18	4.94	1.53
	节水指标条件	728.00	96.00	86.4	12	/	
河源市	2013 年水平条件	311.56	145.49	67.1	14	4.53	0.57
	节水指标条件	625.00	105.00	82.7	11	/	
梅州市	2013 年水平条件	241.24	147.02	69	23	3.55	1.73
	节水指标条件	665.00	103.00	84.2	12	/	
惠州市	2013 年水平条件	1464.70	35.23	76.6	18	5.16	2.48
	节水指标条件	1825.00	36.00	85.1	11	/	
汕尾市	2013 年水平条件	291.12	27.42	68.5	27	0.80	0.71
	节水指标条件	726.00	26.00	83	11	/	
东莞市	2013 年水平条件	2436.14	32.58	65.7	17	7.94	3.44
	节水指标条件	3615.00	28.00	86.1	10	/	
中山市	2013 年水平条件	1404.17	62.54	31	12	8.78	0.90
	节水指标条件	1776.00	45.00	85.9	10	/	
江门市	2013 年水平条件	964.01	52.71	77.5	13	5.08	0.40
	节水指标条件	2490.00	31.00	85.1	11	/	
阳江市	2013 年水平条件	457.78	18.85	73.8	23	0.86	0.36
	节水指标条件	1138.00	12.00	83.3	12	/	
湛江市	2013 年水平条件	726.18	29.25	80.3	15	2.12	0.49
	节水指标条件	2079.00	18.00	86.6	10	/	

行政区	发展阶段	工业增加值/亿元	工业用水定额/(m³/万元)	重复利用率/%	工业管网漏失率/%	非自备水源工业取水量/万 m³	工业节水潜力/亿 m³
茂名市	2013 年水平条件	826.47	20.23	84.7	14	1.67	0.36
	节水指标条件	1542.00	19.00	87	11	/	
肇庆市	2013 年水平条件	737.87	45.15	70.3	15	3.33	0.59
	节水指标条件	1155.00	43.00	83.9	12	/	
清远市	2013 年水平条件	385.68	36.89	66.5	18	1.42	0.31
	节水指标条件	1617.00	23.00	82.7	12	/	
潮州市	2013 年水平条件	412.62	49.13	72	12	2.03	0.21
	节水指标条件	829.00	42.00	83.3	10	/	
揭阳市	2013 年水平条件	962.72	26.37	75	25	2.54	1.93
	节水指标条件	1717.00	23.00	83.9	11	/	
云浮市	2013 年水平条件	231.88	76.22	76.1	15	1.77	0.30
	节水指标条件	557.00	66.00	84.9	12	/	
全省	2013 年水平条件	27426.26	43.59	64.0	16	119.55	37.73
	节水指标条件	44190.00	30.00	88.0	11	/	

（3）城镇生活

生活用水供水设施投资巨大，水质要求很高，因此生产成本较高，其节水的经济效益也较为明显。

节水潜力分析要分析现状各类城镇生活用水定额、城市管网输水损失率与节水指标之差等。随着生活水平的提高，生活用水定额常呈增加趋势，其变化是生活用水正常需求增加与采取节水措施减少需求共同作用的结果，单从生活用水定额的变化不能全面反映节水的作用，应主要根据管网漏失率、节水器具普及程度等的变化，分析城镇生活用水的节水潜力。表4.4为广东省生活节水潜力分析。表4.5为广东省各地级市第三产业用水定额及其节水潜力。

表4.4　广东省各地级市 2020 年生活节水潜力（相比 2013 年）

行政区	现状条件下生活用水量/亿 m³	现状条件下供水综合漏失率/%	2020 年条件下供水综合漏失率/%	2020 年生活节水潜力/亿 m³
广州市	15.95	13	11	0.32
深圳市	11.80	14	10	0.47
珠海市	2.44	16	10	0.15
汕头市	3.92	20	10	0.39
佛山市	5.69	11	10	0.06

行政区	现状条件下生活用水量/亿 m³	现状条件下供水综合漏失率/%	2020 年条件下供水综合漏失率/%	2020 年生活节水潜力/亿 m³
顺德区	2.78	11	10	0.03
韶关市	2.38	18	12	0.14
河源市	2.28	14	11	0.07
梅州市	3.06	23	12	0.34
惠州市	3.78	18	11	0.26
汕尾市	2.48	27	11	0.40
东莞市	9.65	17	10	0.68
中山市	2.79	12	10	0.06
江门市	4.27	13	11	0.09
阳江市	2.20	23	12	0.24
湛江市	4.88	15	10	0.24
茂名市	4.68	14	11	0.14
肇庆市	3.10	15	12	0.09
清远市	3.13	18	12	0.19
潮州市	1.92	12	10	0.04
揭阳市	3.79	25	11	0.53
云浮市	1.79	15	12	0.05
广东省	98.73	16	11	4.94

表 4.5　广东省第三产业节水潜力

节水类型区	情景	第三产业净用水定额/(m³/万元)	综合漏失率/%	第三产业	
				需水量/亿 m³	节水潜力/亿 m³
广州市	现状水平条件	12	15.1	1.32	1.19
	节水指标条件	1.1	8	0.12	
深圳市	现状水平条件	11	15	0.72	0.64
	节水指标条件	1.2	8	0.08	
珠海市	现状水平条件	20	14	0.23	0.21
	节水指标条件	1.6	8	0.02	
汕头市	现状水平条件	19	18	0.40	0.35
	节水指标条件	2	8	0.04	
韶关市	现状水平条件	21	16	0.12	0.11
	节水指标条件	1.6	8	0.01	
河源市	现状水平条件	72	15	0.22	0.19
	节水指标条件	9.2	8	0.03	
梅州市	现状水平条件	70	18.2	0.35	0.31
	节水指标条件	7.7	8	0.04	

续表

节水类型区	情景	第三产业净用水定额/(m³/万元)	综合漏失率/%	第三产业	
				需水量/亿 m³	节水潜力/亿 m³
惠州市	现状水平条件	39	15	0.35	0.33
	节水指标条件	2.4	8	0.02	
汕尾市	现状水平条件	31	18	0.18	0.16
	节水指标条件	3.8	8	0.02	
东莞市	现状水平条件	24	15	0.38	0.33
	节水指标条件	3.2	8	0.05	
中山市	现状水平条件	27	12	0.27	0.24
	节水指标条件	2.9	8	0.03	
江门市	现状水平条件	20	17.4	0.37	0.33
	节水指标条件	2.3	8	0.04	
佛山市	现状水平条件	20	11.9	0.63	0.55
	节水指标条件	2.5	8	0.08	
阳江市	现状水平条件	25	18	0.13	0.11
	节水指标条件	2.8	8	0.01	
湛江市	现状水平条件	23	17.7	0.29	0.26
	节水指标条件	2.5	8	0.03	
茂名市	现状水平条件	23	19.5	0.35	0.30
	节水指标条件	2.9	8	0.04	
肇庆市	现状水平条件	22	21.3	0.28	0.24
	节水指标条件	2.9	8	0.04	
清远市	现状水平条件	72	16	0.31	0.28
	节水指标条件	6.5	8	0.03	
潮州市	现状水平条件	42	18	0.18	0.16
	节水指标条件	3.2	8	0.01	
揭阳市	现状水平条件	38	18	0.37	0.32
	节水指标条件	4.8	8	0.05	
云浮市	现状水平条件	23	22.2	0.09	0.08
	节水指标条件	3.4	8	0.01	
广东省	现状水平条件	20.1	15.9	7.61	6.73
	节水指标条件	2.3	8	0.87	

(4) 建筑业节水潜力

根据《广东省水资源开发利用调查评价》和典型调查的资料，分析出广东省各市现状建筑业用水定额，并根据各地的经济发展预测和中国水利水电科学研究院的建筑业用水定额分析资料制定广东省各市节水指标条件下的建筑业用水定额。根据建筑业现状用水水平与节水指标实现条件下用水定额的差距，估算建筑业节水潜力，见表4.6。

    建筑业的节水主要体现在：①减少漏失，如管网和水龙头的漏失；②使用节水型的建筑材料和预制件。

表 4.6　广东省建筑业节水潜力

节水类型区	情景	建筑业用水定额		综合漏失率/%	建筑业	
		m³/m²	m³/万元		需水量/亿 m³	节水潜力/亿 m³
广州市	现状水平条件	1.2	12	15.1	0.17	0.11
	节水指标条件	0.8	4.5	8	0.06	
深圳市	现状水平条件	1	7.8	15	0.10	0.05
	节水指标条件	0.8	3.7	8	0.05	
珠海市	现状水平条件	1.2	11	14	0.02	0.01
	节水指标条件	0.8	4.1	8	0.01	
汕头市	现状水平条件	3.2	64	18	0.12	0.09
	节水指标条件	1.1	17	8	0.03	
韶关市	现状水平条件	2.5	41	16	0.07	0.04
	节水指标条件	1.1	14.9	8	0.02	
河源市	现状水平条件	2.9	55	15	0.04	0.02
	节水指标条件	1.2	20.2	8	0.01	
梅州市	现状水平条件	1.5	17	18.2	0.02	0.01
	节水指标条件	0.9	6	8	0.01	
惠州市	现状水平条件	1.5	17	15	0.03	0.02
	节水指标条件	1	8	8	0.02	
汕尾市	现状水平条件	2.5	43	18	0.04	0.03
	节水指标条件	1.1	15.3	8	0.02	
东莞市	现状水平条件	1.2	11	15	0.02	0.01
	节水指标条件	0.8	5	8	0.01	
中山市	现状水平条件	0.9	6.7	12	0.01	0.01
	节水指标条件	0.8	3.4	8	0.00	
江门市	现状水平条件	1.5	17.3	17.4	0.03	0.02
	节水指标条件	0.9	6.7	8	0.01	

节水类型区	情景	建筑业用水定额		综合漏失率/%	建筑业	
		m³/m²	m³/万元		需水量/亿 m³	节水潜力/亿 m³
佛山市	现状水平条件	2.2	33	11.9	0.10	0.06
	节水指标条件	1.1	12.1	8	0.04	
阳江市	现状水平条件	1	8.5	18	0.01	0.00
	节水指标条件	0.8	5.1	8	0.01	
湛江市	现状水平条件	1.9	26	17.7	0.06	0.04
	节水指标条件	1	8.1	8	0.02	
茂名市	现状水平条件	1.5	18	19.5	0.03	0.02
	节水指标条件	1	8.5	8	0.02	
肇庆市	现状水平条件	1.4	15	21.3	0.02	0.02
	节水指标条件	0.8	5.5	8	0.01	
清远市	现状水平条件	2.3	36	16	0.05	0.03
	节水指标条件	1.1	13.1	8	0.02	
潮州市	现状水平条件	2.8	50	18	0.05	0.03
	节水指标条件	1.1	16.6	8	0.02	
揭阳市	现状水平条件	2.2	34	18	0.05	0.03
	节水指标条件	1.1	11.8	8	0.02	
云浮市	现状水平条件	3.1	61.2	22.2	0.05	0.04
	节水指标条件	1.1	15.9	8	0.01	
广东省	现状水平条件	2.1	29.5	15.9	1.70	1.25
	节水指标条件	1	7.7	8	0.44	

4.3　广东省重点领域节水规划

4.3.1　农业节水

4.3.1.1　节水目标和控制指标

（1）近期目标与控制指标

2010 年到 2020 年，由于产业结构和土地利用的调整，耕地面积还有所下降。灌溉水利用系数进一步提高，水分生产率达到 1.42 kg/m³；农业灌溉用水总量依然为负增长，农村生态环境明显改善。

该期间内，继续加强渠道防渗衬砌；在有条件的地方大力发展喷、微、管灌等设施，广东省节水灌溉工程控制面积达到有效灌溉面积的 85%；继续调整种植结构；全面推广水稻节水灌溉技术；落实按户、按方、按成本水价计收水费。

广东省平均灌溉水利用系数在 2020 年应达到 0.65（见表 4.7），广东省平均综合亩均毛灌溉用水量应减少到 685 m^3/亩。加强林牧渔业的节水措施。到 2020 年，通过强化节水措施，可节约农业用水约 13.90 亿 m^3。

（2）远期目标与控制指标

2020 年到 2030 年，耕地面积基本保持稳定。灌溉水利用系数进一步提高，水分生产率应达到 1.45 kg/m^3；农业灌溉用水总量还有所下降。

该期间内，基本完成渠道防渗衬砌；喷、微、管灌等设施得到普遍应用，广东省节水灌溉工程控制面积达到有效灌溉面积的 98%；农业用水计量监测全覆盖建立起较为完善的水权和水价制度。

广东省平均灌溉水利用系数在 2030 年应达到 0.70，广东省平均综合亩均毛灌溉用水量应减少到 633 m^3/亩。林牧渔业的节水技术和节水措施得到较充分应用。2020 年到 2030 年，通过强化节水措施，可节约农业用水约 12.89 亿 m^3。

广东省灌溉水及各地市农业用水量变化见表 4.7。

表 4.7　广东省灌溉水利用系数和灌溉毛需水量预测成果

年份	灌溉水利用系数				农田灌溉毛需水量 /10^8 m^3 （多年平均）
	田间水利用系数	渠系水利用系数			
		斗下	斗上	综合	
2000	0.69	0.75	0.9	0.48	238.27
2020	0.79	0.86	0.95	0.65	153.36
2030	0.83	0.87	0.97	0.70	139.02

4.3.1.2　节水方案

基本节水方案以广东省农业现状用水水平与节水水平为基础，保持现有节水增长力度，并考虑其变化趋势与变动幅度，分析不同水平年的节水条件下用水定额、用水效率等指标。不同水平年农业节水基本方案由种植业（水田、水浇地、菜田）灌溉、林果地灌溉、鱼塘补水、大小牲畜用水组成，见表 4.8。在现有的节水力度下，通过开展农业节水示范推广工程，在主要灌区完成渠道衬砌，推广滴灌、喷灌技术，不断增加节水灌溉面积，提高渠系水利用系数，从而使灌溉的毛定额有较大的下降。此外，随着广东省经济的发展，农业种植结构也不断调整，水稻等粮食作物逐渐减少，"三高"农业和生态农业加快发展。因此，即使保持现在的节水增长力度，即按基本节水方案考虑，农业的用水定额也会有一定程度的下降。广东省种植业灌溉的平均毛定额在近期和远期按基本节水方案分别为 733 m^3/亩、678 m^3/亩。

推荐方案是在基本方案的基础上采取一定的强化措施的方案，但也有部分地区根据其实际情况，推荐方案和基本方案相同。农业推荐节水方案见表 4.8。

表 4.8　广东省农业节水规划

水平年	方案	节水灌溉工程/万亩					非工程措施节水灌溉面积/万亩	节水灌溉率/%	灌溉水生产效率/(kg/m³)	水利用净系数	净定额/(m³/亩)	毛定额/(m³/亩)	年净节水量/万m³	年毛节水量/万m³	节水投资/万元	单位节水量投资/(元/m³)	林果毛定额/(m³/亩)	草场毛定额/(m³/亩)	牲畜用水定额[L/(头·日)](综合)	渔塘毛定额/(m³/亩)	林木渔畜毛节水量/万m³	节水投资/万元	单位节水量投资/万元	节水量/亿m³	投资/万元	单位节水量投资/(元/m³)
		合计	渠道防渗	管道输水	喷灌	微灌																				
2000	现状	612.5	589.1	0.9	22.4	0.0	603.7	0.25	1.12	0.48	445	967	/	/	/	0.0	150	250	55	668	/	/	/	/	/	/
2020	基本方案	2148	1585	271	134	43	1940	0.80	1.40	0.60	436	733	0	94998	265120	2.8	117	192	56	514	44002	243637	5.5	13.90	505115	3.6
	推荐方案	2331	1739	329	164	45	2044	0.85	1.42	0.65	436	685					109	182	45	480						
2030	基本方案	2429	1685	431	217	88	2351	0.94	1.43	0.65	434	678	0	82331	263247	3.2	108	178	56	477	46569	281150	6.0	12.89	539193	4.2
	推荐方案	2532	1764	449	227	93	2468	0.98	1.45	0.70	434	633					101	153	45	446						

农业节水的重点是种植业用水，由于种植业的净用水定额随着种植技术的进步有一定的下降，且节水工作较为困难，因此不对其采取强化节水措施，推荐方案中的种植业净用水定额与基本方案相同。种植业节水主要体现在灌溉水利用系数上，通过加强对灌区的改造，预计广东省平均可以在基本方案的基础上灌溉水利用系数提高 4 ~ 5 个百分点。按广东省现有农业供水渠系实际情况，估计未来灌溉水利用系数在 2020 年、2030 年分别提高至 0.65、0.70 以上是可能的，其节水效果较显著，可作为推荐方案。

对于一些灌溉用水定额较低，水利用系数较高的地市来说，由于在基本方案的基础上种植业用水效率也能得到一定程度的提高，不再采取强化节水措施。此外，有些地区水资源较为丰富，经济发展较为落后，在保持现有节水力度的情况下不采取强化节水措施，即其基本方案和推荐方案的数据是相同的。具体数据见表 4.8。

林牧渔畜业的用水也有较大的节水潜力，加强节水措施后，其用水定额会比基本节水方案有进一步的下降。

4.3.1.3　农业节水措施

（1）渠道防渗

土渠渗漏损失大，目前损失率约 50% ~ 70%，渠道防渗节水效果显著，是农业节水工程技术的重点。规划广东省渠系衬砌率 2030 年达到 60%，灌溉水利用系数从现在的 0.48 左右，在远期（2030 年）要提高到约 0.70。

农业节水重点放在现有大中型灌区渠道防渗、建筑物的维修更新和田间工程配套等节水技术改造上，对灌区实施"两改一提高"。

（2）发展喷、微、管灌技术

喷、微、管灌技术是农业灌溉的一个发展方向，但其成本较高。发展喷、微、管灌技术的重点近期主要放在较干旱的雷州半岛等地，以及部分农业农场，中期和远期逐步向有条件的地区推广。

（3）水窖节水灌溉工程技术

广东省粤北石灰岩地区建立雨水集蓄水窖工程，收集雨水，减少对山地的冲刷，收集的雨水用以灌溉及作为人畜生活用水。

（4）稻田节水灌溉技术

广东省是我国稻谷主产区，水稻节水灌溉是广东省发展节水农业的主要内容，发展水稻"薄、浅、湿、晒"灌溉方式不仅可以节水，还可以增产，全部稻田采用"薄、浅、湿、晒"灌溉方式，一年可在原有基础上节水约 3.5 亿 m^3，应该作为农业节水的一个重点。要平田整地开展田间工程改造，地面灌溉用水损失中田间部分损失占到35% 左右，对水浇地和菜田来说损失更大，说明田间节水潜力很大。实施田间工程改造，投资省，效益大，节水增产效果良好。

4.3.1.4 投资估算与效益评估

（1）投资估算

由工程措施、农业措施、管理措施投资三部分组成，2020～2030 年总投资合计 53.9 亿元。广东省平均单位节水量投资 2020 年 3.6 元/m³，2030 年 4.2 元/m³（见表 4.9）。

表 4.9 广东省农业节水规划成果

水平年		2000	2020	2030
节水灌溉工程 /万亩	渠道防渗	589.1	1739	1764
	管道输水	0.9	329	449
	喷灌	22.4	164	227
	微灌		45	93
	合计	612.5	2331	2532
非工程措施节水灌溉面积/万亩		603.7	2044	2468
节水灌溉率/%		0.25	0.85	0.98
灌溉水分生产效率/（kg/m³）		1.12	1.42	1.45
水利用系数		0.48	0.65	0.70
种植业灌溉	净定额/（m³/亩）	445	436	434
	毛定额/（m³/亩）	967	685	633
	年净节水量/万 m³	/	/	/
	年毛节水量/万 m³	/	94998	82331
	节水投资/万元	/	265120	263247
	单位节水量投资/（元/m³）	/	2.8	3.2
林牧渔畜业	林果毛定额/（m³/亩）	150	109	101
	草场毛定额/（m³/亩）	250	182	153
	牲畜用水定额/[L/（头·日）]	55	45	45
	鱼塘毛定额/（m³/亩）	668	480	446
	林木渔畜毛节水量/万 m³	/	44002	46569
	节水投资/万元	/	243637	281150
	单位节水量投资/（元/m³）	/	5.5	6
合计	节水量/亿 m³	/	13.90	12.89
	投资/万元	/	505115	539193
	单位节水量投资/（元/m³）	/	3.6	4.2

（2）节水效益

节水效益：在多年平均条件下，节水前、后对比，2020～2030 年节约 12.89 亿 m³。

直接效益：2030 年与 2000 年比可节约 43.03 亿 m³ 农业用水，每吨水按 0.12 元计算，可节约 5.16 亿元。

节水转移效益：主要体现在节约的农业用水转为工业和生活用水后，能获取更高的用水效益，这也是农业节水效益的体现。

减污效益：经估算，由于农田灌溉水量减少，2030 年比 2000 年少用水 43.03 亿 m³，全年可以减少肥料流失量约为 25.0 万 t，减少肥料投入 3.43 亿元。

4.3.2　工业节水

4.3.2.1　节水目标和控制指标

（1）近期目标与控制指标

从 2010 年至 2020 年，预计广东省工业仍有快速增长，在此期间，广东省工业 GDP 年增长应为 8.0% 左右，而随着产业结构的进一步调整及企业技术改造和更新换代，取用水量的增长可控制在每年约 2.9% 以下。工业用水弹性系数为 0.35。

到 2020 年，广东省工业用水重复利用率（含乡镇工业）由 2010 年的 65% 提高到 80% 以上。工业万元 GDP 取水定额从 2010 年的 108 m³/万元下降到约 66 m³/万元。

该期间内，水资源的管理制度日益完善，建立起企业的用水计量、用水统计上报制度和用水定额管理制度。广东省的工业用水水平在此期间内达到中等发达国家的水平。

虽然在此期间工业用水定额继续快速下降，但由于工业 GDP 保持高速增长，工业用水总量还是有较大的增长，因此，还要大力加强工业节水，预计采取强化节水措施后，广东省可以节约工业用水 22.95 亿 m³。

（2）远期目标与控制指标

从 2020 年至 2030 年，预计广东省工业仍平稳增长，在此期间，广东省工业 GDP 年增长应为 6.2% 左右，随着产业结构的进一步调整及企业技术改造和更新换代，取用水量的增长可控制在每年仅为 1.2%。工业用水弹性系数降为 0.20，在此期间，部分地级市的工业用水量达到最高峰，有的出现负增长。

到 2030 年，广东省工业用水重复利用率（含乡镇工业）由 2020 年的 80% 提高到约 93%。工业万元 GDP 取水定额从 2020 年的 66 m³/万元下降到约 40 m³/万元。

该期间内，水资源的管理制度已经完善。广东省的工业用水水平在此期间内接近发达国家的水平。

虽然在此期间工业用水定额继续快速下降，但由于工业 GDP 还有较大增长，工业用水总量还是有一定的增长，加上对环保的日益重视，对工业用水的管理也将日益严格，还将大力加强节水，预计采取强化节水措施后，广东省在此期间可以节约工业用水 23.34 亿 m³。

根据水利部南京水利科学研究院的《二、三产业用水与节水指标研究》中的资料，发达国家如美国和日本的工业万元增加值取水量从 1980 年到 1995 年都在快速下降，预测全国未来 30 年的工业万元增加值取水量也将呈比较稳定的下降趋势，根据本次研究预测，广东省工业万元增加值取水量在未来 30 年也将平稳下降，下降率见表 4.10，通过对比，广东省工业万元增加值取水量的控制目标在未来 30 年是有把握实现的。

表 4.10 不同地方的工业万元增加值取水量年下降速率比较

年际区间	美国	日本	中国（预测）	广东省 （本次规划预测值）
1980～1990	16%	18.9%	/	/
1990～1995	11%	13.7%	/	/
2000～2020	/	/	13.7%	11.2%
2020～2030	/	/	3.3%	4.7%

注：除广东省数据外其余数据引自水利部南京水利科学研究院《二、三产业用水与节水指标研究》。

4.3.2.2 节水方案

以广东省工业现状用水水平与节水水平为基础，保持现有节水增长力度，并考虑其变化趋势与变动幅度，分析不同水平年的节水条件下用水定额，用水效率等指标，拟订基本方案，见表 4.11。由于广东省的工业在规划期内处于快速发展阶段，产业结构在不断地调整，企业的产品甚至企业本身都更新得非常快，各种生产工艺和节水工艺都会有很大的进步，再加上企业的用水成本和排污成本不断提高，节水将成为众多企业的自觉要求。因此，即使保持现在的节水增长力度，即按基本方案考虑，工业用水定额也会有较大程度的下降。广东省万元工业 GDP 取水定额在近期、中期和远期规划中按基本节水方案分别为 113 m³/万元、73 m³/万元、44 m³/万元。

不同节水力度方案则是在现状用水效率和用水水平评价及节水潜力的基础上，依据上述不同水平年（不同时期）确定的工业节水发展目标与控制用水指标以及工程节水和技术措施节水组合情况，生成各种可供选择的节水方案，并初步对其中提高用水效率作用显著、投资合理、节水效果好、边际成本较少的节水方案进行比较，从而提出不同水平年，不同节水力度的方案，最终确定工业节水的推荐方案，推荐方案是在基本方案的基础上采取一定的强化措施的方案，但也有部分地区根据其实际情况，推荐方案和基本方案相同。工业推荐节水方案见表 4.11。

按广东省的工业用水发展情况，参考全国技术工作组的规划年工业定额推荐值，通过强化节水后可使广东省的工业水重复利用率在 2020 年、2030 年分别提高至 80%、93%，工业万元 GDP 综合取水定额在 2020 年、2030 年分别降至 66 m³/万元、40 m³/万元，节水效果较显著，可作为推荐方案。按推荐方案，广东省的工业用水量在近期、远期分别控制在 207 亿 m³、230 亿 m³ 左右。

表 4.11   广东省工业节水规划

水平年	方案	工业GDP/亿元	工业增加值增长率/%	工业用水增长率/%	工业用水弹性系数	综合重复利用率/%	综合用水定额/(m³/万元)	综合漏失率/%	年节水量/亿m³	节水投资/亿元	单位节水量投资/(元/m³)
2000	基本方案	4775	/	/	/	43	233	16	/	/	/
2020	基本方案	32797	7.9	3.4	0.43	75	73	16	22.95	16.8213	0.7
	推荐方案	32797	7.9	2.8	0.35	80	66	12			
2030	基本方案	59857	6.2	1.0	0.19	89	44	16	23.34	21.9783	0.9
	推荐方案	59857	6.2	1.1	0.20	93	40	8.0			

4.3.2.3 节水措施

重点抓好火电、化工（含石化）、造纸、冶金、纺织、建材、食品、机械等行业的节水发展，这八大行业用水占工业总用水的近 80%（合乡镇工业），有较大的节水潜力。各行业节水技术方向重点分述如下：

（1）火电行业

加强对中小容量电厂生产设备的节水技术改造，关停小火电厂，建立闭路循环用水方式；加强汽机循环冷却水浓缩信率的研究、开发新型药剂，提高循环冷却水的浓缩倍率；工业废水和化学废水分别处理，回用于间接冷却水系统及冲灰系统；冲灰水系统尽可能实施干式除灰、浓缩输灰；沿海地区火电厂要充分利用海水资源；建设节水型火电厂。

（2）化工行业（含石油化工）

开发新型药剂，增加循环冷却水的浓缩倍数，推行废污水处理回用和海水利用技术；提高生产用水循环利用率和水的回用率；推广应用节能型人工制冷低温冷却技术，开发应用高效节能换热技术；对缺水地区推广空冷技术；推行清洁生产战略，提高工艺节水水平；加强化学工业水处理技术和设备的研究开发；改进生产工艺，使工艺节水水平有较大提高。

（3）造纸行业

大力研制和推广造纸黑液治理技术、白水回收技术及设备，提高造纸白水的回收利用率，并尽可能采用废纸做造纸原料，压缩取水量；采用盘磨机械制浆新工艺，推广高压冲洗技术，减少制纸机的冲洗用水。

（4）冶金行业

推广耐高温无水冷却装置，减少加热炉的用水量；推广干熄焦工艺，减少炼焦用水；以企业为节水系统，开展工序节水，推行一水多用、串用、回用技术和水-热交换的密闭循环水系统。

（5）纺织行业

推广一水多用、逆流漂洗工艺和海水印染技术等节水型新工艺、新技术；开展工序节水，提高工序间的串联利用量。

（6）建材行业

加快水泥、玻璃工业和水泥制品、石棉水泥制品业的技术革新改造步伐，水泥工业优先发展以预分解技术为中心的水泥新型干法工艺、设备，提高新型干法工艺比例，加快进行湿法窑改造；全面推广建材行业污水处理、冷却废水回收利用、锅炉冷凝水回用等先进节水技术。

（7）食品行业

对酒精制造业，推广双酶法淀粉发酵工艺和节水型冷却设备，开发应用高温酵母菌，节约冷却水，推广应用细菌发酵工艺；对啤酒制造业推广高浓度糖化发酵技术，减少冷却水用量；对罐头制造业推广先进的节水罐装技术和高逆流螺旋式冷却工艺技术，采用节水的清洁和灭菌工艺。

（8）机械行业

直流用水系统改为循环用水、循序用水或串联用水；研究和发展含酚、电镀、含铅等废水处理回用技术、逆流漂洗技术，提高污废水回用率，积极推广全排放废水处理回用技术。

4.3.2.4　投资估算与效益评估

（1）节水投资

节水投资包括：节水设施的折旧大修费，动力费，材料费，基本工资和其他费用。2000~2030年工业节水工程总投资为42.96亿元，其中2020~2030年总投资为21.98亿元。广东省平均单位节水量投资2020年0.7元/m³，2030年0.9元/m³（见表4.12）。

表4.12　工业节水规划成果

水平年	工业GDP/亿元	工业增加值增长率/%	工业用水增长率/%	工业用水弹性系数	综合重复利用率/%	综合用水定额/(m³/万元)	综合漏失率/%	节水量/亿m³	节水投资/亿元	单位节水量投资/(元/m³)
2000	4775	/	/	/	43	233	16	/	/	/
2020	32797	7.9	2.8	0.35	80	66	12	22.95	16.8213	0.7
2030	59857	6.2	1.1	0.2	93	40	8	23.34	21.9783	0.9

（2）工业节水效益

工业节水在节省大量一次性用水基础上，利用工业废水、污水处理回用、中水处理回用，不仅节省了大量投资，而且减少了排污费，保护了生态环境。工业节水也具有广泛的经济效益、环境效益和社会效益。直接经济效益主要体现在供水工程投资的节省和运行费用的减少上；由城镇工业节水措施可知，节水大部分依靠污水及中水处理厂处理回用，这种处理回用的节水措施一方面减少了排污费，更重要的是保护了生态环境，减少了更大范围的环境污染。

通过采取节水措施，广东省 2010~2030 年可节约工业用水约 54.16 亿 m³，每吨水按 2 元计算，可节约 108.32 亿元。

4.3.3 生活节水

4.3.3.1 节水目标和控制指标

（1）近期目标与控制指标

通过保持用水增长和节水之间的平衡，近期（至 2020 年），广东省城镇居民生活用水净定额控制在每天 190 L 以内，毛定额控制在每天 212 L。要求新建民用建筑全部使用节水器具，杜绝跑、冒、滴、漏；家庭的节水器具普及率至 2020 年平均达到 90%以上，平均生活用水综合漏失率在 2020 年控制在 11%。

由于广东省城市化进程在此时期仍会保持较快的速度，2020 年城市用水人口将从2010 年的 6424 万增长到 8013 万。因此，虽然定额水平保持较稳定的水平，但生活用水总量还会有较大增长。采取一定的节水措施后，到 2020 年，广东省城镇居民生活用水可节约 4.99 亿 m³。

（2）远期目标与控制指标

预计在此期间内主要的用水项目不会有大的增加，增加的生活用水主要为绿化、浴缸等用水，节水器具已得到普及，市民也有了较高的节水意识，人均生活净用水定额在此时期内仍会保持稳定。由于供水管网的管理和更新改造使供水的综合漏失率继续下降，因此生活毛用水定额会有所降低。到远期（2030 年），广东省城镇居民生活用水净定额控制在每天 190 L 以内，与 2020 年基本相同，毛定额控制在每天 206 L；家庭节水器具普及率在 2030 年平均达到 96%以上，部分城市达到 100%，平均生活用水综合漏失率控制在 8%。

由于广东省城市化进程速度在此时期内有所放缓，但仍会保持较快的速度，2030年城市用水人口将从 2020 年的 8013 万增长到 8938 万。因此，虽然定额水平基本不变，但生活用水总量还会有一定增长。采取一定的节水措施后，2020 年到 2030 年，广东省城镇居民生活用水可节约 7.65 亿 m³。其中，部分城镇生活用水量在此时期达到增长高峰后，开始有所下降。

4.3.3.2 节水方案

基本节水方案以广东省城镇生活现状用水水平与节水水平为基础，保持现有节水增长力度，并考虑其变化趋势与变动幅度，分析不同水平年的节水条件下用水定额，用水效率等指标，见表4.13。如果不采取强制节水措施，居民生活用水定额未来会略有增长。按照基本方案，广东省在近期和远期的居民生活用水净定额平均为 192 L/（人·日）、193 L/（人·日），毛定额平均为 230 L/（人·日）、230 L/（人·日）。

广东省的居民生活用水净定额下降的空间很小，采取的节水措施主要是控制生活用水定额的增长。生活节水的重点在于减少综合漏失率，特别是供水管网的漏失率。按照推荐方案，广东省在近期和远期的居民生活用水净定额平均为 190 L/（人·日）、190 L/（人·日），基本上没有什么大的变化，部分原来定额较低的城市会有所提高；综合漏失率在将来会有较大的下降，近期和远期的生活用水综合漏失率为 11%、8%，居民生活用水毛定额近期、中期和远期平均为 212 L/（人·日）、206L/（人·日）。净定额水平低于国家标准的规定。

表4.13 城镇生活节水规划

水平年	方案	用水人口/万人	城镇生活用水定额/[L/(人·日)]		节水量/亿m³	节水投资/亿元	单位节水量投资/(元/m³)	节水器具普及率/%	综合漏失率/%
			净定额	毛定额					
2000	基本方案	4747	181	215	/	/	/	27	16
2010	基本方案	6424	189	225	2.96	3.6450	1.2	51	16
	推荐方案	6424	186	213				72	12
2020	基本方案	8013	192	230	4.99	7.1660	1.4	81	16
	推荐方案	8013	190	212				90	11
2030	基本方案	8938	193	230	7.65	12.3422	1.6	93	16
	推荐方案	8938	190	206				96	8

4.3.3.3 生活节水措施

（1）加快城市供水管网技术改造，降低输配水管网漏失率

推广预定位检漏技术和精确定点检漏技术，鼓励在建立供水管网 GIS、GPS 系统基础上，采用区域泄漏普查系统技术和智能精定点检漏技术。应用新型管材，逐步淘汰镀锌铁管。推广管道防腐先进技术，开发和应用管网查漏检修决策支持信息化技术。

（2）污水处理回用

积极改造城镇排水网，加快建设生活污水集中排放和处理设施，缺水地区在规划建设城市污水处理设施时，同时安排污水回用设施的建设。建设中水系统，并在试点基础上逐步扩展到居住小区。

4.3.3.4　投资估算与效益评估

（1）城镇生活节水投资

城镇生活节水投入包括：旧供水管道更新项目，更换家庭旧式大流量卫生便器项目，学生公寓装表计量项目。2020～2030年总投资12.34亿元，广东省平均单位节水量投资2020年1.4元/m³，2030年1.6元/m³（见表4.14）。

表4.14　城镇生活节水规划成果

水平年	用水人口/万人	用水定额/[L/(人·日)]		节水量/亿m³	节水投资/亿元	单位节水量投资/(元/m³)	节水器具普及率/%	综合漏失率/%
		净定额	毛定额					
2000	4747	181	215	/	/	/	27	16
2010	6424	186	213	2.96	3.6450	1.2	72	12
2020	8013	190	212	4.99	7.1660	1.4	90	11
2030	8938	190	206	7.65	12.3422	1.6	96	8

（2）城镇生活节水效益

通过采取节水措施，2020～2030年节约7.65亿m³。

城镇生活节水具有较大的社会和生态效益，城镇生活用水近年来增长很快，在广东的不少城市，生活用水已超过工业用水，城镇生活用水还是水体有机污染的主要来源。城镇生活节水不仅可以减少供水工程的投资，还可以减少水体污染。与工业节水的社会与生态效益分析相似，每节省1 m³供水能力，可省投资约15元，每减少1 m³生活污水，可产生环境保护效益约为5.5～6.5元/m³。

4.3.4　建筑业与第三产业节水

4.3.4.1　节水目标和控制指标

（1）近期目标与控制指标

建筑业：近期（至2020年），广东省建筑业单位建筑面积用水定额控制在1.0 m³/m²，万元产值用水定额控制在14.6 m³/万元，建筑业用水综合漏失率要控制在11%左右。

第三产业：近期（至2020年），广东省第三产业用水定额控制在7.1 m³/万元，比2010年的14.9 m³/万元有很大幅度的下降。第三产业需水总量控制在28亿m³左右。

（2）远期目标与控制指标

建筑业：远期（至2030年），广东省建筑业单位建筑面积用水定额控制在0.9 m³/m²，万元产值用水定额控制在 13.7 m³/万元，建筑业用水综合漏失率要控制在 8% 左右。

第三产业：远期（至 2030 年），广东省第三产业万元产值用水定额控制在 4 m³/万元。第三产业需水总量控制在 31 亿 m³ 左右。

4.3.4.2　节水方案

以广东省建筑业和第三产业现状用水水平与节水水平为基础，保持现有节水增长力度，并考虑其变化趋势与变动幅度，分析不同水平年的节水条件下用水定额，用水效率等指标，拟订基本方案，见表 4.15。广东省建筑业和第三产业用水定额目前还处于较高的水平，从节约成本的角度考虑，多数企业比较注意节约用水，加上节水技术的推广，如建筑自脱模技术减少了建筑模板清洗的水量，无水洗车技术节约了洗车用水，有很大的节水潜力；另一方面，建筑业和第三产业高速增长，其万元产值用水定额在将来有较大的下降。按照基本方案，广东省在近期和远期建筑业万元产值用水定额分别为 16.7 m³/万元、15.2 m³/万元，单位建筑面积用水定额分别为 1.1 m³/m²、1.0 m³/m²；广东省在近期和远期第三产业万元产值用水定额分别为 7.9 m³/万元、4.6 m³/万元。

表 4.15　建筑业、第三产业节水规划

水平年	方案	建筑业						第三产业				
		净定额		综合漏失率/%	年节水量/亿m³	节水投资/亿元	单位节水量投资/(元/m³)	净定额/(m³/万元)	综合漏失率/%	年节水量/亿m³	节水投资/亿元	单位节水量投资/(元/m³)
		(m³/m²)	(m³/万元)									
2000	基本方案	1.5	19.3	16	/	/	/	18.6	16	/	/	/
2010	基本方案	1.3	19	16	0.45	0.44	1	16.6	16	3.65	3.61	1
	推荐方案	1.2	16.7	12				14.9	12			
2020	基本方案	1.1	16.7	16	0.63	0.72	1.1	7.9	16	5.12	5.99	1.2
	推荐方案	1	14.6	11				7.1	11			
2030	基本方案	1	15.2	16	0.66	1.02	1.5	4.6	16	6.79	10.66	1.6
	推荐方案	0.9	13.7	8				4	8			

建筑业通过改进混凝土养护技术、采用新式模板、加强生活用水管理、降低管网漏失率等措施，还有较大的节水潜力。第三产业采取的节水措施主要是加强节水器具的推广、实行计划用水和累进水价、减少管网的漏失率等。由于广东省节水基本方案还有一定的节水潜力，通过在基本方案的基础上采取一定的强化节水措施，可以进一步降低用水定额，节约用水，这种加强节水力度的方案可作为节水推荐方案。

按照推荐方案，广东省在近期和远期的建筑业万元产值用水定额分别为 14.6 m³/万元、13.7 m³/万元，建筑业单位建筑面积用水定额分别为 1.0 m³/m²、0.9 m³/m²；广东省在近期和远期的第三产业万元产值用水定额分别为 7.1 m³/万元、4.0 m³/万元；综合漏失率在将来会有较大的下降，近期和远期的生活用水综合漏失率分别为 11%、8%。

4.3.4.3　节水措施

建筑业：加强节水技术的研究，并集成推广，在用水设备上安装计量水表，开展循环用水，对一水多用的新措施、新方法进行集成推广，采用节水型的用水器具。

　　第三产业：建设城市节水监测和预警系统，加快供水管网改造，大力推广节水器具，加强污水处理回用。

4.3.4.4　投资估算与效益评估

　　广东省建筑业、第三产业用水一般取自城市自来水，用水性质与城镇生活用水差不多，所以节水投资也与城镇生活节水类似，措施复杂。节水投资主要用于购置节水器具和分级用水设备等。2020～2030年总投资11.68亿元。

　　广东省建筑业及第三产业平均单位节水量投资2020年1.2元/m³左右，2030年1.6元/m³左右（见表4.16）。

表 4.16　建筑业、第三产业节水规划成果

水平年	建筑业						第三产业				
	净定额		综合漏失率/%	节水量/亿m³	节水投资/亿元	单位节水量投资/(元/m³)	净定额/(m³/万元)	综合漏失率/%	节水量/亿m³	节水投资/亿元	单位节水量投资/(元/m³)
	(m³/m²)	(m³/万元)									
2000	1.5	19.3	16	/	/	/	18.6	16	/	/	/
2020	1	14.6	11	0.63	0.72	1.1	7.1	11	5.12	5.99	1.2
2030	0.9	13.7	8	0.66	1.02	1.5	4	8	6.79	10.66	1.6

　　通过采区节水措施，2020～2030年节约7.45亿m³。

　　和城镇生活节水具有较大的社会和生态效益一样，建筑业、第三产业节水不仅可以减少供水工程的投资，还可以减少水体污染。每节省1m³供水能力，可节省投资约15元，每减少1m³生活污水，可产生环境保护效益约5.5～6.5元。

4.3.5　总体效益评价

　　（1）农业节水的社会和生态效益分析

　　社会效益：通过科学用水、节水灌溉，可大大缓解水资源的供需矛盾与水事纠纷，同时可把农业节余的水转供工业及城市生活，缓解城市用水压力；推行节水灌溉可以促进农业结构调整，提高作物产量和品质，为推进农业产业化经营创造条件，同时可增加农民收入，稳定和发展农村经济，使农民安居乐业，有利于社会稳定。

　　生态效益：推广节水灌溉技术，可减少河道取水，使河道的生态需水量得到保证，地下水超采造成地质性灾害的危机可得到缓解或消除，还可避免漫灌、串灌引起的农药和化肥流失而造成水的面污染，减轻或消除水土流失，促进生态环境良性发展。

　　（2）工业节水的社会与生态效益分析

　　工业节水的社会与生态效益主要体现在两个方面，一是供水工程投资的节省和运行费用的减少。根据水利部的统计，城镇供水设施的建设投资平均约为20元/m³，而

城镇节水设施投资约为 5 元/m^3，因此，每节省一吨供水，可节省投资约 15 元。二是环境保护效益。工业节水一方面减少了排污费，更重要的是减少排污有利于保护生态环境。按 1 m^3 废水可污染 10 m^3 水体、水资源保护及污染水资源处理费 0.8 元/m^3 计算，1 m^3 污水需耗资 8 元用于水资源保护及污染水资源的处理，另加上约为 8.5 元/m^3 的排污费。而污水处理回用费约为 2～3 元/m^3。由此可产生环境保护效益为 5.5～6.5 元/m^3。

（3）城镇生活节水社会与生态效益分析

城镇生活节水具有较大的社会和生态效益，城镇生活污水是水体有机污染的主要来源。城镇生活节水不仅可以减少供水工程的投资，还可以减少水体污染。与工业节水的社会与生态效益分析相似，每节省 1 m^3 生活用水，可节省投资约 15 元，每减少 1 m^3 生活污水，可产生环境保护效益约为 5.5～6.5 元。

（4）提高水资源利用效率

广东省的各项用水指标相对于国际先进水平都还显得很落后，单位用水量的粮食产出和万元工业增加值都比较低，广东省农业灌溉用水的利用率只有 48% 左右，而先进国家达到 70%～80%，甚至更高；广东省单方水粮食生产能力只有 1.1 kg 左右，而先进国家为 2 kg；2000 年广东省万元工业增加值用水量为 189 m^3，分别是日本的 10.2 倍、美国的 4.9 倍。通过节水规划实施，可以使水资源得到更合理的利用，提高水资源的利用效率，至 2030 年广东省灌溉水利用系数将达到 70%，工业用水定额为 40 m^3/万元。

（5）缓解水资源紧缺状况

通过对广东省的供需现状进行分析，正常年份广东省供需总量基本可以平衡，但仍有局部地区出现缺水，干旱年份会出现较严重的缺水，以粤西桂南沿海诸河缺水最为严重，珠江三角洲地区则以水质性缺水为主。随着社会的发展，在一定时期内，广东省对用水的需求还会不断加大，供需矛盾将会更加突出，而气候变化使包括干旱在内的灾害性气候更频繁出现，如 2004 年粤北出现百年一遇的大旱，2004 年和 2005 年连续两年珠江三角洲出现特大咸潮，更是加重了水资源危机。面对水资源日益紧缺的状况，加强节水可提高水资源利用效率，减少浪费，增强抵抗水资源危机的能力。

（6）改善生态环境

广东省的水质污染还在不断加重。东江淡水河、西北江三角洲广州区和佛山区、韩江白莲以下练江区和潮州区等部分河段受到严重污染，供水水质不合格率达 19%，受污染的河段主要为流经城市河段。随着社会经济的发展，广东省人口不断增加，由于对水的需求的急剧增长，盲目的开采和开发利用水资源对我们赖以生存的生态环境也造成了较大的影响。

广东省工业发达，工业废污水排放量大，环境污染严重。必须改善工艺水平，加强工业节水，以减少废污水的排放量，从而改善城市生态环境。同时也要加强生活节水，减少生活污水排放量。

4.4　广东省节水型社会建设重点项目

4.4.1　东莞市节水型社会建设试点推进

节水型社会建设试点是建设节水型社会的重要途径之一，其意义在于为全面建设节水型社会提供实践经验，典型引路，逐步推广。迄今广东省深圳市节水型社会建设试点进展顺利，按试点期安排在 2010 年完成本期试点工作，并在 2012 年通过了节水型社会建设试点验收，被授予"全国节水型社会建设示范市"称号；东莞市已完成《东莞市节水型社会建设规划》的编制，铺开试点工作。

东莞市于 2008 年 11 月被确定为全国第三批节水型社会建设试点，2011~2012 年为东莞市节水型社会建设试点期的最后两年。根据《东莞市节水型社会建设规划》，2011~2012 年东莞市节水型社会建设试点的分年实施进度计划见表 4.17。

表 4.17　东莞市节水型社会建设试点年度实施进度计划

项目类别	试点建设内容
管理体制与运行机制建设	制度建设，技术标准建设，专题研究
工业节水工程示范项目	环保工业园建设，纺织、饮料、电子行业节水改造，计量设备安装
城镇生活及第三产业节水工程示范项目	第三产业节水改造，节水器具普及
非常规水源利用工程示范项目	雨水积蓄利用示范工程，中水回用示范工程
监测管理体系示范建设	地表水环境监测站网建设，地下水监测，水源地安全信息管理系统，咸潮上溯监测
节水型社会能力建设	人员培训，宣传教育

4.4.2　广东省节水型社会能力建设重点项目

落实"三条红线"，实行最严格的水资源管理制度，实现水资源管理与节水管理制度的统一是广东省节水型社会建设的战略重点之一。节水型社会能力建设是在节水工作中贯彻落实最严格的水资源管理制度的重要途径，针对现状实际，广东省应对计划用水制度、取用水计量设施及水资源实时监控系统、"两口一区"管理信息系统实施重点建设，把握落实"三条红线"相关管理要求的核心，推动水资源管理方式的科学转变，完善节水管理的制度和措施体系，提高节水管理的约束力。

4.4.2.1　广州市计划用水管理示范建设

广州市是广东省经济社会发展与水资源开发利用现状特征较为鲜明的地市，国内四大一线城市之一，经济社会发展水平高，2008 年的人均 GDP 仅次于深圳，工业、建筑业、第三产业均很发达。但与深圳市不同的是，广州市农业生产规模不小，境内流溪河灌区为广东省三个大型灌区之一，2008 年广州市农业用水量为 15.01 亿 m³，仅次于茂名、湛江、江门、梅州，居广东省第 5 位。由于三次产业均很发达、人口众多，广州市 2008 年总用水量占广东省总用水量的 17%，人均综合用水量达到 774 m³，均居广东省之首。

（1）广州市计划用水管理现状

广州市 1992 年就制定了《广州市城市计划供水和节约用水管理办法》，2008 年 1 月 1 日起正式实施《广州市城市供水用水条例》，现已着手开展对所有非居民用水的计划管理，2008 年全市非居民计划用水率达到 66%。

（2）建设思路

规划通过 3 年的建设，完善广州市计划用水管理制度体系，充实计划用水管理内涵，丰富计划用水管理措施，为广东省其他地市非居民计划用水管理提供示范经验。

广州市自 2008 年 1 月 1 日正式实施《广州市城市供水用水条例》后，强化了非居民用水计划管理，将过去只将用水大户纳入计划管理改为对所有非居民用水实行计划管理；设定了非居民用水申请、计划下达、计划调整的法定程序，调整了超计划加价收费的计费办法。广州市计划用水管理的基本框架和模式与深圳市差别不大，在示范建设期间可仍以该模式为主体：

首先按深圳市的成功经验，将工业企业水量平衡测试制度化，作为评估非居民用水户既往用水效率、制定其合理计划用水量的约束性条件。在此基础上充实计划用水管理内涵，通过扩大计划用水管理组织和参与管理部门的范围，将减排要求融入计划用水管理框架，将用排水户既往达标排放记录作为批准申请用水量的又一约束条件；这一创新应作为广州市计划用水管理示范建设的重点，探索将节水减排、"三条红线"贯穿于需水、用水管理过程的有效模式。

4.4.2.2 广东省"两口一区"管理信息系统建设

"两口一区"即取水口、入河排污口及水功能区，是水行政主管部门实施水资源管理的对象和载体；同时，取水口、入河排污口的取排水行为及水功能区的利用功能和保护要求是否得到贯彻决定了广东省的水资源开发利用是否符合资源节约、环境友好的可持续模式。只有准确掌握各取水口、入河排污口的信息才能正确地分析不同地区、不同行业、不同取排水户间用水效率和排水行为的优劣，明确节水减污管理工作的重点区域和对象。同时，"两口一区"管理是水资源管理的基础，是核心内容之一，水资源的保护、配置、调度均依赖于对"两口一区"的有效管理。

从迄今为止节水管理工作的进展来看，广东省各地区间节水数据统计分析、计划用水管理的水平参差不齐，其主要原因是对"两口一区"信息的掌握程度存在差异。当前广东省的取、排水口监控系统建设刚刚起步，对取、排水口及水功能区的管理普遍采用的仍是"谁审批，谁负责统计分析"的方式，数据统计不系统，管理交叉、管理效率较低的情况并不鲜见，取水口、入河排污口、水功能区的现状管理存在较严重的信息缺口，数据缺位情况严重，使水行政主管部门的管理深度不足，难以形成点面结合的立体化高效管理体系，无法适应计划用水管理的需要。

节水管理是数据驱动的技术管理，信息化是现代化节水管理的基本特征之一，也是目前在全国范围内大力推进的管理改革重点，管理信息系统的建设是解决当前广东省"两口一区"管理瓶颈问题的重要契机，也符合全国水利信息化的发展趋势。广东省应整合现有的取水口、入河排污口及水功能区划信息，调查掌握信息的最新变化，建设"两口一区"管理信息系统，推动节水管理手段的革命。

主要建设内容包括：整合近年来的取水口、排水口普查成果，广东省各级水行政主管部门对已有的取水口、排水口进行监管登记数据，总结广东省地表水功能区确界立碑成果、地下水功能区划成果，建立广东省取水口、排水口及水功能区划信息数据库和信息分析、决策支持模块。

4.4.2.3　珠海市水资源实时监控与管理系统建设

2004年以来，在国家发改委的大力支持下，水利部组织开展了城市水资源实时监控与管理系统建设试点工作，共在18个省、自治区、直辖市安排试点城市24个。珠海市是广东省第一个列入全国城市水资源实时监控与管理系统建设试点的城市。珠海市水资源实时监控与管理系统项目于2006年11月由珠海市发改局批复立项，建成后将在珠海市水资源常规和应急管理的诸多方面发挥重要作用，显著提升珠海市的水务一体化管理能力，为实现精细化、科学化、信息化、现代化的节约用水管理创造极为有力的操作平台和数据支持，也将促进节约用水管理能力的显著提升。

珠海市水资源实时监控与管理系统由信息采集系统、通信与计算机网络系统、决策支持系统、远程监控系统四个子系统组成。信息采集系统是水资源实时监控与管理系统的基础，包括水情、雨情、工情、旱情、咸情等信息的采集和报送；通信与计算机网络系统是数据传输和信息交流的技术支持和保障，通信系统包括光纤通信、PSTN有线电话通信、移动通信、短信业务、超短波通信等通信方式，计算机网络包括骨干广域网、局域网两类；决策支持系统是水资源实时监控与管理系统的核心，包括咸潮预报预警、河道-水库-水厂联合调度、水资源管理模型等；远程监控系统由实时监视管理、远程控制管理两部分组成。

4.4.3　工业节水重点工程——八大行业节水改造行动

工业是广东省用水大户，2008年广东省工业用水量占广东省总用水量的30%，火电、化工、造纸、纺织、食品、建材、钢铁、机械八大行业是工业的高耗水行业，这些行业大部分属广东省规模以上工业企业数量和工业增加值居前10位的行业，是广东省工业支柱行业，占工业总用水量的比例可观。广东省现状万元工业增加值用水量为80 m^3，在全国仅处于中等水平，节水潜力很大。且本规划前述工业节水方案已安排了较为严格的目标，工业节水的压力不小。

根据《广东省水资源管理条例》精神，针对上述八大高耗水行业开展节水改造行动，既抓住用水大户的节水工作，又可起到行业节水的带头和示范作用。因此，根据《中国节水技术大纲》和国家、省的有关规定，对火电、化工、造纸、纺织、食品、建材、钢铁、机械等八大高耗水行业采用"研究"、"开发"、"推广"、"限制"、"淘汰"、"禁止"等措施，积极推广先进适用的节水技术，加快淘汰落后的用水工艺和用水设备，对其中的重点用水企业实行强制性节水技术改造，落实节水措施，健全用水管理制度，不断提高企业用水效率。

（1）改造行动目标

通过实施八大行业节水改造行动，使参加行动的企业全部建成节水型企业，工业用水重复利用率、主要产品用水定额达到国内同行业先进水平，带动广东省工业用水水平大幅提高，实现工业节水方案提出的节水目标。

（2）行动范围

行动范围为广东省火电、化工、造纸、纺织、食品、建材、钢铁、机械八大高耗水行业，重点为年用水量位于本行业前列的用水大户、排污大户。各地市可从兼顾行业平衡的角度，结合本地实际补充确定主导产业中的用水大户参加行动。

各地市参加八大行业节水行动的具体企业名单，由各地市水务（利）局、节水办会同经贸委、发改委，按参加行动企业年用水量占当地工业年用水总量70%的要求确定。

（3）行动内容

1）编制企业节水改造实施方案

组织参与行动企业开展水平衡测试，摸清企业用水现状，查找问题，挖掘潜力，提出切实可行的节水措施。在此基础上，进一步制定、完善企业节水的具体实施方案，并认真组织实施。方案要求目标明确，重点突出，措施有力，投资落实，并有年度实施计划。

2）建立健全企业用水管理制度

完善企业用水三级计量体系，参与行动企业要按规定配备合格的用水计量仪表，一级表计量率要求100%，二级表计量率要求90%以上。制定、完善企业用水、节水管理办法，建立健全企业内部用水考核体系，按定额层层分解用水指标，定期进行考核，奖惩兑现。加强企业用水、节水统计，建立健全企业用水原始记录和统计台账，按时进行用水、节水统计和用水合理性分析，定期向水行政主管部门报送用水报表。加强企业用水设施管理。进一步完善企业用水"四个一"管理制度，实施企业取水口、排水口规范化整治，完善企业供排水管网图、用水设施分布图和计量网络图，管理机构定期对用水、排水情况进行巡查，发现问题及时解决。

3）企业节水工艺技术改造及循环用水工程建设

火电、化工、造纸、纺织、食品、建材、钢铁、机械八大行业企业均按本规划工业节水措施所列举的技术改造方向，或其他先进节水改造方向加大企业节水新技术、新工艺、新设备的研究开发和推广应用。

加快淘汰一批落后的用水工艺和设备。如：淘汰冷却效率低、用水量大的冷却池、喷水池等冷却建筑物；淘汰低效反冲洗水量大的旁滤设施；淘汰浓缩倍数小于3的水处理运行技术；限制并逐步禁止火电等行业冲灰水的直接排放；限制并逐步淘汰传统的铸铁管和镀锌管；淘汰硫酸生产的水洗净化工艺和传统的铸铁冷却排管；淘汰淀粉质原料高温蒸煮糊化、低浓度糖液发酵、低浓度母液提取等工艺；逐步淘汰湿法水泥生产工艺。

原则上，在节水改造工程方面，火电行业主要建设以循环水系统改造、除灰系统改造、废污水回收再生利用、空冷机组建设为主的节水工程；化工行业主要建设以循环水系统改造、PVC生产电石渣上清液回收利用、合成氨系统优化、废污水回收再生利用为主的节水工程；钢铁行业主要建设以干式除灰与干式输灰（渣）、高浓度灰渣输送、循环水系统改造、干法熄焦、废污水回收再生利用为主的节水工程；纺织行业主要建设以循环水系统改造、节水型前处理工艺改造、节水型染色技术改造、新制浆技术节水、废水深度处理回用为主的节水工程；造纸行业主要建设以循环水系统改造、中浓封闭筛选系统改造、碱回收蒸发站污水冷凝水分级及回用系统、废液综合利用、废污水回收再生利用等为主的节水工程；食品行业主要建设以循环水利用、制冷系统技术改造、锅炉除尘脱硫用水改造、废污水回收再生利用为主的节水工程。

4）大力创建节水型企业

组织参与行动企业，对照《节水型企业（单位）目标导则》，开展节水型企业创建活动，每年创建一批节水型企业，力争使参加行动的企业全部建成节水型企业。

5）建设节水型示范工业园区

各地要按照循环经济的理念，结合地方实际，加强开发区、工业园区循环用水，采用水网络集成技术，实施园区内企业厂际串联用水、污水资源化和非传统水资源利用，使园区工业用水重复利用率最大化，废水排放量最小化。近期不断推进建成一批节水型示范工业园区。

4.4.4　农业节水重点工程——示范性节水型灌区建设

对于广东省农业节水工作的现状和总体部署而言，首先应确保完成大型灌区续建配套与节水改造，以及中型灌区节水配套改造规划指定的中型灌区的节水配套改造工作。此外，国内外农业节水的先进经验表明，农业节水，尤其是灌区节水改造的内容不应局限于输配水和灌水设施的节水工程建设，而须配合制度节水、管理节水等多管齐下，节水改造的效益才能充分发挥，节水效果才能持久。广东省农业节水工作必须强调节水措施的科学、全面，既要完成节水改造工程建设，又要通过建立灌区用水户协会、取用水计量系统建设改造、田间节水技术普及等措施实现确保节水改造工程效益的最大化，因此，将建设示范性节水型灌区作为广东省农业节水的重点工程，探索以灌区节水配套改造为基础，工程、非工程措施相结合建设现代化节水型灌区的模式。

（1）实施对象

列入《广东省中型灌区节水配套改造"十二五"规划》的 15 宗重点中型灌区中，有 1 宗位于粮食生产重点县，即凉口灌区（韶关始兴县，设计灌溉面积 5.7 万亩）；50 宗一般中型灌区中，有 13 宗位于粮食生产重点县，选取其中的云霄灌区（云浮市郁南县，设计灌溉面积 3.5 万亩）、朝阳灌区（云浮市云安县，设计灌溉面积 3.1 万亩）、中坪灌区（韶关市南雄市，设计灌溉面积 4.8 万亩）。

（2）项目内容

除《广东省中型灌区节水配套改造"十二五"规划》已安排的改造内容外，示范性节水型灌区的建设内容还包括灌区干、支、斗、农（毛）渠配水计量实施建设，农业用水户用水计量设施建设，灌区用水管理制度改革及用水户协会建立，灌区田间节水技术宣传与普及制度建设等。

4.4.5 生活节水重点工程

（1）珠江三角洲地区城市供水节水调研工程

对珠江三角洲地区各地级市的城市供水管网进行检测，主要检测管网的使用年限和其老旧程度，在调研的基础上，初步建立较详细的城市供水管网现状档案，为节水工作的开展提供参考和依据。

（2）各片区典型城镇节水器具推广工程

在四大片区内，分别选择节水器具普及率较低，但是现状生活用水定额较高的一个城镇地区，使区域内居民在家庭及公共场所全面使用符合国家节水规定的水龙头、便器及其他器具，并在整个城镇地区广泛推广节水新技术、新工艺、新设备、新器具的应用。

（3）节水宣传教育工程

组织相关节水部门的人员学习其他地区先进的节水方法和技术，并了解其节水的效率和效益，在学习和调研的基础上，偕同地方电视台制成电视节目对居民进行教育宣传，教育居民在日常生活中节水的重要性、效益以及如何节水的小技巧和小方法。

（4）广州市大学城雨水蓄积利用工程

在广州市大学城建立雨水蓄集利用试点工程，汇集贮存城市雨水用作非饮用水的直接水源，包括冲厕用水、建筑内外的冲洗用水、绿化喷洒用水等，规模按 50 万 m^3/年计算。推荐作为国家示范工程。

4.4.6　非传统水资源利用重点项目

当前非传统水资源利用技术尚不能满足生活用水的替代利用，应用于农业再生水灌溉亦存在一定难度，但应用于景观、绿化等环境用水及杂用水，以及海水的综合利用则前景广阔。结合广东省大力推进产业布局调整的同时开展节水减污工作的需要，将工业再生水利用及省内水资源相对贫乏沿海地区的海水利用作为示范、推广的重点。

（1）东莞市工业园区再生水利用试点项目

选取东莞市工业废水排放量较大而有毒、有害污染物含量少的一个工业园区为试点，建设再生水回用系统，将达标排放的工业废水经进一步处理后作工业园区的景观用水、绿化用水、冲洗用水及冲厕等生活杂用水，回用规模拟按 0.5 万 m^3/d 计。

（2）湛江市海水利用示范项目

逐步加大海水利用量，包括工业冷却水、冲厕等生活杂用水、海产品加工洗涤用水，新增规模按 1.93 亿 m^3/a 计算。并将海水淡化工程作为城市基础设施建设，加大政府支持力度，做好海水淡化工程建设的工作，近期实现海水淡化利用量零的突破。

4.4.7　节水型社会建设研究专项

节水机制探索不足、水资源管理体制不完善是当前节水型社会建设的两个主要问题。根据对广东省节水型社会建设工作现状的评价，广东省节水管理同样存在机制体制不完善的问题：虽各地市已成立水务局，并下设节水办，但多数节水办并未建立与其他节水型社会建设相关部门的联动管理机制，导致节水统计数据散乱不全、节水管理覆盖面不足等问题；广东省尚未颁布具有统领广东省节水工作意义的条例或办法，未能充分发挥价格、水权等经济手段的作用，考核制度不完善，落实节水措施、加强节水管理的政策依据不足。

据此，国内不少省市已经出台了《节约用水条例》强调将节约用水纳入国民经济和社会发展规划，发展节水型工业、农业和服务业建设节水型社会广东省应开展节水型社会建设的专题调研，根据国家有关节水优先的要求，制定适合广东省省情的节水管理办法《广东省节约用水条例》。

（1）广东省节水型社会体制建设研究

健全管理体制是保证广东省节水型社会建设顺利推进的基础。由于节水型社会建设是一项以社会变革为特征的过程，其中涉及的管理部门和层次广而复杂，其建设和管理体制不仅限于水务一体化管理的范畴，极有必要对体制建设开展专门研究，夯实广东省节水型社会建设的理论基础。

主要研究内容包括广东省县级以上人民政府建设节水型社会的责任；广东省县级

以上人民政府节水型社会建设的管理体制，明确各级节约用水办公室的地位、职责、管理权限，节水管理部门的联动机制；节水目标考核责任制的建立。

（2）"双转移"对节水型社会建设的影响及对策研究

节水型社会建设"四大体系"之一是构建与水资源承载能力相适应的经济结构体系，一方面，合理的产业布局和经济行为应该得到水资源配置的支持，另一方面，经济结构的建立和产业的布局、调整必须尊重水资源系统演化的规律，不能以牺牲水资源系统的可持续性换取短期经济社会的扩张。当前广东省产业与劳动力"双转移"已如火如荼地开展，经济结构的重大变化将是近期最鲜明的特征，研究以产业转移为主要形式的经济结构变化对节水型社会建设的影响，提出针对性的对策措施是极有必要的。

主要研究内容包括水资源和水环境承载力对广东省产业转移的敏感性研究；广东省重大经济社会项目发展布局、产业结构调整及建设项目审批的节水鼓励和限制规定；节水工程和设施的建设及验收、维护管理，节水工艺和设备的推广管理；农业节水项目扶持和农村供水设施的建设维护；转供水、水权使用流转政策；非常规水源利用的鼓励和监管政策。

（3）广东省节水激励机制及阶梯水价研究

节水激励机制和阶梯水价问题是当前我国节水型社会建设机制研究的热点问题，利用经济杠杆促进用水户自主节水是建设节水型社会必需的重要途径。由于不同地区间的水资源禀赋条件、经济社会发展水平和发展重点、供用水结构的差异，各地区间有效的节水激励机制、合理的阶梯水价水平是独特的。广东省的节水压力不小，形成自主节水的社会风尚是顺利实现节水目标的动力和保证，且先进的节水机制建设是体现节水型社会建设广泛的社会变革要义的主要方式，广东省极有必要透彻地研究节水激励机制建设及阶梯水价的实施问题。

主要研究内容包括国内外节水激励机制的模式、分类及对节水的贡献研究；国内外现行阶梯水价模式、与物价及经济指标的关系，以及阶梯水价对节水的贡献研究；广东省节水激励机制模式研究及实施效果预测；广东省现状水价对节水的促进效果评价，以及阶梯水价实施研究。

4.5　广东省节水型社会制度建设

4.5.1　节水型社会制度建设的重要性和紧迫性

节水型社会是指在系统的节水法律和制度规则引导和规制下，社会成员形成以节约使用为原则的用水行为，社会系统在使用水资源方面遵循节约和可持续原则，从而使有限水资源得以高效利用和可持续发展。节水型社会的建设必然包含着节水型社会制度的建设。

就目前的中国而言，随着经济的快速增长，用水需求的扩张，水资源短缺对发展和社会生活的瓶颈作用将会越来越凸显出来，新的具有节水意义的水利观念正逐步形成。但是，新的水利观念并不会自动转换为新型社会行动和社会现实，因为社会成员在已有的制度框架和旧的观念系统支配下，已经形成了较为定势的行为模式和习惯。如果要改变这些社会行动方式，让人们接受并按照新的观念去实践，仅仅靠观念和意识的力量是不够的，必须设置一套规则或制度来约束个人的行为。由此可见，要在一个社会形成自觉按照节约、保护和可持续原则来对待和使用水资源的风气和行为倾向，就离不开相应的、与节水相关的制度建设。

广东省水资源总量相对丰富，但时空分布不均，人均水资源量较低，加上水污染未能得到有效控制，季节性、区域性、水质性缺水问题突出，水资源紧缺已成为广东经济社会发展的重要制约因素。另一方面，由于节水观念淡薄，用水效率低下，水资源浪费严重。用水效率不高成为广东省目前在水资源利用中亟须解决的问题。提高用水效率，首先必须建设完善的节水型社会制度。这是由于：

第一，节水型社会制度包括开发、利用、节约、保护等内容，也应是水资源管理的重要组成部分，贯穿于水资源管理的各个环节，是对各类节水措施有效的促进。第二，节水型社会制度的建设有利于加快促进转变经济发展方式和产业结构升级。由于节水型社会制度的建设渗透到水资源利用的各个环节，对于实现资源的变化、社会经济的发展和产业结构的升级产生重要的作用。通过节水型社会制度的建设为合理的水资源利用模式奠定基础，可以减少经济社会转型的成本，促进产业结构调整和升级，从根本上提高水资源的利用效率和效益。第三，节水型社会制度的建设能有力地推动形成以节水为导向的生产方式和消费模式，实现建设资源节约型和环境友好型社会的目标。综上所诉，节水型社会制度是节水型社会的基础。

4.5.2　节水型社会制度建设方案

所谓制度是指社会的规则，是人们创造的，用以约束人们交流行为的框架。节水型社会制度就是与节水型社会建设相关的社会约束规则的总称。节水型社会建设的核心是制度建设。各类节水制度可归纳为三大支撑性制度，具体为：①总量控制与定额管理类制度。该类制度可以具体细分为取水许可、排水许可、用水定额、污水排放标准控制等制度。②水价、水权与水市场类制度。其中水价制度是包括水资源有偿使用制度、水利工程水价制度、城市供水制度、排污收费制度等在内的综合集成体系。此外还包含初始水权分配、水权转让、排污权交易等制度。③信息公开与参与式管理类制度。该类制度主要包括政府信息公开、宣传教育、公众参与等制度。三大支撑型节水制度分别从政府、市场、公众三个方面建立起完善的节水型社会制度体系，构建了建设节水型社会的基础。

4.5.2.1　建立健全用水总量控制和定额管理制度

（1）确定区域用水总量控制指标

以最严格的水资源管理制度为基础，抓紧制定主要江河流域的水量分配方案或用水总量控制方案，明晰流域和各行政区域用水总量控制指标。制定完成并下达广东省东、北、韩江等流域的用水总量控制指标。

（2）建立年度水量分配方案

首先在东江、北江、韩江以及粤西地区实行水资源配额制，按照各个地级行政区和主要河流流域的水资源配置结果，确定各地区的初始水权，明确各地级市水资源量配额，落实水资源总量控制。

目前广东省已提出"广东省东江流域水资源分配方案"、"广东省鉴江流域水资源分配方案"。随后要逐步建立其他各流域的水资源分配机制，建立用水总量宏观控制指标体系，建立用水定额指标体系，建立水量的登记及管理制度，制定水量分配的协商制度，建立公共事业用水管理制度，保障救灾、医疗、公共安全以及涉及卫生、生态、环境等突发事件的公共用水，建立生态用水管理制度，制定干旱期及污染风险动态配水管理制度、紧急状态用水调度制度。

（3）严格用水定额管理和考核

在广东省范围内继续试行《广东省用水定额（试行）》（粤水规〔2007〕13号）（以下简称"定额"）。各市应尽快制定和颁布"节约用水管理条例"或"节约用水管理办法"，加强对取水户取用水的管理和检查，有计划、有步骤地开展用水典型调查和水平衡测试工作，追踪用水量变化，对超过"定额"标准的，应督促其改进用水工艺，核减取水许可审批水量；新批准的取水许可申请项目，其用水定额应达到"定额"标准。"定额"试行期间，凡开展涉水规划编制、取水许可管理、建设项目水资源论证、用水计划下达、用水及节水评估、排污口设置论证及审批、超定额（计划）累进加价征收水资源费和水费等工作，原则上必须以"定额"为技术基础依据。在试行期间，如遇某部类用水工艺较大发展，或其他原因造成用水情况发生较大改变，应及时对相关指标进行分析和调整，对试行"定额"进行完善。

（4）加强取水计量监控和取水管理力度

高度重视用水计量工作，全面落实安装用水计量表到用水户。各市水务行政主管理部门要把取水户安装计量设施、推广应用先进取水计量设施，作为近期水资源管理工作的重要任务来抓。目前"东江水资源水量水质监控系统"建设已经启动，将建设东江流域控制断面及监控点的水量水质实时监测监控和水量调配系统，保障东江分水方案的落实和管理。其他江河流域也应尽快配合流域水资源分配开展水量水质实时监控和调度的数字流域建设。完成东江、北江、韩江和粤西地区的分水和数字流域建设；

2020 年完成其他集水面积大于 1000 km² 的江河流域分水和数字流域建设。

各市级水务行政主管部门应定期对所辖区域的取水户进行取水户许可情况核查，核查的内容包括取水单位名称、取水地点、取水方式、建设日期、取水规模、排水地点、办证时间等，及时更新取水户资料，并报上一级水行政主管部门备案。对未办理取水许可的单位和个人要限期按规定程序办理，对拒不办理或违反取水许可规定的单位和个人要严格依照《广东省水资源管理条例》第四十二至四十四条实施处罚。逐步杜绝无计量取水现象。

（5）全面推进计划用水

在首先完成东江流域水资源分配和水量水质监控系统建设的同时，逐步扩大计划用水的实施范围，2020 年完成全部主要江河流域水量分配及计划用水方案。根据水量分配方案、流域和区域年度水量分配方案以及各地来水的实际情况，按照统筹协调、综合平衡、留有余地的原则，取水许可部门向取水户下达用水计划，保障合理用水，抑制不合理需求。进一步加强城市重点用水户的计划用水管理，特别是加强粤西沿海、粤东沿海及珠江三角洲地区城市计划用水；通过价格杠杆促进节约用水。

4.5.2.2　创新完善水价、水权与水市场制度

（1）合理调整供水价格，全面征收水资源费

农业水费。对农业水费仅实行保本经营。在经济条件好的地区，政府给予适当的资金补贴。

非农业用水水费的改革。在现行低水费的基础上，逐步将非农业用水水费调整到补偿成本、合理盈利的水平，确保水利工程的正常运转、维护与管理。

合理调整城市供水价格。按照全成本水价、季节水价、阶梯水价、两部制水价等，分阶段根据各市实际供用水情况调整城镇供水价格。

全面征收水资源费。开征电力取水水资源费；开征农药、化肥、农用薄膜生产用水水资源费；避免地方政府行政干预规费征收。

提高水资源费的征收标准。建议根据省政府 100 次常务会议决议，近几年内适时分步提高水资源费征收标准，以达到促进节水减污的目的。

水资源费纳入供水价格中。

全面推进取水计量仪器安装工作，促进计量收费，足额征收。

（2）改革水价计价方式，强化征收管理

对居民生活用水实行阶梯式计量水价制度。广东省尚未实施阶梯式水价的城市要争取在近几年内实施。已实施的地区，要依据本地情况，合理核定各级水量基数，在确保基本生活用水的同时，适当拉大各级水量间的差价，促进节约用水。在居民用水定额确定后，也可以按用水定额内、外两级阶梯水价执行。抄表到户是实施阶梯式水价的前提。各地区要切实加强领导和协调，根据当地实际情况，制定计量系统改造计

划和实施方案，可以采取政府、供水企业和用水户各 1/3 的方式改造水表，切实推进抄表到户工作。

城市非居民用水实施两部制水价。科学制定各类用水定额和非居民用水计划。严格用水定额管理，实施超计划、超定额加价收费方式，缺水城市要实行高额累进加价制度。同时，适当拉大高耗水行业、娱乐业、洗车业、船舶加水等与其他行业用水的差价。对城市绿化、市政设施等公共设施用水要尽快实行计量计价制度。以旅游业为主或季节性缺水的城市如珠海市、中山市等可实行季节性水价，缺水期在原来水价的基础上再加收一定比例的水费。

（3）水价调整的实施步骤

第一步：实施季节性水价

近期对工业用水实施季节性水价，在现有价格基础上，在受咸潮影响较大的珠海、中山、广州、东莞等地，咸潮期水价适度上浮。对居民生活用水可通过听证会和公众意见调查研究确定是否实施季节性水价以及实施季节性水价的时间阶段。

第二步：实施阶梯水价

对居民生活用水实施阶梯水价，但在计价时，暂不计算资源成本，逐年增加资源成本的含量，生活水价宜采取每两年左右调整一次的作法，逐步将资源成本全部计入，即最终达到居民生活用水全成本水价标准。在全成本水价基础上，给用户制定一个用水定额，在定额以内的用水，执行一个较低的水价，而超过定额的用水，则执行一个较高的水价，用量越大，价格就越高。

第三步：实施两部制水价

近期对工业用水实施两部制水价，为了促进广东省各市工商业的发展，暂不计算资源成本，但逐年增加工业用水资源成本的含量，工业用水水价宜采取每两年左右调整一次的作法，逐步将工业用水资源成本全部计入，即最终达到工业用水全成本水价标准。

（4）建立水权管理制度

在最严格水资源管理制度的基础上，逐步开展广东省各江河流域水资源分配，确定各区域和主要供水河道、水库控制节点的初始水权（或总量）。充分发挥市场作用，优化水资源配置。在完成水资源分配的流域可开展水权转让试点，制定冲突调节规则、水权交易规则，逐步试用水权有偿转让。制定用水指标、定额管理制度和水权交易市场规则。

4.5.2.3 推广促进信息公开和参与式管理制度

（1）加大节水宣传力度

各级水务行政主管部门应以节水为主题，精心组织，全面部署，开展广泛、深入的宣传活动。要充分利用各种媒介，采用多种活动形式大力宣传节水的重要意义、方针政策、法律法规和节水知识;将节水宣传活动深入到企业、机关、学校和社区,调动市民参与的积极性;大力倡导科学用水,普及节水型器具,引导自觉节水的社会行为,增强全民节水意识。

(2) 建立公众参与型节水管理

各级水务行政主管部门在节水相关的法规政策的制定过程中,应通过积极向社会征求意见、水务网站及时公开政务信息等方式增加水务管理的公开性,增加公众参与制度设计的渠道,以便充分发挥公众的监督作用,同时也有助于树立节水光荣的社会风尚。尽快多形式、多层次地组织社会公众参与节水工作。实现由命令型节水管理到公众参与型节水管理的转变。

参 考 文 献

[1] 李佩成. 认识规律、科学治水 [J]. 山东水利科技, 1982, (1): 18-21.

[2] 王浩, 王建华, 陈明. 我国北方干旱地区节水型社会建设的实践探索——以我国第一个节水型社会建设试点张掖地区为例 [J]. 中国水利, 2002, (10): 140-144.

[3] 程国栋. 承载力概念的演变及西北水资源承载力的应用框架 [J]. 冰川冻土, 2002, 24 (4): 361-367.

[4] Falkenmark M, Rockström J. Balancing Water for Humans and Nature—the New Approach in Ecohydrology [M]. London Sterling: Earth Scan, 2004: 1-247.

[5] 汪恕诚. 水权管理与节水社会 [J]. 中国水利, 2001, (5): 6-8.

[6] 杜祥琬. 33 位院士谈"建设节约型社会"刻不容缓 [N]. 光明日报, 2006-07-06.

[7] 褚俊英, 王浩, 秦大庸, 王建华, 严登华, 杨炳. 我国节水型社会建设的主要经验、问题与发展方向 [J]. 中国农村水利水电, 2007, (1): 11-15.

[8] 褚俊英, 王建华, 秦大庸, 王浩, 严登华, 杨炳. 我国节水型社会建设的模式研究 [J]. 中国水利, 2006 (23): 36-39.

[9] 柳常顺, 陈献, 刘昌明, 杨红. 虚拟水交易: 解决中国水资源短缺与粮食安全的一种选择 [J]. 资源科学, 2005, 27 (2): 10-15.

[10] 龙爱华, 徐中民, 张志强. 虚拟水理论方法与西北4省(区)虚拟水实证研究 [J]. 地球科学进展, 2004, 19 (4): 577-584.

[11] 刘贤赵, 刘德林, 宋孝玉. 西北干旱区水资源开发利用现状及对策 [J]. 水资源与水工程学报, 2005, 16 (2): 1-6.

[12] 徐中民, 龙爱华, 张志强. 虚拟水的理论方法及在甘肃省的应用 [J]. 地理学报, 2003, 58 (6): 861-869.

[13] 柳文华, 赵景柱, 邓红兵, 丘君, 柯兵, 张巧显. 水-粮食贸易: 虚拟水研究进展 [J]. 中国人口资源与环境, 2005, 15 (3): 129-134.

[14] 乔世珊, 田玉龙. 我国不同区域不同发展阶段节水型社会建设的特点 [J]. 中国水利, 2005, (13): 87-89.

[15] 黄建才. 节水型社会是解决水危机的必然选择 [J]. 水利科技与经济, 2004, 10 (3): 157-158.

[16] 阮本清, 梁瑞驹, 王浩, 杨小柳. 流域水资源管理 [M]. 北京: 科技出版社, 2001: 114-116.

[17] 靖娟, 秦大庸, 张占庞. 节水型社会建设的全方位支撑体系研究 [J]. 人民黄河, 2007, 29 (1): 45-46, 52.

[18] 胡鞍钢, 王亚华. 中国如何建设节水型社会——甘肃张掖"节水型社会试点"调研报告 [EB/OL]. [2003-10-20]. 水信息网.

[19] 王修贵, 张乾元, 段永红. 节水型社会建设的理论分析 [J]. 中国水利, 2005, (13): 72-75.

[20] Pirages D. Demographic change and ecological security [R]. Environmental Change and Security Project Spring, 1997.

[21] 杜威漩. 国内外水资源管理研究综述 [J]. 水利发展研究, 2006, 6 (6): 17-21.

[22] 吴季松. 分配初始水权, 建立水权制度 [N]. 中国水利报, 2003-3-11.

[23] 蔡守秋, 蔡文灿. 水权制度再思考 [J]. 北方环境, 2004, 29 (5): 21-27.

[24] 林关征. 构建节水型社会的水权制度思考 [J]. 经济前沿, 2005, (12): 57-60.

[25] 胡鞍钢, 王亚华. 转型期水资源配置的公共政策: 准市场和政治民主协商 [J]. 中国软科学, 2000, (5): 5-11.

[26] 刘翰朝. 我国 21 世纪水资源挑战与节水型社会经济模式的探讨 [J]. 水利与建筑工程学报, 2006, 4 (2): 73-77.

[27] 康洁. 美国节水发展的历史、现状及趋势 [J]. 海河水利, 2005, (6): 65-66.

[28] US GPO. Congress Congressional Record Proceedings and Debates of the 100th Congress [R]. Second Session, 1988, 134-136.

[29] Jordan J. Incorporating externalities in conservation programs [J]. Journal (American Water Works Association), 1995, 87 (6): 49-56.

[30] 安娟. 节水型社会建设评价方法研究——以济源市为例 [J]. 安徽农业科学, 2008, 36 (3): 1212-1214.

[31] 李红梅, 陈宝峰. 宁夏节水型社会建设评价指标体系研究 [J]. 水利水文自动化, 2007, (2): 42-46.

[32] 王浩. 节水型社会建设中的科技创新与需求 [EB/OL]. http://www.chinawater.com.cn/ztgz/xwzt/2008slgj/7/200803/t20080328_130890.htm. [2008-4-1].

[33] 陆益龙. 节水型社会核心制度体系的结构及建设 [J]. 河海大学学报 (哲学社会科学版), 2009, 11 (3): 45-49.

[34] 余达淮, 许圣斌, 陆晓平. 节水型社会的伦理理念和原则 [J]. 水利发展研究, 2005, 5 (9): 27-39, 55.

[35] 许其宽, 徐斌. 推进节水型社会建设的文化思考 [J]. 水利发展研究, 2009, 9 (3): 67-69.

[36] 李晓西, 范丽娜. 节水型社会体制建设研究 [J]. 中国水利, 2005 (13): 69-71.

[37] 王福波. 论我国节水型社会的基本内涵及构建路径 [J]. 河南师范大学学报 (哲学社会科学版), 2010, 37 (2): 133-135.

[38] 夏继红, 詹红丽. 节水型社会水市场特征及其形成条件 [J]. 节水灌溉, 2007 (6): 4-6.

[39] 蒲晓东. 我国节水型社会评价指标体系以及方法研究 [D]. 南京: 河海大学硕士学位论文, 2007.

5 科学合理的水资源动态需求预测体系

5.1 发达国家用水变化一般规律

5.1.1 发达国家经济发展的一般规律

(1) 城市化规律

城市发展过程中,城市化与工业化是相互促进的。发达国家的城市化经验表明,城市化率在30%~70%期间是工业化加速时期,在这期间城市化快速发展,进一步的分析研究表明,城市化率在45%~55%之间时是城市化最快的发展时期,或称为高峰发展阶段;当城市化率在70%~75%之间时,基本完成工业化;实现工业化后城市化率将达到75%以上,且稳定在一定的水平,这一值称为城市化水平峰值[1,2],多数发达国家的峰值在75%~85%之间。

对于城市化峰值,1979年Northam总结城镇化发展的过程近似一条"S"型曲线,并且可以相应地划分为三个阶段:城镇化水平较低且发展缓慢的初始阶段(initialstage)、城镇化水平急剧上升的加速阶段(acceleration stage)、城镇化水平较高且发展平缓的最终阶段(terminal stage)。Logistic在城镇化预测中有着比较广泛的应用,例如王建军等[3]采用Logistic曲线对国外一些发达国家城镇化水平的峰值进行研究,研究结果表明,日本城市化饱和值88.1%,德国为73.2%,英国为83.9%,俄罗斯为76.1%,法国为76.8%,美国为82%,这些结果与实际接近,模拟结果较好,因此城镇化峰值可参考采用Logistic曲线进行确定。

(2) 国民经济增长规律

从1978年改革开放以来,广东省保持了年均13.5%的GDP增长速度,世界范围内能一直保持这样高经济增长的国家或地区非常少,部分发达国家近年来GDP甚至出现负增长,由此可见,维持长期的经济高速增长并不容易,为研究经济增长和社会经济发展水平之间的关系,选取美国、日本、英国三个典型发达国家以及中国的北京、上海、广州、深圳四个经济发达的城市作为研究对象,分析发达国家或地区的GDP增长和人均GDP之间的关系。数据资料年限美国为1910~2010年、日本、英国均为1950~2010年,其中,考虑到一战和二战的影响,美国的数据资料去除了1911~1919年和1938~1945年的数据点;北京、上海、广州和深圳数据年限为1978~2010年。

考虑到短期经济增长速度受多种因素的影响,为更好地研究国外发达国家以及国内发达城市的 GDP 增长率和人均 GDP 之间的关系，以五年年均增速来测度，结果如图 5.1（a）所示。从图中可以看出，随着社会经济的发展，GDP 增长速度将会出现下降趋势，美国和英国在二战之前已经完成工业化，因此其经济增长相对降为平稳，而日本在二战之后迅速崛起，其经济增速在人均 GDP 水平为 10000～20000 美元时保持较高水平，之后则出现持续下降趋势。

国内一些发达城市在改革开放之后的几年间，GDP 快速增长，人均 GDP 在 2000～4000 美元之间时 GDP 增速持续增加，之后保持相对稳定，在人均 GDP 达 10000 美元左右时，GDP 增速出现了下降趋势，如图 5.1（b）所示。

从图中可以看出，随着工业化的进程的推进，发达国家大多经历了一个 GDP 增长率先提高后降低的过程，比较各国的发展水平和经济增长速度之间的关系可见，两者之间存在一定的规律性，即人均 GDP 达到一定水平后很难维持较高的经济增长速度，从我国国内几个发达城市看，这一临界点在 10000 美元左右。

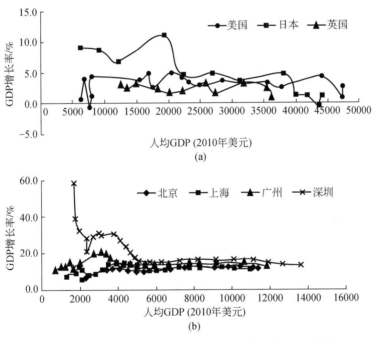

图 5.1　经济增长和人均 GDP 的关系（5 年平均 GDP 增速）
（a）发达国家；（b）国内发达城市

（3）产业结构演进规律

美国、日本以及中国的北京、上海历史产业结构变化如表 5.1 所示。从表中可以看出，随着城市化的推进，不同的社会经济发展阶段，产业结构也在不断的发生变化，总体特点是第一产业比重持续下降，第二产业稳步上升，并逐渐居于国民经济的主导地位，之后上升到一定值后转而下降，第三产业比重持续上升，在工业比重达到峰值后成为国民经济的主导产业。

　　钱纳里[4]等对工业化进程中产业结构变动的一般趋势进行了深入的研究，设计了一个国家生产总值的市场占有率模型。根据他们的理论，判断一个国家工业化阶段的基本标准是：准工业化阶段，第一产业产值大于40%，且大于第二产业，第二产业小于20%，第三产业小于35%；工业化阶段，第一产业产值逐渐下降，第二产业所占比重逐渐上升，其总和是下降的，同时，第三产业逐渐上升并超过50%；进入后工业化阶段，第一产业小于10%，第二产业小于40%，第三产业的比重超过55%。

表 5.1　美国、日本以及中国北京、上海产业结构演变过程

国别	年代	产业结构/%			以2010年美元计人均GDP	社会经济发展阶段
		第一产业	第二产业	第三产业		
美国	1910年	33	41	27	639.2	初级产品生产阶段
	1950年	13	31	57	14634.9	发达经济初级阶段
	1960年	9	31	63	17330.8	发达经济高级阶段
	1970年	4	30	66	23039.5	/
	1980年	4	29	67	28374.2	/
	1990年	2	24	74	35536.1	/
	2000年	1	20	79	43988.3	/
日本	1880年	67.1	9.0	23.9	/	/
	1920年	34.0	26.7	39.3	/	/
	1960年	14.9	36.3	48.8	8424.2	工业化后期阶段
	1970年	6.1	41.8	52.1	19757.5	发达经济高级阶段
	1980年	3.6	37.6	58.8	30844.6	/
	2000年	1.5	34.2	64.3	51930.7	/
北京	1980年	4.4	68.9	26.7	1165	初级产品生产阶段
	1990年	8.8	52.4	38.8	2263	工业化初期阶段
	2000年	2.5	32.7	64.8	5316	工业化后期阶段
	2010年	0.9	24.0	75.1	11386	发达经济初级阶段
上海	1980年	3.2	75.7	21.1	1151	初级产品生产阶段
	1990年	4.4	64.7	30.9	2022	工业化初级阶段
	2000年	1.6	46.3	52.1	5359	工业化后期阶段
	2010年	0.7	42.1	57.3	10963	发达经济初级阶段

注：2010年人民币对美元平均汇率6.77；日元对美元平均汇率为87.75。

　　发达国家及地区经验表明，城市在发展过程中的不同的社会经济发展阶段，其城市化水平及产业结构呈现一定的变化规律，对各地市未来社会经济发展阶段进行分析预测，可为城市化水平及产业结构的变化分析提供一定的参考依据。

5.1.2 发达国家用水的一般规律

1）社会对水的需求不是无止境的，不会随着产值而递增，而与社会经济发展水平现相关，在社会经济发展到一定阶段用水将会出现零增长或负增长。

美国和日本历史用水变化过程如图 5.2 所示。美国近 50 年的用水情况基本能够反映一个完成工业化，进入后工业化的国家在不同时期的用水过程。1950 年，其国民经济总用水量仅 2500 亿 m³，其中农业为第一用水大户[5,6]。此后，用水随着经济的发展持续增长，至 1980 年达到了 6100 亿 m³ 的最大值，之后用水量明显下降，基本稳定在 5500 亿 m³ 左右。其工业用水开始减少是在 2000 年，此时用水总量已降低至 48000 亿 m³；日本工业与生活用水自 1965 年以来增长较为迅速，1965～1975 年是其用水增长最快的时期，工业用水量增长了 115 倍，生活用水量增长了 113 倍。之后，随着工业化和城镇化进程的加快，日本通过节水来抑制需求的快速增长，1970 年之后，日本用水量基本稳定，在 900 亿 m³ 左右，其中，农业用水基本稳定，工业用水缓慢降低，生活用水稳定增长[7]。

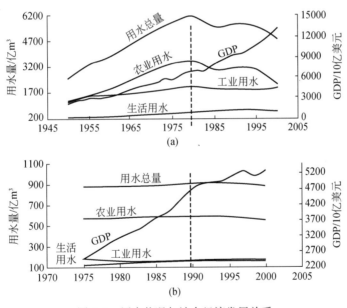

图 5.2 用水状况与社会经济发展关系
(a) 美国；(b) 日本

以 2010 年美元计，美国实现用水总量零增长时人均 GDP 为 28374 美元，此时社会经济已超越了发达经济高级阶段；日本 1975 年之后，用水总量基本稳定，此时人均 GDP 为 22209 美元，此时社会经济处于发达经济高级阶段。从以上分析可以看出，用水总量并不随着社会经济的发展而递增，当社会经济发展到一定阶段时，用水将会出现"零"增长，只是各国由于水资源条件以及产业结构等各方面的差异，用水总量实现"零"增长时的时间不同。从人均水资源量上来看，日本约为美国的 1/2，而日本用水总量实现零增长时人均 GDP 水平比美国低 6000 多美元，可以认为，在水资源的约束下，用水受到限制，用水总量实现零增长的时间将提前。

2）用水总量随着产业结构的调整而变化，二产比重的明显减少，工业用水开始下降为用水总量实现"零增长"提供了条件。

受用水成本和效益机制的约束，国民经济用水不会持续增长，当社会经济发展到一定阶段时，用水总量将会下降。发达国家的经验表明，用水总量下降与二产比重变化规律相关，二产比重明显减少，工业用水量开始下降，是总用水实现"零增长"的前奏[8]。

20 世纪七八十年代，发达国家相继进行产业结构升级，主要表现为三个方面的特点：一是三产结构中，第一产业比例下降到 10% 以下的低水平，而第二产业的比重则在达到 40%~50% 的高峰后转而下降，同时第三产业的比重普遍持续上升，达到 60% 以上；二是在第二产业内部，劳动–资本密集型的纺织、冶金、石油化工、造船等高耗水的重化工业逐渐转移，取而代之的是技术–知识密集型的电子、新材料等新兴行业；第三，传统的高耗能、高污染工业的加工环节逐步转移到发展中国家，而发达国家只保留产品的研究开发、市场营销等部门，传统产业也呈现高级化趋势。由此，发达国家工业用水开始下降。世界部分发达国家工业用水变化与产业机构升级的时间对应关系如表 5.2 所示。从表中可以看出，除日本、意大利工业用水减少时二产比重在 40% 以上外，其他国家均在 36% 以下。

工业用水开始下降后，发达国家的总用水出现了下降趋势，以美国、日本为例，美国工业用水曾在 20 年间增长 3 倍，日本工业用水增长 5 倍；日本工业用水减少开始的年份是 1974 年，美国工业淡水取水量开始减少的年份是 1981 年，与此相对应，日本 1974 年之后用水基本保持稳定，美国总用水亦在 1981 年之后开始减少。

表 5.2　发达国家工业用水由升转降与产业结构升级的时间对应关系

项目		美国	日本	德国	法国	英国	意大利	澳大利亚
工业用水减少时间		1981	1974	1989	1989	1985	1981	1980
用水减少时二产比重/%		34	45	36	30	34	41	35
二产 GDP 比重顶峰	发生时间	1951	1974	1962	1965	1950	1974	1957
	比重/%	40	45	55	49	49	44	42
二产 GDP 比重明显减少	发生时间	1982	1974	1985	1981	1985	1983	1982
	比重/%	33	45	35	34	34	40	34

3）工业化过程中，用水效率逐步提高，各国之间因水资源条件、社会经济发展水平等条件不同而呈现较大差异。

工业化过程中用水效率随社会经济发展逐步提高，以美国为例，1975 年美国万美元 GDP 用水量为 3575 m³，此后 20 年，此项指标不断下降至 762 m³，约为 1975 年的 1/5，2003 年万美元 GDP 用水量仅为 425 m³，比 1995 年减少 337 m³，年递减率达到 6%。世界各国因资源条件、社会经济发展水平等条件不同用水效率呈现较大差异，如表 5.3 所示。

2010 年，广东省万元 GDP 用水量、万元工业增加值用水量、灌溉水利用系数分别为 102 m³、46.1 m³、0.52，与世界上高用水效率国家相比，仍有较大差异。

表 5.3 世界代表性国家用水效率

国家	万美元 GDP 用水量/m³	万美元工业增加值用水量/m³	灌溉水利用系数
阿根廷	1098	487	0.2
澳大利亚	244	89	0.8
巴西	364	291	0.28
加拿大	344	743	0.3
埃及	3625	597	0.57
法国	119	487	0.73
德国	97	344	/
印度	5525	489	0.44
印度尼西亚	2432	958	0.12
以色列	100	23	0.87
日本	165	88	/
墨西哥	912	253	0.31
俄罗斯	537	1120	0.78
瑞士	52	121	/
南非	479	118	0.31
西班牙	222	199	0.72
土耳其	652	307	0.51
美国	403	1177	0.54
津巴布韦	7476	2110	0.24
世界平均	711	569	

数据来源：FAO，为 2005 年数据[9]。

5.2 水资源需水预测理论研究

5.2.1 水资源需求的驱动力分析

　　水资源需求的变化是水资源需求系统演化的结果，而水资源需求系统是涉及社会、经济、生态环境等方面的复杂性系统，水资源需求变化的驱动力就是在这一复杂系统中生成的。为了更好地分析水资源需求驱动力的组成和形成，根据力与势能的关系（即力是势能的梯度）以及文献[10]中引入的水资源势能概念，在此我们引入在水资源需求系统演化过程中存在"水资源需求势能"的概念。根据势能的一般定义，力是从高势能指向低势能的方向。因此水资源需求的驱动力就和水资源需求势能梯度方向一致。基于此定义，水资源需求势能可表达为

$$\Delta DW = f(\Delta N, \Delta E, \Delta M) \tag{5.1}$$

式中，ΔDW 为水资源需求势能变化。当 ΔDW 为正即水资源需求势能增加时，水资源需求的驱动力为负，说明水资源需求量呈现减少趋势，而当水资源需求势能为负时，水资源需求动力为正，说明水资源需求量增加。

ΔN 为水资源自然条件势能的变化。当水资源条件较好时，农业灌溉方式往往采用粗放形式用水，先进节水性灌溉推行难度加大，工业生产中的用水定额也常常较高，人们生活中的用水方式和习惯常常也偏于浪费性。以基准年水资源条件（可用水资源可利用量来表示）为基础，当水资源自然条件势能增加即预测水平年的水资源可利用量增加时，水资源自然条件势能减少，若其他势能不变，则这时水资源需求总势能亦减少，水资源需求驱动力为正力，因此水资源需求量增加，这就是良好的水资源条件可促进水资源需求不断增加的原因。同样，当水资源可利用减少，水资源自然条件势能增加时，在其他势能不变的情况下，水资源需求总势能增加，水资源需求驱动力为负力，制约着水资源需求的增加，水资源自然条件与水资源自然条件势能之间的关系可表示为图5.3。

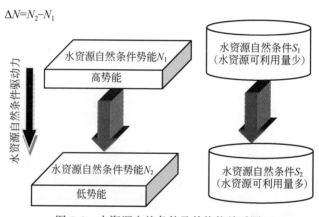

图5.3　水资源自然条件及其势能关系图

式（5.1）中，ΔE 为社会经济势能的变化。社会经济发展是人类永恒的主题，一方面由于水资源是不可替代的基础性资源，社会经济发展不断增加对水资源的需求；另一方面，社会经济发展和人类文明的进步可为更好地可持续利用水资源提供支持和保障。因此社会经济势能（E）与社会经济发展变化存在两面性，一是社会经济发展减少了社会经济势能（记为 $E_1<0$），二是人类科技文明的进步又使得社会经济势能又有一定程度的增加（记为 $E_2>0$）。在不同的历史发展阶段，社会经济发展对社会经济势能造成的变化（ΔE）还具有各自的特点，从而影响水资源需求势能的变化。在社会经济发展的初级阶段，为了满足人口不断增加和生活水平提高所引起的对粮食产量、质量需求增加，大量地开发土地和发展灌溉农业以及种植一些耗水量较高的经济作物；工业发展也以拼资源方式来换取发展，使得这时社会经济势能中 E_1 比例较大，而社会经济势能 E_2 的比例较小，所以总的社会经济势能 $E=E_1+E_2$ 也较小，若其他势能不变，水资源需求势能较小，从而水资源的需求也不断增加；当社会经济发展到一定阶段时，受科学技术等影响的社会经济势能 E_2 在社会经济势能中的比例逐步增加，社会经济势能也逐渐增加，引起水资源需求势能的增大，从而使得水资源需求的驱动力向零或负方向转变，这时水资源需求量也逐步呈现出稳定或减少趋势；社会经济势能变化关系可用图5.4来表示。

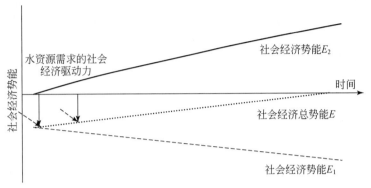

图 5.4　社会经济势能变化示意图

式（5.1）中，ΔM 表示为水资源管理势能的变化。随着可持续发展观念逐渐深入人心，水资源管理势能朝着逐渐增加的趋势发展，水资源管理越有效，其势能就越大，相反水资源管理水平越低下，其势能就越小。当水资源管理方式之一的经济手段——水价在一定的合理范围内时，水资源需求将受到水价的市场调节作用，即水价高增加了水资源管理政策势能，水资源需求驱动力表现为负力，而水价低会减少水资源管理势能，增强水资源的需求；水资源可持续利用与管理将增强人们的节水意识，这也是增加水资源管理势能的有效方式之一。

从以上对水资源需求的势能分析可知，水资源需求势能增加是水资源需求驱动负力的结果，或者说当水资源需求增加时，水资源需求势能减少；同时，水资源需求势能主要包含自然条件势能、社会经济势能和水资源管理政策势能，对应的水资源需求驱动力为自然条件力、社会经济力和水资源管理力，且其合力方向决定着水资源需求变化，但这三种力的大小确定以及合力的形成机制十分复杂，在水资源需求系统的发展和演化过程中逐渐形成，并且不断发展和变化，这也是造成目前水资源需求预测准确性较小的主要原因。

5.2.2　基于自组织数据挖掘的水资源需求预测模型

从5.2.1节中的水资源需求驱动力分析可以看出，水资源需求驱动力由自然条件力、社会经济力和水资源管理力组成，且三者的合力大小与方向决定着水资源需求变化，但这三种力的大小确定以及合力的形成机制十分复杂，目前难以用它们之间的机制理论进行建模分析，而建模中以数据驱动的数据挖掘方法，具有不需要足够的先验信息和理论、着重于从数据或实验中得到分析结果等特点，适合目前水资源需求预测研究的特点，因此本研究利用数据挖掘中的自组织数据挖掘方法来建立河道外水资源量需求预测模型。

5.2.2.1　自组织数据挖掘

数据挖掘源于数据库技术引发的海量数据和人们利用这些数据的愿望。用数据管理系统存储数据，用机器学习的方法分析数据、挖掘海量数据背后的知识，便促成了数据挖掘（data mining，DM）的产生[11]。数据挖掘的概念于 1995 年在美国计算机年会（ACM）上被提出，"数据挖掘就是从大量的、不完全的、有噪声的、模糊的、随机的数据中，提取隐含在其中的、人们事先不知道的、但又是潜在有用的信息和知识的过程"[12]。数据挖掘是知识发现（knowledge discovery in database，KDD）的关键步骤和核心技术（见图 5.5），在实际应用中人们往往将数据挖掘和知识发现等同起来。

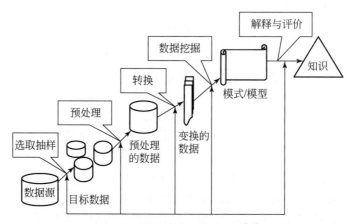

图 5.5　数据的知识提取步骤[11]

自组织是在一定的外界条件下，系统自发地组织起来，形成一定结构的一种过程，复杂动态系统的组织在这个过程中产生、繁殖和完善。

自组织数据挖掘是为了减少数据挖掘过程中人为的干预，由 Ivakhnenko，Muller 等人提出的。其建模的基本思想是[13]：在假定所有关于研究对象重要变量间相互关联的信息（关于系统结构和行为的信息）都包含在变量观察数据样本中的条件下，用其数据样本来产生许多模型，并且根据某个（些）外部准则，从模型集合中选出一个所谓的最优复杂度模型。其建模的主观部分被局限于以下环节：①选择可能的影响因素；②选择简单的生产函数，由此可产生复杂度逐渐增长的模型；③选择适用于建模目标的外准则；④正则化。

自组织数据挖掘是利用先验信息（领域理论）来提高自组织建模通过数据和科学理论提取知识的能力，但需要指出的是，自组织数据挖掘方法虽不能代替好的领域理论，但它使领域理论更加完善。因此目前在各种水资源需求驱动力合力形成机制尚未完全确定时，自组织数据挖掘可弥补这种不足。

5.2.2.2　自组织数据挖掘的基本原理

自组织数据挖掘的基本原理主要有启发式原理、自组织控制论原理（即在不使用主观信息的条件下自适应地创建网络）、外补充原理（客观筛选最优复杂度模型）和不确定任务的正则化原理。

（1）启发式原理

在复杂动态系统中选择所有可能的方案是不可能的，因此需要利用启发式方法有目的地来搜索可较好地解决问题的解。启发式自组织方法以模型自组织原则、非最后解原则和充分多样化原则为基础，在过程动态分析后利用启发式方法选择模型结构，然后在模型结构的基础上估计模型的参数。

1）模型自组织原则。随着模型复杂度逐步增加，外准则值先下降，然后变为常数或者开始增加。

2）非最后解原则。将求解过程分为多个阶段，在每一个阶段通过某些准则从竞争解集合中筛选出一部分最适合的解。在下一阶段也选出部分有用的信息，仅仅在最后一个阶段才得到解。

3）充分多样化原则。指有必要给出足够数量解的方案，来保证选出的最终解。

（2）自组织的控制论原理

应用自组织原理和有限数目的输入输出数据样本，在计算机上自动创建一个数学模型时，需要满足以下三个条件：

1）要有一个简单的初始组织，并且能够通过组织的进化描述一大类系统。一般用 Kolmogorov-Gabor（简称 K-G）多项式作为参考函数

$$y = a_0 + \sum_{i=1}^{m} a_i x_i + \sum_{i=1}^{m} \sum_{i=1}^{m} a_{ij} x_i x_j + \sum_{i=1}^{m} \sum_{j=1}^{m} \sum_{k=1}^{m} a_{ijk} x_i x_j x_k + \cdots \tag{5.2}$$

式中 y 为输出，x_1，x_2，$\cdots$等为输入，a 是系数或权重向量。

2）要有一个能对初始或已经演化的组织进行变异的算法。GMDH 模型的复杂度是逐渐增大的。主要是通过传递函数表现。常见的传递函数有线性函数（$y = ax_1 + bx_2 + c$）、二次函数（$y = ax_1 + bx_2 + cx_1^2 + dx_2^2 + ex_1x_2 + g$）、双线性函数（$y = ax_1 + bx_1x_2$）、分式有理函数 $\left(y = \dfrac{ax_1 + bx_1x_2}{x_1 + ex_1x_2} \right)$。

3）要有一个选择准则（外准则）用于竞争模型的筛选。每一层生成的竞争模型由外准则评价，选到的模型被保留，同时作为下一层的输入去产生新一代竞争模型；未被选中的模型将被淘汰。

（3）外补充原理

外补充原理是指只有使用附加的外部信息，才能从给定的数据样本中筛选出"最好"的模型。所以通常是将已知数据分为几个集合，在一个子集合上进行参数估计，而在另外的集合上计算外准则值，或逐次利用不同的外准则。外准则主要有：精度准则；相容性准则；相关性准则；组合准则；交叉确认准则；变量平衡准则等。

（4）不确定任务的正则化原理

由于观测到的数据只是一个系统的局部数据，而根据这些观测到的输入输出样本

来选择一个模型是一件"不确定"的任务，所建立的模型也只能是对系统的局部描述。因此建模时需要进一步的附加信息，这些附加信息构成的约束（用模型的复杂度和粗糙度来控制）称为正则化。

（5）最优复杂度模型

建模是用有限数目的训练样本去拟合一个函数，训练样本的有限性暗示着对未知函数的任何拟合总是存在偏差。而模型的预测能力和拟合能力是一对矛盾。在一定的条件下，模型的复杂度越高，拟合能力越强，但预测能力越差，这也就是"过拟合"现象；反之亦然，如著名的奥卡姆剃刀（Ockham's razor）原则（"与已知事实符合一致的理论中的最简单者就是最好的理论"）、支持向量机的基于结构风险最小化准则也证明了这种矛盾的存在。通过保留具有代表性的检测数据子集，可以避免建立模型时的过拟合，当模型在检测集上给出坏的结果时，模型就停止增长，从而找到最优复杂度的模型。

5.2.2.3　参数 GMDH 算法

数据分组处理方法（Group Method of Data Handling，GMDH）是 Ivakhnenko 于 1967 年首次提出来的，也是目前主要的自组织数据建模方法。经由了 Barron 提出的多项式网络训练算法（Polynomial Network Training，PNETTR）和 Elder 提出的多项式网络综合算法（Algorithm for Synthesis of Polynomial Networks，ASPN）两个阶段，20 世纪 90 年代德国学者 Mueller 和软件专家 Frank 在软件 Knowledgeminer 中具体实现了目前他们提出的最新理论和算法的第三阶段。目前已经在日本、波兰、美国广泛应用于系统建模、预测和控制等方面，也被认为是解决 AI 问题（包括随机过程的短期和长期预测以及复杂模式识别）的最佳方法[14]；国内学者也在宏观经济预测[15]、城市生活用水量[16]、水质预测[17]等方面开展了研究。

5.2.2.4　GMDH 算法实现步骤

根据自组织数据挖掘的基本原理，GMDH 算法的实现步骤如下[18,19]：

1）计算各输入变量 x_i（$i = 1, 2, \cdots, n$）和输出变量 y 之间的相关系数。选取和输出之间相关系数大的 m 个（$m < n$）作为"有用的"输入变量，舍弃相关系数小的变量。

2）将数据样本集（N 个数据样本）分为训练集 A（training set）和检验集 B（testing set）（$N_w = N_A + N_B$，$w = A \cup B$）。若建立预测模型，则将数据样本集合分为学习集 A，检测集 B 和预测集 C（checking set），$N_w = N_A + N_B + N_C$，$w = A \cup B \cup C$。

3）建立输出与输入之间的一般关系。一般采用 K-G 多项式为参考函数，每次取 2 的组合 m。

4）从具有外补充性质的选择准则中选出一个（或若干个）作为目标函数（体系），或称外准则（体系）。

5）产生第一层中间模型（见图 5.6）。传递函数 $y_k = f_k (v_i, v_j)$（$k = 1, 2, \cdots, m$）为第一层中间模型，由自组织过程自适应产生，且所含变量个数、函数结构彼此不同，

同时在训练集 A 上估计 y_k 的参数，一般采用最小二乘法。

6）第一层中间层模型筛选。根据（4）选择的外准则，在检测集 B 上对第一层中间模型进行筛选，选出中间模型 w_k（$k=1,2,5,10$）将作为网络第二层的输入变量。

7）形成最优复杂度模型网络结构。反复进行第（5）、（6）两步。可形成用于分析的显示最优复杂度模型（图5.6）。

8）如果是预测模型，则用前面建立的模型在预测集 C 上进行预测和检验。

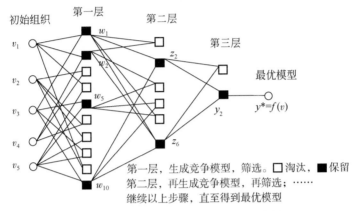

图 5.6　GMDH 产生最优模型过程示意图

根据以上步骤，给出 GMDH 算法的流程图如图 5.7 所示。

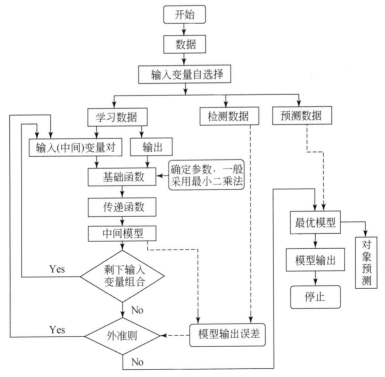

图 5.7　GMDH 算法的流程图

5.2.3 基于系统动力学理论的水资源需求预测模型

全球气候持续变化和快速城市化对区域水资源供需水系统产生了深刻影响，加上最严格水资源管理制度的实施，未来水资源需水受用水总量控制和用水效率控制等约束影响明显。因此，如何把握气候变化、社会经济、人口增长等因素给需水预测带来的不确定性，研究用水总量控制和用水效率控制下的水资源需水变化规律，成为需水预测热点问题。

区域传统主流的水资源需求预测方法主要采用的是基于历史用水过程外延预测未来需水、或者采用定额法预测需水的方法，而这些方法并不能反映多要素约束（用水总量控制和用水效率控制）下的需水变化规律，无法明确未来需水增长的趋势并判断需水增长的"拐点"，因此，如何把握用水胁迫下的经济社会需水量演化机理和预测方法对未来供需水管理具有重要意义。

5.2.3.1 系统动力学（SD）概述

（1）系统动力学（SD）起源及特点[20,21]

系统动力学（System Dynamics）是一门分析研究系统反馈的科学，基于信息反馈控制原理以及因果关系逻辑分析，从而对系统结构、功能和行为之间的动态变化关系进行有效的模拟。SD 创始人是美国麻省理工学院的福瑞斯特（Jayw Forreste）教授，最早应用始于 1956 年，在创制的初期，系统动力学应用的范畴主要是工业企业的管理。系统动力学最初被称为工业动力学，源于福瑞斯特教授于 1961 年出版的《工业动力学》（Industrial Dynamic）一书，是阐述系统动力学理论与方法的经典论著。之后的 20 世纪 60 年代，福瑞斯特教授又相继出版了《系统原理》和《城市动力学》等著作，对其理论进行了完善。系统动力学在世界范围内引起强烈反响则源于福雷斯特的学生米都斯（D. H. Meadows）在 1971 年发表了罗马俱乐部的第一份工作报告《增长的极限》，即 MIT 世界模型，此后系统动力学方法应用范围得到了拓展，在国土规划、区域经济开发、环境保护、企业战略研究等诸多领域均得到了广泛的应用。

系统动力学是基于系统论并吸收控制论、信息论的精髓，融结构与功能、物质与信息、科学与经验于一体，沟通了自然科学和社会科学的横向联系，是一门交叉综合性很强的学科。系统动力学最为突出的优点在于[22]：

1）应用范围广。系统动力学可广泛应用于研究社会、经济、环境、水利等行业中的非线性、高阶次、多重反馈、复杂时变系统。它能够处理周期性和长期性的问题，对研究大系统、多层次问题具有独特的优势。

2）定性与定量相结合。系统动力学模型是对结构与功能的双重模拟。在模型构建过程中，充分考虑各变量之间的关系，然后通过参数方程定量描述这些联系。模型构建中，集合了建模人员、决策者和专家群众的经验知识，同时，定量的参数方程又可减少系统的模糊性，使得系统模拟更趋近于真实。

3）模拟功能强。可进行政策调试试验，运用模型对政策实施的后果进行预测，对可能出现的不良后果进行调试或避免，同时也可以设定不同参数，选择政策实施的最优程度。此外，运用计算机的高速计算功能可以实现较长周期的模拟。

（2）系统动力学原理及主要方程[23]

系统动力学模型只是实际系统的简化与代表，在数学上的本质是一阶微分方程组。一阶微分方程组描述了系统各状态变量的变化率与各个状态变量或特定输入等的依存关系。

系统动力学把世界上一切系统的运动假想成流体运动，使用因果关系图（causal loop diagram）和系统流程图（stock and flow diagram）来表示系统的结构。因果关系图反应社会系统内部关系，构成系统动力学研究系统结构的基础。对系统内部主导回路和主导结构的研究，有助于加深认识系统的结构本质和动态行为特性。分析与研究因果关系是建立正确模型的必由之路。确定因果关系图之后，可以据此画出系统流程图，而流程图是系统动力学建模的基础。系统流程图由三类元素组成：状态变量、速率变量和辅助变量。其中，状态变量也叫水平变量，用矩形框表示，是随时间而变化的积累量，是物质、能量与信息的储存环节；速率变量位于蝴蝶结下方，描述系统中物流随时间变化的活动状态；没有矩形框的是辅助变量或常数，辅助变量是简化速率的方程，使复杂的函数易于理解，它是今后在 DYNAMO 方程中经常使用的一种变量，常数是系统在一次运行过程中保持不变的量，云状的图示表示的是系统的边界。各个元素直接通过流连接，流可以是物流或信息流，表示系统的活动或行为。图 5.8 给出了人口模型的系统流程图。

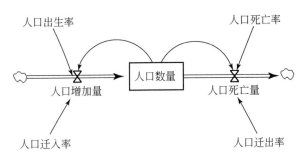

图 5.8　人口模型系统流程图

系统动力学中的变化量主要由三类变量组成：状态变量、速率变量、辅助变量。这三种变量可分别由状态方程、速率方程和辅助方程表示。除此之外还有一种方程是表函数，用来描述变量之间的非线性关系。

1）状态方程：计算状态变量的方程称为状态方程（N 方程），以 L 为标志。在状态方程中，其原理是一阶微分方程。状态变量方程的一般形式为

$$L.k = L.j + DT(IR.jk - OR.jk) \tag{5.3}$$

式中，$L.k$、$L.j$——状态向量；

$IR.jk$、$OR.jk$—输入、输出速率（变化率）；

DT—时间间隔（从 j 时刻到 k 时刻）。

2）速率方程：用于描述速度变量是如何控制或影响状态变量，以 R 为标志。其一般形式为

$$\frac{L.k - L.j}{DT} = \frac{DL}{DT} = IR.jk - OR.jk \qquad (5.4)$$

3）辅助方程：用于表示辅助变量之间的关系，系统动力学中，辅助方程以 A 为标志。

4）表函数：模型中往往需要用辅助变量描述某些变量间的非线性关系，不能由其他变量进程简单的代数组合来表示，因此可采用非线性函数以图形给出，这种以图形表示的非线性函数称为表函数，在系统动力学中，以 T 为标志。表函数的基本形式如下：

变量=WITH LOOKUP(Time,〔（INITIAL TIME,最小变化率）-（FINAL TIME,最大变
化率）〕,（INITIAL TIME,值）,（INITIAL TIME+TIME STEP,值）,…,（FINAL
TIME,变化率）) $\qquad (5.5)$

5.2.3.2　SD 模型构建的一般方法

系统动力学建模可分为四个步骤：

步骤 1：分析问题。系统动力学模型建立的好与坏在于建模时对所研究的问题的认识深度，只有明确所要研究的问题及建立模型的目的，才能够保证建立的模型能够反映实际问题。

步骤 2：确定系统边界。即根据所要研究的目的，确定系统的边界，确定系统的规模，确定系统涵盖变量的范围。不同研究目的决定了模型中对现实世界进行抽象的详与细以及系统的主要反馈回路。

步骤 3：确定系统要素集。影响系统的要素（部分）是复杂多变、规模庞大、内部结构复杂的，而科学认识是从简单到复杂的。因此，需要在庞大复杂的系统中确定与系统相关的要素。

步骤 4：建立系统动力学结构模型，在做好以上三个步骤之后，就可以建立系统动力学模型，并对模型中的参数进行量化分析。

5.2.3.3　需水预测 SD 模型的构建与参数率定

（1）需水预测 SD 模型建模过程

在充分理解模型构建目的的基础上，可进行模型的构建，构建过程可分为以下几个部分：

1）对研究区历史社会、经济发展和用水情况进行调查研究，确定系统边界，并根据实际情况确定系统因果关系；

2）在 Vensim 系统动力学软件中，根据系统因果关系与反馈关系画系统流程图；

3）根据系统流程图中各个变量间的关系，定量分析各变量之间的关系，并利用

Vensim 提供的公式编辑器建立量化的系统模拟模型，书写动力学方程；

4）有效性检验，以验证模型是否有效；

5）确定现状年份以及预测年份，进行计算机仿真模拟计算；

6）设计对比方案，寻找最优方案。

在以上分析的基础上，建立的广东省需水预测系统动力学模型流图如图5.9所示。模型中包含了多条反馈回路，如：

1）GDP（+）→第二产业增加值（+）→工业增加值（+）→工业需水量（+）→总需水量（+）→供需缺口（+）→缺水率（+）→政策调控因子（−）→GDP，负反馈回路；

2）总人口（+）→城镇人口（+）→城镇生活需水量（+）→总需水量（+）→供需缺口（+）→缺水率（+）→政策调控因子（−）→总人口，负反馈回路；

3）渠系水利用系数（−）→菜田灌溉需水量（+）→农业需水量（+）→总需水量（+）→供需缺口（+）→缺水率（+）→政策调控因子（−）→渠系水利用系数，正反馈回路。

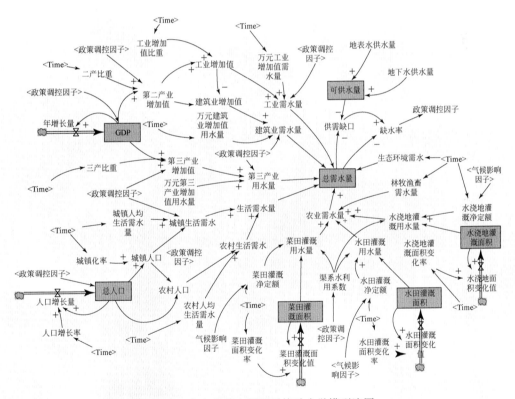

图5.9　广东省需水预测系统动力学模型流图

（2）模型参数率定

Vensim 软件中，自带多种函数，本研究主要用到状态方程、表函数、IF THEN

ELSE 函数以及辅助方程。模型中各参数方程如下：

1）N 方程

总人口=INTEG（人口增长量,初始值）（单位：万人）

水田灌溉面积= INTEG（农田灌溉面积变化值,初始值）（单位：万亩）

菜田灌溉面积= INTEG（农田灌溉面积变化值,初始值）（单位：万亩）

水浇地灌溉面积= INTEG（农田灌溉面积变化值,初始值）（单位：万亩）

GDP= INTEG（年增长量,初始值）（单位：亿元）

2）IF THEN ELSE 方程

政策调控因子=IF THEN ELSE（缺水率<0,1,A）（A 为常数）

3）表函数

在建立的需水模型中，表函数有两种形式参数需输入，分别如式一和式二。

式一：变量=WITH LOOKUP（Time,[（基准年,最小变化率）-（水平年,最大变化率）],（2010,2010~2011 变化率）,（2011,2011~2012 变化率）,…,（2030,2020~2030 变化率））

式二：变量= WITH LOOKUP（Time,[（基准年,最小值）-（水平年,最大值）],（2010,2010 年值）,（2011,2011 年值）,…,（2030,2030 年值））

应用式一的变量包括人口增长率、GDP 年增长率、城镇化率、水田灌溉面积变化率、菜田灌溉面积变化率、水浇地灌溉面积变化率。

应用式二的变量包括第二产业比重、第三产业比重、工业增加值比重、灌溉水利用系数、农村人均日生活需水量、城镇人均日生活用水量、万元工业增加值用水量、万元建筑业增加值用水量、万元第三产业增加值用水量、林牧渔畜需水量、生态环境需水量。

4）其他方程

城镇人口=总人口×城镇化率（单位：万人）

农村人口=总人口×城镇人口（单位：万人）

第二产业增加值=GDP×第二产业比重×政策调控因子（单位：亿元）

第三产业增加值=GDP×第三产业比重×政策调控因子（单位：亿元）

工业增加值=第二产业增加值×工业增加值比重（单位：亿元）

建筑业增加值=第二产业增加值-工业增加值（单位：亿元）

农业需水量=农田灌溉面积×亩均灌溉需水量（单位：亿 m^3）

城镇生活需水量=城镇人口×城镇人均生活日需水量×政策调控因子×365/1e+007（单位：亿 m^3）

农村生活需水量=农村人口×农村人均生活日需水量×政策调控因子×365/1e+007（单位：亿 m^3）

生活需水量=城镇生活需水量+农村生活需水量（单位：亿 m^3）

工业需水量=工业增加值×万元工业增加值需水量×政策调控因子/10000（单位：亿 m^3）

建筑业需水量=建筑业增加值 × 万元建筑业增加值需水量 × 政策调控因子/10000
（单位：亿 m³）

第三产业需水量=增加值 × 万元第三产业增加值需水量 × 政策调控因子/10000
（单位：亿 m³）

城镇公共需水量=建筑业需水量+第三产业需水量（单位：亿 m³）

总需水量=农业需水量+生活需水量+工业需水量+城镇公共需水量（单位：亿 m³）

可供水量=地表水供水量+地下水供水量（单位：亿 m³）

供需缺口=总需水量−可供水量（单位：亿 m³）

缺水率=供需缺口/总需水量

气候影响因子=1。

5.2.4 基于发展指标与用水定额法的水资源需求预测模型

目前我国较为普遍采用的需水预测方法为发展指标与用水定额法、机理预测法、人均用水量预测法、弹性系数法等[24]。其中，发展指标与用水定额法（简称定额法）指预测发展的指标（一般是指社会经济指标）和用水定额，其乘积为需水量。各个部门的用水定额指标一般分别采用以下定额：工业–万元产值（或 GDP）用水量，生活–人均日用水量，农业–灌溉定额。此法在我国较为广泛应用，如张会言等[25]对黄河地区需水变化趋势进行预测，刘俊萍等[26]对山西太原市需水量进行预测；我国第二次水资源综合规划技术细则中也首先推荐此法进行需水预测。但该方法的局限性在于对超长期用水定额的预测缺乏必要的定量手段。

（1）生活需水预测

生活需水预测主要采用人均日用水定额方法。因此预测时，需要确定的参数有：用水人口、居民用水净定额、水利用系数。生活需水预测时，制定的用水净定额和水利用水系数，是在县级单元的基础上进行的，根据各县级单元及分割的水资源分区的人口计算需水，然后逐级向上加总。

考虑各地区现状用水的水资源条件、供水条件具有差异性及特殊性等因素，为真实反映该地区当年的需水量，基准年的需水取当年实际用水量进行计算。

$$NW1_{城镇生活} = E_1 \cdot P_1 \cdot 365/1000 \tag{5.6}$$

$$RW1_{城镇生活} = NW1_{城镇生活}/\eta_1 \tag{5.7}$$

$$RW2_{农村生活} = E_2 \cdot P_2 \cdot 365/1000 \tag{5.8}$$

式中，$NW1$ 为规划水平年的城镇生活净需水量（万 m³）；$RW1$ 为规划水平年的城镇生活毛需水量（万 m³）；P_1 为城镇用水人口（万人）；E_1 为城镇生活用水净定额（L/人·日）；η_1 为城镇供水水利用系数。$RW2$ 为规划水平年的农村生活需水量（万 m³）；P_2 为农村用水人口（万人）；E_2 为农村生活用水定额（L/人·日）。

（2）农业需水预测

农业需水项目有农田（又分水田、水浇地、菜田）、林果地、草场、鱼塘、大小牲畜，预测方法主要采用用水定额法，其中农田灌溉用水定额要按七种降雨频率条件分别制定。制定用水净定额和水利用水系数，是在县级单元的基础上进行的，根据各县级单元及分割的水资源分区的各项用水面积（或牲畜头数）计算需水量，然后逐级向上加总。

$$NW3_{水田,i} = E_{3i} \cdot A_1 \tag{5.9}$$

$$NW4_{水浇地,i} = E_{4i} \cdot A_2 \tag{5.10}$$

$$NW5_{菜田,i} = E_{5i} \cdot A_3 \tag{5.11}$$

$$NW6_{林果地} = E_6 \cdot A_4 \tag{5.12}$$

$$NW7_{草场} = E_7 \cdot A_5 \tag{5.13}$$

$$NW8_{鱼塘} = E_8 \cdot A_6 \tag{5.14}$$

$$RW3_{农田,i} = (NW3_{水田,i} + NW4_{水浇地,i} + NW5_{菜田,i})/\eta_2 \tag{5.15}$$

$$RW6_{林果地} = NW6_{林果地}/\eta_2 \tag{5.16}$$

$$RW7_{草场} = NW6_{草场}/\eta_2 \tag{5.17}$$

$$RW8_{鱼塘} = NW8_{鱼塘}/\eta_2 \tag{5.18}$$

$$RW9_{牲畜} = (E_9 \cdot P_3 + E_{10} \cdot P_4) \cdot 365/1000 \tag{5.19}$$

式中，$NW3$、$NW4$、$NW5$ 分别为规划水平年某一降雨频率下的水田、水浇地、菜田的净需水量（万 m^3），$NW6$、$NW7$、$NW8$ 分别为规划水平年的林果地、草场、鱼塘的净需水量；$RW3$ 为规划水平年某一降雨频率下的农田毛需水量（万 m^3，包括水田、水浇地、菜田），$RW6$、$RW7$、$RW8$、$RW9$ 分别为规划水平年林果地、草场、鱼塘、牲畜的毛需水量（万 m^3）；A_1、A_2、A_3、A_4、A_5、A_6 分别为水田、水浇地、菜田、林果地、草场、鱼塘的面积（万亩），P_3、P_4 分别为大小牲畜数量（万头）；E_{3i}、E_{4i}、E_{5i} 分别为某一降雨频率下的水田、水浇地、菜田的净定额（m^3/亩），E_6、E_7、E_8 分别为林果地、草场、鱼塘的净定额（m^3/亩），E_9、E_{10} 分别为大、小牲畜的用水定额（L/头·日）；η_2 为农业渠系综合水利用系数，其值为毛渠、斗渠和田间水利用系数的乘积。

（3）工业需水预测

工业需水项目包括火（核）电工业和非火电工业。预测时，先根据历史数据建立工业增加值（不包括火电产值）与工业用水（不包括火电用水）的弹性系数关系，并考虑弹性系数本身的阶段变化，同时参考广东省其他成果中的工业需水预测成果，可初步算出广东省和各地市的工业需水成果，作为定额预测法的控制和校验依据。再根据历史数据分析工业用水定额的变化趋势，初步拟定各地市各规划水平年的用水定额，并根据工业增加值的预测成果计算工业需水量，用弹性系数法预测的成果对其进行校验，由此调整工业用水定额。火电需水按单位装机容量定额单独计算。

$$NW12_{非火电工业} = E_{12} \cdot V_2/10000 \qquad (5.20)$$

$$NW13_{火电工业} = (E_{13} \cdot C_1 + E_{14} \cdot C_2) \qquad (5.21)$$

$$RW11_{工业} = NW12_{非火电工业}/\mu_1 + NW13_{火电工业}/\mu_2 \qquad (5.22)$$

式中，$NW12$、$NW13$ 分别为规划水平年非火电工业和火（核）电的净需水量（万 m^3）；$RW11$ 为规划水平年工业毛需水量（万 m^3）；V_2 为非火电工业的增加值（万元），C_1、C_2 分别为火（核）电循环式、直流式的装机容量（万 kW）；E_{12} 为非火电工业的净定额（m^3/万元，增加值），E_{13}、E_{14} 分别为火（核）电循环式、直流式的净定额（万 m^3/万 kW）；μ_1 为城镇供水水利用系数，μ_2 为火电供水水利用系数。

（4）建筑业与第三产业需水预测

建筑业和第三产业需水采用万元增加值用水定额计算。建筑业需水预测时，根据建筑业产值、当年新增建筑面积、用水状况，确定规划水平年的建筑业增加值及用水定额；第三产业需水预测时，根据第三产业产值、第三产业从业人员、用水状况，确定规划水平年的第三产业增加值及用水定额。预测时，考虑经济社会技术进步引起产值用水定额的降低。

$$NW14_{建筑业} = E_{14} \cdot V_3/10000 \qquad (5.23)$$

$$NW15_{第三产业} = E_{15} \cdot V_4/10000 \qquad (5.24)$$

$$RW14_{建筑业} = NW14_{建筑业}/\eta_1 \qquad (5.25)$$

$$RW15_{第三产业} = NW15_{第三产业}/\eta_1 \qquad (5.26)$$

式中，$NW14$、$NW15$ 分别为规划水平年建筑业、第三产业的净需水量（万 m^3）；$RW14$、$RW15$ 分别为规划水平年建筑业、第三产业的毛需水量（万 m^3）；V_3、V_4 分别为建筑业、第三产业的的增加值（万元）；E_{14}、E_{15} 分别为建筑业、第三产业的净定额（m^3/万元，增加值）；η_1 为城镇供水水利用系数。

5.3 广东省社会经济发展趋势分析

5.3.1 人口与城镇化发展

参照《广东省国民经济和社会发展第十一个五年规划纲要》、广东省"十一五"规划前期课题研究成果《广东省人口增长和结构变化的预测分析及对策研究》及《广东省全面建设小康社会总体构想》，在初步预测确定广东省总人口和城乡人口比例的同时，分别参照各行政区"十一五"规划对 122 个县级行政区进行人口预测，然后汇总到广东省，将此汇总数与前面的广东省预测数进行比较协调，在省与各县级行政区、地级市之间进行综合平衡，考虑到广东省人口逐渐稳定，参照《广东省人口增长和结构变化的预测分析及对策研究》以及国家发改委和宏观经济研究院的研究成果等，经省与地级市和县级行政区综合平衡，取 2010～2020 年、2020～2030 年广东省常住总人口年均递增率分别为 0.78%、0.45%。因此，预测到 2020 年、2030 年广东省常住总人口预测数分别为 10684 万人、11172 万人。该方案值作为各地市人口平衡及需水预测时的计算数据。

　　到 2020 年、2030 年，广东省平均城镇化水平分别为 75%、80%。从空间分布上来看，人口最多的为广州市，其次为深圳市、东莞市、佛山市，这四个地区集中了广东省三分之一以上的人口，且城镇化水平较高，深圳、珠海、东莞在 2030 年城镇化水平均为 100%。而河源、清远、肇庆、梅州、揭阳、云浮的城镇化水平仍低于65%。广东省人口及城镇化水平预测总体成果见表 5.4，各行政区的预测结果见表 5.5。

表 5.4　广东省人口和城镇化水平预测结果

项目	2000 年	2020 年	2030 年
人口/万人	8630	10684	11172
城镇化水平/%	55	75	80

表 5.5　广东省各行政区人口及城镇化水平预测结果

地区	总人口/万人			城镇化水平/%		
	2000	2020	2030	2000	2020	2030
广东省	8630	10684	11172	55	75	80
广州市	1008	1196	1240	80	92	95
韶关市	277	359	389	51	65	71
深圳市	711	877	913	91	100	100
珠海市	125	167	185	84	100	100
汕头市	474	602	649	66	82	86
佛山市	541	667	704	74	87	92
江门市	401	437	456	47	74	77
湛江市	616	668	688	38	59	67
茂名市	531	634	663	37	60	68
肇庆市	342	402	419	32	55	62
惠州市	326	406	432	51	73	79
梅州市	386	460	476	37	57	65
汕尾市	249	311	329	52	70	75
河源市	230	283	294	26	46	54
阳江市	220	260	272	41	66	73
清远市	319	379	395	32	55	63
东莞市	645	1000	1000	60	90	100

续表

地区	总人口/万人			城镇化水平/%		
	2000	2020	2030	2000	2020	2030
中山市	236	370	414	61	90	95
潮州市	244	284	296	43	68	78
揭阳市	531	653	679	37	57	64
云浮市	218	269	279	46	58	65

5.3.2 国民经济发展

GDP 的预测主要参照《广东省国民经济和社会发展第十一个五年规划纲要》和各地级市、县级行政区相关"十一五"规划进行，并参考广东省"十一五"规划前期课题研究成果《广东省"十一五"发展战略和发展思路研究》、《广东省全面建设小康社会总体构想》等相关成果，同样需要对预测指标进行类似人口预测的省与各县级行政区、地级市之间的反复综合平衡。

根据《广东省国民经济和社会发展十一五规划纲要》的发展目标"到 2020 年，广东省人均生产总值比 2010 年再翻一番"和《广东省全面建设小康社会总体构想》（2004 年）中"到 2020 年，广东省人均 GDP 比 2010 年再翻一番，全面建成小康社会，率先基本实现社会主义现代化，2011~2020 年年均增长 8.5% 左右"，考虑到近期金融风暴影响和经济总量逐渐加大，增长速度趋于平缓，并结合广东省人口预测成果，取 2010~2020 年广东省 GDP 年均递增率为 8.4%；根据国家发展改革委员会宏观经济研究院课题组编制的《2001~2030 年全国及各省（区、市）国民经济发展布局与产业结构预测》（2004 年）中对广东省远期 GDP 增长的预测成果（6.57%），结合广东省2010~2020 年预测经济增长趋势和广东省人口预测成果，取 2020~2030 年广东省 GDP年均递增率为 6.3%。

这样，按 2000 年可比价，预测到 2020 年、2030 年，广东省 GDP 分别达到 75049亿元、138232 亿元。该方案值作为各项社会经济指标分解及各项需水项目预测时的计算数据。

广东省国民经济预测总体成果如表 5.6，各行政区 GDP 预测结果见表 5.7。

表 5.6 广东省国民经济预测总体成果

主要经济指标		2000 年	2020 年	2030 年
GDP	年均增长率	12.0%	8.4%	6.3%
	产值/亿元	10741	75049	138232
三产业比重		10.3 : 50.4 : 39.3	3.3 : 46.2 : 50.5	2.2 : 44.8 : 53.0
第一产业增加值/亿元		1106	2477	3041
第二产业增加值/亿元		5413	34673	61928

续表

主要经济指标		2000 年	2020 年	2030 年
第三产业增加值/亿元		4221	37900	73263
工业增加值/亿元	高用水工业	441	2973	5235
	火核电工业	102	557	621
	其他一般工业	4232	29268	54000
	合计	4775	32797	59857
建筑业增加值/亿元		638	1876	2071
火核电装机容量/万 kW		2589	12185	13158

注：规划水平年的各项经济产值均按 2000 年价（下同）。

表 5.7　广东省各行政区 GDP 预测结果

行政区	GDP/亿元			占广东省 GDP 的比例/%			人均 GDP/(元/人)		
	2000	2020	2030	2000	2020	2030	2000	2020	2030
广东省	10741	75049	138232	100	100	100	12446	70244	123731
广州市	2391	16089	28489	22.26	21.44	20.61	23724	134523	229750
韶关市	185	1378	2976	1.72	1.84	2.15	6675	38384	76504
深圳市	1968	10254	17515	18.32	13.66	12.67	27679	116921	191840
珠海市	318	2440	4580	2.96	3.25	3.31	25436	146108	247568
汕头市	432	3115	6853	4.02	4.15	4.96	9111	51744	105593
佛山市	1008	5217	9343	9.38	6.95	6.76	18626	78216	132713
江门市	484	3607	6659	4.51	4.81	4.82	12073	82540	146031
湛江市	359	2615	5466	3.34	3.48	3.95	5822	39147	79448
茂名市	400	3265	6661	3.73	4.35	4.82	7540	51498	100468
肇庆市	348	2468	4991	3.24	3.29	3.61	10175	61393	119117
惠州市	421	3423	7040	3.92	4.56	5.09	12924	84310	162963
梅州市	173	1085	2240	1.61	1.45	1.62	4486	23587	47059
汕尾市	123	1105	2286	1.15	1.47	1.65	4951	35531	69483
河源市	84	677	1483	0.78	0.90	1.07	3638	23922	50442
阳江市	154	1211	2444	1.43	1.61	1.77	6985	46577	89853
清远市	151	1242	2763	1.41	1.65	2.00	4749	32770	69949
东莞市	787	8000	12000	7.33	10.66	8.68	12200	80000	120000
中山市	331	3267	5322	3.09	4.35	3.85	14042	88297	128551
潮州市	171	1402	2714	1.59	1.87	1.96	6993	49366	91689
揭阳市	298	2233	4488	2.78	2.98	3.25	5620	34196	66097
云浮市	154	956	1919	1.43	1.27	1.39	7064	35539	68781

5.3.3 农业发展及土地利用分析

主要农业指标预测是为农业需水预测服务的，其项目主要包括：有效灌溉面积（包括水田、水浇地和菜田）、林果地灌溉面积、草场灌溉面积、鱼塘补水面积、大小牲畜数等。

主要农业指标预测结果如下：①耕地面积：到 2020 年、2030 年，广东省耕地面积分别为 4215 万亩、4129 万亩；②农田有效灌溉面积：到 2020 年、2030 年，广东省有效灌溉面积分别为 2638 万亩、2585 万亩，减少重点是水田和水浇地；③灌溉林果地面积：到 2020 年、2030 年，广东省有效灌溉面积分别为 955 万亩、1029 万亩；④鱼塘补水面积：到 2020 年、2030 年，广东省鱼塘补水面积分别为 430 万亩、453 万亩；⑤牲畜数量：到 2020 年、2030 年，广东省牲畜数量分别为 5287 万头、5887 万头。

总体上来说，耕地面积和农田有效灌溉面积在不断减少，林果地面积、鱼塘面积和牲畜数量则有所增加。

广东省主要农业指标预测结果见表 5.8，各分区的预测结果见表 5.9 和表 5.10。

表 5.8 广东省主要农业指标预测结果

主要农业指标		2000 年	2020 年	2030 年
耕地面积/万亩		4692	4215	4129
有效灌溉面积/万亩	水田	1920	1615	1548
	水浇地	387	380	371
	菜田	597	643	666
	合计	2903	2638	2585
林果地灌溉面积/万亩		805	955	1029
草场灌溉面积/万亩		1	1	1
鱼塘补水面积/万亩		336	430	453
牲畜头数/万头		2797	5287	5887

表 5.9 广东省各行政区主要农业用地预测结果

行政区	耕地面积/万亩		有效灌溉面积/万亩		林果地灌溉面积/万亩		鱼塘补水面积/万亩	
	2020	2030	2020	2030	2020	2030	2020	2030
广东省	4215	4129	2638	2585	955	1029	430	453
广州市	205	197	148	145	48	51	32	34
韶关市	320	314	167	163	28	30	28	29
深圳市	7	7	0.2	0.2	7	7	3	3
珠海市	28	27	34	33	9	10	16	17
汕头市	77	75	62	61	24	26	4	4
佛山市	80	75	80	75	13	14	87	92
湛江	641	636	325	323	82	89	31	32

行政区	耕地面积/万亩		有效灌溉面积/万亩		林果地灌溉面积/万亩		鱼塘补水面积/万亩	
	2020	2030	2020	2030	2020	2030	2020	2030
茂名	352	346	223	221	287	310	14	16
肇庆	269	264	184	183	50	54	45	47
惠州	217	210	158	152	76	83	13	13
梅州	243	240	169	167	12	12	3	4
江门市	295	291	235	235	39	42	52	55
梅州市	243	240	169	167	12	12	3	4
汕尾市	148	146	86	85	30	32	15	15
河源市	194	191	126	123	32	34	7	7
阳江市	268	264	123	120	115	124	30	32
清远市	397	394	201	199	13	14	17	18
东莞市	17	17	17	17	20	20	5	5
中山市	45	37	35	28	7	8	10	11
潮州市	64	61	51	49	36	39	10	10
揭阳市	169	163	110	105	24	26	6	6
云浮市	178	175	104	103	3	3	3	3

表 5.10　广东省各行政区牲畜数量预测结果

行政区	大牲畜数/万头			小牲畜数/万头			牲畜总数/万头		
	2000	2020	2030	2000	2020	2030	2000	2020	2030
广东省	454.82	871.87	954.74	2342	4415	4932	2797	5287	5887
广州市	11.43	23.69	22.38	191	331	314	203	355	336
韶关市	31.97	62.27	65.72	181	352	366	213	415	432
深圳市	0.98	0.77	0.94	27	21	26	28	22	27
珠海市	0.24	0.23	0.23	17	16	16	17	16	16
汕头市	1.13	2.07	2.43	41	76	89	42	78	91
佛山市	2.82	3.55	3.37	82	90	92	85	94	95
江门市	13.65	24.51	26.29	128	222	244	141	247	270
湛江市	68.76	113.10	124.89	166	271	302	235	384	427
茂名市	66.86	101.11	107.16	260	392	419	327	493	526
肇庆市	41.19	78.27	89.74	200	330	379	241	409	469
惠州市	24.84	48.06	54.30	88	168	194	113	216	248
梅州市	23.50	59.17	76.36	177	428	560	200	487	636
汕尾市	5.54	12.54	14.91	56	148	181	61	160	195
河源市	23.79	60.83	67.75	80	203	226	103	264	294
阳江市	70.10	111.43	105.30	112	178	171	182	290	276
清远市	39.85	108.46	120.39	123	332	373	163	440	493
东莞市	0.55	1.04	1.10	97	183	194	97	184	195

续表

行政区	大牲畜数/万头			小牲畜数/万头			牲畜总数/万头		
	2000	2020	2030	2000	2020	2030	2000	2020	2030
中山市	0.13	0.20	0.22	20	32	34	20	32	34
潮州市	4.66	8.61	10.11	53	98	114	58	106	124
揭阳市	9.62	21.04	22.88	103	211	234	113	232	257
云浮市	13.21	30.94	38.31	141	332	408	154	363	446

5.4　广东省未来经济社会需水趋势分析

5.4.1　需水趋势分析

广东省 2010 年处于工业化后期前半阶段，2020 年、2030 年分别可进入发达经济初级阶段以及发达经济高级阶段。参考国外发达国家工业化过程中总用水量的变化规律认为：在近期水平年内广东省由工业化后期阶段向发达经济转变，需水总量依然会持续增长，远期水平年内，随着经济的发展，产业结构的逐渐调整，广东省进入发达经济高级阶段，此时广东省总需水量将逐渐稳定。产业结构分析中，2030 年广东省二产比重依然在 40% 以上，国外发达国家用水总量实现"零增长"时二产比重大都在 40% 以下，因此，认为广东省需水总量大致至 2030 年左右才能实现需水总量"零增长"。各行业需水变化将分别呈现如下规律：

1）生活需水：生活用水随着人口的增长以及生活水平的提高而持续增长。《广东省"十二五"人口发展战略研究》中成果指出，在持续加大人口计生工作力度的前提下，"十二五"期间广东人口数量增速将趋缓，预计"十二五"期间广东常住人口年均增长 100 万人左右，到 2015 年总人口数量接近 1.15 亿人，2010～2015 年年均增长 1.95%，近期水平年内广东省人口依然持续增长，因此可认为广东省近期水平年内生活需水也将持续增长，远期水平年内随着人口增长的放缓或下降，生活需水亦将逐渐趋于稳定或下降。

2）工业需水：2020 年、2030 年第二产业占 GDP 比重预测值分别在 46%、42% 左右。参考国外发达国家工业用水变化与二产比重对应关系（工业用水开始减少时二产比重基本在 40% 以下，最大为日本，45%）认为，近期水平年内，广东省工业需水将持续稳定增长，随着产业结构的调整，增速逐步降低，远期水平年内将逐渐趋于稳定。

3）农业需水：城市化过程中，伴随着耕地面积的逐渐减少以及渠系水利用系数的不断提高，农业需水将逐渐减少，然而随着人民生活水平的不断提高，对粮食刚性需求的增加，以及由于土地资源和水资源约束、农民种粮积极性下降、极端天气频繁出现和国际粮价波动等因素的影响，粮食安全问题凸显。随着人均粮食占有量的提高，粮食增产要求有充足的水资源保障，农业需水减少速度将逐渐降低，最后需水量会逐渐稳定不再下降。

4）城镇公共需水：城镇公共需水包括建筑业用水和第三产业用水，城镇化和工业化过程中，城市建筑面积逐渐增长，三产比重逐渐上升，与之相对应，建筑业需水和第三产业需水亦持续上升，至2030水平年城镇化水平达到85%左右，城镇化水平基本达到顶峰，建筑业需水应基本稳定。2030年三产比重在56%左右，与发达国家的三产比重达70%以上相比，仍有较大上升空间，因此，认为第三产业需水至2030年仍将继续上升。

5）城镇生态环境需水：城镇生态环境需水包括城镇生态环境美化需水和生态环境修复需水。随着城镇化进程的进行，对城镇绿化及景观环境建设的力度不断加强，城镇生态环境用水量将呈明显上升趋势。

5.4.2　用水效率分析

（1）人均生活需水量

各个国家或地区之间，由于气候、地理和用水习惯等影响用水的条件不一，地区之间生活用水定额差异较大，因此国外或其他地区生活用水定额不宜直接用于制定广东未来生活用水定额。此外，国外研究成果表明，生活需水受水价、居民收入影响较大，而当前我国水市场尚未建立完全，同时受缺水的影响，生活需水以刚性需求为主，因此，对于生活用水定额直接参考《广东省用水定额调查研究》中的推荐成果，城镇居民毛用水定额按人口规模分类：>200万，取240 L/（人·日）；50万～200万，取220L/（人·日）；<50万，取180 L/（人·日）。对应的净定额则分别为：>200万，取200 L/（人·日）；50万～200万，取180 L/（人·日）；<50万，取150 L/（人·日）。农村居民用水定额则参考"水总研［2004］29号"中的成果，推荐广东省农村居民用水定额为140 L/（人·日）。

对于城镇生活用水，在城镇生活净定额确定的条件下，还需分析未来水利用系数的变化情况，参考《广东省水资源综合规划》及相关节水规划中的城镇供水系统的管网漏失率的成果，在现状管网漏失率的基础上，综合分析得出，到2030年，广东省城镇供水利用系数平均值为0.92。

（2）工业用水效率分析

工业用水效率与社会经济发展程度密切相关，随着社会经济的发展，产业结构逐渐进行调整，节水技术不断进步，工业用水效率将不断提高，万元工业增加值用水量逐渐降低。广东省21地市不同发展水平条件下对应的万元工业增加值用水制定的散点图［图5.10（a）］较好地体现了这一规律，单独以广东省数据进行相关分析，万元工业增加值用水量与人均GDP的相关系数达0.96［图5.10（b）］。从图中亦可以看出，各地市之间，由于产业结构等多方面的差异，同一发展水平条件下，工业用水效率差异较大。从工业用水弹性系数的角度来讨论工业用水效率与社会经济发展水平之间的关系，广东省的工业用水亦基本体现出了这一规律，如图5.11所示，随着社会经济发展水平的提高，工业用水弹性系数逐渐呈下降趋势。

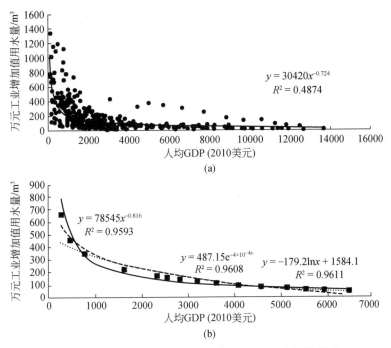

图 5.10　万元工业增加值用水量与人均 GDP 之间的关系

（a）21 地市；（b）广东省

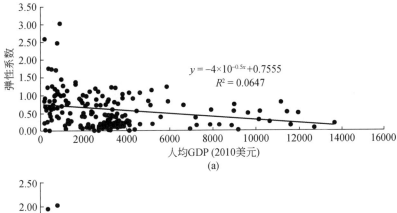

图 5.11　工业用水弹性系数与人均 GDP 之间的关系

（a）21 地市五年年均；（b）21 地市十年年均

　　根据钱纳里工业化结构理论[4]，广东省依然处于工业化后期的前半阶段，工业化进程尚未完成，因此，可以认为在未来一段时间之内，广东省的工业用水依然会持续增加，但用水增长率将会较小。根据社会经济发展预测的结果，2020 年、2030 年广东省人均 GDP 高方案分别达到 14963 美元、28480 美元，低方案分别达到 13063 美元、22057 美元。若从图 5.10 分析拟合的结果预测水平年万元工业增加值用水量，则高方案下，广东省万元工业增加值用水量 2020 年、2030 年分别为 30.7m³、18.2m³，低方案下，2020 年、2030 年分别为 34.3m³、22.4m³。各地市根据其历史数据，同样采取图 5.11 所示方法进行水平年万元工业增加值用水量初步预测，预测结果如表 5.11 所示。

表 5.11　广东省万元工业增加值用水量初步预测结果

| 地市 | 高方案 | | | | | | 低方案 | | | | | |
| | 2020 | | | 2030 | | | 2020 | | | 2030 | | |
	预测值 /m³	累计下降/%	弹性系数	预测值 /m³	累计下降/%	弹性系数	预测值 /m³	累计下降/%	弹性系数	预测值 /m³	累计下降/%	弹性系数
广州市	22.4	61	-0.32	7.7	66	-0.93	28.9	50	-0.11	12.6	56	-0.84
深圳市	11.0	23	0.59	8.1	26	0.33	11.8	17	0.66	9.4	21	0.34
珠海市	16.7	38	0.60	12.5	25	0.56	17.5	35	0.62	13.8	22	0.56
汕头市	11.1	61	-0.10	5.1	54	-0.23	12.7	56	-0.06	6.6	48	-0.23
佛山市	18.3	31	1.08	11.6	36	-0.19	20.8	22	1.41	14.8	29	-0.20
韶关市	78.2	63	0.19	40.7	48	0.34	86.3	59	0.21	49.0	43	0.37
河源市	133.1	42	0.53	85.9	35	0.45	143.4	37	0.56	98.5	31	0.47
梅州市	108.2	46	0.40	66.0	39	0.32	118.8	40	0.43	78.7	34	0.35
惠州市	51.2	14	0.77	42.7	17	0.64	53.5	11	0.81	46.5	13	0.67
汕尾市	27.8	47	0.72	15.4	45	0.21	31.3	41	0.79	19.1	39	0.25
东莞市	34.1	26	0.52	21.3	38	0.04	38.4	17	0.66	26.5	31	0.07
中山市	55.5	24	0.54	47.7	14	0.71	57.3	21	0.53	50.9	11	0.72
江门市	14.0	75	-0.20	5.5	61	-0.34	16.6	70	-0.14	7.7	54	-0.30
阳江市	2.1	92	-0.53	0.4	79	-0.69	2.6	90	-0.48	0.7	74	-0.65
湛江市	14.1	68	0.17	5.9	58	-0.05	16.3	63	0.22	7.8	52	-0.02
茂名市	10.2	67	-0.04	4.1	60	-0.15	12.1	61	0.03	5.6	53	-0.10
肇庆市	37.3	57	0.18	15.9	58	-0.17	44.4	49	0.28	22.0	50	-0.11
清远市	8.1	79	-0.40	2.4	70	-0.57	9.9	74	-0.34	3.5	65	-0.53
潮州市	46.9	36	0.60	25.9	45	0.18	52.0	29	0.67	31.3	40	0.20
揭阳市	13.6	66	0.27	6.9	49	0.15	15.2	61	0.30	8.5	44	0.18
云浮市	15.8	87	-0.45	3.4	79	-0.55	20.3	83	-0.38	5.4	73	-0.49
全省	30.7	34	0.49	18.2	41	0.13	34.3	26	0.58	22.4	35	0.16

　　注：此处计算中的工业增加值为产业结构基本方案计算结果。

从表中可以看出，单纯根据历史数据拟合预测出的工业用水效率差异较大，部分地市如珠海、深圳等预测结果相对较为合理，而部分地市如广州、汕头等预测结果则较为不理想，因此需要在此基础上进行定额的校核，校核可通过相关规划中要求的工业定额累计下降百分比以及工业用水弹性系数来进行。

国家和广东省关于工业用水的相关要求包括：①国家"十二五"规划中要求万元工业取用水量五年累计下降30%；②国家工业节水"十五"规划中提出，2010~2020年的工业取水弹性增长系数全国控制在0.13，2020~2030年的弹性增长系数全国控制在0.14，丰水地区可适当放宽；③广东省部分地市在其"十二五"规划中提出了万元工业增加值用水五年累计下降百分比，分别为潮州30%、揭阳10%、东莞20%、湛江30%；④广东省《水资源综合规划》中，2010~2020年、2020~2030年的工业用水弹性系数分别为0.44、0.19。

2010年广东省万元工业增加值用水量为46.2 m³/万元，考虑广东省实际的经济发展状况及水资源条件并参考相关规划文件认为，广东省万元工业增加值用水量2020年、2030年分别在25~30、15~20之间是相对合理的，对应工业用水弹性系数2010~2020年、2020~2030年分别应在0.3~0.5、0.15~0.3之间，若工业用水弹性系数2010~2020年、2020~2030年分别取0.4和0.2，则对应的GDP高方案下2020年、2030年的万元工业增加值用水量分别为27.5 m³、17.0 m³，GDP低方案下2020年、2030年的万元工业增加值用水量分别为30.1 m³、19.3 m³。为便于之后的分析，对GDP高方案与低方案下的万元工业增加值取同一值，由于万元工业增加值用水量与社会经济发展水平呈现高度相关性，因此此处不单独给出2020年的万元工业增加值用水量的值，而只给出2030年的值，中间的变化过程通过与人均GDP水平建立函数关系得出。对广东省2030年万元工业增加值用水量取18.0 m³，在广东省的基础上，考虑地市现状产业结构特点及用水水平，综合确定其工业用水水平，如表5.12所示。

表5.12 2030年广东省各地市工业用水效率指标预测

地市	万元工业增加值用水量/m³	地市	万元工业增加值用水量/m³	地市	万元工业增加值用水量/m³
广州市	20.0	梅州市	66.5	湛江市	9.5
深圳市	5.6	惠州市	27.0	茂名市	12.6
珠海市	9.2	汕尾市	16.0	肇庆市	26.6
汕头市	10.8	东莞市	13.5	清远市	12.2
佛山市	11.2	中山市	28.5	潮州市	28.2
韶关市	62.5	江门市	20.0	揭阳市	14.0
河源市	77.0	阳江市	7.5	云浮市	36.8

(3) 气候变化等因素对农田定额的影响分析

农业需水受气候变化、土地利用变化、耕作制度、种植结构以及灌溉制度等方面的影响。广东省在城市化过程中，土地利用发生了显著的变化，同时，气候变化、灌溉方式的变化对农田需水亦造成了不同程度的影响。由于《广东省农业灌溉需水研究》为 1999 年成果，因此，在参考引用其成果时，需分析近十年来气候变化等因素的变化对定额的影响以确定成果能否继续作为需水预测的依据。

对《广东省农业灌溉需水研究》中的八大农业试验区内降雨特征进行分析，各试验点的多年资料系列采用皮尔逊 III 型曲线目估适线进行频率分析，八大农业区如表 5.13 所示。

表 5.13   广东省农业分区表

农业区代号	农业区	区内试验站名
1	东韩江上游丘陵山地农业区	梅县、兴宁、新丰、河源
2	北江山地丘陵农业区	曲江、连县、阳山、南雄、清远
3	西江丘陵山地农业区	高要、新兴、怀集、德庆、郁南
4	潮汕平原农业区	潮州、汕头、揭阳
5	珠江三角洲农业区	广州、中山、从化、新会、恩平
6	海陆惠博滨海台地农业区	惠州、陆丰、海丰
7	鉴江漠阳江流域农业区	电白、阳江、高州、信宜
8	雷州半岛农业区	吴川、廉江、徐闻

根据 1956～2010 年 55 年同步水文系列资料分析，对 55 年长系列降雨量进行划分，分为 4 个分析系列，分别为 1956～1980 年、1956～1990 年、1956～2000 年、1956～2010 年。各农业区频率为 90% 的年降水特征值变幅不大，上下浮动 1%。但是珠江三角洲农业区增幅较大，为 3.8%，其中，中山、江门、珠海三个地市变幅比较突出，90% 年降水特征值增加 5%～12%。海陆惠博滨海台地农业区降幅比较明显，为 2.1%，其中汕尾 90% 年降水特征值减少 3%。广东省频率为 90% 的年降水特征值增加了 2%。由于 90% 降雨量的增加，导致作物净灌溉定额的减少，农业需水量因而有所减少。广东省分区年降雨量特征值如表 5.14 所示。

水稻在需水临界期，即水稻全生育期中，对缺水最敏感，影响产量最大的时期为孕穗至开花期。早稻一般是 5～6 月，晚稻一般为 9～10 月。以东韩江上游丘陵山地农业区为例，分析需水临界期内降水特征值，如表 5.15 所示。从表中可以看出，东韩江上游丘陵山地农业区 5、6 月份降雨较 9、10 月份充分，月分配变动不大，上下浮动 1%。

综上所述，气象条件对农业用水定额的影响不大。《广东省农业灌溉需水研究》中的定额结果可以延用，基本可靠。

农田需水净定额主要参考《广东省农业灌溉需水研究》成果，水浇地、菜田的净定额则根据现状年（2010 年）与水田的关系进行类比修订。50% 降雨频下，广东省平均值分别为 389 m^3/亩、180 m^3/亩、279 m^3/亩。农田灌溉水利用系数 2010 年为 0.52，预测 2020 年、2030 年分别达到 0.59、0.65。

表 5.14 广东省分区年降水量特征值表（地级行政区）

行政区	计算面积/km²	所在位置 农业区	所在位置 重点城市群	统计年限	年数	统计参数 均值/mm	C_v（计算）	C_v（适线）	C_s/C_v	不同频率年降水量/mm 10%	20%	50%	75%	90%	95%	97%
广州	7222	珠江三角洲农业区	珠江三角洲地区	1956~2010	55	1842	0.16	0.18	2.00	2253	2099	1824	1622	1454	1359	1300
				1956~2000	45	1845	0.16	0.17	2.00	2257	2103	1828	1625	1456	1361	1302
				1956~1990	35	1847	0.16	0.16	2.00	2234	2090	1831	1640	1480	1389	1332
				1956~1980	25	1828	0.16	0.17	2.00	2236	2084	1811	1610	1443	1349	1290
深圳	1864	海陆惠博滨海台地农业区、珠江三角洲农业区	珠江三角洲地区	1956~2010	55	1889	0.20	0.21	2.00	2411	2213	1864	1609	1399	1282	1209
				1956~2000	45	1905	0.20	0.21	2.00	2407	2217	1880	1637	1436	1325	1256
				1956~1990	35	1862	0.20	0.21	2.00	2377	2180	1834	1585	1381	1268	1199
				1956~1980	25	1921	0.19	0.21	2.00	2453	2251	1894	1637	1425	1307	1233
珠海	1365	珠江三角洲农业区	珠江三角洲地区	1956~2010	55	2034	0.22	0.23	2.00	2652	2414	1998	1702	1462	1330	1249
				1956~2000	45	2037	0.23	0.24	2.00	2683	2433	1998	1690	1441	1305	1221
				1956~1990	35	1993	0.23	0.25	2.00	2652	2396	1952	1638	1387	1250	1166
				1956~1980	25	2001	0.25	0.27	2.00	2717	2435	1952	1615	1347	1202	1114
汕头	2111	潮汕平原农业区	海峡西岸经济区	1956~2010	55	1583	0.23	0.24	2.00	2085	1891	1553	1313	1120	1014	949
				1956~2000	45	1573	0.22	0.23	2.00	2051	1867	1545	1316	1131	1029	966
				1956~1990	35	1585	0.23	0.25	2.00	2108	1905	1553	1303	1102	991	924
				1956~1980	25	1589	0.23	0.25	2.00	2114	1910	1556	1306	1106	996	930
韶关	18385	北江山地丘陵农业区		1956~2010	55	1458	0.18	0.19	2.00	1822	1685	1441	1263	1115	1032	980
				1956~2000	45	1415	0.17	0.18	2.00	1749	1623	1400	1236	1100	1024	976
				1956~1990	35	1397	0.17	0.18	2.00	1728	1604	1382	1221	1086	1011	964
				1956~1980	25	1407	0.19	0.16	2.00	1759	1626	1390	1219	1077	998	949
河源	15642	东韩江上游丘陵山地农业区		1956~2010	55	1666	0.18	0.18	2.00	2060	1912	1648	1455	1295	1205	1149
				1956~2000	45	1679	0.17	0.16	2.00	2031	1899	1664	1491	1345	1263	1211
				1956~1990	35	1683	0.17	0.15	2.00	2014	1891	1671	1507	1369	1291	1241
				1956~1980	25	1667	0.18	0.16	2.00	2017	1887	1653	1481	1336	1254	1203

续表

行政区	计算面积/km²	所在位置		统计年限	年数	均值/mm	统计参数			不同频率年降水量/mm						
		农业区	重点城市群				C_v（计算）	C_v（适线）	C_s/C_v	10%	20%	50%	75%	90%	95%	97%
梅州	15875	东韩江上游丘陵山地农业区	海峡西岸经济区	1956~2010	55	1599	0.18	0.16	2.00	1935	1809	1584	1419	1282	1204	1156
				1956~2000	45	1600	0.18	0.16	2.00	1936	1811	1586	1421	1282	1204	1154
				1956~1990	35	1593	0.18	0.15	2.00	1906	1790	1581	1426	1295	1221	1175
				1956~1980	25	1573	0.19	0.17	2.00	1924	1792	1558	1385	1241	1160	1110
惠州	11173	海陆惠博滨海台地农业区	珠江三角洲地区	1956~2010	55	1858	0.19	0.22	2	2398	2191	1828	1569	1357	1241	1169
				1956~2000	45	1875	0.17	0.18	2	2318	2151	1854	1637	1457	1356	1293
				1956~1990	35	1880	0.18	0.15	2	2249	2112	1866	1683	1529	1441	1387
				1956~1980	25	1881	0.19	0.22	2	2427	2217	1851	1588	1374	1256	1183
汕尾	4815	海陆惠博滨海台地农业区	海峡西岸经济区	1956~2010	55	2102	0.2	0.22	2	2712	2478	2068	1774	1535	1403	1322
				1956~2000	45	2098	0.19	0.19	2	2622	2424	2072	1817	1606	1488	1415
				1956~1990	35	2102	0.2	0.2	2	2655	2445	2074	1805	1584	1461	1385
				1956~1980	25	2138	0.2	0.21	2	2728	2505	2110	1822	1584	1450	1368
东莞	2465	珠江三角洲农业区	珠江三角洲地区	1956~2010	55	1672	0.18	0.19	2	2090	1932	1652	1448	1280	1186	1127
				1956~2000	45	1651	0.17	0.19	2	2064	1908	1631	1430	1264	1171	1114
				1956~1990	35	1639	0.17	0.17	2	2004	1867	1623	1443	1293	1209	1156
				1956~1980	25	1635	0.18	0.19	2	2044	1889	1616	1416	1252	1160	1103
中山	1680	珠江三角洲农业区	珠江三角洲地区	1956~2010	55	1761	0.2	0.21	2	2249	2062	1735	1500	1307	1200	1134
				1956~2000	45	1730	0.21	0.2	2	2186	2013	1707	1486	1304	1203	1140
				1956~1990	35	1697	0.21	0.21	2	2167	1988	1672	1445	1259	1156	1093
				1956~1980	25	1676	0.23	0.25	2	2229	2016	1644	1379	1164	1046	973

续表

行政区	计算面积/km²	所在位置		统计年限	年数	均值/mm	统计参数			不同频率年降水量/mm						
		农业区	重点城市群				C_v（计算）	C_v（适线）	C_s/C_v	10%	20%	50%	75%	90%	95%	97%
江门	9372	珠江三角洲农业区	珠江三角洲地区	1956~2010	55	2011	0.2	0.22	2	2594	2370	1978	1697	1469	1342	1265
				1956~2000	45	1990	0.2	0.2	2	2514	2315	1963	1709	1500	1383	1311
				1956~1990	35	1974	0.21	0.22	2	2546	2327	1942	1666	1442	1318	1241
				1956~1980	25	1981	0.23	0.24	2	2609	2366	1943	1643	1401	1269	1188
佛山	3813	珠江三角洲农业区	珠江三角洲地区	1956~2010	55	1573	0.19	0.19	2	1966	1818	1554	1363	1204	1116	1061
				1956~2000	45	1541	0.18	0.17	2	1884	1756	1526	1357	1216	1137	1087
				1956~1990	35	1550	0.19	0.17	2	1895	1766	1535	1365	1223	1143	1093
				1956~1980	25	1549	0.19	0.18	2	1916	1778	1533	1353	1204	1121	1069
阳江	7865	鉴江漠阳江流域农业区	北部湾地区	1956~2010	55	2222	0.19	0.21	2	2836	2602	2189	1892	1649	1514	1430
				1956~2000	45	2219	0.18	0.18	2	2744	2547	2195	1938	1725	1606	1531
				1956~1990	35	2188	0.19	0.18	2	2706	2511	2165	1911	1701	1583	1509
				1956~1980	25	2169	0.21	0.19	2	2712	2507	2143	1879	1661	1539	1463
湛江	12471	雷州半岛农业区		1956~2010	55	1518	0.19	0.17	2	1856	1729	1503	1337	1198	1120	1071
				1956~2000	45	1518	0.18	0.18	2	1877	1742	1501	1326	1180	1098	1047
				1956~1990	35	1524	0.18	0.16	2	1844	1725	1511	1354	1221	1147	1100
				1956~1980	25	1516	0.18	0.16	2	1834	1716	1503	1346	1215	1141	1094
茂名	11320	鉴江漠阳江流域农业区		1956~2010	55	1796	0.19	0.18	2	2220	2061	1776	1568	1396	1299	1239
				1956~2000	45	1773	0.18	0.17	2	2169	2021	1756	1562	1400	1308	1251
				1956~1990	35	1764	0.17	0.17	2	2158	2011	1747	1554	1393	1302	1245
				1956~1980	25	1733	0.18	0.17	2	2119	1974	1716	1526	1367	1278	1222

续表

行政区	计算面积/km²	所在位置		统计年限	年数	统计参数				不同频率年降水量/mm						
		农业区	重点城市群			均值/mm	C_v（计算）	C_v（适线）	C_s/C_v	10%	20%	50%	75%	90%	95%	97%
肇庆	14857	西江丘陵山地农业区	珠江三角洲地区	1956~2010	55	1638	0.14	0.15	2	1960	1840	1626	1466	1332	1256	1208
				1956~2000	45	1638	0.14	0.15	2	1960	1840	1626	1466	1332	1256	1208
				1956~1990	35	1644	0.13	0.13	2	1923	1821	1635	1495	1377	1309	1266
				1956~1980	25	1643	0.14	0.14	2	1944	1833	1632	1483	1356	1284	1238
清远	19152	北江山地丘陵农业区		1956~2010	55	1882	0.16	0.16	2	2277	2130	1866	1671	1508	1416	1358
				1956~2000	45	1882	0.16	0.16	2	2277	2130	1866	1671	1508	1416	1358
				1956~1990	35	1871	0.16	0.15	2	2239	2102	1857	1675	1522	1435	1380
				1956~1980	25	1889	0.16	0.15	2	2261	2123	1875	1691	1537	1449	1393
潮州	3087	潮汕平原农业区	海峡西岸经济区	1956~2010	55	1720	0.18	0.14	2	2035	1919	1709	1552	1420	1344	1297
				1956~2000	45	1720	0.16	0.15	2	2058	1933	1707	1540	1399	1319	1269
				1956~1990	35	1692	0.16	0.15	2	2024	1901	1679	1515	1376	1297	1248
				1956~1980	25	1672	0.15	0.14	2	1978	1865	1661	1509	1380	1306	1260
揭阳	5266	潮汕平原农业区	海峡西岸经济区	1956~2010	55	1944	0.18	0.19	2	2430	2246	1921	1684	1488	1379	1311
				1956~2000	45	1940	0.17	0.17	2	2373	2211	1921	1709	1531	1431	1369
				1956~1990	35	1936	0.18	0.19	2	2420	2237	1913	1677	1482	1373	1306
				1956~1980	25	1939	0.18	0.18	2	2398	2225	1918	1694	1508	1403	1338
云浮	7779	西江丘陵山地农业区		1956~2010	55	1500	0.17	0.17	2	1835	1710	1486	1321	1184	1107	1059
				1956~2000	45	1492	0.16	0.16	2	1805	1689	1480	1325	1196	1122	1077
				1956~1990	35	1496	0.17	0.17	2	1830	1705	1481	1317	1181	1104	1055
				1956~1980	25	1476	0.17	0.18	2	1824	1693	1460	1289	1147	1067	1018
合计	177579			1956~2010	55	1743	0.14	0.16	2	2108	1972	1728	1548	1396	1311	1257
				1956~2000	45	1737	0.14	0.16	2	2101	1965	1722	1542	1391	1306	1253

表 5.15 东韩江上游丘陵山地农业区月份统计特征值

所在农业区	月份	统计年限	年数	统计参数				不同频率年降水量/mm						
				均值/mm	C_v（计算）	C_v（适线）	C_s/C_v	10%	20%	50%	75%	90%	95%	97%
东韩江上游丘陵山地农业区	5月	1956~2009	54	254.52	0.44436	0.46	2	411.32	344.29	236.81	169.01	120.66	96.95	83.48
		1956~2000	45	257.47	0.449412	0.49	2	426.55	353.34	237.18	165.14	114.71	90.42	76.8
		1956~1990	35	277.0732	0.433837	0.48	2	455.27	378.44	256.11	179.8	126.05	100.01	85.34
		1956~1980	25	266.2382	0.449653	0.45	2	426.65	358.38	248.5	178.81	128.81	104.14	90.07
	6月	1956~2009	54	360.8682	0.459242	0.49	2	597.85	495.24	332.44	231.45	160.78	126.73	107.64
		1956~2000	45	342.9224	0.404548	0.43	2	540.22	456.97	322.03	235.5	172.66	141.31	123.27
		1956~1990	35	342.7791	0.426595	0.46	2	553.95	463.68	318.93	227.62	162.51	130.57	112.43
		1956~1980	25	370.4258	0.414196	0.47	2	603.66	503.53	343.54	243.18	172.05	137.38	117.76
	9月	1956~2009	54	182.0392	0.967594	0.49	2	301.58	249.82	167.7	116.76	81.1	63.93	54.3
		1956~2000	45	185.4094	0.561166	0.5	2	309.67	255.64	170.21	117.52	80.87	63.33	53.54
		1956~1990	35	187.6323	0.585966	0.57	2	331.03	266.81	167.75	109.06	70.11	52.3	42.68
		1956~1980	25	198.2548	0.626246	0.62	2	362.96	287.64	173.51	107.87	65.82	47.28	37.55
	10月	1956~2009	54	56.43447	1.32686	1.2	2	141.91	92.78	32.69	10.34	2.61	0.95	0.45
		1956~2000	45	61.98154	1.270899	1.2	2	155.87	101.91	35.9	11.35	2.87	1.05	0.5
		1956~1990	35	67.62022	1.269032	1.2	2	170.06	111.18	39.17	12.39	3.13	1.14	0.54
		1956~1980	25	266.2382	0.449653	0.48	2	437.47	363.65	246.1	172.77	121.13	96.1	82

（4）城镇公共用水效率

城镇公共用水水平与社会经济发展水平密切相关，广东省及各地市单位城镇公共产值用水量与人均 GDP 之间的关系状况如图 5.12 所示。图 5.12（a）为广东省 21 地市的分析图，图 5.12（b）为广东省单独分析图。从图中可以看出，城镇公共用水水平与社会经济发展水平呈现较好的相关性，广东省数据拟合的相关系数达 0.97。

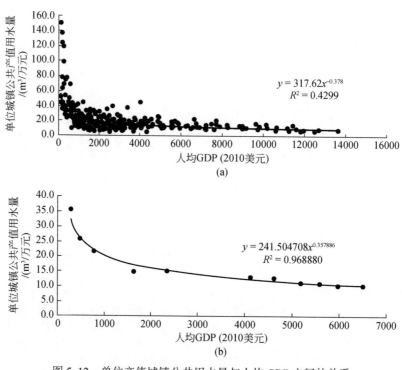

图 5.12　单位产值城镇公共用水量与人均 GDP 之间的关系

（a）21 地市；（b）广东省

若以图 5.12（a）拟合结果对 2020 年、2030 年广东省城镇公共用水水平进行预测，则 GDP 高方案下 2020 年、2030 年的城镇公共用水效率为 5.0 m³/万元、3.9 m³/万元，GDP 低方案下 2020 年、2030 年为 5.2 m³/万元、4.2 m³/万元。对预测值可根据历史用水效率累计下降百分比进行校验，广东省历史城镇公共用水效率下降百分比如表 5.16 所示。

表 5.16　广东省城镇公共用水效率累计下降百分比

行政区	1980～1985	1985～1990	1990～1995	1995～2000	2000～2005	2005～2010	1980～1990	1990～2000	2000～2010
广东省	27.0%	16.8%	31.1%	−1.2%	11.1%	23.5%	39.3%	30.3%	31.9%

拟合结果中，高方案下城镇公共用水效率 2010～2020 年十年累计下降 50.8%，2020～2030 年十年累计下降 21.4%；低方案下城镇公共用水效率 2010～2020 年十年累计下降 49.2%，2020～2030 年十年累计下降 18.7%。对比历史城

镇公共用水效率下降百分比，同时从拟合曲线来看，随着社会经济水平的提高，用水效率同等时间累计下降百分比会逐渐降低，因此，可以认为拟合的城镇公共用水效率值偏小。随着广东省最严格的水资源管理制度的实施，可以认为用水效率值较历史下降更快，2010～2020 年、2020～2030 年累计下降百分比可在 30%～40%、20%～30%。

5.5 广东省水资源动态需求预测

5.5.1 河道外生产需水预测

5.5.1.1 生活需水

城镇居民生活用水可通过节水器具等节水措施降低日均用水量，同时通过城镇供水管网的改造减少供水管网输水过程中的漏失率，可以提高供水利用效率，从而达到节约用水的目的。农村生活的用水净定额为 140 L/（人·日）。到 2020 年和 2030 年，城镇供水水利用系数广东省平均值将提高到 0.894 和 0.920，由此计算出的广东省生活需水量分别为 74.56 亿 m³ 和 77.7 亿 m³，近、远期的年均递增率为 0.98% 和 0.41%。广东省生活需水量预测结果见表 5.17。

表 5.17 广东省各行政区生活需水预测结果

行政区	生活总需水/亿 m³					占广东省百分比/%				
	2000	2000 年基准	2010	2020	2030	2000	2000 年基准	2010	2020	2030
广东省	48.45	58.03	67.64	74.56	77.7	100	100	100	100	100
广州市	6.63	7.76	9.81	10.36	10.59	13.68	13.37	14.66	14.03	13.76
韶关市	1.59	1.70	1.98	2.22	2.35	3.28	2.93	2.96	3.01	3.05
深圳市	4.90	6.10	6.81	7.01	7.14	10.11	10.51	10.18	9.49	9.28
珠海市	0.72	1.00	1.17	1.34	1.45	1.49	1.72	1.75	1.81	1.88
汕头市	2.63	3.32	3.91	4.45	4.77	5.43	5.72	5.84	6.03	6.20
佛山市	3.03	3.72	4.30	4.93	5.24	6.25	6.41	6.43	6.68	6.81
江门市	2.27	2.42	2.62	2.94	3.02	4.69	4.17	3.92	3.98	3.92
湛江市	2.88	3.63	3.92	4.30	4.48	5.94	6.26	5.86	5.82	5.82
茂名市	3.27	3.17	3.62	4.22	4.44	6.75	5.46	5.41	5.72	5.77
肇庆市	1.88	1.96	2.23	2.41	2.48	3.88	3.38	3.33	3.26	3.22
惠州市	1.47	1.99	2.34	2.82	2.99	3.03	3.43	3.50	3.82	3.89
梅州市	2.28	2.20	2.43	2.77	2.83	4.71	3.79	3.63	3.75	3.68

行政区	生活总需水/亿 m³					占广东省百分比/%				
	2000	2000年基准	2010	2020	2030	2000	2000年基准	2010	2020	2030
汕尾市	1.57	1.56	1.79	2.05	2.22	3.24	2.69	2.67	2.78	2.88
河源市	1.22	1.25	1.46	1.61	1.67	2.52	2.15	2.18	2.18	2.17
阳江市	0.94	1.27	1.50	1.72	1.77	1.94	2.19	2.24	2.33	2.30
清远市	1.98	1.78	2.03	2.26	2.42	4.09	3.07	3.03	3.06	3.14
东莞市	3.46	5.61	7.06	7.17	7.28	7.14	9.67	10.55	9.71	9.46
中山市	0.86	1.68	1.89	2.19	2.35	1.78	2.90	2.82	2.97	3.05
潮州市	1.20	1.41	1.64	1.93	2.05	2.48	2.43	2.45	2.61	2.66
揭阳市	2.39	3.23	3.69	4.20	4.45	4.93	5.57	5.51	5.69	5.78
云浮市	1.27	1.27	1.44	1.66	1.71	2.62	2.19	2.15	2.25	2.22

5.5.1.2 农业需水

在进行农业需水预测时，计算单元为五级水资源分区套县级行政区，而统计单元为地级行政区，因降水在空间上可能分布不均，即某一年型下各计算单元降水频率不一致，致使地级行政区某频率需水量不等于该地级行政区下的各县级行政区同频率需水量之和，因此，在进行农业需水预测时，选用多年平均和某些具体年型需水量作为统计频率，具体年型选取及其代表的来水频率见表5.18。

表5.18　各片区代表年型在其控制站所反映的来水频率情况

水资源配置片区	站点	所在河流	1958年型	1977年型	1987年型	1991年型
西江流域	高要	西江	95%	45%	83%	90%
东江流域	博罗	东江	90%	75%	50%	97%
北江流域	石角	北江	80%	70%	50%	95%
西北江三角洲地区	马口	西江干流水道	95%	53%	81%	93%
粤西诸河（阳江）	双捷	漠阳江	74%	97%	65%	78%
粤东诸河	蕉坑	螺河	85%	72%	20%	74%
韩江流域	潮安	韩江	87%	85%	76%	96%
粤西诸河（湛江、茂名）	缸瓦窑	九州江	83%	95%	70%	63%
粤西诸河（湛江、茂名）	化州	鉴江	98%	91%	28%	77%

注：该表中各水文站点来水为该站点1956~2000年年径流量频率。

减少农业需水量主要依靠降低渠系漏失率，提高农田灌溉水利用系数。到2010年、2020年、2030年，农业水利用系数广东省平均值将分别提高到0.55、0.65、0.70。由此计算出的广东省农业需水将进一步减少。

对于多年平均，到 2020 年、2030 年，广东省农业需水分别为 201.03 亿 m³、187.18 亿 m³，近、远期的年均递减率分别为 1.6%、0.71%。对于 1991 年型，到 2020 年、2030 年，广东省农业需水分别为 256.5 亿 m³、238.12 亿 m³，近、远期的年均递减率分别为 1.65%、0.74%（见表 5.19）。

表 5.19 广东省各行政区农业需水预测结果

行政区		农业需水/亿 m³			占广东省百分比/%		
		基准年	2020	2030	基准年	2020	2030
广东省	多年平均	284.44	201.03	187.18	100	100	100
	1958 年型	344.34	243.89	226.66	100	100	100
	1977 年型	357.60	252.94	235.28	100	100	100
	1987 年型	283.09	204.46	190.97	100	100	100
	1991 年型	365.99	256.50	238.12	100	100	100
广州	多年平均	18.00	11.56	10.71	6.33	5.75	5.72
	1958 年型	23.22	14.23	12.78	6.74	5.83	5.64
	1977 年型	22.40	14.01	12.92	6.26	5.54	5.49
	1987 年型	15.30	9.56	8.56	5.40	4.68	4.48
	1991 年型	23.69	14.79	13.63	6.47	5.77	5.72
韶关	多年平均	20.72	14.48	13.30	7.28	7.20	7.11
	1958 年型	26.11	18.01	16.48	7.58	7.38	7.27
	1977 年型	23.77	16.63	15.28	6.65	6.57	6.49
	1987 年型	20.27	14.30	13.17	7.16	6.99	6.90
	1991 年型	27.04	18.62	17.03	7.39	7.26	7.15
深圳	多年平均	0.74	0.36	0.36	0.26	0.18	0.19
	1958 年型	0.74	0.36	0.36	0.21	0.15	0.16
	1977 年型	0.89	0.37	0.37	0.25	0.15	0.16
	1987 年型	0.74	0.36	0.36	0.26	0.18	0.19
	1991 年型	0.95	0.37	0.37	0.26	0.14	0.16
珠海	多年平均	3.58	2.48	2.29	1.26	1.23	1.22
	1958 年型	4.46	3.15	2.97	1.30	1.29	1.31
	1977 年型	4.75	3.21	2.93	1.33	1.27	1.25
	1987 年型	3.12	2.33	2.24	1.10	1.14	1.17
	1991 年型	4.75	3.21	2.93	1.30	1.25	1.23

行政区		农业需水/亿 m³			占广东省百分比/%		
		基准年	2020	2030	基准年	2020	2030
汕头	多年平均	7.39	4.72	4.30	2.60	2.35	2.30
	1958 年型	7.24	4.70	4.32	2.10	1.93	1.91
	1977 年型	7.74	5.00	4.60	2.16	1.98	1.96
	1987 年型	7.16	4.66	4.28	2.53	2.28	2.24
	1991 年型	8.41	5.41	4.96	2.30	2.11	2.08
佛山	多年平均	11.84	8.14	7.61	4.16	4.05	4.07
	1958 年型	12.74	10.01	9.53	3.70	4.10	4.20
	1977 年型	13.91	9.24	8.59	3.89	3.65	3.65
	1987 年型	11.57	9.38	8.97	4.09	4.59	4.70
	1991 年型	14.67	9.63	8.92	4.01	3.75	3.75
江门	多年平均	22.37	15.61	14.54	7.86	7.77	7.77
	1958 年型	27.87	20.00	18.88	8.09	8.20	8.33
	1977 年型	32.71	22.53	20.92	9.15	8.91	8.89
	1987 年型	20.01	14.76	14.06	7.07	7.22	7.36
	1991 年型	32.37	22.32	20.73	8.84	8.70	8.71
湛江	多年平均	30.06	21.83	20.43	10.57	10.86	10.91
	1958 年型	30.91	22.41	20.97	8.98	9.19	9.25
	1977 年型	41.06	29.52	27.52	11.48	11.67	11.70
	1987 年型	36.91	26.65	24.87	13.04	13.03	13.02
	1991 年型	37.71	27.16	25.34	10.30	10.59	10.64
茂名	多年平均	23.54	17.07	15.95	8.28	8.49	8.52
	1958 年型	27.29	19.59	18.24	7.93	8.03	8.05
	1977 年型	31.66	22.60	20.99	8.85	8.94	8.92
	1987 年型	24.77	17.88	16.68	8.75	8.74	8.73
	1991 年型	27.59	19.85	18.48	7.54	7.74	7.76
肇庆	多年平均	18.76	13.77	12.96	6.60	6.85	6.92
	1958 年型	24.15	17.47	16.34	7.01	7.16	7.21
	1977 年型	23.48	16.92	15.84	6.57	6.69	6.73
	1987 年型	18.92	13.89	13.06	6.68	6.79	6.84
	1991 年型	25.28	18.16	16.98	6.91	7.08	7.13

续表

行政区		农业需水/亿 m³			占广东省百分比/%		
		基准年	2020	2030	基准年	2020	2030
惠州	多年平均	16.21	9.81	8.70	5.70	4.88	4.65
	1958 年型	21.47	14.55	13.29	6.24	5.97	5.86
	1977 年型	22.88	15.23	13.86	6.40	6.02	5.89
	1987 年型	16.60	11.30	10.37	5.86	5.53	5.43
	1991 年型	22.27	13.55	12.00	6.08	5.28	5.04
梅州	多年平均	18.62	13.59	12.90	6.55	6.76	6.89
	1958 年型	24.21	18.36	17.59	7.03	7.53	7.76
	1977 年型	21.01	16.16	15.58	5.88	6.39	6.62
	1987 年型	20.30	15.66	15.12	7.17	7.66	7.92
	1991 年型	24.50	18.56	17.78	6.69	7.24	7.47
汕尾	多年平均	8.42	5.79	5.45	2.96	2.88	2.91
	1958 年型	9.45	6.36	5.97	2.74	2.61	2.63
	1977 年型	7.79	5.34	5.06	2.18	2.11	2.15
	1987 年型	6.59	4.56	4.34	2.33	2.23	2.27
	1991 年型	10.54	7.07	6.63	2.88	2.76	2.78
河源	多年平均	15.03	10.88	10.04	5.28	5.41	5.36
	1958 年型	20.33	14.52	13.34	5.90	5.95	5.89
	1977 年型	17.48	12.57	11.56	4.89	4.97	4.91
	1987 年型	15.12	10.95	10.09	5.34	5.36	5.28
	1991 年型	20.62	14.72	13.51	5.63	5.74	5.67
阳江	多年平均	13.62	9.65	8.90	4.79	4.80	4.75
	1958 年型	17.87	12.44	11.43	5.19	5.10	5.04
	1977 年型	19.23	13.29	12.18	5.38	5.25	5.18
	1987 年型	14.36	10.18	9.40	5.07	4.98	4.92
	1991 年型	16.45	11.44	10.50	4.49	4.46	4.41
清远	多年平均	19.42	14.51	13.60	6.83	7.22	7.27
	1958 年型	25.19	18.54	17.29	7.32	7.60	7.63
	1977 年型	22.99	16.99	15.87	6.43	6.72	6.75
	1987 年型	18.27	13.76	12.92	6.45	6.73	6.77
	1991 年型	27.08	19.82	18.46	7.40	7.73	7.75

续表

行政区		农业需水/亿 m³			占广东省百分比/%		
		基准年	2020	2030	基准年	2020	2030
东莞	多年平均	3.53	1.75	1.67	1.24	0.87	0.89
	1958 年型	5.08	2.10	2.00	1.48	0.86	0.88
	1977 年型	4.41	2.10	2.00	1.23	0.83	0.85
	1987 年型	2.84	1.57	1.50	1.00	0.77	0.79
	1991 年型	5.27	2.22	2.11	1.44	0.87	0.89
中山	多年平均	4.01	7.19	7.17	1.41	3.58	3.83
	1958 年型	4.58	6.35	5.77	1.33	2.60	2.55
	1977 年型	5.17	8.79	8.61	1.45	3.47	3.66
	1987 年型	3.47	4.83	4.42	1.23	2.36	2.32
	1991 年型	5.17	8.79	8.61	1.41	3.43	3.62
潮州	多年平均	8.41	4.57	4.13	2.96	2.27	2.21
	1958 年型	7.13	4.78	4.32	2.07	1.96	1.91
	1977 年型	8.92	5.86	5.25	2.49	2.32	2.23
	1987 年型	7.10	4.77	4.31	2.51	2.33	2.26
	1991 年型	7.58	5.05	4.54	2.07	1.97	1.91
揭阳	多年平均	10.54	6.51	5.81	3.71	3.24	3.10
	1958 年型	11.42	7.06	6.49	3.32	2.89	2.86
	1977 年型	12.00	7.38	6.78	3.36	2.92	2.88
	1987 年型	9.17	5.78	5.38	3.24	2.83	2.82
	1991 年型	11.76	7.26	6.67	3.21	2.83	2.80
云浮	多年平均	9.60	6.76	6.36	3.38	3.36	3.40
	1958 年型	12.85	8.90	8.30	3.73	3.65	3.66
	1977 年型	13.31	9.20	8.57	3.72	3.64	3.64
	1987 年型	10.46	7.33	6.87	3.69	3.58	3.60
	1991 年型	12.24	8.50	7.94	3.34	3.31	3.33

5.5.1.3 工业需水

到 2020 年、2030 年，高用水工业净定额的广东省平均值分别降低到 86 m³/万元、54 m³/万元；其他一般工业净定额的广东省平均值分别降低到 48 m³/万元、31 m³/万元。

到 2020 年、2030 年，城镇供水水利用系数广东省平均值分别提高到 0.894 和 0.920，火电水利用系数广东省平均值分别提高到 0.97、0.98，由此计算出的广东省工业需水量分别为 206.82 亿 m³、230.15 亿 m³，近、远期的年均递增率分别为 2.8%、1.07%。广东省工业需水预测结果见表 5.20。

表 5.20 广东省各行政区工业需水预测结果

行政区	工业需水/亿 m³			占广东省百分比/%		
	基准年	2020	2030	基准年	2020	2030
广东省	100.12	206.82	230.15	100	100	100
广州市	31.04	36.31	37.74	31.00	17.56	16.40
韶关市	2.93	10.16	11.46	2.93	4.91	4.98
深圳市	6.11	7.88	7.96	6.10	3.81	3.46
珠海市	1.60	3.99	4.31	1.60	1.93	1.87
汕头市	1.43	4.68	5.44	1.43	2.26	2.36
佛山市	14.13	17.23	18.32	14.11	8.33	7.96
江门市	6.45	13.49	15.46	6.44	6.52	6.72
湛江市	2.97	12.67	14.59	2.97	6.13	6.34
茂名市	2.48	9.32	11.73	2.48	4.51	5.10
肇庆市	3.82	10.04	12.66	3.82	4.85	5.50
惠州市	5.04	12.06	13.79	5.03	5.83	5.99
梅州市	3.35	9.85	11.50	3.35	4.76	5.00
汕尾市	0.86	4.33	5.10	0.86	2.09	2.22
河源市	0.79	5.71	7.61	0.79	2.76	3.31
阳江市	0.85	6.31	7.58	0.85	3.05	3.29
清远市	3.16	9.44	10.42	3.16	4.56	4.53
东莞市	5.18	11.39	9.64	5.17	5.51	4.19
中山市	2.64	7.16	6.50	2.64	3.46	2.82
潮州市	1.96	4.43	4.98	1.96	2.14	2.16
揭阳市	1.63	5.48	7.46	1.63	2.65	3.24
云浮市	1.72	4.89	5.90	1.72	2.36	2.56

5.5.1.4 建筑业和第三产业需水

到 2020 年、2030 年，建筑业净定额的广东省平均值分别降低到 14.6 m³/万元、13.7 m³/万元，第三产业净定额的广东省平均值分别降低到 7.1 m³/万元、4.1 m³/万元；城镇供水水利用系数广东省平均值分别提高到 0.894 和 0.920。由此可计算出，广东省建筑业和第三产业需水合计分别为 30.93 亿 m³、33.93 亿 m³，近期、远期的年均递增率分别为 1.95%、0.93%。其中，建筑业需水量分别为 2.84 亿 m³、2.93 亿 m³，第三产业需水量分别为 28.09 亿 m³、31.00 亿 m³。广东省建筑业和第三产业的需水预测结果见表 5.21。

表 5.21　广东省各行政区建筑业和第三产业需水预测结果

地市	建筑业和第三产业需水合计/亿 m³			占广东省百分比/%		
	基准年	2020	2030	基准年	2020	2030
广东省	10.30	30.93	33.93	100	100	100
广州市	1.75	5.39	5.51	17.0	17.4	16.2
韶关市	0.22	0.71	0.79	2.1	2.3	2.3
深圳市	0.97	2.66	2.69	9.4	8.6	7.9
珠海市	0.29	0.82	0.88	2.9	2.7	2.6
汕头市	0.63	1.52	1.69	6.1	4.9	5.0
佛山市	0.83	2.26	2.39	8.0	7.3	7.0
江门市	0.49	1.75	1.85	4.8	5.6	5.5
湛江市	0.42	1.15	1.29	4.0	3.7	3.8
茂名市	0.48	1.54	1.76	4.6	5.0	5.2
肇庆市	0.38	1.20	1.35	3.7	3.9	4.0
惠州市	0.46	1.75	1.95	4.4	5.6	5.8
梅州市	0.45	0.78	0.87	4.4	2.5	2.6
汕尾市	0.27	0.67	0.72	2.6	2.2	2.1
河源市	0.31	0.68	0.78	3.0	2.2	2.3
阳江市	0.17	0.47	0.52	1.6	1.5	1.5
清远市	0.43	1.07	1.23	4.2	3.4	3.6
东莞市	0.47	1.98	2.52	4.6	6.4	7.4
中山市	0.31	1.52	1.71	3.0	4.9	5.1
潮州市	0.28	1.00	1.14	2.7	3.2	3.4
揭阳市	0.52	1.57	1.77	5.0	5.1	5.2
云浮市	0.18	0.46	0.51	1.8	1.5	1.5

5.5.2　生态环境需水预测

5.5.2.1　河道内需水分析

　　根据《技术细则》要求，河道内生态环境需水量计算范围为：大江大河干流及重要支流，主要内陆河和独流入海河流等。参照《广东省水资源开发利用现状调查评价》的成果，广东省境内河流需要进行河道内生态环境需水分析的主要控制节点有 14 个。

　　参照现状调查分析和已有的研究成果，根据广东省境内河流主要生态环境特点，本次规划的河道内生态需水分析项目主要有五项：Tenant 法计算的月生态环境需水量、生态基流、河口防潮压咸流量、航运需水和水力发电需水。Tennant 法计算月生态环境需水量时，4～9 月取多年月平均径流量的 30%，10 月至次年 3 月取多年平均月径流量的 15%；生态基流根据 10 年最小月平均流量、典型年最小月流量法、95% 频率下的最小月平均径流量法分别进行计算，取最小值；防潮压咸流量主要包括东江博罗站的压咸流量 150 m³/s 和西江马口站的压咸流量 2132 m³/s；航运和水力发电所需流量则参考《广东省水资源开发利用现状调查评价中》的成果。此五项计算出的月径流取最大值，外包线加总，即为各控制节点河道内生态环境的全年需水量。

广东省主要河流控制节点中，珠江三角洲马口断面为 876.03 亿 m³、三水断面为 158.96 亿 m³；西江下游高要断面为 780.80 亿 m³；北江下游石角断面为 143.67 亿 m³，其上游支流浈江长坝断面为 23.27 亿 m³、武江犁市断面为 20.18 亿 m³；东江下游博罗断面为 116.41 亿 m³、中游河源断面为 86.37 亿 m³、上游龙川断面为 30.30 亿 m³；漠阳江双捷断面为 17.59 亿 m³；鉴江化州断面为 14.40 亿 m³；榕江东桥园断面为 12.83 亿 m³；韩江潮安断面为 107.38 亿 m³，其上游支流横山断面为 46.67 亿 m³（见表 5.22）。

表 5.22　广东省主要河流河道内主要控制节点生态环境需水预测结果

站名	高要	长坝	犁市	石角	龙川	河源	博罗	三水	马口	双捷	化州	东桥园	横山	潮安
所在河流	西江	浈江	武江	北江	东江	东江	东江	珠江三角洲	珠江三角洲	漠阳江	鉴江	榕江	梅江	韩江
1 月	1550	60	43	295	92	270	352	281	2132	18	19	36	148	317
2 月	1550	60	43	295	92	270	352	281	2132	18	19	36	148	317
3 月	1550	60	43	295	92	270	352	281	2132	18	19	36	148	317
4 月	1654	94	100	612	92	270	352	347	2132	47	43	36	148	317
5 月	2822	112	117	833	102	270	379	646	3188	87	69	36	148	377
6 月	4233	129	121	918	129	318	532	1009	4308	123	90	52	148	525
7 月	4626	67	61	539	92	270	1019	1019	4359	108	77	50	148	317
8 月	4136	60	61	448	92	270	352	817	3777	109	93	50	148	332
9 月	2863	61	47	342	92	270	352	508	2722	81	59	47	148	317
10 月	1550	60	43	295	92	270	352	281	2132	26	19	36	148	317
11 月	1550	61	43	295	92	270	352	281	2132	18	19	36	148	317
12 月	1550	60	43	295	92	270	352	281	2132	18	19	36	148	317
全年径流量	780.80	23.27	20.18	143.67	30.30	86.37	116.41	158.96	876.03	17.59	14.40	12.83	46.67	107.38

注：表中，各控制节点 1～12 月的数据为流量，单位 m/s；全年径流量单位为亿 m³。

5.5.2.2　河道外生态环境需水

（1）城镇生态环境美化需水

到 2020 年、2030 年，广东省城镇生态环境需水量分别为 7.11 亿 m³、8.00 亿 m³；近期、远期的年均递增率分别为 3.7%、1.2%。从广东省分布来看，占广东省比例最高的为广州市（14.8%～15.5%），其次为深圳市（9.8%～10.6%）、东莞市

（11.8%）、佛山市（7.3%~7.5%），这与各地市规划的城镇面积大小是相一致的。广东省城镇生态环境需水预测结果见表5.23。

表5.23 广东省城镇生态环境需水预测结果

行政区	城镇生态美化需水量/万 m³			年平均增长率/%			占广东省百分比/%		
	基准年	2020	2030	2000~2010	2010~2020	2020~2030	基准年	2020	2030
广东省	15388	71107	80048	12.4	3.7	1.2	100	100	100
广州市	2790	11010	11828	11.6	2.8	0.7	18.1	15.5	14.8
韶关市	337	2325	2747	15.2	5.3	1.7	2.2	3.3	3.4
深圳市	2563	7568	7876	9.0	2.2	0.4	16.7	10.6	9.8
珠海市	425	1689	1865	11.0	3.4	1.0	2.8	2.4	2.3
汕头市	833	3783	4240	12.7	3.2	1.1	5.4	5.3	5.3
佛山市	1547	5347	5870	9.9	3.0	0.9	10.1	7.5	7.3
江门市	486	3379	3700	15.8	4.8	0.9	3.2	4.8	4.6
湛江市	720	3125	3671	11.6	3.7	1.6	4.7	4.4	4.6
茂名市	486	3179	3807	15.6	4.4	1.8	3.2	4.5	4.8
肇庆市	272	1947	2289	16.0	5.0	1.6	1.8	2.7	2.9
惠州市	239	2474	2878	20.9	4.5	1.5	1.6	3.5	3.6
梅州市	373	1686	1968	12.2	3.6	1.6	2.4	2.4	2.5
汕尾市	293	2253	2555	16.1	5.6	1.3	1.9	3.2	3.2
河源市	176	1095	1315	14.3	5.1	1.8	1.1	1.5	1.6
阳江市	162	1445	1670	18.0	5.5	1.5	1.1	2.0	2.1
清远市	302	1681	2017	13.2	4.9	1.8	2.0	2.4	2.5
东莞市	2284	8374	9473	10.3	3.2	1.2	14.8	11.8	11.8
中山市	416	2189	2543	12.7	4.8	1.5	2.7	3.1	3.2
潮州市	207	1951	2327	19.6	4.6	1.8	1.3	2.7	2.9
揭阳市	266	3056	3588	21.4	5.2	1.6	1.7	4.3	4.5
云浮市	212	1551	1820	15.2	5.9	1.6	1.4	2.2	2.3

（2）生态环境修复需水

生态环境修复需水项目主要包括林草植被建设需水、湖泊沼泽湿地生态环境补水、地下水回灌补水等。由于广东省地处亚热带湿润季风气候区，降水量充沛，主要通过生物和工程措施防止水土流失，不需要从河道内取水，因此其不参与河道外需水预测的计算。

5.5.3 河道外总需水分析

对于多年平均，基准年 2000 年广东省总需水量为 454.47 亿 m³。到 2020 年、2030 年，广东省总需水量分别为 520.44 亿 m³、536.96 亿 m³，近期、远期的年均递增率为 0.58%、0.31%，见表 5.24，表 5.25。

根据 2005~2007 年广东省水资源公报数据，近年来广东省需水量维持在 460 亿 m³ 左右，考虑到粤北山区、雷州半岛、汕头潮阳、潮南、南澳仍存在部分资源性缺水，同时随着珠江三角洲地区产业转移至河源、肇庆、梅州等地，必然增加这些地区的需水量。因此，预测 2020 年广东省多年平均需水量为 520 亿 m³ 比较合理。

表 5.24 广东省河道外总需水预测结果

用水项目		基准年	规划水平年方案	
			2020	2030
生活需水/亿 m³		58.03	74.56	77.7
农业需水/亿 m³	多年平均	284.44	201.03	187.18
	1991 年型	365.99	256.5	238.12
工业需水/亿 m³		100.1	206.82	230.15
建筑业需水/亿 m³		1.3	2.84	2.93
第三产业需水/亿 m³		9.0	28.09	31
城镇绿化需水/亿 m³		1.1	5.3	6
环境卫生需水/亿 m³		0.5	1.8	2
河道外总需水/亿 m³	多年平均	454.47	520.44	536.96
	1991 年型	536.02	575.91	587.9
河道外总需水年均增长率/%	多年平均	/	0.58	0.31
	1991 年型	/	0.32	0.21

表 5.25 广东省各行政区河道外总需水预测结果　　　　　　　　单位：亿 m³

行政区	需水项目		基准年	推荐方案	
				2020	2030
广州	生活		7.76	10.36	10.59
	农业	多年平均	18	11.56	10.71
		1991 年型	23.69	14.79	13.63
	工业		31.04	36.31	37.74
	建筑业和第三产业		1.75	5.39	5.51
	生态环境		0.28	1.1	1.18
	合计	多年平均	58.83	64.72	65.73
		1991 年型	64.52	67.95	68.65

行政区	需水项目		基准年	推荐方案	
				2020	2030
韶关	生活		1.7	2.22	2.35
	农业	多年平均	20.72	14.48	13.3
		1991年型	27.04	18.62	17.03
	工业		2.93	10.16	11.46
	建筑业和第三产业		0.22	0.71	0.79
	生态环境		0.03	0.23	0.27
	合计	多年平均	25.6	27.8	28.17
		1991年型	31.92	31.94	31.9
深圳	生活		6.1	7.01	7.14
	农业	多年平均	0.74	0.36	0.36
		1991年型	0.95	0.37	0.37
	工业		6.11	7.88	7.96
	建筑业和第三产业		0.97	2.66	2.69
	生态环境		0.26	0.76	0.79
	合计	多年平均	14.18	18.67	18.94
		1991年型	14.39	18.68	18.95
珠海	生活		1	1.34	1.45
	农业	多年平均	3.58	2.48	2.29
		1991年型	4.75	3.21	2.93
	工业		1.6	3.99	4.31
	建筑业和第三产业		0.29	0.82	0.88
	生态环境		0.04	0.17	0.19
	合计	多年平均	6.51	8.8	9.12
		1991年型	7.68	9.53	9.76
汕头	生活		3.32	4.45	4.77
	农业	多年平均	7.39	4.72	4.3
		1991年型	8.41	5.41	4.96
	工业		1.43	4.68	5.44
	建筑业和第三产业		0.63	1.52	1.69
	生态环境		0.08	0.38	0.42
	合计	多年平均	12.85	15.75	16.62
		1991年型	13.87	16.44	17.28

行政区	需水项目		基准年	推荐方案	
				2020	2030
佛山	生活		3.72	4.93	5.24
	农业	多年平均	11.84	8.14	7.61
		1991年型	14.67	9.63	8.92
	工业		14.13	17.23	18.32
	建筑业和第三产业		0.83	2.26	2.39
	生态环境		0.15	0.53	0.59
	合计	多年平均	30.67	33.09	34.15
		1991年型	33.5	34.58	35.46
江门	生活		2.42	2.94	3.02
	农业	多年平均	22.37	15.61	14.54
		1991年型	32.37	22.32	20.73
	工业		6.45	13.49	15.46
	建筑业和第三产业		0.49	1.75	1.85
	生态环境		0.05	0.34	0.37
	合计	多年平均	31.78	34.13	35.24
		1991年型	41.78	40.84	41.43
湛江	生活		3.63	4.3	4.48
	农业	多年平均	30.06	21.83	20.43
		1991年型	37.71	27.16	25.34
	工业		2.97	12.67	14.59
	建筑业和第三产业		0.42	1.15	1.29
	生态环境		0.07	0.31	0.37
	合计	多年平均	37.15	40.26	41.16
		1991年型	44.8	45.59	46.07
茂名	生活		3.17	4.22	4.44
	农业	多年平均	23.54	17.07	15.95
		1991年型	27.59	19.85	18.48
	工业		2.48	9.32	11.73
	建筑业和第三产业		0.48	1.54	1.76
	生态环境		0.05	0.32	0.38
	合计	多年平均	29.72	32.47	34.26
		1991年型	33.77	35.25	36.79

续表

行政区	需水项目		基准年	推荐方案	
				2020	2030
肇庆	生活		1.96	2.41	2.48
	农业	多年平均	18.76	13.77	12.96
		1991 年型	25.28	18.16	16.98
	工业		3.82	10.04	12.66
	建筑业和第三产业		0.38	1.2	1.35
	生态环境		0.03	0.19	0.23
	合计	多年平均	24.95	27.61	29.68
		1991 年型	31.47	32	33.7
惠州	生活		1.99	2.82	2.99
	农业	多年平均	16.21	9.81	8.7
		1991 年型	22.27	13.55	12
	工业		5.04	12.06	13.79
	建筑业和第三产业		0.46	1.75	1.95
	生态环境		0.02	0.25	0.29
	合计	多年平均	23.72	26.69	27.72
		1991 年型	29.78	30.43	31.02
梅州	生活		2.2	2.77	2.83
	农业	多年平均	18.62	13.59	12.9
		1991 年型	24.5	18.56	17.78
	工业		3.35	9.85	11.5
	建筑业和第三产业		0.45	0.78	0.87
	生态环境		0.04	0.17	0.2
	合计	多年平均	24.66	27.16	28.3
		1991 年型	30.54	32.13	33.18
汕尾	生活		1.56	2.05	2.22
	农业	多年平均	8.42	5.79	5.45
		1991 年型	10.54	7.07	6.63
	工业		0.86	4.33	5.1
	建筑业和第三产业		0.27	0.67	0.72
	生态环境		0.03	0.23	0.26
	合计	多年平均	11.14	13.07	13.75
		1991 年型	13.26	14.35	14.93

行政区	需水项目		基准年	推荐方案	
				2020	2030
河源	生活		1.25	1.61	1.67
	农业	多年平均	15.03	10.88	10.04
		1991 年型	20.62	14.72	13.51
	工业		0.79	5.71	7.61
	建筑业和第三产业		0.31	0.68	0.78
	生态环境		0.02	0.11	0.13
	合计	多年平均	17.4	18.99	20.23
		1991 年型	22.99	22.83	23.7
阳江	生活		1.27	1.72	1.77
	农业	多年平均	13.62	9.65	8.9
		1991 年型	16.45	11.44	10.5
	工业		0.85	6.31	7.58
	建筑业和第三产业		0.17	0.47	0.52
	生态环境		0.02	0.14	0.17
	合计	多年平均	15.93	18.29	18.94
		1991 年型	18.76	20.08	20.54
清远	生活		1.78	2.26	2.42
	农业	多年平均	19.42	14.51	13.6
		1991 年型	27.08	19.82	18.46
	工业		3.16	9.44	10.42
	建筑业和第三产业		0.43	1.07	1.23
	生态环境		0.03	0.17	0.2
	合计	多年平均	24.82	27.45	27.87
		1991 年型	32.48	32.76	32.73
东莞	生活		5.61	7.17	7.28
	农业	多年平均	3.53	1.75	1.67
		1991 年型	5.27	2.22	2.11
	工业		5.18	11.39	9.64
	建筑业和第三产业		0.47	1.98	2.52
	生态环境		0.23	0.84	0.95
	合计	多年平均	15.02	23.13	22.06
		1991 年型	16.76	23.6	22.5

续表

行政区	需水项目		基准年	推荐方案	
				2020	2030
中山	生活		1.68	2.19	2.35
	农业	多年平均	4.01	7.19	7.17
		1991 年型	5.17	8.79	8.61
	工业		2.64	7.16	6.5
	建筑业和第三产业		0.31	1.52	1.71
	生态环境		0.04	0.22	0.25
	合计	多年平均	8.68	18.28	17.98
		1991 年型	9.84	19.88	19.42
潮州	生活		1.41	1.93	2.05
	农业	多年平均	8.41	4.57	4.13
		1991 年型	7.58	5.05	4.54
	工业		1.96	4.43	4.98
	建筑业和第三产业		0.28	1	1.14
	生态环境		0.02	0.2	0.23
	合计	多年平均	12.08	12.13	12.53
		1991 年型	11.25	12.61	12.94
揭阳	生活		3.23	4.2	4.45
	农业	多年平均	10.54	6.51	5.81
		1991 年型	11.76	7.26	6.67
	工业		1.63	5.48	7.46
	建筑业和第三产业		0.52	1.57	1.77
	生态环境		0.03	0.31	0.36
	合计	多年平均	15.95	18.07	19.85
		1991 年型	17.17	18.82	20.71
云浮	生活		1.27	1.66	1.71
	农业	多年平均	9.6	6.76	6.36
		1991 年型	12.24	8.5	7.94
	工业		1.72	4.89	5.9
	建筑业和第三产业		0.18	0.46	0.51
	生态环境		0.02	0.16	0.18
	合计	多年平均	12.79	13.93	14.66
		1991 年型	15.43	15.67	16.24

5.5.4　城乡需水结构

城镇总需水包括城镇生活、工业、建筑业、第三产业和城镇生态环境需水，农村总需水包括农村生活、农田灌溉、林果地灌溉、草场灌溉、鱼塘补水和牲畜需水。

基准年（2000 年），广东省城镇需水为 151.8 亿 m³，农村需水为 302.7 亿 m³（多年平均）、384.2 亿 m³（1991 年型）。

2020 年、2030 年，城镇总需水量为 301.2 亿 m³、331.6 亿 m³；多年平均情况下的农村总需水 219.2 亿 m³、205.4 亿 m³，1991 年型情况下的农村总需水 274.7 亿 m³、256.3 亿 m³（见表 5.26）。

表 5.26　广东省各行政区城乡需水预测结果　　　　　单位：亿 m³

| 行政分区 | 多年平均 | | | | | | 1991 年型 | | | | | |
| | 城镇 | | | 农村 | | | 城镇 | | | 农村 | | |
	基准年	2020	2030	基准年	2020	2030	基准年	2020	2030	基准年	2020	2030
广东省	151.8	301.2	331.6	302.7	219.2	205.4	151.8	301.2	331.6	384.2	274.7	256.3
广州市	39.8	52.1	54.0	19.1	12.6	11.8	39.8	52.1	54.0	24.8	15.8	14.7
韶关市	4.2	12.6	14.2	21.4	15.2	14.0	4.2	12.6	14.2	27.7	19.3	17.7
深圳市	13.5	18.3	18.6	0.7	0.3	0.3	13.5	18.3	18.6	0.9	0.3	0.3
珠海市	2.9	6.2	6.8	3.6	2.6	2.4	2.9	6.2	6.8	4.8	3.3	3.0
汕头市	4.6	10.2	11.5	8.2	5.6	5.2	4.6	10.2	11.5	9.3	6.3	5.8
佛山市	18.1	24.2	25.8	12.6	8.9	8.4	18.1	24.2	25.8	15.4	10.4	9.7
江门市	8.3	17.5	19.6	23.4	16.7	15.6	8.3	17.5	19.6	33.4	23.4	21.8
湛江市	5.1	16.4	18.7	32.0	23.8	22.4	5.1	16.4	18.7	39.7	29.1	27.3
茂名市	4.4	13.7	16.6	25.3	18.8	17.7	4.4	13.7	16.6	29.3	21.6	20.2
肇庆市	5.0	12.7	15.6	19.9	14.9	14.1	5.0	12.7	15.6	26.4	19.3	18.1
惠州市	6.7	16.1	18.2	17.0	10.6	9.5	6.7	16.1	18.2	23.1	14.4	12.8
梅州市	4.8	12.4	14.2	19.8	14.8	14.1	4.8	12.4	14.2	25.7	19.8	19.0
汕尾市	2.1	6.7	7.7	9.0	6.4	6.0	2.1	6.7	7.7	11.1	7.7	7.2
河源市	1.5	7.2	9.3	15.9	11.8	10.9	1.5	7.2	9.3	21.5	15.6	14.4
阳江市	1.7	8.0	9.4	14.3	10.3	9.5	1.7	8.0	9.4	17.1	12.1	11.1
清远市	4.3	11.8	13.2	20.5	15.6	14.7	4.3	11.8	13.2	28.4	20.9	19.6
东莞市	11.5	21.4	20.4	3.5	1.7	1.7	11.5	21.4	20.4	5.3	2.2	2.1
中山市	4.2	10.6	10.3	4.5	7.7	7.7	4.2	10.6	10.3	5.7	9.3	9.1
潮州市	3.0	6.9	7.7	9.1	5.3	4.8	3.0	6.9	7.7	8.3	5.7	5.2
揭阳市	3.7	9.9	12.4	12.2	8.2	7.5	3.7	9.9	12.4	13.4	8.9	8.4
云浮市	2.5	6.5	7.6	10.3	7.5	7.0	2.5	6.5	7.6	12.9	9.2	8.6

5.5.5　"三生"需水结构

"三生"需水是指生活需水、生产需水和河道外生态环境需水。生活需水包括城镇生活、农村生活需水；生产需水包括农田灌溉、林果地灌溉、草场灌溉、鱼塘补水、牲畜需水、工业、建筑业、第三产业需水；河道外生态环境需水包括城镇绿化和环境卫生需水。

基准年（2000 年），广东省生活需水为 58.03 亿 m³，生产需水为 394.86 亿 m³（多年平均）、476.41 亿 m³（1991 年型），生态需水 1.54 亿 m³。多年平均情况下的的"三生"需水结构比例为 12.8%：86.9%：0.3%，1991 年型情况下的"三生"需水结构比例为 10.8%：88.9%：0.3%。

到 2020 年、2030 年，广东省生活需水量分别为 74.56 亿 m³、77.7 亿 m³；多年平均情况下的生产需水量分别为 438.78 亿 m³、451.26 亿 m³，1991 年型情况下的生产需水量分别为 494.25 亿 m³、502.2 亿 m³；城镇生态环境需水量分别为 7.11 亿 m³、8.0 亿 m³。

5.6　基于用水胁迫下的广东省水资源需求预测

在本章的 5.5 节中，水资源需求方案是在正常节水条件下，广东省 2020 和 2030 水平年的水资源需求变化。按照当前我国实施的最严格水资源管理制度，在用水总量控制与用水效率控制下，流域水资源需求进一步得到压减。基于此，本研究利用系统动力学原理，综合考虑气候、人口、经济、总量、效率等因素的影响，以用水总量控制和用水效率为前提，研制了基于用水胁迫下的广东省水资源需求预测方案。

需要特殊说明的是，为与全国最严格水资源管理制度中用水总量控制方案相一致，本次基于用水胁迫下的广东省水资源需求预测方案，其用水统计口径，与传统用水统计口径略有不同。即在本方案中，采用耗水统计新增的直流式冷却火核电机组用水量，生态环境用水仅统计公共绿地和市政环卫用水。

5.6.1　情景方案设置

根据广东省水资源供需的实际状况，同时为了便于分析广东省最严格水资源管理制度实施对区域水资源供求关系及社会经济发展的影响，对所建立的系统动力学模型，设计六种社会经济发展模式，以对比分析在采取不同管理措施的情况下，未来需水量的变化规律，为决策者提供参考意见。六种方案分别为高速发展模式、高速强节水模式、优化产业结构模式、低速发展模式、低速强节水模式、综合发展模式，分别简写为 GSF、GJS、CYH、DSF、DJS、ZHF。六种方案分别考了经济发展、用水效率、产业结构、人口增长等要素对未来广东省需水量变化的影响状况，各方案发展模式具体描述如下：

1）高速发展模式（GSF）：从最大保障用水的角度出发，认为广东省未来依然保持较高国民经济增长速度，GDP 年均增长率 2010～2020 年、2020～2030 年分别保持 9.3% 和 7.2%；年末常住人口保持较高增长率，2010～2020 年、2020～2030 年分别保持 1.10% 和 0.59% 的年均增长速度。该方案下，模型中各参数输入值 GDP 增长率和人口增长率均为高方案值，第二产业比重和第三产业比重为产业结构分析的基本方案值。该方案的预测结果值可作为需水的上限值。

2）强化节水模式（GJS）：在未来水资源短缺，用水总量控制条件下，需进行强化节水才能保障供水安全，因此该方案是在方案一的基础上，考虑用水效率的进一步提高，模型中用水效率参数即城镇生活日用水量、万元工业增加值用水量、万元建筑业增加值用水量、万元服务业增加值用水量均分别在原分析值的基础上下降 5 个百分点；灌溉水利用系数 2020 年、2030 年分别在原分析值的基础上提高 2 个百分点、3 个百分点。

3）产业结构优化模式（CYH）：发达国家及地区的用水规律表明，用水总量随着产业结构的调整而变化，二产比重的明显减少，是用水总量实现零增长或负增长的重要条件。该方案是在方案一的基础上考虑产业结构的进一步优化，模型中第二产业比重和第三产业比重输入值为产业结构分析的优化方案值。

4）低速发展模式（DSF）：考虑我国可能整体已进入"次高速增长期"，广东省近年来 GDP 增速亦呈现下降趋势，该方案认为未来广东省 GDP 增速较方案一低，广东省 GDP 年均增长率 2010～2020 年、2020～2030 年分别为 8.3% 和 6.3%，模型中 GDP 增长率输入值为 GDP 增长率分析低方案值。

5）低速强节水模式（DJS）：该方案认为未来广东省年末常住人口增长率将会较方案一低，2010～2020 年、2020～2030 年年均增长率分别为 0.66% 和 0.33%。

6）综合发展模式（ZHF）：综合考虑方案一至方案五所有因素，广东省 GDP 增长率 2010～2020 年、2020～2030 年分别取 8.9%、6.4%，广东省人口年均增速 2010～2020 年、2020～2030 年分别取 0.7%、0.4%。

5.6.2 需水总量变化规律分析

在建立的模型中，分别输入 6 种方案下各地市的参数值，运行模型，得出不同方案下，广东省各地市的需水预测结果。将各地市结果加总得广东省需水预测结果，如图 5.13 所示。

2010～2030 年间，广东省社会经济需水总量呈现如下变化特点：

1）广东省需水总量在近期水平年内依然持续增长，远期水平年逐渐稳定，在远期水平年后期需水总量将达到"饱和"。

GSF、GJS、CYH、DSF、DJS、ZHF 方案下，2020 年广东省需水总量分别为 479.2 亿 m³、467.1 亿 m³、475.7 亿 m³、458.5 亿 m³、448.5 亿 m³、469.2 亿 m³，2030 年分别为 508.7 亿 m³、488.5 亿 m³、503.3 亿 m³、466.2 亿 m³、499.13 亿 m³、481.9 亿 m³。

从图 5.13 中可以看出，不同方案下，广东省 2010～2030 年期间社会经济需水依然会持续增加，但各方案之间增长过程有较大差异。以年增长率变化状况来反应增长情

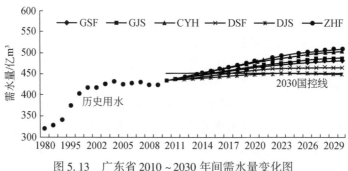

图 5.13　广东省 2010～2030 年间需水量变化图

况，各方案下 2010～2030 年间需水增长率变化状况如图 5.14 及表 5.27 所示。整体上，规划期内广东省需水增长具有如下特点：

① 除 ZHF 之外，近期水平年内，广东省需水增长率依然呈逐渐增大趋势，之后则逐渐降低。

GSF、GJS 和 CYH 方案下，广东省需水年增长率在 2015～2016 年，年增长的绝对量分别为 4.75 亿 m^3、3.53 亿 m^3 和 4.38 亿 m^3，之后呈下降趋势，2029～2030 年的增长量分别为 1.13 亿 m^3、0.67 亿 m^3 和 1.13 亿 m^3。2017～2030 年需水年均增长率分别为 0.69%、0.52%、0.65%。

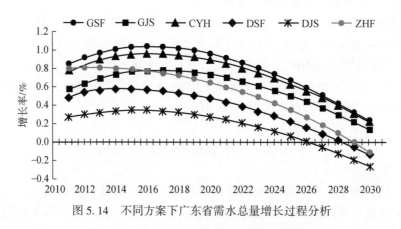

图 5.14　不同方案下广东省需水总量增长过程分析

表 5.27　不同方案下广东省需水量增长率变化　　　　　　　　　单位：%

方案	2016	2018	2020	2022	2024	2026	2028	2030
GSF	1.04	1.02	0.96	0.86	0.73	0.58	0.41	0.22
GJS	0.77	0.77	0.73	0.66	0.56	0.44	0.30	0.14
CYH	0.96	0.94	0.89	0.80	0.69	0.55	0.40	0.23
DSF	0.56	0.53	0.47	0.38	0.28	0.15	0.01	-0.14
DJS	0.34	0.32	0.28	0.20	0.11	0.00	-0.12	-0.27
ZHF	0.78	0.72	0.63	0.52	0.39	0.25	0.09	-0.08

注：此处的增长率为相对上一年的增长率。

DSF 方案下，广东省需水年增长量逐年减少，2029～2030 年的增长量为-0.66 亿 m³；DJS 方案下，广东省需水年增长量 2016 年达到最大，之后，年增长量由 2016～2017 年的 1.51 亿 m³ 降低到 2029～2030 年的-1.19 亿 m³。

ZHF 方案下，广东省需水增长率一直呈下降趋势，表现在需水总量上则为逐渐增长但增长逐渐趋于平稳。

② 远期水平年内，需水总量已逐渐趋于平稳，增长率较小，DSF、DJS 和 ZHF 方案下，需水总量在规划期末出现负增长。

各方案条件下，需水增长率在 2017 年左右达到高峰后，逐渐呈下降趋势，表现在需水总量上则为需水总量逐渐趋于平稳。至规划期末，GSF、GJS、CYH 方案下，2030 年需水量年较上一年的增长率分别仅为 0.22%、0.14%、0.23%，用水基本趋于平稳；而 DSF、DJS 和 ZHF 方案下需水量分别在 2029 年、2026 年、2029 年达到了顶峰，之后则呈下降趋势，2030 需水量年较上一年的增长率分别为-0.14%、-0.27%、-0.08%。

根据①、②分析的结果，考虑各方案所代表的情况，认为广东省未来需水量在近期水平年内将会持续增加，在 2020～2030 年间将会达到饱和，逐渐趋于平稳或者下降，高峰值在 480 亿 m³ 左右，高峰时间点将在 2025～2030 年之间。

根据需水预测的结果，广东省部分地市在规划期需水量达到了"饱和点"，不同方案下，各地市出现需水"饱和点"的年份如表 5.28 所示。

表 5.28 广东省各行政区需水"饱和点"

行政区	GSF	GJS	CYH	DSF	DJS	ZHF
广州	/	/	/	2025	2010	2026
梅州市	/	/	/	2029	2029	2029
汕尾市	2029	2028	2027	2026	2026	2026
阳江市	2023	2022	2022	2022	2021	2021
湛江市	2025	2025	2025	2024	2024	2024
茂名市	2026	2025	2025	2025	2024	2024
清远市	2024	2024	2023	2022	2022	2022
云浮市	2029	2029	2028	2028	2028	2028
广东省	/	/	/	2028	2026	2029

表 5.28 中的城市需水量"饱和点"出现的原因可以分为两种类型：

第一种类型，需水总量下降主要是由于工业需水开始下降，而其他类型用水相对保持稳定，这类城市主要为经济发达的城市。以广州为例，ZHF 方案中，2010～2030 年间需水量变化过程如图 5.15（a）所示，远期水平年内，广州生活用水和农业用水基本稳定，工业需水在 2026 年达到高峰值 23.6 亿 m³，之后呈下降趋势，而需水总量亦在 2026 年达到 52.36 亿 m³ 的高峰值后开始逐渐下降。此外，需要指出的是部分经济较发达城市如深圳、中山、珠海等在 2010～2030 年间虽未出现严格的需水下降点，但其需水量在远期水平年内增长率很小，规划期内工业需水已出现下降，其增长主要由生活用水所引起，因此可以认为其需水量亦是保持稳定的。

第二种类型需水下降的原因主要是农业需水持续下降，呈现这种规律城市主要为现状年依然处于工业化初期或中期的社会经济相对较为落后的城市，这些城市的需水结构中，农业需水占需水总量的绝大部分。以汕尾市为例，ZHF 方案中，2010～2030年间农业需水持续下降，而其需水总量出现下降时生活需水和工业需水依然在增长[见图 5.15（b）]。对于这类城市，可以认为在农业用水提高到一定水平之后，其需水总量将会保持稳定不再下降。

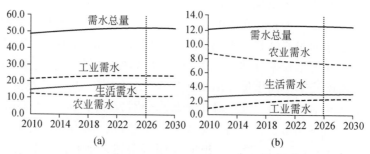

图 5.15　广州、汕尾 2010～2030 需水量变化过程
（a）广州；（b）汕尾

2）广东省需水结构逐步调整，工业用水和生活用水比重持续提高，农业用水比重逐渐下降。

火核电用水若按耗水计，用水类型按工业、农业、生活划分，则 2015 年广东省需水结构为 25.7%：50.3%：24.0%。水平年内，工业需水和生活需水比重持续升高，ZHF 方案中，分别由 2015 年的 25.7%、24.0% 提高到 2030 年的 33.2%、27.2%；农业需水比重则持续下降，ZHF 方案中，由 2015 年的 50.3% 下降为 2030 年的 42.7%。农业需水比重稳步下降，工业需水比重上升至一定值后稳定或下降，生活需水比重稳步上升，与国外发达国家用水结构变化规律相一致。

整体上，农业需水占总需水比重依然最大，从保障农业用水的角度出发，要实现农业用水的下降，需提高农田灌溉水利用系数。

广东省各方案的需水结构变化如表 5.29 所示。

表 5.29　广东省水平年内需水结构变化　　　　单位：%

方案	2015			2020			2025			2030		
	工业	农业	生活	工业	农业	生活	工业	农业	生活	工业	农业	生活
GSF	26.7	49.6	23.7	30.0	44.8	25.2	32.2	41.5	26.3	33.2	39.6	27.2
GJS	26.6	49.7	23.6	29.8	45.1	25.1	31.9	41.9	26.2	32.7	40.2	27.1
CYH	21.1	39.9	39.1	22.9	35.3	41.9	24.0	32.1	43.8	24.6	30.5	45.0
DSF	25.9	50.6	23.4	28.4	46.8	24.8	29.8	44.3	25.9	30.1	43.2	26.7
DJS	26.1	50.5	23.4	28.8	46.6	24.6	30.4	44.1	25.5	30.7	43.1	26.2
ZHF	25.7	50.3	24.0	27.9	46.4	25.8	29.0	43.8	27.2	29.0	42.7	28.3

3）地市之间因发展水平不同，用水增长呈现较大差异。

① 总需水增长趋势的差异

为对比城市需水增长的差异性，将需水结果进行归一化处理（各值减去平均值除以标准差），结果如图 5.16 所示。从图中可以看出，整体上，工业化中前期城市较工业化后期城市需水量变化过程较为剧烈，大致会经历一个"快速增长-缓慢增长-下

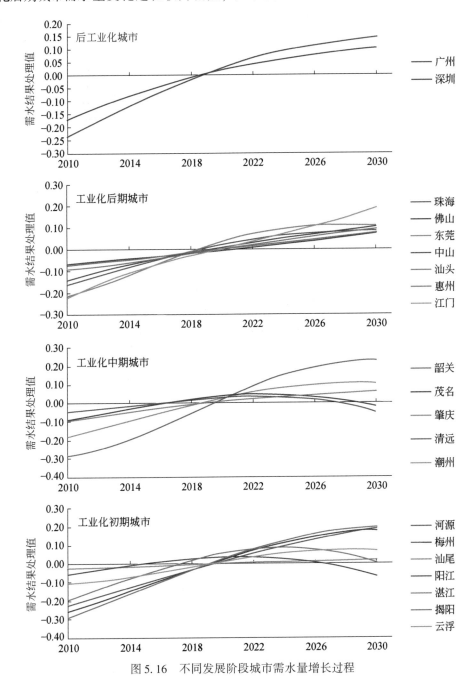

图 5.16　不同发展阶段城市需水量增长过程

降"的阶段，呈现"S"增长的特点，工业化后期城市则变化较为平缓，已经过了快速增长的阶段，处于"S"的中后期。

为更清晰地分析不同发展阶段需水增长特点，可分析其工业用水增长的特点，各地市工业需水增长率的变化过程如图 5.17 所示。整体上，工业化后期城市其工业需水增长率明显较工业化中前期城市低，相同的特点是，随着社会经济发展，工业需水增长率均呈现逐渐下降的趋势，部分城市水平年内工业需水已开始下降。

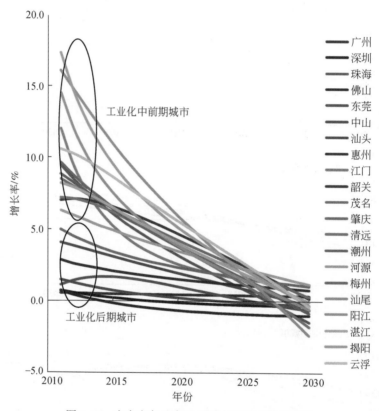

图 5.17　广东省各地市工业需水增长率变化过程

② 需水结构变化的差异

省内发达城市（如广州、深圳）工业化过程中，工业用水比重占总用水的比重经历了一个先上升后下降的过程，生活用水的比重则一直上升，农业用水比重持续下降，预测结果中，各地市的需水结构变化亦大致体现这样的规律，各地市行业用水比重增长率变化如表 5.30 所示。

从表中可以看出，广州、深圳等已进入后工业化阶段的城市工业需水的比重持续下降，表现在增长率为负值；工业化后期城市中，如东莞、中山等已处于工业化后期后半段的城市工业需水的比重亦持续下降，而如惠州、江门、汕头等依然处于工业化后期前半段的城市，工业需水比重依然有升高的趋势，但增长率远较工业化中前期城市小，且至远期水平年亦开始下降；工业化中前期城市工业用水比重持续升高，增长率较大，部分地市远期水平年内比重开始下降。生活需水比重和农业需水比重不因地市的发展水平而异，分别呈现逐渐上升和逐渐下降的趋势。

表 5.30　广东省各地市行业需水比重增长率　　　　单位：%

地市	用水类型	2010~2015	2015~2020	2020~2025	2025~2030
广州	工业	-0.08	-0.16	-0.20	-0.22
	农业	-2.31	-1.69	-0.95	-0.12
	生活	1.89	1.28	0.78	0.31
深圳	工业	-1.05	-1.04	-0.97	-0.84
	农业	-0.50	-0.44	-0.43	-0.46
	生活	0.51	0.47	0.41	0.33
珠海	工业	3.43	1.74	0.64	-0.34
	农业	-3.60	-2.90	-1.96	-1.01
	生活	-0.50	-0.04	0.35	0.86
汕头	工业	2.15	1.32	0.38	-0.54
	农业	-2.88	-2.65	-2.04	-1.14
	生活	3.73	2.64	1.79	1.12
佛山	工业	-0.73	-0.98	-1.19	-1.35
	农业	-0.99	-0.59	-0.12	0.37
	生活	2.44	1.79	1.18	0.59
韶关	工业	5.02	3.88	2.19	0.58
	农业	-2.58	-2.68	-1.98	-0.70
	生活	2.49	1.42	0.78	0.54
河源	工业	3.84	2.78	1.75	0.85
	农业	-2.16	-2.01	-1.55	-0.88
	生活	1.21	0.76	0.50	0.35
梅州	工业	5.99	3.51	1.44	-0.52
	农业	-2.15	-1.77	-1.01	0.02
	生活	1.54	1.06	0.91	1.00
惠州	工业	2.14	1.26	0.53	-0.14
	农业	-2.15	-1.82	-1.32	-0.69
	生活	3.30	2.51	1.88	1.35
汕尾	工业	8.56	4.51	2.10	0.16
	农业	-1.85	-1.42	-0.82	-0.11
	生活	2.23	1.34	0.66	0.14
东莞	工业	-0.09	-0.31	-0.42	-0.51
	农业	-4.47	-3.48	-2.07	-0.53
	生活	0.65	0.64	0.55	0.48

地市	用水类型	2010~2015	2015~2020	2020~2025	2025~2030
中山	工业	−0.24	−0.48	−0.76	−1.09
	农业	−0.64	−0.28	0.04	0.33
	生活	2.01	1.60	1.40	1.31
江门	工业	6.78	2.86	1.21	0.18
	农业	−2.66	−1.71	−0.81	0.06
	生活	4.14	2.27	0.81	−0.47
阳江	工业	11.72	7.07	3.28	−0.20
	农业	−1.16	−1.18	−0.94	−0.49
	生活	2.64	2.28	2.09	2.04
湛江	工业	5.50	3.53	2.11	0.97
	农业	−1.40	−1.47	−1.42	−1.29
	生活	2.85	2.83	2.58	2.32
茂名	工业	6.05	4.46	2.83	1.24
	农业	−0.97	−0.96	−0.85	−0.65
	生活	2.18	1.84	1.58	1.42
肇庆	工业	3.23	2.27	1.51	0.86
	农业	−1.44	−1.20	−0.85	−0.41
	生活	2.71	1.79	0.95	0.17
清远	工业	6.26	4.01	1.74	−0.70
	农业	−1.52	−1.33	−0.85	−0.14
	生活	2.51	1.76	1.35	1.20
潮州	工业	4.89	2.82	1.11	−0.40
	农业	−3.20	−2.73	−1.82	−0.63
	生活	1.57	1.21	1.21	1.35
揭阳	工业	9.97	4.81	2.07	0.08
	农业	−3.56	−3.03	−2.11	−0.92
	生活	2.47	1.69	1.33	1.22
云浮	工业	8.81	5.81	2.97	0.32
	农业	−1.93	−1.85	−1.23	−0.17
	生活	2.15	1.09	0.43	0.13

5.6.3　行业需水变化规律分析

(1) 工业需水

广东省工业需水增长呈逐渐放缓趋势，水平年末，工业需水逐步稳定。

不同方案下，水平年内广东省工业需水变化如图5.18所示。从增长率的角度来分析工业需水变化过程，则广东省工业需水增长逐步放缓，增长率持续下降，GSF方案中，2015~2016年工业需水增长率为0.8%，至2030年，增长率为0.0%。

图 5.18 广东省工业需水量变化过程图

至规划期末，工业需水基本达到"饱和"。各方案中，至 2030 年末广东省工业需水增长率 GSF、GJS、CYH 方案分别仅为 0.5%、0.3%、0.5%，需水基本稳定；DSF、DJS、ZHF 三方案中，至规划期末，工业需水已达"饱和"状态，呈下降趋势，其 2030 年增长率分别为-0.3%、-0.6%、-0.14%。

各方案中，工业需水增长率变化过程如表 5.31 所示。

ZHF 方案中，广东省 2015 年、2020 年、2030 年的工业需水量分别为 120.0 亿 m³、137.1 亿 m³、150.5 亿 m³。

表 5.31 广东省工业需水增长率变化过程表   单位：%

方案	2016	2018	2020	2022	2024	2026	2028	2030
GSF	3.8	3.4	3.0	2.5	2.0	1.5	1.0	0.5
GJS	3.5	3.1	2.7	2.2	1.8	1.3	0.8	0.3
CYH	3.5	3.1	2.7	2.3	1.9	1.5	1.0	0.5
DSF	2.7	2.3	2.0	1.5	1.1	0.7	0.2	-0.3
DJS	2.4	2.1	1.7	1.3	0.9	0.4	-0.1	-0.6
ZHF	3.16	2.69	2.23	1.76	1.30	0.83	0.36	-0.14

注：此处的增长率为相对上一年的增长率。

(2) 家庭生活需水

伴随着人口增长以及城镇化，广东省家庭生活需水量持续增长，农村生活需水比重逐渐下降，城镇生活需水比重逐渐上升。

ZHF 方案中，水平年内，广东省家庭生活需水持续增长，需水总量由 2015 年的 73.9 亿 m³ 提高到 2030 年的 84.51 亿 m³（见图 5.19）；家庭生活需水增长率逐渐下降，2011 年增长率为 1.68%，至 2030 年增长率已下降为 0.49%。

伴随着城镇化过程中农村人口向城镇人口的转移，家庭生活需水中城镇生活需水比重逐渐上升，2015 年这一比重为 80.5%，2020 年上升为 85.2%，至 2030 年比重已达到 89.5%。农村生活需水比重逐渐降低，由 2015 年的 19.5% 下降为 2030 年的 10.5%，如图 5.20 所示。广东省家庭生活需水量变化过程与广东省的城镇化过程呈现较好的一致性。

图 5.19　广东省家庭生活需水量变化过程

图 5.20　广东省家庭生活用水结构变化

ZHF 方案中，广东省 2020 年、2030 年生活需水量分比为 78.5 亿 m³、84.5 亿 m³。

（3）城镇公共需水

广东省城镇公共需水持续增长，但增长趋势逐渐变缓，城镇公共需水占需水总量的比重逐渐增大；城镇公共需水内部建筑业需水比重逐渐降低，第三产业需水比重逐渐升高；建筑业需水占需水总量的比重经历先升后降的过程，第三产业占需水总量的比重则持续升高。

ZHF 方案中，广东省城镇公共需水 2020 年、2030 年分别为 33.8 亿 m³、39.1 亿 m³，其中建筑业分别为 10.0 亿 m³、10.0 亿 m³，第三产业分别为 23.8 亿 m³、29.1 亿 m³。

各方案中，广东省水平年内城镇公共需水量变化如图 5.21 所示。各方案中，广东

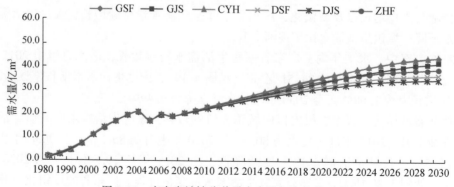

图 5.21　广东省城镇公共需水水平年内变化过程

省公共需水量均持续增加，但增长趋势逐步变缓，如 GSF 方案中，2016 年增长率为4.6%，2030 年则下降为 1.0%，ZHF 方案中，2016 年增长率为 4.0%，2030 年下降为0.3%，水平年后期城镇公共需水逐渐稳定。

广东省城镇公共需水占总需水的比重逐渐提高，2016 年这一比重为 6.51%，2020年提高到 7.22%，2030 年则达到了 8.12%，这一比重的提高与社会经济发展过程中随着产业结构的逐步调整，第三产业需水比重逐渐升高的规律相吻合。

各方案中城镇公共需水增长率变化如表 5.32 所示。

表 5.32　广东省城镇公共需水增长率　　　　　　单位：%

方案	2016	2018	2020	2022	2024	2026	2028	2030
GSF	4.6	4.2	3.7	3.2	2.6	2.1	1.6	1.0
GJS	4.1	3.7	3.3	2.9	2.5	2.1	1.7	1.3
CYH	4.0	3.6	3.2	2.7	2.2	1.7	1.2	0.6
DSF	3.5	3.1	2.6	2.2	1.7	1.2	0.8	0.2
DJS	3.2	2.8	2.4	1.9	1.5	1.1	0.6	0.2
ZHF	4.0	3.5	2.9	2.4	1.9	1.4	0.8	0.3

注：此处的增长率为相对上一年的增长率。

ZHF 方案中，建筑业需水增长率和第三产业需水增长率持续下降，水平年后期建筑业需水呈负增长，如表 5.33 所示。

城镇公共需水结构中，建筑业需水占城镇公共需水的比重逐步下降，由 2016 年的30.8% 降为 2030 年的 26.1%；第三产业需水比重则逐步上升，由 2016 年的 69.2% 提高到 2030 年的 73.9%。

建筑业需水占广东省需水总量的比重经历先升后降的过程，ZHF 方案中，这一比重由 2016 年的 1.99% 增长为 2024 年的 2.19%，之后则逐渐下降，2030 年这一比重为2.08%。第三产业需水占广东省需水总量的比重则持续上升，由 2016 年的 4.92% 提高到 2030 年的 6.04%，这一变化与社会经济发展后期主要依靠第三产业带动的规律相一致。

表 5.33　广东省城镇公共需水增长率、结构及占广东省需水比重变化过程　单位：%

项　目	2016	2018	2020	2022	2024	2026	2028	2030
建筑业需水增长率	3.4	2.7	1.9	1.2	0.5	-0.2	-0.9	-1.6
第三产业需水增长率	4.3	3.8	3.3	2.9	2.4	1.9	1.5	1.0
建筑业需水占城镇公共需水比重	30.8	30.4	29.9	29.3	28.6	27.9	27.0	26.1
第三产业需水占城镇公共需水比重	69.2	69.6	70.1	70.7	71.4	72.1	73.0	73.9
建筑业需水占需水总量比重	1.99	2.08	2.14	2.18	2.19	2.18	2.14	2.08
第三产业需水占需水总量比重	4.52	4.81	5.08	5.33	5.55	5.74	5.91	6.04
城镇公共需水占需水总量比重	6.51	6.89	7.22	7.50	7.74	7.92	8.05	8.12

注：此处的增长率为相对上一年的增长率。

（4）农业需水

ZHF 方案中，2020 年、2030 年广东省农业需水分别为 216 亿 m³、202 亿 m³，考虑强化节水时，农业需水量分别为 210.7 亿 m³、196.5 亿 m³。

广东省农业需水逐渐下降，如图 5.22 所示，其主要原因有两个：①随着广东省城市化的进程，农田有效灌溉面积不断减少；②随着社会经济技术的进步，渠系损失不断降低，农业渠系综合水利用系数不断提高。

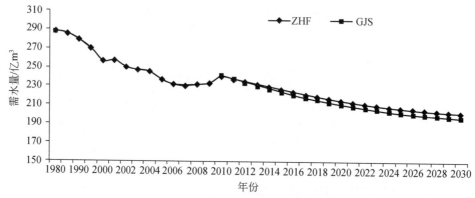

图 5.22　广东省农业需水变化过程

（5）生态环境需水

随着城镇化的推进，城镇面积的扩大，对城镇绿化及景观环境建设的力度也不断加强，城镇生态环境用水量呈明显上升趋势，ZHF 方案中，2010 年，广东省生态环境用水为 3.48 亿 m³，2020 年提高到 4.78 亿 m³、2030 年则提高到 6.25 亿 m³，增长率逐渐下降，2010~2020 年、2020~2030 年均增长率分别为 3.21%、2.73%。

广东省生态环境需水占总需水的比重逐渐增加，由 2010 年的 0.80% 提高 2020 年的 1.02%，2030 年则提高到 1.30%。

5.6.4　总量控制分析

（1）总量控制分析

不同方案下，广东省 2015 年、2020 年、2030 年的需水量如表 5.34 所示。

按照水利部下达的《关于征求水资源管理控制指标意见的函》（水资源函〔2012〕305 号）内容，广东省的用水总量控制指标 2015 年为 457.61 亿 m³、2020 年为 456.04 亿 m³、2030 年为 450.18 亿 m³（火核电用水以耗水量计），三个水平年广东省用水总量控制指标呈逐年递减趋势。对于 2015 年控制值，6 种方案结果均在控制范围之内，对于 2020 年值，只有 DJS 方案结果满足控制要求，对于 2030 年，亦只有 DJS 方案结果满足控制要求。

表 5.34　广东省需水总量预测成果与用水总量控制分析表　　单位：亿 m³

年份	GSF	GJS	CYH	DSF	DJS	ZHF	国控值
2015	455.8	449.7	454.1	446.7	441.5	452.9	457.61
2020	479.2	467.1	475.7	458.5	448.5	469.2	456.04
2030	508.7	488.5	503.3	466.2	449.1	481.9	450.18

各方案中，GSF 方案的人口增长率及 GDP 增长率取值均较大，认为其需水预测结果代表了广东省需水总量的上限值，虽对各项用水效率指标实行了控制，但可认为该方案的结果是偏高的；GJS、CYH、DSF 方案的结果分别代表了在采取强化节水措施、进行产业结构优化、经济社会发展低速情况下的需水状况，考虑的均是单一要素的约束；DJS 方案预测结果则是考虑了在经济社会低速发展情况采取强化节水措施下的状况，可认为其需水预测结果代表了广东省未来需水的下限值；ZHF 方案综合考虑了经济社会发展、产业结构以及用水效率等多要素约束的影响，认为其需水预测结果较能反应未来广东省实际的需水状况。

广东省最严格水资源管理制度万元 GDP 用水量指标 2020 年相对于 2010 年下降 55%~60% 左右，2030 年相对于 2010 年下降 75%~80% 左右；广东省万元工业增加值用水量 2015 年相比 2010 年下降约 30%，2015 年控制指标 45 m³。不同方案下，广东省主要用水效率指标如表 5.35 所示。2010 现状年，广东省万元 GDP 用水量及万元工业增加值用水量分别为 90.7m³、46.2m³，ZHF 方案中，这两项用水指标 2020 年较 2010 年累计下降了 53.9%、39.4%，2030 年较 2020 年分别累计下降了 44.5%、36.8%；万元 GDP 用水量 2030 年较 2010 年累计下降了 74.4%，万元工业增加值用水量 2015 年较 2010 年累计下降了 23.2%。ZHF 各项用水指标均大致符合控制要求。DJS 方案中的用水效率值代表了在采取强化节水后的成果，要达到各项用水效率值需较大投入，尤其是农业灌溉水利用系数 2020 年、2030 年的值需在 GSF 方案基础上分别提高 2 个和 3 个百分点。

综合以上分析，认为水利部下达的关于广东省的需水总量与广东省实际需水量并不相符，与方案中 DJS 方案的结果较为接近，但该方案代表了广东省需水的一个极端的情况，与实际较为不符。

为达到国家控制目标，需进一步提高各行业用水效率并进行产业结构升级，近期水平年各行业用水效率需在分析值的基础上下降 5% 左右，广东省工业、建筑业和第三产业用水效率分别控制为 26.5%、36.0%、3.8% 左右，渠系水利用系数提高 3 个百分点，达到 0.618，第三产业比重提高到 55% 以上；远期水平年各行业用水效率需在分析值的基础上下降 8% 左右，广东省工业、建筑业和第三产业用水效率分别控制为 16.3%、27.1%、2.3% 左右，渠系水利用系数达到 0.683，第三产业比重提高到 60% 以上。此外，可加强非常规水的利用，如此，在近期水平年末就可实现用水总量的"零增长"，达到国家用水总量控制要求。

表5.35 广东省预测结果主要用水效率指标

方案	年份	人均综合用水 /(m³/人)	万元GDP 用水量 /m³	万元工业 增加值用水量 /m³	工业用水 弹性系数	建筑业万元 产值用水 /m³	服务业万元 产值用水 /m³
GSF	2015	410	60.1	36.0	0.44	43.1	5.5
	2020	411	41.3	28.3	0.42	38.1	4.3
	2030	412	21.8	17.7	0.25	29.5	2.6
GJS	2015	405	59.3	35.4	0.40	42.4	5.3
	2020	401	40.2	27.4	0.38	36.9	4.1
	2030	395	21.0	16.7	0.21	28.0	2.5
CYH	2015	409	59.9	36.0	0.42	42.8	5.4
	2020	408	41.0	28.4	0.40	37.5	4.2
	2030	407	21.6	17.7	0.24	29.5	2.6
DSF	2015	412	61.0	35.5	0.36	41.6	5.3
	2020	411	43.3	28.1	0.34	36.4	4.2
	2030	405	24.1	17.7	0.14	29.5	2.6
DJS	2015	408	60.3	35.0	0.33	41.8	5.2
	2020	402	42.3	27.3	0.31	36.1	4.0
	2030	390	23.2	16.8	0.09	28.0	2.5
ZHF	2015	413	59.6	35.5	0.40	42.3	5.3
	2020	413	41.8	28.0	0.38	37.1	4.1
	2030	406	23.2	17.7	0.17	29.5	2.5

(2) 地市主要用水效率指标分析

各方案下,广东省各地市用水效率指标如表5.36所示。各地市因其社会经济发展水平的差异,各项用水指标亦呈现一定的差异性,但同种类型城市其各项用水指标大致在同一范围之内,综合地市各方案下的用水效率指标情况,得出如下用水效率表(表5.37)。

表5.36 不同发展阶段城市主要用水效率指标取值

城市类型	年份	万元GDP用水量 /m³	万元工业增加值用水量 /m³	工业用水弹性系数
工业化后期城市	2020	10~40	10~45	0.10~0.20
	2030	5~20	5~30	0.10以下
工业化中期城市	2020	50~100	20~50	0.20~0.40
	2030	20~50	10~30	0.10~0.20
工业化前期城市	2020	50~150	20~120	0.40~0.60
	2030	20~100	10~50	0.20~0.40

表 5.37　广东省各行政区用水效率指标

地市	年份	GSF				GJS				CYH				DSF				DJS				ZHF			
		PPWU	PGWU	PIWU	IPL	PPWU	PGWU	PIWU	IPL	PPWU	PGWU	PIWU	IPL	PPWU	PGWU	PIWU	IPL	PPWU	PGWU	PIWU	IPL	PPWU	PGWU	PIWU	IPL
广州	2015	376	32.8	43.2	0.19	367	32	42.6	0.15	377	32.8	43.2	0.2	372	32.7	42.3	0.05	364	32	41.7	0	375	31.9	41.2	0.15
	2020	372	24.3	32.8	0.18	358	23.4	31.9	0.14	373	24.4	32.8	0.18	364	24.8	32.1	0.04	351	23.8	31.2	-0.01	370	24	32.4	0.14
	2030	370	14.4	20	0.12	350	13.7	19	0.07	365	14.2	20	0.07	353	15.3	20	-0.02	334	14.5	19	-0.06	363	15.2	19.8	0.02
深圳	2015	190	14	10.6	0.17	187	13.8	10.5	0.13	188	13.9	10.6	0.09	186	14	10.4	0.01	184	13.8	10.3	-0.04	188	13.5	10.2	0.06
	2020	193	10.3	8.3	0.15	188	10.1	8	0.11	191	10.2	8.3	0.08	187	10.5	8.2	-0.01	182	10.2	7.9	-0.07	189	10.1	8	0.04
	2030	199	6.3	5.5	0.08	190	6	5.2	0.03	198	6.2	5.5	0.12	188	6.7	5.5	-0.12	179	6.3	5.2	-0.18	191	6.5	5.5	-0.07
珠海	2015	370	25.4	19.8	0.55	363	25	19	0.49	367	25.2	19.8	0.54	374	25.7	19.4	0.5	362	24.9	18.6	0.44	370	24.5	19.2	0.51
	2020	403	16.5	15	0.52	390	16	14.1	0.47	397	16.3	15	0.5	401	17.2	14.8	0.47	381	16.3	14	0.42	395	16.1	14.6	0.47
	2030	410	8	9.1	0.23	399	7.8	8.6	0.25	402	7.8	9.1	0.22	379	8.2	9.1	0.13	383	8.3	9.1	0.23	386	8	9.1	0.11
汕头	2015	232	69.7	22.5	0.41	229	68.8	22.2	0.38	231	69.4	22.5	0.38	234	70.5	22.2	0.33	231	69.8	21.9	0.3	234	68.8	22.4	0.41
	2020	232	44.6	17.2	0.39	226	43.4	16.7	0.36	231	44.4	17.2	0.36	233	47	17	0.31	228	46	16.6	0.27	233	45.5	17.1	0.36
	2030	236	21.4	10.8	0.24	226	20.4	10.3	0.21	235	21.3	10.8	0.23	235	23.8	10.8	0.13	226	22.9	10.3	0.09	234	23.1	10.8	0.14
佛山	2015	398	37.9	20.7	0.1	392	37.4	20.1	-0.01	396	37.7	20.7	0.02	397	38.5	20.4	-0.13	393	38.2	20.1	-0.19	400	37.7	20.6	0.05
	2020	388	28.3	16.6	0.08	377	27.5	15.6	-0.03	385	28.1	16.6	0	385	29.6	16.3	-0.16	378	29	15.9	-0.23	387	28.7	16.5	-0.02
	2030	382	17.5	11.2	-0.02	362	16.6	10.1	-0.15	379	17.4	11.2	-0	376	19.4	11.2	-0.31	363	18.7	10.6	-0.39	374	18.8	11.2	-0.29
韶关	2015	753	212.9	169.8	0.59	747	211.1	168.7	0.57	747	211.1	169.8	0.57	761	214.1	166.9	0.54	754	212.3	165.6	0.52	767	207.7	168.3	0.59
	2020	783	131.5	123.9	0.53	769	129.3	121.7	0.52	770	129.5	123.9	0.51	782	137.7	123	0.49	769	135.3	120.7	0.47	789	132.4	123.5	0.52
	2030	817	57.8	62.5	0.3	786	55.6	59.4	0.27	802	56.7	62.5	0.3	796	63	62.5	0.24	766	60.6	59.4	0.21	798	60.5	62.5	0.24
河源	2015	643	253	171.5	0.49	636	250.4	169.2	0.46	638	251.2	171.5	0.46	649	257.8	171.1	0.45	639	254	166.6	0.4	648	250.3	170.2	0.47
	2020	660	159.1	126.7	0.46	646	155.8	123.2	0.44	651	156.9	126.7	0.44	662	168.7	128.3	0.42	644	164	122.4	0.38	658	161.9	126.3	0.43
	2030	704	75.5	76.8	0.36	677	72.6	73	0.33	692	74.2	76.8	0.36	683	82.8	76.8	0.26	658	79.7	73	0.25	683	80.2	76.8	0.3

续表

地市	年份	GSF				GJS				CYH				DSF				DJS				ZHF			
		PPWU	PGWU	PIWU	IPL	PPWU	PGWU	PIWU	IPL	PPWU	PGWU	PIWU	IPL	PPWU	PGWU	PIWU	IPL	PPWU	PGWU	PIWU	IPL	PPWU	PGWU	PIWU	IPL
梅州	2015	539	245.7	155.2	0.59	535	243.7	153.7	0.57	536	244.2	155.2	0.57	544	250.3	152.8	0.54	540	248.1	151.3	0.53	546	238.8	154	0.58
	2020	553	167	118.3	0.54	543	164.2	115.9	0.53	547	165.2	118.3	0.53	556	176.2	116.9	0.5	547	173.2	114.5	0.48	558	166.3	117.6	0.53
	2030	567	85.9	66.5	0.24	548	82.9	63.2	0.2	560	84.7	66.5	0.23	565	95.9	66.5	0.15	546	92.7	63.2	0.11	568	91.7	66.5	0.19
惠州	2015	463	89.5	49	0.45	458	88.5	48.5	0.42	461	89.1	49	0.42	462	90.2	48.3	0.35	460	89.8	47.7	0.32	462	88.3	47.7	0.34
	2020	454	65.3	40.2	0.42	443	63.9	39.3	0.39	450	64.8	40.2	0.39	450	67.4	39.6	0.32	444	66.6	38.7	0.28	449	65.6	39.1	0.32
	2030	443	38.5	27	0.23	425	36.9	25.6	0.18	438	38.1	27	0.23	432	41.9	27	0.1	418	40.6	25.6	0.04	434	41.5	27	0.23
汕尾	2015	395	122.5	38.9	0.62	392	121.4	38.6	0.61	394	122.1	38.9	0.61	396	124.7	35.6	0.49	392	123.5	35.1	0.48	397	118.4	35.9	0.55
	2020	386	73.6	29.4	0.57	380	72.3	28.9	0.56	384	73	29.4	0.56	386	77.5	26.6	0.47	379	76.1	26	0.45	387	73	26.8	0.51
	2030	371	35.5	16	0.18	358	34.2	15.2	0.13	368	35.2	16	0.17	375	40.5	16	0.21	363	39.2	15.2	0.17	373	38	16	0.2
东莞	2015	247	33.9	34.8	0.23	244	33.4	34.4	0.2	244	33.5	34.8	0.17	244	33.7	34.1	0.1	240	33.2	33.7	0.06	248	34	35.2	0.21
	2020	250	22.6	24.8	0.2	243	22	24.1	0.17	245	22.2	24.8	0.16	241	23.1	24.5	0.08	234	22.5	23.9	0.04	251	23.1	25.7	0.19
	2030	255	11	13.5	0.12	243	10.5	12.8	0.09	248	10.8	13.5	0.11	236	11.7	13.5	-0.01	225	11.1	12.8	-0.05	246	11.1	13.5	0.01
中山	2015	565	69.3	57.2	0.25	556	68.2	56.4	0.21	560	68.8	57.2	0.19	559	69.9	56.4	0.09	552	69.1	55.7	0.04	561	68.8	57.7	0.19
	2020	566	51.5	44.5	0.2	550	50	43.3	0.16	559	50.8	44.5	0.15	558	53.2	44.4	0.06	546	52.1	43.3	0.01	559	51.4	45.4	0.14
	2030	556	30.3	28.5	0.08	537	29.2	27.1	0.03	547	29.8	28.5	0.07	543	32.9	28.5	-0.11	525	31.8	27.1	-0.17	548	31.1	28.5	-0.02
江门	2015	638	87.9	41.7	0.59	629	86.7	41.3	0.57	635	87.4	41.7	0.57	643	89.5	41.1	0.54	639	88.9	40.7	0.53	641	86.6	41.4	0.56
	2020	640	54.3	32.8	0.54	625	53	32.2	0.53	634	53.8	32.8	0.53	644	57.1	32.3	0.49	635	56.3	31.6	0.47	637	54.8	32.6	0.5
	2030	649	28.1	20.4	0.3	629	27.2	19.4	0.26	641	27.7	20.4	0.3	648	31.3	20.4	0.22	630	30.4	19.4	0.17	638	30.1	20.4	0.25
阳江	2015	583	119.6	19.7	0.71	574	117.8	18.4	0.62	583	119.6	19.7	0.7	594	121.4	19.4	0.68	588	120.4	19.3	0.67	590	117.5	19.5	0.71
	2020	570	66	14.8	0.65	553	64	13.4	0.58	570	65.9	14.8	0.64	584	70.7	14.7	0.62	575	69.6	14.4	0.61	579	67.9	14.8	0.64
	2030	510	24.9	7.5	0.21	495	24.1	7.1	0.27	509	24.8	7.5	0.21	525	28.6	7.5	0.13	510	27.7	7.1	0.09	517	27.4	7.5	0.16

续表

地市	方案年份	GSF PPWU	GSF PGWU	GSF PIWU	GSF IPL	GJS PPWU	GJS PGWU	GJS PIWU	GJS IPL	CYH PPWU	CYH PGWU	CYH PIWU	CYH IPL	DSF PPWU	DSF PGWU	DSF PIWU	DSF IPL	DJS PPWU	DJS PGWU	DJS PIWU	DJS IPL	ZHF PPWU	ZHF PGWU	ZHF PIWU	ZHF IPL
湛江	2015	392	105.6	27.8	0.43	388	104.5	27.3	0.41	391	105.4	27.8	0.41	397	107.7	27	0.38	392	106.6	26.6	0.36	395	106.5	27.7	0.42
	2020	389	59.4	18.2	0.4	382	58.2	17.6	0.39	388	59.2	18.2	0.39	395	64.1	17.9	0.35	387	62.9	17.4	0.33	394	61.5	18.3	0.39
	2030	372	23.8	9.5	0.25	359	22.9	9	0.23	370	23.7	9.5	0.25	374	27.4	9.5	0.18	361	26.5	9	0.15	374	25.2	9.5	0.2
茂名	2015	489	131.8	25.7	0.64	484	130.3	24.5	0.56	490	131.9	25.7	0.56	497	135.1	25.3	0.6	493	133.9	25.1	0.58	495	130.9	25.5	0.63
	2020	481	86.2	20.4	0.6	470	84.3	18.9	0.52	481	86.3	20.4	0.52	492	92.7	20.3	0.55	483	91.1	19.8	0.53	487	88.8	20.3	0.58
	2030	458	40.4	12.6	0.37	444	39.2	12	0.4	457	40.4	12.6	0.4	469	46.5	12.6	0.29	455	45.1	12	0.25	461	44.5	12.6	0.29
肇庆	2015	535	128	61.7	0.4	528	126.4	60.8	0.37	532	127.4	61.7	0.37	540	130.8	60.5	0.33	533	129.2	59.6	0.3	538	127.1	61.1	0.36
	2020	528	86.3	45.1	0.38	516	84.2	43.8	0.35	524	85.5	45.1	0.35	533	91.4	44.4	0.31	521	89.3	43.2	0.28	529	87.9	44.8	0.33
	2030	525	45.1	26.6	0.3	507	43.5	25.3	0.27	521	44.7	26.6	0.27	527	50.8	26.6	0.22	508	49	25.3	0.19	519	48.9	26.6	0.23
清远	2015	520	107.8	29.4	0.52	515	106.8	29.1	0.51	519	107.6	29.4	0.51	532	110.6	30.6	0.57	527	109.6	30.4	0.56	528	109.5	30.8	0.59
	2020	505	64.2	22.1	0.48	496	63	21.6	0.47	502	63.8	22.1	0.47	521	69.3	23.6	0.51	512	68.1	23.2	0.49	515	67	23.7	0.53
	2030	475	27.4	12.2	0.23	458	26.4	11.6	0.19	472	27.2	12.2	0.19	482	31.1	12.2	0.04	466	30.1	11.6	-0.01	479	29.2	12.2	0.11
潮州	2015	355	103.5	58.9	0.61	349	101.6	57.2	0.56	355	103.4	58.9	0.56	359	105.1	59.3	0.6	356	104.2	58.8	0.59	360	103.2	59.6	0.64
	2020	379	68.6	46.6	0.57	366	66.3	44.3	0.53	378	68.5	46.6	0.53	380	72.1	47.4	0.55	374	70.9	46.5	0.53	380	70.4	47.6	0.58
	2030	404	34.2	28.2	0.31	389	32.9	26.8	0.3	402	34	28.2	0.3	393	37.2	28.2	0.18	378	35.8	26.8	0.13	390	36.3	28.2	0.19
揭阳	2015	280	75.4	29.6	0.64	276	74.2	28.4	0.6	279	75.1	29.6	0.6	285	77.2	29.9	0.65	282	76.5	29.7	0.64	286	75.2	30.2	0.67
	2020	293	44.5	22.8	0.61	284	43.2	21.5	0.57	291	44.2	22.8	0.57	297	47.5	23.3	0.6	291	46.6	22.9	0.59	298	46.2	23.4	0.62
	2030	317	21.3	13.8	0.38	305	20.5	13.1	0.39	314	21.1	13.8	0.39	312	23.5	13.8	0.27	300	22.6	13.1	0.23	311	22.8	13.8	0.27
云浮	2015	659	226.7	95.9	0.68	653	224.6	95.4	0.67	658	226.2	95.9	0.67	668	230	94.4	0.64	662	227.9	93.8	0.63	670	221.9	93.4	0.64
	2020	668	133.1	72.9	0.63	657	130.8	71.9	0.61	665	132.5	72.9	0.61	674	141.9	72.1	0.59	663	139.5	71	0.58	678	135.3	71.1	0.59
	2030	675	57.1	36.7	0.29	651	55.1	34.9	0.26	671	56.8	36.7	0.26	673	64.8	36.7	0.23	650	62.6	34.9	0.19	678	61.8	36.7	0.25

注：人均综合用水简写为PPWU（m^3/人）；万元GDP用水量简写为PGWU（m^3）；万元工业增加值用水量简写为PIWU（m^3）；工业用水弹性系数简写为IPL。

对于广东省各项用水效率指标预测为：万元 GDP 用水量 2020 年、2030 年分别在 43.0 m^3、23.0 m^3 左右；万元工业增加值用水量 2020 年、2030 年分别在 29.0 m^3 和 18.5 m^3 左右；工业用水弹性系数 2020 年、2030 年分别在 0.40 和 0.20 左右。

参 考 文 献

[1] 李善同，刘云中. 2030 年的中国经济 [M]. 北京：经济科学出版社，2011.

[2] 孙国华. "十二五" 时期我国城镇化水平探讨 [J]. 宏观经济管理，2010 (5)：36-37.

[3] 王建军，吴志强. 城镇化阶段划分 [J]. 地理学报，2009，64 (2)：177-188.

[4] Chenery H B，欧阳峣，盛小芳. 大型发展中国家工业化经验 [J]. 湖南商学院学报，2015，(4)：12-17.

[5] 刘昌明，陈志恺. 中国水资源现状评价和供需发展趋势分析 [M]. 北京：中国水利水电出版社，2001.

[6] 马静，陈涛，申碧峰，汪党献. 水资源利用国内外比较与发展趋势 [J]. 水利水电科技进展，2007，27 (1)：6-10，13.

[7] 中村浩一郎. 日本的水资源（水资源白皮书）[J]. 地下水技术，1997，39 (9)：1-16.

[8] 贾绍凤. 工业用水零增长的条件分析——发达国家的经验 [J]. 地理科学进展，2001，20 (1)：51-59.

[9] 贾金生，马静，杨朝晖，张垚，徐耀. 国际水资源利用效率追踪与比较 [J]. 中国水利，2012，(5)：13-17.

[10] 杨志锋，崔保山，刘静玲，王西琴，刘昌明. 生态环境需水量理论、方法和实践 [M]. 北京：科学出版社，2003.

[11] Fayyad U，Piatetsky-Shapiro G，Smyth P. From data mining to knowledge discovery in databases [J]. AI magazine，1996，17 (3)：37.

[12] 贺昌政. 自组织数据挖掘与经济预测 [M]. 北京：科学出版社，2005.

[13] 蒋志泉. 基于 GMDH 原理的自组织数据挖掘模型研究 [D]. 大连海事大学硕士学位论文，2004.

[14] 陈森发. 复杂系统建模理论与方法 [M]. 南京：东南大学出版社，2005.

[15] 何跃，马海霞. 基于 GMDH 的宏观经济景气预测模型及应用 [J]. 统计与决策，2007，(6)：52-54.

[16] 李晓峰，刘光中，贺昌政. 成都市居民未来生活用水量预测模型的选择 [J]. 四川大学学报（工程科学版），2001，33 (6)：104-107.

[17] 欧红香，郑铭，田中雅史. GMDH 方法在长良川水质预测中的应用 [J]. 江苏大学学报（自然科学版），2003，24 (4)：22-25.

[18] 高林. GMDH 与回归分析的结合研究 [D]. 四川大学硕士学位论文，2006.

[19] Filippi A M. Cybernetic group method of data handling（GMDH）statistical learning for hyperspectral remote sensing inverse problems in coastal ocean optics [D]. Los Angeles. PhD Thesis of University of South Carolina，2003，64：3129.

[20] 王其潘. 系统动力学 [M]. 北京：清华大学出版社，1994.

[21] 王其潘. 高级系统动力学 [M]. 北京：清华大学出版社，1995.

[22] 王银平. 天津市水资源系统动力学模型研究 [D]. 天津：天津大学硕士学位论文，2007.

[23] 边兰兰. 系统动力学结构模型建模方法研究与应用 [D]. 南昌：南昌大学硕士学位论文，2010.

[24] 汪党献. 水资源需求分析理论与方法研究 [D]. 北京：中国水利水电科学研究院博士论文，2002.

[25] 张会言，陈红莉，何宏谋，张永. 黄河地区需水量发展趋势 [J]. 人民黄河，1996，08：10-14.

[26] 刘俊萍，畅明琦，严敏. 工业用水定额的变化对需水量预测的影响研究 [J]. 浙江工业大学学报，2007，35 (2)：231-236.

6 健康优美的水环境保护和生态建设体系

6.1 污染源与水环境质量现状评价

6.1.1 污染源分析

2010 年广东省城镇废污水排放总量 124.23 亿 t（不包括火电直流冷却水和矿坑排水量），其中工业废水 70.42 亿 t，占 56.58%；生活污水 40.07 亿 t，占 32.25%。废污水年排放量最大的是广州市，达 21.63 亿 t，其次为深圳市，13.41 亿 t、东莞市 12.71 亿 t、佛山市 11.83 亿 t、中山市 7.77 亿 t、惠州市 6.85 亿 t、江门市 5.26 亿 t，其余地市均小于 5 亿 t。2010 年广东省城镇化学需氧量年排放量 85.8 万 t，其中工业废水化学需氧量排放 23.4 万 t，占 27.3%，生活污水中化学需氧量排放 62.4 万 t，占 62.8%；氨氮年排放量 10.7 万 t，其中工业氨氮排放量 1.1 万 t，占 10.3%，生活氨氮排放量 9.6 万 t，占 8.5%。广东省废污水及主要污染物排放情况见表 6.1。

广东省点源污染重于面源污染，主要污染物 COD 和氨氮的点、面源污染贡献率分别为 70%、30% 左右。

表 6.1　2010 年城镇废污水及 COD 和氨氮排放量

地市	废污水排放量/亿 t					COD/t	氨氮/t
	生活	工业	建筑业	第三产业	合计		
广州市	7.18	11.97	0.29	2.19	21.63	1.56	451
深圳市	5.34	4.81	0.26	3.01	13.41	25.96	21454
珠海市	0.79	1.35	0.02	0.48	2.64	1.48	1296
汕头市	1.98	1.44	0.05	0.30	3.77	0.88	727
佛山市	4.24	6.07	0.10	1.42	11.83	0.42	522
韶关市	0.86	3.59	0.04	0.23	4.72	0.48	724
河源市	0.72	3.69	0.02	0.11	4.54	0.20	184
梅州市	0.91	3.34	0.03	0.12	4.41	0.14	430
惠州市	1.36	4.84	0.10	0.55	6.85	4.61	12445
汕尾市	1.25	0.55	0.03	0.03	1.85	0.11	126
东莞市	5.02	6.75	0.19	0.75	12.71	0.83	1039
中山市	1.20	5.86	0.07	0.65	7.77	17.80	4933

续表

地市	废污水排放量/亿 t					COD/t	氨氮/t
	生活	工业	建筑业	第三产业	合计		
江门市	1.28	3.57	0.06	0.35	5.26	8.44	1639
阳江市	0.66	0.42	0.02	0.20	1.29	0.20	81.3
湛江市	1.21	1.71	0.06	0.35	3.33	0.26	398
茂名市	1.34	1.19	0.08	0.31	2.93	0.20	176
肇庆市	0.96	2.99	0.04	0.29	4.29	2.86	770
清远市	0.88	1.68	0.01	0.14	2.71	2.25	1518
潮州市	0.79	1.57	0.02	0.33	2.70	0.18	178
揭阳市	1.40	1.73	0.02	0.22	3.37	0.51	383
云浮市	0.69	1.30	0.06	0.16	2.20	0.18	8.07
广东省	40.07	70.42	1.55	12.19	124.23	69.54	49483

6.1.2 水质现状分析与评价

2010 年, 广东省的西江、北江清远段、东江、韩江潮州段、漠阳江、鉴江湛江段、南渡河等大江大河干流和珠江三角洲主要干流水道水质良好, 全年水质为 II ~ III 类 (地表水环境质量标准 GB3838-2002, 下同), 但部分水量较小的支流 (淡水河、坪山河、练江、螺河、小东江茂名段) 和珠江三角洲部分城市江段 (佛山水道、珠江广州河段、深圳河、东莞运河、平洲水道、市桥水道) 水质受到重度污染。四大水系中, 珠江、韩江和粤西诸河水系水质相对较好, 粤东诸河水系水质较差。以监测断面计, 珠江水系 62.3% 为 I ~ III 类水质, 20.8% 劣于 V 类; 韩江水系 50.0% 为 I ~ III 类, 无劣于 V 类水质断面; 粤西诸河 50.0% 为 I ~ III 类, 12.5% 劣于 V 类; 粤东诸河 40.0% 为 I ~ III 类, 40.0% 劣于 V 类。

广东省大部分饮用水源地水源水质达标, 全年综合评价不达标的有广州市流溪河江村水厂、西航道石门水厂、后航道、白坭河巴江、东江北干流刘屋洲、珠海市香洲区的广昌泵站、东莞市的东莞东江干流、东莞东江南支流、深圳市的观澜河、茅洲河、湛江市的霞山地下水和坡头地下水、遂溪县的遂溪河和遂城地下水。水库型水源的水质较好, 大多数能达到目标水质, 不达标的水源地有珠海的竹仙洞水库、大镜山水库、杨寮水库、深圳的西丽水库、石岩水库、铁岗水库、揭阳的新西河水库等。

某些水源地虽然全年综合评价水质安全, 但是某些时期水质是不安全的, 如深圳的罗田水库、茜坑水库、赤坳水库在汛期富营养化严重, 江门的潭江大泽牛勒在汛期硝酸盐超标较多; 清远的北江英城观洲坝在汛期存在汞超标的情况。

此外, 珠海、中山、广州、东莞、江门等市在部分时期会不同程度地受到咸潮影响, 出现水质性缺水。珠海市情况最为严重, 部分水源地受咸潮影响长达半年, 其次是广州市和中山市, 某些水源地受影响也有几天至 3 个月不等的时间, 致使当地饮用水供水安全出现问题。

6.1.3　水环境问题分析

目前，广东省水环境污染形势仍然严峻，特别是流经城市的河段污染严重，不少水体发黑发臭，严重影响与威胁饮用水源水质，尤其三角洲河网区，水质性缺水问题突出。近些年来，广东省加大了水环境污染控制和治理的力度，但水环境质量改善却不明显，主要原因包括以下几个方面：

（1）人口增加和经济增长带来的环境保护压力

近年来，广东省国民经济保持快速发展，2010 年国内生产总值达到 47686.30 亿元，比 2000 年增长 34.4%。随着经济快速增长和人口的增加，2010 年废污水排放比2000 年增加 16.6%，工业废水排放量增加 0.18%。

（2）不合理的经济结构，粗放型的发展模式

广东省电子信息、电器机械、石油化工、纺织服装、食品饮料、建筑材料、森工造纸、医药、汽车等行业占工业比重 62.2%，其中，建材、化工、造纸、制糖、食品发酵、电镀、纺织印染、制革等污染严重行业占了较大的比重。石油化工、冶金和机械制造业是石油类污染物的最大排放者。化工行业也是汞、砷、氰化物及挥发酚等污染物的最大排放源。由于产业和产品结构以及工业和城市布局不合理，导致严重的结构性污染。广州市、佛山市、深圳市、东莞市、中山市、惠州市废污水排放总量占广东省的 55% 左右，污水排放过于集中，使得城市附近水体受到较严重污染，治理难度加大。

（3）投入不足，污染控制设施建设滞后

2010 年，广东省环境保护投资 1417.2 亿元，环保投资占国内生产总值的比例为3.08%。但由于历史欠账太多，城市污水处理厂的建设、与之配套的管网建设和运行都需要巨额费用，目前，这笔费用基本上由政府投入。由于长期投入不足与资金渠道单一，污染治理设施建设滞后。2001 年，广东省有城镇污水处理厂 24 座，处理能力251.5 万 m^3/d，污水处理率达 16.55%；2005 年有城镇污水处理厂 79 座，新增污水处理能力 382.1 万 m^3/d，污水处理率达到 40.19%；2010 年有城镇污水处理厂 305 座，处理能力 1739 万 m^3/d，是 2005 年的 2.8 倍，污水处理率达 73.0%，仍有 30% 左右的城镇生活污水未经处理直接排放，农村的生活污水基本未经任何处理直接排放，而且区域建设程度不平衡，个别地市的城镇污水处理率为零。生活污水已成为水环境恶化的主要原因之一。

（4）面源污染不容忽视

农药和化肥的大量使用，禽畜废物的增加，致使农业面污染日趋严重。据统计，2010 年广东省化肥施用量（折纯）和农药施用量分别比 2000 年增加 34.7% 和 23.3%。2010 年单位耕地面积化肥和农药施用量远高于发达国家和全国水平。长期以来工业废

水污染的防治一直是水污染防治的重点，却没有很好地治理城乡生活废水排放和面源所造成的污染，导致水污染控制效果不佳。

（5）环境意识、环境管理薄弱和环境执法力度不够

目前广东省对一时的经济利益与长远的环境利益的认识还很不足，不能自觉地考虑生产生活行为的环境后果。环境和发展的综合决策机制尚未形成，常常出现牺牲环境和资源去追求眼前的经济发展，为获得短暂利益而损害长远利益的现象。虽然国家已建立了较完善的环保法律体系，但环保执法力量薄弱，监督管理机构不健全，个别地方和部门有法不依、执法不严、违法不究，存在以权代法、以言代法现象，使环境管理效力不高；由于环境执法监督管理能力不足，加之部分企业受利益驱动，广东省超标排放废水或偷排废水的情况仍较突出，加剧了水环境恶化；水污染控制宏观整体调控能力差，跨越行政区河流上下游，地区之间、部门之间矛盾比较突出。

（6）排污收费等经济政策未能对治污起到刺激作用

工业排污收费标准远低于内部污染治理成本，更低于导致的环境危害的社会成本，客观上使超标排污合法化，未能对积极控制污染起到刺激作用；鼓励和刺激全社会预防污染、治理污染、改善环境的综合经济政策体系远未形成；废水处理等产业没有走上有利可图、环境成本内部化的良性循环；环保行业吸纳社会等各方面的资金很少，还处于主要靠政府投资的局面；对超标排污、偷排等处罚过轻。这一切都使高水耗、低效率、高污染、低产出的模式长久在广东省保持了下来。

（7）未来发展面临的水环境压力

在经济持续快速增长（年均增长率达到9%以上）的背景下，资源、耕地及能源供需矛盾将进一步加大，水环境污染物排放量将超过水体允许排放量的2～3倍，广东省经济将从偏轻型化向适度重型化发展，化工、造纸、电力、食品、印染、建材等污染行业将继续快速发展，污染负荷增加、范围扩大，水污染防治任务将更加艰巨。同时，随着产业结构的调整，沿海地区依托港口将形成以重化工业为主的资本密集型产业群，珠三角部分产业将逐步向东、西两翼和山区转移，工业不断向农村转移，环境污染有向山区和农村等饮用水源地转移的趋势，威胁广东省饮用水安全，由此带来的生态环境保护压力将日益加重。

6.2　水环境保护规划

6.2.1　水功能区划

6.2.1.1　水功能区划原则

水功能区划遵循以下原则：①可持续发展和维护水体健康的原则；②综合分析、

统筹兼顾、突出重点的原则；③以水域规划主导使用功能为主，结合考虑现状使用功能和超前性原则；④结合水域水资源综合利用规划，水质与水量统一考虑的原则；⑤合理利用水体纳污能力的原则；⑥便于管理，实用可行的原则。

6.2.1.2 水功能区划方法

水功能区划分采用两级体系，即一级区划和二级区划。一级功能区划是从宏观上解决水资源开发利用与保护的问题，主要协调地区间用水关系，长远上考虑可持续发展的需求；二级区划主要协调各市和市内用水部门之间的关系。

一级功能区的划分对二级功能区划分具有宏观指导作用。一级功能区分四类，包括保护区、保留区、开发利用区、缓冲区；二级功能区划分重点在一级所划的开发利用区内进行，分七类，包括饮用水源区、工业用水区、农业用水区、渔业用水区、景观娱乐用水区、过渡区、排污控制区。

6.2.1.3 水功能区划结果

（1）河流水功能区划

河流一级水功能区划的总个数为 265 个，总长度 11334 km。保护区 55 个，总长度为 2205 km，占总区划河长的 19.5%。其中国家级或省级自然保护区所在水域保护区 3 个，分别是天池鼎湖山自然保护区、东江干流仙城保护区、珠江口中华白海豚自然保护区；大型调水水源地及输水线路保护区 3 个，即东深供水水源地及其调水线路保护区和雷州青年运河保护区。缓冲区 24 个，总长度为 585 km，占总区划河长的 5.2%，其中 1 个为保证下游东深供水水源地而设置，即东江干流博罗–潼湖缓冲区；1 个省区界河，即深圳河下游深圳、香港缓冲区；8 个口门缓冲区；其余是协调省际用水关系而设置的缓冲区。保留区 45 个，总长度为 3372 km，占总区划河长的 29.7%；主要分布在北江、东江，水资源利用程度较低，大部分水质较好。开发利用区 141 个，总长度为 5171 km，占总区划河长的 45.6%。

根据水功能二级区划分体系，141 个开发利用区共划分出二级水功能区 220 个。其中饮用水源区 119 个，总河长 2981 km，占开发利用区河长的 57.5%；工业用水区 36 个，总河长 869 km，占 16.3%；农业用水区 22 个，总河长 551 km，占 11%；渔业用水区 19 个，总河长 362 km，占 7.1%；景观娱乐用水区 15 个，总河长 401 km，占 7.3%；过渡区 9 个，总河长 43 km，占 0.8%；没有排污控制区。广东省水功能区划情况见图 6.1 和表 6.2、表 6.3。

（2）水库（湖泊）水功能区划

水库一级水功能区划的总个数为 355 个，总库容为 3529754 万 m³。保护区 5 个，库容为 1662365 万 m³，占总库容的 47.1%，分别为新丰江水库保护区、深圳水库保护区、流溪河水库保护区、高州水库保护区、鹤地水库保护区；保留区 49 个，库容为 846917 万 m³，占总库容的 24.0%；开发利用区 301 个，库容为 1020472 万 m³，占总库

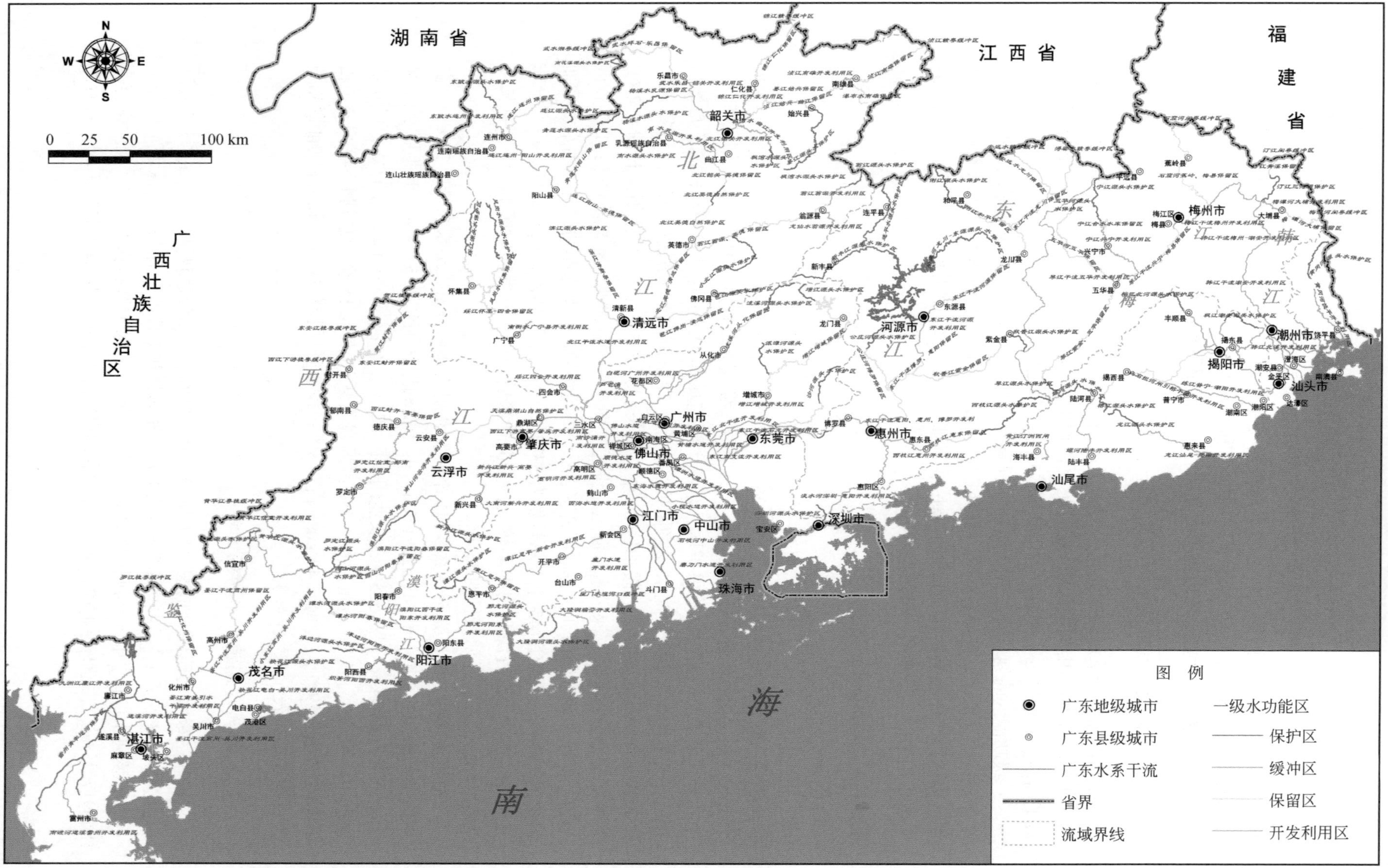

图 6.1　广东省水功能区划图

表 6.2　广东省河流水功能一级区划统计表长度

水系	一级区划		保护区		保留区		缓冲区		开发利用区	
	个数	长度/km	个数	长度/km	个数	长度/km	个数	长度/km	个数	长度/km
西江	17	849	4	182	3	285	4	15	6	367
北江	48	2268	14	453	17	1229	3	7	14	578
东江	29	1456	11	561	8	554	3	14	7	327
珠江三角洲	92	3086	6	280	4	273	9	525	73	2006
韩江	27	983	3	64	7	442	3	6	14	471
粤东沿海诸河	20	831	6	152	1	123	/	/	13	557
粤西沿海诸河	30	1853	9	505	5	465	2	18	14	865
洞庭湖水系	1	5	1	5	/	/	/	/	/	/
鄱阳湖水系	1	3	1	3	/	/	/	/	/	/
合计	265	11334	55	2205	45	3372	24	585	141	5171

表 6.3　广东省河流水功能二级区划统计表长度

水系	二级区划		饮用水源区		工业用水区		农业用水区		渔业用水区		景观娱乐用水区		过渡区	
	个数	长度/km	个数	长度/km	个数	长度/km	个数	长度/km	个数	长度/km	个数	长度/km	个数	长度/km
西江	14	367	8	187	1	18	3	133	/	/	1	25	1	3
北江	26	578	15	428	4	65	2	41	2	29	1	9	2	7
东江	11	327	6	148	1	21	1	35	/	/	2	107	1	17
珠江三角洲	82	2005	43	1086	19	475	2	65	9	186	8	225	1	3
韩江	23	471	12	211	3	157	2	42	4	33	2	28	/	/
粤东沿海诸河	24	557	14	298	3	79	5	137	1	39	/	/	1	4
粤西沿海诸河	40	865	21	623	5	54	4	98	3	75	1	7	3	9
洞庭湖水系	/	/	/	/	/	/	/	/	/	/	/	/	/	/
鄱阳湖水系	/	/	/	/	/	/	/	/	/	/	/	/	/	/
合计	220	5170	119	2981	36	869	22	551	19	362	15	401	9	43

容的 28.9%；没有缓冲区。4 个湖泊水功能区划，分别为星湖、西湖、南湖、潼湖，且均为开发利用区，见表 6.4。

水库一级开发利用区中共划分出二级水功能区划 301 个，其中饮用水源区 231 个，农业用水区 69 个，景观农业用水区 1 个。湖泊一级开发利用区中共划分出二级水功能区划 4 个，且均为景观用水区，见表 6.5。

表 6.4 广东省水库水功能一级区划统计表总库容

河系分区	一级区划		保护区		保留区		开发利用区	
	个数	总库容/万 m³	个数	总库容/万 m³	个数	总库容/万 m³	个数	总库容/万 m³
桂贺江	5	10706	/	/	1	2220	4	8486
西江下游	21	60694	/	/	/	/	21	60694
北江	51	510343	/	/	14	250618	37	259725
东江	45	1787446	1	1389600	3	316600	41	81246
珠江三角洲	83	362382	2	43259	3	84329	78	234794
韩江	29	214545	/	/	9	99964	20	114581
粤东沿海诸河	59	135361	/	/	10	32258	49	103103
粤西沿海诸河	62	448277	2	229506	9	60928	51	157843
合计	355	3529754	5	1662365	49	846917	301	1020472

表 6.5 广东省水库水功能二级区划复核成果统计表总库容

河系分区	二级区划		饮用水源区		农业用水区		景观娱乐用水区	
	个数	总库容/万 m³	个数	总库容/万 m³	个数	总库容/万 m³	个数	总库容/万 m³
桂贺江	4	8486	4	8486	/	/	/	/
西江下游	21	60694	21	60694	/	/	/	/
北江	37	259725	19	195260	18	64465	/	/
东江	41	81246	33	66471	8	14775	/	/
珠江三角洲	78	234794	78	234794	/	/	/	/
韩江	20	114581	13	99831	7	14750	/	/
粤东沿海诸河	49	103103	30	61248	19	41855	/	/
粤西沿海诸河	51	157843	33	119765	17	36457	1	1621
合计	301	1020472	231	846549	69	172302	1	1621

6.2.2 水体纳污能力

6.2.2.1 纳污能力定义

纳污能力是指对确定的水体，在满足水域功能要求的前提下，按给定的水质目标值、设计水量、排污口位置及排污方式，水体所能容纳的最大污染物量，以 t/a 表示[1]。河流纳污能力随规划设计目标的变化而变化，反映了特定水体污染物排放量与水质保护目标之间的动态输入响应关系。其大小与水体特征、水质目标及污染物特性等有关，在实际计算中受污染源概化、设计流量和流速、上游污染物浓度、污染物综合降解系数等设计条件和参数的影响。李红亮等[2]分析了水域纳污能力影响因素，并列出了几种河流水质模型。劳国民[3]分析了污染源概化方式对水体纳污能力计算的影响，并比较了这种影响与来水保证率和综合衰减系数之间的关系。王彦红[4]对水体纳污能力的影响参数进行了敏感性分析。张文志[5]对一维水质模型中污染源概化、设计流量和流速、上游本底浓度等设计条件和参数对结果的影响进行了分析，并讨论了如何确定设计条件和参数。阎非等[6]提出了排污口权重法来计算河流纳污能力，为河流综合管理提供新的思路。周孝德等[7]提出了针对控制断面的段首控制法、段尾控制法和功能区段尾控制法，并分析比较了其优缺点[8]。河流纳污能力与污染物的排放位置及排放方式有关，限定的排放方式是确定河流纳污能力的一个重要确定因素[9]。

6.2.2.2 纳污能力计算方法

对不同类型的水功能区，由于现状水质和水质保护目标的不同，采用不同的方法来确定纳污能力：

（1）保护区和保留区纳污能力

保护区和保留区的水质目标原则上是维持现状水质，纳污能力采用其现状污染物入河量。对于需要改善水质的保护区，其纳污能力通过计算求得，具体方法同开发利用区纳污能力计算。

（2）缓冲区纳污能力

水质较好，用水矛盾不突出的缓冲区，采用其现状污染物入河量为纳污能力。水质较差或存在用水水质矛盾的缓冲区，按开发利用区纳污能力计算方法计算。

（3）开发利用区纳污能力

开发利用区纳污能力需根据各二级水功能区的设计条件和水质目标，选择适当的水量水质模型进行计算。

根据广东省辖区内水域的形态特征和稀释混合特性，针对河流为狭长型单向河流、宽阔型单向河流、感潮河段三种类型分别采用不同的方法计算其纳污能力。由于大、中型水库大多具有饮用功能，原则上不允许排污，纳污能力为零。

1）狭长型单向河流

狭长型单向河流是指枯水期水面宽小于 200 m 且流向一定的河流，采用一维衰减模式计算。在忽略影响相对较小的离散作用、污染物衰减过程可采用一级动力方程式描述时，其控制方程式[10]为

$$C_x = C_0 \exp(-Kx/u) \tag{6.1}$$

式中，C_x 为流经 x 距离后的污染物质量浓度，mg/L；C_0 为计算河段上游断面来水的污染物质量浓度，mg/L；x 为沿河段的纵向距离，m；u 为设计流量下的断面平均流速，m/s；K 为污染物综合衰减系数，s^{-1}。

一般情况下，污染物是沿河岸分多处排放，即每一河段（或河流）内可能存在多个污染源（排放口）。而规划的远期水平年期间各排污口的设置位置具有不确定性，为方便计算，将河段内的多个排污口概化为一个集中的排污口，该排污口位于河段中点

处[11]，相当于一个集中点源，如图6.2所示。

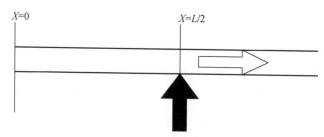

$X=0$　　　　　　　　　　　$X=L/2$

图6.2　河段中点集中点源示意图

　　根据上图，该集中点源的实际自净长度为河段长的一半，设河段长度为 L，则污染物自净长度为 $L/2$。假定污水量与河道流量相比可以忽略不计，则对于下游控制断面，其污染物浓度为

$$C_{x=L} = C_0\exp(-kL/u) + \frac{W}{Q_r}\exp(-kL/2u) \tag{6.2}$$

式中，W 为该计算河段污染物排放量，g/s；Q_r 为上游来水流量，m³/s。

　　根据控制断面处的水质保护目标，对6.2式进行反解，即可求出该河段的纳污能力为

$$W = (C_S - C_0 exp(-kL/u))\exp(kL/2u)Q_r \tag{6.3}$$

2）宽阔型单向河流

　　广东省西江、东江、北江等河流的流量较大，稀释扩散能力强，虽然江段各断面平均水质均较良好，但由于靠近岸边水流相对平缓，在排污口下游一定范围内形成污染带，宜采用二维污染带模型来计算控制排放量。在此采用《环境规划指南》和《环境影响评价技术导则》推荐并经过广东省众多流域水质规划验证的二维混合衰减模型进行大江大河环境容量计算如下：

$$C(x,y) = \exp\left(-\frac{Kx}{u}\right)\left\{C_R + \frac{C_E Q_E}{H\sqrt{\pi E_y x u}}\left[\exp\left(-\frac{uy^2}{4E_y x}\right) + \exp\left(-\frac{u(2B-y)^2}{4E_y x}\right)\right]\right\}$$

$$\tag{6.4}$$

式中，x、y 分别为沿河长和河宽方向的坐标，$C(x,y)$ 为排放口下游的水质浓度，C_R 为河流背景浓度，u 为平均流速，K 为综合衰减系数，B 为河宽，H 为平均水深；E_y 为横向混合系数，由适用于河流的 Taylor 法进行估算：$E_y = (0.058H + 0.0065B)\sqrt{gHJ}$，其中 J 为河道比降；$W = C_E Q_E$ 为污染物排放量，C_E 为污染物排放浓度，Q_E 为废污水排放量。

　　如果河流足够宽，不考虑河对岸反射，则水质模型可简化为

$$C(x, y) = \exp\left(-\frac{Kx}{u}\right)\left\{C_R + \frac{W}{H\sqrt{\pi E_y x u}}\left[\exp\left(-\frac{uy^2}{4E_y x}\right)\right]\right\} \tag{6.5}$$

令 $x = X_{max}$，$y = 0$，$C(x,y) = C_S$，对上述模型进行反解，所得出的 W 即为该入河排放口的容许排放量，其中 X_{max} 为允许的混合区长度。

　　根据西江、北江、东江流域水质保护规划的研究成果，模型中的主要参数确定如下：

确定某入河排放口的混合区长度时，以不影响邻近功能区（控制断面）和对岸水质达标为原则，并留有足够的安全距离，且不得超过河宽的1/3。对工业排放口，混合区长度控制在 500~1000 m，对城市污水处理厂排放口，混合区长度控制在 3000 m 内；在同一连续区段中，所有混合区长度总和小于对应大江大河岸线总长的8%。

混合深度 H 的取值：应用公式（6.3）的前提条件是假设河道是矩形的，因此混合深度 H 应该是监控断面的平均水深；根据《广东省水环境容量核定》报告，H 的上限为 5 m，因此在计算中混合深度取枯水期平均水深和 5 m 的较小值。

混合系数：按照 $E_y = (0.058H + 0.0065B)\sqrt{gHJ}$ 估算，根据中国环境规划院的研究，上限为 0.5 m²/s[12]。

上游背景浓度：在排放口位置确定的情况下，将上游控制断面的水质目标经过一维衰减到排放口断面的水质浓度作为背景浓度；当排放口位置不确定时，按混合区边界水质浓度增值小于 $0.05C_s$ 进行控制，同时在演算过程中应满足横向混合区宽度不超过河宽的 1/3 的要求。

3）感潮河段[13,14]

对感潮河网区，拟采用一维潮平均水质模型进行环境容量计算，其控制方程为

$$\frac{\partial(QC)}{\partial x} - \frac{\partial}{\partial x}\left(AE\frac{\partial C}{\partial x}\right) + KAC = AS_E \tag{6.6}$$

式中，Q 为河道流量，A 为过水断面面积，其他物理量的含义同前。对上式进行有限分段离散求解，可得

$$Q_{i,i+1}C_{i,i+1} - Q_{i-1,i}C_{i-1,i} - \left\{\frac{E_{i,i+1}A_{i,i=1}}{\Delta x_{i,i+1}}(C_{i+1} - C_i) - \frac{E_{i-1,i}A_{i-1,i}}{\Delta x_{i-1,i}}(C_i - C_{i-1})\right\} + K_iC_iV_i = W_{Ei}$$

$$\tag{6.7}$$

式中，f_i 表示第 i 分段的值，$f_{i,j}$ 表示第 i 分段与第 j 分段的平均值。

式（6.7）实际上是一个递推演算公式，根据河网边界处的水质浓度（边界条件），可推算出任何位置的水质浓度。根据感潮河网所有控制断面处的水质目标 $\{C_{si}, i=1,n\}$，采用试算法对（6.7）式进行反解，即可求出潮汐河网区入河排污口组合的水环境容量。

6.2.2.3 计算单元划分

容量计算模型中河道流量、流速等河流参数是常数，而天然河流的上述参数是沿程变化的；此外，如果河流的长度较大，当以控制断面达标为约束条件反算容量时，必然出现长距离的超标河段。为了避免长距离的河段超标以及反映河流参数的沿程变化，将河道参数沿程变化较大或空间距离较长的河流分割成若干个计算单元。划分计算单元的基本原则是：

1）有较大的支流汇入或河道发生分流，导致河段流量等参数发生突变；

2）有较大的入河排放口汇入；

3）有重要的饮用水源吸水口；

4）计算单元长度不超过 10 km。

　　计算单元是容量计算模型应用的单元对象，应以河段长度和重要的取水口、排水口、河道条件变异区等重要敏感的断面划分节点并确定计算单元。由于县级以上行政区界已作为控制断面考虑，故无需作为计算单元的节点。

　　一个环境功能区划分为多个计算单元时，各个计算单元的水质目标均采用本功能区水质目标。

　　根据上述原则，对广东省辖区内已划水功能区的河流进行水环境容量计算单元划分，共划分出3372个计算单元。

　　在计算纳污能力时，根据水源保护的有关规定："禁止向一级水源保护区排放污水；原已设置的排污口，由县级以上人民政府按照规定的权限责令限期拆除"。由于一级水源保护区是不允许排污的，因此，对已划定一级饮用水源保护区具有饮用功能的水域，扣除一级饮用水源保护区所对应的那部分容量。

6.2.2.4　纳污能力计算结果

　　按照广东省水功能区划方案和纳污能力计算方法，在设计条件下，广东省地表水功能区纳污能力COD为101.5万t/a（2781.93 t/d）、氨氮为3.4万t/a（92.79 t/d）。从流域来看，纳污能力最大的是珠江三角洲河网区，其COD、氨氮纳污能力占广东省的比例高达67.05%、65.54%；北江流域第二，其COD、氨氮纳污能力占广东省的比例分别为8.86%、6.88%；粤西诸河第三，其COD纳污能力占广东省的比例为8.41%；最小的是桂贺江，COD污能力占广东省的比例为0.06%、氨氮只有0.01%。纳污能力流域分布特征详见表6.6和图6.3、图6.4，水资源三级区的纳污能力见表6.7。

表6.6　广东省地表河流水功能区纳污能力

流域	COD		氨氮	
	纳污能力/(t/d)	所占比例/%	纳污能力/(t/d)	所占比例/%
桂贺江	1.70	0.06	0.01	0.01
西江	120.66	4.34	3.63	3.91
北江	246.45	8.86	6.39	6.88
东江	72.68	2.61	2.69	2.90
珠江三角洲	1865.33	67.05	60.81	65.54
韩江	124.35	4.47	7.27	7.83
粤东诸河	116.67	4.19	4.74	5.11
粤西诸河	234.08	8.41	7.25	7.82
合计	2781.93	100	92.79	100

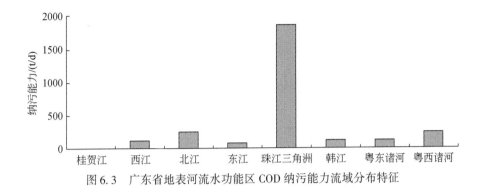

图 6.3 广东省地表河流水功能区 COD 纳污能力流域分布特征

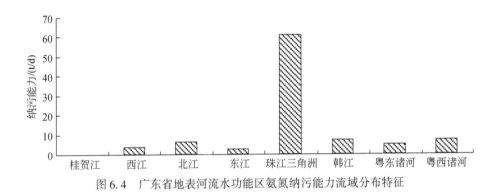

图 6.4 广东省地表河流水功能区氨氮纳污能力流域分布特征

表 6.7 广东省地表河流水功能区纳污能力（按水资源三级区）

水资源三级区	COD		氨氮	
	容量/(t/d)	所占比例/%	容量/(t/d)	所占比例/%
桂贺江	1.70	0.06	0.01	0.01
黔浔江及西江（梧州以下）	120.66	4.34	3.63	3.91
北江大坑口以上	75.73	2.72	3.44	3.71
北江大坑口以下	170.72	6.14	2.95	3.18
东江秋香江口以上	32.50	1.17	1.25	1.35
东江秋香江口以下	40.18	1.44	1.44	1.55
东江三角洲	120.29	4.32	3.88	4.18
西北江三角洲	1745.05	62.73	56.93	61.35
韩江白莲以上	41.87	1.51	2.04	2.20
韩江白莲以下及粤东诸河	199.14	7.16	9.97	10.74
粤西诸河	234.08	8.41	7.25	7.82
湘江衡阳以上	0.00	0.00	0.000	0.00
赣江栋背以上	0.00	0.00	0.000	0.00
总计	2781.93	100	92.79	100

　　从行政区来说，地表河流水功能区 COD 纳污能力最大的是广州市，其纳污能力占广东省比例达 28.05%，江门市、东莞市分列第二、第三，COD 纳污能力广东省比例分别为 11.06%、10.31%；氨氮纳污能力占广东省比例最大的仍为广州市，其次为东莞市、江门市，比例分别为 28.22%、9.75%、9.60%；深圳市的 COD、氨氮纳污能力均为广东省最小，分别仅占 0.55%、0.68%。各市纳污能力详见图 6.5、图 6.6 和表 6.8。

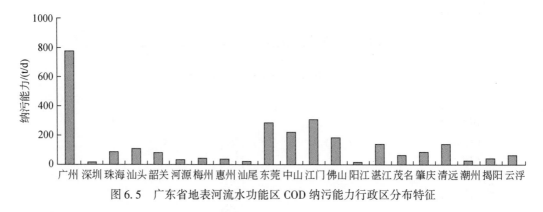

图 6.5　广东省地表河流水功能区 COD 纳污能力行政区分布特征

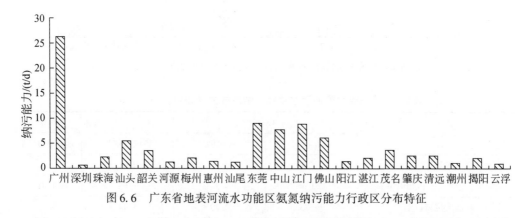

图 6.6　广东省地表河流水功能区氨氮纳污能力行政区分布特征

表 6.8　广东省地表河流水功能区纳污能力

地级市	COD		氨氮	
	容量/(t/d)	所占比例/%	容量/(t/d)	所占比例/%
广州	780.24	28.05	26.23	28.22
深圳	15.24	0.55	0.63	0.68
珠海	86.56	3.11	2.27	2.45
汕头	107.04	3.85	5.55	5.97
韶关	80.82	2.91	3.47	3.73
河源	31.65	1.14	1.31	1.41
梅州	43.45	1.56	2.07	2.22
惠州	37.07	1.33	1.41	1.52

续表

地级市	COD		氨氮	
	容量/(t/d)	所占比例/%	容量/(t/d)	所占比例/%
汕尾	20.65	0.74	1.28	1.38
东莞	286.75	10.31	9.07	9.75
中山	220.71	7.93	7.75	8.34
江门	307.64	11.06	8.93	9.60
佛山	183.34	6.59	6.14	6.61
阳江	17.87	0.64	1.51	1.62
湛江	140.77	5.06	2.17	2.33
肇庆	85.29	3.07	2.66	2.86
清远	138.20	4.97	2.64	2.84
潮州	26.35	0.95	1.08	1.16
揭阳	44.55	1.60	2.04	2.19
云浮	62.41	2.24	1.00	1.08
茂名	65.33	2.34	3.74	4.04
合计	2781.93	100	92.95	100

6.2.3 水污染控制方案

6.2.3.1 水污染总量控制理论

在水污染防治初期,控制污染物排放的方法主要是浓度控制,是以控制污染源排放口排出污染物浓度为核心的环境管理方法体系。我国的"排污收费"、"三同时"、"环境影响评价"等都以浓度排放为主要评价标准[15,16]。

随着浓度控制实施的不断深入,逐步认识到仅对污染源实行浓度控制无法达到确保和改善环境质量的目的,只有按照受纳水体的最大允许排放量,对污染物排放实行总量控制才能有效地控制污染,因此,需推行环境管理从浓度控制向污染物总量控制过渡。

水污染物总量控制与浓度控制制度相比,具有以下区别:①浓度控制仅规定单位体积或单位质量排放污染物的量,不论浓度标准值多么严格,只要通过稀释排放都可以达标。因此,浓度控制方法并不能从根本上限制水体污染趋势的增长,总量控制则可以从总体上将水体中的污染物控制在一定限度之内。②浓度控制方法不能解决新增污染源对水体增加的额外污染负荷,不论这种新增污染源浓度标准规定的有多么严格。总量控制则可以规定整个控制区域或控制单元的污染物排放限额,而不论该区域或该控制单元是否增加新的污染源。③浓度控制方案即便是按规定浓度标准进行污染物排放,也不清楚水质状况距离水质目标还有多远。总量控制则可清楚地反映出水体满足特定功能需要的污染物排放量与水质保护目标的因果关系或输入响应关系。④总量控制方法是将整个被保护区域或控制单元作为一个系统加以保护，能够调控系统，使水体在满足功能要求的前提下对污染物的容纳量最大，也可使水体在允许纳污总量的前提下，治理投资为最小。⑤总量控制方法能做到高保护目标高要求，低保护目标低要求，因地制宜，可以实施总量控制系统内的污染物交易政策[17]。

污染物排放总量控制是指在某个区域范围内，为了达到预定的环境目标，通过一定的方式，核定主要污染物的环境最大允许负荷，并以此进行合理分配，最终确定区域内各排污对象允许的污染物排放量[18]。总量控制的定义在学术界仍然存在争议，但是以下的定义得到大多数学者的认同：总量控制是把控制区域作为一个完整的系统，采取一定的措施，把排入这一区域内的污染物总量控制在一定的数量范围之内，以达到这一区域的环境质量标准[19~21]。水污染物总量控制的实施，可以有效控制污染物的排放量，缓解环境污染，减轻环境治理的压力，有利于水环境的修复。

按总量的确定方法，可将总量控制分为 3 类：容量总量控制、目标总量控制和行业总量控制[22,23]。

（1）容量总量控制

从受纳水域容许纳污量出发，制定排放口总量控制负荷指标的总量控制类型。主要步骤为：受纳水域容许纳污量→控制区域容许排污量→总量控制方法技术和经济评价→排放口总量控制负荷指标。

（2）目标总量控制

从控制区域容许排污量控制目标出发，制定排放口总量控制负荷指标的总量控制类型。主要步骤为：控制区域容许排污量→总量控制方案技术和经济评价→排放口总量控制负荷指标。

（3）行业总量控制

从总量控制方案技术和经济评价出发，制定排放口总量控制负荷指标的总量控制类型。主要步骤为：总量控制方案技术和经济评价→排放口总量控制负荷指标。

三者之间的相互关系为：容量总量控制以水质标准为控制基点，以污染源可控性、环境目标可达性两个方面进行总量控制负荷分配；目标总量控制以排放限制为控制基点，从污染源可控性研究入手，进行总量控制负荷分配；行业总量控制以能源、资源合理利用为控制基点，从最佳生产工艺和实用处理技术两方面进行总量控制负荷分配。

6.2.3.2　水污染控制基本原理

水污染物总量控制研究的主要内容包括：水污染物总量控制指标的筛选、污染物排放总量的核算与预测、水体允许承纳最大污染物数量的确定、总量分配与污染物削减技术方案制定和总量监控等[24,25]。

（1）水污染物总量控制指标的筛选

水污染物总量控制的首要任务是识别流域的水环境问题，筛选总量控制指标。我国水污染总量控制采用的指标较少，常用的指标有化学需氧量、氨氮、总氮、总磷。为更好地对流域水环境进行管理，需要根据流域的功能选择合适的水污染物总量控制指标。

在筛选指标时需要遵循一定的原则：①根据水体功能选择合适的指标因子，如饮用水源保护区需要将影响人体健康与给水处理技术易实施的指标纳入控制范围，而景观娱乐用水区则需要纳入对人体接触毒害作用大的指标。②选择对水体有一定强度以上贡献率，且能反映流域/区域污染水平的因子作为控制指标[24]。③选择具有实测资料、易监控的指标。④选择具有切实可行的削减措施的指标。

(2) 污染物排放总量的核算与预测

污染物排放总量核算与预测是水污染总量控制中非常重要的环节，直接关系到污染物削减方案的制订。核算与预测污染物排放总量的内容主要包括：①根据研究区的情况，识别研究区内污染物的来源及各污染源的产生方式，了解生活污水、工业废水排放的总量、排放浓度以及排放的位置，调查面源及内源的污染物类型、浓度及排放总量。②采用合适的方法核算现状年各污染源污染物的排放量。③预测研究区内人口、经济社会的发展，分析规划水平年各污染源污染物的排放量。

(3) 确定水体允许承纳的最大污染物数量

在确定水体允许承纳的最大污染物数量时，需要根据流域的水功能目标，选择衡量水体允许承纳污染物数量的指标（如水环境容量、水环境承载能力、纳污能力等），建立不同的水环境模型来模拟和预测水体污染物浓度的变化趋势，分析现状年和规划水平年水体允许承纳的最大污染物数量。

(4) 污染物总量分配与削减技术方案制定

在确定水体允许承纳的最大污染物数量后，根据污染物进入水体的负荷，确定污染物总量分配的控制目标，综合公平与优化原则，选择合理的分配方法，确定现状年和规划水平年污染物的削减方案。并在此基础上，分析污染物削减技术的可行性，制定污染物削减措施，辅助总量分配方案的顺利实施。

1）污染物入河控制量和削减量

根据水功能区的纳污能力和污染物入河量，综合考虑功能区的水质状况、地方的技术经济条件和经济社会发展情况，确定规划水平年污染物进入水功能区的最大数量，即污染物的入河控制量。污染物入河量与其入河控制量相比较，如果污染物入河量超过污染物入河控制量，其差值即为该水体的污染物入河削减量。

按照可持续发展的原则，遵循国家和广东省水环境保护目标，以纳污能力为基础、保护和改善饮用水源区水质为核心，综合考虑不同地区的水质状况、污染物排放基数、经济发展水平和削减能力，兼顾流域上、下游的用水需求，确定水功能区污染物排放控制量。具体确定方法如下：

2000 水平年，由于规划时间上该水平年已经过去，因此不作为总量控制的依据，也不作为措施实施的依据，其污染物的削减量只反映水功能区现状入河量与纳污能力之间存在的差异，因此，以纳污能力作为控制量。

本着维持并逐步改善保护区、保留区水质的原则，规划水平年入河控制量取纳污能力与现状污染物入河量中的较小者；缓冲区是指为协调省（市）际间、矛盾突出的地区间用水关系而划定的特殊水域，缓冲区的水质不得有恶化现象，控制量取纳污能力与现状污染物入河量中的较小者。

开发利用区是指具有满足工农业生产、城镇生活、渔业和娱乐等多种需水要求的水域。该区内的开发利用活动必须服从水功能二级区的要求，控制量确定原则如下：①饮用水源区指满足县及县以上城镇、重要乡镇生活用水需要的水域。该水域内包括现有或规划中已确定设立的城市生活用水集中取水口。为保障城乡居民生活用水安全，应维持或逐步改善这类功能区的水质，控制量取纳污能力与现状污染物入河量中的较小者。②对其他水功能二级区，根据广东省环保厅关于"十二五"期间各地级市主要污染物排放总量控制目标，若地市纳污能力大于污染物排放总量控制目标，则按纳污能力比例把排污控制量分配到各功能区，作为控制目标；若地市纳污能力小于污染物排放总量控制目标，则2010年按排污控制量控制，2020年按排污控制量的60%控制，2030年按纳污能力控制。同时，对于污染严重的水功能区，分步阶段逐步实现水功能区水质达标，即2010年取污染物入河量的70%控制，2020年取污染物入河量的40%控制，2030年按控制目标值达标排污。

2）污染物排放控制量和削减量

规划水平年功能区相应陆域的污染物排放控制量等于该功能区入河控制量除以规划条件下的入河系数。污染物预测排放量与排放控制量之差，即陆域污染物排放削减量。

水功能区对应的陆域范围内的污染源所排放的污染物，仅有一部分能最终流入江河水域。进入河流的污染物量占污染物排放总量的比例即为污染物入河系数，按下式计算：

$$入河系数 \lambda = \frac{污染物入河量}{污染物排放量}$$

污染源排放的污染物通过入河排污口进入河流。入河排污口包括工业或生活污染源的岸边直接排放口以及河流集水范围内支流、河涌、排污沟等最终汇入水功能区河段的入流口。污染源排放的污染物进入水功能区水域的数量有众多影响因素，规划水平年入河系数的确定，主要根据现状污染物入河系数，结合规划水平年的城市发展规划、产业布局和结构调整，综合考虑管网改造、排污口优化、截污工程等因素，对现状污染物入河系数进行适当调整得到。

（5）水污染物总量监控

根据水污染物总量控制指标，制定总量监控体系，确定控制指标的监测方法、监测时间和频次，详细记录监测结果，为评价水污染物总量控制方案的实施效果、核算污染物排放总量提供数据支撑。

6.2.3.3　广东省污染控制方案

按《广东省水环境容量核定与总量分配实施工作方案》提出的陆域污染源入河系数的计算方法，污染源至水功能区水体的入河距离多在 1~10 km，入河系数的基数为 0.8，考虑明渠入河的修正系数 0.75 及广东省内温度修正系数 0.9，并结合规划水平年的城市发展规划、产业布局和结构调整、管网改造、排污口优化、截污工程等因素确定珠江三角洲地区各行政区污染物入河系数为 0.76。

2020 年 COD、氨氮分别需要削减 112.74 万 t、10.18 万 t；2030 年分别需要削减 169.70 万 t、13.65 万 t。各地市污染物控制量、削减量、削减率详见表 6.9 和表 6.10。2020 年 COD、氨氮可以分别减少 8.12 万 t、0.57 万 t，2030 年分别减少 5.56 万 t、0.54 万 t。

6.2.4　水污染治理综合方案

6.2.4.1　饮用水水源地保护方案

（1）饮用水水源地布局

按照以水资源的可持续利用支持经济社会可持续发展的原则和饮用水源优先的原则，同时考虑上下游、左右岸的相互关系和影响，提出水源地布局方案如下：

1）西部地区

西部地区包含肇庆、云浮、湛江、茂名、阳江。肇庆和云浮以西江干流为主要水源；湛江以鹤地水库为主要水源地；茂名以高州水库为主要水源；阳江以漠阳江为主要水源。降雨的时空分布和地理条件，造成粤西沿海地区资源性缺水。为解决水资源紧缺的矛盾，粤西沿海地区可合理开发利用地下水资源，解决地区地表水短缺问题。

2）中部地区

中部地区以珠江三角洲和东江为主，包括广州、深圳、佛山、东莞、珠海、中山、江门、惠州、河源。对于珠江三角洲网河区，实施靠西取水、靠东退水的供排水格局，实现清污分流。广州以东江北干流、顺德水道、流溪河、沙湾水道为主要水源。佛山的供水水源来自西江干流水道、北江干流水道、东平水道、北江主汉道顺德水道。河源、东莞、惠州、深圳以东江为主要水源。江门市以西江干流、西江西海水道、潭江为主要水源，中山、珠海则以磨刀门水道为主要水源。

3）粤北地区

粤北地区包括韶关和清远，以北江干流作为主要供水水源。

4）东部地区

东部地区包括梅州、潮州、汕头、揭阳、汕尾。梅州以梅江为主要水源地，潮州以韩江为水源地，汕头及揭阳从韩江调水，汕尾以赤沙水库为供水水源。

广东省重点保护的河段为 89 处，保护区面积达到 579.64 km²，详见表 6.11；重点保护水库 354 座，各地级市作重点保护水库情况见表 6.12。

表 6.9　2020 年广东省污染物排放削减量

地级市	COD							氮 氨						
	排放量/t	入河量/t	入河控制量/t	入河削减量/t	排放控制量/t	排放削减量/t	削减率/%	排放量/t	入河量/t	入河控制量/t	入河削减量/t	排放控制量/t	排放削减量/t	削减率/%
广州	150665.4	115689.4	83661.9	31580.0	107470.9	42361.1	28.1	8867.4	6864.1	5842.2	996.4	7530.1	1290.1	14.5
深圳	21204.2	15878.8	10004.0	8123.2	13345.8	10847.5	51.2	4046.2	3034.7	1223.6	1811.0	1631.5	2414.7	59.7
珠海	10803.9	10027.1	31593.7	5009.9	34041.2	5398.1	50.0	1385.0	1287.2	421.3	865.9	453.3	931.8	67.3
汕头	57656.1	48865.0	30215.4	27362.5	35639.7	32273.4	56.0	6744.0	5717.4	1181.0	4536.5	1395.0	5349.0	79.3
韶关	56186.7	38615.1	22440.0	18182.9	33832.2	25704.6	45.7	7370.9	4943.2	1924.5	3007.9	2899.4	4627.6	62.8
河源	114493.2	57770.2	28954.9	28815.3	57489.9	57003.3	49.8	5790.8	2953.4	387.5	2498.1	963.1	4827.7	83.4
梅州	115085.1	76537.5	15859.4	60678.2	25658.6	89426.5	77.7	8198.4	5568.9	754.4	4814.6	1217.7	6980.7	85.1
惠州	56094.9	27286.7	13518.4	13768.4	28607.8	27487.1	49.0	4740.7	2309.1	340.4	1968.7	811.5	3929.3	82.9
汕尾	49849.6	38147.4	11119.3	27028.2	14467.4	35382.2	71.0	3887.8	3076.6	348.9	2727.7	440.3	3447.5	88.7
东莞	109401.7	79863.2	73754.6	41517.4	101033.6	56873.2	52.0	13425.2	9800.4	1134.5	8665.9	1554.2	11871.0	88.4
中山	39978.4	30409.1	17998.2	18965.2	23662.0	24933.4	62.4	3231.0	2452.5	2352.4	1120.4	3099.2	1476.0	45.7
江门	231051.9	167528.3	49466.0	118062.8	66689.4	164362.4	71.1	8197.9	6063.7	2673.3	3624.1	3561.1	4934.6	60.2
佛山	88940.7	68284.6	28816.5	40789.0	37556.0	53107.7	59.7	7097.1	5524.8	2848.6	2878.2	3660.8	3696.0	52.1
阳江	76565.2	48269.3	19416.7	29644.0	30838.6	47218.4	61.7	7440.7	4729.7	1202.7	3597.6	1896.0	5677.5	76.3
湛江	129748.6	81164.6	52032.3	37910.7	82377.8	61141.4	47.1	4986.0	3301.0	1240.1	2102.9	1866.3	3190.2	64.0
茂名	179584.6	113051.5	48433.6	64356.9	75807.5	103280.9	57.5	14517.2	9408.5	2163.7	7223.1	3324.4	11152.4	76.8
肇庆	121585.1	77436.7	24751.9	54164.6	38900.0	85501.2	70.3	8768.1	5709.3	1116.0	4703.3	1717.0	7256.8	82.8
清远	91094.4	59608.2	24245.1	39134.4	36699.3	59173.4	65.0	5631.6	3828.6	1170.5	2794.4	1690.8	4086.3	72.6
潮州	57038.6	40188.0	24223.7	23003.8	34370.7	32651.9	57.2	4395.8	3086.0	505.6	2580.7	720.0	3675.7	83.6
揭阳	120571.1	75784.7	29253.6	49552.4	47528.9	78265.2	64.9	10680.5	6858.7	1939.0	4919.7	3037.1	7643.4	71.6
云浮	52746.4	35463.1	19460.4	23792.9	28612.8	35006.1	66.4	4691.6	3157.4	786.4	2274.3	1156.3	3342.9	71.3
合计	1930345.9	1305868.9	659219.3	761442.8	954630.1	1127398.9	58.4	144093.9	99675.5	31556.7	69711.1	44625.1	101801.3	70.6

表6.10 2030年广东省污染物排放削减量

地级市	COD							氨氮						
	排放量/t	入河量/t	入河控制量/t	人河削减量/t	排放控制量/t	排放削减量/t	削减率/%	排放量/t	人河量/t	入河控制量/t	人河削减量/t	排放控制量/t	排放削减量/t	削减率/%
广州	161567.7	130082.3	84383.9	45125.4	102972.1	57597.6	35.6	9498.6	7734.5	6418.0	1283.6	7863.0	1579.0	16.6
深圳	21972.9	17430.4	3542.2	13888.2	4466.0	17506.9	79.7	4203.4	3359.6	228.5	3131.2	285.8	3917.6	93.2
珠海	11926.7	11184.6	31593.7	5983.4	33690.0	6380.4	53.5	1523.1	1430.6	316.9	1113.7	337.4	1185.7	77.8
汕头	65465.8	58723.2	30245.2	36756.4	33709.1	40967.8	62.6	7656.0	6872.1	1231.8	5640.3	1373.9	6282.1	82.1
韶关	65844.9	46752.7	18221.0	30137.7	27106.5	41311.9	62.7	8649.5	5972.3	1049.7	4983.2	1602.7	7149.5	82.7
河源	150300.6	75675.1	7690.4	67984.7	17083.1	133217.5	88.6	7398.5	3790.0	394.6	3395.5	978.5	6420.0	86.8
梅州	135308.5	93078.5	15859.4	77219.1	24818.6	110489.9	81.7	9614.7	6853.7	754.4	6099.3	1156.3	8458.4	88.0
惠州	65321.8	32428.5	10080.0	22348.5	21362.0	43959.8	67.3	5535.0	2756.9	345.6	2411.2	805.3	4729.7	85.5
汕尾	58963.4	46719.9	5471.9	41248.0	6849.2	52114.2	88.4	4561.7	3785.9	358.4	3427.5	430.5	4131.2	90.6
东莞	120906.0	94153.3	68109.2	60349.7	87452.9	77501.1	64.1	14814.3	11545.8	1141.3	10404.5	1464.4	13349.9	90.1
中山	45903.3	36515.1	13805.8	28921.8	17355.3	36357.7	79.2	3704.7	2931.4	2138.8	1786.1	2702.9	2257.3	60.9
江门	267054.3	197536.9	36815.2	160721.7	49222.7	217831.7	81.6	9233.7	7124.2	2540.2	4699.0	3250.8	6123.8	66.3
佛山	98488.6	79342.6	30352.7	49861.1	37701.0	61870.7	62.8	7860.9	6429.5	2238.9	4349.0	2739.3	5315.4	67.6
阳江	98292.0	63171.3	6503.6	57649.7	10160.0	89877.6	91.4	9469.8	6157.7	550.0	5695.5	849.6	8775.8	92.7
湛江	152047.9	97230.0	44279.0	61056.4	68098.3	96315.6	63.3	5816.7	4040.7	777.8	3306.7	1124.7	4763.1	81.9
茂名	219550.8	143233.7	20907.9	121993.2	31197.2	187750.7	85.5	17555.9	11955.3	1242.1	10685.2	1779.2	15727.7	89.6
肇庆	148957.5	97318.8	23251.8	75888.3	35672.8	116587.7	78.3	10637.5	7175.9	1009.2	6303.1	1497.9	9379.1	88.2
清远	105571.6	71923.9	22266.9	53043.7	32616.3	76962.1	72.9	6790.2	4911.0	874.5	4148.4	1206.8	5688.4	83.8
潮州	67067.7	49110.2	9618.0	39665.5	13156.5	54149.1	80.7	5239.0	3886.9	394.6	3492.2	532.5	4706.5	89.8
揭阳	152408.7	99850.2	16259.1	84919.0	26200.7	128413.9	84.3	12925.6	8827.3	743.1	8084.2	1145.1	11780.5	91.1
云浮	62494.8	43832.5	15946.9	35308.1	22473.4	49831.8	79.7	5556.6	3904.5	366.1	3408.7	516.1	4802.6	86.4
合计	2275415.5	1585293.3	515203.9	1170069.4	703363.7	1696995.6	74.6	168245.3	121445.8	25114.2	97848.2	33642.6	136523.2	81.1

表 6.11　广东省饮用水源地情况表

水系	重点保护河段	保护区范围		现状水质	水质目标	备注
		起始、终止断面	面积/km²			
东江	和平河樟树潭	大坝镇、石角头	7.14	II	II	和平县饮用水源保护区
	新丰江	新丰江水库大坝,源城镇东江入口	5.2	II	II	源城饮用水源保护区
	西枝江惠东段	象山、鲤鱼岭	0.88	III	II	惠东县饮用水源保护区
	西枝江惠阳段	惠阳平潭下,紫溪口	9	II	II	惠阳市饮用水源保护区
	西枝江深圳段	西枝江马安镇	2.4	II	II	深圳水厂取水
	深圳水库东深供水渠	东莞桥头镇,深圳水库	11.53	II	II	跨流域调水饮用保护区
	东江干流东莞段	东江北干流石龙头向下游36.5 km	24.1	II	II	东莞水厂取水
	东江干流惠州段	水口谭屋角、北虾村	23.28	III	II	惠州水厂取水
	东江干流博罗段	博罗水厂	1.32	III	II	博罗水厂取水
	东江干流龙川	老隆镇、洋西卡	1.95	II	II	龙川水厂取水
	观澜河	民治村	3.39	劣V	II	深圳水厂取水
	茅洲河	三棵树	0.39	劣V	II	深圳水厂取水
	新丰江水库	/	/	I	I	大型供水水源地
西江	贺江封开段	省界下2 km,封开贺江口	0.96	II	II	封开饮用水源保护区
	桂贺江吉田水	连山吉田	1.58	IV	II	连山水厂
	桂贺江大富水	连山石龙嘴	1.6	II	II	连山水厂
	罗定江罗城段	罗定生江镇,附城水厂下游共13 km	7.8	II	II	罗定饮用水源保护区
	西江干流云浮段	云安、六都	3.32	III	II	云浮、云安水厂
	西江干流肇庆段	肇庆	15.56	III	II	肇庆
	西江干流德庆段	德城	1.36	II	II	德庆水厂
	西江干流高要段	南岸镇上清湾	1.1	II	II	高要水厂
北江	北江干流英德段	英城白沙,英德大桥	3.08	II	II	英德饮用水源保护区
	北江干流清远段	清城区附城镇大朗、七星岗	4.5	III	II	清远市水厂
	武江西河桥段	武江西河桥	27.9	III	II	韶关
	武江乐昌段	张滩	2.24	IV	II	乐昌
	北江干流佛山段	清远界牌下2 km至紫洞	18.1	II	II	/
	北江干流四会段	大旺区白沙	0.9	II	II	四会大旺水厂
	连江支流	庙公坑岭头塘	1.575	II	II	阳山水厂
	滨江迳口	清新迳口水闸	2.7	V	II	清新水厂
	连江东陂河	连州东陂河龙潭寺	3.08	II	II	连州水厂

续表

水系	重点保护河段	保护区范围		现状水质	水质目标	备注
		起始、终止断面	面积/km²			
北江	连江东陂河	象鼻岭	3.1	II	II	连州水厂
	龙仙水如珠岩段	翁源勒窝岭西，水厂取水口下游500 m	21.6	II	II	翁源饮用水源保护区
	绥江广宁段	广宁东乡芋合坑口	8.6	III	II	广宁饮用水源保护区
	绥江怀城段	大象水文站	3.1	II	II	怀集水厂
	绥江四会段	四会黄田，四会五马岗	3.88	IV	II	四会饮用水源保护区
韩江	梅潭河大埔段	大埔良背，大埔湖寮大桥	0.75	IV	II	大埔饮用水源保护区
	韩江干流潮州段	丰顺潮州交界，东溪、西溪分叉处	15.08	IV	II	潮州桥东厂、竹竿山水厂取水
	韩江西溪潮安段	西溪梅溪河	3.3	III	II	潮安水厂取水
	韩江梅溪河段	澄海大衙镇，梅溪桥闸	2.4	II	II	汕头水厂取水
	西溪新津河段	澄海大衙镇，下埔桥闸	1.74	II	II	汕头水厂取水
	莲阳河澄海	莲上、莲阳桥闸	2.16	II	II	澄海水厂取水
	西溪外砂河段	澄海冠山，外砂桥闸	0.76	III	II	澄海水厂取水
珠江三角洲	流溪河	从化、花都、江村	9.61	II～劣V	II	广州北部各水厂取水
	白坭河	赤坭，鸦岗	0.22	劣V	III	广州水厂取水
	东江北干流	土江、甘涌口	29.1	V	II	广州新塘、西洲水厂取水
	东江北干流	石龙头、桥头	7.3	IV	II	东莞水厂
	东江南支流	石龙头、大王洲渡头	11.4	IV	II	东莞水厂
	增江	天堂山水库，龙城	0.44	II	II	增城水厂取水
	沙湾水道	张松，小虎山	15.1	IV	II	番禺水厂取水
	西江干流	马口，古劳青歧、下东	78.6	II	II	佛山水厂取水
	西江干流	沙坪坡山	21.04	II	II	江门鹤山水厂取水
	鸡鸭水道	龙涌沙顶、百顷头		IV	II	中山水厂取水
	小榄水道	中山小榄	7.5	IV	II	中山水厂取水
	磨刀门水道中山段	稔益、全禄	9.7	III～IV	II	中山水厂取水
	磨刀门水道	百顷头，挂定角	45.57	II	II	珠海水厂取水
	鸡啼门水道	黄杨泵站	1.4	II	II	珠海水厂取水
	虎跳门水道	大环、南门	5.7	II	II	珠海水厂取水
	西海水道中山段	古镇、百顷头	3.5	IV	II	中山水厂取水
	石板沙水道	板沙口，竹洲头	2.07	II	II	江门水厂取水
	潭江	大泽牛勒	7.5	III	II	开平、新会水厂取水

续表

水系	重点保护河段	保护区范围		现状水质	水质目标	备 注
		起始、终止断面	面积/km²			
珠江三角洲	潭洲水道	南庄紫洞、顺德北滘	12.3	II	II	佛山水厂取水
	平洲水道	顺德登洲头，南海市平洲五斗桥	5.8	II~III	II	南海水厂取水
	顺德水道	南庄紫洞，顺德大洲口	21.4	III	II	顺德、广州南洲水厂取水
	东海水道	顺德南华、龙涌沙顶	11.2	III	II	顺德水厂取水
	东海水道	小榄、龙涌沙顶	3.4	II	II	中山小榄水厂取水
	容桂水道	龙涌沙顶，顺德容奇	17	III	II	顺德水厂取水
粤东	榕江揭阳引榕干渠	三洲拦河闸	2.21	III	II	揭阳市水厂取水
	榕江南河河婆	河江桥、民众桥	0.318	III	II	揭西水厂取水
	榕江乌石拦河闸	乌石拦河坝	5.3	IV	II	揭阳普宁水厂取水
	榕江北河丰顺-揭东段	丰顺北斗，吊桥河下游2 km	35.6	II	II	丰顺、揭东水厂取水
	雷岭河龟头山段	坪田桥	0.16	II	II	揭阳惠来
	潮水溪潮阳段	上游，潮阳潮美闸	2.7	II	II	潮阳水厂取水
	螺河陆河	应子尾吸水点上游5 km，吸水点下游300 m	0.94	IV	II	陆河水厂取水
	螺河陆丰段	陆丰茫洋水闸	2.2	IV	II	陆丰水厂取水
	黄冈河饶平段	汤溪水库库区北端，东溪水闸	57.9	II	II	饶平水厂取水
粤西诸河	合水水闸	附城镇台城河合水水闸	0.34	II	II	台山水厂取水
	霞山地下水	霞山	11.4	II	II	湛江水厂取水
	坡头地下水	坡头南油水厂	6.3	II	II	湛江水厂取水
	遂溪河	遂溪	1.925	劣V	II	遂溪水厂取水
	鉴江干流化州段	化州博青，油园行	4.6	II	II	化州水厂取水
	鉴江信宜段	信宜东江河	0.32	III	II	信宜水厂取水
	鉴江干流吴川段	吴川广湛公路人民桥，塘尾取水口下游500 m	2.64	III	II	吴川水厂取水
	鉴江引水干渠	南盛水闸引水口，茂名市第一水厂	9.7	IV	II	茂名水厂取水
	鉴江干流高州段	高州平江村	3.65	III	II	高州水厂取水
	焕花江	共青河电白沙院海尾	8.19	III	II	电白水厂取水
	罗江化州段	化州上岭、潭漏桥	4.4	劣V	II	化州水厂取水
	漠阳江干流阳江段	双捷拦河坝，江城区尢鱼头桥	0.9	III	II	阳江水厂取水
	漠阳江干流阳春段	春城九头坡	0.8	II	II	阳春水厂取水
	那龙河阳东段	阳东合山，阳东北惯	1.13	II	II	阳东县饮用水源保护区

表 6.12　广东省主要饮用水库

序号	地区	水　库
1	广州	茂敦水库、流溪河水库、洪秀全水库、黄龙带水库、联安水库、三坑水库、上水库、下水库、九龙潭水库、和龙水库、增塘水库、百花林水库、石灶水库、芙蓉嶂水库
2	深圳	深圳水库、西沥水库、铁岗水库、石岩水库、梅林水库、松子坑水库、径心水库、铜锣径水库、赤坳水库、清林径水库、茜坑水库、罗田水库、长岭皮水库、长流陂水库、龙口水库、鹅颈水库
3	珠海	乾务水库、大镜山水库、凤凰山水库、梅溪水库、竹仙洞水库、银坑水库、蛇地坑水库、南屏水库、珠海青年水库、龙井水库、绩坑水库、月坑水库、木头冲水库、黄绿背水库、先峰岭水库、南新水库
4	汕头	河溪水库、狮尾岭水库、新铺水库、东岩水库、飞英水库、鲤鱼陂水库、坑内水库、秋风岭水库、利陂水库、上金溪水库、下金溪水库、蜘蛛埔水库、洪口輋水库、大龙溪一级水库、大龙溪二级水库、小大溪水库、五沟水库、红场水库、黄花山水库、坑内水库、羊屿水库、园墩水库、顶园墩水库、果老山水库、云澳水库、表澳水库、南澳岛小型水库
5	佛山	深步水库
6	韶关	南水电站水库、小坑水库、沐溪水库、罗坑水库、西牛潭水库、花山水库、尖背水库、孔江水库、中坪水库、横江水库、瀑布水库、宝江水库、赤石径水库、高坪水库、桂竹水库、跃进水库、岩庄水库、泉坑水库、龙山水库、苍村水库、白水磜水库
7	河源	新丰江水库、枫林坝水库、白溪水库、散滩水库、新坑水库、下沙洲水库、黄江水库、上板桥水库、高陂水库、新村水库、老园水库、赤竹径水库、大坑水库、响水磜水库、鹤湖水库、徐洞、上洞、下洞水库
8	梅州	合水水库、梅西水库、长潭水库、青溪水库、三河坝水库、桂田水库、岩前水库、黄田水库、富石水库、多宝水库、温公水库、石壁水库、和山岩水库、八乡水库、福岭水库、石子岭水库、清凉山水库、轩中水库、古屋水库、益塘水库、黄竹坪水库、龙潭水库、双溪水库、沐东水库、虎局水库
9	潮州	汤溪水库、凤凰水库、凤溪水库、岗山水库、胜利水库、坪溪水库、大潭水库
10	惠州	黄山洞水库、大坑水库、显岗水库、伯公坳水库、鸡心石水库、观洞水库、黄沙水库、鸡心石水库、联和水库、梅树下水库、沙田水库、水东陂水库、下宝溪水库、招元水库、庙滩水库、白盆珠水库、花树下水库、黄坑水库、风田水库、白沙河水库
11	汕尾	赤岭水库、宝楼水库、琉璃径水库、公平水库、青年水库、赤沙水库、红花地水库、黄山洞水库、平安洞水库、南门水库、朝阳水库、朝面山水库、南门下库、嘉田水库、骊马岭水库、下径水库、渔仔谭水库，三角山水库、篛投围水库、牛角隆水库、龙潭水库、巷口水库、五里牌水库、三溪水库、尖山水库、新坑水库、南告水库、北龙水库、马善皮水库
12	东莞	松木山水库、同沙水库、茅輋水库、契爷石水库、横岗水库、虾公岩水库、黄牛埔水库、虾吓角水库、石鼓水库、打鼓山水库、仙村水库、莲塘头水库、老虎岩水库、金鸡咀水库、长湖水库、大王岭水库、水濂山水库、官井头水库、黄洞水库、牛眠埔水库、三坑水库、筋竹排水库、三丫陂水库、沙溪水库、大溪水库、白坑水库、芦花坑水库、五点梅水库、横圳水库、马尾水库、莲花山水库、横岗水库

续表

序号	地区	水库
13	中山	长江水库、横迳水库、田心水库、岭蜞塘水库、古鹤水库
14	江门	大隆洞水库、东方红水库、鹅坑水库、金峡水库、立新水库、龙门水库、龙山水库、梅阁水库、那咀水库、石花水库、狮山水库、深井水库、石涧水库、塘田水库、大沙河水库、凤子山-锦江水库
15	阳江	东湖水库、大河水库、连环水库、陂底水库、新湖水库、长角水库、江河水库、上水水库、石河水库、北河水库、仙家洞水库、岗美（哈山）水库、岗美（那马）水库、合水水库
16	湛江	鹤地水库、长青水库、大水桥水库、志满水库、官田水库、合流水库、北松水库、三阳桥水库、鲤鱼潭水库、迈胜水库、江头水库、武陵水库、滨洋水库、红心楼水库、余庆桥水库、龙门水库、曲溪水库、溪南水库、迈生水库、土乐水库、田西水库、恭坑水库、西湖水库、东吴水库、赤坎水库、甘村水库、青建岭水库
17	茂名	高州水库、罗坑水库、青年湖水库、尚文水库、高城水库、黄沙水库、河角水库、旱平水库、热水水库、龙湾水库、长湾河水库、宝树水库、名湖水库
18	肇庆	九坑河水库、江谷水库、水迳水库、金龙低水库、金龙高水库、冲源水库、湖朗水库
19	清远	潭岭电站水库、长湖电站水库、飞来峡水库、迎咀水库、银盏水库、花斗水库、放牛洞水库、茶坑水库、曹田坑水库、沙坝水库、天鹅水库、板洞水库、龙须带水库、上兰靛水库、大秦水库、空子水库、上空水库、枫树坪水库、城北水库、石门台水头
20	揭阳	石榴潭水库、汤溪水库、新西河水库、翁内水库、横江水库、龙颈下水库、河水库、蜈蚣岭水库、南陇水库、镇北水库、尖官陂水库、古坑水库、顶溪水库、汤坑水库、上三坑水库、下三坑水库、寒妈水库、西坑水库、龙潭水库、龙颈水库、水吼水库
21	云浮	合河水库、共成水库、向阳水库、云霄水库、大河水库、罗光水库、金银河水库、湘洞水库、山洞水库、朝阳水库、腊迳水库、盲塘水库、大沙河水库、合河水库、东风水库、涟表水库、大坞水库

（2）饮用水源地保护措施

本着“以人为本”的饮用水源地保护重点原则，制定饮用水源保护方案和监督管理措施，防止水源枯竭和水体污染，保证城乡居民饮用水安全。

1）工程措施

① 水源涵养林、水土保持林和公益林的建设

加强水源地的涵养林建设，营造水土保持林等公益林作为生态屏障，优先扶持高效水土保持型植被系统，防止水土流失造成泥沙在河流、水库中的淤积，减少污染物入河量，促进生态平衡，达到保护水源的目的。实施蓄水水库的“绿区”和流域沿江“绿带”建设，重点加强西江、北江、东江、韩江流域中、上游地区水源涵养林建设，以更好地保障广东省水资源的有效供给。其中，水土保持林建设任务为368559 hm^2，封育245705.5 hm^2，改造122853.5 hm^2（见表6.13）；规划建设水源涵养林783682.9 hm^2，其中改造面积261227.6 hm^2，封育面积522455.3 hm^2。到规划期末，使广东省水源涵

养林总面积达到并稳定在 1741517.5 hm² 以上（见表6.14）。

表6.13 水土保持林建设工程规划表   单位：hm²

单位	水土保持林总面积	规划期建设任务				
		封育	改造			
			小计	2010年	2015年	2020年
广东省合计	819018.4	245705.5	122853.5	55524.7	46270.6	21058.2
广州市	12342	3702.6	1851.3	1009.8	841.5	/
深圳市	14100.4	4230.1	2115.1	966.8	805.7	342.6
珠海市	17571.3	5271.4	2635.7	1437.7	1198	/
汕头市	19608.2	5882.5	2941.2	1415.1	1179.3	346.8
韶关市	75826.3	22747.9	11374.1	4836.9	4030.7	2506.5
河源市	55142.3	16542.7	8271.3	3513.1	2927.6	1830.6
梅州市	105715.2	31714.6	15857.3	6811.6	5676.4	3369.3
惠州市	20307.9	6092.4	3046.2	1472.8	1227.4	346
汕尾市	42147.6	12644.3	6322.2	2821.7	2351.4	1149.1
东莞市	1742.7	522.8	261.4	142.6	118.8	/
中山市	11299	3389.7	1694.9	693.4	577.8	423.7
江门市	60379.5	18113.9	9057.1	4185.8	3488.2	1383.1
佛山市	10891.6	3267.5	1633.8	690.1	575.1	368.6
阳江市	37528.9	11258.7	5629.4	2560.3	2133.5	935.6
湛江市	10752.4	3225.7	1612.9	879.8	733.1	/
茂名市	19459.6	5837.9	2918.9	1592.1	1326.8	/
肇庆市	57956.8	17387	8693.5	4365.9	3638.2	689.4
清远市	168348.7	50504.6	25252.3	10550.2	8791.9	5910.2
揭阳市	27754.4	8326.3	4163.3	1758.4	1465.4	939.5
云浮市	31505.1	9451.5	4725.9	2295.6	1913	517.2
省属林场	5517.8	1655.3	827.7	451.5	376.2	/
潮州市	13120.7	3936.2	1968.1	1073.5	894.6	/

注：（1）表中改造包含低效益林分改造、宜林荒山人工造林、采伐迹地和火烧迹地人工更新以及林中空地补植等内容；（2）封育包括封山育林和封山管护两部分。

表6.14 水源涵养林建设工程规划表   单位：hm²

单位	合计	规划期建设任务			
		封育	改造		
			小计	中期	后期
广东省合计	1741517.5	522455.3	154475.2	88960.1	65515.1
广州市	46377.4	13913.2	3993.8	2468.9	1524.9

单位	合计	规划期建设任务			
		封育	改造		
			小计	中期	后期
深圳市	20794.6	6238.4	1784.4	1112.3	672.1
珠海市	8036.2	2410.9	698.6	422.3	276.3
汕头市	6982	2094.6	598.7	373.9	224.8
韶关市	190180.7	57054.2	17863	8886.8	8976.2
河源市	297688.5	89306.6	26386.2	15222.5	11163.7
梅州市	201650.1	60495	17873.5	10311.6	7561.9
惠州市	112863.8	33859.1	10605.1	5270.4	5334.7
汕尾市	33925.8	10177.7	2926.7	1801.8	1124.9
东莞市	7816.9	2345.1	689.6	402.4	287.2
中山市	5175.8	1552.7	352.9	352.9	/
江门市	57801.7	17340.5	5050.8	3016.3	2034.5
佛山市	8741	2622.3	596	596	/
阳江市	55722.8	16716.8	4903.6	2879	2024.6
湛江市	4059.9	1218	276.8	276.8	/
肇庆市	141813.8	42544.1	12440.3	7359.9	5080.4
茂名市	100508.6	30152.6	8908.7	5139.6	3769.1
清远市	242360.8	72708.2	21443.6	12425.4	9018.2
潮州市	36391.6	10917.5	3208	1875.6	1332.4
揭阳市	51658.5	15497.6	4568	2650.7	1917.3
云浮市	74478.9	22343.7	6355.6	4013.5	2342.1
省属林场	36488.1	10946.4	2951.3	2101.5	849.8

注：（1）表中改造包含低效益林分改造、宜林荒山人工造林、采伐迹地和火烧迹地人工更新以及林中空地补植等内容；（2）封育包括封山育林和封山管护两部分。

② 隔离防护工程

地表饮用水水源地保护区应设立隔离防护措施，包括物理隔离工程（护栏、围网等）和生物隔离工程（防护林），防止人类不合理活动对水源保护区水量水质造成影响。在人流量大及垃圾（特别是农村生活垃圾）可能直接倒入水体的水源地，设置围网等物理隔离防护工程，防止附近居民及工矿企业将生活垃圾、工矿固体废弃物等污染物直接倒入饮用水源地中，同时也能有效限制人们在水源保护区内的开发行为，减少对水源地造成直接的污染。对具备较好土地条件的水源地，尽可能规划建设生物隔离工程，既可以起到隔离防护的作用，同时还可以增加绿化及涵养水源；对于城市建成区内的饮用水源地，则适当结合城市景观、防洪等要求，设置隔离防护工程，防止人类活动对水源保护区水质造成影响。

　　广东省规划建设城市饮用水源地隔离防护工程的水源地共计126个，其中物理隔离工程总长度453.6 km，生物隔离工程总面积9.93 km²，隔离防护面积620.5 km²，工程总投资9868.3万元。其中建制市水源地物理隔离工程352.1 km，生物隔离工程5.33 km²，总投资7037.5万元；县镇水源地物理隔离工程101.5 km，生物隔离工程4.6 km²，总投资2830.8万元。

　　由于深圳市城市化发展程度高，多数饮用水源地（主要为水库型）分布在人口密度较大的地区，水库周边人类活动强度相当大，水源地水质容易受到周边污染。因此，针对深圳市各水源地的实际情况，共计16个饮用水源地规划了隔离防护工程，防护面积共计97.9 km²，隔离防护工程的类型包括物理隔离和生物防护林隔离工程，工程总投资1343.8万元。湛江市的鹤地水库和茂名市的高州水库是广东省两个重要的饮用水源地，水库面积较大，规划建设生物隔离防护工程在隔离水源地的同时起到涵养水源的作用。揭阳市引榕干渠、普宁市乌石拦河闸等引水渠型的水源地，由于沿途经过的地区较多，两岸人类活动容易导致大量的污染物进入引水渠，因此，规划建设物理隔离护栏工程，可防止周边地区生活垃圾及其他污染物进入，由于这些引水渠长度较长，这两个水源地隔离防护栏长度共计100 km，工程投资1500万元。广东省主要的水源地隔离防护工程见表6.15，各地级市隔离防护工程统计见表6.16。

表 6.15　主要隔离防护工程情况表

城市名称	水源地名称	水源地类型	涉及县	隔离工程类型	隔离防护面积/km²	物理隔离工程量/km	生物隔离工程量/km²	投资/万元
深圳市	深圳水库	水库	罗湖	物理隔离工程	11.53	12	/	181
深圳市	西沥水库	水库	南山	物理隔离工程	9.08	10.7	/	160
深圳市	铁岗水库	水库	西乡	物理隔离工程	25.77	18	/	270
深圳市	石岩水库	水库	石岩	物理隔离工程	13.27	12.9	/	194
湛江市	鹤地水库	水库	雷州市、遂溪县、廉江市	生物隔离工程	12	/	0.8	280
高州市	高州水库	水库	长坡、平山、古丁、马贵、深、大坡、东岸、曹江	生物隔离工程	56	/	0.8	280
汕尾市	公平水库	水库	海丰	物理	30	20	/	188
海丰县	红花地水库	水库	海丰	物理	4.2	6.3	/	94
阳山县	茶坑水库	水库	阳山	物理防护工程	3.3	10	/	150
英德市	北江英城观洲坝	河道	英德市	护栏、防护林	5.5	10	/	150
东莞市	东莞东江南支流	河道	东莞市	护栏	2.4	8	/	120
揭阳市	揭阳市引榕干渠	河道	揭东县、市区	物理隔离工程	2.21	50	/	750
普宁市	乌石拦河闸	河道	普宁、揭西县	物理隔离工程	5.3	50	/	750
主要隔离防护工程合计				物理、生物隔离工程	180.56	207.9	1.6	3567

表 6.16　广东省水源地隔离防护工程

地级市	物理隔离/km	生物隔离/km²	防护面积/km²	工程数量/个	投资/万元
广州市	12.0	0.20	1.9	3	250.0
深圳市	77.0	0.54	97.9	16	1343.8
珠海市	/	0.62	11.8	8	216.9
汕头市	25.8	/	51.6	5	386.3
韶关市	5.0	1.81	86.1	10	707.5
河源市	/	0.40	1.2	2	140.0
梅州市	/	0.90	359.3	7	316.3
惠州市	31.0	/	15.4	5	465.0
汕尾市	40.3	/	0.6	4	450.0
东莞市	11.0	/	3.3	2	165.0
中山市	13.9	/	1.1	5	207.9
江门市	18.4	0.39	75.9	7	411.7
佛山市	17.7	/	9.7	8	265.5
阳江市	/	0.90	3.2	4	315.0
湛江市	22.1	1.02	24.1	8	654.8
茂名市	22.5	1.56	81.0	9	761.9
肇庆市	0	0.11	2.7	2	39.4
清远市	42.7	0.61	44.6	9	856.7
潮州市	/	/	/	/	/
揭阳市	108.0	0.56	19.8	9	1816.9
云浮市	6.4	0.30	6.4	4	98.0
合计	453.6	9.93	897.6	127	9868.3

③ 面污染源控制工程

面源污染控制工程主要是农田径流污染控制工程。通过坑、塘、池以及排水渠改排等工程措施，减少径流冲刷和土壤流失，并通过生物系统拦截净化面源污染。广东省共规划水源地面源治理工程 57 个，治理污染面积 234.8 km²，工程总投资 5906.5 万元。

广州市的流溪河江村及流溪河花都水源地受两岸的流溪河灌区农田径流的污染，治理水源地两岸农田污染面积 7 km²，投资 400 万元。茂名市高州水库受周边村镇的农村面源污染，规划河涌生态治理工程，面源治理范围约 20 km²，工程总投资 500 万元。电白县共青河电白沙院海尾水源地，规划建设入渠口改排等工程措施，治理面积 15 km²，投资 375 万元。梅州市清凉山水库，推广应用水稻控释施肥技术，治理面积 9 km²，总投资 224 万元。中山市以现状农业灌溉系统为基础，在水源地考虑建设水生植物净化带和人工湿地系统，拦截净化污染物，提高河涌的自净能力，规划治理面积 10.3 km²，投资 257 万元。潮州市黄冈河饶平油车沟水源地（包括上游的汤溪水库）

近几年水质恶化的趋势非常明显，特别是有机污染严重，治理面积约 30 km²，投资 257 万元。主要面源污染治理工程的具体情况见表 6.17。广东省共规划饮用水源地面源治理工程 57 个，治理污染面积 234.8 km²，工程总投资 5906.5 万元，各地级市面源污染治理工程规划统计详见表 6.18。

表 6.17 主要面源污染治理工程情况表

地级市	水源地名称	涉及行政区	工程名称	工程量/km²	工程类型	投资/万元
广州市	流溪河江村	白云区、花都区	流溪河灌区农田径流污染控制工程	3.5	生态治理塘	200
广州市	流溪河花都	花都区、从化市		3.5	生态治理塘	200
茂名市	高州水库	长坡、平山、古丁、马贵、深镇、大坡、东岸、曹江	高州水库河涌生态治理	20	疏浚、清淤、植物	500
电白县	共青河电白沙院海尾	林头、七迳、沙院、沙琅、水东	共青河渠道农田入渠口整治	15	疏浚、入渠口改排	375
梅州市	清凉山水库	梅江区、梅县	清凉山水库水稻控释施肥技术推广应用	8.95	农业技术	223.75
中山市	磨刀门水道	中心城区、横栏、大涌、沙溪、板芙、神湾、坦洲、三乡	河涌生态治理	4.1	疏浚、沿河涌滩地建生态湿地	102.5
中山市	小榄水道	小榄、东升、港口、东凤、埠沙		2.46		61.5
中山市	鸡鸦水道	南头、三角、民众、黄圃、东凤、埠沙		2.61		65.25
中山市	西海水道	古镇、横栏		1.12		28
饶平县	黄冈河饶平油车沟	饶平县	黄冈河饶平油车沟农田径流污染控制工程	30	农田径流污染控制工程	750

表 6.18 饮用水水源地农田径流污染控制工程

行政区	工程数量/个	治理面积/km²	投资/万元
广州市	2	7	400
韶关市	9	29.5	727.5
河源市	6	14.3	307.5
梅州市	7	56.07	1401.8

续表

行政区	工程数量/个	治理面积/km²	投资/万元
中山市	4	10.3	257.25
江门市	1	2.7	25
茂名市	7	48.6	1217.5
肇庆市	2	1.5	37.5
清远市	10	24.2	535
潮州市	1	30	750
揭阳市	5	5.8	145
云浮市	3	4.8	102.5
广东省合计	57	234.8	5906.5

④ 内污染源治理工程

内污染源治理工程措施主要包括底泥治理工程和水产养殖治理工程。广东省规划底泥疏浚的水源地有九个，主要是受污染严重的水库型水源地，见表 6.19。

表 6.19 广东省饮用水源地内源治理工程方案统计

行政区	水源地名称	涉及行政区	清淤厚度/m	土方量/m³	投资/万元
仁化县	赤石迳水库	仁化县	0.9	10800	55
湛江市	赤坎水库	赤坎区	0.3~1.5	51000	150
徐闻县	大水桥水库	徐闻县	0.3~1	200000	620
雷州市	西湖水库	雷州市	/	23000	100
兴宁市	合水水库	兴宁	/	31250	50
东莞市	横岗水库	长安	/	136700	410.1
东莞市	马尾–五点梅水库	长安	1	30200	90.6
东莞市	莲花山水库	长安	1	26600	79.8
东莞市	松木山水库	/	1	332200	1661
东莞市	同沙水库	/	1.5	299400	898.2
东莞市	东莞东江下游18座小型水库	企石	2	72000	216
东莞市	东莞东江三角洲14座小型水库	/	1	14350	43.05
东莞市	白坑水库	/	1	17350	52.05
东莞市	水濂山水库	/	1	36600	109.8
东莞市	芦花坑水库	/	1	17500	52.5
广东省合计				1298950	4588.1

广东省水库型饮用水源保护区内水产养殖污染较小，水产养殖尤其是网箱养殖会造成氮、磷、抗生素、治疗剂、消毒剂、防腐剂的污染，为了保护饮用水源的水质，在饮用水源保护区应该禁止水产养殖。广东省规划进行饮用水源地内水产养殖治理的水源地共计 14 个，详见表 6.20，分布在韶关、湛江、河源三个地级市，水产养殖治理

总投资 802 万元。

表 6.20　广东省规划进行水产养殖治理的水源地一览表

水源地名称	涉及县市	投资/万元
苍村水库	韶关曲江区	120
赤石迳水库	韶关仁化县	60
南水水库	韶关乳源县	250
武江乐昌张滩	韶关乐昌市	50
瀑布水库	韶关南雄市	50
合流水库	湛江麻章区	10
大水桥水库	湛江徐闻县	20
三阳桥水库	湛江徐闻县	10
青建岭水库	湛江廉江市	10
响水礤水库	河源紫金县	12
新丰江水库	河源源城区	200
上板桥水库	河源龙川县	10
合计		802

2）非工程措施

① 规范划定饮用水源保护区，加强水源保护区的监控与管理

严格执行《水法》第三十三条规定，建立饮用水水源保护区制度，规范划定饮用水源保护区。按照《中华人民共和国水污染防治法》、《广东省珠江三角洲水质保护条例》和《广东省东江水系水质保护条例》，进一步落实水源地污染控制措施，防止水源枯竭和水体污染，保证城乡居民饮用水安全。

② 加强对水源地周边地区的污染防治

禁止在一级保护区内从事可能污染水源水体的活动和建设与供水设施和保护水源无关的项目，限期拆除已设置的排污口；禁止在二级保护区内建设向水体排放污染物的项目和设立装卸垃圾、油类及其他有毒有害物品的码头。严格控制饮用水源水库的旅游开发活动和网箱养鱼。

加强对水上流动污染源的管理，严禁船只向水体排放污染物和含油废水。严禁开设水上流动饮食游船。

对水源地上游人口较多的重点乡镇，应修建污水处理工程，防止污水流入水源地；对污染严重的工矿企业应限期治理，否则，必须勒令关、停或搬迁。加强对水源保护区周边土地和城镇建设的规划，严格限制污染性项目进入。

广州市现有的饮用水源地西航道、后航道规划为取消的饮用水源地，故不考虑关闭现有的入河排污口。深圳市的观澜河与茅洲河也属于将取消的饮用水源地，所以不考虑关闭现有的入河排污口。

③ 严格控制饮用水源保护区内的集中式禽畜养殖

集中式畜禽养殖产生大量的有机污染物及大肠杆菌等，对水源地水质造成较大污染。根据国家环境保护总局第九号令《畜禽养殖污染防治管理办法》（2001 年）中禁止在饮用水水源保护区内新建畜禽养殖场，对原有养殖业限期搬迁或关闭等有关规定，对饮用水源保护区内的集中式畜禽养殖进行综合整治，涉及韶关、湛江、肇庆、梅州、河源、清远、东莞、潮州、揭阳、云浮等 10 个地级市的水源地。

④ 进一步完善饮用水源水质监测、预警和应急处理体系

因突发性事故造成或可能造成饮用水水源污染时，事故责任者应立即采取措施消除污染并报告当地城市供水、卫生防疫、环境保护、水利、海事、地质矿产等部门和本单位主管部门。由环境保护部门根据当地人民政府的要求组织有关部门调查处理，必要时经当地人民政府批准后采取强制性措施以减轻损失。在每个水厂吸水口设置永久性围油栏和高水压的流动式水枪或射水装置，以隔阻可能出现的油污和水上漂浮物，切实有效保障吸水点吸水安全。设置专职人员每天巡检水源情况，发现问题及时报告处理。

6.2.4.2　工业污染控制措施

（1）从末端治理为主向源头和全过程控制为主转变，大力推行清洁生产

积极推行清洁生产，从源头控制污染。提倡循环经济，建设生态工业，高效利用水资源。清洁生产技术是减少污染物产生和排放的重要措施。在清洁生产方面，首先是清洁的原料。因此，在选用原料的时候，可选用纯度较高的原料和对环境无毒及毒性小的原料，以减少三废的产生；其次是清洁的生产工艺，在生产中采用全过程控制，使原料转换率达到最大，并利用中间产品生产另类产品，回收反应过程的溢气与泄漏成分，使生产过程所产生的三废达到最少；第三是清洁的产品，生产的产品必须是纯净的、无污染的。

循环经济是物质闭环流动性经济，以物质、能量梯次使用为特征，在环境方面为低排放甚至零排放，绿色经济、生态经济、绿色消费和清洁生产都是循环经济的表现形式和派生。如果能够以循环经济理念建立起区域性工业生态产业链，将传统的“资源–废物”单向线性工业生产模式转变为“资源–产品–再生资源”循环经济模式，可以最大限度地减少废物排放，提高整体的资源、能源利用效率，提高生产技术，实现环保–经济的协同发展。

在珠江三角洲网河地区有众多的造纸、印染、陶瓷、铝材耗水和排污量大的工业企业，其中大部分是乡镇企业，生产工艺落后，污染物排放量大。对这些企业应进行技术改造，尽可能地采用先进的清洁生产技术，减少污染物的排放量，节约资源和能源。在印染业中引进和使用热转移印花技术，使每万米布用水量比采用传统的印染技术减少 190t，削减率达 82.6%。在陶瓷行业，推行全过程控制，实行废水循环使用，推广废水“零排放”技术，可大大减少废水的排放量。

（2）实现工业污染源全面达标，进一步消减污染物的排放量

根据各地区水功能区排污总量控制要求和各工业污染源承担的污染物削减任务，

继续实施污染物排放总量控制和排污许可证制度，将总量控制指标和削减目标分解到各镇、各河段和主要企业，改革生产工艺，调整产业和产品结构，实现节水减污。提高工业污染治理水平。

在"一控双达标"的基础上，继续加强对工业污染大户的排污监管，重点抓好纺织印染、制革、建材、化工、造纸、冶炼、食品发酵、电镀等污染严重行业的深化治理。各区要监督已签订重点企业环境整治责任书的重点企业，在规定的期限内完成全面达标任务，并进行重点控制，提高对这些企业的自动实时远程监控能力，提高工业废水处理率和达标率。加大对向主干流排污的水污染企业的关、停、并、转、迁、治力度，尤其是对于排放重金属、致癌有机物的化工、冶炼、电镀企业应该关闭或转产。

强化对污染源的监督管理，加强执法，对于偷排污染物的企业和个人要依法严处，最大限度地杜绝偷排污染物行为，确保污染源持续稳定达标排放，对到期限仍不能全面达标的企业坚决实施关闭或停业整顿措施。

(3) 大力发展工业园区以利于分散污染源的集中治理

广东省境内有众多的乡镇企业，这些乡镇企业在解决农村剩余劳动力和脱贫致富为国家创造财富的同时，也对环境造成了严重的污染。大多数的乡镇企业分散而规模又小，技术水平比大型企业低，废水的处理率和达标率更低。所以要有效控制乡镇企业所造成的污染，应该大力发展工业园区的建设。对各地市产业发展规划所确定的各类工业园区，要提前做好环评工作和功能区划工作；明确园区的污染物总量控制目标，提前建设园区内的集中治污设施、集中供热设施和污染物收集系统。在园区内建立雨污分流制的排水系统，提高区内污水处理厂（站）的处理效率。污水管网的建设考虑到工业区的发展，采用近远期结合的方式，污水管道一般布置在道路的人行道下。工业污水通过管道收集后送入区内污水处理厂（站）进行初步处理，去除一类污染物后合并生活污水送至城市污水处理厂一并处理。在雨水收集管、渠的末端建沉沙池或过滤池，处理后达到标准可直接排放。将现有的一些较分散的污染源逐步向工业园区集中，以提高处理效率和节约资金。搞好国家生态工业示范园的建设。带动其他工业园向生态工业的方向发展。

在工业园的招商引资中严格执行市政府颁布的产业引导政策，积极引进无污染或低污染项目，对工业园的入园产业（参照表6.21），鼓励对居住和公共设施等环境基本无干扰和污染的一类工业入驻。有选择地限制对居住和公共设施等环境有一定干扰和污染的二类工业入驻；禁止对居住和公共设施等环境有严重干扰和污染的三类工业入驻，主要选择具有以下特点的产业：高附加值、高土地产出密度、高税收、高成长性、高关联效应、高技术层次与含量、无不良环境影响。严格限制水污染严重的纺织、漂染、造纸、电镀、陶瓷、制革和食品加工等项目上马。所有新建扩建项目要按照国家和省有关建设项目环境管理规定，严格执行环境影响评价制度，认真做好审批工作，严格把好环保关，从源头上控制污染物的产生。

表 6.21 各类土地工业类别表

级 别	工 业 类 别	备 注
一类工业用地	电子（彩管、新型显示器件、光纤预制棒制造、集成电路生产、印刷电路板、电子配件组装、手机和通讯设备、电池生产等）；家用电器制造、大灯具生产；工业品制造；新型材料（半导体材料、纳米材料、有机合成材料、稀有金属材料等）；玩具生产（塑料、木刻、纸制造、棉布及纤维为原料的玩具）；成衣制造、针织品生产；家具制造、皮革皮具生产、环保监测仪器等；鞋业研究、通讯设备	对居住和公共设施等环境基本无干扰和污染的工业用地等
二类工业用地	五金机械（交通运输设备、专用设备、电气机械及器材、仪器仪表、五金制品）；食品（水产品加工、食盐加工、乳制品加工、肉类食品加工、方便面、糕点、醋）；饮料和果汁制造（饮料、果汁、罐头等）；生物工程（生物剂、生物制药等）；皮鞋制造；纺织业（印花、印染、纺织）；废旧物资再生	为对居民和公共设施等环境有一定干扰和污染的工业用地
三类工业用地	建材（水泥制品、金属建材）；香料制造、树脂、塑料生产；家具喷漆；化学品制造（PVC生产、PVS/ABS塑料合金、PVC软质胶布）；电镀；制革工业；造纸工业；大中型机械制造工业	对居住和公共设施等环境有严重干扰和污染的工业用地

6.2.4.3 城镇污水处理系统建设

（1）污水处理与回用现状

改革开放以来，广东省经济进入高速发展阶段，同时排污量也在不断增加，由于历史原因，广东省污水处理厂的建设未能跟上经济发展的步伐，根据水资源开发利用专题的成果，2010 年广东省城市（工业和生活）污水年排放总量 1104866.9 万 t，年处理量 8062552.8 万 t，处理率 73.0%，再利用量比较小，只有 4354 万 t，再利用率仅为年处理量的 0.54%，再利用基本上用于生态环境，详见表 6.22。在广东省 52 个建制市中，城镇污水处理率达到 70% 的有广州市、深圳市、珠海市、佛山市、惠州市、东莞市、中山市、肇庆市和清远市共 9 个城市，这 9 个城市年废污水排放量 573859.4 万 t。城市污水处理厂处理的主要是生活污水，有些污水处理厂也处理部分工业废水。由于污水处理能力严重不足，使得广东省大部分城市生活污水未经处理就直接排入了河流，导致流经城市的河流污染严重。

进入 21 世纪后，随着环境保护意识不断加强，各级政府明显加大了对环保的投入，许多污水处理厂陆续开工和建成，截止到 2010 年年底，广东省共建成污水处理厂 305 座。

表 6.22 广东省 2010 年城市废污水排放、处理及回用情况统计表

地级行政区	排放量/(万 m³/a)		集中处理量/(万 m³/a)	
	工业废水	生活污水	合计	总量
广州市	119699.3	71824.3	191523.6	150212.0
深圳市	48066.1	53449.9	101516.0	82958.9
珠海市	13450.4	7938.4	21388.8	17290.7
汕头市	14408.0	19820.8	34228.8	19534.4
佛山市	45527.1	27329.3	72856.3	54124.9
顺德区	15218.4	15040.0	30258.4	/
韶关市	35927.8	8630.0	44557.8	11507.3
河源市	36924.5	7153.3	44077.8	13416.4
梅州市	33425.9	9108.8	42534.6	11222.2
惠州市	48435.1	13628.7	62063.7	26792.5
汕尾市	5498.3	12451.7	17950.0	4561.7
东莞市	67464.0	50160.0	117624.0	12039.1
中山市	58601.4	11952.0	70553.4	98333.7
江门市	35693.3	12818.1	48511.5	41788.8
阳江市	4181.8	6640.0	10821.8	22291.0
湛江市	17136.1	12117.6	29253.7	3129.7
茂名市	11870.0	13425.0	25295.0	4429.0
肇庆市	29880.9	9646.1	39527.1	8749.5
清远市	16821.0	8770.2	25591.3	14767.3
潮州市	15651.8	7920.0	23571.8	7769.5
揭阳市	17333.2	13975.0	31308.2	820.3
云浮市	12973.5	6880.0	19853.5	11321.0
合计	704187.8	400679.1	1104866.9	150212.0

(2) 污水处理存在的问题

经过多年努力，广东省城市污水处理系统的建设取得了很大进步，但是也存在不少问题，主要表现在：

1) 广东省城市污水处理系统工程建设发展极不平衡，布局不尽合理，城市污水处理设施大部分集中在珠江三角洲及沿海发达地区，不发达地区还有少数地级市没有城市污水处理厂。而不发达地区往往处于广东省发达地区的上游，其生活污水未经过处理直接排入河流，对河流水质的污染会影响到下游地区。

2) 广东省各市对环保的投入极不平衡，发达地区每年投入到污水处理上的资金数以亿计，但是在不发达地区，即使污水处理厂建好后，由于运行费用不足，也是开开

停停，有个别城市由于缺少运行费用，污水处理设施在建成后很少开动，成为一种应付检查的摆设。

3）广东省各市污水收集系统及污水处理设施很不完善，已建污水处理厂的进水浓度低，影响了处理效果。许多城市由于多种原因，污水处理厂的污水收集系统还保留了部分合流制收集系统，使得截流的污水浓度不高，影响了处理效率。

4）广东省各市污水处理厂的规划和建设明显滞后，至今只有部分城市专门针对污水处理的相关内容进行了系统规划，另一部分城市见一步走一步，污水处理的规划和建设得不到重视，至今还有少数地级市没有城市污水处理设施，生活污水大都未经处理就直接排入河流水体，造成城市局部河段污染严重。

5）各市征收的污水处理费用较低，有些城市甚至没有征收污水处理费，造成污水处理费用难以保障，不能满足污水处理厂"保本微利"运行，为了让污水处理设施正常运行，各级政府不得不负担大部分污水处理厂的运行费用，欠发达地区由于财政收入少而使政府财政负担沉重。

6）管理体制不完善，各市污水处理工程的建设一般由城建部门负责，但是对环境目标考核的责任部门则是环保部门，由于各部门权责不同，造成污水处理工程的建设滞后。

7）污水处理相关政策法规的建设明显滞后，目前广东省及各市还没有完善的污水处理相关政策法规，对于污水处理产业的建设、发展以及运转机制尚处于摸索阶段，由于相关政策法规不完善，难以保证广东省污水处理产业的良性发展。

（3）城市生活污水处理目标

参考《广东省环境保护规划纲要（2006~2020）》对城市生活污水处理的要求，结合广东省的实际情况，本次研究提出广东省城市生活污水处理的目标：
一般城市生活污水处理率：2020年为80%，2030年为90%；
山区城市生活污水处理率：2020年为70%，2030年为80%；
珠江三角洲城市生活污水处理率：2020年为85%，2030年为95%。

（4）城市生活污水处理工程规划

本次研究的城市污水处理重点考虑城市生活污水。按照各城市污水量的预测，广东省到2030年需要处理的生活污水总量为674479.8万m^3，合1847.9万m^3/d。

根据广东省生活污水总量预测成果和上面提出的城市污水处理目标，参考各市的相关规划，并结合各市的具体情况，考虑到污水截污倍数是0.5~1倍，有大约5%~20%的工业污水（成分与生活污水相差不远）通过管道进入了污水处理厂，对广东省各市城市污水处理厂进行规划。

广东省到2030年规划建立二级污水处理厂248座，总规模（处理能力）2765.9万m^3/d，其中，2010年拟建污水处理规模为943.5万m^3/d，2020年拟建规模为691.3万m^3/d，2030年拟建规模为667.3万m^3/d。需水为基本方案的情况下2010年、2020年、2030年广东省城镇污水排放量分为48.73亿t、60.06亿t、67.45亿t，如规划的污水处理厂及配套的管网建设能够实施，各规划水平年城镇污水集中处理率目标就可以实现。

本次研究的污水处理工程项目与广东省建设厅编制的《广东省治污保洁（城市污水、垃圾处理）工程项目规划（2005～2020）》中污水处理项目相比，项目数更多，《广东省治污保洁（城市污水、垃圾处理）工程项目规划（2005～2020）》工程规划水平年只到2020年，规划项目数为167座，总规模为1187.2万 m^3/d，并且有不少县级行政区均没有规划污水处理项目，而本次研究远期水平年到了2030年，每个县级行政区至少规划了一个污水处理厂，每个水资源五级区均规划了污水处理项目，到2030年，规划项目数为248座，处理规模达到2765.9万 m^3/d，表明本次污水处理工程规划的项目服务覆盖范围更广。

（5）污水回用规划

1）污水回用原则

为了实现城市污水资源化，减轻污水对环境的污染，促使城市和谐发展，在广东省选择适当时机，在一些缺水城市推广城市污水回用是必要的，也是可能的。为了使城市污水回用工程做到安全适用，经济合理，技术先进，应遵循以下原则：

① 城市污水再生后，可用于工业冷却用水，市政杂用水（如冲洗道路、浇洒绿化地带、消防用水等），景观生态用水，农业灌溉用水等；

② 本规划以市政杂用水和景观生态用水为回用目标；

③ 污水回用工程应做好向用户的宣传和对用户的调查工作，明确用水对象的水质水量要求。工程设计之前，应进行污水回用试验，以选择合理的再生处理流程；

④ 污水回用工程必须确保用水安全可靠和水质水量稳定，污水回用必须加强水质监测。

2）污水回用目标

根据广东省污水回用实际情况，考虑到广东省的经济和人口发展情况，近期广东省还不适宜大力提倡污水回用，但是从远期来看，污水回用是节约水资源，提高用水效率的一个重要措施，同时污水回用减少了污水的排污量，对水环境的保护具有重要意义。因此，远期规划应提倡和鼓励人民对污水进行回用。为了形成污水回用的氛围，应以政府带头的形式，从市政杂用水（道路刷水、绿化带浇灌用水）和生态景观用水改用经深度处理的污水开始，逐步推进污水回用工作的展开。

依据广东省水资源分布和用户对水资源的需求情况，结合广东省的实际，提出广东省城市污水回用的目标：

2010年，在有条件的城市开始污水回用试点，取得经验后逐渐推广。

2020年，缺水城市污水回用率为污水处理量的5%～10%，一般城市污水回用率为污水处理量的3%～5%。

2030年，缺水城市污水回用率为污水处理量的10%～20%，一般城市污水回用率为污水处理量的5%～8%。

3）污水回用规划

根据上述目标，针对各市的具体情况，对城市污水回用量作出初步规划，结果见表 6.23。

表 6.23　广东省污水回用量规划成果

地级市	基本方案		加大利用方案	
	污水回用量/（万 m³/a）		污水回用量/（万 m³/a）	
	2020 年	2030 年	2020 年	2030 年
清远	424.1	932.3	424.1	1118.8
肇庆	409.6	705.3	511.9	881.7
茂名	618.3	1210.4	824.4	1452.5
云浮	298.9	602.0	478.2	740.5
韶关	272.5	478.8	70.6	203.6
广州	3462.6	5860.6	4390.3	7426.3
佛山	2082.2	4326.8	2780.0	5627.2
河源	110.9	359.3	22.2	558.4
梅州	147.5	394.7	320.7	718.4
惠州	1208.5	2244.4	1657.5	3019.3
深圳	7975.9	11499.8	10823.1	14740.9
东莞	3975.1	5323.3	5078.2	8099.8
中山	932.4	1765.2	1491.9	2647.8
珠海	1611.7	2086.7	2014.6	2782.2
江门	275.6	479.4	440.9	898.9
阳江	400.8	1022.3	670.6	1337.3
汕头	882.9	1693.9	1473.8	2649.8
汕尾	133.1	261.6	133.1	366.3
潮州	378.2	879.9	676.8	1265.8
揭阳	309.3	893.6	3711.2	1117.0
湛江	1309.5	3013.2	1986.2	3978.1
合计	27219.4	46033.6	39980.2	61630.6

6.2.4.4　面源污染控制

根据广东省面源污染调查和估算成果，面源污染占总污染量的 1/3 左右。对水功能区水质的影响不可忽视，主要的产污因子是农业面源污染。从污染因子 COD、总氮、总磷对水污染的贡献率分析：畜禽养殖污染>化肥、农药>农村生活污水及固体废弃物，所以面源污染控制的规划措施主要是控制农业面源污染。

（1）农村生活污水及固体废弃物的控制措施

在广东省的农村，一般生活污水被就近排放到村落沟渠和河涌中，污水下渗而污染物在沟渠中大量累积，同时村落地表累积大量固体废弃物，包括生活废弃物以及农作物秸秆，在较大的降雨径流冲刷作用下，这些污染物大多进入河流沟渠系统向受纳水体转移。由于大部分农村没有垃圾收集处理系统，随意向河涌等水体倾倒垃圾的现象十分普遍。对此，要在村镇建立生活污水的排放系统和垃圾收集处理系统，结合城市化的进程一并考虑。万人以上村镇要建生活污水处理厂，人口较少的村镇生活污水应该先排入村边地角的水塘（或滤池），湿地（或人工湿地）自然净化后再排入河涌。严格控制向河流湖库倾倒或堆置垃圾和废物。2010 年前每个村镇都要规划和建设垃圾处置的场所，生活垃圾的收集率要达到 70% 以上，通过教育和经济手段促使村民将垃圾分类回收、做肥料、填埋处理。垃圾无害化处理率达到 70%；2020 年垃圾无害化处理率达到 75%。

（2）减少化肥、农药的使用量的措施

在广东省单位土地面积农药使用量、化肥施用量均高于全国平均水平［氮肥 191.6 kg/（hm² · a）］，氮肥污染、农药残留与持久性有机污染有所加重（例如，东莞 2000 年化肥施用量达到每公顷 2.35 t）。应将土地利用规划与功能区水质管理目标相结合，调整农业产业结构和耕作方式，发展生态农业，鼓励和发展无公害农副产品，指导、引导农民科学使用化肥、农药，推广使用生物农药和农家肥，控制和减少化肥、农药的使用量。到 2010 年，蔬菜、水果、药材、茶叶等生产区和 60% 的农田生产区使用高效、低毒、低残留化学农药和生物农药。二是推广配方施肥，控制氮肥施用量，平衡氮、磷、钾比例，提高肥料利用效率，控制化肥污染。大力推广有机肥和秸秆还田。到 2010 年，平均化肥用量（折纯量）控制在 280 kg/hm² 以下，60% 的蔬菜、水果、粮食作物生产区实施平衡施肥。2020 年控制在 225 kg/hm² 以下（发达国家为防止化肥污染而设置的安全上限为 0.225 t/hm²）。

制定合理的政策法规，增加对化肥农药的税收，设立专项基金鼓励农民采用最佳管理措施等，鼓励农民采用先进的科学的农田管理方式，发展生态农业。

（3）生态农业措施

许多研究表明，在农田与水体之间建立合理的草地或林地过滤带，将会大大减少水体中的氮磷含量，同时利用不同的农作物对营养元素吸收的互补性，采取合理的间作套种，同样可以大大减少养分元素的流失和对水体的污染。

在广东省珠江三角洲地区，古代劳动人民就发明了桑基鱼塘和果基鱼塘的生态农业生产方式，近年来塘基上蔬菜、甘蔗、桑的栽培功能已经开始减弱，但畜牧业的功能日益加强，塘基上的猪场和鸭场可以供给塘鱼养分，既产生了效益，又明显避免了畜牧场对临近水体的污染，但在暴雨期间，塘基本身的产流和塘的溢流又通过临近水沟进入河流而造成径流污染。

建议加强塘基上的草种植，草可以供给塘里的鱼，也可以供给奶牛场，又能有效阻截暴雨期间产生的径流污染。

（4）严格控制禽畜养殖业

近十多年来广东省规模化养殖业迅速发展，在珠江三角洲的广州、深圳等城市，禽畜养殖业脱离了种植业，禽畜排放的粪尿与废水不能利用为种植业的有机肥，而且大部分未经妥善处理就排放到水体，甚至是饮用水源，造成污染。随着经济的发展，禽畜养殖业的比重还会逐渐增大，现在已是面源污染最大的贡献者，所以要控制禽畜养殖业的污染。主要措施：禁止在水源保护区和城镇居民区内进行畜禽养殖，原则上珠江三角洲河网区停止审批新建、扩建规模化畜禽养殖企业；引导畜禽养殖业向消纳土地相对充足的山区转移，已养殖的在规定的限期内实行搬迁或关停；对非禁养区内经营规模禽畜养殖业的实行限期治理，超过限期、污水处理仍不能实现达标排放的实行停产整顿或关闭。

提倡生态养殖，减少畜禽废水直接向环境水体排放。对分散的养殖户，引导他们进行生态生产，将粪便收集用于做肥料或建沼气池，既减少排污量，又可以提供清洁能源，减少因燃料需求对树木的砍伐，减少水土流失（根据有关资料，饲养 8 ~ 10 头猪产生的沼气可以供一户人家日常生活所需的能源）。大力鼓励农民尤其是养殖户把建沼气池与适度规模养殖相结合，形成"养殖（畜禽）+沼气+种植（果菜茶）"三位一体的生态农业模式，如猪-沼-果、猪-沼-菜（草）等主要模式，形成良好的生态循环，推动无公害水果、蔬菜等特色产业的发展。农户把沼气从单纯的生活用能发展到沼液浇菜、沼渣种果、种经济作物等多种用途，减少了化肥、农药用量。规划在 2010 年以前广东省推广农户沼气池 64 万户，规模化畜禽养殖场大中型沼气工程 300 项以上，费用约 25 亿元。

（5）水土保持工程措施

广东省局部地区（广州、梅州）水土流失问题较严重，广东省水土流失面积占土地总面积约8%。水土流失既有人为的开发建设活动引起的，也有自然原因引起的。采取的治理措施：

在 2010 年前建成水土流失监测网络和水土保持信息管理系统（广东省设立 1 个监测总站、7 个监测分站、30 个监测站）。

优先扶持高效水土保持型的植被系统，减少暴雨径流，控制水土流失。也可在受纳水体的岸边按照不同功能种植不同的植物带，充分发挥植物带的生态净化功能。对已开发的土地和已关闭的采石场、矿山进行复绿，2010 年对人为造成的水土流失治理率达到100%。开发超过半年以上的土地一律要复绿，费用由受益者负担，大于 25 度的已开垦陡坡实施退耕还林还草。新建项目应按规定编制并实施水土保持方案。在修建公路时采取草地过滤带、防护林、改造与修建暴雨径流汇集与缓冲的沟渠系统等工程措施控制面源污染。

（6）对湖泊、水库等封闭和半封闭水域，要重视面源和内源治理

通过控制湖库围网养殖规模，减少氮磷在湖库中的积存；库区周围的生活污水不能直接排入水库。应该排入附近的河涌，自然净化。

利用村镇地域的天然或人工多水塘系统以及水陆交错带的自然净化生态功能，建设人工湿地，截留净化农业径流中的氮磷及有机物，底泥还田，加强氮磷等物质在陆地生态系统内的循环，从而减少面源污染对水体的影响。

采取沉沙池、渗滤池、集水设施和水处理设施、草地过滤带、防护林、改造修建暴雨径流汇集与缓冲的沟渠系统等工程措施控制面源污染。

（7）非工程措施

如土地利用规划、区划、城市管理、化肥农药施用、废物再利用等。

6.2.4.5 生态修复措施

（1）湿地的恢复与保护措施

广东省拥有丰富的湿地资源，发挥着巨大的环境功能和效益。它是天然的"海绵"，能够储存来自降水和河流的过多水量，从而避免发生洪水灾害。它的净水功能十分突出，能够清除土壤中的氮、磷污染，是人类生产、生活污水的天然"过滤池"。因此，在水源地和重要湿地区域开展植被保护和恢复措施，防止水土流失，防止开发活动对湿地的侵占和破坏具有十分重要的意义。

要做好重要湿地保护区的建设和升级工作，见表6.24。重点保护珊瑚礁、红树林、海草场等典型的近海及海岸湿地生态系统，初步遏制近海及海岸生态环境恶化和海洋生物资源衰退趋势。加大近海及海岸湿地生态恢复力度，逐步完善沿海防护林建设，力争红树林面积达到2万 hm^2。

表 6.24 国家和省级湿地自然保护区重点建设方案

保护区名称	地点	面积/hm^2	类型	建设目标	建设类型
广州南沙海洋生态自然保护区	广州	2500	海洋（湿地）生态	国家级	新建
珠海荷包-大芒自然保护区	珠海	1650	湿地生态	省级	整合升级
汕头市湿地自然保护区	汕头	20091	湿地生态	省级	新建
惠城潼湖湿地-鸟类自然保护区	惠城区	670	湿地和野生动物	省级	升级
广东海丰公平大湖自然保护区	汕尾海丰	11591	湿地和野生动物	国家级	升级
江门红树林及河口湿地自然保护区	江门	11000	湿地生态	国家级	升级
茂港湿地自然保护区	茂名	1660	湿地生态	省级	整合升级
清新桃源燕子岩湿地自然保护区	清远		湿地生态	省级	升级

禁止在湿地范围内从事下列活动：①排放湿地水资源；②挖沟、筑坝，开垦湿地；③破坏鱼类等水生生物洄游通道和野生动物的重要繁殖区及栖息地；④擅自采砂、取

土、放牧、烧荒、砍伐林木、采集国家或者省重点保护的野生植物；⑤非法猎捕保护动物、捡拾鸟卵或者采用灭绝性方式捕捞鱼类及其他水生生物；⑥向湿地自然保护区内排放污水或者有毒有害气体；⑦向湿地及周边水域投放可能危害水体、水生生物的化学物品；⑧向湿地及其周边一公里范围内倾倒固体废弃物；⑨其他破坏湿地的行为。

其他措施包括：①提倡在湿地种植静水植物等恢复与保护措施；②退耕还林、还草、还湖等；③恢复、建设水体周围涵养林地、草地、植物带；④对废弃石场、沙场、矿坑进行复绿。对已开发的土地（由受益者负担费用）和已关闭采石场的复绿工作，2010年达到100%。开发超过半年没有建设的土地一律要复绿；⑤利用现有的水利工程设施，制定合理的调度方案，使生活、生产和生态用水得以兼顾，恢复河道的基流和生态功能；⑥通过新建和改建水利工程设施，清淤保洁等措施恢复河涌的生态功能。

（2）生态修复与保护工程措施

对于生态环境遭到破坏的湖库，建设生态防护工程，通过生物净化作用改善湖库水质。

1）生态滚水堰工程

生态滚水堰工程设置在入库支流下游，并可在滚水堰上游的湿地和滩地种植相应的植物，在滚水堰上游水体流动缓慢的河段铺设生态混凝土，提高生态滚水堰的自净能力。

生态混凝土是国际上20世纪90年代才出现的水处理材料，具有孔隙率大，透水性好和吸附力强等特点。当污水通过生态混凝土滤层时会发生物理、化学及逐渐形成的生物膜的生物化学作用，清除和降解污染物质。生态混凝土对河水中的各种污染物都有明显作用，特别是磷，去除率在90%左右，其他大多都在70%左右，由于对磷的去除率高，有利于破坏水中的氮磷比，从而控制水体富营养化。

生态滚水堰工程是一种成本较高，尚不完全成熟的技术，建议有条件的地方选用。规划湛江大水桥水库和东莞同沙水库采用生态滚水堰工程。

2）河岸生态防护工程

对支流河岸进行整治和基底修复，种植适宜的水生、陆生植物，构成绿化隔离带，维护河流良性生态系统，兼顾景观美化。河岸生态防护主要考虑入库支流周边的植被状况，对植被状况较差、容易造成水土流失的支流规划生态防护工程。广东省规划河岸生态防护工程三个，投资230万元，详见表6.25。

表6.25 广东省入库支流生态修复与保护情况

水源地名称	涉及县市	工程名称	支流名称	隔离带面积/m²	投资/万元
虎局水库	丰顺县	虎局水库生态保护工程	汶水河	294400	100
新丰江水库	河源市	生态防护工程	新丰江	180000	50
水濂山水库	东莞市	支流河岸的生物治理	水濂沟	75000	80
合计				549400	230

3）水库周边生态修复工程

对水库周边生态破坏较重的区域，结合饮用水水源保护区生物隔离工程建设，在水库周边建立生态屏障，减少农田径流等面源对水库水体的污染。广东省水库周边生态修复工程与保护工程见表 6.26。

表 6.26　广东省水库周边生态修复工程与保护工程

水源地名称	涉及县市	工程名称	工程类型	保护与修复面积 /km²	投资/万元
洪秀全水库	广州花都	洪秀全水库生态修复与保护工程	库周边生态修复	0.5	60
花山水库	始兴县	花山水库生态修复工程	生物隔离	0.2	30
瀑布水库	南雄市	瀑布水库库区退耕还林	生物隔离	0.55	70
铁岗水库	深圳西乡	深圳铁岗-石岩水库水源保护林工程	水源保护林工程	5	900
石岩水库	深圳石岩				
合计				6.25	1060

4）水库内生态修复工程

水库内生态修复工程主要采用生物浮床技术。该技术比较适合处理有机污染，特别是对氮磷的去除率较高。因此一些有机污染严重或富营养化的水库，可结合景观建设生态浮床工程。根据水库污染的严重程度及生态浮床的治理效率，浮床的面积占水库面积的比例在 10%～30% 之间为宜，浮床位置靠近入库支流及污染相对严重的区域。在只存在有机及富营养化污染，而不存在重金属及有毒有害污染物的水源地，浮床上种植水稻、丝瓜、茭白、水雍菜、水芹菜、西洋菜及芦苇、花卉等植物，在收获农产品、美化水域景观的同时，通过植物根系的吸收和吸附作用，去除水体中的 N、P 元素，净化水质。生物浮床技术在工程实践中存在一定的风险，有可能出现水生植物的疯长，所以一定要小面积范围试验取得成功经验，不可贸然大范围推广。

6.3　城市河流生态建设方案

随着经济社会的快速发展、城市化进程的不断推进及大规模的开发建设，流经城市的河流污染愈来愈严重，水体功能明显退化，城市河流生态建设把河涌水环境生态整治与景观建设放在突出位置。

随着区域一体化的推进，城市化工业化进一步加快，人口和经济聚集度进一步提高，珠江三角洲地区成为全广东省乃至全国经济聚集度最高的地区之一，对水利防灾减灾能力的要求越来越高、依赖性越来越强，珠江三角洲地区越来越"淹不起"、"旱不起"、"脏不起"。水利必须超前实现现代化，才能为珠江三角洲地区乃至港澳地区可持续发展提供可靠的防洪安全、供水安全和生态安全保障。

珠江三角洲地区城市河涌通过水闸或泵站与外江水系"隔离"和"沟通"，构成了网河区重要的泄洪通道，为人们提供了灌溉、航运、渔业养殖等多种便利，在地区经济发展中发挥着重要作用。综合治理、科学改善珠江三角洲地区河涌水生态环境，是提高区域整体形象、发展河口地区经济的迫切要求，更是直接关系人民群众生活保障、生存发展、人居环境的重大民生水利问题。

6.3.1 珠江三角洲河涌治理现状与存在问题

6.3.1.1 河涌整治现状

（1）河涌数量

报告所称河涌泛指中小河流或河道、水道，包括溪流、溪水、河汊，或河水的支汊、分支、汊流等。三角洲河涌数量众多，难以准确统计。珠江三角洲约有除主干河流之外的河涌12259条，长度29820 km，估算结果见表6.27。

表6.27 珠江三角洲城市河涌总数及长度估算结果和密度情况

分区	计算面积 /km²	河道数 /条	河道长度 /km	平均长度 /(km/条)	河道密度	
					/(km/km²)	/(条/km²)
网河区	9750	4936	10078	2.04	1.034	0.506
非网河平原区	12950	4306	10010	2.32	0.773	0.333
山丘地区	18998	3017	9733	3.23	0.512	0.159
总计	41698	12259	29820	2.43	0.715	0.294

珠江三角洲九市范围内的河涌主要分布在广州、深圳、佛山、中山及东莞5市。广州市中心城区主要河涌约有231条，总长913 km。深圳市集雨面积大于1 km²的河流310条，总长度约1000 km，大于100 km²的仅5条。佛山市共有内河涌2802条，总长5084.8 km，其中主干河涌245条，长约1529.5 km，支干河涌492条，长约1176.7 km。中山市河涌638条，长约1505 km。东莞有河涌及中小河流35条，总长约467 km，其中最主要的河涌水系为东引运河水系、石马河水系及挂影洲中心排渠等。珠海市纳入河涌范畴的主要有前山河、洪湾涌及广昌涌等3条。江门市主要河涌分布在市区（含新会区），包括江门河、礼乐河、天沙河等。肇庆及惠州的河涌相对较少，其中惠州主要有淡水河、潼湖水、西湖、金山河、青年河等，肇庆市主要为星湖及羚山涌、长利涌、青岐涌等。

（2）水环境现状评价

评价主体包括东江三角洲和西北江三角洲河网区47条外江和广州、深圳、佛山、珠海、中山、惠州、江门、东莞10条内河涌。

1）外江河流水质评价

根据广东省水资源公报，2009年珠江三角洲地区外江全年综合评价河长为1440 km，水质Ⅱ类428 km，占29.7%；Ⅲ类278 km，占19.3%；Ⅳ类282 km，占19.6%；Ⅴ类160 km，占11.1%；劣Ⅴ类292 km，占20.3%。

2010 年珠江三角洲地区外江全年综合评价河长为 1668 km，水质 II 类 414 km，占 24.82%；III 类 442 km，占 26.5%；IV 类 237 km，占 14.21%；V 类 122 km，占 7.31%；劣 V 类 453 km，占 27.61%。

2）内河涌水质现状

本次评价选取规划范围内 10 条河涌进行重点评价，包括淡水河、佛山水道、前山河、礼乐河、江门河、天沙河、东引运河、陈村涌、西南涌和白坭河，总河长 319 km。其中淡水河、佛山水道、前山河、西南涌和白坭河这五条河涌为本次研究范围内的跨界重点河涌。

2010 年全年期水质监测结果显示，礼乐河和陈村涌全年期的水质为 IV 类，江门河 20% 河长水质为 III 类，其余为 V 类，佛山水道、前山河和西南涌全年水质为 V 类，其余四条河涌全年期水质均为劣 V 类，劣 V 类河长为 195 km，占总评价河长 61.3%；汛期，陈村水道水质为 IV 类，江门河 20% 河长水质为 IV 类，其余为 V 类，佛山水道 38% 河长水质为 IV 类，其余为劣 V 类，前山河和礼乐河水质为 V 类，其余河涌的水质均为劣 V 类，劣 V 类河长为 199 km，占总评价河长 62.6%；非汛期，江门河 20% 河长水质为 III 类，礼乐河水质为 IV 类，陈村涌、佛山水道和西南涌水质为 V 类，其余五条河涌水质均为劣 V 类。

6.3.1.2 河涌整治存在问题

在广东省的珠江三角洲，共有大大小小的河涌数千条，这些河涌纵横交错，具有连通性和感潮性。目前，这些河涌一般承担着防洪、排涝、灌溉、航运和排污的任务。随着工业化和城市化的发展，河涌还具有塑造城市景观、为市民提供休闲娱乐等功能。

由于各种原因，尤其是位于城市内的河涌，污染严重，影响居民的生活。一般河涌都不同程度地存在以下问题：

1）淤：河涌淤积情况严重。由于一些河涌长年累月没有清淤，加上涌岸崩塌，乱倒垃圾，断面缩小，水流极为不畅，两岸杂草丛生，使河涌的功能逐渐丧失。河涌淤积的主要原因：一是水土流失，暴雨期间地面径流挟带泥沙，流入河涌；二是生活污水中大量残渣在水流不畅、流速缓慢的地方沉积下来；三是陶瓷、纺织、食品、造纸等行业的工业废水中含有大量沉淀物，造成排污口附近河涌的严重淤积。从河涌淤积的分布看，呈现"三高三低"的特点：河底高、闸底低；城镇高、农村低；中间高、两头低。

2）缩：内河涌萎缩的主要原因：一是农业结构调整，水稻种植面积大幅度减少，原来的稻田排灌系统因失去作用而被堵塞、填埋、逐渐消亡；二是经济快速发展，城镇扩张，开发区、工业区、居民住宅、公路建设等不断向河涌要地，同时由于占用的土地几乎全部实现"硬底化"，一些河涌为地下排水系统所取代；三是部分河涌年久失疏，堵塞过多，垃圾堆积，河涌逐渐淤塞消退；四是一些河涌由于水体污染而变黑发臭，对周围环境影响较大，为避免蚊虫孳生，结合城镇建设将其填埋或改为箱涵。

3）涝：市区河涌排涝标准低。现状河涌的排涝标准只有 5 ~ 10 年一遇，有些低洼地区排涝标准为 1 ~ 2 年一遇。河涌过流断面小，护砌不完整，涌道淤积严重。由于雨污不分流，内涝易于造成污染物的混合漫溢并进入排水系统污染河涌和下游河道。洪泛往往导致面污染的迅速扩散。防洪（潮）标准低。现状河涌出口堤岸堤顶超高不足，河口挡潮闸一般为手动开、闭闸门，设备陈旧，需加固改造。

随着社会经济的发展，城市化进程大大加快，相同暴雨产生的洪涝峰值较以前增大，汇流速度加快；近些年由于河床采沙和自然因素的影响，河床下切，河涌受潮流顶托洪（潮）水位抬升明显，存在内涝现象。

排涝主干河涌宣泄能力不足，部分山塘和涵闸未达标。暗涌设计标准仅1年一遇，明涌大部分为土质排水沟，与城市景观不协调。

4）损：现有区内排涝系统的工程设施不配套，难以有效发挥作用。部分地区的瓦管渠和城墙砖砌沟，淤塞破损严重。

5）污：内河涌基本成为纳污河涌，企业废水、城镇和农村生活污水未经处理直接向河涌排放，水质严重污染，大部分河涌水质黑臭，且污水量逐年增加，已成为河涌重要的污染源。除此之外，每天还有大量的垃圾进入河涌中，不仅淤塞了河涌，同时也严重污染了水体，破坏了生态环境。

6）障：人为侵占河涌造成涌障的现象严重。河涌两岸的民居、菜地、凉棚等向河涌中间延伸，缩窄河涌断面。船（艇）靠岸湾泊，阻碍水流。跨越河涌的小桥，为了节省造价而缩小跨度，两岸桥墩伸入河涌，严重阻水。随意向河涌倾倒垃圾、废物。涌底水草、两岸杂草滋生，增大糙率。

7）闭：河涌上的水闸按照防洪功能运行，平时关闭，水体交换能力差，由于河网的联通性和感潮性，污染物在河网内回荡和扩散。

8）薄：河涌管理薄弱，专职管理人员没有或很少，工程管理经费不足，管理规章制度不健全。

9）缺：河涌整治的经费缺口太大，要使河涌彻底得到整治，需要数十亿元。

6.3.2 城市河流生态建设基本原理

6.3.2.1 河涌分类

（1）分类原则

1）按外部条件
地形条件：平原区、丘陵区、山区。
水动力条件：网河区、非网河区（指单一流向的河涌）。
流经区域：城区、郊区、农村。
污染源：点源、面源、混合。
2）按河涌功能
为了界定河涌的管理职责和提高河涌的管理效率，确定河涌整治的规模和标准，进一步细化河涌不同河段的功能，将河涌具体分为三类，见表6.28。

表 6.28 河涌功能分类标准

类 别	功 能 要 求		
	一 类	二 类	三 类
防洪、排涝	组成城市水网的骨架,建成区和规划区的主要排涝通道,排涝分区中的主要河流或承担上游水库泄洪的河涌	排涝分区中的次级河涌或排涝小区及建成区的汇水管道,上游水库泄洪时的排洪管道	集雨面积小于 2 km², 排涝能力较弱的河涌,位于城中村或农作区、林区的灌溉管道,调水、补水的管道
绿化、景观、休闲、旅游	集多种功能如绿化、水景于一体。岸边有一定宽度的绿带,设亲水人行道和平台,结合生态、历史、人文、城市标志性建筑物营造水景	沿岸普通绿化,可不设或局部设置亲水人行道和平台	有绿化要求。尽量保留河涌原生态
灌溉及其他用水	可以满足	可以满足	可以满足
道路及其他管线	结合道路网,可作规划分区隔离带,沿岸可铺设供水、电力、通信、煤气及污水管道	结合道路网及绿化带建设,管线同前	结合人行和自行车道或小区路网建设。可铺设较小的供水、电力、通信、煤气及污水管道
桥、船的要求	入涌船只尽可能平底,桥型有景观要求	无	无
水质	2015 年不黑不臭	2015 年不黑不臭	2015 年不黑不臭
	2020 年满足水功能区要求	2020 年满足水功能区要求	2020 年满足水功能区要求

(2) 分类结果

1) 河涌流经区域和主要污染源有相关性,城区点源污染为主、农村面源污染为主、郊区点源面源污染并存,因此河涌流经区域和主要污染源合并,以河涌流经区域代表;

2) 地形条件和水动力条件有关联,网河区地形上均为平原区。丘陵区河涌特征为水流单一流向,非网河区河涌水流特征亦为单一流向,因此地形条件和水动力条件进行合并,以河涌水动力条件代表;

3) 河涌流经区域和河涌功能相关,流经城区的河涌为一类、流经郊区的河涌为二类、流经农村的河涌为三类,河涌流经区域和河涌功能进行合并,以河涌功能代表;

4) 根据现状调查,本次研究范围没有第三类河涌。

河涌外部条件和功能分类结合以后,规划范围的河涌可分为四大类 (两种水动力条件、两种河涌功能),见表 6.29。

表6.29 外部自然条件和功能分类组合表

类别	水动力条件	河涌功能
W1	网河区	一类
W2	网河区	二类
F1	非网河区	一类
F2	非网河区	二类

考虑到规划措施的针对性，结合三角洲河涌实际情况，网河区的河涌存在两端和外部水系连通（河涌进出口与外江连接且均受潮汐影响，河涌内形成往复流）、或仅一端和外部水系连通（由于被部分填埋形成的断头涌，或单一流向的河涌），城区也存在建成区和规划城区两种情况（规划城区河涌功能亦为一类），共有9种组合。

因此，河涌分类概括起来就是：

两种类型河道：网河、非网河。

两种河涌功能：一类、二类（也对应城区、郊区）。

四个大类：W1，网河一类（网河城区）；W2，网河二类（网河郊区）；F1，非网河一类（非网河城区）；F2，非网河二类（非网河郊区）。

九种组合：W1-JL、W1-JD、W1-GL、W1-GD、W2-L、W2-D、F1-J、F1-G、F2。

三角洲河涌分类结果见图6.7。169条河涌分类组合见表6.30。

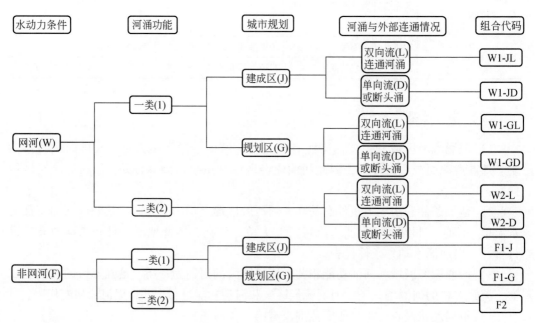

图6.7 三角洲河涌分类图

表 6.30　169 条河涌分类组合表

序号	地级市	县（区）	河涌名称	组合代码	序号	地级市	县（区）	河涌名称	组合代码
1	广州	天河区	沙河涌	F1-J	41	深圳	宝安区	西乡河	F1-J
2			猎德涌	F1-J	42		南山区	大沙河	F1-J
3			棠下涌	F1-J	43		福田区	新洲河	F1-J
4			车陂涌	F1-J	44		宝安区	新圳河	F1-J
5			深涌左支涌	F1-J	45	珠海	珠海	前山河	W1-JL
6		白云区	石井河	F1-J	46			洪湾涌	W2-L
7			新市涌	F2	47			广昌涌	W2-L
8			白海面涌	F2	48	佛山	禅城区	佛山涌	W1-JL
9			沙坑	F2	49		南海区	佛山水道	W1-JL
10			跃进河	F2	50			南北主涌	W2-L
11			雅瑶涌	F2	51			红星运河	W2-L
12			江高截洪渠	F2	52			水头涌	F2
13		黄埔区	珠江涌	F1-J	53		顺德区	伦教大涌	W2-L
14			文涌	F1-J	54			羊大河	F2
15			庙头涌	F1-J	55			鸡洲大涌	W2-L
16			双岗涌	F1-J	56			黄连河	W2-L
17		萝岗区	南岗河	F1-J	57			勒良河	W2-L
18		黄埔区	乌涌	F1-J	58			扶安河	W2-L
19		海珠区	海珠涌	W1-JL	59			林上河	F2
20			北濠涌	W1-JL	60			细海河	W2-L
21			石榴岗河	W1-JL	61			西河	F2
22			黄埔涌	W1-JL	62			沙良河	F2
23		芳村区	花地河	W1-JL	63			迳口大河	F2
24			大沙河	W1-JL	64			陈村水道	W2-L
25		番禺区	市桥河	W1-JL	65			陈村涌	W2-L
26			丹山河	F1-J	66			文海河	W2-L
27		花都区	白坭河	W1-GL	67			文登河	W2-L
28			新街河	F2	68			银河	W2-L
29			田美河	F2	69			龙山大涌	W2-L
30			铁山河	F2	70			跃进河	W2-L
31			铜鼓坑	F2	71			龙江大涌	W2-L
32			兴华涌	F2	72			凫洲河	W2-L
33			雅瑶支涌	F2	73			华安河	F2
34			大陵河	F2	74			西线河	F2
35	深圳	宝安区	观澜河	F1-J	75		高明区	秀丽河	F1-J
36		龙岗区	龙岗河	F1-J	76			西安河	F1-J
37		宝安区	茅洲河	F1-J	77			五塱涌	F1-J
38		龙岗区	坪山河	F1-J	78		三水区	西南涌	W2-L
39		福田区	深圳河(含布吉河)	F1-J	79			芦苞涌	W2-L
40		盐田区	盐田河	F1-J	80			大棉涌	F2

序号	地级市	县（区）	河涌名称	组合代码	序号	地级市	县（区）	河涌名称	组合代码
81	佛山	三水区	大塱涡涌	F2	118	东莞	石碣	挂影洲围中心涌	W2-L
82			樵北涌（金本段）	F2	119		樟木头	官仓河	F2
83			樵北涌（白坭段）	F2	120		清溪	清溪河	F2
84			欧边涌	F2	121			石马河	F1-J
85			白土涌	F2	122		沙田	淡水湖	F2
86			左岸涌	F2	123	中山	中顺大围	凫洲河	W2-L
87			乐平涌	F2	124			岐江河	W1-JL
88			大塘涌	W2-L	125			北部排灌渠	W2-L
89	江门	市区	江门河	W1-JL	126			中部排灌渠	W2-L
90			天沙河	W1-JL	127			狮滘河	W2-L
91			礼乐河	W1-JL	128			东部排灌渠	W2-L
92		台山	台城河	W1-JL	129			西部排灌渠	W2-L
93			三合水	F2	130			进洪河	W2-L
94		开平	镇海水	F2	131			咸角涌	W2-L
95			蚬岗水	F2	132			赤洲河	W2-L
96		新会	会城河	W1-JL	133			沙朗涌	W2-L
97			下沙河	F2	134			石特涌	W2-L
98		鹤山	沙坪河	F2	135			港口河	W2-L
99			址山水	F2	136			浅水湖	W2-L
100		恩平	莲塘水	F2	137			木河迳-含珠滘	W2-L
101	东莞	东莞	东引运河	F1-J	138			北台溪	F2
102			寒溪水	F2	139			东部排水渠	W2-L
103		东坑	东坑内河	F2	140			麻子涌	F2
104		茶山	茶山内河	F2	141		民三联围	田基沙沥	W2-L
105		大朗	水口排渠	F2	142			乌沙涌	W2-L
106		横沥	仁和水	F2	143			南洋滘	W2-L
107		大朗	梅塘水	F2	144			三角新涌	W2-L
108		寮步	寮步河	F2	145			二滘口沥	W2-L
109		茶山	黄沙河	F2	146			三宝沥	W2-L
110		南城	东门河	F2	147			裕安涌	W2-L
111			鸿福河	F2	148		文明围	中心横河	W2-L
112			新基河	F2	149		五乡联围	中心排河	W2-L
113			石鼓河	F2	150			横沥涌	W2-L
114		厚街	大陂河	F2	151			阜沙涌	W2-L
115		虎门	大沙河	F2	152		大南联围	中心排灌河	W2-L
116		长安	马尾山水	F2	153		张家边联围	小隐涌	F1-J
117			长青渠	F2					

续表

序号	地级市	县（区）	河涌名称	组合代码	序号	地级市	县（区）	河涌名称	组合代码
154	中山	张家边联围	张家边涌	W2-L	162	惠州	惠城区	西湖、金山河、青年河	F1-J
155		中珠联围	前山河	W2-L	163		仲恺区	潼湖水	F1-G
156			茅湾涌	W2-L	164		博罗县	榕溪沥	F2
157			坦洲大涌	W2-L	165	肇庆	端州区	星湖及羚山涌	F1-J
158		丰埠湖联围	南朗中心河	F1-J	166		鼎湖区	广利涌	F1-G
159			兰溪河	F2	167			长利涌	F1-G
160			泮沙排洪渠	F2	168		四会市	青岐涌	F2
161	惠州	惠阳区	淡水河	F1-J	169		大旺	独水河	F1-G

6.3.2.2 治理思路

（1）治理整体思路

从泄洪整治、截污治污入手，从根本上切断内源、外源污染，再辅以生态、植物、补水等修复措施，建设人、水、生态环境和谐的河涌体系，实现"水通、水活、水美"，建设"安全河、清水河、生态河"。

同时协调好上下游、左右岸、不同行政区之间的关系，做到同时规划、同时设计、同时施工。

（2）治理技术方法

在充分调查的基础上，从整体出发，以相关规划为依据，以河涌泄洪整治及河道水环境整治以及生态修复为重点，注重河涌整体功能的发挥，分类制定不同类型河涌的整治和修复总体方案，完善河涌管理体制，建设统一协调、安全、清洁美观、健康有活力的河涌综合体系。

（3）治理措施

1）综合治理基本模式

泄洪整治、截污治污：泄洪整治是防洪安全基本需要，截污治污是改善河涌水环境的根本，泄洪整治、截污治污是每条河涌均要实施的措施，是基本措施。

河道形态：宜弯则弯、宜宽则宽，增设河滩和岸边湿地。恢复、保留河边静水区和湿地，营造多样性水域栖息地环境，使之具有不同的水深、流场和流速，适于不同生物发育和生长需要。

堤岸型式：城区段由于受限于两岸设施，可采用直墙或直墙+斜坡式岸坡，非城区段原则上采用斜坡式生态岸坡。有条件的河段常水位以下种植水生植物，常水位至洪水位的区域下部以种植湿生植物为主、上部以中生但能短时间耐淹植物为主，洪水位线以上种植常绿树种，增加观赏性。

节点景观：结合河涌沿岸具体特点，布设沿河公园、广场、湿地、亭台楼榭等，不一而足，以凸显岭南文化、水乡特色为出发点。

内源治理：通过清除污染底泥、曝氧、设置生物岛、种植水生植物、建设湿地工程等措施，净化水质。

补水增容：单一流向河涌，上游水库+污水处理厂尾水+下游河道提水补水；双向流的围内河涌，利用两端闸站控制置换涌内水体。

2）水环境整治与修复模式

河涌水环境整治目标是恢复河涌的环境生态功能和水利功能。其中环境生态功能恢复，就是要逐步改善河涌水质，恢复水体原有的生态条件，最终将河涌建成休闲旅游式的景观带。

河涌污染源可分为三类，一是点源污染，来自工业污水和第三产业废水；二是面源污染，来自农业区的农药、化肥、养殖；三是内源污染，来自河涌黑臭底泥二次污染。点源、面源污染属于外源污染。

河涌污染治理要体现：对来自内源的要治内不污外，对既有内源又有外源的既要治内又要拒外，对外来污染源要求市县（县、镇）交界断面水质按水功能区和相关规定达标。

对于点源污染的治理需在河涌截污的基础上，建立起完善的污水管网系统，并兴建污水处理厂，形成完善的污水处理系统，一些传统产业如印染、制药、发酵等向外转移或达标排放，关闭水环境污染严重、不符合"一控双达标"要求的企业，有效控制工业废水排入河涌的总量。

面源污染治理措施主要是建设垃圾焚烧发电厂、垃圾集中填埋、垃圾收集运输规范化；减少农药使用、使用低污染易分解的农药；禁止使用含磷化肥、推广无磷洗衣粉、无害化公厕；收集初期雨水进行处理等措施。

三角洲河涌绝大部分底泥污染严重，必须清除避免二次污染。重金属不超标的底泥可用于绿化、填埋，超标的集中进行无害化处理。

根据这一思路，提出近期以截污、清淤、补水、建设堤岸和景观等作为主体措施的技术路线，实施截污治污、底泥疏浚、引水工程，同时建立较完善的管理体制，摸索出城市河道污染水体恢复新模式。

河涌综合整治与修复工程措施分类见图6.8。

3）基本治理措施

防洪排涝：综合分析计算确定河涌的防洪排涝整治断面，通过河岸整治、断面清淤、清障、疏浚、河道拓宽等工程措施，使河涌满足防洪排涝功能需要，必要时进行适当的水系调整。

截污治污：新建、扩建污水处理厂，使污水处理规模达到规划要求。实施截污和雨污分流工程，彻底切断河涌污染来源，为从根本上扭转河涌水质提供条件。

水景观：主要体现在河涌护岸及绿化整治方面。河涌两岸设置亲水平台、沿河公园、绿道，形成滨水廊道。中心区河涌两岸适当设置文化长廊，凸显岭南独有水乡文化。

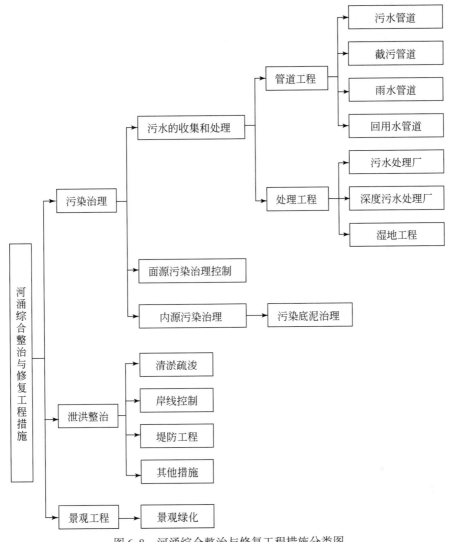

图 6.8　河涌综合整治与修复工程措施分类图

补水措施：①感潮区在解决防洪排涝安全的基础上，采取打通断头涌、新增水闸、引水泵站及管线等措施来实现河涌补水，改善河涌水质。通过群闸联控，利用珠江潮汐退潮排水、涨潮引水，形成单向流，改善河涌水质。②非感潮区河涌位置相对较高，补水主要通过外江引水来实现。

主题（湿地）公园：建设人工湖、湿地公园，打造城市"绿肺"，集调蓄补水、水质净化等多功能为一体。

其他生态系统重构措施：①适当设置增氧曝气设备，提高河涌水体含氧量，抑制厌氧微生物生长，恢复河涌喜氧生物活性，改善河涌水质。②设置生物浮岛，通过浮岛上的植物吸附水中氮磷等营养物质。③投放强化微生物，通过微生物处理有机废水。④水生动物栖息地重建，包括建设低坝并设置鱼道和产卵区构造、恢复河流蜿蜒性、重建河流深槽和浅滩序列等。

4）河涌分类组合基本治理措施

上述措施是河涌整治与修复基本措施，三角洲河涌数量多且各有其特点，针对前述三角洲河涌分类组合结果，根据每个组合的特点，适宜整治与修复措施见表 6.31。

表 6.31　不同分类组合整治与修复措施表

序号	组合代码	规 划 措 施
1	W1-JL	征地拆迁困难，治理要求高。治理措施特点和重点： （1）驳岸：直墙/斜坡结合，注重节点景观 （2）体现亲水性、水文化 （3）补水：中水、潮汐结合闸站补水、人工湖 （4）水景观：亲水平台、人工曝气、生物岛、人工湖 （5）截污治污
2	W1-JD	打通断头涌或闸站结合进行换水补水，其余同 W1-JL
3	W1-GL	规划区和建成区的区别是：规划区目前相当于郊区，但治理措施上近远期结合，近期按二类（W2-L）并可适当提高治理措施标准
4	W1-GD	规划区和建成区的区别是：规划区目前相当于郊区，但治理措施上近远期结合，近期按二类（W2-D）并可适当提高治理措施标准
5	W2-L	相对于城区而言，征地易，面源污染突出。治理措施特点和重点： （1）生态驳岸，湿地工程，沿河绿地 （2）恢复天然河道属性 （3）垃圾处理、河道清淤清障 （4）补水：潮汐结合闸站联调补水、湿地工程补水 （5）面源污染治理
6	W2-D	打通断头涌、或闸站结合进行换水补水，其余同 W2-L
7	F1-J	征地拆迁困难，治理要求高。治理措施特点和重点： （1）驳岸：采用直墙/斜坡结合，注重节点景观 （2）体现亲水性、水文化 （3）补水：中水、水库、提水补水、人工湖 （4）水景观：亲水平台、瀑布、橡胶坝、生物岛、人工湖 （5）截污治污
8	F1-G	规划区和建成区的区别是：规划区目前相当于郊区，但治理措施上近远期结合，近期按二类（F2）并可适当提高治理措施标准
9	F2	相对于城区而言，征地易，面源污染突出。治理措施特点和重点： （1）生态驳岸，湿地工程，沿河绿地 （2）恢复天然河道属性（浅滩急流、蜿蜒曲折、鸟语花香等） （3）垃圾处理、河道清淤清障 （4）补水：水库、湿地工程补水 （5）面源污染治理

（4）非工程措施

1）加强部门协调

三角洲河涌综合整治与修复，涉及多个部门，应加强部门间沟通协调，把河涌整治作为一个有机的整体，科学规划。

2）加强区域合作

各市要从三角洲一体化、现代化的高度重视河涌整治与修复工作。

3）建立共治共管机制

河涌整治与修复是三角洲现代化的重要标志之一，地级市之间界河和跨界河涌的整治规划、实施，需要建立协商协调、共治共管机制，共同监督、同时实施。

4）加强立法和宣传工作

建议三角洲各地市开展本市河涌整治与修复规划，并报请市政府给予批复，从根本上为河涌整治与修复提供制度保证。

6.3.3 重点河涌生态建设综合方案

珠江三角洲河涌数量众多，多达1万多条，为突出重点，选取跨地级市，流经城市（镇）且防洪压力大、污染比较严重，对饮用水水源地影响较大的13条重点河流作为试点研究，对普遍问题提出治理思路和指导建议，以推动和加快南方城市河流水生态环境修复工作。重点河涌流域面积及相应的山地、平原面积见表6.32。

表 6.32 重点河涌集雨面积统计表

序号	河道名称	集雨面积/km²		
		山地	平原	总计
1	白坭河	2596	658	3254
2	西南涌	0	658	658
3	芦苞涌	0	265	265
4	茅洲河	233	156	389
5	观澜河	64	192	256
6	龙岗河	180	226	406
7	坪山河	82	99	181
8	前山河（含广昌涌）	190	138	328
9	佛山水道	0	227	227
10	淡水河	193	392	585
11	石马河	448	801	1249
12	凫洲河（拱北河）	0	322	322

注：广昌涌、前山河相互连通，作为一个整体统计；山地、平原的划分是以相对高程确定。

6.3.3.1 河涌水功能区划

河涌水功能区划参照河流水功能区划办法，以《广东省水功能区划》（2007）和各地市河涌水功能区划成果为基础，结合各市相关功能区划和规划报告，并考虑河涌与外江河道水质目标的协调性和连贯性，对原有河涌水功能区划进行复核，对未进行水功能区划的河涌进行功能定位。结果见表 6.33。

表 6.33　珠江三角洲重点河涌水功能区划

地市	县（区）	河涌名称	河长/km	水功能一级区	水功能二级区	功能排序	水质管理目标（2020 年）
广州	花都	白坭河	57	白坭河广州开发利用区	白坭河广州饮用工业用水区	饮用、工用、农用	III
深圳	深圳	茅洲河	31.3	茅洲河开发利用区	茅洲河景观农业用水区	景观、农用	IV
		观澜河	15	观澜河开发利用区	观澜河景观用水区	景观	IV
		龙岗河	29.2	龙岗河开发利用区	龙岗河景观用水区	景观	IV
		坪山河	16.2	坪山河开发利用区	坪山河景观用水区	景观	IV
珠海	珠海	前山河	8.3	前山河开发利用区	前山河珠海景观工业用水区	景观、工用	IV
		广昌涌	7.6	香洲区内河涌开发利用区	广昌涌农业用水区	农用	IV
佛山	南海	佛山水道	23	佛山水道开发利用区	佛山水道佛山景观用水区	景观	IV
	三水	西南涌	38	西南涌开发利用区	西南涌佛山工业农业用水区	工用、农用	IV
					西南涌佛山广州过渡区		IV
		芦苞涌	32	芦苞涌开发利用区	芦苞涌工业景观用水区	工用、景观	IV
东莞	东莞	石马河	50.5	石马河开发利用区	石马河景观用水区	景观	III
中山	中山	凫洲河	30	凫洲河开发利用区	凫洲河工业用水区	农用、排水	IV
惠州	惠阳	淡水河	95	淡水河深圳–惠阳开发利用区	淡水河深圳景观用水区	景观	III

6.3.3.2 纳污能力计算

（1）纳污能力计算模型

由于受到水闸的控制，河涌水体单向流动，故采用河流一维水质模型计算水域纳污能力。惠州市西湖采用湖（库）均匀混合模型进行水域纳污能力的计算。外江河涌则采用网河区一维水动力水质模型进行水域纳污能力的计算。

（2）模型计算参数

1）设计条件

设计流量：外江采用近 10 年最枯月平均或 90% 最枯月流量为设计流量，湖泊采用 90% 最枯月平均水位相应的蓄水量作为设计水量。

设计流速：建立各河段的流速–流量的相关关系，根据各计算河道的实际资料情况采用合适的方法估算其设计流速。

2）边界条件

对水流模型，上边界用流量控制，下边界用水位控制。西北江三角洲上游控制边界主要取北江的石角和西江的高要，下游控制边界取三角洲口门站。

3）水质参数

河涌的衰减系数 COD 取值 0.7 ~ 0.13/d、氨氮取值 0.03 ~ 0.08/d。湖泊的衰减系数 COD 取值 0.02/d、氨氮取值 0.01/d。

（3）纳污能力计算成果

外江河流纳污能力结果见表 6.34，其余河涌纳污能力计算结果见表 6.35。

表 6.34 主要河流水功能区纳污能力计算结果

河涌名称	范围		所在行政区	长度/km	2020 年纳污能力/(t/a)	
	起始范围	终止范围			COD	氨氮
淡水河	深圳梧桐山	深圳水背	深圳市	43	2010.1	131.5
	深圳水背	惠阳牛郎径	深圳市、惠阳	17	81.5	3.1
	惠阳牛郎径	紫溪口	惠阳	35	889.71	43.59
石马河	雁田水库	东莞桥头镇	深圳市、东莞市	64	3092.3	197.1
茅洲河	羊台山	伶仃洋	深圳市	34	542.6	34.9
前山河	联石湾	湾仔	珠海市、中山市	23	16783.2	829.3
西南涌	西南镇	和顺下 2 km	南海	44	21671.3	1186.1
	和顺下 2 km	鸦岗	广州市、南海	3	659.8	26.4
芦苞涌	北江芦苞闸	入西南涌口	三水	30	20064.6	1323.4
佛山水道	沙口	沙洛	佛山市	33	2100.5	97.9
白坭河	源头	鸦岗	广州市	30	361.7	14.6

表 6.35 主要河涌纳污能力计算结果

地级市	县（区）	河涌名称	河长/km	主导功能	2020 年纳污能力/(t/a)	
					COD	氨氮
深圳	深圳	观澜河	15	农用、景观	63.1	3.2
		龙岗河	29.2	农用、景观	94.6	2.4
		坪山河	16.2	农用、景观	69.4	3.5
珠海	珠海	广昌涌	7.6	景观	337.6	12.7
中山	中山	凫洲河	30	农用、排水	855	34.8

6.3.3.3 重点河流河涌整治与修复示例

（1）芦苞涌、西南涌、白坭河

1）泄洪整治规划

设计标准为 20 年一遇洪水，堤防工程级别为 4 级。加固堤防 16.08 km，梯形断面，堤线原则上按原有堤线走向。两涌一河共有 68 处 25 km 险工段、304 座穿堤建筑物需处理。

按照防洪排涝的要求，根据河道两岸地形、建筑物、城市规划等情况，兼顾各有关部门对岸线的要求，提出河道岸线规划控制线。

2）水环境整治与修复

① 总体方案和对策

对来自内源的要治内不污外，对既有内源又有外源的既要治内又要拒外，在对点源污染的治理和河涌截污的基础上，建立起完善的污水管网系统，并兴建污水处理厂。近期以截污、清淤、堤岸、景观、补水为主。

② 污水处理

到 2020 年全市规划建设 47 座污水处理厂，处理规模达 622 万 m³/d，其中芦苞、西南片区有驿岗（15 万 m³/d）、兴联（10 万 m³/d）、芦苞（3 万 m³/d）、乐平（7 万 m³/d）污水处理厂。

③ 固体废弃物处理工程

近期（2007~2010 年）新建三水白坭坑垃圾卫生填埋场，处理能力达到 600 t/d，主要处理三水区的生活垃圾，远期（2011~2020 年）处理能力扩大到 900 t/d。

④ 面源污染治理工程

规划措施包括流域内建立完善的垃圾收集清运系统，垃圾收集容器按密集区 25~50 m 一个，一般道路 80~100 m 一个进行布置；每 0.7~1.0 km² 设一座小型垃圾中转站；密集区域每 300~500 m、一般道路每 800 m 左右设立质量较高的公厕；垃圾收集、转运、处理设施排出的废水、废气应满足环保部门的排放要求；农业种植区推行生物措施，减少农药和化肥使用量，坚决禁止剧毒农药，推广无公害农业生产，发展生态农业；养殖业做好废水处理，严格控制抗生素的使用；加强水土流失的治理和检测工作。

⑤ 生态湿地

芦苞、西南两涌及白坭河流域共规划建设四处人工湿地，总面积 141.98 hm²（见表 6.36）。

表 6.36 芦苞、西南涌及白坭河流域人工湿地规划表

序号	湿地名称	位 置	面积/hm²
1	上下渔村对岸湿地	芦苞涌上下渔村对岸弯段	45.4
2	三江大桥湿地	西南涌三江大桥上游弯段	16.13
3	白坭镇对岸湿地	白坭河白坭镇对岸弯段	39.7
4	鲁岗涌白坭河汊口湿地	鲁岗涌白坭河汊口	40.75
合计			141.98

⑥ 堤岸绿化

规划对"两涌一河"采用生态型护坡处理，包括堤防边坡绿化、沿堤防设置绿化带等措施。

3）增容补水工程

"两涌一河"的景观用水可以通过芦苞、西南水闸控制进行增容补水，但汛期要服从防洪调度，同时不允许涌内水流入北江。

（2）茅洲河

1）泄洪整治规划

① 总体方案

遵循"上蓄、中防、下泄"的防洪方针，对支流进行治理的同时，对干流进行岸线控制、堤防达标加固，对过流能力较小的河段进行拓宽，对占滩淤滩进行清淤清障，使干流达到 100 年一遇的防洪标准。

由于现状河道缩窄、占滩淤滩现象严重，岸线控制规划和河道清淤清障措施成为流域防洪潮规划的主要任务和手段。茅洲河下游深圳–东莞 11.99 km 的界河段，必须进行清障治理，东莞、深圳两市应加强协调和沟通，共同治理整治。

② 河道堤防

下游界河段清除河障的同时需要扩宽退堤，堤防型式采用直墙式+斜坡的复式断面，堤顶宽度深圳侧 8 m、东莞侧堤路结合 8～37 m。

中上游段治理河道总长度 18.86 km，堤防加高长度 17.3 km。堤防为以土堤为主的斜坡式或直斜混合堤型，顶宽 4～8 m，利用截流箱涵设置临水侧平台，宽度 3 m，兼做步行道和景观平台。20 年一遇洪水位以上采用三维土工网垫护岸，以下主要采用石笼、植生型砼、植生网垫护岸，弯道凹岸水流较急采用石笼护岸。

③ 河道清淤

清淤清障结合，以满足泄洪要求为基本要求，污染底泥送至福永处置场进行封闭填埋处理。

④ 截流工程

茅洲河干流中上游河段两岸均规划设置初雨截流箱涵，初雨污水送至光明、燕川污水处理厂处理后排放。规划右岸截污管长度 16.251 km，左岸 16.847 km，合计 33.098 km，截污箱涵流量 4.3 ~ 28.28 m³/s。

⑤ 岸线控制

界河段以中水稳定设计断面为基本行洪控制断面，塘下涌–沙井河控制行洪宽度为 100 m，沙井河–排涝河控制行洪宽度为 140 m，排涝河–新民排渠控制行洪宽度为 170 m，新民排渠–河口现状河宽基本满足行洪纳潮需求，控制岸线按现有堤线划取，中上游段基本按现状岸线进行控制。

⑥ 蓄滞洪工程

根据流域内现状土地使用情况，结合组团的土地利用规划，规划在流域中上游设置五个滞洪区，总的滞洪区占地面积 72.7 万 m²，库容 214.5 万 m³。

2）水环境整治与修复

① 截污治污工程

中上游采用坡脚铺设截污箱涵的方式收集污水，界河段则利用临河市政道路下的污水管网收集污水。旱季污水 100% 收集、其他时间收集面源污染严重的初雨。

茅洲河深圳区域内共布设公明、光明、燕川和沙井四座污水处理厂，近期规模 75 万 m³/d、远期规划 125 万 m³/d。

东莞市长安镇第一污水处理厂（三洲）临近茅洲河，规划规模 20 万 m³/d，第二污水厂（新民）位于镇区东南部，规划规模 44 万 m³/d，此外长安镇南部工业园拟建一座污水处理厂处理园区及周边地区污水，规模 3 万 m³/d。

调蓄池工程：主要功能是储存上游收集的初期雨水，进行沉砂、加药净化、絮凝、除臭，容积 29 万 m³，规模 40 万 m³/d，处理后对茅洲河干流进行补水。

② 底泥污染控制

茅洲河底泥污染严重，结合河道清淤工程，污染底泥送至福永处置场进行封闭填埋处理。

③ 生态补水

根据分析，茅洲河干流景观水量容积 150 万 m³，5 天交换一次，每天生态补水量 30 万 m³/d，污水处理厂尾水满足生态补水需要。

④ 生态湿地

上下村排洪渠与公明排洪渠之间，紧邻北环规划一处湿地，占地面积 7.04 hm²，见图 6.9。

3）水景观

① 堤岸绿化及绿廊工程

从上游至洋涌河水闸分为四个区：自然生态区长度 4.32 km，以生态保护、水体净化、幽径寻源为主；滨河休闲区长度 4.7 km，结合规划的公园、湿地，营造滨河休闲场所；泛舟乐水区长度 6.8 km，以泛舟为特色；文化展示区长度 3.0 km，以陈仙姑为文化背景，打造具有地方特色的文化景观。河道绿化总面积约 75 hm²。

图 6.9 湿地效果图

② 文化景观

规划在茅洲河上村社区段建立陈仙姑纪念广场，借以弘扬善良，传送健康与和谐。

（3）观澜河

1）防洪工程规划

观澜河干流全长 14.95 km，防洪标准为 100 年一遇。现状防洪标准不达标，规划拓宽河道，增加河道泄洪能力。结合深圳市城市总体规划和观澜河防洪、绿化要求确定观澜河的岸线控制线，保障河道行洪和管理需要。

2）水环境综合整治规划

① 污水收集与处理

规划建设龙华（30 万 t/d）、观澜（30 万 t/d）、华为（12 万 t/d）污水处理厂。通过埋设截污管道的方式收集污水和初期雨水，规划建设龙华、观澜以及岗头河污水处理厂雨水调节池，容积分别为 3.3 万 m^3、1.9 万 m^3、0.7 万 m^3。

规划在坂田河口、岗头河口、长坑水、樟坑径河口、白花河口各设置两座，上花水、茜坑水各设置一座河底污水处理装置。

② 面源污染控制

面源污染治理控制包括垃圾收集、转运、处理系统，规划在平湖镇建设白鸽湖垃圾焚烧发电厂（1200 t/d）、黎光垃圾填埋场、老虎坑垃圾填埋场。垃圾收集容器按照密集区 25 ~ 50 m 一个，一般道路 80 ~ 100 m 一个进行布置。公共厕所按照密集区 300 ~ 500 m 一座，一般道路 800 m 一座布置。至 2020 年流域内共需设置 237 座小型垃圾站及一定数量的公厕。

③ 清淤：观澜河水质污染、黑臭的一个主要原因就是底泥的腐败变质，结合泄洪整治要求清除污染底泥。

④ 湿地系统：观澜镇上游、龙华污水厂下游建设湿地系统，面积 32.66 hm^2。

⑤ 河道生态补水：利用龙华污水处理厂尾水进行干流生态补水。

3）环境景观规划

河岸景观规划：沿河堤两侧种植枝条多姿、花香果熟、花期不同、形态别致的树种进行生态绿化。

水面景观规划：在龙华河口下游、大和水闸规划建设橡胶坝，形成 36.65 万 m^2 水面面积。

（4）龙岗河

1）泄洪整治规划

① 岸线控制

以 2008 年市规划局、市水务局编制并经市政府批准的《深圳市河道蓝线规划》为依据，划定龙岗河的岸线控制线。

② 岸坡修复工程

护坡修复：对因截流箱涵（管）基槽开挖造成破坏的岸坡进行护坡修复。

河岸巡河路修复：8+370—9+265 左右岸、6+441—6+880 右岸现状为土路路面，排水边沟破损严重，规划对其进行硬化处理。

③ 清除或改建沿河的行洪障碍物

龙岗河干流上有很多的行洪障碍物，严重降低了河道的行洪能力，在河道整治、清淤的过程中，给予清除或改建。

④ 河道防护措施

常水位以下缓坡面按双层块石护面，坡脚采用大块石护脚，常水位以上挂网植草；若有挡土墙，其基础埋深不小于 1 m，弯道冲刷严重段，其埋深可以加大。

2）水环境整治与修复

① 截污治污工程

蒲芦陂水库下游宝荷路至横岭污水处理厂段，铺设 11.135 km 截污主干管，收集龙岗中心城北部、坪地镇的污水。

规划在龙岗河流域建设横岗、横岭、龙田、沙田、宝龙污水处理厂，2020 年规模 70 万 m^3/d。污水厂尾水口设砾石床，提高尾水的溶解氧，降低化学需氧量、氨氮、磷等指标。

② 底泥污染控制工程

龙岗河底泥污染、淤积严重，规划清淤长度 8600 m，清淤泥量 11.18 万 m^3。

③ 引洁增容工程

污水厂出水补水 71 万 m^3/d，另有田祖上等 37 座小型水库 1310 万 m^3 蓄水可作为河道的景观用水来使用。

④ 生态系统重构

龙岗河流域共规划建设横岗污水厂、丁山河、黄沙河、龙田、沙田 5 处人工湿地，总面积 217.55 hm^2。

3）水景观

对于龙岗河干流上游已经整治的河道，规划进行景观的改造，种植悬垂植物，美化两岸的挡土墙。对未整治的下游河段，在满足防洪要求的前提下尽量采用缓边坡，河道两岸种植树木，以保持原始生态。

南约河口-丁山河口段，沿岸布置两个滨水公园和一个生态停驻点，滨水公园为野趣园滨河公园和揽香谷湿地公园，见图6.10，图6.11。

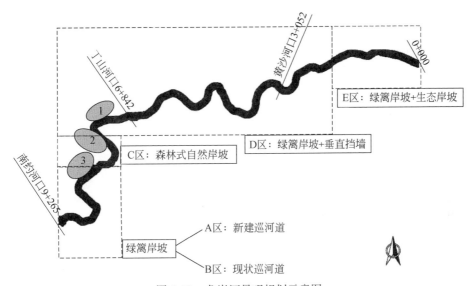

图6.10　龙岗河景观规划示意图

注：1为野趣园滨水公园，2为揽香谷湿地公园，3为生态停驻点

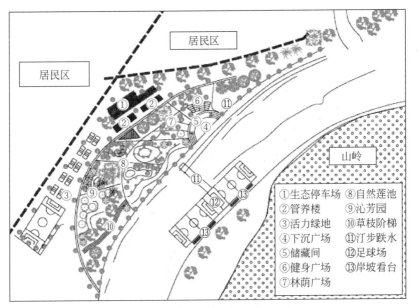

图6.11　野趣园滨河公园平面图

（5）坪山河

1）泄洪整治规划

① 岸线控制

坪山河干流防洪标准为 100 年一遇。结合深圳市河道蓝线规划、绿化要求确定坪山河的岸线控制线，保障河道行洪和管理需要。

② 堤防工程

坪山河干流目前大部分河段均已整治或正在整治，主要进行岸坡绿化。

③ 河道清淤

清除河底污染底泥，增加河道行洪断面。

④ 河道整治

南布村弯曲河段实施裁弯取直，在干流和支流河口设置一定数量的水坝，新开河段河底和马道以上植草护坡。

2）水环境整治与修复

① 截污治污工程

坪山河干流截污管基本上沿河两岸铺设，并在坪山河下游上洋污水处理厂附近建设初期雨水存贮池，上洋污水处理厂 2020 年规模为 40 万 m^3/d。

② 补水工程

河道补水管道由上洋污水处理厂接出，规模为 5 万 m^3/d，远期达到 10 万 m^3/d。

③ 生态工程规划与生态系统重构

在中下游规划建设坪山河河滩湿地公园，面积 303 hm^2，同时在三洲田，碧岭水、汤坑水、大山陂汇入坪山河的三角地区等处设置湿地公园。

④ 沿岸景观规划

对河道两岸进行绿化，力求不见裸地。临街处为游人提供休憩、娱乐、健身的活动空间。公园地势高于湿地，通过台阶将公园与湿地联系起来，既不会因污水漫流到湿地而影响整个公园，又可将游人引向"田野"。

（6）前山河

1）泄洪整治规划

① 河道清淤

防洪标准为 100 年一遇，清淤范围是市界至石角咀水闸，长度 8.3 km，深度考虑污染情况定为 0.8~1.0 m，清淤量 221.39 万 m^3。

② 岸线控制

根据珠海市遥感图、《珠海市城市总体规划（2001~2020）》，两岸绿化走廊宽度原则上各 15 m，对于堤防与城区建筑距离较大的河岸段，因有较大空间，设置休闲广场、喷泉、小型娱乐健身设施等文化景观。现状建筑物已经非常靠近河岸的河段，可适当降低绿化走廊宽度。

③ 堤防工程

前山河护堤全长 16.6 km，现状防洪标准 50 年未达标，规划按 100 年一遇标准进行达标加固，堤防型式见图 6.12。

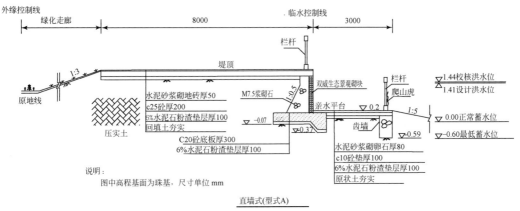

图 6.12 堤防规划断面

2）水环境整治与修复

① 截污治污工程

截污工程：前山河截污治污需要上下游共同协作，珠海、中山两市同时开展治污工程建设，才能彻底改变前山河水质状况，前山河珠海段的截污工程已经基本完成。中山市各镇旧城区及按合流制建设的建成区采用截流式合流制，远期随城市改造由截流式合流制逐步过渡为分流制。

治污工程：珠海市规划污水处理厂 14 座，城市污水处理率近期 85%，中期 90%，远期 95%，工业污水处理达标率为 100%。中山市规划建设污水处理厂 25 座，须严格执行《广东省跨行政区域河流交接断面水质保护管理条例》，实现跨行政边界水体水质达标交接。

面源污染治理工程：在中山坦洲镇、珠海南屏镇设立中型垃圾中转站；垃圾收集、转运设置以及农业种植区措施同前。

② 底泥污染控制工程

前山河深度 0.5～0.8 m 的表层区域底泥污染严重，0.8～1.5 m 污染程度随深度逐渐降低，1.5 m 以下基本没有污染。结合前山河泄洪整治方案，清除污染底泥，清淤深度为 0.8～1.0 m。

③ 河道生态工程规划与生态系统重构

重点治理前山河两岸生态环境，除截污治污、堤岸植物措施外，规划在石咀水闸上游设置人工浮岛，浮岛宽 2 m，长 100 m。浮岛上种植水生植物，抑制藻类生长，吸收营养物质，净化水体（见图 6.13）。

④ 水景观

"一河两涌"正常蓄水位为 0.0 m，前山河景观水位 0.0 m（珠基），亲水平台略高于正常蓄水位，为 0.2 m。根据前山河两岸居民区分布以及地形条件，桩号 11+650～

图 6.13　生物浮岛

12+100、13+600~15+300 两段右岸规划为休闲岸线景观和沿河公园，节点景观以绿化为主，适当配备凉亭和简易健身器材，见图 6.14。

图 6.14　节点景观

桩号 12+550~14+600 左岸，规划为文化休闲景观，设置大型活动广场节点，为集会、文艺演出、民间艺术展示提供场所，传承岭南水乡文化。桩号 15+350~17+500 左岸，规划为文化休闲景观，设置喷泉广场节点。

3）上游段治理方案

本次研究治理重点是下游珠海段，对于上游中山段，提出如下治理原则：

整治宽度、河道清淤高程与珠海段相衔接，水质目标满足《广东省跨地级以上市河流交接断面水质达标管理方案》要求。两侧岸线宽度原则上 20~30 m，堤防断面型式斜坡式。利用低洼地建设 2~3 处湿地工程，以减少面源污染对前山河水质影响，同时改善区域环境。

（7）广昌涌

1）泄洪整治规划

① 河道清淤

结合河道行洪要求和底泥污染情况，清淤高程以不低于 -4.6 m 来控制，平均清淤深度 1.1 m，清淤高程量 59.8 万 m³。

② 岸线控制

综合各方面情况，广昌涌岸线控制宽度见表 6.37。

表 6.37　广昌涌岸线综合整治表

岸别	桩　号		长度/m	规划控制线间距/m	备　注
	起	止			
右岸	0+000	7+600	7600	25	属中山市，规划为农业区，现状为沿岸而居的分散居民，再外侧则为农田，规划绿化、休闲岸线。
左岸	0+000	5+630	5630	19.5	属珠海市，现状及规划均为工业园，已建有大量工厂，规划在堤防建设宽度需要的基础上，堤内再建 2 m 宽的生态走廊。
	5+630	7+600	1970	19.5～50	储备用地，现有低洼地，规划生态、休闲岸线，通过湿地建设达到生态修复之目的。

说明：控制线间距指临水控制线和外缘控制线之间的距离。

③ 堤防工程

为保持治理的整体性、一致性，广昌涌堤防断面基本和前山河一致。

2）水环境整治与修复

① 截污治污工程

治污工程同前山河。广昌涌截污方案为南岸沿河铺设截污管道，收集污水接入市政污水管网。北岸主要是沿河分散居民的生活污水，污水总量小，通过建设湿地公园，截污到湿地公园处理，面源污染初期雨水也可引入湿地公园处理。

② 河道生态工程规划与生态系统重构

两岸共规划三处湿地公园，其中南岸珠海辖区一处、北岸中山辖区两处。

同昌湿地公园位于广昌涌出海口三角地，面积 51600 m²，培育红树林为主，适当点缀亭台花草。牛角湿地公园位于广昌涌右岸，三顷至沙心涌之间，面积 4.03 hm²，主要用于生态办法处理沿河居民生活污水，同时建设具有观赏、亲水及公共休闲活动为一体的生态功能区。海心村湿地公园位于广昌涌右岸，沙心涌至前山河之间，面积 3.29 hm²，功能同牛角湿地公园（见图 6.15）。

3）水景观

广昌涌正常蓄水位为 0.0 m，亲水平台略高于正常蓄水位为 0.2 m，沿河临水侧设置亲水平台。

（8）佛山水道

1）泄洪整治规划

佛山水道泄洪整治的重点是清淤清障和岸线控制。现状以及规划水平年佛山水道两岸几乎全为城区。因此两岸绿化走廊宽度原则上城镇建成区 15 m、城镇规划区和郊区 25 m，局部河段根据实际情况有所变化。堤防与城区建筑距离较大的河岸段，因有

图 6.15　湿地公园效果示意图

较大空间，规划设置休闲广场、喷泉、小型娱乐健身设施等文化景观。现状建筑物已经非常靠近河岸的河段，可适当降低绿化走廊宽度。

河障局部阻水严重，清障是佛山水道治理的重要内容，佛山水道上下游有上塱、三洲及平洲三个滩地（江心洲）需要进行清障及治理。

2）水环境整治与修复

① 截污治污工程

到 2020 年，佛山水道周边区域将建设八个污水处理厂，合计规模 196.5 万 m^3/d。借助沿河两岸管网将污水截流并输送到污水厂。罗村涌、花地涌等支涌水污染情况十分严重，需要同时截污治理。

② 底泥污染控制工程

佛山水道以及支流的底质污染比较严重，是加重水体黑臭的一个内在来源。因此在截污、治污、搬污基础上，对主要底质污染河段进行清淤疏浚。

③ 引洁增容工程

规划通过引进东平水道清水来解决佛山水道本身环境容量不足的问题，将建立泵站群系统来引水冲污。

④ 曝气复氧工程

规划采用机械曝气装置对佛山水道进行人工增氧，在佛山大桥—人民桥段设置机械曝气装置四台。

3）沿岸景观规划

① 王借岗绿化生态区

王借岗位于佛山市西北 8 km 处，王借岗古火山遗址是由火山喷发的玄武岩构成，距今约 2500 万年，岩体柱状节理典型而罕见，踞山近水、环境优美。

② 工业园绿色行道

罗沙–东都段位于张槎工业区中心地带，可突出其作为工业运输枢纽的特征：辅以岸墙绿化美化、灯光修饰，展现具有现代工业化特征的水乡航道特色。

③ 城南亲水廊道

魁奇大涌、明窦涌、新市涌、奇槎涌环湖花园段为市民密集居住地,将亲水、开放、休闲作为主题风格,突出人与水的交流,增添生活的情趣,见图6.16。

图6.16 亲水廊道

④ 沿河绿地

佛山水道右岸联河大桥—五丫口大桥—三洲水闸,结合岸边植被,因地制宜,建设有特色的沿河带状绿地。

4）生态修复

① 绿化生态廊道

华英中学至谢叠桥段,结合中山公园景观特征,纳入佛山水道桥、人民桥、文沙桥设计为有水乡特色的生态廊道。

② 人工湿地主题教育公园

华英中学以北的河心沙岛,规划用地面积33.36 hm²。在开发过程中应尽可能保留湿地的天然原貌,形成具有当地特色的自然生态系统,建设鸟类栖息的人工鸟岛,见图6.17。

图6.17 沿河湿地

（9）淡水河

1）泄洪整治规划

① 总体方案

淡水河堤防标准为 50 年一遇，淡水河泄洪整治规划的工程措施主要有兴建防洪堤、水闸和排涝泵站等。

② 堤防工程

河道堤防规划两种典型断面，一为土堤典型断面（型式 A，见图 6.18），一为石堤典型断面（型式 B，见图 6.19），结合河道的具体情况以及景观要求做出选择。

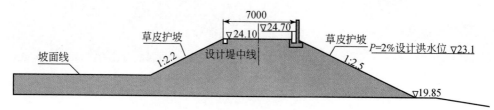

图 6.18 土堤典型断面（型式 A）

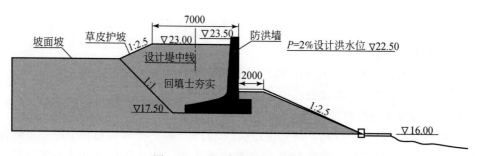

图 6.19 石堤典型断面（型式 B）

③ 岸线控制

根据堤防型式、沿岸地形及两岸开发建设情况，确定淡水河岸线宽度，平均 46 m，范围值 15~100 m。

④ 河道整治

拆除永湖水陂、三和施工路、淡水水陂及西湖陂，恢复原河床行洪断面；拆除重建淡水铁桥、坪山桥和西湖桥。对局部缩窄段进行拓宽修顺，河道两岸基本上均采用削坡和新建堤防的整治处理方法。

⑤ 水闸工程

规划按照排涝各区兴建水闸 20 座，其中左岸建水闸 8 座，右岸建水闸 12 座。规划兴建排涝站 3 座，分别是十围、桥南和桥背排涝站。

2）水环境整治与修复

① 截污治污工程

截污管网划分七大收集片区，分别为惠阳市中心城区、惠阳经济开发区、新圩镇、沙田镇、永湖镇、良井镇和惠城区三栋镇的中心镇域片区。

淡水河流域目前已完成并投入正常使用的污水厂有三座（惠阳城区、经济开发区、新圩长布，处理能力达到 10 万 m³/d），规划新建惠阳城区污水处理厂一厂二期（4 万 m³/d）、惠阳经济开发区（2 万 m³/d）、新圩镇（1 万 m³/d）、沙田镇（1 万 m³/d）、永湖镇（1 万 m³/d）、良井镇（1 万 m³/d）和惠城区三栋镇（9.5 万 m³/d）等污水处理厂。

② 生态系统重构

村落生活污水排放一般比较分散，采用人工湿地生态处理工艺。

河道增氧曝气：进入中心城区段主干流设三处复氧站，分别设在西湖村、半岛 1 号和淡澳河分洪处。在中心城区下游的淡水河主干流设两处复氧站，分别设在三和开发区和永和镇区。淡水河支流设两处复氧站，分别设在横岭水流域内的长布村和丁山河惠阳区段中游。

河道人工仿真水草：主要配合河道充氧铺设，在河两边适当地方布置新型填料，即人工仿真水草，具体面积见表6.38。

表6.38 淡水河人工水草区设计参数表

序号	河段范围	设计参数
1	西湖村–半岛 1 号	长度 3790 m，单边宽 b＝10 m，水草区面积 75800 m²
2	半岛 1 号–淡澳河分洪处	长度 3950 m，单边宽 b＝10 m，水草区面积 79000 m²
3	淡澳河分洪处–三和开发区前	长度 4100 m，单边宽 b＝8 m，水草区面积 65600 m²
4	横岭河段	长度 3200 m，单边宽 b＝4 m，水草区面积 25600 m²
5	丁山河段	长度 2500 m，单边宽 b＝3 m，水草区面积 15000 m²

水生植物修复：对淡水河干流和主要支流的河道两岸边种植适合当地气候的水生植物，干流单边种植宽度为 1.0 ~ 1.5 m，支流种植宽度为 0.3 ~ 0.8 m，共计9处，面积18.56万 m²。

水生动物栖息地重建：干流、支流各规划河漫滩湿地各1处，面积分别为4.2万 m²、2.7万 m²。规划水生动物栖息地52处，干流20处、支流32处。

3）水景观

三和区段构建"三廊、四段、四景"，洋纳区段构建"两段、两景、三轴"，老城区段构建"二心三区"，河南区段构建"两段、两景、三轴"。

淡水河下游，即惠阳区的永湖镇及惠城区的三栋镇的河段，两岸滩地宽阔，建筑物不多，规划建设湿地公园、滨水公园和亲水广场等。

（10）石马河

1）防洪治涝规划

① 防洪总体布局

干流以堤防为主，支流水库与堤防相结合，遵循"堤库结合、以泄为主、泄蓄兼施"的防洪方针，以现有水库、堤防等工程为基础，以防洪安全为前提，进行防洪工程规划。

② 岸线控制线

采用《石马河流域综合整治规划之岸线控制规划》成果。

③ 河道清淤

根据平滩水位、流量以及沿程水面线、现状平均河底高程、深泓线等因素综合考虑确定设计河底高程。

④ 堤防工程

石马河干流堤防标准为 50 年一遇，城区段采用直墙式断面，其余河段采用梯形断面，草皮护坡。

⑤ 水闸、桥梁工程

沿石马河干流及支流雁田河兴建了旗岭、马滩、塘厦、竹塘、沙岭 6 个拦河闸坝，规划改造旗岭、马滩、塘厦。扩改建 36 座、拆除 7 座阻水桥梁。

2）河道水环境综合整治规划

① 截污治污工程

石马河流域东莞市境内共规划建设污水处理厂 16 座，处理能力达到 121.0 万 t/d。污水收集与截流管网体系主要分为截污主干管、次干管和支管三级，规划 2020 年建成区管网覆盖率将达 95% 以上，其中石马河流域建成截污管网 137.4 km，覆盖面积约 167.8 km²。

② 底泥疏浚工程

清淤范围石马河及其主要支流，清淤地面根据行洪和污染底泥厚度确定。

③ 人工湿地工程

规划七个湿地总占地面积 43600 hm²，形成一个以开口湖湿地为主体的石马河湿地生态格局。各湿地基本情况见表 6.39。

表 6.39　石马河流域主要湿地特性表

湿地点称	地理位置	土地利用现状	占地/hm²
开口湖湿地	桥头开口湖村	水田、鱼塘	40000
谢岗涌河口湿地	石马河谢岗涌河口	河滩地	480
牛埔湿地	牛埔石马河右岸	河滩地	930
马滩湿地	马滩水闸上游	河滩地及鱼塘	450
雁田水环市东路湿地	环市东路桥上游、雁田水左岸	滩地	150
雁田水塘厦湿地	东湖山庄对面、雁田水右岸	河滩地及鱼塘，前期作为	620
观澜河孖寮湿地	GLH15～16#断面河段	河流改道后的原河床及滩地	970
合计			43600

④ 人工复氧曝气工程

采用移动曝气复氧船与闸坝复氧相结合的人工曝气方式，以各个拦河节制闸为节点，分成六个河段，每个河段配备一艘复氧曝气船。

3）水文化、水景观规划

① 生态休闲水景区

各拦河闸坝及镇区河段，以生态休闲为主，兼顾水质净化功能。种植轮叶黑藻、马来眼子菜等沉水性植物及荷花、睡莲等观赏性水生植物，并放养适量的鲢鱼和少量鳜鱼，形成生态休闲水景区。

② 水文化与水景观

水景观规划意向的目标为：阳光、清水、绿岸、花城。居民密集的镇区突出亲水和休憩功能、郊区突出自然和生态景观。

③ 生态型护岸

樟木头、塘厦、凤岗镇区等较狭窄段受两岸建筑以及现状道路管线等因素，可采用直墙式或复合式堤岸。其余河段采用缓坡设计，护岸尽量减少硬质材料，堆砌自然驳岸，使其有利于植物生长和生产微生物，在河岸上种植绿化带，形成生态护岸，充分发挥沿岸植物带的过滤、拦截能力。

（11）凫洲河

1）泄洪整治规划

① 岸线控制

根据总体规划，凫洲河两岸多为郊区，因此两岸绿化走廊宽度原则上城镇区 15 m、郊区 25 m。堤防与城区建筑距离较大的河岸段，设置休闲广场、喷泉、小型娱乐健身设施等文化景观；已经非常靠近河岸的河段，适当降低绿化宽度。

② 堤防堤岸整治工程

非镇区段堤防采用梯形断面、自然驳岸，并设置亲水平台。镇区段采用直墙式或半复式断面，直墙式利用悬挂垂吊植物等对现有岸墙做修饰。

③ 河道整治

清淤控制高程为-4.0 m，主要将河两岸挡土墙角的淤泥清除，把中间河道较浅的部分疏通。

④ 排涝水闸、泵站规划

凫洲河位于中顺大围，闸站建设服从于《中顺大围排涝规划》。根据计算水闸总净宽由 643.7 m 扩建到 714.9 m。中顺大围排涝标准为 20 年一遇，泵站总设计排涝流量由 441.6 m³/s 扩建到 1468.1 m³/s。

2）水环境整治与修复

① 截污治污工程

截污工程：佛山市一般新建区采用分流制，设置雨污分流地下管网，对不同类型的污水进行分别处理。而在旧城区建议采用截流式合流制，在污水排入水系之前进行截污处理。中山市镇旧城区及按合流制建设的建成区采用截流式合流制，远期随城市改造由截流式合流制逐步过渡为分流制。

治污工程：佛山市规划新建污水处理厂47座，污水综合收集率不低于90%、处理率不低于90%。中顺大围中山市境内已建污水处理厂10座，其中，凫洲河左岸有小榄污水处理厂，右岸有古镇污水处理厂和横栏污水处理厂。

② 引洁增容工程

规划通过河涌上游水闸引水和下游泵站抽水的联合运行调度来实现河涌生态补水，提高河涌水的自净能力，缓解河涌水质污染状况。

③ 河道生态工程规划

规划湿地工程三处，面积分别为：古镇湿地 1.43 km^2、永丰湿地 1.78 km^2 和拱北湿地 1.79 km^2。

3）水景观

① 沿岸景观规划

坚持因地制宜的原则，在植被物种选择上，注重本土草种、树种和花卉的选择，以当地适生品种为主，尽量减少从外地引进品种。

② 景观节点设计

根据各个河段不同的历史遗迹和文化特征遗迹周围环境状况，设置丰富的科技、艺术、文化、休闲设施。规划新建景观节点六处，具体位置见图6.20。

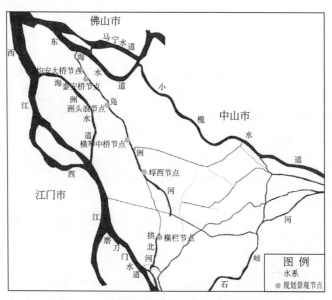

图6.20　凫洲河规划景观节点位置分布图

参 考 文 献

[1] 水域纳污能力计算规程 [S]. SL348-2006. 北京：中华人民共和国水利部.

[2] 李红亮，李文体. 水域纳污能力分析方法研究与应用 [J]. 南水北调与水利科技，2006，S1：58-60，97.

[3] 劳国民. 污染源概化对一维模型纳污能力计算的影响分析 [J]. 浙江水利科技，2009，05：8-10.

[4] 王彦红. 水体纳污能力计算中各参数的分析与确定 [J]. 山西水利科技，2007，02：55-57.

[5] 张文志. 采用一维水质模型计算河流纳污能力中设计条件和参数的影响分析 [J]. 人民珠江，2008，01：19-20，43.

[6] 阎非，苏保林，贾海峰. 基于排污口权重的一维河流水环境容量计算 [J]. 水资源保护，2006，22（2）：16-

18，22.

[7] 周孝德，郭瑾珑，程文，宋策，曹刚．水环境容量计算方法研究 [J]．西安理工大学学报，1999，03：1-6.

[8] 路雨，苏保林．河流纳污能力计算方法比较 [J]．水资源保护，2011，04：5-9，47.

[9] 周美正．不同流量下的皖河流域纳污能力研究 [D]．合肥：合肥工业大学硕士学位论文，2006.

[10] 韩龙喜，朱党生，姚琪．宽浅型河道纳污能力计算方法 [J]．河海大学学报（自然科学版），2001，04：72-75.

[11] 方子云．水资源保护工作手册 [S]．南京：河海大学出版社，1988.

[12] 蒋忠锦，王继徽，张玉清．天然河流和湖泊岸流污染带横向混合系数计算 [J]．湖南大学学报（自然科学版），1997，01：30-33.

[13] 曹芦林．感潮河段水环境容量计算方法探讨 [J]．上海环境科学，1998，01：15-17，20.

[14] 张红举，杨利芝．感潮河流水环境容量计算——以太湖流域太浦河为例 [J]．水资源保护，2009，06：12-15，20.

[15] 庞莹莹．湖泊流域纳污能力及污染负荷分配研究 [D]．郑州：郑州大学硕士学位论文，2010.

[16] 宋国君．总量控制与排污权交易 [J]．上海环境科学，2000，04：146-148.

[17] 张玉清，张蕴华，张景霞．河流功能区水污染物容量总量控制的原理和方法 [J]．环境科学，1998，S1：23-35.

[18] 李静．污染总量控制方法在中国的应用与展望 [J]．中山大学学报论丛，2003，01：105-109.

[19] 杨桐，杨常亮，毛永杨．流域水污染物总量控制研究进展 [J]．环境科学导刊，2011，04：12-16.

[20] 冯金鹏，吴洪寿，赵帆．水环境污染总量控制回顾、现状及发展探讨 [J]．南水北调与水利科技，2004，01：45-47.

[21] 张永良．水环境容量基本概念的发展 [J]．环境科学研究，1992，03：59-61.

[22] 陈晓宏，江涛，陈俊合．水环境评价与规划 [M]．北京：中国水利水电出版社，2007.

[23] 夏青．流域水污染物总量控制 [M]．北京：中国环境科学出版社，1996.

[24] 孟伟．流域水污染物总量控制技术与示范 [M]．长沙：中国环境科学出版社，2008.

[25] 黄良辉．基于环境承载力分析的区域水污染物总量控制研究 [D]．长沙：中南大学硕士学位论文，2007.

7 统一优化的水资源配置体系

7.1 水资源优化配置的特征、形式与原则

7.1.1 水资源优化配置的特征

水资源不仅仅是国民经济发展不可替代的必备资源，而且是人类社会和生态环境系统赖以生存的物质基础，具有资源、经济、社会和环境的多重属性[1]，因此水资源配置除了考虑一般资源配置的特征外，还必须考虑人类社会、自然生态系统与水资源技术系统之间的关系，从而谋求水资源复合生态经济系统的最佳综合功能。

优化配置是人们对稀缺资源进行分配时的目标和愿望，虽然优化配置的结果对某一个体的效益或利益并不是最高最好的，但对整个流域或区域来说，其总体效益却是最优的。在一个流域或区域内，由于水资源时空分布的特性，特别是在气候变化和人类活动影响下，水资源供、需之间矛盾不仅会长期存在而且会日趋尖锐，水资源优化配置是目前人类解决这种矛盾最有效的措施之一[2]。

水资源优化配置是一项复杂的系统工程，涉及水利科学、经济学、社会学、生态学及环境学等众多学科领域，随着人们认识水平、科学技术和配置实践的不断深化，水资源优化配置的概念逐渐明确，其内涵也日益丰富。从宏观上讲，水资源优化配置是在水资源开发利用过程中，为了解决洪涝灾害、干旱缺水、水环境恶化、水土流失等问题，对水资源进行统筹规划、综合治理，其中包括时空调控（蓄水工程）、区域调控（跨流域调水，如东深供水工程）和水质调控（开源节流，减少污水排放），实现除害兴利结合，防洪抗旱并举，开源节流并重；协调上下游、左右岸、干支流、城市与乡村、流域与区域、开发与保护、建设与管理、近期与远期等各方面的关系，使水、土、环境资源与经济社会协调发展；从微观上讲，水资源优化配置就是对取水、用水和供水体系进行优化配置，即取水方面、用水方面以及取用水综合系统的水资源优化配置。取水方面是指地表水、地下水、污水等多水源间的合理配置，用水方面是指生态用水、生活用水和生产用水间的合理配置，从而解决多种水源的合理利用和不同用途的优化配置，各种水源、水源点和各地各类用水户形成了庞大复杂的取用水系统，加上时间、空间变化，水资源优化配置的作用就更加明显[3,4]。

综上所述，水资源优化配置就是指在流域或特定的区域范围内，遵循有效性、公平性和可持续性的原则，利用各种工程与非工程措施，按照市场经济的规律和资源配置准则，通过合理抑制需求、保障有效供给、维护和改善生态环境质量等手段和措施，

对多种可利用水源在区域间和各用水部门间进行的配置，从而实现水资源规划与管理现代化的目的[5,6]。

7.1.2　水资源优化配置的方式

从水资源优化配置的内涵可知，水资源配置就是采用各种工程和非工程措施将多种（包括不同水质）水源在时间和空间上对不同用户进行分配的过程，因此水资源配置方式主要有以下几种形式：

（1）质的配置形式

不同用水户对供水水质要求不同，如城市生活和农村生活供水水源质量不得低于Ⅲ类，一般工业用水不得低于Ⅳ类，农业灌溉用水不得低于Ⅴ类，生态用水根据特定用途，取水量最低等级为Ⅴ类，而火力发电冷却用水质量要求范围相对较宽；因此在不同的区域根据社会经济发展水平不同在不同用水户之间实行水质水量相结合的分配方式。

（2）量的配置形式

量的配置形式是指在水资源复合系统中各要素之间数量配置的限度和适度的范围。任何经济生产活动和社会需要对水资源的开发利用要在水资源承载能力范围内，对水患的防范也不能超过技术经济能力；对水资源和水环境的保护应与社会经济发展相协调。

（3）时间配置形式

时间配置形式是指水资源复合系统各要素在时序性变化上相互制约的关系。通过工程措施和技术手段改变水资源的波动性，将水资源适时、适量地分配给各区和用水户，满足不同时期的用水需求。在我国南方湿润地区，重点是合理调控各水源工程如蓄水工程，解决枯季用水需求问题。

（4）空间配置形式

空间配置形式是水资源复合系统中诸要素在空间上的布局和联系。水资源本身分布具有不均匀性，且与人口、土地分布、经济技术条件不相适应，因此可通过技术和经济等措施（如调水工程）改变各区水资源的自然条件和分布规律，促进水资源地域转移，解决水土资源不匹配问题，使生产力布局更趋合理。

（5）用水配置形式

用水配置是要以有限的水资源满足人民生活、国民经济各部门、生态环境对水资源的需求。特别是在目前经济建设挤占生态环境用水（尤其挤占河道内生态环境用水最为突出）、城市用水挤占农村和农业用水的情况下。要协调社会经济与生态环境、城乡之间、各用水户之间分配的合理性和公平性，保障可持续发展。

（6）管理配置形式

重点解决重开源轻节流、重工程轻管理的外延用水方式问题。综合运用法律、经济和行政手段提高用水效率。

7.1.3　水资源优化配置的基本原则

（1）有效性（高效性）原则[7,8]

水资源优化配置的有效性主要是指水资源的高效利用。由于各个用水户的生产效益不同，离水源的距离、用水损失也不相同，因此水资源配置从经济上的有效性来说，就是指有限水资源在各用水部门（用户）中的分配利用应该满足边际效益相等的资源最佳分配原则。但水资源还具有社会属性和生态环境属性，水资源利用的有效性，不单纯追求经济意义上的有效性，同时还追求能够提高人类生活水准的社会效益、维护人类良好生存空间的生态环境效益，从而使社会、经济和生态环境协调发展的综合效益达到最大。社会有效性具体体现在强调水资源投入产出的效益使区域各项社会事业稳定发展，并保持人均收入不断提高，促进社会安定；生态环境效益则要求在水资源开发利用中促进社会经济发展的同时，还应将生态环境受到的负面影响降到最小程度，为社会经济的可持续发展提供保障。所以在水资源优化配置模型中需设置相应的经济、生态环境和社会发展目标，并考察目标之间竞争性和协调发展程度，满足真正意义上的有效性原则[9]。

（2）公平性原则[10]

公平性是从社会学角度考虑水资源分配，具有历史的继承性和内涵上的延续性，水资源优化配置中的公平性是可持续发展中的公平，不仅仅是一个纯粹的伦理学概念，而且具有环境、经济、资源等方面的实际意义。通过优化配置，促进水质水量和水环境在地区之间、近期和远期之间、用水目标之间、用水人群之间（即社会各阶层的基本生活用水权利和代际间人们用水的公平性）的公平分配。

（3）系统性原则

系统性原则是要求在水资源配置过程中，将流域或区域作为一个完整的有机体，注重系统内部的协调性和外部环境的适应性。首先以系统的水量平衡和水环境平衡为基础，将流域水资源天然水循环过程和社会水循环过程中供、用、耗、排过程联系起来进行水量和水质平衡分析。注重水资源系统与社会经济系统、生态系统的联系，把除害与兴利、水量与水质、开源与节流、工程措施与非工程措施结合起来，统筹解决水资源短缺与水环境污染对区域可持续发展的制约问题。

(4) 可持续性原则[11]

水资源配置过程中必须坚持水资源的可持续利用原则。水资源的可持续利用是社会经济可持续发展的保障条件，通过水资源合理配置保障生态环境系统平衡所要求的水热（能）平衡、水盐平衡、水沙平衡以及区域水量供需平衡。区域水资源的可持续开发利用就是要求不能破坏或超过其可再生能力，以维持自然生态系统的更新能力。

(5) 协调性原则

协调性原则是指保证区域内自然、经济、社会和环境的协调发展。协调性原则主要包括：一，生态、经济、社会几个系统之间的协调稳定，共存发展；二，近期和远期发展目标对水的需求、当代与后代社会经济发展目标和水资源供给能力之间的协调；三，地区之间的协调发展，即在水资源配置时要考虑发达地区与相对落后的协调发展；四，各用水部门之间、用水目标之间的协调用水；五，水量与水质之间的协调；六，不同类型水源之间开发利用程度的协调。

(6) 优先性原则[12]

在各类用水中，生活用水优先分配，其次是生态环境用水，最后为生产用水。要在保障人民生活、维持和改善生态环境的同时促进经济发展。对于连续枯水年和特枯年的应急用水方案，应重点保障人民生活用水，兼顾重点行业用水，确保应急对策顺利实施。同时利用各类水源时，应首先使用地表水和回用水，最后才是地下水。

7.2 基于复杂性理论的水资源优化配置模型

7.2.1 水资源优化配置系统的复杂性分析

水资源配置涉及到社会经济、生态环境，水资源等多个系统，也可直接归结于由自然分系统和人工分系统组成的复合系统。从复杂性科学角度分析水资源配置的复杂性，主要表现在以下几个方面：

1) 多层次性和大规模[13,14]。水资源配置系统由降水、地表径流、地下水、水文、地质、地貌、植被等自然要素（子系统）组成，而且与社会、经济等众多人工分系统也相关，同时子系统中的任何一个又包含众多要素和下一级子系统，如此逐层分解，形成了规模庞大的多层次结构。从水资源配置系统的时空角度来分析，由于均衡水量分配的空间差异是水资源优化配置的重要目的之一，而空间上的分布、范围和距离等差异导致配置系统具有很强的层次性，形成一个由上到下，由点到面的多层次、多功能的空间网络体系；在时间上由于蓄水工程的调蓄作用以及不同时段对水资源的需求变化不同，形成汛期、枯季等年内以及年际之间综合配置的复杂系统。因此各子系统的时空间结构复杂性也决定了配置系统在结构、功能和目的上的复杂性。

2）非线性。水资源配置系统由多个子系统组成，各子系统之间及不同层次的组成之间关联形式多种多样，并相互关联、相互制约，这种关联的复杂性表现在结构上是各种各样的非线性关系，表现在内容上是物质、能量和信息的交换，而这种非线性也是系统产生复杂性的主要根源。

3）水资源系统的开放性导致系统演化的复杂性。水资源配置系统与其他一般系统性质的主要差别在于组成系统的物质形式是水和与水有关的自然、社会因素，具有自然性和社会性两个方面：一，水资源系统是自然系统的一员，与自然界的生态、环境有着天然的渊源；二，它又是社会系统的一部分，与人类社会和经济发展两者密切关系，因此水资源配置系统是一个典型的开放复合系统[15]。作为开放的复合系统，系统环境的不断变化将导致系统的不断演化，这种演化一方面表现为系统从一种相对平衡状态向另一种相对平衡状态转移；另一方面表现为系统功能、结构和目的的变化。在系统演化的过程中，会出现复杂系统演化特有的现象，如路径相依、多重均衡、分岔、突变、锁定、复杂周期等。水资源优化配置系统在外界气候变化和人类活动影响下，形成自身特有的复杂性。

4）动态性与适应性。水资源配置系统总是处于不断变化中，随着时间发展，系统结构、功能和行为不断变化，通过自适应、自组织向更高级演化；特别是水资源系统内不同层次中不同角色的"主体"组成，这些主体行为表现为供水、用水、水质保护等的复杂"活动"。而在水资源配置中，主体活动以人为核心展开[14]，主体的理性和适应性也随时间变化而动态变化，因此在不断地适应外界和主体之间的变化过程中造就了水资源配置系统的复杂性。

5）不确定性。水资源配置系统的不确定性源于系统存在大量随机的、模糊的因素，使得系统发展具有不可预见性。此外，在水资源系统中，无论是水质水量供需平衡监测还是各子系统之间的耦合关系观测，都是在自然条件下进行的，不能不受到自然条件的限制。在自然条件下观测只能获得一些片断的、局部的信息，反映这些地区的历史状况，而不能反映目前和未来大规模的人类活动影响条件下城市水环境的行为和动态，因此也增加了水资源配置系统的复杂性。

另外，水资源配置系统中人类社会系统本身是一个极其复杂的系统，而水资源配置的最终目的是为人类社会的可持续发展服务。基于以上分析，依据复杂性理论即若某一系统集多层次性、适应性、非线性和不确定性等多个特征为一体则该系统具有复杂系统的特征，可以看出水资源配置系统是一个复杂系统，需要用复杂性的理论方法来进行研究。

7.2.2　基于多智能体的水资源优化配置模型

7.2.2.1　水资源配置系统的层次分析

一般来说，水资源配置系统由以下几个部分组成：①水源部分。一个流域的水资源归根结底大部分都来源于降水，除少量的海水淡化、污水回用等之外，水源部分和水资源循环过程相联系。根据水资源的循环过程，把水源分为河流、水库、地下水等；②需水部分。需水主要为河道内需水和河道外需水。涉及的河道外需水，主要为国民经济各个部门需水，河道内需水类型主要包括生态环境、航运、发电等；③水资源配置工程和非工程措施。主要有提、引水工程，水资源管理政策等。

　　流域的水资源配置系统是由多层次的多个智能体组成，形成一个多智能体系。一般来说，根据人类对水资源的利用过程，水资源配置一般可分为四级：流域级、区域级、部门级和用户级，但区域级和部门级在某些方面极为相似，因此本研究暂时将配置分为流域级、部门（或地区）级和用户级三个层次，它们分别对应于 MAS 的系统层、群体层和 Agent 层。其中，Agent 为各智能体行为层的各个节点，即各用水户；群体代表智能体的聚合体，即不同地区或不同行业（或产业）部门；在智能体和群体行为基础上形成流域水资源配置的系统演变行为，即系统层[15]。Agent 行为与系统演化过程如图 7.1 所示。

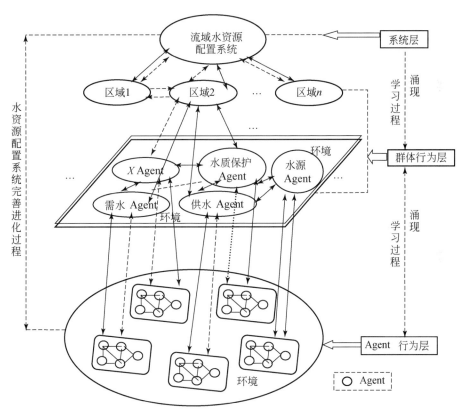

图 7.1　水资源配置系统不同层次结构中的 Agent 行为及系统演化

　　从水资源配置系统的演化过程来看，一方面代表各用水户或用水部门的智能体为了适应外在的变化环境、保证自身利益和部门或地区的发展，就必须调整用水政策，提高用水效率，这样就直接对整个流域的用水预测分析，水环境保护等方面造成影响。如东江流域由用水需求加大，致使三大水库的功能将从防洪、发电为主转变为防洪、供水为主，同时由于各个地市逐步采用高效的节水设施和开展节水型社会建设，水资源需求增长速度也逐渐减缓；另一方面，各智能体之间（即各用水户或用水部门之间）存在着相互联系，某个智能体的变化必然会引起其他智能体的变化，如东江流域在缺水年月，每个智能体（区域或部门）为了保持自身利益最优，都会去争取获得最多的水资源，而在水资源总量有限的条件约束下，必然会引起和其他智能体利益之间的冲突。为了解决冲突和矛盾，在整体流域级的层次上要求协商和谈判等，最终形成流域系统层次上的特性。

流域水资源配置系统层次的产生：从前面对水资源配置系统的演化过程分析可以看出，水资源系统中的最终用户具有不同的水资源利用行为方式，这种行为方式及其之间的相互作用，就涌现成为更高层次即部门（区域）级水资源利用的行为特征，同理，部门级水资源利用行为及行为之间的相互作用，涌现出更高层次即流域级水资源配置的行为特征（如图 7.2 所示）。

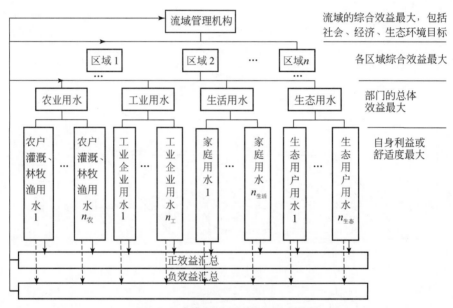

图 7.2　水资源配置系统的层次结构

7.2.2.2　基于多智能体系统（MAS）的水资源优化配置模型框架

基于多智能体系统（MAS）的水资源优化配置模型是以具有自治性、社会能力、反应能力、主动性的行为特征的智能体为基本单位，通过描述同一层次智能体之间的行为和相互关系，以及不同层次间的信息传递和作用机制来建立的。其技术路线可以简单地归纳为以下三个方面：①将复杂问题抽象成由许多智能体组成的柔性系统，弄清复杂系统中智能体的分类、系统结构；②根据水资源本身具有准商品性的特点，调和水资源配置系统中局部目标和全局目标之间的矛盾，即根据抽象得到的智能体，建立它们之间的协作关系以及协商机制；③利用智能体的自利和永不满足的特性，实现局部的动态优化，即在一定约束条件和边界条件下，智能体具有自己特定的目标，根据外部（包括环境和其他智能体）输入的不同及边界条件的变化，选择不同的参数，达到自身的目标和最佳状态，以此来适应外部环境。

（1）水资源配置系统中智能体的组成与系统结构

根据水资源配置系统的组成可以将配置模型中的智能体主要简化为水源 Agent（包括水库调蓄 Agent）、需水 Agent、供水 Agent、水资源调配 Agent 等几个部分（如表 7.1 所示）。

表 7.1　水资源配置系统中智能体的组成与功能

组　成	主　要　功　能
需水 Agent	（1）分析社会经济发展状况，预测水资源需求量 （2）将水资源需求的统计信息传递给水资源调配 Agent （3）跟踪不同区域、不同行业、不同时间的水资源需求状况，调整需水量的预测
水资源调配 Agent	（1）确定水资源配置目标 （2）接受需水 Agent、水源 Agent、供水 Agent 的约束 （3）指导整个水资源系统的优化配置 （4）将分配结果传递给供水 Agent 和用水 Agent （5）指导水资源的应急调度
水源 Agent	（1）分析水文气象变化特点，给出不同时空上水资源量的大小和水质的情况 （2）形成不同时空的水源联盟 （3）与供水 Agent 协商，实现任务委派 （4）监测水质变化，执行调配计划 （5）考虑自身的运行方式（水库调蓄 Agent）
供水 Agent	（1）考虑不同区域工程特点和规模，形成任务分配联盟 （2）与水源 Agent 协商，形成任务委派 （3）向水资源调配 Agent 传递任务执行情况 （4）与水资源调配 Agent 协商，完成供水 Agent 系统优化

一般来说，以上每个 Agent 的又可分为三个层次：通信层、协作层和控制层。通信层由通信模块构成，主要完成与其他 Agent 或外在环境的信息交互；协作层由学习机、推理机、规则库和知识库四个部分组成，主要具有和其他 Agent 进行协调并生成最终决策的功能；控制层由控制模块构成，主要完成指导控制任务，并将控制任务的信息通过通信层传递给其他 Agent 的任务。配置系统中所有的 Agent 的共同目标（或称全局目标）就是使整个流域的水资源配置综合效益达到最大；而每一个行业部门、每一个用户 Agent 都有自己的局部目标即各自部门效益最大（如国民经济用水部门的目标为经济效益最大）；每个区域 Agent 的局部目标是自己区域内的综合效益达到最大。不用的用水户 Agent 之间、用水行业 Agent 之间、区域 Agent 之间是相互影响、相互作用的，因此，每个 Agent 的决策必然受到另一些 Agent 策略的影响，Agent 之间必然会发生一定程度的冲突，建立水资源配置模型就要分析和弄清配置系统中 Agent 结构和它们之间的

相互关系。

（2）基于 MAS 的水资源优化配置模型框架结构

由上文分析可知，流域的水资源配置系统是由多层次的多个智能体组成的，一般可分为四级：流域级、区域级、用水部门级、用水户级，本文以流域和区域级间的层次关系为例分析水资源配置系统中的系统结构。

首先将流域中所包含的区域分为 n 个计算单元，每个计算单元对流域系统总的综合效益分为正效益和负效益；不同时段、不同区域、不同水质的水资源可利用量是有效资源约束。因此，在不同区域之间、上下游之间怎样分配有限的资源，即如何在空间、时间上调配水资源，使得目标达到最优（即流域整体上的综合正效益达到最大，负效益达到最小）就是流域水资源配置这一层次的主要任务。基于 MAS 的水资源优化配置模型系统结构是以 Agent 的概念对各个区域的水资源可利用量进行封装，并对这些 Agent 进行组织，通过 Agent 的自身努力以及 Agent 之间的协调合作完成流域级的水资源配置任务。本文结合多智能体系统求解车间调度问题主要的两种方法——任务共担和结果共享来分析这些 Agent 之间的结果关系，从而建立模型。如图 7.3 所示，流域级与区域级间的配置模型结构又可以将问题的求解过程分为对话层、控制层和问题求解层。

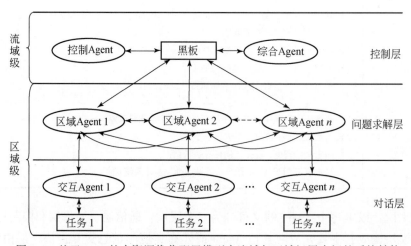

图 7.3　基于 MAS 的水资源优化配置模型中流域与区域级层次间的系统结构

对话层：对话层由多个交互 Agent 组成，交互 Agent 是求解问题与整个配置系统的接口，它接收需要优化配置的不同时段各区域（计算单元）的正效益和负效益，并将每个区域对水资源的需求、水资源可利用量等信息传递给控制层。根据流域内水系特征以及社会经济等统计资料的特点，把整个流域分为 n 个计算单元，每个计算单元对应于一个交互 Agent。

控制层：控制层由综合 Agent、控制 Agent 和一个黑板系统组成。控制 Agent 掌握不同地区水源，如同一个发布标书者，负责合理分配各个地区所允许分配的水资源量、质，可以看作是水资源量、质的分配者。它主要根据任务 Agent 与其协商的结果给不同区域 Agent 分配水资源；同时控制 Agent 对各区域的配水情况进行监督和统计。黑板系统是一个知识库。各任务 Agent 和控制 Agent 的信息均传递到该黑板系统中，同时负责信息的交换和各 Agent 之间的通讯，它也是一种智能体之间通信的方式。例如各区域的降水资料、用水资料均可以在黑板系统中显示，也能够提供给所有的 Agent 共享。综合 Agent 则是对各任务 Agent 的求解结果进行综合和评价，从而产生复杂问题的解。另外从控制层的设计可以看出各 Agent 之间主要是依靠黑板系统来提交自己的信息或者获取其他 Agent 的信息进行协调合作，这样一方面可以有效减少通讯系统设计的复杂度，但另一方面也使得黑板系统中的信息交换量太大，可以通过设计合同网来解决这个问题。

问题求解层：问题求解层是由多个任务 Agent 组成，每个任务 Agent 对应于一个区域的需水问题；该层主要是针对各个区域的水资源优化配置总体目标，由多个任务 Agent 协商合作进行问题求解。各个任务 Agent 在问题求解过程中，既可以单独运行也可以相互合作，通过不断地自我解决问题进行自我演化，在流域与区域级间的水资源配置中的协商合作，就是各个任务 Agent 根据需要分配的水资源的大小、水质的要求等指标进行相互协调合作，最终在满足系统约束条件的前提下，协调得到使得总目标最优的情况下的各个区域配置的水资源。

从图 7.2 中可以看出，水资源配置系统形成区域层次涉及到不同用水户智能体，而构成他们之间复杂关系的正如图 7.1 中所示群体行为层主要由供水 Agent、水源 Agent、需水 Agent、水资源调配 Agent 等构成，其系统结构图如 7.4 所示，从多智能体组织方式来看属于混合式 MAS 结构。区域 Agent 与各用水部门（或用水户 Agent）之间的求解系统结构与前面所述的流域与区域级的配置模型结构相似，这里不再赘述。因此，图 7.3 和图 7.4 构成了基于 MAS 的水资源优化配置模型的基本框架，但正如前面所述，各种不同的 Agent 之间存在协商、信息通讯等，因此还必须研究各个主要 Agent 之间的协调关系、协商机制等。

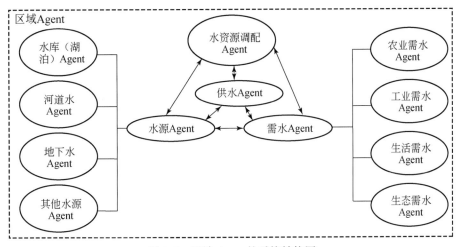

图 7.4　区域 Agent 的系统结构图

（3）智能体之间的协作关系和协商机制

同一层次内各个智能体之间、不同层次的智能体之间的关系是通过物质流、能量流和信息流等多种方式进行交互作用产生的，在水资源配置系统中物质流主要包括水量、污染物等；能量流主要是指资金流；信息流主要是指水资源配置信息和政策法规信息。其中物质流中的水量和污染物是各个 Agent 在配置中进行协作和协商的基础，因此建立合理科学的配置模型应首先要对区域中的水系进行合理的概化。

1）水系联系。由于水资源配置系统是十分复杂的，具有众多的元素和显性或隐性的相互关联过程，因此必须识别水资源系统中主要过程和影响因素以及它们之间的相互关系并忽略次要信息，从而建立从水资源配置实际系统到数学模型表达需要的映射关系。在提取各个 Agent 之间的水力关系时，要以系统中所存在的所有可能的水量传递、转化和影响关系为主线，分类并提取系统中各类 Agent 并建立联系，如河道、湖泊（湿地、沼泽等）、水汇（海洋等）、地下水含水层、地下水侧渗传输渠道；还包括各类人工修建的水利工程，如蓄引提水工程、调水工程、海水直接利用（淡化）工程、集雨工程等；此外还包括各类用水户等。

2）蓄水工程的动作策略。水资源配置系统中对水资源时空分配有着重要调节作用的是蓄水工程，因此在考虑水资源优化配置中，首先是整个研究流域（或区域）在某一个时间段内进行优化，然后分析在不同时间段之间进行优化，与此同时要考虑不同水库本身设计功能是年调节性还是多年调节性，使得水资源配置的目标在空间和时间总和上达到最优。此时蓄水工程的运行过程就是水资源优化配置中控制设备的动作策略，也为各个 Agent 在优化配置中进行协商奠定了基础。

3）基于合同网的协商机制。水资源配置系统是一个智能化的开放分布式系统，系统中各个 Agent 通过协作（Cooperation）来完成任务。协作可以提高配置系统的性能，增强其解决问题的能力，并使系统具有更好的灵活性，因此协作是进行水资源优化配置的关键，而多 Agent 系统中利用协调（Coordination）来保证协作的成功进行，协商（Negotiation）则是一种常用的协调方法。协商是指具有自治等特性的 Agent 通过协调它们的世界观及相互动作、解决矛盾和冲突来达到它们目的的过程。因此水资源配置系统中的协商就是指供水 Agent、水源 Agent、需水 Agent、水资源配置 Agent 等之间通过交换相关的各自结构化信息，形成一致的观点和规划，达成意图上的一致，使水资源配置目标在时空上达到最优。一般来说，协作中的协商机制应常考虑以下因素[16]：

行为自治性：Agent 可以根据自己当前的状态决定采取合作或拒绝的态度；

协商快速性：协商过程应尽快完成，否则将可能失去协作的优势；

计算简便性：计算复杂度尽可能低，易于实现；

协作有效性：达成的合作局面稳定，协作完成的任务的效果应好于独立完成；

协作历史性：Agent 协商时应考虑历史上的合作记录。

多 Agent 系统协作的成功与否，很大程度上取决于任务委派时 Agent 之间进行的协商，水资源配置系统中，任务委派的协商主要形成于供水 Agent 与水资源调配 Agent 之间的协商中。因此，多 Agent 系统中任务委托协商的研究一直是多 Agent 系统研究中的热门话题。Smith 和 Davis 早在 20 世纪 80 年代初就提出了合同网协议[17]，合同网协议[18~20]是用于分布式问题求解环境下各节点进行通信和控制的一种协作协议。合同网是 Agent 间建立合作机制的主要方法，其主要原理是采用市场机制进行任务通告、投标，最后签订合同来实现任务分配（资源分配）。合同网系统由多个节点组成，两个节点就任务的委托和承揽构成合同关系，一组这样的节点构成了合同网。合同网中的节点要么是负责监控任务执行和处理结果的管理者，要么是负责任务的合同承担者。在该系统中，每个节点代表一个 Agent，Agent 间通过招标–投标–中标过程进行任务分配和解决资源、知识冲突。在基于 MAS 的水资源配置系统中，控制 Agent 是招标方，任务 Agent 则作为投标方，控制 Agent 将待分配的水源多少、水质状态、供水工程大小、各区域 Agent 需水量多少在系统内公布，各个任务 Agent 根据其内部资源（即需水量）采取相应的竞标策略，主动提出各自的投标方案，经过相互磋商，控制 Agent 将各个时段的不同水质的水资源分配给合适的任务 Agent（即分配到不同的区域和不同的行业），使得 Agent 之间以一个较高的概率达成一个足够好的协定。合同网的基本工作过程见图 7.5。

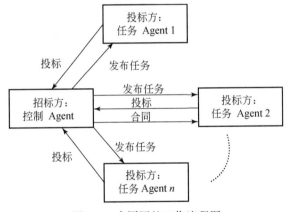

图 7.5　合同网的工作流程图

从图 7.2 可以看出，水资源配置系统中的协商主要分为两个层次，即流域与区域级、区域级内部，而从图 7.3 中可以看出，水资源配置系统的协商在不同层次间的过程是相似的，流域与区域级间的控制 Agent 是指流域的水资源调配 Agent（如流域管理部门），任务 Agent 是指区域 Agent（流域内各计算单元系统）；区域内部层次的控制 Agent 是指区域内的水资源调配 Agent（流域内各计算单元管理部门）；任务 Agent 指不同的用水行业（用水户）。现以流域与区域级中的任务 Agent 与控制 Agent 为例阐述它们各自的协商策略。

任务 Agent 的策略：任务 Agent 投标策略是根据自身需水量的大小、水质要求进行投标的。根据流域内计算单元的划分可以分别记作任务 Agent 1、Agent 2、⋯、Agent n。并且需水量越大、供水保证率和水质要求越高的任务 Agent j 参与投标的意愿就越强烈，并将根据自己的特点发出一个比较有竞争力的标书以较大的机会去获得自身对水资源的需求。以此类推，可获得各个任务 Agent 在不同时刻的标书。

　　任务 Agent 的结构原理如图 7.6 所示。任务管理模块从交互 Agent 中获取任务，即分配给该任务 Agent 一个区域的水资源优化配置任务；通讯模块的主要作用是与其他任务 Agent 通讯交换数据，并且在黑板系统中参与活动；投标模块内嵌投标策略，与其他任务 Agent 进行数据交流后，参与竞标活动，获取该区域在整个流域中所配得的水资源；合同管理模块主要是存储每一轮的竞标合同，即每个计算区域在某一个时段的配得的水资源情况；虚线框模块主要是根据竞标合同进行该区域内的水资源配置优化计算，推理模块主要是根据合同判断该区域水资源配置所得综合效益的大小。

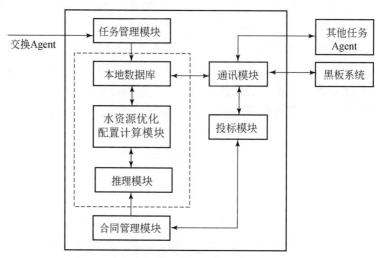

图 7.6　任务 Agent 结构图

　　任务 Agent 的投标过程首先起始于任务管理模块获取任务，触发水资源优化配置计算模块，对该区域内进行水资源优化配置计算，并与其他任务 Agent 的计算结果进行比较，得到该区域水资源配置的综合效益，然后等待控制 Agent 发布任务；一旦接受到控制 Agent 任务请求后，进行投标活动，等待最终的竞标结果；一轮竞标活动结束后，各个任务 Agent 根据这一轮所达成的合同在各个区域内计算其综合效益，并判断是否满足约束条件；若不满足基本的约束条件，则该合同网重新发起新一轮的竞标活动，直到满足约束条件为止。

　　控制 Agent 的策略：控制 Agent 根据各个区域的水资源状况和需水特点发布标书。控制 Agent 发布标书、任务 Agent 参与竞标、接受合同（如图 7.5 中任务 Agent 2 过程）后，将一轮竞标活动结束后的最终合同发布在黑板系统中，各个任务 Agent 获得控制 Agent 发布的信息后，根据推理模块，求解各个区域的水资源配置，并且将各个任务 Agent 的配置结果传递给综合 Agent 进行综合评价。如果配置结果违背了一些约束条件（如生活供水保证率太低），这时，合同网将重新发起新一轮招投标活动，并且将违背约束条件较多的任务 Agent 竞标意愿将加强。这样根据约束条件，不断地进行招投标活动，直到满足约束条件为止，得出最终结果。

　　综合分析，水资源配置的基于合同网的协商机制流程如图 7.7 所示，从图可以看出，配置系统首先根据求解问题划分任务给任务 Agent；初始化控制 Agent 主要是根据统计各个区域的水资源特点、需水要求，准备发布标书活动；初始化任务 Agent 主要是对各个区域分别建立水资源配置模型，并且等待控制 Agent 发布标书；一旦控制 Agent 发布标书，任务 Agent 将参与竞标活动。这样，控制 Agent、黑板系统、任务 Agent、综合 Agent 形成了一个循环状态，信息相互共享。根据所有约束条件满足情况，决定是否发起新一轮的合同招投标活动，进一步协调控制 Agent 和任务 Agent 直到满足所有约束条件，获得问题的解。

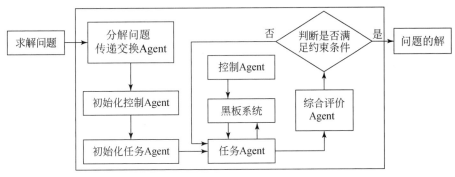

图 7.7　水资源配置的基于合同网的协商机制流程

（4）水资源优化配置模型中各智能体（Agent）的模型行为

从上文水资源配置系统中智能体的组成可以看出，水资源配置系统主要分为水源 Agent、需水 Agent、供水 Agent、水资源调配 Agent 等，而各智能体的体系结构主要有慎思型、反应型和混和型三种，无论在那一种体系结构，智能体均要根据各自的行为特点来产生效应，因此水资源优化配置模型中的水源 Agent、需水 Agent、供水 Agent、水资源调配 Agent 等智能体的模型结构与功能设计，就是针对各自简化的对象及其特点，建立模型，其原理就是利用智能体的自利和永不满足的特性，实现局部的动态优化，即在一定约束条件和边界条件下，智能体具有自己特定的目标，根据外部（包括环境和其他智能体）输入的不同及边界条件的变化，选择不同的参数，达到自身的目标和最佳状态，以此来适应外部环境。各智能体中模型的变量、参数、常量及其意义见表 7.2、表 7.3。

表 7.2　各智能体中模型的决策变量及其意义

决策变量名	决策变量的意义
$AW_1(m,z)$	第 m 时段第 z 区第一产业分配的水资源量
$AW_2(m,z)$	第 m 时段第 z 区第二产业分配的水资源量
$AW_3(m,z)$	第 m 时段第 z 区第三产业分配的水资源量
$AW_4(m,z)$	第 m 时段第 z 区生活分配的水资源量
$AW_5(m,z)$	第 m 时段第 z 区生态分配的水资源量

表7.3 各智能体中模型参数、常量及其意义

参数、常量名	参数或常量意义
$WQ(m,z)$	第 m 时段第 z 区的可利用水资源量
$WQ_1(m,z)$	第 m 时段第 z 区的本地水资源量
$WQ_2(m,z)$	第 m 时段第 z 区的调入水资源量
$WQ_3(m,z)$	第 m 时段上游区域回归到 z 区的水资源量
$WQ_4(m,z)$	第 m 时段第 z 区的调出水资源量
$\lambda_i(m,z-1)$	第 m 时段第 $z-1$ 区的第 i 行业回归到 z 区的系数
$WH(m,z)$	第 m 时段第 z 节点的过水量
$WQH(m,z)$	第 m 时段第 z 区的区间来水量
$WQRX(m,i)$	第 m 时段给第 z 区供水的第 i 个水库的下泄水量
$WQRC(m,i)$	第 m 时段给第 z 区供水的第 i 个水库的蓄水变化量
$QL(m,z)$	第 m 时段第 z 区的蒸发渗漏损失量
$VR(m+1,i)$	第 $m+1$ 时段第 i 个水库枢纽的库容
$WQVL(m,i)$	第 $m+1$ 时段第 i 个水库枢纽的水量损失
$WG(m,z)$	第 m 时段第 z 区的地下水开采量
$WG_{\max}(z)$	第 z 区的地下水年最大开采量
$C(m,z)$	第 m 时段第 z 区的水质浓度
$WW(m,z-1)$	第 m 时段第 $z-1$ 区的污染物排放量
$k(m,z)$	第 m 时段第 $z-1$ 区与第 z 区之间污染物的衰减系数
$x(m,z)$	第 m 时段第 $z-1$ 区与第 z 区之间的概化距离
$u(m,z)$	第 m 时段第 $z-1$ 区与第 z 区之间的概化流速
$\xi_i(m,z-1)$	第 m 时段第 $z-1$ 区与第 z 区之间第 i 行业的污染物排放系数
$AWU_1(z)$	第 z 区第一产业分配用水上限
$AWL_1(z)$	第 z 区第一产业分配用水下限
$AWU_{2(或3)}(z)$	第 z 区第二产业分配用水上限
$AWL_{2(或3)}(z)$	第 z 区第二产业分配用水下限
$AWL_4(z)$	第 z 区生活分配用水下限
$DAW_5(m,z)_{\min}$	第 m 时段第 z 区内生态需水量的下限
$DAW_i(m,z)$	第 m 时段第 z 区第 i 个行业需水量
$AWW_i(m,z)$	第 m 时段第 z 区第 i 行业的实际净供水量
$\beta_{i,n}(z)$	第 m 时段第 z 区第 i 行业对第 n 类水质的隶属度
$VR_{\min}(i)$	第 i 个水库的死库容
$VR_{\max}(i)$	第 i 个水库的兴利库容
$VR'_{\max}(i)$	第 i 个水库的汛限库容
$WQP(m,z)$	第 m 时段第 z 区的引提水量
$WQP_{\max}(z)$	第 z 区的最大引提水能力

参数、常量名	参数或常量意义
$WD(m,z)$	第 m 时段第 z 区的调水量
$WD_{max}(z)$	第 z 区的最大调水能力
$\omega(z)$	第 z 区的权重，表示在流域中的重要程度
$B(z)$	第 z 区的水资源综合利用效益
$C(z)$	第 z 区的水资源利用损耗及费用
$b_i(m,z)$	第 m 时段第 z 区第 i 行业的净效益
$d_i(z)$	第 z 区第 i 行业的单位废水排放量中重要污染因子的含量（mg/l）
$p_i(z)$	第 z 区第 i 行业的污水排放系数
$LAWW_i(m,z)$	第 m 时段第 z 区第 i 个行业的缺水量
$\varpi_i(z)$	第 z 区第 i 行业的重要程度，可根据供水优先顺序来确定
$EWP_{urb}(z)$	第 z 区城市超额水价
$TP(z)$	城市用水量占生活用水的比例
$BWP_{urb}(z)$	第 z 区城市基础水价

1) 水源 Agent 模型

水源 Agent 是水资源配置系统中最重要的要素之一。针对某一个区域里水资源的来源形式、特点以及上文所述的水源 Agent 功能，水源 Agent 中的建模主要是指各个计算节点的水量平衡、水质变化规律等主要的智能体行为和约束方式建立的。

• 区域水资源量约束

水资源可持续利用要求水资源的利用要适度，因此不同用户用水不能超过水资源总量。各区水资源量包括本地水资源量加上调入水资源或入境水资源量，减去调出水资源量或出境水资源量，此区域的回归水根据水系特征，在流域下游的下一个计算单元利用。

$$\sum_{i=1}^{5} AW_i(m,z) \leq WQ(m,z) = WQ_1(m,z) + WQ_2(m,z) + WQ_3(m,z) - WQ_4(m,z)$$

$$(7.1)$$

$$WQ_3(m,z) = \sum_{i=1}^{5} AW_i(m,z-1)\lambda_i(m,z-1)$$

• 河渠节点水量平衡约束

$$WH(m,z) = WH(m,z-1) + WQH(m,z) + WQRX(m,i) + WQ_3(m,z)$$
$$- WQRC(m,i) - \sum_{i=1}^{5} AW_i(m,z) - QL(m,z) \qquad (7.2)$$

• 水库枢纽水量平衡约束

$$VR(m+1,i) = VR(m,i) + WQRC(m,i) - WQRX(m,i) - WQVL(m,i) \quad (7.3)$$

• 地下水库水量平衡约束

$$\sum_{m=1}^{12} WG(m,z) < WG_{max}(z) \qquad (7.4)$$

- 水质变化模拟行为表现

根据污染物在水体中迁移转化的过程，假定在计算区域之间河流的断面面积、流速、流量、污染物的输入量不随时间的变化而变化，忽略弥散可知：

$$C(m,z) = \frac{WW(m,z-1)}{WH(m,z-1)} \exp\left[-k(m,z)x(m,z)/u(m,z)\right] \tag{7.5}$$

$$WW(m,z-1) = \sum_{i=1}^{5} AW_i(m,z-1)\xi_i(m,z-1)$$

河口地区河道中水质变化还应考虑咸潮对水质变化的影响，进而决策水源 Agent 的输出。

另外，水源 Agent 模型还包括前面章节对水文要素变化规律分析的各种方法，以此为基础分析区间上的来水变化规律等。

2）需水 Agent 模型

需水 Agent 是智能体之间协商中任务 Agent 的主要组成部分，其主要功能是分析社会经济发展状况，预测水资源需求量。在水资源优化配置中，需水 Agent 预测水资源的需求，同时这种需求构成智能体之间进行协商的基础，因此不同行业、不同区域对需水要求不同的行为主要表现在以下几个约束方面：

- 第一产业的需水要求

考虑到粮食安全等因素，第一产业的需水要求不能无限制地被其他行业挤占。

$$AW_1(m,z) \leq AWU_1(z)WQ(m,z)$$
$$AW_1(m,z) \geq AWL_1(z)WQ(m,z) \tag{7.6}$$

- 第二、三产业的需水要求

根据公平性原则，第二、三产业不能无限制的挤占生态用水和第一产业用水，其用水要服从配水比例，不能超过分配份额的上限。

$$AW_{2(\text{或}3)}(m,z) \leq AWU_{2(\text{或}3)}(z)WQ(m,z)$$
$$AW_{2(\text{或}3)}(m,z) \geq AWL_{2(\text{或}3)}(z)WQ(m,z) \tag{7.7}$$

- 生活的需水要求

生活需水包括城镇和农村居民生活两个方面，由于涉及人类基本的生存需要，对水资源的需求要求不能低于某一配水份额。

$$AW_4(m,z) \geq AWL_4(z)WQ(m,z) \tag{7.8}$$

- 最小生态需水要求

南方湿润地区生态稳定性比干旱地区要强，因此在遇到特殊的干旱年份或月份，在较短时间内可以适当破坏生态需水要求，但由于水质要求、咸潮、抽水水位等条件的限制，生态用水也不能无限制地破坏，必须保障最小的生态需水，包括河道内和河道外生态需水两个部分。

$$AW_5(m,z) \geq DAW_5(m,z)_{\min} \tag{7.9}$$

- 各行业用水不能超过需水量

$$AWW_i(m,z) \leq DAW_i(m,z) \tag{7.10}$$

- 水质要求

$$AWW_i(m,z) = \sum_{n=1}^{6} AW_i(m,z)\beta_{i,n}(z) \tag{7.11}$$

$$\beta_{1,n}(z) = \begin{cases} 1, & 1 \leq n < 2 \\ 1, & 2 \leq n < 3 \\ 1, & 3 \leq n < 4 \\ 1, & 4 \leq n < 5 \\ 0.9, & 5 \leq n < 6 \\ 0.1, & n \geq 6 \end{cases}, \quad \beta_{2,n}(z) = \begin{cases} 1, & 1 \leq n < 2 \\ 1, & 2 \leq n < 3 \\ 1, & 3 \leq n < 4 \\ 0.9, & 4 \leq n < 5 \\ 0.1, & 5 \leq n < 6 \\ 0, & n \geq 6 \end{cases}, \quad \beta_{3,n}(z) = \begin{cases} 1, & 1 \leq n < 2 \\ 1, & 2 \leq n < 3 \\ 1, & 3 \leq n < 4 \\ 0.1, & 4 \leq n < 5 \\ 0, & 5 \leq n < 6 \\ 0, & n \geq 6 \end{cases},$$

$$\beta_{4,n}(z) = \begin{cases} 1, & 1 \leq n < 2 \\ 1, & 2 \leq n < 3 \\ 1, & 3 \leq n < 4 \\ 0.1, & 4 \leq n < 5 \\ 0, & 5 \leq n < 6 \\ 0, & n \geq 6 \end{cases}, \quad \beta_{5,n}(z) = \begin{cases} 1, & 1 \leq n < 2 \\ 1, & 2 \leq n < 3 \\ 1, & 3 \leq n < 4 \\ 1, & 4 \leq n < 5 \\ 0.9, & 5 \leq n < 6 \\ 0.1, & n \geq 6 \end{cases}$$

其中 n 表示水质级别，1，2，3，4，5 对应水质 I、II、III、IV、V 类，6 代表劣 V 类。

3）供水 Agent 模型

供水 Agent 的行为表现在各种工程对水资源配置的约束，具体为：

• 水库蓄水库容

$$VR_{min}(i) \leq VR(m,i) \leq VR_{max}(i)$$
$$VR_{min}(i) \leq VR(m,i) \leq VR'_{max}(i) \tag{7.12}$$

• 引提水工程能力

$$WQP(m,z) \leq WQP_{max}(z) \tag{7.13}$$

• 调水工程能力

$$WD(m,z) \leq WD_{max}(z) \tag{7.14}$$

另外，在保障最小河道内生态需水的前提下，不同行业供水的供水优先顺序依次为：生活、二产、一产、三产和河道外生态。

4）水资源调配 Agent 模型

水资源调配 Agent 的主要功能是确定水资源配置目标，在考虑需水 Agent、水源 Agent、供水 Agent 行为的前提下，进行水资源分配。由上文可知，水资源优化配置目标的为经济、环境、社会目标三个方面，因此水资源调配 Agent 的行为就以它们三者的综合效益为优化准则，在调配约束条件下，进行水资源优化配置。

• 经济目标行为表现

要求流域整体的经济效益达到最大，用 f_1 表示。

$$f_1(AWW) = \max \sum_{z=1}^{Z} \omega(z)\{B(z) - C(z)\}$$
$$= \max \sum_{z=1}^{Z} \omega(z)\left[\sum_{m=1}^{M}\sum_{i=1}^{5} b_i(m,z)AWW_i(m,z)\right] \tag{7.15}$$

- 环境目标行为表现

选用水污染造成水环境质量损失最小作为水资源优化配置的环境目标，即可用重要污染物的排放量最小体现，用 f_2 表示。

$$f_2(AWW) = \min\{\sum_{z=1}^{Z}\sum_{m=1}^{M}\sum_{i=1}^{5} 0.01 d_i(z) p_i(z) AWW_i(m,z)\} \tag{7.16}$$

- 社会目标行为表现

不同区域的缺水量大小或缺水程度影响到社会的发展和稳定，故采用区域总缺水量来间接反映社会效益，用 f_3 表示。

$$f_3(LAWW) = \min\sum_{z=1}^{Z}\omega(z)\Big[\sum_{m=1}^{M}\sum_{i=1}^{5}\varpi_i(z) LAWW_i(m,z)\Big] \tag{7.17}$$

- 区域供需水量平衡

$$LAWW_i(m,z) = DAW_i(m,z) - AWW_i(m,z) \tag{7.18}$$

- 水费约束

现代水资源管理把水当做一种商品，但与此同时水是人类生存的基本需求，生活需水必须保证，因此生活用水水费支出不应超过人均可支配收入的一定比例，为了节约用水，促进水资源利用率，普遍采用累进制水价，规定一定的起征标准。

$$AW_3(m,z)EWP_{urb}(z) - TP(z)AW_4(m,z)(EWP_{urb}(z) - BWP_{urb}(z)) \tag{7.19}$$

- 非负约束

所有的变量均为非负数。

7.2.3 模型的求解算法——人工免疫优化算法

从前面建立的基于多智能体系统的水资源优化模型可以看出，水资源同时具有的自然和社会属性，构成水资源系统的复杂性，本文所建立的配置模型是一个规模较为庞大、结构复杂、影响因素较多的大系统模型，其主要特点有：

1）水资源配置系统内各智能体的行为方式具有不同的目标，且各目标之间是相互矛盾和竞争的。

2）各智能体之间是相互关联的，并且各自规模大，联系众多，相互之间进行约束，从而使模型的求解较为复杂。

3）各智能体之间的关系有些是非线性的。

因此，基于多智能体系统的水资源优化模型从数学上讲是属于约束多目标的非线性优化模型，同时具有局部优化的特征，需用多目标求解的方法进行求解。

7.2.3.1 多目标优化求解算法及其在水资源优化配置中的应用

多目标优化问题最早出现应追溯到 1772 年，当时 Franklin 就提出了多目标矛盾如何协调的问题，但国际上一般认为多目标问题最早由法国经济学家。1951 年，Koopmans 从生产与分配的活动分析中提出了多目标优化问题，并且第一次提出了Pareto 最优解的概念[20]，同年，Kuhn 和 Tucker 从数学规划的角度，给出了向量极值问题的 Pareto 最优解的概念，并研究了这种解的充要条件[21]。

由于最大化与最小化问题可以相互转化，不失一般性，本文仅以最小化多目标优化问题为研究对象。设 $\mathbf{R}^p$ 为 p 维欧氏空间，$D \subset \mathbf{R}^p$，$f: D \rightarrow \mathbf{R}m$ 为目标函数或目标向量，$h_i(x)$，$g_j(x)$ 皆为 D 上的约束函数，$1 \leq i \leq L$，$1 \leq j \leq M$。多目标优化问题（Multi-objective Optimization Problem，MOP）的数学表达式为

$$\text{Min}_{x \in D} \quad f(x) = [f_1(x), f_2(x), \cdots, f_m(x)]$$
$$s.t. \quad h_i(x) = 0 \quad (i = 1, 2, \cdots, L)$$
$$g_j(x) \leq 0, \quad (j = 1, 2, \cdots, M)$$

其中 m 为目标函数的个数，在水资源调配 Agent 模型中，$m = 3$。x 为决策变量。当 L 或 M 不同时为 0 时，MOP 可称为约束多目标优化问题（CMOP：Constrained Multi-objective Optimization Problem）。

在 MOP 中，由于是对各个子目标同时优化，而且这些子目标之间往往是相互矛盾的，因此 MOP 的最优解通常是一集合。在 MOP 中，Pareto 占优（或控制，dominate）是一个非常重要的概念，其定义如下：

定义 7.1 设 $x_i = (x_{i1}, x_{i2}, \cdots, x_{ip})$，$i = 1, 2$，若 x_1, x_2 满足 $x_1 \leq x_2$，则称 x_1 优于（dominate）x_2，或称 x_2 被 x_1 控制。

定义 7.2 设 $x^* \in D$，若在 D 中不存在 x 使得 $f(x^*) \leq f(x^*)$，则称 x^* 是问题 CMOP 的 Pareto 最优解。

为了方便对约束多目标人工免疫优化算法的描述，还引入以下两个定义：

定义 7.3 称 D 的非空有限子集 X 为群体，$x \in D$ 称为个体，对于问题 CMOP，如果 x 是属于满足约束的可行解集，则称 x 为有效个体，如果 x 不满足约束条件，则称 x 为非法个体。

定义 7.4 设 $x^* \in X \subset D$。若在 X 中不存在 $x \in X$，使得 $f(x)$ 优于 $f(x^*)$，则称 x^* 是问题 CMOP 相对于群体 X 的 Pareto 最优个体，简称 Pareto 最优个体。若 $f(x^*)$ 优于 X 中其他个体的目标向量数目最多，则称 x^* 是问题 CMOP 相对于群体的弱 Pareto 最优个体，简称弱 Pareto 最优个体。

7.2.3.2 人工免疫优化算法

(1) 人工免疫优化的机理

免疫系统的主要功能是产生抗体以清除抗原。当抗原侵入体内后，抗体与抗原发生结合，当它们之间的亲和力（affinity）超过一定阈值，抗体被活化进行克隆扩增，随后克隆细胞经历高频变异过程，产生对抗原具有特异性的抗体。经历变异后的免疫细胞分化为浆细胞和记忆细胞。当记忆细胞再次遇到相同抗原后能够迅速被激活，实现对抗原的免疫记忆。此外，老的、没有起作用的抗体逐渐凋亡，新的抗体随机产生并进入免疫系统。

免疫响应的一个重要特点是亲和力成熟，也就是说，在抗原的选择之下，抗体与抗原的亲和力呈现不断增加的趋势，最终能够产生对付抗原的最有效的抗体。

变异的迅速累积对于免疫应答的快速成熟是必需的，但只靠高频变异并不足以使免疫系统成熟，这是因为变异也会导致更弱或者非功能性的抗体。如果一个细胞刚刚采用一种有用的变异，并以同一变异率在下次免疫应答期间继续变异，则衰弱变化的积累可能引起变异优点的损失。免疫系统克服这个问题的一个方法是通过选择性增加高亲和力抗体群体，这样，选择也在决定高亲和力抗体中起重要作用。可见，在克隆选择过程中，高频变异和更高亲和力抗体的选择这两个过程对于亲和力成熟起着关键作用[21]。

总的来说，从免疫学角度看，最具有代表性的免疫算法就是把克隆选择原理及独特型免疫网络原理相结合来解释免疫系统中体液免疫应答的进化过程，依据这种进化思想来设计有效解决实际优化对象的免疫算法。

（2）人工免疫算法的基本概念与原理

人工免疫算法是模拟生物免疫系统智能行为的仿生算法，是一种确定性和随机性选择相结合并具有勘测与开采能力的启发式随机搜索算法[22]。人工免疫算法将优化问题中待优化的问题对应免疫应答中的抗原，可行解对应抗体（B细胞），可行解质量对应免疫细胞与抗原的亲和度，如此则可以将优化问题的寻优过程与生物免疫系统识别抗原并实现抗体进化的过程对应起来，将生物免疫应答（本文主要指的是体液免疫应答）中的进化链（抗体群→免疫选择→细胞克隆→高频变异→克隆抑制→产生新抗体→新抗体群）抽象为数学上的进化寻优过程，形成智能优化算法。人工免疫算法正是对生物免疫系统机理抽象而得的，算法中的许多概念和算子与免疫系统中的概念和免疫机理存在着对应关系。人工免疫算法与生物免疫系统概念的对应关系如表7.4所示，由于抗体由B细胞产生，在人工免疫算法中对抗体和B细胞不作区分，都对应为优化问题的可行解。

表7.4　生物免疫系统概念与人工免疫算法的对应关系

生物免疫系统概念	人工免疫算法概念
抗原	优化问题或进化群体最好的解
抗体	优化问题的可行解
记忆细胞	进化群体中较好的解
自我抗体	优化问题的可行解

从体液免疫应答的原理分析可知，这种应答过程主要包含克隆选择、细胞克隆、记忆细胞获取、亲和突变、克隆抑制及动态平衡等维持机制，这些机制的作用关系如图7.8所示，目的是增强免疫系统的自身防御能力。抗体群从识别抗原的结构模式到进化自身的模式，直到匹配抗原，以至最终中立抗原的过程属于抗体群的学习过程，也是这种进化方式，使得解决免疫优化问题的算法得以产生。为了更好地理解这些免疫机理在人工免疫算法中的含义，表7.5给出它们与人工免疫算法中相关概念的对应关系。

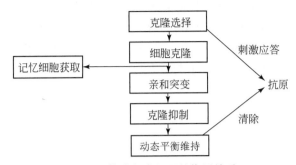

图 7.8 体液免疫机理的作用关系

表 7.5 生物免疫系统机理与人工免疫算法的对应关系

免疫系统		免疫算法	
免疫学原理	体液免疫	免疫算子	免疫算子的含义
	克隆选择	克隆选择	进化群体中亲和力较高的抗体被确定性选择
克隆选择原理	细胞分化繁殖	细胞克隆	被选中的抗体各繁殖一定数目的克隆
	记忆细胞获取	记忆细胞演化	分化的部分细胞作为记忆细胞更新记忆池
	亲和成熟	亲和突变	对克隆的各基因依据母体的亲和力进行突变
独特性免疫网络调节原理	克隆抑制	克隆抑制	浓度高及亲和力较低的克隆被清除
	动态平衡维持	免疫选择	依据抗体浓度及亲和力按概率随机选择抗体
		募集新成员	随机产生自我抗体插入抗体群

为了更清楚地叙述人工免疫优化算法的内容，首先对生物免疫系统中几个基本概念的思想在人工免疫算法设计中有效应用给出各自设计和数学描述；其次由于免疫算子是免疫算法的核心内容，因此也给出各算子的定义描述。

亲和力：是指抗体与抗原的匹配程度。反映在优化问题上，抗体的亲和力为函数 $aff: S \to (0,1)$，$aff(x)$ 与 $f(x)$ 成反比。在此，$f(x)$ 仍表示抗体 x 对应的可行解的目标函数。

相似度：指抗体与其他抗体的相似程度，其被定义为函数 $Aff: S \times S \to [0,1]$，此根据信息熵原理理论设计。具体而言，设 M 为含 m 个字符的字符集，群体 G 为由 N 个长度为 l 的字符串构成的集合，即

$$G = \{X = x_1 x_2 \cdots x_l, \ x_i \in M, \ 1 \leq i \leq l\}$$

于是 G 中基因座 j 的信息熵定义为

$$H_j(G,N) = \sum_{i=1}^{m} - p_{ij} \log p_{ij} \tag{7.20}$$

其中 p_{ij} 为 M 中第 i 个符号出现在基因座 j 上的概率，由信息熵理论可知，当 $p_{ij} = 1/m$ 时，$H_j(G,N)$ 取最大值，即 G 中基因座 j 上出现相同信息的可能性最小。群体 G 的平均信息熵为

$$H(G,N) = \frac{1}{l} \sum_{j=1}^{l} H_j(G,N) \tag{7.21}$$

若 M 为二进制字符集，则抗体 u 为抗体 v 的相似度可取为

$$Aff(u,v) = H(G,2), G = \{u,v\}, \quad u,v \in S$$

当 $Aff(u,v)$ 时，u,v 完全相同；当 $Aff(u,v) = 2$ 时，u,v 完全匹配。

抗体的浓度：指抗体在抗体群中与其相似的抗体所占的比例，被定义为函数 C：$X \subset S \to [0,1]$，即

$$C(u) = \frac{|\{v \in X \mid Aff(u,v) \leqslant \sigma\}|}{N} \tag{7.22}$$

其中 σ 为浓度阈值，$0 \leqslant \sigma \leqslant 1$，在此称为浓度抑制半径。由此可知，$0 < C(u) \leqslant 1$。当 $C(u) = 1/N$ 时，X 中不存在与 u 相似的抗体；当 $C(u) = 1$ 时，X 中的抗体与 u 相似或相同。

激励度：是指抗体群体中抗体应答抗原和其他抗体激活的综合能力，可定义为函数 act：$X \subset S \to \mathbf{R}^+$，

$$act(x) = aff(x) e^{-\frac{c(x)}{\beta}} \tag{7.23}$$

其中 β 为调节因子，$\beta \geqslant 1$。由式 7.23 式可以看出，抗体应答抗原的综合能力与其亲和力成正比，与其在抗体群中的浓度成反比，此式可调节抗体群多样性。

此外，将图 7.8 中各个免疫算子的定义和设计叙述如下：

克隆选择：是指在给定的选择率 α 下，$0 < \alpha < 1$，在抗体群中选择部分抗体的确定性映射，T_s：$S^N \to S$。即设 X_0 为抗体群 X 中 $N_1 = round(\alpha|X|)$ 个亲和力较高的抗体构成的群体，按如下概率规则选择抗体：

$$P(T_s(X)_i = X_i) = \begin{cases} 1, & X_i \in X_0, \\ 0, & X_i \notin X_0 \end{cases} \tag{7.24}$$

其中 $round(\cdot)$ 为取整函数。克隆选择仅选择群体中亲和力较高的抗体参与繁殖及突变，而亲和力低的抗体仍存于免疫系统中，并逐渐被驱除。克隆选择说明在抗体群中较好的抗体被确定性地选择参与进化，以便提高其自身的亲和力。

细胞克隆：设 X 为给定的抗体群，$|X| = m$，$m < N$，在给定的繁殖数 M 下，抗体群 X 中所有抗体依据各自亲和力及繁殖率共繁殖 M 个克隆的映射。即设 r：$Sm \to \mathbf{R}^+$ 为抗体群的繁殖率函数，$X = \{x_1, x_2, \cdots, x_m\}$ 为抗体群，则定义抗体 x_i 繁殖 m_i 个克隆，$Tc(x_i) = clone(x_i)$，其中 $clone(x_i)$ 为 m_i 个与 x_i 相同的克隆构成的集合，m_i 由下式确定：

$$m_i = N \cdot r(X) \cdot aff(x_i), \quad \sum_{i=1}^{m} m_i = M \tag{7.25}$$

由式 7.25 知，繁殖率函数表示为

$$r(X) = \frac{M}{N \sum_{i=1}^{m} aff(x_i)}$$，抗体群 X 繁殖的克隆细胞构成的群体为 $T_c(X) = \bigcup_{i=1}^{m} clone(x_i)$

细胞克隆表明对于给定的抗体群 X，各抗体繁殖的克隆个数与其亲和力成正比，细胞克隆算子是确定免疫算法运行速度的重要环节，M 过大，则算法搜索速度过慢，M 过小，则群体的多样性受到影响。

亲和突变：是指抗体空间到自身的随机映射，T_m：$S \to S$，其作用方式是抗体按与其

亲和力成反比的可变概率独立地改变自身的基因，因此可选择 $P(x) = \exp(-aff(x))$。

克隆抑制：是指抗体群中依据抗体的亲和力和相似度抑制部分抗体的确定性映射，$T_r: SM \rightarrow S$。克隆抑制算子的设计是，设 X 是规模为 M 的抗体群，依据抗体的相似度和抑制半径及式 $Aff(u,v) < \sigma$，将 X 划分为子群，不妨设获 q 个子群 P_i，$1 \leqslant i \leqslant q$，利用处罚函数对 P_i 中亲和力低的抗体进行处罚，进而设 X 中未被处罚的抗体构成的集合为 M_r。于是按下列规则抑制 M_r。于是按下列规则抑制 $M-M_r$ 个抗体

$$P(T_r(X) = u) = \begin{cases} 1, & u \in M - M_r \\ 0, & u \in M_r \end{cases}$$

克隆抑制是增强群体多样性的重要环节，其模拟抗体群中抗体之间相互抑制的机理，由于克隆抑制通过相似度及亲和力体现，抗体的浓度由其相似度表现，因此可选取相同的克隆抑制半径与浓度抑制半径。

免疫选择：是指在抗体群中依据抗体的激励度选择抗体的随机映射，$T_{is}: S^N \rightarrow S$，可按概率规则

$$P\{T(X)_i = x_i\} = \frac{act(x_i)}{\sum_{x_j \in X} act(x_j)} \tag{7.26}$$

或

$$P\{T(X)_i = x_i\} = \frac{\exp\left(\dfrac{act(x_i)}{T_n}\right)}{\sum_{x_j \in X} \exp\left(\dfrac{act(x_j)}{T_n}\right)}, \quad T_n = \ln\left(\frac{T_0}{n} + 1\right) \tag{7.27}$$

来选择抗体群 X 中的抗体。式（7.26）为比例选择规则，式（7.27）为模拟退火选择，T_0 为初始温度，n 为迭代数。

募集新成员：是指在抗体空间 S 中随机选择一个抗体（即自我抗体）的映射。用 $T(S)$ 表示选择的抗体，用 $T^d(S)$ 表示选择的 d 个抗体的集合。募集新成员主要在于维持群体的动态平衡，起到微调群体多样性的作用，特别是当进化群体出现多样性差及全局搜索能力弱时，自我抗体产生的随机性，促使群体沿更好解所在区域转移。

（3）约束多目标免疫优化算法[23,24]

约束多目标免疫优化算法（CMOIA：Constrained Multi-objective Optimization Immune Algorithm）的生物理论基础就是在上文所陈述的克隆选择原理和免疫网络原理中的独特型网络理论，它模拟了体液免疫应答中免疫细胞记忆、应答、相互作用等特征，目的在于充分借助免疫系统的多样性及抗体应答能力，提出有效的优化算法处理 CMOP。主要特点是通过利用克隆选择原理设计抗体群识别抗原群的进化框架，利用独特型免疫网络理论建立抗体促进与抑制框架和构建克隆抑制算子，增强算法搜索过程中群体多样性，利用记忆细胞功能保存抗体群中优秀抗体。

• CMOIA 的原理

设抗体对应问题的可行解，自反应细胞被视为非法解，抗原及记忆细胞皆对应此

问题的 Pareto 最优个体。抗体、抗原及记忆细胞皆由 P 个有序的染色体（即问题的决策变量）构成，染色体的长度皆为 l，所采用的编码方式为十进制或二进制编码，于是所有抗体的抗体空间 S 是有限集。CMOIA 由 8 种机理构成：克隆选择、细胞克隆、亲和突变、克隆抑制、群体组合、免疫选择、募集新成员及记忆细胞演化，其运行机制如图 7.9 所示。

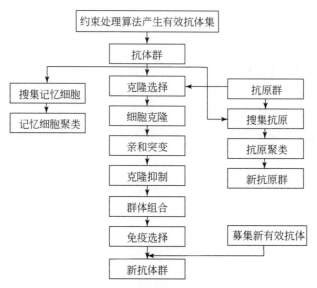

图 7.9　CMOIA 的原理图

在 CMOIA 运行之前，首先利用约束处理算法产生抗体集，目的在于回避算法搜索中的非线性问题，所获得的抗体集用于初始抗体群的产生及修正自反应细胞为抗体，同时也用于募集新成员算子，模拟此运行机制构建算法可解决非线性约束的多目标函数优化问题。在算法构建中，引入了上文所述的亲和力、抗体浓度、增强度、激励度及激活度的概念，其各自的数学表达式具体如下：

设 X，Y 分别表示抗体群与抗原群，X 中抗体 Ab 与抗原群 Y 的亲和力 $aff(Ab)$ 设计为

$$aff(Ab) = \exp\left(-\frac{\sum\limits_{Ag \in Y} < f(Ab), f(Ag) >}{\max\limits_{Ab \in X} \sum\limits_{Ag \in Y} < f(Ab), f(Ag) >}\right) \tag{7.28}$$

其中 $< \cdot, \cdot >$ 表示 n 维向量的内积。设抗体 Ab_i 的 δ 邻域内所含 X 中抗体的数目为 m_i，此抗体 Ab_i 的浓度被给定为 $c(Ab_i)$（δ 取为 0.5），

$$c(Ab_i) = \frac{m_i}{|X|}, \quad Ab_i \in X \tag{7.29}$$

X 中抗体 Ab_i 的激励度可定义为

$$Aff(Ab_i) = aff(Ab_i) \cdot \exp(-\beta c(Ab_i)), \quad Ab_i \in X \tag{7.30}$$

Ab_i 的激活度可定义为

$$F(Ab_i) = strength(Ab_i) \cdot \exp(-\beta c(Ab_i)), \quad Ab_i \in X, \ 0 < \beta < 1 \tag{7.31}$$

其中 $strength(Ab_i)$ 表示抗体 Ab_i 的增强度，其设计为：

设 $x, y \in X$，若 $f(x) \leqslant f(y)$，则置 $d_y(x) = 1$，否则 $d_y(x) = 0$。于是有

$$strength(x) = \sum_{y \in X} d_y(x) \tag{7.32}$$

而图 7.9 中的克隆选择、细胞克隆、亲和突变、免疫选择定义见上文所述，但具体算子的不同设计如下：

1）细胞克隆算子中需用抗体的激励度取代抗体的亲和力，且繁殖数 M 为

$$M_{Ab} = \left(|Y| - \frac{1}{\lambda \cdot Aff(Ab)} \right)^{\theta}, \quad \lambda \in \left[\frac{1}{2(1 + Aff(Ab))}, \frac{1}{(1 + Aff(Ab))} \right] \tag{7.33}$$

其中 λ 为随机数，$1 < \theta < 1.5$ 为参数。

2）亲和突变。设 Ag 为给定的抗原（把抗体群中最好的、亲和力最大的一个抗体作为此抗原），对于抗体 Ab 可按如下方式突变：

（a）超变异：$Ab \leftarrow Ab + \beta(Ag - Ab)$，$\beta \in [0, \alpha]$，$\alpha = 1 - \exp(- \| Ab_i - Ag \|)$，其中 β 为 $[0, \alpha]$ 上的随机数；$\| Ab_i - Ag \|$ 表示抗体与抗原之间的距离。

（b）均匀随机突变：抗体 Ab 以突变率 α_n 作为概率对其各基因位置上的基因在基因数之间进行随机突变，其中 α_n 由式（7.34）确定。

$$\alpha_n = 1 - \exp\left(-\frac{\mu_n + \max_n - aff(Ab)}{\max_n - \min_n} \right), \quad \mu_n \propto \frac{1}{n} \tag{7.34}$$

$$\max_n(\min_n) = \max(\min) \quad Ab \in X_n \{aff(Ab)\},$$

其中，μ_n 可选为 $\mu_n = \mu_0 + \dfrac{T}{n}$，$\mu_0$，$T$ 为调节参数，n 为群体进化的代数。

3）免疫选择采用式（7.27）为模拟退火选择。

4）克隆抑制采用上文所述的算子。

- CMOIA 的约束条件处理及聚类算法

为了产生 CMOIA 的初始群体和及时修改 CMOIA 产生的自反应细胞，防止退火，增强进化群体的多样性，同时有助于产生自我抗体，首先利用约束条件处理算法获得约束条件的可行解集，记为 $Cset$。

Step 1　将问题的论域 D 等分为 2^l 个子空间，不妨设为 s_i，$i = 1, 2, \cdots, 2^l$，初始可行解集 $C = \Phi$。

Step 2　置 $i = 1$。

Step 3　若 s_i 中不包含可行解（此可通过迭代到制定代数进行判断），则进入 step4；当 s_i 中含有可行解时，随机产生 c 个可行解，并存入 C 中，然后进入 step4。

Step 4　若 $i \leqslant 2^l$，则 $i \leftarrow i + 1$，则返回 step3；否则 $Cset \leftarrow C$，结束。

具体采用 Mu 等提出的改进并能处理各类约束条件的多目标优化算法（Infeasibility Degree based on NAGA），该优化算法基于领域和存档操作进化算法（Neighborhood and Archive Genetic Algorithm，NAGA），不可行度（Infeasibility Degree，IFD）选择操作将不可行解分为可接受的和不可接受的解，通过迭代，不可行解逐步接近可行域，生成可行解集。为了在多目标优化问题中区分不可行解与可行解，Deb 等在非被主导排序算法（NSGA 2II）中定义了一个约束主导原理[25]：一个解 x_i 可称为约束主导另一个解 x_j，

当且仅当下列条件满足，x_i是可行解而x_j不是可行解；x_i与x_j都不是可行解，但x_i的总体约束冲突值小于x_j；x_i与x_j都是可行解且x_i主导x_j。为了定量得到问题中每个解的约束冲突程度，或者不可行程度，定义一个解x_i的不可行度（IFD）为该解的所有冲突的约束值的平方和[26]：

$$\phi(x_i) = \sum_{j=1}^{J} \left[\min\{0, g_j(x_i)\} \right]^2 + \sum_{k=j+1}^{N} \left[h_k(x_i) \right]^2 \tag{7.35}$$

其中，$g_j(x_i)$、$h_k(x_i)$分别是优化问题的不等式约束（大于或等于）和等式约束，J和N分别是不等式约束式的个数和总约束式的个数。这里不可行度可认为是解x_i到可行域的距离，x_i离可行域越远，不可行度越大，反之越小；当x_i为可行解时，不可行度为零。为了逐步增大满足约束要求的压力，使进化搜索由整个解空间逐步向着可行域中的 Pareto 最优解靠近。首先定义不可行度阈值[27]

$$\phi_{crit} = \frac{1}{T} \left(\sum_{i=1}^{S_{pop}} \phi(x_i) \right) / S_{pop} \tag{7.36}$$

其中，$1/T$为退火因子，随着迭代进行，T由T_{start}变化到T_{end}；S_{pop}为种群规模。不可行度阈值是一个逐步减小的退火因子与当前种群的平均不可行度值的乘积。在每一步进化中，根据每一个候选解的不可行度与阈值的比较来决定这个解是被接受还是被拒绝。当一个不可行解的不可行度大于不可行度阈值，该解被拒绝，否则该不可行解被接受并进入下一代遗传算法操作。为保证种群规模不变，被拒绝的解由当前代中可行度最小的解等量取代。

其次为了处理抗原群或记忆群中过剩的个体，引入聚类算法，其描述如下：

Step 1　给定群体$C = \{x_1, x_2, \cdots, x_p\}$，若$|C| > N_0$（若$C$为抗原群，则置$N_0 = N_1$；若$C$为记忆细胞群，则置$N_0 = N_2$），则进入 step2，否则结束。

Step 2　置$n=1$。

Step 3　置$M = \Phi$，计算$\|f(x_i)\|$，依据

$$\left| \|f(x_i)\| - \|f(x_j)\| \right| < \sigma + \frac{n-1}{n} \quad (x_i, x_j \in C)$$

将C划分为q个子群M_k，不妨设$p_k = |M_k|$，$M_k = \{x_{k1}, x_{k2}, \cdots, x_{kpk}\}$，$k = 1, 2, \cdots, q$。

Step 4　置$k=1$。

Step 4.1　将M_k视为抗体群，利用式（7.31），计算$x_{ki} \in M_k$的激活度$F(x_{ki})$。

Step 4.2　根据$|F(x_{ki}) - F(x_{kj})| < \sigma_0 + \frac{n-1}{n}$，$(x_{ki}, x_{kj} \in M_k)$，处罚$x_{ki}$与$x_{kj}$中激活度低的个体，将未被处罚的个体存入$M$中。

Step 4.3　若$k < q$，则置$k \leftarrow k+1$，并返回 step4.1，否则，则进入 step5。

Step 5　$C \leftarrow M$。若$|C| > N_0$，则置$n \leftarrow n+1$，返回 Step3；否则，结束。

以上算法设计的依据是个体群（即抗体群或外在抗原群）中个体相互激励和抑制的机理。个体的增强度刻画了个体在群体中的优越程度（通过比较个体间的目标向量体现），而浓度则刻画了群体中相似个体所占比重。该算法的特点是个体的激活度反映了个体的浓度和其增强度的关系，使得在鼓励高增强度个体的同时，抑制高浓度的个体，进而增强了群体自我调节能力。

●约束多目标优化免疫算法的描述

基于 CMOIA 的运行机制、免疫算子设计、约束条件处理算法及聚类算法，CMOIA 可描述如下：

Step 1　若优化问题为已处理过的问题或相似问题，则在记忆集合 M_0 中分别产生 n_0 及 m_0 个个体分别构成初始抗体群和抗原群；否则，则分别在 $Cset$ 中随机产生 n_0 及 m_0 个可行解构成初始抗体群体 A_0 及初始抗原群 G_0，记忆集合 M_0 为空集；

Step 2　计算抗体群 A_n 中抗体的增强度，复制 A_n 中 Pareto 最优个体并视为抗原与抗原群 G_{n-1} 组合，获抗原群 G_n；复制 A_n 中 Pareto 最优个体，并作为记忆细胞进入记忆细胞群 M_n，消除 M_n 中非 Pareto 最优个体，并用聚类算法获 M_n；

Step 3　计算 A_n 中抗体与抗原群 G_{n-1} 的亲和力；在选择率 α 下，选择 A_n 中 $N_n =$ round $(\alpha|A_n|)$ 个较高亲和力的抗体构成 B_n，不妨设 $B_n = \{Ab_{n1}, Ab_{n2}, \cdots, Ab_{nNn}\}$；

Step 4　B_n 中 Ab_{ni} 经细胞克隆算子作用获克隆细胞子群 C_{ni}，$i = 1, 2, \cdots, N$，所有子群构成克隆群体 C_n，$C_n = \{C_{n1}, C_{n2}, \cdots, C_{nNn}\}$；

Step 5　亲和突变及约束处理。置 $i = 1$；

Step 5.1　在 G_{n-1} 及突变率表达式（7.34）作用下，若 C_{ni} 中的克隆为二进制编码的字符串，则对 C_{ni} 中克隆细胞作用均匀突变算子，获群体 C_{ni}^1；若 C_{ni} 中克隆为十进制编码的数组，则对 C_{ni} 中 $|G_{n-1}|$ 个克隆依次与 G_{n-1} 中抗原作用超突变算子，其余 $N_{Ab} - |G_{n-1}|$ 个克隆的染色体分别按突变率进行均匀突变，获群体 C_{ni}^1；若突变中出现自反应细胞，则随机选取 $Cset$ 中的个体作为抗体取代 C_{ni}^1 中的自反应细胞，若选取的抗体优于父代抗体，则保留，否则被父代抗体取代，进而获临时记忆集 $C*_{ni}$；

Step 5.2　若 $i < N_n$，则 $i \leftarrow i+1$，并返回 Step 5.1；否则进入 Step 6；

Step 6　在 G_{n-1} 的作用下，计算 D_n 中抗体的亲和力，$D_n \equiv \bigcup_{i=1}^{N_n} C_{ni}^*$，并依据 $\|Ab_i - Ab_j\| < \sigma$，$i \neq j$，$Ab_i, Ab_j \in D_n$ 处罚 Ab_i 和 Ab_j 中亲和力低的抗体，选择未被处罚的抗体与 A_n 中 Pareto 最优个体构成群体 $D*_n$，对于 $D*_n$ 中任意 Pareto 最优个体 x，若不存在 $y \in D*_n$，使得 x 优于 y，则在集合 $Cset$ 中随机选取 $y \in Cset$ 插入中，使得 x 优于 y，于是获得集合 E_n；

Step 7　在 G_{n-1} 的作用下，计算 E_n 中抗体的激励度，并用免疫选择算子选择 $|E_n|$ 个抗体构成群体 F_n；

Step 8　在 $Cset$ 中随机抽取 d_n 个可行解，$d_n \equiv (\mu|A_n|+1)$，这些可行解作为抗体取代 F_n 中低亲和力抗体，获抗体群 A_{n+1}；

Step 9　终止条件判断。若满足终止条件，则输出记忆细胞集合中的记忆细胞；否则返回 Step 2。

该算法通过模拟免疫记忆的机理，不断更新记忆细胞群，保留当前抗体群中的优良抗体，最终获得最佳记忆细胞群体（即 pareto 最优解集）。Step 3 至 Step 5 模拟了克隆选择原理及亲和成熟机理。Step 7 依据抗体的激励度进行免疫选择，使得所获群体既含较多高亲和力抗体又有一定数量低亲和力抗体，确保群体的多样性。Step 8 的目的是防止进化群体陷入局部搜索，增强群体的散布性，有助于改善搜索性能。在实际应用中，可将 $D*_n$ 直接作为 E_n。Step 6 如此设计的目的在于考虑算法的收敛性。

7.3　广东省水资源优化配置方案

7.3.1　水资源优化配置模型

7.3.1.1　水资源优化配置目标

模型主要考虑地表水水系兼顾地下水分布（主要在雷州半岛）并结合供水系统及行政区划等因素在各个配置片区内将水资源系统按照县级行政区划分子系统。多目标分析模型的功能是根据预估的供水变量结合各子系统其他可利用的水资源量，在各子系统和各用户间进行优化分配。如此可得各子系统水资源供需平衡指标，包括各子系统生活、生产和生态等用户需水的满足程度：供水保证率 $p_n = (p_n^d, p_n^i, p_n^a)$ 和缺水率 $VD_n = (vd_n^d, vd_n^i, vd_n^a)$，将这些指标反馈到协调级，在整个水资源系统内进行协调。据此，可建立如下水资源合理配置多目标分析模型。

总目标：供水净效益最大，

$$\max\left\{ \sum_{n=1}^{P} \sum_{1}^{T} w_d S_{nt}^d + w_i S_{nt}^i + w_a S_{nt}^a \right\} \tag{7.37}$$

$$S_{nt}^d + S_{nt}^i + S_{nt}^a = S_{nt} \tag{7.38}$$

$$S_{nt} = \xi_n q_{nt} \beta_n \tag{7.39}$$

水质满足要求 $\beta_n = 1$，反之 $\beta_n = 0$ $\tag{7.40}$

分目标 1：总需水目标保证，

$$Q_{nt}^u + R_{nt} + W_{nt} - Q_{nt}^d + G_{nt} \leq DE_{nt} \tag{7.41}$$

$$DE_{nt}^d + DE_{nt}^i + DE_{nt}^a = DE_{nt} \tag{7.42}$$

$$\underline{DE_{nt}^d} \leq S_{nt}^d \leq DE_{nt}^d \tag{7.43}$$

$$\underline{DE_{nt}^i} \leq S_{nt}^i \leq DE_{nt}^i \tag{7.44}$$

$$\underline{DE_{nt}^a} \leq S_{nt}^a \leq DE_{nt}^a \tag{7.45}$$

分目标 2：防洪目标保证，

$$V_{tj} \leq VF_{tj}, \quad Z_{nt} \leq Z_{n,\max} \tag{7.46}$$

分目标 3：生活用水目标保证。

分目标 4：生态环境用水量目标保证，

$$q_{nt} \in \left[VE_{nt,\min}, VE_{nt,\max} \right] \tag{7.47}$$

分目标 5：工业总产值、重点产业用水目标保证。

分目标 6：农业产量目标保证。

分目标 7：河道流量发电、航运目标保证，

$$QL_{nt} \in \left[QT_{nt,\min}, QT_{nt,\max} \right] \tag{7.48}$$

分目标8：废污水处理回用量最大目标保证，

$$W_{nt} \pm \varepsilon = W_{nt,\max} \tag{7.49}$$

以上各式中，S_{nt}^{d}，S_{nt}^{i}，S_{nt}^{a} 分别为 t 时段第 n 子系统的生活、工业和农业的净供水量；w_{d}，w_{i}，w_{a} 分别为生活、工业、农业供水量的综合效益权重，可根据各用户的相对重要性或各用户单位供水量的净效益而设定，计算结果如不满足所要求的供水保证率，可加以调整；T 为运行期的总时段数，采用同步资料，以月为单位时段；S_{nt} 为时段 t 第 n 子系统的总净供水量；q_{nt} 为时段 t 第 n 子系统的可利用水量；ξ_n 为第 n 子系统的供水有效利用系数，Q_{nt}^{u} 为时段 t 上游子系统流入子系统 n 的水量；Q_{nt}^{d} 为时段 t 第 n 子系统流入下游子系统的水量，不包括未经处理的污水；R_{nt}，W_{nt} 分别为时段 t 第 n 子系统的区间可利用地表及地下水量、废污水处理回用量；DE_{nt}，DE_{nt}^{d}，DE_{nt}^{i}，DE_{nt}^{a} 分别为 t 时段第 n 子系统的总需水量及生活、工业、农业应满足的需水量；$\underline{DE_{nt}^{\mathrm{d}}}$，$\underline{DE_{nt}^{\mathrm{i}}}$，$\underline{DE_{nt}^{\mathrm{a}}}$ 分别为 t 时段第 n 子系统生活、工业、农业应满足的需水量下限；V_{tj}、VF_{tj} 分别为第 j 水库时段 t 的蓄水量和防洪限制库容；Z_{nt}、$Z_{n,\max}$ 分别为第 n 子系统时段 t 河道水位及防洪限制水位；$VE_{nt,\min}$、$VE_{nt,\max}$ 分别为第 n 子系统在 t 时段的最小与最大生态环境及压咸需水量；QL_{nt} 为第 n 子系统通航河道在 t 时段的流量；$QT_{nt,\min}$，$QT_{nt,\max}$ 分别为第 n 子系统通航河道在 t 时段的允许最小与最大航运流量；$W_{nt,\max}$ 为时段 t 第 n 子系统废污水最大处理量；$\pm\varepsilon$ 为目标约束的正负偏差变量。

7.3.1.2 水资源优化配置模型结构

根据广东省流域的水系特征和水资源管理的需要，配置模型计算单元以各个地级行政区来划分，而区间的天然来水量分析则是以流域中各水资源五级分区为基础，根据各分区与计算单元之间的水力联系计算得到。研究区的水源以地表水为主，还有少量的地下水和非传统水源用水。用水部门分为：生活（城镇生活、农村生活）、一产、二产、三产、河道外生态、河道内生态。

（1）水资源系统概化

水资源系统是一个十分复杂的系统，在此系统中具有众多的元素和显性或隐性的相互关联过程，因此必须通过识别系统主要过程和影响因素抽取其中的主要和关键环节并忽略次要信息，建立从系统实际状况到数学表达的映射关系，实现水资源系统的模拟，进而优化配置水资源。

水资源系统概化要考虑水系和供水系统的完整性，体现自然地理条件和水资源的开发利用特点，概化计算单元中应尽可能保持行政区的完整性，便于水资源的科学管理以及配置方案的实施，要科学地模拟出各个元素之间的物理、化学、生物联系。

概化步骤首先是确定研究区域范围及其精度。其次是确定水资源系统模拟中需要考虑的实体类别，选择的依据是判断是否与水量水质转换有直接或间接联系，一般来说包括河道、湖泊、地下水含水层等天然水源承载体，基本的计算分区和城市等构成的用水户，河流分水工程、蓄引提调水工程、供用耗排渠道等人工修建的水利工程。再次根据选出的实体及其类别用简练的参数抽象出各实体对水资源运动过程作用的性能。最后，在对概化的各个实体之间水力联系进行描述的基础上，做出反映实际水资源系统及其内部关系整体框架的节点图。

节点图是实际水资源系统及其内部关系的概化，由节点、连线及节点上各要素（概化的实体）等组成，连线为有向线段，表示河道或渠道，反映了节点或节点上要素之间的水流传输关系。根据水资源系统概化的原则及其步骤，结合流域本身水系特点，同时考虑流域内的水文分区、行政分区分布，并分别考虑干支流主要断面和水库，按流域水系连接起来，形成水资源优化配置计算的网络节点图，见图7.10至图7.18。根据广东省各大流域水系特点，可独立划分成粤西桂南沿海诸河片、西北江三角洲片、北江片、东江片、西江片以及韩江及粤东沿海地区片共六大片的供水网络体系。

（2）用水优先序

根据水资源支撑经济社会可持续发展的原则，确定广东省各片区行业配水优先顺序为：生活用水优先，其次保证河道内低限生态环境水量，统筹兼顾河道内生态环境、工业、农业、河道内其他用水等各项需求。

（3）流域和河段取、供水原则

流域取用水以区间水优先，先区间水，再河流水，再小型水库山塘水，再中型水库水，最后大型水库水。充分发挥大型水库的调蓄作用。尤其是流域内的大型骨干水库，在一般偏丰水年至丰水年份应以蓄为主，发挥其在全流域的"蓄丰补枯"作用。

（4）供水规则

为保持各区域之间的协调和均衡发展，在供需平衡中，考虑各地级行政区供水基本均衡，避免发生局部的集中破坏。

（5）水库运行规则

水库调节的任务是使来水尽可能满足各部门各类用水的需求。在模型中水库运行规则模拟的基本思想是将水库库容划分为若干个蓄水层，将各层蓄水按需水对待，分别给定各层蓄水的优先序，并与水库供水范围内各用户供水的优先序组合在一起，指导水库的蓄泄。

单一水库蓄泄原则：①为保证水库本身安全，水库汛期蓄水不允许超过汛期限制水位，非汛期不超过正常蓄水位；②根据水库各蓄水层的优先序、水库供水范围内的需水要求及其优先序决定水库蓄泄水量；③若水库下游某些断面有最小流量要求且未被满足，水库须加大泄水予以满足；④若水库担负有下游防洪任务，当下游控制断面流量超过允许泄量时，水库须控制泄量以保证控制断面流量不超过允许泄量；⑤若水

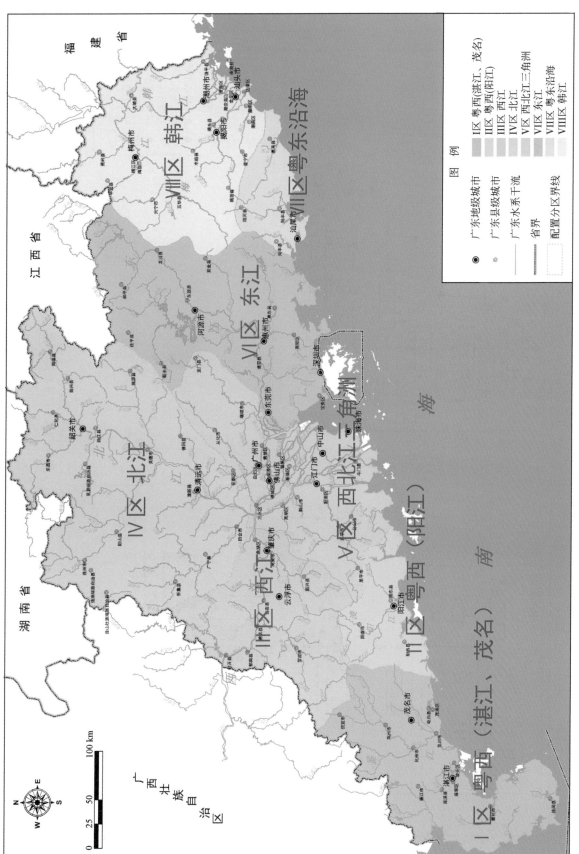

图 7.10 广东省水资源配置分区

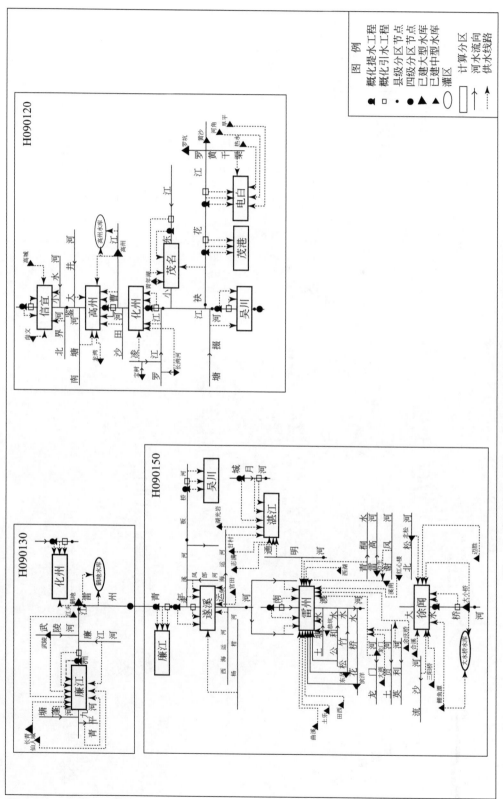

图7.11 粤西诸河（湛江、茂名）I区水资源配置概化结点网络图

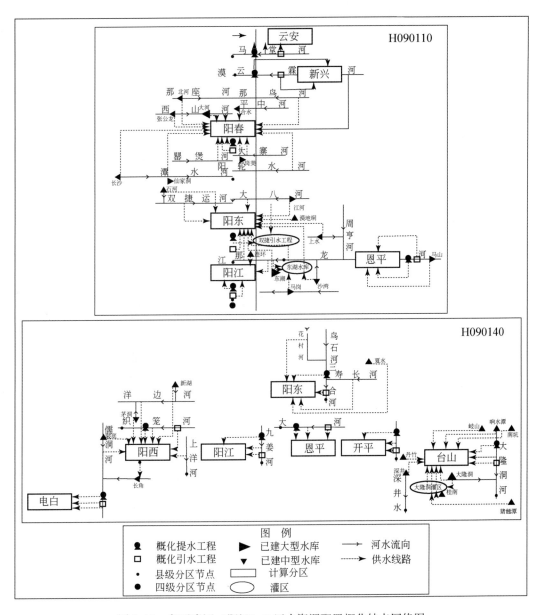

图7.12 粤西诸河（阳江）II区水资源配置概化结点网络图

库以供水为主，兼顾发电，则将根据上述原则计算出的下泄流量作为发电流量，并按此流量计算出力；⑥若水库以发电为主，兼顾其他，则需检查电站出力是否满足本时段的发电指标，若未满足，还须增加水库泄水，以增大发电流量，达到预期的发电指标要求。

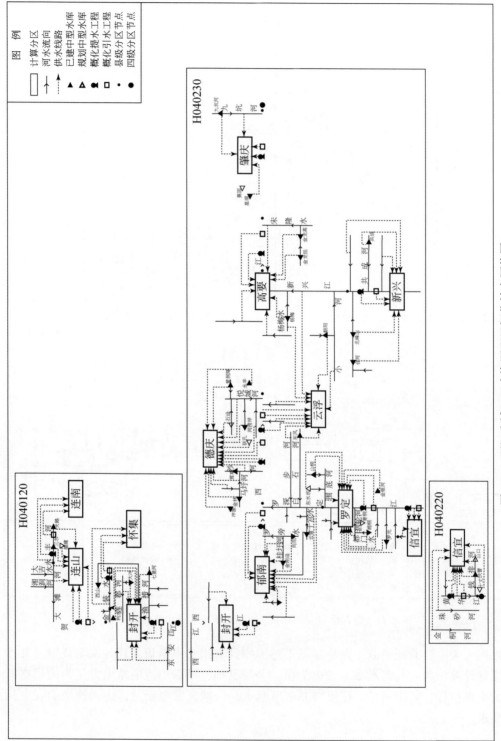

图 7.13 西江流域ⅢⅠ区水资源配置概化结点网络图

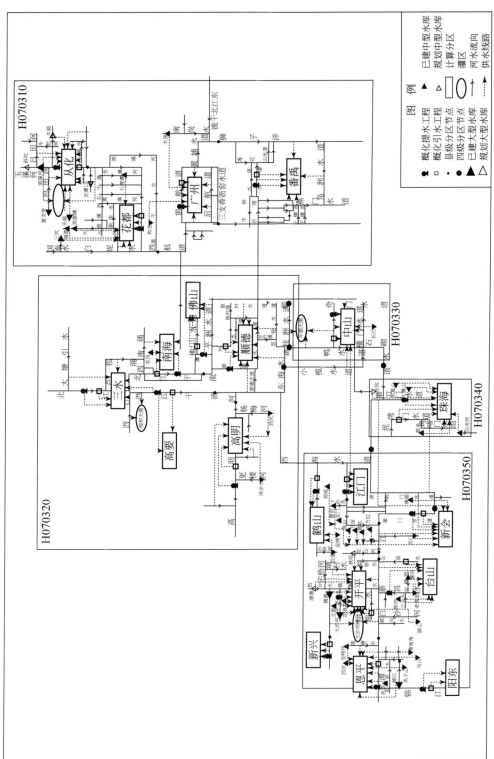

图 7.14 西北江三角洲地区IV区水资源配置概化结点网络图

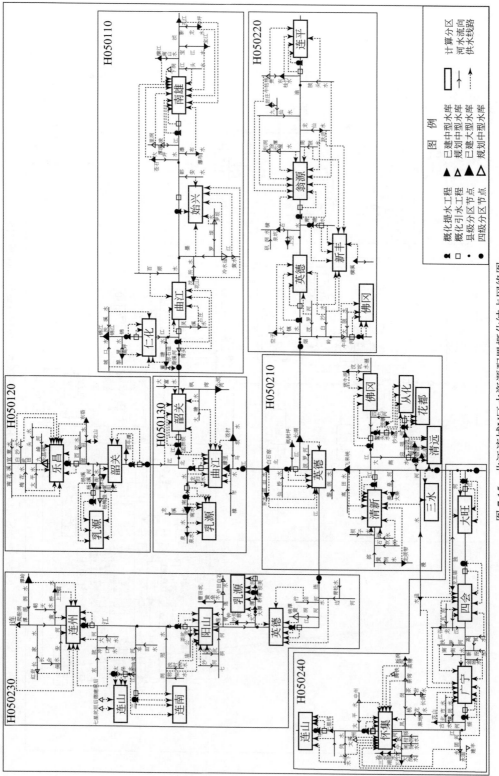

图 7.15 北江流域V区水资源配置概化结点网络图

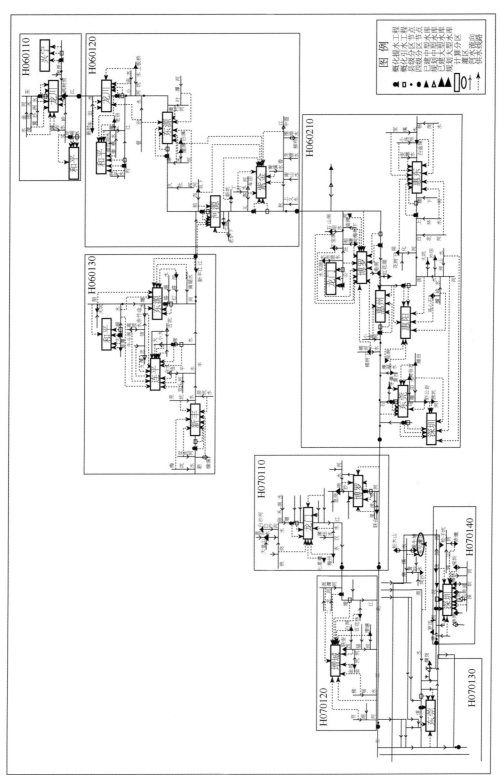

图 7.16 东江流域Ⅵ区水资源配置概化结点网络图

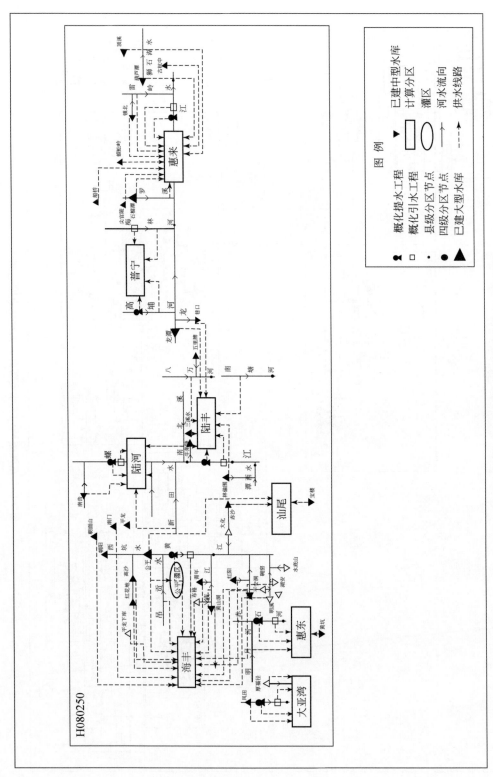

图 7.17 粤东诸河区ⅦⅢ区水资源配置概化结点网络图

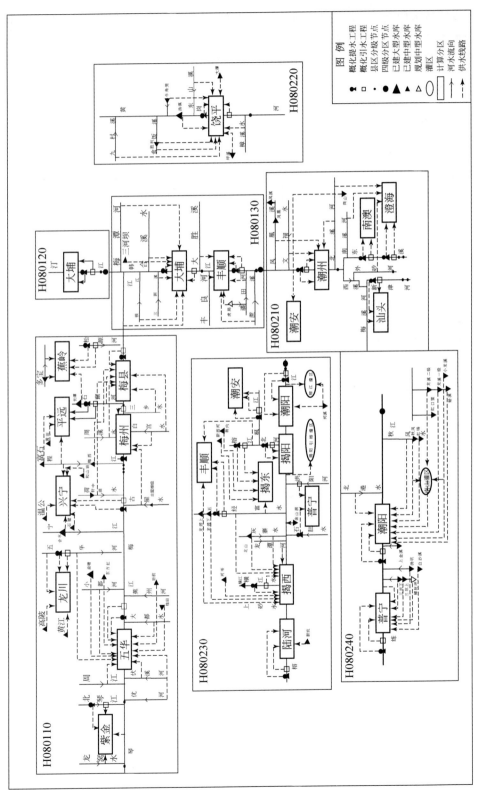

图7.18 韩江流域VIII区水资源配置概化结点网络图

水库群调节原则：水库群中各水库蓄泄原则与单一水库的蓄泄原则相似，不同之处在于水库群调节中，要根据库群内所有蓄水层的优先序高低决定群内在某一时段哪些水库蓄水及相应蓄水量、哪些水库放水及相应放水量。

7.3.1.3　模型输入条件

（1）需水方案

需水方案主要考虑经济社会发展指标和需水定额，同时考虑河道内生态环境需水要求相应的最小流量和河道外城市绿地的生态用水要求等。本次水资源优化配置需水方案，采用第五章中各计算单元需水预测成果。

（2）供水方案

供水方案包括已有、在建和规划新增的地表水工程供水、地下水开发利用方案、污水处理再利用、非常规水源利用方案等。新增水源工程建设原则为：当地水资源利用工程优先，地表水利用工程优先，具有综合利用效益的工程优先，且充分考虑污水处理再利用的可能性。

广东省各片区和各行政分区供水方案以当地现状水资源开发利用状况与模式为基础，以恢复、完善现有水资源工程并提高其供水效率为重点，以挖掘当地水资源开发利用潜力为条件，各型水库均以防洪供水为主要功能，通过水资源工程及加固配套更新等工程措施增加的工程供水能力，加上现状工程的设计供水能力，得到规划后各水平年总的设计供水能力，作为各水平年的供水方案。

（3）入境水方案

广东省位于珠江流域下游，入境水占较大比重，广东省用水对入境水的依赖程度高，水资源配置过程中入境水方案均采用珠江水利委员会在全珠江流域配置以后提供广东省入境水过程设置。

7.3.1.4　相关技术处理方法

（1）供水工程供水规模

工程类型主要包括地表水供水设施、地下水及其他水源供水设施，其中地表水供水设施包括蓄、引、提、调水工程。各类工程的供水规模仅与工程本身规模有关，而与其来水、用水情况无关，不同时段工程的供水规模均相同。

蓄水工程的供水规模是指蓄水工程直接供水的上限，它是水库调蓄供水的上限约束，本次计算蓄水工程月设计供水规模取各类蓄水工程长系列调算后月最大供水量；引水、提水和其他水源供水设施月设计供水规模采用"供水预测"专题中成果。

（2）各单元供需水平衡原则

在计算节点，按供水保证率的高低要求顺序供水，一般必须优先满足城镇、农村生活用水要求，然后分别满足工业、农业用水要求。当来水较枯，平衡计算后不能满足生活和工业用水要求时，削减河道内的生态用水，尽量协调生活和工业用水要求。来水保证率低于农业用水保证率时，允许破坏深度可根据来水情况决定，在此情况下，供需水量差不作为缺水量统计；

平衡单元内，供水水源按先当地后客水考虑；水源点则按无调节供水工程、概化有调节蓄水工程、废污水回用、海水利用、地下水供水工程、调水工程的先后顺序供水；

平衡单元内的回归水量（含水库渗漏量）作为地表水计入有水力联系的下一计算单元。

（3）水资源可利用量计算

水资源可利用量是从资源的角度分析可能被利用的水资源量。水资源可利用总量是指在可预见的时期内，在统筹考虑生活、生产和生态环境用水的基础上，通过经济合理、技术可行的措施，在流域水资源总量中可以一次性利用的最大水量。可见，流域水资源可利用量，必须扣除不可以被利用水量与不可能被利用水量。不可以被利用水量是指不允许利用的水量，以免造成生态环境恶化甚至被破坏的严重后果，以及不能保证河道内正常的航运、水力发电等生产活动，即必须满足的河道内生态环境及生产用水量。不可能被利用水量是指受种种因素和条件的限制，无法被利用的水量。主要包括：超出工程最大调蓄能力和供水能力的洪水量；在可预见时期内受工程经济技术性影响不可能被利用的水量；以及在可预见的时期内超出最大用水需求的水量等。

对于一个具体流域而言，下一个控制节点（用水单元）的来水，除上游未被用完的水资源量（河道来水量）以外，还包括上一个计算单元的回归水量。因此，要精确计算某一区域或流域的可利用量，必须以水资源优化配置为基础，按照流域水系特征，从上至下逐节点计算水资源可利用量，而不能简单以流域整体计算水资源可利用量。

（4）判定资源型缺水和工程型缺水的思路

以各计算分区水资源可利用量系列为配水来源，以各单元区预测的各水平年需水量为配给对象，不加水资源工程约束，进行优化配置计算，得到的结果为各计算区的资源型优化配置水量（P），P 和需水预测提供的需水量（X）进行比较，如果 $P<X$ 则该区为资源型缺水，其资源型缺水量计为 $Q1$：$Q1=X-P$。

在上述资源型水资源优化配置的基础上，再加上各计算分区所优化配置的水量小于等于该区工程的最大可供水能力的这条约束，这样优化计算出来的结果计为 G，把 G 和需水量（X）相比较，此时，把缺水量记为（$Q2$），如果 $Q1 \geqslant Q2$，则无工程型缺水；如果 $Q1<Q2$，则存在工程型缺水，且其资源型缺水为 $Q1$，工程型缺水为 $Q2$。对于 $Q1=0$（即无资源型缺水情况），记工程供水能力为 E，若 $E<X$，则工程型缺水为 $X-E$。对此需要扩大水资源工程能力解决。需外调水量按照资源型缺水计，而不计入工程型缺水。

7.3.2　水资源配置结果分析

7.3.2.1　粤西桂南沿海诸河片

基于对粤西桂南沿海诸河片各个行政分区的发展特点以及今后对水资源量需求方面的考虑，制定粤西桂南沿海诸河片水资源工程规划如下：

1）湛江市。湛江目前已经基本形成较合理的供水布局，徐闻等雷州半岛南部地区主要利用大水桥水库、南渡河水资源并结合地下水开发（目前地下水仍十分丰富，且其地质构造形成地下淡水与海水分隔，可利用条件优越）和当地水资源挖潜（加上节水、产业结构引导等），可以完全解决南渡河以南地区水资源问题；南渡河以北的广大地区则基本被雷州青年运河输水系统覆盖，鹤地水库若清除周边围库养殖及利用黎湛铁路改线后的集水区，可以增加库容 1/3 以上（主要困难是淹没损失和移民），增加水量 2 亿 m^3/a，同时将灌区渠系水利用系数由目前的 0.35 提高到 0.6，则相当于增加 20% 左右（扣除蒸发）的水量，足以解决目前鹤地水库灌区的农业和生活工业供水问题（已考虑九州江下游 1.5 亿 $m^3/$年 的生态环境需水），并可考虑将湛江市区现有来自鹤地水库的 8 万 t/d 的供水进一步扩大；湛江西部与广西交界地区有长青水库，水资源问题不大；因此，未来湛江水资源供需的核心问题是市区周边大工业发展的水资源需求和市区现有地下水供水比重过高，措施是通过鉴江口拦河工程调水，解决东海岛（钢铁基地，需水 1.6 亿 m^3/a）2.45 亿 m^3/a 的需水，并向湛江市区补水（但鉴江调水需要上游茂名市用水的配合，即需要考虑高州水库及鉴江干流八个梯级的合理调配）。但是鹤地水库及其灌区管理体制不顺，水费难以征收，目前管理人员 1500 人，仅靠少量发电和城市供水收益（总计 2000 万元/年）维持，根本无法进行灌区改造和维护，导致灌区渠系工程严重老化失修，实际灌溉仅 98 万亩（设计有效灌溉面积 146.6 万亩），而未来灌区水资源供需平衡是建立在现有水利工程正常运行的基础上。因此，理顺鹤地水库及其灌区管理体制，加强供水特别是农业供水水费征收，十分紧迫；进一步研究雷州半岛缺水问题，根据未来经济发展，继续论证西江调水方案的可行性和总体布局；进一步开展深层地下水资源勘察评价工作，扩大供水远景。

2）茂名市。茂名市亦已基本形成较合理的供水布局，市域内形成了一个以高州市境内的高州水库、电白县境内的罗坑水库、黄沙水库、河角水库、旱平水库等水库和流经电白县、茂南区、茂港区的沙琅江为水源，以高州水库总干渠东干渠、电白县的罗黄渠、河角旱平渠、共青河引水渠和沙琅江为纽带的河库联合调度系统。通过实施跨流域调水，适当新增、扩建蓄水工程，合理增加蓄水工程调节库容，将现有水资源利用率由 30% 提高至 40%，可增加供水能力 10 亿 $m^3/$年，基本解决茂名市各行业的用水需求问题。但是，根据茂名市委、市政府"工业立市"的发展战略，茂名市东南部沿海地区和博贺新港工业园区成为该市工业发展的重中之重，可见，未来茂名市水资源供需的核心问题是博贺新港工业园区的水资源需求问题。解决的主要措施包括：近期利用罗坑水库和黄沙水库，远期利用高州水库和鉴江拦河工程，解决博贺新港工业园区近期 10 万 m^3/d、中期 20 万 ~ 30 万 m^3/d、远期 40 万 m^3/d 以上的水资源需求问题，并通过工艺措施节省茂名石化近 1 亿 m^3/a 用水量，向茂名市补水；但是，高州水库作为博贺新港工业园区供水工程的主要补水水源地，由于工程措施严重老化（现被列为全国 15 座重点存在安全隐患的水库之一）、库区污染源众多（30 万农村居民的生活面源污染以及大量速生桉的木屑污染问题）、管理体制不顺（管理人员达 1800 多人）、水费征收困难等问题，高州水库存在严峻的供水潜在危机，灌区渠系工程严重老化失修，实际灌溉仅 82.5 万亩（设计有效灌溉面积 118 万亩）。因此，加强高州水库水源区水资源保护、促使水库加固达标、理顺水库及灌区管理体制，已成为茂名市水利工程管理急需解决的问题。

3）阳江市。阳江市以漠阳江为主要供水水源，通过对现有蓄、引、提工程进行安全达标加固，续建配套，挖掘现有工程潜力，辅以新建、扩建少量蓄、提工程，解决农业灌溉需水要求；通过建设自来水供水工程，逐步解决城镇工业需水、居民饮用水和 130 万农村居民生活饮用水问题。但是，阳江市目前农村自来水普及率仅为 20%，考虑到建自来水厂一次性投入资金较大、水费又不宜过高（现状生活水资源费仅为 0.02 元/m^3、工业水资源费仅为 0.025 元/m^3）、农村人口分散难以集中供水和节水意识淡薄等因素，近期农村生活饮用水主要靠自备供水和地下水。因此，加强节水意识、推广节水技术、合理调整确定供水、水电及其他水利产品与服务的价格、规范各项水行政收费成为阳江市水利工程管理的首要任务。同时加强阳江市城镇饮用水源建设，建设江河水库、漠地垌水库自来水备用水源工程，供水规模 24 万 t/d，阳春城区建设大河水库引水自来水备用水源工程，供水规模 20 万 t/d，解决阳江市市区和阳春城区自来水工程依靠漠阳江取水的潜在水质性缺水问题。

经过新增水资源工程，重新分配水资源的空间分布，粤西桂南沿海诸河流片资源型缺水明显减少。2020、2030 水平年，粤西桂南沿海诸河流片多年平均资源型供水量分别为 903232 万 m^3 和 939594 万 m^3，缺水量分别为 7033 万 m^3 和 3936 万 m^3，资源型供水水量保证率分别提高至 99.23% 和 99.58%；在枯水年，资源型供水保证率也较高，2020、2030 水平年，1991 年型资源型缺水量分别为 10604 万 m^3 和 2001 万 m^3，缺水率仅为 1.05% 和 0.191%。

通过新增鉴江调水工程、茂名鉴江调水工程和新增扩建水资源工程后，粤西桂南沿海诸河流片工程型供水量明显增加，基本可以满足河道外经济社会发展需求。新增水资源工程后，粤西桂南沿海诸河流片工程型供水明显增大，2020、2030 水平年多年平均工程型总供水量分别增加至 890745 万 m^3 和 925410 万 m^3，工程型缺水量分别为 19521 万 m^3、18118 万 m^3，供水保证率达到 97.85% 和 98.01%。

7.3.2.2 西江片

根据西江片中各个县级行政区的水源特点，其城镇供水水源规划如下：肇庆市区水源为九坑河水库和西江，并规划欧田、蕉园水库作为第二水源点。高要、德庆、封开县水源均取自西江，规划白诸、杨梅水库作为高要市的第二水源点，冲源水库作为德庆的第二水源点。四会市以绥江为水源，并规划江谷、水迳水库作为第二水源点；怀集县水源取自中洲河；广宁县水源主要取自绥江、南街河主流的银岗咀和支流西门坑的莫二河段。云浮市内自来水厂分布较为分散，其中云城区、云安县、郁南县城水源都取自西江水，罗定市以罗定江为水源，新兴县以新兴江为水源。

在 2020 和 2030 规划水平年，资源型供水水量保证率都在 99.5% 以上，除新兴县的少量时段存在缺水外（新兴县资源型供水时段保证率三个水平年均大于 92%），其余各县市均可满足需求，资源型供水时段保证率超过 99%。

在新增部分供水工程后，西江片工程型供水量明显增长，基本可以满足河道外经济社会发展需求。2020、2030 水平年多年平均工程型总供水量分别达到 412499 万 m³ 和 440202 万 m³，工程型缺水量分别为 2953 万 m³、3143 万 m³，工程型供水水量保证率分别达到 99.29% 和 99.29%。枯水年，工程型供水基本达到需水要求，1991 年型工程型供水量为 468640 万 m³、491462 万 m³，缺水量为 8093 万 m³、7951 万 m³，工程型供水水量保证率分别达到 98.31% 和 98.41%。

7.3.2.3　西北江三角洲片

珠江三角洲入境水量大，基本不存在资源型缺水，但三角洲局部污染严重，枯水期咸潮上溯，水质性缺水是主要问题。西北江三角洲地区水资源工程规划主要包括：调整优化供水布局，加快实施广州市自西江调水的水源工程（最终取水规模为 350 万 m³/d），继续保持南洲水厂在顺德水道北滘 100 万 m³/d 的取水规模，调整流溪河水库功能为防洪供水为主并纳入河库水资源统一调配，继续论证广州东南部东海水道调水工程可行性，解决广州水质型、水源性缺水问题；珠海市 2010 年前主要采取蓄淡避咸措施，除对珠海五山供水工程进行改建外，兴建竹银水库、白泥坑水库，论证建设鹤洲南平原水库，改善前山河、黄杨河水质，保留其作为备用水源；到 2020 年，通过西北江三角洲水源地统一布局，将珠海市境内磨刀门水道的取水口往上游迁移，并进一步挖掘水库蓄水潜力，河库联调供水，彻底解决咸潮威胁。中山市水源地可进一步分别向东海水道、西江干流布局；佛山市优化整合水源，加强河涌整治，改善水环境生态。配合珠江水利委员会实施珠江流域水资源合理调配，落实广西进入我省的水资源量，缓解西北江三角洲地区因咸潮上溯及水污染引起的缺水和水生态问题。

通过西江和北江流域水资源统一调度，西北江三角洲三个水平年资源型供水保证率均超过 99%，资源型供水能达到经济社会发展需求；在新增部分供水工程后，西北江三角洲片工程型供水量明显增长，可以满足河道外经济社会发展需求。2020、2030 水平年多年平均工程型总供水量达到 1586652 万 m³ 和 1618082 万 m³，工程型缺水量分别只有 3627 万 m³、4062 万 m³，工程型供水水量保证率分别达到 99.77% 和 99.74%。枯水年，工程型供水基本能满足需水要求，1991 年型工程型供水量 1713318 万 m³、1734628 万 m³，缺水量为 14481 万 m³、12576 万 m³，工程型供水水量保证率分别达到 99.17% 和 99.28%。

7.3.2.4　北江片

重点解决粤北石灰岩地区的人畜饮水问题，近期可通过兴建田头及家庭集雨工程

（2010 年完成蓄水池建设，新增雨水利用量 8286 万 m^3/a），并开展岩溶地下水勘查和开发利用研究，采用筑、堵、引、提等方式利用地下水，提高地下水利用率，缓解供水困难。如遇特枯干旱年份，该地区供水形势依然严峻，对部分生存条件困难的地区，有条件、分阶段地外迁人员，以彻底解决当地水资源与生态、发展问题；在综合考虑水资源与环境生态影响前提下，论证建设北江下游横岗与清远水利枢纽的可行性。

北江片水资源比较丰富，通过新增水资源工程，北江片不存在资源型缺水。2020、2030 水平年，北江片多年平均资源型供水量分别为 552397 万 m^3 和 560323 万 m^3，缺水量分别为 135 万 m^3 和 114 万 m^3，资源型供水水量保证率分别提高至 99.97% 和 99.98%；枯水年，资源型缺水稍有增加，2020、2030 水平年，1991 年型资源型供水量分别达到 646581 万 m^3、645757 万 m^3，缺水量分别为 477 万 m^3 和 625 万 m^3，缺水率分别为 0.07% 和 0.09%。

在新增部分供水工程后，基本能满足需水要求。2020、2030 水平年多年平均工程型总供水量分别增加至 551549 万 m^3 和 559926 万 m^3，工程型缺水量分别为 983 万 m^3、511 万 m^3，仅占总需水量的 0.17% 和 0.09%；1991 年型工程型供水量为 642212 万 m^3、644086 万 m^3，工程型缺水量分别为 4846 万 m^3 和 2295 万 m^3，供水保证率均达到 99% 以上。

7.3.2.5 东江片

基于对东江片各个行政分区的发展特点以及今后对水资源量需求方面的考虑，东江片各行政分区供水方案以当地现状水资源开发利用状况与模式为基础，维持流域内、外水资源供需与生态平衡，充分发挥新丰江、枫树坝、白盆珠三大水库的防洪、供水功能；开展流域梯级统一调度研究，实施河库联合统一调配；实施东江流域水资源分配方案，建设水资源分配方案水量水质实时监控系统，确保对港供水安全和正常来水年份流域用水安全（2010 年调水规模：东深供水 100 m^3/s、23.7 亿 m^3/a，大亚湾和稔平半岛 2.65 亿 m^3/a，深圳东部供水 7.2 亿 m^3/a，广州东部取水 5.53 亿 m^3/a）；在综合考虑生态环境影响的前提下论证建设下矶角等梯级水利枢纽工程，增加流域水资源调控能力；建设东莞市供水水源保证工程，通过市内水库联网与东江联合调配，解决东莞市城乡供水问题；建设九潭水库，解决灯塔盆地等地区的灌溉、供水、防洪等问题；加强东江雨洪利用，在综合考虑生态环境影响的前提下研究论证东江三角洲防咸防潮闸建设的可行性。

经过新增水资源工程，调整三大水库功能为以防洪供水为主，重新分配水资源在空间尺度的分配，东江片资源型供水保证率明显提高。2020、2030 水平年，东江片多年平均资源型供水量分别为 871343 万 m^3 和 886531 万 m^3，资源型缺水量分别为 3351 万 m^3 和 2968 万 m^3，资源型供水水量保证率分别为 99.61% 和 99.66%，资源型供水基本能满足经济社会发展需求；枯水年，资源型供水保证率也较高，2020、2030 水平年，1991 年型资源型缺水量分别为 1633 万 m^3 和 1237 万 m^3，缺水率仅为 0.17% 和 0.12%。

在新增部分供水工程后，东江片工程型供水量有所增加，基本可以满足河道外经济社会发展需求。东江片 2020、2030 水平年工程供水量分别为 871150 万 m^3、886336 万 m^3，工程型缺水量分别为 3545 万 m^3、3164 万 m^3，工程型供水水量保证率分别达到 99.59%、99.64%。

7.3.2.6　韩江及粤东诸河片

韩江及粤东诸河片水资源配置的主要思路：

1）改变部分水库（如公平、龙潭等水库）原有水库功能为以防洪、供水为主，并纳入区域水资源统一调配。

2）实施引韩供水工程，解决局部地区资源型缺水问题。因练江、榕江、枫江长期水污染严重，汕头潮阳区、揭阳市的市区和揭东县水质性缺水；南澳岛资源型缺水，需要增加从韩江引水水量；同时，依据潮州港经济开发区的发展需求，进一步论证引韩江水入饶平的可行性。依靠潮州供水枢纽工程，规划到 2020 年，韩江调配揭阳市区和揭东县东部六镇城乡饮水 20715 万 m^3/a，引水流量为 6.57 m^3/s，潮阳区 7300 万 m^3/a，南澳岛 3150 万 m^3/a。到 2030 年，韩江调配揭阳市区和揭东县东部六镇城乡引水 32409 万 m^3/a，引水流量为 11.82 m^3/s，新增饶平引韩供水工程（1.46 亿 m^3/a），增加潮阳区引韩工程至 40 万 m^3/d（1.46 亿 m^3/a）。在特枯水年，为保证河道外生活和重要工业用水，短时段牺牲螺河蕉坑河段和韩江潮安河段的河道内生态环境需水。

3）加大灌区改造力度，加快潮州水利枢纽工程建设步伐，开工建设高陂水利枢纽工程，促进汀江棉花滩水库与高陂水利枢纽和潮州水利枢纽联合调配，解决粤东潮汕平原的防洪以及灌溉用水、区域内城乡供水问题。

4）进一步勘测潮汕平原地下水水质情况，分析该地区县市饮用高氟地下水的可能性。

经过新增水资源工程，在空间尺度重新分配水资源，韩江及粤东诸河片资源型供水保证率明显提高。2020、2030 水平年，韩江及粤东诸河片多年平均资源型供水量分别为 857594 万 m^3 和 905475 万 m^3，缺水量分别为 3986 万 m^3 和 5107 万 m^3，资源型供水水量保证率分别提高至 99.53% 和 99.43%；枯水年，资源型供水基本满足需求，2020、2030 水平年，1991 年型资源型缺水量分别为 9940 万 m^3 和 14055 万 m^3，资源型供水水量保证率分别达到 98.94% 和 98.58%。

在新增部分供水工程后，韩江及粤东诸河片工程型供水量明显增长，基本可以满足河道外经济社会发展需求。2020、2030 水平年多年平均工程型总供水量分别增加至 850412 万 m^3 和 902816 万 m^3，工程型缺水量分别为 11168 万 m^3、7765 万 m^3，工程型供水水量保证率分别达到 98.70% 和 99.14%。枯水年，工程型供水基本能满足需求，1991 年型工程型供水量分别为 920200 万 m^3、967823 万 m^3，缺水量分别为 23129 万 m^3、22521 万 m^3，工程型供水水量保证率分别达到 97.54% 和 97.72%。

7.3.2.7　广东省

通过新增水资源工程，广东省资源型供水能满足河道外需水要求。2020、2030 水平年广东省资源型多年平均供水量分别达到 5190253 万 m^3 和 5357367 万 m^3，多年平均资源型缺水量分别为 14548 万 m^3 和 12171 万 m^3，资源型供水保证率分别为 99.72% 和 99.77%；特枯干旱年 1991 年型，资源型供水基本能满足需求。2020、2030 水平年广东省 1991 年型资源型供水量分别为 5736872 万 m^3、5861179 万 m^3，资源型缺水量分别为 22659 万 m^3、17939 万 m^3，资源型缺水率分别仅为 0.39% 和 0.31%，资源型缺水在合理缺水范围内（见表 7.6）。

表 7.6a　广东省水资源优化配置方案（2020 水平年）

单位：万 m³

计算分区	地级行政区	需水量	多年平均 资源型供水量	缺水量	工程型供水量	缺水量	1958年型 资源型供水量	缺水量	工程型供水量	缺水量	1977年型 资源型供水量	缺水量	工程型供水量	缺水量	1987年型 资源型供水量	缺水量	工程型供水量	缺水量	1991年型 资源型供水量	缺水量	工程型供水量	缺水量
东江片	河源	189910	188973	937	188882	1029	226326	0	226077	249	206761	0	206512	249	190550	0	190472	78	226639	1633	226045	2228
	惠州	266828	265366	1462	265316	1512	314273	0	314273	0	320660	364	320471	553	281767	0	281767	0	304282	0	304049	234
	东莞	231274	230322	952	230270	1004	235746	0	235746	0	235746	0	235746	0	229054	0	229054	0	235974	0	235974	0
	深圳	186682	186682	0	186682	0	186682	0	186682	0	186732	0	186732	0	186682	0	186682	0	186749	0	186749	0
韩江及粤东诸河片	汕尾	130620	129792	827	122838	7782	136317	0	130735	5582	125912	250	119449	6713	118357	0	115670	2687	143451	0	132772	10679
	汕头	157505	156943	562	156941	563	156761	480	156761	480	159412	889	159412	889	155828	1014	155828	1014	162930	1439	162930	1439
	梅州	271545	270863	681	270752	792	316649	2591	315574	3666	297097	186	296768	515	292171	152	292022	301	315798	5479	313705	7571
	潮州	121255	121255	0	121255	0	123360	0	123360	0	134179	0	134179	0	123206	0	123206	0	126053	0	126053	0
	揭阳	180657	178741	1916	178626	2031	184301	1806	184198	1909	185549	3850	185239	4160	173354	0	173354	0	185158	3022	184740	3440
粤西桂南沿海诸河片	湛江	402612	397321	5291	395912	6700	399312	9063	393816	14559	457027	22540	447743	31824	440405	10425	436624	14207	447241	8731	444811	11161
	茂名	324677	323819	858	321919	2758	348629	1280	348485	1424	377981	2020	361062	18939	332533	244	332531	246	352147	341	351819	670
	阳江	182977	182092	884	172914	10063	208639	2248	196018	14869	215910	3424	184509	34825	188236	52	180973	7316	199340	1532	187789	13082
西江片	肇庆	276176	276176	0	274057	2119	313101	0	308882	4219	307690	0	303354	4336	277339	0	275638	1701	320090	0	314630	5459
	云浮	139276	139232	43	138442	834	160599	3	158014	2588	163163	453	160508	3108	144905	0	144435	470	156639	5	154010	2634
北江片	韶关	278009	277973	36	277690	319	313336	0	312089	1248	299571	0	299571	0	276226	0	276226	0	319036	414	317429	2021
	清远	274523	274424	99	273859	664	314226	525	309818	4933	299275	0	299208	67	266933	0	266867	67	327545	63	324783	2825
西北江三角洲片	广州	647246	647246	0	646524	722	673873	0	670509	3364	671733	0	669647	2085	627208	0	627208	0	679548	0	676662	2886
	江门	341267	341267	0	338806	2461	385156	0	380480	4676	410489	0	399918	10572	332783	0	330005	2778	408400	0	399682	8717
	佛山	330940	330940	0	330694	246	349604	0	347629	1975	341951	0	341795	156	343323	0	341568	1755	345799	0	345049	750
	中山	182789	182789	0	182789	0	179111	0	179111	0	189772	0	189772	0	172413	0	172413	0	198789	0	198789	0
	珠海	88037	88037	0	87839	198	94698	0	93780	917	95264	0	93443	1821	86457	0	86457	0	95264	0	93136	2128
广东省合计		5204805	5190253	14548	5163007	41797	5620700	17996	5572038	66658	5681874	33976	5595038	120812	5239729	11887	5218999	32620	5736872	22659	5681606	77924

表 7.6b　广东省水资源优化配置方案（2030 水平年）

单位：万 m³

计算分区	地级行政区	需水量	多年平均				1958 年型				1977 年型				1987 年型				1991 年型			
			资源型供水量	缺水量	工程型供水量	缺水量	资源型供水量	缺水量	工程型供水量	缺水量	资源型供水量	缺水量	工程型供水量	缺水量	资源型供水量	缺水量	工程型供水量	缺水量	资源型供水量	缺水量	工程型供水量	缺水量
东江片	河源	202287	201492	795	201396	891	235288	0	235288	0	217554	0	217554	0	202863	0	202863	0	235812	1237	233730	3318
	惠州	277216	275953	1262	275907	1309	323120	0	323120	0	328340	396	328312	424	293854	0	293854	0	310225	0	310225	0
	东莞	220573	219662	911	219609	964	224220	0	224220	0	224220	0	224220	0	218761	0	218761	0	224973	0	224973	0
	深圳	189424	189424	0	189424	0	189425	0	189425	0	189471	0	189471	0	189425	0	189425	0	189486	0	189486	0
韩江及粤东诸河片	汕尾	137445	136624	822	134562	2884	142670	0	141790	880	133253	256	131327	2182	126321	0	126084	237	149280	0	145206	4074
	汕头	166288	165776	513	165775	513	166081	325	166081	325	168486	706	168486	706	165209	826	165209	826	171679	1136	171679	1136
	梅州	283014	282130	884	281681	1333	326120	3758	323552	6326	308982	771	307337	2417	304662	541	303566	1636	325024	6719	320963	10780
	潮州	125333	125333	0	125333	0	127269	0	127269	0	136559	0	136559	0	127126	0	127126	0	129422	0	129422	0
	揭阳	198499	195612	2888	195465	3035	202872	2403	202771	2503	201714	6507	201201	7020	194194	0	194194	0	200883	6200	200553	6531
粤西桂南沿海诸河片	湛江	411548	409512	2037	408848	2700	416582	346	416555	373	474042	8424	470613	11853	453980	1992	452425	3547	459911	775	457832	2854
	茂名	342568	341382	1186	339601	2967	358646	6842	354025	11463	390916	2054	378048	14921	349881	0	349881	0	367951	0	361078	6872
	阳江	189412	188700	713	176961	12451	212774	1895	198589	16080	219776	2400	186155	36022	194292	57	184342	10007	204179	1226	191292	14112
西江片	肇庆	296757	296757	0	294867	1889	330543	0	326768	3775	325598	0	321670	3928	297805	0	296237	1568	336948	0	332304	4644
	云浮	146589	146543	46	145335	1254	166040	13	162824	3228	168241	515	164963	3793	151676	0	150659	1017	162444	21	159158	3307
北江片	韶关	281717	281691	25	281557	160	313527	108	312753	775	301499	0	301499	0	280415	0	280415	0	318830	222	317820	1232
	清远	278721	278632	89	278369	351	315532	0	313382	2258	301374	0	301365	9	271902	0	271893	9	326927	403	326266	1063
西北江三角洲片	广州	657329	657329	0	656855	474	678034	0	676250	1784	679441	0	678075	1366	635778	0	635778	0	686519	0	684448	2070
	江门	352382	352382	0	349388	2994	395810	0	388344	7466	416233	0	408246	7987	347555	0	341902	5653	414325	0	405909	8416
	佛山	341465	341465	0	341032	433	360712	0	355853	4858	351229	0	351198	30	355103	0	351472	3631	354560	0	354113	447
	中山	179843	179843	0	179843	0	175124	0	175124	0	184831	0	184831	0	170340	0	170340	0	194243	0	194243	0
	珠海	91125	91125	0	90964	161	97987	0	97517	470	97558	0	96348	1211	90652	0	90652	0	97558	0	95915	1643
广东省合计		5369535	5357367	12171	5332772	36763	5758375	15690	5711499	62564	5819316	22029	5747477	93869	5421794	3416	5397078	28131	5861179	17939	5806615	72499

通过新增水资源工程，广东省工程型缺水问题得到解决，工程型供水保证率均较高。2020、2030 水平年广东省工程型多年平均供水量分别增加到 5163007 万 m³、5332772 万 m³，多年平均工程型缺水量分别为 41797 万 m³、36763 万 m³，工程型供水保证率分别达到 99.19%、99.31%；特枯干旱年工程型供水基本能满足需水要求。2020、2030 水平年广东省 1991 年型工程型供水量分别为 5681606 万 m³、5806615 万 m³，工程型缺水量分别为 77924 万 m³、72499 万 m³，工程型供水保证率也达到 98.64%、98.77%（见表 7.6）。

通过新增水资源供水工程，河道内生态环境供水保证率和河道最小流量相应有所增大（见表 7.7）。分析鉴江化州河道生态环境需水供水情况，其生态环境需水时段保证率达到 97.03%、96.84%，表明实施鉴江调水工程后对鉴江河道内生态环境供水影响不大。通过调整东江流域三大水库工程，东江干流博罗站河道内生态环境供水保证率明显提高，基本可满足河道生态环境需水要求；通过实施韩江潮州枢纽，河道内生态环境供水保证率以及最小流量有所增加，河道内外需水进一步得到保障；其他各干流站点供水保证程度较高，基本能满足河道内外需水要求。

表 7.7　广东省主要河段控制断面河道内生态环境需水量供水分析

水平年	水文站	河道生态环境需水时段保证率/%	河道最小流量/(m³/s)	出现时间
2010 年	化州	97.03	29.07	1959 年 1 月
	博罗	88.55	99.52	1963 年 12 月
	马口	100.00	2744.96	1960 年 2 月
	高要	100.00	2773.87	1989 年 11 月
	潮安	97.96	167.09	1963 年 4 月
2020 年	化州	97.03	29.92	1959 年 1 月
	博罗	88.44	102.97	1963 年 12 月
	马口	100.00	2960.55	1960 年 2 月
	高要	100.00	2974.75	1958 年 12 月
	潮安	97.96	173.58	1963 年 4 月
2030 年	化州	96.84	26.49	1958 年 12 月
	博罗	89.25	103.58	1963 年 12 月
	马口	100.00	2945.91	1960 年 2 月
	高要	100.00	2972.20	1989 年 11 月
	潮安	97.96	171.91	1963 年 4 月

7.4　广东省水资源工程布局和实施方案

7.4.1　水资源工程规划总体布局

广东省水资源配置的总体格局是坚持以西、北、东、韩江为核心水源，在保障西江流域行政区用水的前提下拓展西江水源供水，保护利用鉴江、漠阳江、九州江、榕江、练江、黄冈河、龙江、螺河等直流入海河流。结合水功能区划，在区划水系实行取排水清污分流的原则，系统安排设置水源地。实行强化节水措施，实施水资源的时空联调和合理调配，特别是西、北、东江水资源整合和珠江三角洲地区水源地一体化建设；发挥韩江潮州水利枢纽作用，保障供水，并促进粤东诸河水生态和环境恢复。在供水实施方面，合并分散的镇级水厂，结合地形地貌条件，在水源地采取集中和分散相结合的办法布设取水点和水厂，设置应急备用水源，按照"以需定供"与"以供定需"相结合的原则，分片联网保障供水。

(1) 西北江三角洲地区

调整优化供水布局，完善保护广州市自西江调水的水源工程（最终取水规模为350万 m^3/d），稳定广州市南洲水厂在顺德水道北滘100万 m^3/d 的取水规模，调整流溪河水库功能为防洪供水为主并纳入河库水资源统一调配；考虑未来广州南沙区经济的快速发展以及东江片区水资源不足，建议单独立项论证西江调水补充东江片区方案的必要性和可行性；珠海市通过西北江三角洲水源地统一布局，将珠海市境内磨刀门水道的取水口往上游迁移，加快建设竹银水库，并进一步挖掘水库蓄水潜力，河库联调供水，彻底解决咸潮威胁。中山市水源地可进一步分别向东海水道、西江干流布局；佛山市优化整合水源，加强河涌整治，改善水环境生态。

配合珠江水利委员会实施珠江流域水资源合理调配，落实广西进入广东省的水资源量，缓解西北江三角洲地区因咸潮上溯及水污染引起的缺水和水生态问题。

(2) 东江流域片区

维持流域内、外水资源供需与生态平衡，充分发挥新丰江、枫树坝、白盆珠三大水库的防洪、供水功能；开展流域梯级统一调度研究，实施河库联合统一调配；实施东江流域水资源分配方案，建设水资源分配方案水量水质实时监控系统，确保对港供水安全和正常来水年份流域用水安全；在综合考虑生态环境影响的前提下论证建设珠三角"西水东调"跨区域调水工程的可行性，增加流域水资源调控能力；建设东莞市供水水源保证工程，通过市内水库联网与东江联合调配，解决东莞市城乡供水问题；建设九潭水库，解决灯塔盆地等地区的灌溉、供水、防洪等问题；加强东江雨洪利用，在综合考虑生态环境影响的前提下研究论证东江三角洲防咸防潮闸建设的可行性。

(3) 韩江及粤东诸河片区

完善韩江流域的水资源配置体系，解决部分地区的水质型缺水以及沿海地区和南澳岛的水源性缺水问题。重点建设高陂水利枢纽、潮州供水枢纽及其配套工程，合理配置水资源，改善韩江下游灌溉及供水工程的取水条件；实施引韩供水工程，解决局部地区资源型缺水问题；新建凤池水库，扩建清凉山水库，解决局部地区供水问题，调整公平、龙潭等水库的功能为以防洪、供水为主，并纳入区域水资源统一调配；加快潮州供水枢纽灌区（潮汕灌区）、公平水库灌区、揭阳市三洲榕南灌区、引榕灌区和普宁引榕灌区等工程改造进程；进一步勘测潮汕平原地下水水质情况，分析论证该地区处理饮用高氟地下水的可能性。

（4）粤西沿海诸河片区

在粤西沿海诸河地区，充分利用鹤地水库、高州水库以及鉴江、九州江、漠阳江水源，适当新增及改扩建蓄水工程，加快完善修复灌区及其渠系工程，合理开发利用并保护地下水，推广节水技术和非传统水资源（海水、雨水、污水处理回用）利用技术，调整农业种植结构和产业布局，加强水资源统一调配。重点加快鹤地水库工程和高州水库除险加固工程建设，恢复正常蓄水位，增加调节库容，提高水资源调配能力；加快青年运河灌区、高州水库灌区改造和配套建设，提高水资源利用率；新建鉴江河口水利枢纽工程，解决湛江市东海岛缺水及市区补水问题；建设茂名市东南部沿海地区治旱调水工程，解决茂名市东南部沿海经济社会发展缺水问题；在充分保护利用鉴江、九洲江、遂溪河、南渡河等本地水资源前提下，建议单独立项进一步分析湛江地区缺水问题，论证粤西自西江调水方案的可行性；理顺鹤地、高州水库及其灌区管理体制，加强供水特别是农业供水水费征收；通过建设自来水供水工程，逐步解决阳江市城镇工业需水、居民饮用水和农村居民生活饮用水问题，同时加强阳江市城镇饮用水源建设，建设江河水库、漠地峒水库自来水备用水源工程，解决阳江市市区和阳春城区自来水工程依靠漠阳江取水的潜在水质性缺水问题。

（5）西江流域片区

在广东省西江流域，通过改、扩建取水工程，加固达标蓄水工程，重点建设集雨工程（主要包括田头及家庭集雨工程），增加雨水利用量，重点解决肇庆、云浮欠发达山区的农村生活用水和农业灌溉用水问题。

（6）北江流域片区

重点解决粤北石灰岩地区的人畜饮水问题，近期可兴建田头及家庭集雨工程，并开展岩溶地下水勘查和开发利用研究，采用筑、堵、引、提等方式利用地下水，提高地下水利用率，缓解供水困难。如遇特枯干旱年份，该地区供水形势依然严峻，对部分生存条件困难的地区，有条件、分阶段地外迁人员，以彻底解决当地水资源与生态、发展问题；在综合考虑水资源与环境生态影响前提下，论证建设北江下游横岗与清远水利枢纽。

7.4.2 新建水资源工程规划方案

7.4.2.1 新建蓄水工程

广东省新建大中型水库有 140 座，其中大型水库 6 座：韶关乐昌峡、冷水迳水库，河源九潭水库，梅州高陂水利枢纽，湛江三合水库，清远锦潭水库，除高陂外有灌溉供水任务的 5 座。大型水库控制集雨面积 33154 km²，总库容 15.32 亿 m³，兴利库容 6.58 亿 m³，增灌面积 13.66 万亩，见表 7.8。新建中型水库 134 座，控制集雨面积 43831.9 km²，总库容 30.85 亿 m³，兴利库容 21.62 亿 m³，增灌溉面积 80.68 万亩。新建小型水库 858 座，控制集雨面积 3797.2 km²，总库容 9.98 亿 m³，兴利库容 6.31 亿 m³，增灌溉面积 72.53 万亩，见表 7.9。

表 7.8　广东省新建大型水库基本情况表

地级市	县（市）	水库名称	实施年限	集雨面积 /km²	库容/万 m³		灌溉面积/万亩	
					总库容	兴利库容	灌溉	增灌
韶关市	始兴县	冷水迳水库	2020	647.0	22050	3447	5.90	5.90
河源市	连平县	九潭水库	2020	237.0	12350	11700	11.00	0.68
梅州市	大埔县	高陂水利枢纽	2020	26590.0	40700	14220	/	/
湛江市	雷州市	三合水库	2030	465.0	20955	12573	/	/
清远市	英德市	锦潭水库	2020	227.0	32100	10300	13.65	5.58
合计	5 座	/	/	28166.0	128155	52240	30.55	12.16

表 7.9　广东省新建中小型水库基本情况表

地级市	中型水库						小型水库					
	数量 /座	集雨面积/km²	总库容 /万 m³	兴利库容/万 m³	灌溉面积/万亩	增灌面积/万亩	数量 /座	集雨面积/km²	总库容 /万 m³	兴利库容/万 m³	灌溉面积/万亩	增灌面积/万亩
广州	4	136.7	13295	12090	1.12	1.12	0	0	0	0	0	0
深圳	4	32.7	5764	4677	0	0	0	0	0	0	0	0
珠海	5	36	19233	16986	0.15	0.15	8	11.7	1269	1199	0.85	0.85
汕头	2	18.4	2246	1452	0	0	27	23.5	1052	738	9.95	0
韶关	14	8518.5	51836	30072	18.88	11.09	88	301.9	6650	3791	10.25	8.15
河源	11	654.2	14326	9941	9.3	7.53	48	423	6349	3053	10.89	10.89
梅州	14	1288.4	31020	22619	4.39	3.13	182	1235.1	21715	17556	10.78	9.46
惠州	3	148.1	10128	5911	0.15	0.15	50	366.7	13529	6995	7.82	7.82
汕尾	12	246.8	24284	16706	39.16	22.88	55	63	4710	3582	4.24	3.1
东莞	0	0	0	0	0	0	3	6.3	59	46	0.13	0.13
中山	0	0	0	0	0	0	10	17.9	3456	2722	2878	0.45
江门	7	106.5	10032	8542	4.19	4.19	106	225.6	13414	8405	10.76	10.76
佛山	0	0	0	0	0	0	0	0	0	0	0	0
阳江	5	81	6397	4268	2.68	2.33	8	8.1	197	117	1.44	1.44
湛江	10	713.6	29146	20662	20.35	10.52	52	67.2	2124	1775	13.91	5.45
茂名	11	383	18476	14513	8.05	3.35	2	14.7	625	570	1.15	1
肇庆	15	1610.9	43370	22884	10.4	6.35	123	557.6	9831	6919	6.36	3.67
清远	8	489	15502	9642	3.75	2.94	37	168.2	6162	3023	5.84	5.84

续表

地级市	中型水库						小型水库					
	数量/座	集雨面积/km²	总库容/万 m³	兴利库容/万 m³	灌溉面积/万亩	增灌面积/万亩	数量/座	集雨面积/km²	总库容/万 m³	兴利库容/万 m³	灌溉面积/万亩	增灌面积/万亩
潮州	2	29109.2	10300	5880	0.61	0.61	14	95.9	2721	1708	2.01	1.97
揭阳	4	71.4	7164	5563	0.5	0.5	39	112.1	6106	1722	1.27	1.27
云浮	3	187.5	5941	3825	3.84	3.84	11	106.6	2567	1386	1.52	0.92
2010 年	33	38416.8	108530	66822	15.59	8.25	/	/	/	/	/	/
2020 年	22	1621.9	41120	29178	30.46	21.41	/	/	/	/	/	/
2030 年	79	3793.2	168810	120233	81.47	51.02	/	/	/	/	/	/
总计	134	43831.9	318460	216233	127.52	80.68	859	3805.1	102536	65307	2977.17	73.17

根据广东省水利发展"十一五"规划之水库建设规划,近期实施的安排在 2020 年,未列入近期规划的水库安排在 2030 年。2020、2030 年建设的大型水库分别为 4 座和 1 座。2020 年建设的中型水库 22 座,总库容 4.11 亿 m³,增灌面积 21.41 万亩;2030 年建设 79 座,总库容 16.88 亿 m³,增灌面积 51.02 万亩。

湛江市预计 2030 年新建南山海湾蓄淡水库,该工程位于鉴江口的西面,坡头区的乾塘与南三岛之间,正常水位 3.0 m,相应库容 1.58 亿 m³,有效库容 1.3 亿 m³,该工程主要结合鉴江河口供水枢纽工程联合运行,供水范围为南三岛、东海岛和市区。因该工程取水水源遂溪河水质为劣 V 类,其供水水源尚待进一步论证。

新建蓄水工程各保证率可供水量为:50% 保证率可供水量 23.71 亿 m³,75% 保证率可供水量 26.39 亿 m³,90% 保证率可供水量 28.93 亿 m³,95% 保证率供量 28.96 亿 m³。韶关有 2 座大型、14 座中型水库新修建,可供水量增加最大,90% 保证率可供水量达到 5.54 亿 m³,其次增加较大的地级市为梅州,达到了 3.24 亿 m³,见表 7.10。

表 7.10 新建蓄水工程不同保证率可供水量　　　　　　单位:万 m³

地级市	不同保证率可供水量			
	50%	75%	90%	95%
广州	874	1017	1160	1252
深圳	2571	2571	2571	2571
珠海	965	1092	1185	1302
汕头	3027	3074	3072	3124
韶关	46191	50908	55379	56404
河源	19574	22716	25823	25158
梅州	28157	30306	32397	33728
惠州	19974	21505	22909	19193
汕尾	17095	20071	22274	22087
东莞	0	0	0	0

地级市	不同保证率可供水量			
	50%	75%	90%	95%
中山	956	1041	1126	1129
江门	15303	16692	18102	18790
佛山	0	0	0	0
阳江	2470	2867	3277	3433
湛江	14064	15714	17890	16970
茂名	6042	6869	7553	7615
肇庆	19994	22659	25319	26877
清远	21139	24593	27981	29534
潮州	3010	3395	3773	4019
揭阳	11162	11610	11679	10201
云浮	4487	5200	5858	6241
广东省合计	237055	263900	289328	289628

7.4.2.2　新建引水工程

广东省新建引水灌溉工程 1140 座，设计引水流量 192.2 m³/s，新增灌溉面积为 40.43 万亩。其中万亩以上引水灌溉工程 11 座，分别为：肇庆的白沙闸坝、惠州市的天堂山高干渠、珠海市的红西围水闸和八一围水闸、潮州市的深坑桥闸、湛江市青水闸、吉水闸、龙营围引水和库竹水闸、赤吟水闸和葵潭水闸。新建向城镇供水的引水工程年供水量 7.42 亿 m³，详见表 7.11。

新建引水工程各保证率可供水量为：50% 保证率可供水量 11.26 亿 m³、75% 保证率可供水量 11.86 亿 m³、90% 保证率可供水量 11.44 亿 m³、95% 保证率可供水量 11.04 亿 m³。新建引水工程增供水量较大的为揭阳和韶关，90% 保证率可供水量分别达到了 2.49 亿 m³ 和 2.19 亿 m³，详见表 7.12。

表 7.11　广东省新建引、提水工程基本情况表

地级市	新建引水工程				新建提水工程			
	数量/座	引水灌溉流量/(m³/s)	新增灌溉面积/万亩	新增年供水量/万 m³	数量/座	引水灌溉流量/(m³/s)	新增灌溉面积/万亩	新增年供水量/万 m³
广州	0	0.0	0.00	0	0	0.0	0.00	66451
深圳	0	0.0	0.00	0	0	0.0	0.00	0
珠海	3	78.0	2.42	1700	10	6.4	1.45	200
汕头	0	0.0	0.00	0	68	0.5	0.45	4388
韶关	275	7.6	2.18	19249	338	16.7	12.66	16577
河源	66	5.6	2.04	1958	58	5.7	5.68	7142

续表

地级市	新建引水工程				新建提水工程			
	数量/座	引水灌溉流量/(m³/s)	新增灌溉面积/万亩	新增年供水量/万 m³	数量/座	引水灌溉流量/m³/s	新增灌溉面积/万亩	新增年供水量/万 m³
梅州	441	15.3	6.02	12600	78	8.1	3.83	2900
惠州	3	5.0	4.10	0	55	6.9	7.15	73730
汕尾	0	0.0	0.00	0	53	16.1	3.94	3448
东莞	0	0.0	0.00	0	0	0.0	0.00	54300
中山	1	2.9	0.00	0	0	0.0	0.00	0
江门	54	2.5	1.10	193	774	16.7	2.00	35768
佛山	1	0.3	0.00	0	19	4.2	0.85	0
阳江	0	0.0	0.00	0	31	6.0	5.57	7240
湛江	108	22.1	9.49	370	759	48.5	41.58	5475
茂名	0	0.0	0.00	8883	9	14.3	7.44	3616
肇庆	52	6.7	2.96	2396	6	0.4	0.28	13191
清远	103	3.1	3.57	893	8	10.4	10.90	12138
潮州	6	13.4	3.21	0	7	2.6	0.60	13687
揭阳	21	28.2	2.30	23065	7	32.4	25.12	1082
云浮	6	1.6	1.04	2900	209	10.0	11.59	10543
广东省合计	1140	192.2	40.43	74206	2489	205.9	141.13	331877

表 7.12　建引水工程不同保证率可供水量　　　　　单位：万 m³

地级市	不同保证率可供水量			
	50%	75%	90%	95%
广州	0	0	0	0
深圳	0	0	0	0
珠海	3924	4219	3924	3732
汕头	0	0	0	0
韶关	21825	22134	21888	21641
河源	4164	4534	4340	4115
梅州	18980	19865	19245	18610
惠州	3752	4516	4140	3818
汕尾	0	0	0	0
东莞	0	0	0	0
中山	0	0	0	0
江门	1088	1259	1151	1073
佛山	0	0	0	0

续表

地级市	不同保证率可供水量			
	50%	75%	90%	95%
阳江	0	0	0	0
湛江	8474	9824	8499	7832
茂名	8883	8883	8883	8883
肇庆	5037	5397	5176	4960
清远	4484	5091	4579	4273
潮州	3589	4058	3976	3085
揭阳	24811	25082	24932	24792
云浮	3621	3768	3684	3620
广东省合计	112631	118630	114418	110436

7.4.2.3　新建提水工程

广东省新建提水灌溉工程 2489 座，设计提水流量 205.9 m³/s，装机容量为 11.12 万 kW，新增灌溉面积为 141.13 万亩。其中单站装机 500 kW 以上的提水工程 8 座，分别为：茂名市苏村、高山、宝丰、南安拦河坝、六曲湾和白石提水工程，潮州的红山林场和万山红工程。新建城镇供水的提水工程（包括自来水和自备水）年供水量 33.19 亿 m³。详见表 7.13。

新建提水工程各保证率可供水量为：50% 保证率可供水量 46.56 亿 m³、75% 保证率可供水量 48.56 亿 m³、90% 保证率可供水量 46.96 亿 m³、95% 保证率可供水量 45.76 亿 m³。新建提水工程增供水量较大的为惠州和广州，90% 保证率可供水量分别达到了 8.10 亿 m³ 和 6.65 亿 m³。

表 7.13　建提水工程不同保证率可供水量　　　　　单位：万 m³

地级市	不同保证率可供水量			
	50%	75%	90%	95%
广州	66451	66451	66451	66451
深圳	0	0	0	0
珠海	1533	1709	1533	1417
汕头	4863	4922	4905	4864
韶关	31258	33116	31742	30360
河源	13008	13968	13447	12847
梅州	7120	7692	7278	6865
惠州	80284	81662	81016	80456
汕尾	7425	8110	7863	7523
东莞	54300	54300	54300	54300

续表

地级市	不同保证率可供水量			
	50%	75%	90%	95%
中山	0	0	0	0
江门	37504	37834	37625	37467
佛山	841	936	921	847
阳江	13085	13990	13380	12749
湛江	46519	52051	45293	41822
茂名	10580	11602	10933	10200
肇庆	13493	13531	13504	13478
清远	21887	23581	22201	21374
潮州	14366	14455	14443	14271
揭阳	20600	23638	22012	20444
云浮	20498	22073	20798	19882
广东省合计	465617	485622	469645	457618

7.4.2.4 新建调水工程

为缓解缺水地区的水资源短缺，广东省未来规划新建珠江三角洲水资源配置工程、花都北江引水工程、稔平半岛供水工程、信宜怀乡引水工程、西水南调工程。各调水工程的详情见表7.14。

珠江三角洲水资源配置工程从西江取水，工程取水口位置设在佛山市顺德区杏坛镇，将调水进入西北江三角洲地区，设计多年平均调水量为14.89亿 m^3，工程建成之后将为广州、深圳、东莞三市提供工业和生活用水，能缓解三市工业规模扩大和人口增长带来的供水压力，同时西江的水质较好，使三市能够得到较清洁的水源；"西水南调"工程是指从西江取水调入茂名市和湛江市，缓解两市的缺水问题，工程取水口设在云安县六都镇，未来调水能力将达8.64亿 m^3，其中5.18亿 m^3用于补充两市的工业用水，3.46亿 m^3用于生活用水；信宜怀乡引水工程也是从西江调水，调入茂名市内，设计总供水量为1.56亿 m^3，其中大部分的供水用于农业用水，农业、工业、生活三个用水部门所得供水分别为0.72亿 m^3、0.44亿 m^3和0.4亿 m^3；花都北江引水工程的调出水源为北江，从北江清远水利枢纽取水调入广州市花都区，总供水能力为1.35亿 m^3，工业和生活用水分别占0.81亿 m^3和0.54亿 m^3；稔平半岛供水工程是惠州市内的一个跨流域调水工程，调水区和受水区都在惠州市内，从惠东县内的东江引水，调入惠东县内韩江及粤东诸河地区，设计供水能力为1.32亿 m^3，工业供水量0.88亿 m^3，生活供水0.352亿 m^3。

各蓄引提调工程的建设要根据经济社会发展状况区分轻重缓急，深入开展重大水资源配置工程前期工作，加强环境影响、社会影响评价，以规划确定的水资源配置方案为依据，严格按照建设程序立项建设。缺水地区要抓紧制定水源调配方案，为工程建设和运行管理创造条件。

表 7.14　广东省重点调水工程

工程名称	取水口位置	调出河流/水库	设计调水流量/(m³/s)	多年平均调出水量/万 m³	调入区	建设起止年份	总投资/万元
珠江三角洲水资源配置工程	佛山市顺德区杏坛镇	珠江三角洲	80	148900	广州市、深圳市、东莞市	2012~2020	2307100
花都北江引水工程	清远梯级	北江清远水利枢纽	5	13526	广州市	2011~2020	266078
稔平半岛供水工程	惠州市惠东县	东江	5	13200	惠州市	2012~2020	63900
信宜怀乡引水工程	信宜市怀乡	黄华河	6.5	15600	茂名市	2011~2020	29100
西水南调工程	云安县六都镇	西江	27.4	86400	茂名市、湛江市	2020~2030	1900000

7.4.2.5　地下水开发利用

广东省地理位置处在中国南部，降水丰富，地表水资源也因此较丰富，因而以开发利用地表水资源为主，只有局部地区开采地下水较多。平原区除了雷州半岛较集中开采地下水外，其他沿海平原开采地下水资源很少，另外还有一些地表水源缺乏的干旱山区（如粤北岩溶山区）也有一定量的地下水开采，开采方式多是机井或民井分散开采。根据《广东省水资源公报》，现状年 2010 年，广东省地下水实际开采量为 21.25 亿 m³，其中浅层地下水为 17.38 亿 m³，深层地下水 3.87 亿 m³。广东省用于工业的地下水开采量为 4.7 亿 m³，占总量 22.3%，用于农业的地下水开采量为 6.04 亿 m³，占开采总量的 49.0%。

根据《全国水中长期供求规划重点区域参考范围》和《广东省地下水保护与利用规划》，确定地下水超采压减区域是湛江市区的硇洲岛、霞山区和赤坎区，浅层地下水超采量为 0.02 亿 m³，深层地下水超采量为 1.02 亿 m³。为保护地下水资源与环境，规划近期 2020 年和 2030 年，广东省各地市除湛江市外，基本维持现状地下水开采水平。规划通过实施西水南调工程、扩建鹤地水库引水工程、鉴江引水工程、海水淡化工程和地下水回灌工程等多项工程措施，逐步解决湛江市雷州半岛地区地下水超采问题，规划至 2020 年，湛江市压采地下水 0.54 亿 m³，其中浅层和深层地下水压采量分别为 0.03 亿 m³ 和 0.51 亿 m³，2030 年湛江市压采地下水 0.51 亿 m³，压采地下水全部为深层地下水。

规划至 2020 年、2030 年，广东省地下水开采量分别为 23.25 亿 m³、22.71 亿 m³，详见表 7.15。

表 7.15　地下水利用方案　　　　　　单位：亿 m³

地级行政区	现状年	2020 年	2030 年	地级行政区	现状年	2020 年	2030 年
广州市	0.58	0.63	0.66	中山市	0.03	0.00	0.00
深圳市	0.11	0.06	0.06	江门市	0.54	0.63	0.65
珠海市	0.01	0.03	0.03	阳江市	0.73	0.87	0.86
汕头市	0.32	0.36	0.37	湛江市	7.07	6.52	6.01
佛山市	0.08	0.11	0.14	茂名市	1.98	2.00	1.90
韶关市	1.07	2.35	2.39	肇庆市	0.32	0.44	0.44
河源市	0.09	0.52	0.52	清远市	2.97	1.61	1.50
梅州市	1.89	3.14	3.16	潮州市	0.47	0.37	0.35
惠州市	0.57	0.59	0.61	揭阳市	0.68	0.77	0.77
汕尾市	0.58	0.49	0.48	云浮市	1.12	1.26	1.23
东莞市	0.06	0.10	0.13	广东省合计	21.28	22.85	22.26

7.4.2.6　非常规水源

广东省处于南方丰水地区，非常规水源利用不多。2010 年，污水处理回用和雨水利用量分别为 0.76 亿 m³ 和 0.58 亿 m³，用于资源较紧缺地区的市政生态与环境用水；海水淡化主要用于提供沿海地区火核电冷却用水，2010 年广东省海水直接利用量达到 201.86 亿 m³，该部分水量不计入用水总量控制指标。

未来规划水平年，按照国家节水型社会建设和节能减排要求，综合考虑利用成本和市场等因素，逐步加大污水处理回用和雨水利用量。规划至 2020 年，广东省非常规水源利用量达到 2.71 亿 m³，2030 年增加至 6.05 亿 m³。各三级区非传统水源利用见表 7.16。

表 7.16　非常规水源利用方案　　　　　　单位：万 m³

地级行政区	现状年	2020 年	2030 年	地级行政区	现状年	2020 年	2030 年
广州市		0.39	0.6	中山市		0.11	0.17
深圳市	0.74	0.44	0.62	江门市		0.12	0.41
珠海市	0.11	0.02	0.02	阳江市		0.02	0.03
汕头市		0.22	0.54	湛江市		0.05	0.13
佛山市		0.02	0.04	茂名市		0	0
韶关市	0.49	0.32	0.61	肇庆市		0.02	0.1
河源市		0.05	0.35	清远市		0.03	0.08
梅州市		0.14	0.2	潮州市		0.56	0.7
惠州市		0.12	0.4	揭阳市		0	0.56
汕尾市		0.04	0.07	云浮市		0.03	0.37
东莞市		0.02	0.05	广东省	1.34	2.71	6.05

7.4.3　续建水资源工程规划方案

7.4.3.1　续建蓄水工程

广东省续建加固的有灌溉供水任务的大中型水库共有 137 座，其中大型水库 11 座，分别是：显岗水库、恩平锦江水库、合水水库、汤溪水库、石榴潭水库、龙颈上库、龙潭水库、东湖水库、大水桥水库、鹤地水库、高州水库，总库容 41.09 亿 m^3，兴利库容 22.50 亿 m^3；中型水库 126 座。续建加固大中型水库总库容 78.75 亿 m^3，兴利库容 47.12 亿 m^3，年新增供水能力 8.33 亿 m^3。续建加固小型水库（含塘坝）11053 座，总库容 52.48 亿 m^3，兴利库容 37.04 亿 m^3，共可增灌面积 147.50 万亩。详见表 7.17 续建蓄水工程新增各保证率可供水量为：50% 保证率可供水量 22.15 亿 m^3，75% 保证率可供水量 24.27 亿 m^3，90% 保证率可供水量 26.11 亿 m^3，95% 保证率可供水量 26.62 亿 m^3。增长较大的地级市为河源市，90% 保证率可供水量达到了 3.92 亿 m^3，其次为湛江市，为 3.88 亿 m^3，见表 7.18。

表 7.17　广东省续建蓄水工程基本情况表

地级市	续建加固大中型水库				续建小型水库（含塘坝）				
	数量/座	总库容/万 m^3	兴利库容/万 m^3	新增供水量/万 m^3	数量/座	集雨面积/km^2	总库容/万 m^3	兴利库容/万 m^3	增灌面积/万亩
广州	1	1690	186	567	422	574.4	27954	24835	0
深圳	0	0	0	0	0	0	0	0	0
珠海	0	0	0	0	73	53.5	4079	3235	0.25
汕头	2	7909	5131	0	483	228.9	12921	11374	16.05
韶关	14	41401	29227	5987	474	1153	28560	21902	0.13
河源	3	4761	3302	153	345	1859.8	19913	13809	27.42
梅州	6	24668	13170	1304	481	1410.4	36332	24529	5.18
惠州	12	37118	22447	8909	429	1394.1	53915	36466	9.57
汕尾	20	101335	60760	7257	329	380.7	22852	18034	0
东莞	0	0	0	0	92	266.2	15976	10131	0.18
中山	0	0	0	0	8	28.5	2235	1628	0
江门	12	81573	46026	5456	555	965.8	60184	39540	6.23
佛山	0	0	0	0	744	312.6	12535	8640	0.25
阳江	11	30128	17394	2836	211	443.2	29081	18441	7.65
湛江	18	179482	92476	7907	1006	1398	48173	31550	25.79
茂名	4	122543	72571	1158	231	227.4	15266	10754	23.94
肇庆	4	14679	8484	3638	3403	2703.2	35764	25384	2.49
清远	7	15696	11965	9195	399	1347.6	38587	24647	14.57

地级市	续建加固大中型水库				续建小型水库（含塘坝）				
	数量/座	总库容/万 m³	兴利库容/万 m³	新增供水量/万 m³	数量/座	集雨面积/km²	总库容/万 m³	兴利库容/万 m³	增灌面积/万亩
潮州	4	45680	33007	8734	52	221.9	8330	5774	6.71
揭阳	12	57584	41347	12780	1118	554.7	34303	27348	0.48
云浮	7	21208	13708	7465	198	519.6	17791	12420	0.61
广东省总计	137	787455	471201	83346	11053	16043.5	524751	370441	147.5

表 7.18   续建蓄水工程不同保证率可供水量   单位：万 m³

地级市	不同保证率可供水量			
	50%	75%	90%	95%
广州	683	683	683	683
深圳	0	0	0	0
珠海	0	0	0	0
汕头	12504	13743	14152	15039
韶关	11832	11849	11865	11876
河源	29765	34527	39164	40888
梅州	6324	7085	7838	7767
惠州	17830	19657	21520	21168
汕尾	2470	2470	2470	2470
东莞	136	165	195	214
中山	0	0	0	0
江门	9396	10398	11417	12089
佛山	51	58	64	66
阳江	23567	24526	25410	25445
湛江	31572	35182	38825	41062
茂名	24077	27419	28909	26864
肇庆	5409	5710	6008	6119
清远	20182	22445	24671	26131
潮州	12150	13088	14022	14365
揭阳	5515	5569	5624	5650
云浮	8063	8152	8238	8293
广东省合计	221526	242727	261075	266188

7.4.3.2　续建引、提水工程

广东省续建的引水工程有 14601 座，设计引水流量 1650.3 m³/s，新增灌溉面积为 133.30 万亩。续建的提水工程有 3377 座，设计提水流量 503.0 m³/s，续建装机容量为 20.62 万 kW，新增灌溉面积为 65.86 万亩，详见表 7.19。

表 7.19　广东省续建引、提水工程基本情况表

地级市	续建引水工程			续建提水工程		
	数量/座	引水流量/(m³/s)	新增灌溉面积/万亩	数量/座	提水流量/(m³/s)	新增灌溉面积/万亩
广州	114	148.6	0.00	32	19.7	0.00
深圳	0	0.0	0.00	0	0.0	0.00
珠海	12	16.9	1.68	29	24.2	0.21
汕头	19	147.9	0.00	18	5.7	3.39
韶关	1147	77.0	29.29	191	15.2	5.19
河源	2399	35.0	19.40	139	3.8	3.84
梅州	3125	50.9	21.64	143	8.2	1.80
惠州	1585	48.5	5.22	624	52.0	20.22
汕尾	4	13.4	5.07	71	10.8	1.42
东莞	23	120.9	0.00	0	0.0	0.00
中山	131	89.6	0.00	2	7.0	2.89
江门	800	55.9	1.10	476	70.6	0.00
佛山	150	25.4	1.36	524	2.9	1.12
阳江	715	91.1	7.24	23	2.7	1.25
湛江	587	123.9	2.94	692	104.1	1.87
茂名	37	94.5	6.71	217	75.4	12.73
肇庆	1222	44.4	2.30	71	33.8	4.43
清远	1899	197.3	22.64	15	6.8	1.31
潮州	46	49.6	0.57	16	33.4	0.11
揭阳	239	127.6	0.00	7	22.9	0.97
云浮	347	91.9	6.16	87	3.8	3.11
广东省总计	14601	1650.3	133.30	3377	503.0	65.86

续建引水工程新增各保证率可供水量为：50% 保证率可供水量 13.68 亿 m³、75% 保证率可供水量 15.75 亿 m³、90% 保证率可供水量 14.35 亿 m³、95% 保证率可供水量 13.03 亿 m³。增长较大的地级市为韶关，90% 保证率可供水量达到了 3.38 亿 m³。相应

地三级区增长最大的为北江大坑口以下，达 2.79 亿 m³，详见表 7.20。

续建提水工程新增各保证率可供水量为：50% 保证率可供水量 6.26 亿 m³、75% 保证率可供水量 7.29 亿 m³、90% 保证率可供水量 6.72 亿 m³、95% 保证率可供水量 6.15 亿 m³。增长较大的地级市为惠州，90% 保证率可供水量达到了 2.0 亿 m³。90% 保证率可供水量三级区增长最大的为粤西诸河，达 1.55 亿 m³，详见表 7.20。

表 7.20 续建引、提水工程不同保证率可供水量　　　　单位：万 m³

地级市	续建引水工程不同保证率可供水量				续建提水工程不同保证率可供水量			
	50%	75%	90%	95%	50%	75%	90%	95%
广州	0	0	0	0	0	0	0	0
深圳	0	0	0	0	0	0	0	0
珠海	1544	1749	1544	1411	193	219	193	176
汕头	0	0	0	0	3579	4024	3892	3587
韶关	32574	36782	33797	30655	5562	6307	5799	5275
河源	22468	26028	24002	21700	4140	4827	4462	4039
梅州	23577	26730	24403	21999	1919	2180	1992	1803
惠州	4834	5843	5364	4951	17818	21701	19979	18464
汕尾	4328	5203	4976	4616	1463	1715	1623	1498
东莞	0	0	0	0	0	0	0	0
中山	0	0	0	0	2056	2363	2360	2166
江门	1068	1229	1090	989	0	0	0	0
佛山	1393	1571	1554	1434	1151	1291	1274	1174
阳江	7094	8262	7553	6802	1273	1477	1346	1209
湛江	2749	3210	2774	2548	1571	1831	1583	1453
茂名	6488	7441	6822	6132	12473	14318	13051	11756
肇庆	2146	2453	2276	2096	4734	5343	4935	4526
清远	20880	24432	21456	19679	1195	1397	1226	1124
潮州	645	730	718	555	144	158	128	117
揭阳	0	0	0	0	693	806	747	692
云浮	4974	5800	5173	4718	2598	2993	2656	2416
广东省合计	136762	157462	143504	130283	62564	72949	67245	61474

7.4.3.3 续建工程总可供水量

续建工程不同保证率新增可供水量见表 7.21。广东省续建工程 90% 保证率新增加的可供水量为 47.18 亿 m³，增长最大的地区为河源市，达 6.76 亿 m³，其次为韶关市

5.15 亿 m³。

表 7.21　续建工程不同保证率可供水量　　　　　单位：万 m³

地级市	不同保证率可供水量			
	50%	75%	90%	95%
广州	683	683	683	683
深圳	0	0	0	0
珠海	1737	1968	1737	1587
汕头	16083	17767	18044	18626
韶关	49968	54938	51461	47806
河源	56373	65382	67628	66627
梅州	31820	35995	34233	31569
惠州	40482	47201	46863	44583
汕尾	8261	9388	9069	8584
东莞	136	165	195	214
中山	2056	2363	2360	2166
江门	10464	11627	12507	13078
佛山	2595	2920	2892	2674
阳江	31934	34265	34309	33456
湛江	35892	40223	43182	45063
茂名	43038	49178	48782	44752
肇庆	12289	13506	13219	12741
清远	42257	48274	47353	46934
潮州	12939	13976	14868	15037
揭阳	6208	6375	6371	6342
云浮	15635	16945	16067	15427
广东省合计	420852	473138	471824	457949

7.5　特殊情况下水供求对策措施

7.5.1　特殊干旱期水资源保障方案

7.5.1.1　干旱的类型

特殊干旱是指在干旱程度和干旱持续时间上均对广东省区域经济社会产生重大影

响的水资源短缺现象。广东省的旱灾主要有三种类型，即农业干旱、城市缺水及农村人畜饮水困难。近年来，广东省旱灾十分频繁而且呈增加趋势，这一方面与天气因素有关；另一方面是由于经济社会快速发展后对干旱的敏感性增大了。1949 年以前广东省旱灾记载年数是 606 年（次），而 1949 年以后则每年至少发生一次旱灾。广东省以春旱出现的机会为最多，秋旱次之。从地区来说，粤北片区出现秋旱的机会较多，而粤东、三角洲和粤西片区则出现春旱的机会较多。广东省城市缺水主要有五种类型：水资源短缺型、供水工程缺乏型、水质污染型、浪费性缺水型和混合型。在本省，大部分缺水城市属于混合型缺水。广东省主要干旱类型见表 7.22。

表 7.22 广东省主要干旱类型

地区	旱区类型	受旱频率	城市缺水类型
三角洲片区	中等春旱区和中等秋旱区	30%~58% 和 30%~40%	混合型
粤东片区	中等春旱区和中等秋旱区	30%~58% 和 30%~40%	混合型
粤北片区	轻春旱区	轻春旱区受灾频率约为 75%~85%（无春旱影响或影响轻微）	混合型
	中等、重秋旱区	重秋旱区位于西北部偏北地区和东北部偏北地区，受旱频率为 45%~50%，其他地区为中等秋旱区，受旱频率约为 30%~40%（清远、佛冈一带受旱频率与轻秋旱区相似，受旱频率为 80%~90%）	混合型
粤西片区	中等春旱区	除雷州半岛南部外，受旱频率为 30%~58%	混合型
	重春旱区	主要是雷州半岛南部地区，受旱频率约 80% 以上，徐闻最多达 92%，可谓十年九旱	水资源缺乏型
	轻秋旱区	主要是信宜、新兴、开平以南的西南部地区，受旱频率约为 80%~90%（无秋旱出现或影响甚微）	混合型
	中秋旱区	主要是信宜、新兴、开平以北地区，受旱频率约为 30%~40%	混合型

7.5.1.2 历年干旱情况

广东位于热带、亚热带季风区，虽年内降雨量充沛，但有季节分配不均、干湿明显、降水强度大、降水利用率低等弊端。因受季风气候、地理地质条件、极端天气、人类毁林开垦活动等因素影响，广东近年来极端干旱出现概率增大。干旱不仅威胁着广东省的农业生产，而且随着社会经济发展和城市化程度的不断提高而来的淡水使用量剧增，干旱也越来越影响到社会的各个方面，缺水问题已成为制约广东省经济发展的重要因素之一。

自 1949 年以来，广东省经历了 1955 年春旱灾、1963 年春旱灾、1977 年春旱灾、1986 年秋旱灾、1988 年夏秋连旱、1989 年春秋二旱、1990 年秋旱灾、1991 年秋冬春夏连旱、2004 年秋冬春连旱等九次典型干旱，干旱受影响地区、持续时间等详见表 7.23。

表 7.23　广东省历史上的典型干旱

序号	历年干旱	持续时间	主要受灾地区	降雨及蓄水情况	主要影响
1	1955 年春旱灾	1954 年秋至 1955 年 5 月	波及广州、汕头、梅县、惠阳、佛山、韶关、肇庆、湛江等多个地区	雨量比正常年份偏少 50% 以上。广东省各地江河水位下降，田土龟裂，大部分塘库干涸，河溪断流，咸潮上涌	粤西沿海雷州半岛最为严重。广东省旱情最严重的 4 月受旱面积达 1842 万亩，其中水稻严重受旱 1347 万亩，占广东省水稻面积的 40%
2	1963 年春旱灾	1962 年 9 月至 1963 年到 6 月	遍及广东省	与常年同时期降雨量比较偏少达七成左右。北江支流锦江在 1963 年 9 月 30 日出现最枯水流量 8.05m³/s（仁化水文站），而粤东的韩江则在 1963 年 5 月 26 日在下游河段出现枯水流量 33.0m³/s	粤北石灰岩地区出现人畜食水困难。1963 年的春旱中，珠江三角洲下端的中山市南朗，曾出现过含盐度（咸度）达到千分之八的记录。4 月份广东省受旱面积 1200 万亩，5 月份增加到 1724 万亩，到 6 月中旬降雨前最高受旱面积达到 2009 万亩，占广东省早稻插秧面积的 46%
3	1977 年春旱灾	1976 年 11 月起，冬、春、夏连续干旱，持续时间长	梅县地区为 100 年一遇，惠阳地区是 90 年一遇，其余地区是 40～70 年一遇	梅县、汕头、惠阳三个地区的降雨量与历年同期平均值比较偏少七至九成，其余地区一般减少四至七成。广东省主要河流中，东江、北江、韩江、增江、榕江等的最低水位接近历史最低水位；西江、漠阳江、南渡江等低于历史最低水位。大多数河溪断流，水库蓄水量大为减少	

序号	历年干旱	持续时间	主要受灾地区	降雨及蓄水情况	主要影响
4	1986 年秋旱灾	1986 年 9 月至 1986 年 10 月	大部分县、市先后出现旱情，以惠阳、韶关、梅县、茂名、肇庆等地区受旱较为严重	省内大部分地区雨量稀少，与历年同期比较，偏少达三成左右	广东省受旱面积共达 1687 万亩，其中水稻田 925 万亩，严重受旱的达到 395 万亩，广东省已旱死的农作物有 247 万亩，其中水稻 135 万亩，其他作物 112 万亩
5	1988 年夏秋连旱	1988 年 5 月至 1988 年 10 月下旬	广东省有汕头、梅州、汕尾、惠州、河源、韶关、清远、肇庆、茂名、湛江等 10 多个市受旱	5 月下旬至 6 月份，广东省大部分地区降雨量偏少二至七成，特别是 6 月上旬由于受副热带高压控制，天气炎热，广东省各地基本无雨，大部分地区旬雨量偏少九成多；入秋以后，广东省降雨量仍然偏少。据 10 月 1 日统计，广东省水库蓄水量为 67.3 亿 m³，比多年同期平均蓄水量减少了 15.4 亿 m³，仅占正常库容的 49%。江河水位下降	一年来广东省受旱面积达 1935.6 万亩，其中成灾面积 642.6 万亩，绝收面积 94.05 万亩。受旱面积中水稻受旱面积 1072.65 万亩（其中成灾面积 30%，绝收面积达 3.8%），其他作物受旱 862.95 万亩（其中成灾面积 36.7%，绝收面积 6.2%）
6	1989 年春、秋二旱	1989 年入春后 1~3 月，6 月份开始至 8 月中旬	河源、梅州、汕头、阳江、肇庆、韶关 6 个市先后出现春旱；韶关、清远、河源、茂名、阳江、江门、汕头、汕尾、梅州、惠州、肇庆、湛江、佛山、广州等 14 个市不同程度受秋旱	降雨偏少，全年降雨量为 1446 mm，比历年平均值减少 200~355 mm。到 8 月上旬统计，广东省蓄水量只有 70.7 亿 m³，为正常蓄水库容 145 亿 m³ 的 48%，部分山塘水库干涸，河溪断流，秋旱迅速发展	春旱受旱面积 1467.8 万亩，其中水稻 882.9 万亩，其他作物 584.9 万亩。受旱面积中成灾面积 317.6 万亩，绝收面积 45.9 万亩。秋旱受旱面积 388 万亩，其中水稻 251 万亩，其他作物 137.1 万亩

续表

序号	历年干旱	持续时间	主要受灾地区	降雨及蓄水情况	主要影响
7	1990 年秋旱灾	1990 年 6 月下旬至 9 月上旬	广州、深圳、清远、肇庆、阳江、韶关等市及信宜、怀集等县	广东省大部分地区持续降雨稀少且不均匀。特别是 6 月下旬至 7 月中旬，除东部地区的汕头、梅州、汕尾等市的雨量较常年偏多外，中部、北部、西部、南部地区普遍较常年偏少四至九成，其中以中部最为严重，普遍偏少八成以上	一年来统计，广东省受旱面积 1475.5 万亩，其中成灾面积 471 万亩，绝收面积 71 万亩，受旱面积中水稻受旱 845 万亩，其他作物 630.5 万亩
8	1991 年秋冬春夏连旱	1990 年秋开始至 1991 年 6 月（部分地区持续到 10 月）	遍及广东省	1991 年，广东省各地年降水量均较常年偏少，1～5 月广东省各地市降雨量较常年同期偏少三至八成；广东省大部分江河水位急剧下降，沿海出现海水倒流，咸潮上涌，山区河床见底，北江、东江、韩江出现 1949 年以来最低水位。广东省大多数山塘和小型以下水库干涸，部分大中型水库的蓄水位降至或接近死水位。据 5 月底统计，广东省蓄水量 29.89 亿 m^3，为多年平均蓄水量的 45.3%，占蓄水量正常库容 135.9 亿立方米的 22%，且部分是死库容。珠江流域最大的新丰江水库水位也在死水位以下	广东省受旱面积 3357 万亩，其中水稻面积 1822 万亩，其他作物 1535 万亩。受旱面积中成灾面积 1132.8 万亩，绝收面积 230 万亩。严重的干旱不仅使农业损失很大，工业也受到损失，群众生活受到影响。深圳市自 1990 年夏秋至 1991 年 6 月上旬，主要供水水库的库容达不到正常库容的 10%，直接影响城乡人民生活用水，制约特区经济建设的发展。湛江全市有 1590 个村庄 56 万人吃水有困难，梅州全市 144.7 万人食用水有困难，梅州市由于水电站缺水不能正常发电，50% 的工厂企业停工
9	2004 年秋冬春连旱	2003 年 10 月至 2004 年春季	遍及广东省	2004 年降雨量 840～1820 mm，与常年相比，广东省均偏少，偏少三至五成的就达 56 个县（市），即广东省 2/3 的县（市）。广东的四大江河出现历史最低水位，流量严重减少，许多水库已达死库容	广东省作物受旱总面积近 1400 万亩，其中严重受旱面积 480 多万亩，绝收面积 100 万亩。此外，由于担心水库蓄水严重不足，将影响 2005 年春播、工农业及生活用水，为了确保 2005 年春用水，许多小水电停止发电用水，减少收入超过 20 亿元

续表

序号	历年干旱	持续时间	主要受灾地区	降雨及蓄水情况	主要影响
10	2005年秋冬春干旱	2004年9月至2005年5月中旬	主要集中在西南部地区	2004年秋季开始少雨，2004年9月至2005年5月中旬降水总量一般只有300～600 mm，为1951年以来同期最少值。广东雷州半岛3月1日至5月20日降水总量一般为100～200 mm	徐闻县从2004年9月24日开始连续248天没下过"透雨"（日降水量20 mm以上），打破了1902年以来的历史记录，为百年一遇的特大干旱。同时严重的旱情也带来了咸潮、森林大火等问题，2005年年初珠江口沿海地区发生了近20年来最严重的咸潮，不得不从贵州调水压咸补淡，年底的咸潮也迫使部分水厂间歇停产
11	2009秋冬连旱	2009年8月至11月	韶关、清远、惠州、潮州等粤北和粤东部分地区	十月平均降雨量24.7 mm，比常年同比偏少六成五，其中旱情严重的北部地区和西部地区，北江流域降雨量偏少九成六，东江流域降雨量偏少九成五，韩江流域偏少九成三。而旱情相对较轻的西江流域，降水也同比偏少了六成三。大幅的降水减少导致广东水库蓄水量大幅下降，大型水库蓄水量为114.5亿m³，蓄水量与多年同期相比减少21.1m³。广东省共有310座小型水库干涸，大多位于旱情严重的粤北和粤东地区	广东省农作物受旱面积已增至216万亩，其中相对较重的55万亩、干枯8.6万亩，饮水受到影响的民众有32.5万人，其中饮水困难民众有16.75万人

7.5.1.3 特殊干旱情况下应急供水保障能力建设方案

（1）组织领导及有关部门职责

1）省经贸委：负责抗旱及救灾物资的组织、储备和供应。

2）省发展改革委员会：负责抗旱工程、水源建设和水毁工程修复重建工作计划的安排和资金筹措。

3）省财政厅：负责抗旱基础设施建设、抗旱经费及时下拨并监督使用。

4）省公安厅：负责维护抗旱供水秩序和灾区社会治安，打击偷窃抗旱物资、破坏抗旱设施、干扰抗旱工作的违法行为。

5）省水利厅：①承担省"三防"总指挥部的日常工作，组织、协调、指导广东省"三防"及抗旱工程抢修工作；②组织制定并实施干旱期节制用水和调整用水方案；③在抗御旱灾期间调整发电水库功能为供水，按照优先保证生活供水的原则，调整灌溉水库为生活供水，并统一管理调配水库运行；④对流域内各个水库和河道实施联合调度；⑤特旱灾情下动用水库死库容应急供水；⑥与珠江水利委员会协调，从流域水资源合理调配出发，通过珠江流域上游水库优化调度加大放水量，增加珠江三角洲压咸水量并缓解广东省干旱灾害；⑦负责灾后应急水资源工程的恢复，储备抗旱物资。

6）省民政厅：负责受旱灾区救灾和灾民生活安排。

7）省建设厅：负责城市抗旱供水工作。

8）省交通厅：负责优先运送抗旱、救灾的人员和物资、设备。

9）省农业厅：负责农作物干旱灾情的监测，及时提供灾情信息，并提出农业抗旱措施，减轻旱灾损失。

10）省卫生厅：负责受旱灾区的卫生防疫和医疗救护工作及饮用水源的管理。

11）省广电总局：负责抗旱法规、政策的宣传，及时准确报道抗旱救灾工作信息。

12）省气象局：负责监测天气形势，及时提供天气预报和雨情墒情实况信息。组织实施人工增雨。

13）省通信管理局：负责保障抗旱信息畅通。

14）省电力公司、地方电力公司：负责保障抗旱、救灾的电力供应。

15）省军区司令部：负责协调驻粤部队和军队院校，组织民灾预备役人员执行重大抗旱任务。

16）省武警总队司令部：负责协调武警总队执行重大抗旱任务。

（2）干旱灾害等级划分及预警机制

1）干旱灾害等级划分

农业干旱灾害等级划分根据以降雨为主，其他指标为辅，以无灌溉条件下的自然干旱情况或称气象干旱为基础。主要指标有：连续无雨日数、降雨量及受旱面积。参考指标有：土壤相对湿度、农田水分盈缺、人畜饮水困难、河道径流、成灾面积及减产成数。干旱灾害等级分为：轻度干旱（四级）、中度干旱（三级）、严重干旱（二级）和特大干旱（一级）四个级别，见表7.24。

表 7.24　农业旱情等级划分标准　　　　　　单位：d

项目	特大干旱 IV	严重干旱 III	中度干旱 II	轻度干旱 I
春旱	≥60	35~59.9	25~34.9	20~25
秋旱	≥90	70~89.9	45~69.9	35~45

城市干旱等级划分主要指标为：缺水程度。参考指标为：水库蓄水量、地下水埋深下降值。干旱灾害等级分为：轻度干旱（四级）、中度干旱（三级）、严重干旱（二

级）和特大干旱（一级）四个级别，见表 7.25。

表 7.25 城市干旱等级划分指标

评价指标		特大干旱 IV	严重干旱 III	中度干旱 II	轻度干旱 I
主要指标	缺水率/%	>31	>20	11~20	5~10
参考指标	水库蓄水量（河道来水量）距平值/%	<80	-80~-51	-50~-31	-30~-10
	地下水埋深下降值/%	>3.0	2.0~3.0	1.0~2.0	0.5~1.0

2）旱灾信息监测与报告

省设立旱情测报中心，市（县）设立旱情监测网点，直接提供降雨、土壤墒情、受旱面积等信息。轻旱每 10 日报一次，重旱每 5 日报一次，逐级上报。

省水文、气象、农业及城市供水等部门定期向省防汛抗旱总指挥部报告河道流量、降雨量、天气变化、农作物受旱面积、成灾面积及城市缺水等信息。

省防总对所获信息经过整理分析，及时组织有关专家进行会商，讨论干旱等级和对策意见。达到 IV 级、III 级时，报省政府、国家防总，抄报有关部委。达到 II 级、I 级时，报国家防总的同时，建议省政府报国务院及有关部委。

3）旱灾信息预警发布

IV 级、III 级干旱灾害由地方政府发布抗旱预案的启动与解除。II 级、I 级由省政府发布抗旱预案的启动与解除。

（3）应急预案

特殊干旱期水资源应急预案级别分为四个等级。轻度干旱启动 IV 级应急预案，中度干旱启动 III 级应急预案，严重干旱启动 II 级应急预案，特大干旱启动 I 级应急预案，具体预案内容详见表 7.26。

7.5.2 突发性水污染事件的应对措施

7.5.2.1 历年突发性水污染事故

广东省人口集中，经济发展快速，生活生产的需水量大。长期以来水污染问题是广东省供水安全的重要威胁。据统计，1987~2009 年广东省境内共发生 89 起突发性水污染事故（见表 7.27）。23 年来，交通运输、生产储存、非正常排污造成的突发性水污染事件分别占 14.6%、14.6%、41.6%，合计为 70.8%；自然和其他原因造成的污染事件则占 29.2%，交通运输所占比例近年来逐渐下降，非正常排污所占比例逐渐升高，且非正常排污是 1996 年以来各研究时段内发生率最高的风险源。近年来生产储存、交通事故、非正常排污是广东省突发水污染事件的主要风险源。另外，非正常排污这项风险源无论数量还是比例都呈上升趋势。

表 7.26　广东省特殊

项目		轻度干旱启动 IV 级应急预案	中度干旱启动 III 级应急预案
应急启动条件	农业干旱	春旱缺水 20~25 天；秋旱缺水 35~45 天	春旱缺水 25~34.9 天；秋旱缺水 45~69.9 天
	城市干旱	缺水率 5%~10%；水库蓄水量（河道来水量距平值）−30%~−10%；地下水埋深下降值 0.5%~1.0%	缺水率 11%~20%；水库蓄水量（河道来水量距平值）−50%~−31%；地下水埋深下降值 1.0%~2.0%
组织措施		省防总发布旱情通报，提出抗旱防旱的具体要求。省防总发防抗旱工作通知，向省政府提交抗旱决策和建议	建议省政府召开电话会议或现场会议，进一步明确各相关部门的抗旱职责和具体任务；省防总发抗旱紧急通知，提出抗旱对策具体要求
应急对策	三角洲片区	通过水库蓄水、供水计划调整等手段就可以解决轻度干旱期的供水问题。三角洲和粤东片区水资较为丰富，但水质性缺水问题严重，干旱期需实施额外的节水措施，并注意措施的监督与实施	对西江、北江、东江及其支流来水进行优化配置。必要时实行跨流域、跨灌区临时调水，灌区的抗旱用水由各区统一调配。河道内需要保证足够的压咸流量
	粤东片区		对东江、韩江等来水过程进行优化配置和统一管理。必要时实行跨流域、跨灌区临时调水。尽量满足大型灌区抗旱用水，河道内需要保证足够的压咸流量
	粤西片区	该片区调蓄能力较好的水利工程较少、水资源利用效率低，应加大水资源的统一管理力度，采取适当的工程和非工程措施弥补不足	管理西江干流及其支流、漠阳江、鉴江、九洲江、粤西诸河等的水量，配合区内大中型水利工程进行水量优化配置，适当调整部分以发电为主水利工程实行短期职能转变
	粤北片区	水资源匮乏地区（如粤北石灰岩山区）应提前做好蓄水准备，以防持续干旱或特大干旱的来临	提前对武江、滇江、北江干流、连江、瀚江等的水量进行科学调配，提高区内水利工程的水量利用效率，提前多蓄水，为以后的抗旱措施做好准备

干旱应急预案

严重干旱启动 II 级应急预案	特大干旱启动 I 级应急预案
春旱缺水 35～59.9 天；秋旱缺水 70～89.9 天	春旱缺水≥60 天；秋旱缺水≥90 天
缺水率>20%；水库蓄水量（河道来水量距平值）-80%～-51%；地下水埋深下降值 2.0%～3.0%	缺水率>31%；水库蓄水量（河道来水量距平值）<-80%；地下水埋深下降值>3.0%
省政府发抗旱救灾紧急通知，召开电话会议，深入一线，检查指导；省政府派抗旱工作组，督促指导各区抗旱工作。工作组由省政府牵头，抽调有关厅、局领导，实行分片包干；检查各成员单位抗旱职责完成情况	省委、省政府联合召开电话会议，发出抗旱救灾工作通知。把抗旱救灾作为压倒一切的中心工作；派出抗旱检查组，深入受旱地区检查指导抗旱救灾工作；省防总不定期召开成员会议，研究部署抗旱救灾工作
按地区有针对性地下达飞来峡水库、流溪河水库等大型水库蓄水、供水计划及重点工程抗旱任务。密切关注三水、马口站同步观测流量数据，保证下游河道的压咸流量	在靠近西北江、东江及其支流附近修建临时坝、堰拦截和抬高水位，架设临时泵抽水；在条件允许的情况下，在水库旁建临时泵站，抽水灌溉。在地下水位浅的地方发动群众打中、浅井，利用地下水进行灌溉。在三角洲地区建闸抗咸，防止潮水上涌
按地区针对性下达新丰江水库、枫树坝水库等大型水库蓄水、供水计划及重点工程抗旱任务。片区内所有水库制定联合调度计划，参与统一调度。密切关注东江下游、东江三角洲及韩江下游地区入海流量状况，保证河道压咸流量	建立东江三大水库联合调度方案；建立韩江流域高陂水库、棉花滩水库、潮州供水枢纽和五大桥闸的库群联合优化调度方案；通过跨流域（如汤溪水库）引水，解决汕头、潮阳、南澳等地的工程性缺水和揭东、潮南水质性缺水的问题
按地区有针对性地下达镇海水库、大沙河水库、锦江水库等大型水库蓄水、供水计划及重点工程抗旱任务。片区内所有大、中型水库制定联合调度计划，参与统一调度	对于粤西沿海地带，省政府、水利、农业等相关部门应组成工作组指导、协调当地抗旱。旱情严重地区的省属大型水库以及有坝后电站的水库，必要时应停止发电，把水库功能调整为以供水为主。在西南部地区和其他地下水资源较丰富地区，必要时可利用地下水源
区内长湖水库、白石窑水库、南水水库等大中、小型水库在技术条件允许的情况下制定联合调度计划，考虑修建临时小型蓄水设施解决干旱期缺水的问题；在紧急状况下，政府通过汽车"送水"是解决干旱期供水问题的有效手段	在没有自然引水资源的地方，集雨兴建田头及家庭集雨工程（蓄水池）。所在地有水资源具备引水条件的地方，可通过充分利用板洞水库等蓄水工程，采用水管引水到村镇的方式，缓解饮水困难

表 7.27　1987～2009 年广东省突发性水污染事件次数统计

年份	交通运输	生产储存	非正常排污	自然	其他	小计
1987～1990	0	3	0	0	0	3
1991～1995	1	0	0	0	0	1
1996～2000	1	0	1	0	1	3
2001～2005	5	1	7	5	2	20
2006～2009	6	9	29	6	12	62
合计	13	13	37	11	15	89

污染事故风险源特征主要有：

1）时间项分析。从 2001 年开始，广东省突发性水污染事故数量增加较快，2006 年后增加更为显著，2006～2009 年的事故次数为 1987～1990 年的 20 倍。2006～2009 年突发性水污染事件的次数是 2001～2005 年的 3.1 倍，而数量主要增加在非正常排污和生产储运这两个风险源项上。主要原因一方面是工业发展使得排污企业不断增加，即增加了非正常排污和生产储运两个风险源项的主体；另一方面是典型突发性水污染事故的发生使得公众对环境污染事故的关注度提高，新闻报道的数量、深度和影响力也显著增加。

2）空间项分析。从 1987～2009 年 23 年间广东省突发水污染事件 71.9% 集中在珠三角地区，西部沿海区和北部山区所占比例均为 11.2%，其余 5.6% 发生在东部沿海区。珠三角地区是广东省经济最发达的区域，广东省能源、化工和重工业制造行业等第二产业主要集中在此，导致珠三角非正常排污、生产储存和交通事故等突发性水污染事故风险源发生的概率也最高，珠三角地区势必成为广东省突发水污染事件防治的重点。

3）事故污染物种类分析。23 年间广东省突发性水污染事故的主要污染物为有机耗氧类、油类和有机有毒类物质，共占 55.1%，其他污染物则占 23.6%。其中有机耗氧类污染物主要来源于城镇生活污水、受污染河涌及印染、造纸企业的突然排污；油类污染物主要来源于船舶或油罐车的交通运输事故造成的油类外溢；有机有毒类污染物主要包括芳香烃、农药类、烯烃等，主要来源于生产储运使用过程中发生的意外污染事故。

7.5.2.2　潜在重大污染源的监测预警建设方案

（1）监测分工

1）省环保厅全面负责广东省污染风险隐患的调查工作，建立广东省企业档案，主要指危险品仓储（各地的大型化学试剂、油库、储气罐）；建立饮用水源地及河道周边工业风险源、危险货物码头、工业废水排放口、生活污水排放口等风险隐患分布名单，并确保数据的及时更新；建立广东省环境优先污染物名单及应急监测技术方案；建立广东省的重点污染源地理信息系统。

2）水利部门应加强对广东省水质断面的水质监测工作，按照年度监测任务布置的检测项目、监测频次开展，在规定时间内完成。加强对日常水环境监测数据信息以及其他相关信息的综合分析工作，对于异常数据和情况做到及时发现、及时报告和及时处理处置。对重要水源地和污染事件易发水域应密切留意。目前，广东省水环境监测中心布设的水源地监测点已有近80个，基本覆盖了地级市的主要江河水源地、大中型供水水库及部分县城水源地。在目前的监测体系中，省水环境监测中心下属十个分中心，按照流域片进行分工。

3）其他相关部门和单位根据其职责分工，加强对重大风险源和重大隐患的监督管理和安全防范工作，制定严格的管理规章和应急工作程序，做好突发环境事件的前期基础保障工作。

（2）预警条件

监测单位在常规监测中发现水源地水质指标出现异常变化，或水源水质自动监测站点显示水体污染症状，或者接到举报称某处水体出现异常（水质变色、发臭、大量泡沫、死鱼等），应利用快速机动监测手段初步确定预警条件并及时报给上级单位。

（3）预警分级

按照突发事件严重性、紧急程度、可能造成的危害、波及范围、人员及财产损失等情况，将其分为特别重大环境事件（Ⅰ级）、重大环境事件（Ⅱ级）、较大环境事件（Ⅲ级）和一般环境事件（Ⅳ级）四级。

1）特别重大环境事件（Ⅰ级）

凡符合下列情形之一的，为特别重大环境事件：发生30人以上死亡，或中毒（重伤）100人以上；因环境事件需疏散、转移群众5万人以上；因环境污染使当地正常的经济生产受到严重影响，且事件造成直接经济损失1000万元以上；因主要水源地被污染造成100万以上人口供水受影响，且水厂中断取水达5日以上的污染事故；污染所在地区生态功能严重丧失或濒危物种生存环境遭到严重污染；因危险化学品（含剧毒品）生产和贮运中发生泄漏，严重影响周边地区人民群众生产、生活的污染事件。

2）重大环境事件（Ⅱ级）

凡符合下列情形之一的，为重大环境事件：发生10人以上、30人以下死亡，或中毒（重伤）50人以上、100人以下；因环境事件需疏散、转移群众1万人以上、5万人以下；因环境污染使当地经济生产受到较严重影响，且事件造成直接经济损失100万元以上、1000万元以下；因主要水源地被污染导致20万以上、100万以下人口供水受影响，且水厂中断取水达2日以上、5日以下的污染事故；污染所在地区生态功能部分丧失或濒危物种生存环境受到污染；因危险化学品（含剧毒品）生产和贮运中发生泄漏，对周边地区人民群众生产、生活造成较严重影响的污染事件。

3）较大环境事件（Ⅲ级）

凡符合下列情形之一的，为较大环境事件：发生3人以上、10人以下死亡，或中毒（重伤）20人以上、50人以下；因环境事件需疏散、转移群众1万人以下；因环境污染使当地经济生产受到较大影响，且事件造成直接经济损失 10 万元以上、100 万元以下；因水源地被污染导致 5 万以上、20 万以下人口供水受影响，且水厂中断取水达 1 日以上、2 日以下的污染事故；因危险化学品（含剧毒品）生产和贮运中发生泄漏，对周边地区人民群众生产、生活造成较大影响的污染事件。

4）一般环境事件（Ⅳ级）

凡符合下列情形之一的，为一般环境事件：发生 3 人以下死亡，或中毒（重伤）20 人以下；因环境污染使当地经济生产受到影响，且事件造成直接经济损失 10 万元以下；因水源地被污染导致 5 万以下人口供水受影响，且水厂中断取水在 1 日以内的污染事故；因危险化学品（含剧毒品）生产和贮运中发生泄漏，对周边地区人民群众生产、生活造成一般群体性影响的污染事件。

（4）预警信息发布

与突发环境事件预警级别相对应，预警信息的发布也分为四级，按照预警级别由低到高的顺序，预警信号的颜色依次为蓝色（一般）、黄色（较大）、橙色（重大）、红色（特大）。蓝色、黄色预警由地市政府负责发布，橙色预警由省人民政府负责发布，红色预警由省人民政府根据国务院授权发布。根据事态的发展情况和采取措施的效果，预警颜色可以升级、降级或解除。

7.5.2.3　重大水污染事件供水应急预案和应对措施

（1）应急响应组织系统

由省政府协调水利、环保、建委、公安、消防、卫生、气象等部门，成立突发性水污染事件应急委员会，制定突发水污染事件的紧急处理治理方案，并在事件发生时负责方案实施（见图 7.19）。应急委员会组织有关部门及时处理突发水污染事件的现场污染灾害、疏散人员、转移财产、评估污染危害和损失并及时向上级汇报。在处理重大突发性水污染事故时，可增设临时应急指挥部，统一协调应急行动；应急办公室是应急组织中的常设机构，为便于日常工作，可由环保部门各科室和监测站的负责人组成，主要职责是制定和落实应急计划，建立技术储备，接收突发性污染事故的报警，处置一般污染事故，重大污染事故在报告应急委员会的同时作先遣处理；应急专业组包括公安消防、监测评价、医学救援、水文气象和工程抢险等方面，在应急响应时提供各种专业支持，配备所需器材，比如溢油应急设备主要配备围油栏、撇油器、吸油材、消油剂及消油剂喷洒装置等，应急专业队伍应统一组织应急业务培训，熟悉应急设施的操作使用。

（2）应急响应程序

突发性水污染事故的特点要求一旦事故发生，必须尽快进行有效处理，最大限度地减少或消除事故造成的损失。为了能够让整个事故的应急处理做到有条不紊、井然有序，须有一套行之有效的突发性水污染事故应急程序，见图 7.20。

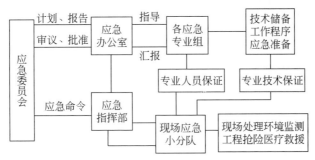

图 7.19　突发性水污染事故应急组织关系

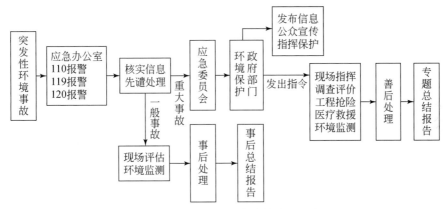

图 7.20　突发性水污染事故应急程序

另外，根据不同级别的响应，启动不同的响应程序。

1）Ⅰ级（特别重大事件）响应程序

Ⅰ级响应由国家环保部、国务院有关部门组织实施。省应急办公室在接到突发性环境事件通报后，立即向省应急委员会主任、副主任、省政府、污染地区政府有关应急指挥机构等有关部门通报事件信息。

省应急委员会主任根据事件性质，率各专业应急工作组、相关单位负责人和相关专家赶赴现场，按照国家环保总局、省政府有关应急指挥机构的指令，开展应急处理工作，并及时向国家环保部和省政府有关应急指挥机构报告处理情况。

2）Ⅱ级（重大事件）响应程序

Ⅱ级响应由省应急处置机构组织实施。省应急办公室在接到突发性环境事件通报后，立即报告省应急委员会主任、副主任、省政府、污染地区政府有关应急指挥机构，同时向地区有关部门通报事件信息。

省应急委员会主任根据事件性质，率各专业应急工作组、相关单位负责人和相关专家赶赴现场，在省政府有关应急指挥机构统一领导和指挥下，做好应急处理工作，并把处理情况及时报告省政府和各市政府有关应急指挥机构。

3）Ⅲ级（较大事件）响应程序

Ⅲ级响应由省应急委员会组织实施。省应急办公室在接到突发性环境事件通报后，及时报告省应急委员会主任、省政府、污染地区突发环境事件应急处置机构,并向省有关部门和可能涉及的地方政府通报情况。

各应急委员会主任根据事件性质,指定一名副主任率领各专业应急工作组、相关单位负责人和相关专家赶赴现场,组织应急处理工作,并及时向省政府、省突发环境事件应急处置机构报告处理情况,根据事件的发展,适时向公众通报事件处理通况。

现场应急指挥部在查明事件发生原因、过程及采取的应急措施等基本情况后,报经省应急委员会主任审阅后,向省政府和省突发环境事件应急处置机构通报。

4)Ⅳ级(一般事件)响应程序

Ⅳ级响应由各市突发环境事件应急机构组织实施。可参照Ⅰ、Ⅱ、Ⅲ级响应程序、结合本市实际情况制定响应程序。在超出本级应急处置能力时,应及时向省应急办公室提出请求,省应急办公室根据需要,组织有关专业工作组赴现场指导应急处理工作。

(3)应急处理流程

1)在接到报警信息后,省应急办公室迅速将突发环境事件信息上报省应急委员会,省应急委员会按照"统一指挥、属地为主、专业处置"的要求,成立由省政府、省应急处置机构负责人组成的现场应急指挥部,确定联系人和通信方式。

2)应急指挥部立即启动相应的应急预案,发布预警公告,并成立环境监测、供水调度、应急救援、物资保障等专业应急工作组。各专业应急工作组立即赶赴现场,在应急指挥部的统一指挥下,按照各自职责范围制定的本部门应急救援和保障方面的应急预案,相互配合、密切协作,共同开展应急处置和救援工作。

3)省应急委员会应依据突发性环境污染事件的性质和级别,适时派出具有丰富应急处置经验人员和相关科研人员组成的专家咨询组,共同参与事件的处置工作。专家咨询组应根据上报和收集掌握的情况,对整个事件进行分析判断和事态评估,研究并提出减灾、救灾等处置措施,为应急指挥部提供决策咨询。

4)应急指挥部及时掌握事态进展情况,一旦发现事态有可能超出自身的控制能力,应立即向省应急委员会发出请求,由省政府协助调配其他应急资源参与处置工作。

5)与突发性环境事件有关的各单位和部门,应主动向应急指挥部和参与事件处置的各专业应急工作组提供与应急处置有关的基础资料,尽全力为实施应急处置、开展救援等工作提供各种便利条件。

6)发生涉外突发性环境污染事件时,省政府相关涉外部门应根据应急处置工作的需要,派人参与应急处置活动,承担起与涉外地区相关的联络和救援工作。

(4)应急监测

1)现场调查

监测评价组到达现场后,根据现场情况,在最短的时间内,对直接污染河道(湖、库)水域的污染源,通过资料搜集、访问、现场查勘和实测等形式进行调查,弄清事件发生的时间、地点、性质、原因以及已造成的污染范围、污染源特征和污染强度、影响范围、已经采取的措施和效果等。当污染物为已知污染物时,则可以根据污染物的扩散速度和事件发生地的水文和地域特点，确定污染物扩散范围。

2）制定应急监测方案

工作组接受应急监测任务后，在对所掌握的污染事件有关资料和信息进行综合分析的基础上，迅速编写应急水质监测方案。对于 I 级或 II 级污染事件应请相关技术专家共同参加方案的制订。

3）水质监测方案

水质应急监测方案的主要内容为：

①根据污染事件的情况初步确定监测项目；

②确定相应的监测仪器和采样设备；

③根据污染情况初步确定监测点位的布设（具体的点位可以根据现场情况作适当的调整）、采样方式和频次；

④根据事件情况确定监测人员的防护装备；

⑤确定有效的后勤保障措施。

4）应急水质检测

工作组相关人员应迅速按照水质监测方案开展工作，派出采样人员到现场采集水样，并做好化验前的准备工作，人员就位，仪器设备、化学药剂准备妥当。在水样送至实验室后，立即开展检验工作，尽快出具检验结果；对于不明污染项目，应在 6 小时内做出定性分析。委托其他机构检测的，积极联系，尽快出具检验结果。

5）应急水文监测和预报

各分局按照本辖区水文测报应急预案启动相应水体的水文测验和预测预报，提供水文测报资料。

6）数据分析评价

工作组相关人员根据水质、水文监测数据，对水质进行分析评价，协助突发性环境污染事件应急办公室做出事件性质、危害程度等的判断分析，编制相关报告。

7）应急监测的终止

在水污染事件影响得到完全控制时，即污染物对水环境敏感点、取水口等已不构成用水安全威胁，水质指标已恢复日常状况或者已达到所在水功能区的目标水质类别时，经省水利厅同意，终止本应急监测程序。

（5）应急措施

建立突发性水污染事故应急预案，是为了防患于未然，一旦发生污染事故时，指导应急工作人员迅速采取有效的应急措施。

1）关闭受突发事件污染的水源或供水设施，停止供水并及时处置，采取措施控制事态发展，严防次生、衍生事件发生。

2）启动备用水源，实施应急供水；对受污染的水源或供水设施及沿岸污染水域实施加密监测，及时向环保部门、卫生部门报告污染状况和水质水情数据，并向下游地区通报情况。

3）增加自备水源供水量，适时启用封存的自备水源井或新凿水井，由省环境监测中心、疾病预防控制中心等资质部门对其水质进行化验，确保达到饮用标准。

4）调配安装小型集中式供水设施、移动式净水设备、水质净化装置等应急供水设施。

5）根据水源、输配水管网布局及连通情况，合理调配管网供水量及供水范围，采取分时段分片供水。

6）适时压缩用水指标，限制或停止城市建筑、洗车、绿化、娱乐、洗浴行业用水，控制工业用水直至停产。

7）建立广东省突发性污染事故的场内、场外应急对策和建议。分析确定作为应急水源的工程，配备必要的应急设备。避免有危害的水体侵袭两江下游的河网地区。

（6）应急调度方案

为减轻广东省西江、北江、东江等流域下游地区突发性水污染事件的危害程度，可临时调用上游以发电为主的蓄水工程的水源，根据水污染的危害程度，制定优先调用上游水源的顺序，并以调用的上游蓄水工程效益减少最小，同时又最有利于减轻下游污染为原则。对主要供水水源工程，不作为突发水污染事件的应急水源；靠近突发水污染地的水源应优先使用；地下水可作为突发水污染事件的应急水源。突发事故期三角洲片区主要以西江、北江上游、东江、水库为主要应急水源；粤东片区主要以东江上游、韩江上游、水库、山塘水为应急水源；粤西片区主要以西江、水库、地下水及山塘水为应急水源；粤北片区主要以北江、水库、地下水及山塘为应急水源。具体引水量、引水方式、引水路线应视发生事故的区段及事故大小因时、因地制宜而定，由突发性水污染事件应急委员会具体制定。

（7）善后处理

突发性环境污染事故处理包括应急处置和善后处理两个过程。当经过应急处置已达到下列三个条件：①根据应急指挥部的建议，确信污染事故已经得到控制，事故装置已处于安全状态；②有关部门已采取并将继续采取保护公众免受污染的有效措施；③已通过了有关部门制定和实施的环境恢复计划，事故控制区域环境质量正处于恢复之中时，应急委员会可以宣布应急状态终止，进入善后处理阶段。

善后处理事项为：①组织实施环境恢复计划；②继续监测和评价环境污染状况，直至基本恢复；③有必要时，对人群和动植物的长期影响作跟踪监测；④评估污染损失，协调处理污染赔偿和其他事项。

7.5.3　应急水源建设

应急备用水源地的应急供水量主要依据突发污染事故、干旱年、咸潮影响时间长短和影响供水人口确定。应急水源主要根据就近原则，各地市应充分而高效地利用区域内的区间及河道地表水资源，枯水季节、枯水年或者发生突发性污染事故时，启用应急水源，尽量保证供水安全。各地市应急备用水源工程见表7.28，规划总应急水量达5亿 m³。

表 7.28 广东省主要城市现状和规划应急备用水源地

地级市	城市名称	应急备用水源
广州	中心区	花都北江引水、番禺榄核水道水库、东江北干流刘屋洲防咸水库；利用现有的流溪河、黄龙带、和龙、九湾潭等大中型水库以及西航道、白坭河
	增城	百花林水库，增塘水库、增江应急供水工程、龙门县梅州水库、博罗县联合水库
	从化	流溪河水库、黄龙带水库、地下水源
深圳	深圳市	公明、铁岗、清林径、海湾、长岭皮、鹅颈、径心、甘坑水库、东江下矶角、大坑、水祖坑水库
珠海	珠海市	竹银、竹仙洞、乾务、天生桥一级、龙滩、百色等水库以及水资源配置工程平岗泵站扩建工程
佛山	禅城南海	西江思贤滘、飞来峡水库、东风水库、里水水厂扩建以及区内管网联通
	三水	境外飞来峡水库、三坑龙王庙水库以及佛山第二水源
	顺德	区内管网联通，西、北江水系水源互为备用
	高明	地下水结合高明河源头、山塘水及西坑、深埗水水库为次要水源
江门	江门市区	那咀水库、锦江水库、石涧水库、龙潭水库
	新会	万亩、东方红、龙门、梅阁等水库
	台山	大隆洞、深井、桂南、岐山、猪嫲潭等水库
	开平	龙山、狮山、立新、花身蚕、大沙河、镇海等水库
	鹤山	金峡、四堡等水库，大口井应急备用工程
	恩平	西坑、良西、青南角、宝鸭仔、马山、凤子山、锦江等水库
肇庆	肇庆市区	九坑河、龙王庙
	高要	杨梅、金龙高、金龙低、三安坑、大坑洞等水库
	四会	金林、江谷等水库
惠州	惠州市	观洞水库、角洞水库、黄沙水库、稿树下水库、花树下水库、天堂山水库下游的西林河水源、沙田水库、鸡心石水库和大坑水库等
东莞	东莞市	平原水库、沙滩水库、沙田淡水湖、江城淡水湖、松木山、同沙和横岗等三座中型水库以及水濂山、白坑、芦花坑、五点梅、马尾等小型水库串联成水库群联网体系，仍不够则加大海水淡化及中水回用水量
中山	中山市	长江、古宥、地豆岗、黄茅坪、南坑尾、槟榔山等水库
汕头	汕头市	木丹坑水库、潮州水利枢纽、潮南区供水管网联通配套工程、澄海区应急供水工程、非工程型措施对韩江下游出海口闸的联合调控
揭阳	揭阳市	现有水源转为备用水源、新西河水库
潮州	潮州市	韩江竹竿山水厂上游段、桂坑水中上游河段、砚峰水库、顶庵水库、胶水坑水库、凤凰水库

地级市	城市名称	应急备用水源
汕尾	汕尾市	流冲提水站、赤岭水库、琉璃径水库、篛投水库、河东水库、北龙水库、富梅水库、青年水库、下礤水库、鹿子湖水库、杨梅水库、中山尾水库
梅州	梅州市	龙颈水库、温公水库、狗咀坑水库、盘湖水库、梅江、梅南水利枢纽工程
湛江	湛江市	合流水库、赤坎水库、鹤地水库、西湖水库、青年湖水库、地下水
阳江	阳江市	漠阳江、江河水库、漠地垌水库
	阳春市	漠阳江、大河水库
茂名	茂名市	茂名工业渠、高州水库东干渠
	高州市	石骨水库、良德水库
	化州市	长湾河水库、响水水库、三合水水库
	信宜市	尚文水库
河源	市区	东江抽水泵站
	紫金县	大坝桥秋香江抽水泵站
	东源县	东江木京水电站上游 2 km 处提水泵站
	和平县	俐江中游黄锋斗电站水库引水工程都配套管网
清远	清远市	清城区龙须带水库、迎咀水库和黄腾峡水库备用水源工程
云浮	云浮市	云龙水库（小型）、岩头水库、山田水库（小型）
韶关	韶关市	南水河、北江干流、武江、浈江及部分其他水库，仁化、南雄、曲江、翁源、始兴等地就近从赤石迳水库、瀑布水库、苍村水库、跃进水库、花山水库等取水

1）广州市主要通过新建花都北江引水工程、番禺榄核水道水库、东江北干流刘屋洲防咸水库，利用现有的流溪河、黄龙带、和龙、九湾潭、三坑、百花林、联安、联和、增塘等大中型水库以及西航道、白坭河作为应急备用水源，由广州中心城区与周边区（县级市）的供水片区联网，形成良好的西江、北江、东江水源与水库水源的供水保障体系，可互为应急备用水源。

2）深圳市备用水源主要依靠公明、铁岗水库系统，清林径水库系统，海湾水库系统。

3）珠海市备用水源主要以梅溪、大镜山、凤凰山水库、飞沙洞水库等水库联合补水为主，咸潮上溯严重期依靠上游水库群联合调度以及境内泵群和水库调度，改善前山河、黄杨河水质，保留其作为备用水源。

4）佛山市以西江、北江互为备用水源，通过供水管网联通提高应急供水能力，特枯水期辅以西坑水库作为应急备用水源。

5）惠州市可将观洞水库、角洞水库和黄沙水库等作为应急备用水源。

6）东莞市主要考虑中部及沿海片区的松木山、同沙和横岗水库等三座中型水库与水濂山等小型水库串联的水库群联网体系。

7）中山市备用水源以长江水库为主，计划新建的古宥水库、地豆岗水库、黄茅坪水库、南坑尾水库和槟榔山水库除日常供水外，也作为该市的应急备用水源地。

8）江门市主要利用西江水道和潭江水道以及境内锦江、万亩、东方红、龙门、梅阁等大中型水库。

9）肇庆市重点考虑九坑河、杨梅等水库作为备用水源。

10）汕头市应急备用水源以木丹坑水库、潮州水利枢纽、潮南区供水管网联通配套工程、澄海区应急供水工程、非工程型措施对韩江下游出海口闸的联合调控为主。

11）梅州市应急备用水源以龙颈水库、温公水库、狗咀坑水库、盘湖水库、梅江为主。

12）潮州市应急备用水源以韩江竹竿山水厂上游段、桂坑水中上游河段、砚峰水库、顶庵水库、胶水坑水库、凤凰水库为主。

13）汕尾市应急备用水源以流冲提水站、赤岭水库、琉璃径水库、篛投水库、河东水库、北龙水库、富梅水库、青年水库、下磜水库、鹿子湖水库、杨梅水库、中山尾水库为主。

14）揭阳市应急备用水源以新西河水库为主，现有水源转为备用水源。

15）湛江市以应急备用水源以合流水库、赤坎水库、鹤地水库、西湖水库、青年湖水库、地下水为主。

16）阳江市从漠阳江、江河水库、漠地垌水库及部分其他水库取水。

17）茂名市从茂名工业渠、高州水库东干渠、高州水库取水，信宜市从尚文水库取水，高州从石骨水库、良德水库取水，化州从长湾河水库、响水水库、三合水水库取水。

18）清远市主要从清城区龙须带水库、迎咀水库和黄腾峡水库取水。

19）韶关市主要从南水河、北江干流、武江、浈江及部分其他水库取水。仁化、南雄、曲江、翁源、始兴等地就近从赤石迳水库、瀑布水库、苍村水库、跃进水库、花山水库等地取水。

20）云浮市主要以云龙水库（小型）、岩头水库、山田水库（小型）作为备用水源地。

21）河源市源城区供水应急措施是建设抽水泵站，位于东江河与新丰江汇合口上游；紫金县供水应急措施是在县城大坝桥秋香江建设抽水泵站，将水提引到响水水库；东源县供水应急提水泵站位于东江河木京水电站上游 2 km 处；和平县供水应急措施是在浰江河中游黄锋斗电站水库建设引水工程。

参 考 文 献

[1] 方红远. 水资源合理配置中的水量调控模式研究［D］. 南京：河海大学博士学位论文，2003.

[2] 王浩，王建华，秦大庸. 流域水资源合理配置的研究进展与发展方向［J］. 水科学进展，2004，15（1）：123-128.

[3] 冯尚友，刘国企. 水资源持续利用与管理导论［M］. 北京：科学出版社，2000.

[4] 姚荣. 基于可持续发展的区域水资源合理配置研究［D］. 南京：河海大学硕士学位论文，2005.

[5] 中华人民共和国水利部. 全国水资源综合规划技术大纲［Z］. 北京，2002.

[6] 中山大学，广东省水文局，广东省水利电力勘测设计研究院. 广东省水资源综合规划大纲［R］. 广州，2002.

［7］　赵斌. 基于水丰度的区域水资源利用研究 ［D］. 南京：河海大学博士学位论文，2004.

［8］　孙翠清. 区域水资源优化配置的控制论模型研究 ［D］. 南京：河海大学硕士学位论文，2005.

［9］　周丽. 基于遗传算法的区域水资源优化配置研究 ［D］. 郑州：郑州大学硕士学位论文，2002.

［10］　裴源生，赵勇，陆垂裕，秦长海，张金萍. 经济生态系统广义水资源合理配置 ［M］. 郑州：黄河水利出版社，2006.

［11］　赵勇. 广义水资源合理配置研究 ［D］. 北京：中国水利水电科学研究院博士学位论文，2006.

［12］　冯宝平. 区域水资源可持续利用理论与应用研究 ［D］. 南京：河海大学博士学位论文，2004.

［13］　佟金萍. 基于 CAS 的流域水资源配置机制研究 ［D］. 南京：河海大学博士学位论文，2006.

［14］　陈南祥. 复杂系统水资源合理配置理论与实践——以南水北调中线工程河南受水区为例 ［D］. 西安：西安理工大学博士学位论文，2006.

［15］　赵建世. 基于复杂适应理论的水资源优化配置整体模型研究 ［D］. 北京：清华大学博士学位论文，2003.

［16］　刘勇. 多 Agent 系统理论和应用研究 ［D］. 重庆：重庆大学博士学位论文，2003.

［17］　Smith R G. The contract net protocol：high level communication and control in a distributed problem solver ［J］. IEEE Transactions on Computers, 1980, C-29 (12)：1104-1113.

［18］　范玉顺，曹军威. 多代理系统理论、方法与应用 ［M］. 北京：清华大学出版社，2002.

［19］　Deshpande U, Gupta A, Basu A. Performance enhancement of a contract net protocol based system through instance-based learning ［J］. IEEE Transactions on Systems, Man and Cybernetics, Part B, 2005, 35 (2)：345-358.

［20］　Koopmans T C. Activity Analysis of Production and Allocation ［M］. New York：Wiley, 1951.

［21］　Kuhn H W, Tucker A W. Nonlinear Programming. In：The Proceeding of Second Berkeley Symposium on Mathematical Statistics and Probability ［M］. Berkeley, California：University of California Press, 1951, 481-492.

［22］　蒙文川. 人工免疫算法及其在电力系统中的应用研究 ［D］. 杭州：浙江大学博士学位论文，2006.

［23］　黄席樾，张著洪，胡小兵，何传江，马笑潇. 现代智能算法理论及应用 ［M］. 北京：科学出版社，2005.

［24］　张著洪. 人工免疫系统中智能优化及免疫网络算法理论与应用研究 ［D］. 重庆：重庆大学博士论文，2004.

［25］　Deb K, Pratap A, Agarwal S, Meyarivan T. A fast and elitist multi-objective genetic algorithm：NSGA2II ［J］. IEEE Transactions on Evolutionary Computation, 2002, 6 (2)：182-197.

［26］　Deb K. An efficient constraint handling method for genetic algorithm ［J］. Computer Methods in Applied Mechanics and Engineering, 2000, 186 (2)：311-338.

［27］　王跃宣，刘连臣，牟盛静，吴澄. 处理带约束的多目标优化进化算法 ［J］. 清华大学学报（自然科学版），2005, 45 (1)：103-106.

8 健全完善的非工程保障体系

8.1 统一高效的水管理体制

8.1.1 水资源管理现状与特点

8.1.1.1 水资源管理现状

（1）管理机构

广东省各市现有水利水电工程管理，基本上采用分级管理、分级负责的原则。按工程规模大小及性质划分为省管工程、市管工程、县（区）管工程和镇管工程，省管工程由省水利部门或相关部门直接对跨流域、跨市或重点工程进行管理，市管工程由市水利（水务）局直接对跨县（区）或重点工程进行管理，编制上统一安排，经济上独立核算，按其规模分别成立工程管理处或管理所；县（区）管工程一般为小（一）型工程及重点小（二）型工程；镇管工程为小（二）型及以下的水利（水务）工程。

目前，按流域管理的机构有韩江流域管理局、东江流域管理局、北江流域管理局、西江流域管理局（由省水利厅直接管理）、鉴江流域管理局（由茂名市管理）等。珠江三角洲堤围区，多以围为单位进行防洪、治涝、灌溉统一管理，如跨地区，则组成管理委员会，各行政区管理自己的辖区范围；以发电为主的大型蓄水工程基本由省电力部分管理，分别为流溪河水库、南水水库、长潭水库、新丰江水库、枫树坝水库、长湖水库及潭岭水库，其他水库进行防洪、灌溉、发电、供水统一管理的有兴宁市合水水库、饶平县汤溪水库、茂名市高州水库、湛江市鹤地水库等；蓄、引、提工程统一管理的区（镇）也不多，绝大多数工程是单独管理运行。

现有广东省水利厅主管的水利工程有：北江大堤、飞来峡水利枢纽、潮州供水枢纽、东昌峡水利枢纽等。

（2）行业管理

现有的水利（水务）管理机构是根据我国的水利法律、法规、规章和国家、省有关规定结合工程管理实际需要建立起来的。水利（水务）管理按管理对象不同可分为：防洪治涝管理、灌溉管理、水电管理、水费计收管理和综合经营管理等。各工程管理单位是工程管理的主体，其基本职能是依法对工程进行管理、养护、调度运用、计收水费等。

1）"三防"管理

广东省"三防"指挥部是广东省"三防"工作的领导和指挥机构。"三防"指挥部由省政府及相关部门有关人员组成。指挥部的主要职能是：指挥、组织和协调防洪抗旱防台风抢险、批准防洪抗旱防台风抢险及应急预案，作出重要的防汛、防风、防旱决策，督促检查"三防"工作的落实情况。

指挥部下设办公室，为"三防"指挥部的办事机构，设在省水利厅。目前拥有卫星云图接收设备、有线、无线通讯和传真设备，抢险车辆、防洪物资等。办公室的基本职能为：贯彻执行"三防"法律法规，组织"三防"值班，具体掌握汛情、旱情、险情、灾情，编制防洪预案，办理上传下达事务和具体业务，为领导决策提供依据，指导督促基层工作，组织协调有关部门共同做好"三防"工作。

各市、县（区）、乡镇及重要工程管理单位均设有"三防"指挥机构，负责本地区、本工程的"三防"工作。

几十年来，省、市、县（市、区）、乡镇及工程管理单位的"三防"指挥机构做到人员、措施、责任、通讯到位，保持信息畅通，运作正常，未发生重大责任事故，为确保人民生命财产安全和水利设施的正常运行提供了有力的保证。

2）灌溉管理

蓄水工程的灌溉管理由工程管理单位根据用水需要结合工程的调度运用情况统一供水，主灌渠由供水单位负责管理，支渠以下由用水所在镇、村、户负责管理。蓄水工程按分级管理原则，根据上一级"三防"指挥机构批准的防洪调度方案进行防汛调度。大中型引水工程为国管工程，由管理单位根据用水需要配水；小型引水工程由镇、村负责管理。提水工程主要由镇、村、农户负责管理。

3）治涝管理

治涝工程按工程规模和跨区域情况分为市管工程、县（区、市）管工程和镇管工程。较重要涝区的排涝工程由市一级管理，其他一般的排涝工程为县（区、市）管工程。对治涝工程的管理目前已经加大了水政执法力度，对违章建筑进行清拆，疏通排洪渠道，对旧河道进行截弯取直和扩建，增大过水断面；同时，制定了各项规章制度对排灌站进行管理，如定期进行检查维修，增加备用机组，汛期24小时值班等，并按新标准对旧排站进行改建、扩建，确保电排站投入正常运行。

4）水电管理

水电建设采取"谁投资，谁受益"的经营政策，拓宽了投资渠道，小水电的产权逐渐趋于多元化。目前流域内水电站多数属国家和集体所有，小部分为民营和股份制企业。水电站管理实行自主经营、主管部门业务指导的管理模式，灵活方便，效益较好。

5）水费计收

近几年来，由于加强了水利（水务）规费的收取力度，水费、堤围防护费、水资源费等收取额逐年增加。据统计，1997年，广东省国家管理水利（水务）工程总收入为154401.02万元，其中，堤围防护费23616.89万元，水费收入为26168.22万元（含农业灌溉水费9758.95万元、工业生活用水12498.58万元）。1999年8月，根据省、市有关文件要求，对水费、堤围防护费按统一标准计收。由于政府和领导的高度重视，加大了对水利（水务）重要性和水利（水务）基础产业政策的宣传力度，公民的水患意识逐渐提高，各类水利（水务）规费的收取率也在逐渐提高。"水利为社会，社会办水利"的风气正在逐渐形成。

6）综合经营管理

20 世纪 80 年代以来，各水利（水务）管理单位充分利用自身的特点和产业优势，除发展乡镇供水外，还兴办了种养业、工业、第三产业等一批综合经营项目，形成一定的产业规模，并取得了较好的经济效益。1997 年广东省综合经营总收入达 770467 万元。

8.1.1.2　水资源管理特点

广东省是一个水资源较为丰富的省份，但有不少城市和地区也面临缺水、水污染以及洪涝等水问题，水资源管理工作正在成为政府和社会民众越来越关注的事务。广东省的现实水资源管理方式由中国现实的水法体系和政府行政构架所决定。广东省水资源管理的现状主要有如下几方面的特点：①传统水资源管理（水利）与水资源统一管理（水务）并存；②由政府管制和统筹分配水权和污水排放权，暂时还不存在水权和污水排放权市场配置，水权和污水排放权的产权界定不够明晰，自由物品和公共物品的属性表现明显；③目前处于由供给取向的水资源管理方式向需求取向的水资源管理方式转型的起步阶段，供给取向的水资源管理方式仍占主导地位，需求取向的水资源管理的理念和措施正逐步引入到工作实践中；④依据行政边界的水资源管理系统较为完善，而以水域边界为基石的水资源管理体系甚为薄弱，水资源管理的行政边界方式与水域边界方式缺乏相互结合；⑤执行水资源管理的政府机构设置表现为水资源分割管理方式，由于部门利益问题，推行水资源统一管理的阻力非常大，在水资源管理过程中存在一定程度的部门间的不协调。

8.1.1.3　水资源管理体制及其存在的主要问题

在传统的计划经济体制下，目前广东省水资源管理的行政机构设置与职能配置现状主要是由 2000 年的政府机构改革所形成的。广东省 2000 年的政府机构改革在解决水资源部门分割管理问题方面有较大的动作，把原地质矿产局承担的地下水行政管理职能和原建设委员会承担的城市规划区地下水资源的管理保护职能划入水利厅，彻底解决了长期以来存在的部门分割管理地表水与地下水所引起的管理冲突与管理低效。1993 年深圳市率先在国内成立水务局，后来河源市、茂名市及珠海市等也相继较早成立了水务局，目前，全省 21 个城市全部成立了水务局，实现了地表水与地下水等水资源的部分统一管理。2004 年 3 月深圳市又实现了供水与排水、水量与水质保护的统一管理，而广东省及省内其他各市现有的水资源管理主要涉及到省水利厅、各市水务局、省水文局、省（市）建设厅（局）、省（市）环保厅（局）、省（市）规划国土厅（局）、省（市）海洋与水产部门等多个部门。

这种多部门水资源管理体制明显存在着下面一些问题。

（1）"条块分割"，水资源统一管理薄弱

在传统计划经济体制下，广东省及部分地市的水资源管理部门较多，这主要是受过去生产力发展水平和认识水平不高的约束，形成了广东省水资源分级分部门管理的体制。在省级层面，水利部门负责水利工程建设和农村水利（水务）管理；住建部门负责城市供水、城区排水和地下水管理；规划与国土部门负责地下水勘探与管理等；环保部门监管水质；无论省、市层面，河湖水体中的饮用水源地和入河排污口均属于环保部门管理，同时存在水功能区划和水环境功能区划；参与水资源管理工作的还有海洋、水产、港务、农业和卫生等部门，另外，区（县）、镇及其下属机构也参与了水资源管理。这种分级多部门管理水资源的体制致使与水资源有关的管理政出多门，职能交叉，责任不清，降低了工作效率，使水资源得不到充分利用与保护。例如，由于水利（水务）、规划与国土、海洋与水产等部门在滩涂资源的管理上职能交叉，使入河口处滩涂资源的管理比较混乱，非法围垦的现象突出，最明显的如珠海市交杯沙和鸡啼门左岸、鸡啼门大桥北侧的非法围垦区等。

（2）流域管理与行政区域管理相结合的原则难以得到根本贯彻

一方面，地方政府既承担执行上级政府规章、政策、命令的职责，又承担领导地方经济和社会事务的职责，也就是地方政府既代表国家利益又代表地方利益，而这两种职责在一定条件下是会出现矛盾的。另一方面，目前广东省设立的韩江流域管理局等流域机构只属于水利厅派出机构，且仍属事业单位，难以相应地建立其权威。

此外，流域管理立法上的缺陷也是导致流域管理与行政区域管理相结合的原则难以得到根本贯彻的原因之一。

（3）省级与市级管理体制仍不顺

广东省级涉水管理部门主要有省水利厅、住建厅、国土厅、环保厅等；市级涉水管理则全面实现了水务管理，通过水务投资集团对供排水实施统一建设管理，因此省市两个层级的水利（水务）管理体制呈多样性，存在制度性差异。同时，大多数国有水利（水务）工程管理单位仍沿用计划经济时期的工程管理体制，还未从工程管理体制转到水资源的统一管理、流域管理和水务管理体制的轨道上来。广东省有部分大型水利水电工程不属水利（水务）主管部门管理，形成对水资源分割管理的体制，不利于对水资源的统一规划和优化配置。如流溪河、南水、长潭、新丰江、枫树坝、长湖、潭岭等电站水库为电力部门管理。

（4）城、乡水资源管理相分离

长期以来，广东省传统的水资源管理体制将城市与农村、地表水与地下水、水量与水质等进行分割管理，这种分割型的管理体制，不但严重地违背了水的自然循环规律，也违背了管理社会的一般原则。因此，常常造成管水源地的不管供水，管供水的不管水质和水源地状况。农村供水水质与水量都得不到保证，出现水资源短缺与水资源浪费共存的局面，例如过去在珠海市，一方面斗门区北部的上横、莲溪、六乡等村镇由于城乡供水相分离，乡村供水不足，直接抽取浅层地下水或河水，仅经简单的初级沉淀就供给用户，难以达到生活饮用水卫生标准；另一方面，现有部分供水设施又不能充分发挥作用，由于供水范围和需水量增长有限，很长一段时间西区水厂均未能达到设计生产能力。

（5）水质管理和水量管理相分离

广东省地表水的取水、供水、排水、排污分别由多个部门管理，缺乏统一的规划和调度，水利（水务）部门作为省、市政府的水行政主管部门，对河道污染却没有监督职权，也没有排污排水费的管制职能。水量、水质是水资源的两个最重要的要素。水质与水量分割管理，违背了自然规律。水质是水量具有使用价值的前提，水质污染将变水利（水务）为水害：1）河道管理与水源地保护分属水利（水务）部门和环保部门，显然，河流水源地属于河道管理的范畴，特别是在感潮河段，河网密布，河水双向往复流动，无固定的上下游之分，水源地保护与河道管理更是密切相关，但这种分属不同部门的管理若缺乏协调，常常使水源地保护和河道整治、水源调配相分离，从而难以实现保质保量供水任务。2）由于多种原因，部分地区仍缺乏本行政区域的水污染防治的有效规划和措施，直接影响水污染防治和城乡供水。

（6）"政企不分"、"管养合一"，缺乏市场竞争机制

由于"政企不分"、"管养合一"、缺乏市场竞争机制、资源补偿机制未建立，水利（水务）工程功能损失、水资源得不到有效利用、水质恶化的趋势得不到有效遏制：

1）在水利（水务）工程维护经费分配上，中间环节多，下拨渠道不畅，责权相互脱节。两级排水管理部门均包含建、管、养职能，内部利益合一，无法对养护工作效率和经费效益进行成本核算，排水设施管养消极、保守，使原本不足的资金更显紧缺。现行体制下，政事、事企、管养基本不分，长期以来计划经济管理模式下形成的行业垄断和特殊地位，可能会产生优越感和依赖思想，其运行机制采取"行政命令"办事和"计划"办事的模式，一切由政府包揽，管理部门主要是起上传下达的作用，运行维护是给多少钱办多少事，依赖性强。由于地位特殊，垄断经营掩盖了行业竞争，制约了城市排水管理水平、资金投入效益、生产效率的提高。

2）由于缺乏资源补偿机制，水利（水务）工程功能损失，使防洪潮标准及供水标准（特别是水库目前大多达不到设计灌溉面积）降低。省、市现有堤防中，相当一部分堤段、挡潮水闸尚未达到20年一遇的防洪潮标准，大量存在高程不足、堤体薄弱、缺乏抗冲防护等缺陷，一些浪损险堤未及时加固修复，例如珠海市等。

3）水利（水务）管理的运作机制不活，目前广东省绝大多数水利（水务）工程管理单位实行事业单位企业化管理的自收自支管理体制，水管单位没有正常稳定的运行管理和维修养护经费来源，水费收不上，经费不保证，无法维持正常运转，造成工程年久失修，供水效率低下，管理队伍不稳定。

（7）重建设轻管理

部分水利（水务）工程只注重建设，而忽视对已建工程特别是大中型水利工程的运行管理。水利（水务）规费收取难度较大，未按成本收费的情况很普遍，供水价格

形成机制不合理，而挪用、侵占水费的现象比较严重，对此缺乏有效的约束机制。水利（水务）工程运行管理和维修养护经费不足，而且政府的投入不足，导致大量水利（水务）工程得不到正常的维修养护，影响水利（水务）工程效益的发挥，无法实现水利（水务）工程的安全、高效和良性循环。

（8）统一政策法规不健全

1）法规、政策不健全、不配套，水资源统一管理和保护力度不够。现行环境法规对水资源的保护仅是从环境角度管理，而从水资源量的角度考虑不够；水利部门缺乏水资源保护的统一条例和规章，工作随意性大。水资源保护工作与防汛、水利（水务）工程不同，其重心应该是监督与管理，并需有一系列条例和法规作为行政依据，而当前这恰恰是一个薄弱环节。

2）水利（水务）法制执法中还存在着有法不依、执法不严的情况。

3）由于排水管理没有明确的执法主体和依据，难以控制进入污水处理厂的污水水质，如过去珠海市的吉大、拱北片的工业污（废）水入厂极大地影响了污水处理厂的出水达标率。

4）由于政策法规不健全，出现了某些工厂采用清水稀释废水以降低污染物浓度的不正当做法，其结果是污染物排放量没有得到控制，反而浪费了大量清水。

5）由于节水法规空白造成大部分地市的节约用水工作处于实际无部门管理的状态；另外，对丰水期面源污染和枯水期排污高峰造成的水质急剧恶化存在管理空白。

（9）科学管理水平及人才素质有待提高

目前水管单位一方面机构臃肿，人员超编，另一方面人员结构不合理，技术管理人才严重缺乏，有相当一部分水管单位仍然存在管理粗放，水平低下的情况，与广东省率先基本实现现代化的要求不相适应。

（10）水资源管理信息化建设滞后

水利（水务）工程自动化监测体系不完善，大部分水利（水务）工程尚未设立自动监测系统，信息采集不能满足"三防"和水资源管理的需要。各信息系统建设缺乏统一标准，衔接不够。

信息管理和决策支持系统建设滞后，除了初步建成"三防"信息系统和日常办公自动化系统外，其他如水资源管理、水土保持管理、水利（水务）工程自动化监控与管理等决策支持系统尚未建立。

另外，传统水资源管理体制还会助长部门利益的膨胀，阻碍管理信息的交流，制约相关规划的融会和落实等。

（11）省内流域管理机构有待进一步完善

目前，尽管已经成立了鉴江、韩江流域管理局和珠江河口管理局，北江、东江流域管理局也批准成立，但这些管理局在行政执法等方面还显得比较"虚"，真正的流域水资源统一管理体制和制度还没有健全，流域水资源管理还缺乏经验，这不利于水资源的统一规划、统一管理、统一分配和水市场的建设。

8.1.2 水资源管理体制建设方向

根据《广东省实施〈中华人民共和国水法〉办法》，广东省水资源管理实行行政区域管理与流域管理相结合的管理体制。流域管理注重整个流域的水循环，目标是使流域内水资源得到有效利用，注重水环境和生态环境保护，流域管理指导区域管理。区域管理目标是综合利用辖区内的水资源，发展区域经济，区域管理实行从上到下的分级管理。管理体制建设方向为：

1）设立流域管理委员会，其下设流域管理局，以有利于省内流域水资源统一配置、保护、管理和监督。

2）逐步建成省级水务一体化管理机构，建立城乡水务一体化管理的行政构架，有利于广东省城乡供、用、排水等涉水事务的统一规划和管理。

3）设立省级水资源协调管理委员会，是广东省处理涉水事务的最高决策机构，有利于解决各地市之间、地市与流域之间、水行政主管部门与其他涉水部门之间等的涉水事务。

4）促请国家加强珠江流域水资源统一合理调配、保护和管理。

8.1.3 流域水资源管理方案

8.1.3.1 流域管理体制与机制建设

（1）水行政主管部门职责事权与职责划分

根据《广东省实施〈中华人民共和国水法〉办法》和《广东省东江西江北江韩江流域水资源管理条例》，广东省实施水资源流域管理与行政区域管理相结合的管理体制。

• 省人民政府水行政主管部门负责流域水资源的统一管理和监督工作。

• 流域管理机构履行法律法规规定的和省人民政府水行政主管部门授予的流域水资源管理和监督职责。主要责任包括：负责省人民政府水行政主管部门授权范围内建设项目水资源论证和取水许可制度的组织实施，并依照批准的流域水量分配方案实施取水许可总量控制；编制年度分水和水量调度计划，负责市界断面水量调度和水质监督；对流域内重要水库、梯级枢纽进行水量调度管理；协调流域内各市间的水事纠纷等。

• 各地、市行政区域水资源管理是流域水资源统一管理的重要组成部分，其主要职责是：依据批准的流域年度分水和水量调度计划，负责编制所辖区域供水计划，并组织实施，确保出境断面水量（流量）和水质达到控制指标，接受流域管理局的监督检查；在流域统一规划指导下，负责本区域水资源的开发利用、治理、节约和保护等。其他有关管理部门按照职责分工，协同做好水资源规划、配置、节约和保护的有关工作。

（2）健全流域综合管理运行机制

为提高流域综合管理水平和效率，应在以下几方面建立健全流域管理运行机制：一是要建立有效的协商决策机制，形成以水量调度协调会议为主要形式的水量调度协调机制制度化和规范化，明确水量调度协调会议的组织方式、参加单位、职责和权限，最终形成协调有序的水量调度协调机制，协商解决库群蓄水及联合调度问题、水调与电调的关系处理、地级行政区之间及部门间的用水矛盾、年度水量分配及调度方案的编制等重大问题；二是要建立公众参与机制，建立引导和激励群众积极主动地参与水资源节约、保护的制度；三是完善流域管理执行机制，保证流域规划目标的有效实施；四是建立信息共享机制，整合水利、环保系统监测资源，建立流域监测站网；五是完善已经响应机制，确保水安全供给。

8.1.3.2 流域水资源管理制度

广东省流域水资源管理坚持最严格的水资源管理制度，不断完善并全面贯彻落实水资源管理的各项法律、法规和政策措施，严格实施水资源"三条红线管理"：一是落实水资源开发利用红线，严格实行用水总量控制；二是明确水功能区限制纳污红线，严格控制入河排污总量；三是落实用水效率控制红线，坚决遏制用水浪费。

围绕实行最严格的水资源管理制度，以总量控制为核心，抓好水资源配置；以提高用水效率和效益为中心，大力推进节水型社会建设；以水功能区管理为载体，进一步加强水资源保护；以流域水资源统一管理和区域水务一体化管理为方向，推进水的管理体制改革；以加强立法和执法监督为保障，规范水资源管理行为；以国家推进资源型产品价格改革为契机，建立健全合理的水价形成机制；以重大课题研究和应用研发为重点，夯实水资源管理科技支撑；以强化基础工作为抓手，提高水资源管理水平。

8.1.3.3 行政区域用水总量和水质管理目标责任制建设

为加强入河排污总量和用水总量的控制，流域水资源管理实行区域水量和水质控制目标行政首长负责制，将确保行政区域用水总量和出境断面水质控制目标纳入政府年度工作任务，并作为政府绩效考核的约束性指标。流域内各市人民政府要服从流域水资源的统一调度和管理，与贯彻省政府节能减排结合起来，根据已经批准的流域水量分配方案中的水量水质目标要求，制定各自辖区的节水与减污方案，优化调整经济结构，严格取用水和排污总量控制，着力完善定额管理、经济调节等配套政策，大力推进节水防污型社会建设，确保行政区交接断面水量与水质目标的实现。

8.1.3.4 行政区域用水总量和水质管理目标责任制

《水法》特别规定，国家对水资源实行流域管理与行政区域管理相结合的管理体制，分级负责，逐级向下落实，建立行政首长负责制的监督管理和奖惩机制。对于东江而言，流域管理是指流域管理局对上、中、下游的统一调度和管理，行政区域管理是流域各地级市的水资源管理。

实行地方行政首长负责制是落实流域水资源分配方案的关键。各地市人民政府均与省人民政府签订分水责任状；制定和完善分水责任追究制度，对违反水量调度指令的各级行政首长和相关管理人员进行必要的行政和经济处罚，用以保护和弥补其他地级行政区和单位以及河流生态用水权益和所受损失。

8.1.3.5　枯水期水量调度制度和应急调度预案制度建设

流域内发生严重干旱、河流重要控制断面流量小于最小下泄流量、水库运行故障、重大水污染事故等情况时，水行政主管部门和流域管理机构应当实施应急调度。

1）旱情紧急情况的流域水量调度预案由流域管理机构会同相关地级以上市人民政府水行政主管部门制订，经省人民政府水行政主管部门审查后，报省人民政府批准。

2）发生旱情紧急情况时，经省人民政府水行政主管部门同意，流域管理机构应当会同相关市、县人民政府水行政主管部门组织实施旱情紧急情况的水量调度预案，流域管理机构和相关市、县人民政府水行政主管部门应当每日互相通报取水退水及水库蓄泄水情况，并同时向省人民政府水行政主管部门报告。

3）发生河流重要控制断面流量小于最小下泄流量、水库运行故障以及重大水污染事故等情况时，流域管理机构、相关地方人民政府及其水行政主管部门和水库等工程管理单位，应当按照规定的权限和职责，及时采取压减取水量直至关闭取水口、实施水库应急泄流方案、加强水文监测等措施。

8.1.3.6　流域水资源监控制度

流域水资源监控制度是各行政区水量分配和入河排污控制与控制断面水质达标方案实施的手段。

1）水量监控制度。由流域管理局对流域主要控制断面（市、县级行政区交接断面、重要支流入口及重要取水口）用水总量和流量进行实时在线动态计量监控，建立用水总量和断面流量计量监控体系，包括制定规划监控断面位置、监控方式、监控频率、监控要素、监控要求以及计量监控体系管理制度等内容。

2）水质监控制度。由流域管理局对流域重要控制断面水环境生态质量进行监控，对重大入河排污口进行监控，建立流域主要水系水环境生态质量监控体系，包括制定监控河段与断面位置、监控方式、监控频率、监控要素以及监控体系管理制度等内容。

8.1.3.7　流域水法规建设

加强流域水资源管理的法规体系建设，明确流域水资源管理中水量分配和调度范围、水量分配方案的编制、调度管理权限、用水计划的申报和年度调度计划的审批下达程序、监督管理以及法律责任等，最终形成涵盖流域水权管理、水量调度、水资源保护在内的完善的流域水资源管理法规体系。

建立健全流域建设项目水资源论证和取水许可制度。根据国家有关法律法规和省水利厅的授权，流域管理局要严格新、改、扩建设项目的水资源论证审查和取水许可审批，按照批准的流域分水方案对取水许可实施总量控制，建立和完善流域与行政区域相结合的取水许可总量控制管理机制。

8.1.4   地市城乡水务一体化管理体制

8.1.4.1   城乡水务管理体制的目标、目的与方式

（1）城乡水务管理体制的目标

广东省各市城乡水务管理体制建设的目标是实行城乡水资源统一管理体制，实现水资源统一管理的制度化、规范化、法制化、科学化、市场化、现代化，使管理体制适应广东省各市水资源利用、保护与防洪（潮）除涝的水安全保障要求。

（2）城乡水务管理的目的与方式

主要解决广东省各市目前水资源管理体制中存在的"多龙管水"，条块分割，城、乡水利（水务）管理相分离，水质管理和水量管理相分离，"政企不分"、"管养合一"、缺乏市场竞争机制，统一的政策法规不健全，造成水资源管理混乱等问题。主要通过打破城市与农村，地表水与地下水，水量与水质，取水、供水、排水与污水处理等的城乡之间、地区之间、部门之间的水管理界限，建立起城市和农村、水源和供水、供水和排水、用水与节水、治污和回用统一管理的城乡水资源管理体制。还要打破"政事企不分"、"投建管养"不分的垄断管理体制，建立现代企业集团，鼓励竞争经营，从而使水利（水务）资产不断增值，逐步建立水利（水务）现代化企业制度。

8.1.4.2   城乡水务管理机构职能

借鉴国内外水资源统一管理的成功经验，在现已建立的各市水务管理机构的基础上不断完善市级水务管理的职能，全面实现城乡水资源统一管理。这样原水利（水务）、城管、城建、国土等部门的职能都应有所调整，市级水务局职能应包括：

1）原水利部门承担的行政管理职能；

2）原建设、规划等部门承担的供水行政管理职能；

3）原国土部门承担的地下水行政管理职能；

4）原城建、市政工程等部门承担的市政排水与污水处理设施等的建设和管理职能；

5）原建设部门承担的城市计划用水、节约用水行政管理职能；

6）按照环境资源一体化管理的原则，应该协调综合环境保护部门的水环境功能区划与水利部门的水功能区划，形成统一的水功能区划，以实现水量和水质的统一管理。

8.1.4.3　城乡水务管理体制的实施步骤

（1）在实行水务管理后，及时做好职能转变工作

从原来负责水利工程和农业水利转变到负责城市与农村、地表水与地下水、水量与水质、供水和排水、用水与节水、治污和回用的城乡水资源统一管理体制上来，打破"条块分割"、政出多门的局面，以使水资源得到合理开发利用与保护。

（2）调整机构，加强队伍建设

从其他部门调整到水利（水务）部门的管理工作需要有关部门去承担，这就要对原来的机构进行调整，按照行政管理体制改革的要求，遵循分级管理、分级负责的原则，各市、县也相应建立起与水务职能相适应的涉水统一管理体制，逐步形成省、市、区县三级水利（水务）管理体制，建立城乡一体、条块结合、"一条龙"的城乡水务管理新体制，使转变职能后的各项涉水工作得以落实与完成。

（3）建立、健全法规体系

要从依法行政的高度，清理已有地方性水利（水务）管理法规，使之与城乡水资源统一管理体制相一致；缺失或过时的规章需加快补充和完善，使城乡水资源统一管理工作法制化、民主化、市场化。

（4）制定规划

对辖区范围内的水资源与水环境状况、供水水源、水利（水务）工程概况、水厂、供水管网、排水系统以及污水处理设施进行普查，对供水、排水、污水处理等相关水利（水务）企业和主要用水户进行深入调查，对存在的问题进行认真梳理，着重解决涉水管理中的不协调问题。要根据城乡水资源统一管理的要求，开展水利（水务）现代化规划，对城乡防洪、防风暴潮、供水水源、水资源保护、给水工程、排水及污水处理工程和管网的建设改造进行全面规划，以指导水利（水务）现代化工作。

（5）依法管水，狠抓落实

逐步建立三个补偿机制：谁耗费水量谁补偿、谁污染水质谁补偿、谁破坏生态环境谁补偿；同时利用补偿建立三个恢复机制：保证水量的供需平衡、保证水质达到需求标准、保证水环境与生态达到要求；形成水利（水务）工程投建管营分离的体制，培育水利（水务）集团；做到法规配套，有法可依；机构合理，有法必依；制度健全，执法必严；具有权威，违法必究；责任到人，究办必力。

8.1.4.4　市场经济体制下城乡水务管理体制建设

在新的水利（水务）管理体制下，各级水行政主管部门按照国家和地方政策法规，建立按区域管理水资源的"城乡水资源统一管理"模式，即由专职的水资源管理职能

部门依法使用行政手段，通过按市场法则组建的水利（水务）工程管理单位，对城乡水资源管理、开发、经营和水利（水务）工程供水等实施产、供、销一体化管理。

（1）坚持"三个分开"

一是"政企分开"，政府管理既不能缺位，也不要越位，既保证政府管理到位，又保证企业自主经营和发展。政府通过制定政策宏观管理社会和企业，具体管理应由事业单位进行；二是"厂源分开"，要强调"水权国家所有"，逐步建立原水公司，将原水厂同供水厂分开，做到产权清晰，权责明确，科学规划、保护和调配好水资源，确保水资源可持续利用；三是"厂网分开"，将供水、污水处理厂同管网分开，逐步形成水源–水厂–管网三层架构的管理主体，并加强各自的资产管理、成本管理和利润分配，实现企业运营，便于规划和投资，责任分明。

（2）建立"三个板块"

一是"水源板块"，从水库、泵站、管到厂前的资源组成原水公司，专项管理，投资建设，但必须要政府控股，加强规划和指导；二是"水厂板块"，将供水厂、污水厂推向市场，要把它们做大、做强，形成规模经营；三是"网络板块"，管网建设主要靠政府投资，通过建立管网公司，多方融资，把管网逐步推向企业化经营轨道，由于它牵扯到城市规划和社会发展，所以要由政府控股。

（3）建立新的投融资体制，以拓宽建设资金来源

为适应投融资体制改革的需要，各市水务部门应及早组建水务资产经营公司。随着经济社会的发展，世界各大水利（水务）集团普遍看好我国水务市场的良好机遇，面向国内外，在投资建设污水处理厂、污水设施和盘活供排水资产存量等方面可转让部分股权，面向社会招商，组建中外合资企业等，实现产权主体多元化（BOT、TOT等模式），积极融资，以建立、培育、发展竞争有序、健康活力的水利（水务）市场。

（4）积极推进建设管理体制改革，努力提高投资建设效益

以探索实施政府投资项目代建制为突破口，在水利（水务）基础设施建设中推行招投标制、监理制和项目法人制，既能控制投资规模，又能提高投资效益。在实施代建制招标中，努力节省投资，这样既进一步提高了投资效益，又从源头上堵住了腐败的漏洞。

（5）实行政企分开，规范政府行为

政府重点抓规划、监督、协调、服务，主要任务是制定供排水行业发展规划、监测供排水水质和水价。借助英国水务管理成功经验，打破管网和供排水一体化的垄断性经营，实行供排水厂网分开的体制，可按行政区分别成立市、区（县）水务集团（公司），各企业集团（公司）根据统一的规划，依法规筹资、建设、经营、管理，自主经营、自我发展、自我约束、自负盈亏，完善法人治理制度，建立董事会、监事会、

职代会等制度，逐步建立水务现代化企业制度。

（6）积极推进事业单位改革，探索科学的运行机制

水利（水务）事业单位改革是水利（水务）改革的重要组成部分，水利（水务）政、事、企协调运作是水利（水务）运行的重要机制。针对不同类型的事业单位，各市应积极开展相应的改革探索。一是对全额拨款的、完全承担政府职能的事业单位；二是对自收自支的，目前可以转变成公司的事业单位；三是对水库等原水利工程管理单位，实行自收自支，可以开展公司制改革的探索。

8.2 科学合理的水权、水市场和水价体制

8.2.1 水权水市场现状评价

表8.1是国内外的水权制度、水权转让与水市场、水权交易价格等方面内容。从表8.1可以看出，国外基本上都有水权转让，并形成了水市场，而我国因初始水权没有确定而基本没有形成水市场，仅局部开始尝试水资源工程转让，这不是真正意义上的水市场。

表 8.1　国内外水市场状况

水权状况	美国	俄罗斯	法国	澳大利亚	中国
水权制度	占用优先原则、公共托管原则	水权联邦、州、区有	水权国有	水权州有	水权国有
水权转让水市场	节省的水资源转让；水权租赁、水市场和水银行	只可转让使用权	不可以交易，只可转让使用权	水权可以交易	取水许可制度不允许转让，已经个别出现拟似水市场，如东阳义乌的水库交易
水权价格	每英亩英尺水权从几百到几千美元不等				受需水、供水、水资源总量三个因素的影响，需要不断地调整和变动
水权转让作用	节水技术的采用以及用水效率的提高	节水技术的采用以及用水效率的提高	节水技术的采用以及用水效率的提高	节水技术的采用以及用水效率的提高	
水权转让问题的解决	先协商和谈判，后政治决策	联邦、州、区政府	流域委员会与用水户协商，流域内的水务局执行	联邦政府协调，各州达成用水协议	民主协商与政府决策

广东省长期依据 1995 年 7 月 31 日广东省政府颁发的粤府〔1995〕67 号文"广东省取水许可制度与水资源费征收管理办法"对取水进行管理。以取水许可制度为内核的水权制度，在广东实施了十一年。尽管这一制度在推动社会高效开发利用水资源过程中已经发挥了很大的作用，然而，由于该制度是广东省水权制度从无到有的一个起始版本，在许多方面仍存在不成熟之处。目前，开始执行 2006 年国务院以 460 号令的形式颁发的《取水许可和水资源费征收管理条例》。根据广东省当前的水政策目标取向，现行取水许可制度主要存在如下两个问题：一是推动取水单位开展节水工作的机制不健全；二是初始水权尚未确定，水权缺乏再配置机制。由此可见，广东省及各市尚没有建立完整的水权管理制度。

8.2.2　加强水权管理，促进水市场的形成

由中央授权各级水行政主管部门进行水权管理，由省、市、县（区）水行政主管部门具体实施水权管理，包括根据国家有关法规制定本地水权管理的实施细则。

8.2.2.1　入境水量的水权管理

广东省及各市境内的河流众多，以珠江流域的河系最大，还有韩江流域、粤东沿海及粤西沿海诸小河系的独流入海水系。广东省集水面积在 100 km^2 以上的各级干支流共 543 条，其中独流入海的河流 53 条。广东省各市位于珠江、韩江等省际河流的下游，多年平均入境水量 2361 亿 m^3，而其他河流均为省内河流。因此，入境水量的水权问题既涉及到省外，也涉及省内各市之间水的使用权、分配权和转让权，广东省及各市政府要根据自然水资源状况及工农业发展需水情况合理分配市际入境水量，指导市际入境水量的转让。需要制定入境水量的水权管理办法。

8.2.2.2　上游废污水排放的水权管理

对于上游废污水排放，珠江水利委员会或广东省水利厅及各市水利（水务）局主要从两个方面进行管理：一是按国家关于废污水排放标准严格控制上游废污水的排放量；二是按《广东省跨行政区域河流交接断面水质保护管理条例》执行。应尽快制定上游废污水排放的水权管理办法。

8.2.2.3　跨流域调水的水权管理

随着经济社会的不断发展，城市化进程的加快，农业灌溉水权的转让，跨流域、跨地区的水权转让可能成为今后一个时期内水权转让的焦点。因此，省内的流域机构要尽快完成初始水权分配，并开展水权转让管理的前期准备工作，按管理权限进行流域水资源规划论证，弄清水资源的有效供给量，对水权转让的价格进行评估，分析转让后对周边地区、其他用水户及社会、经济、环境可能造成的影响。要确定水权转让的范围、形式、原则和程序。对存在跨流域调水的水资源分区，要制定跨流域调水的水权管理办法。

8.2.2.4 水权交易管理

1）水资源分配的科学性是水权转让的基础；

2）水资源所有权和使用权分离是水资源转让的前提；

3）水资源使用权的行使主体是省、市人民政府。水的使用权转让必须在水的所有权支配下才能进行，所以水的使用权离不开水的所有权。

由于水资源供给条件和社会用水需求随时间不断变化，取水许可需要随时间适当进行调整。规定取水许可证不得转让、出租、转借，不利于取水许可的适时调整。尤其随着水资源开发利用程度的提高，水资源的经济物品的属性表现突出，市场手段在重新配置水资源过程中的有效性越来越好，规定取水许可证不得转让、出租、转借，完全排斥了应用市场手段重新配置水资源的可能。

原取水权人通过开展节水工作或调整产品生产结构等措施，形成剩余取水权后，或者由于生产规模扩大等原因对水资源有超过初始水权的需求，他就有另行分配取水权的需求。只有允许取水权的交易，才能通过转让补偿的方式，鼓励将取水权释放转让给新的水权人，支持水权交易促进水资源的更有效利用。建议取消取水许可证不得转让、出租和转借的规定，制定取水许可转让、出租和转借的管理规定，这也是水资源合理配置的水权制度安排的另一重要改革内容。但政府需制定水权交易规则，并加强水权交易的管理。

8.2.3 制定科学合理的水价体系

8.2.3.1 不同类型城市合理水价预测

广东省水价改革采用分步走的办法逐步实施，总体可分两步走。

第一步：实施阶梯水价

先对居民生活用水实施阶梯水价，但在计价时，暂不计算资源成本，逐年增加资源成本的含量，水价则采取每两年调整一次的做法，以避免水价调整过于频繁，至2020年止资源成本全部计入，即达到全成本水价标准。

第二步：实施两部制水价

对工业用水实施两部制水价，为了促进广东省工商业的发展，暂不计算资源成本，逐年增加资源成本的含量，水价则采取每两年调整一次的做法，以避免水价调整过于频繁，截至2020年资源成本全部计入，即达到全成本水价标准。

在城市管网逐步统一或基本统一后，经过资产重组，成立水务集团后，逐步实施同城同水价。

8.2.3.2 全成本水价测算结果

广东省各地市和各大片区全成本水价：水资源价、供水成本、水环境成本、利润与税，分别见表8.2。

表 8.2　广东省不同地区全成本水价计算　　　　单位：元/m³

水价类型	珠江三角洲	粤西	粤东	粤北
全成本水价	2.82 ~ 4.20	2.62 ~ 2.96	2.10 ~ 2.82	2.55 ~ 2.70
容量水价	0.56 ~ 0.84	0.52 ~ 0.59	0.42 ~ 0.56	0.51 ~ 0.54
水量水价	2.26 ~ 3.36	2.10 ~ 2.37	1.68 ~ 2.26	2.04 ~ 2.16

表中经济发达地区（广州市、深圳等珠江三角洲地区）以可支配收入的 1.5% 作为用水户支付意愿；经济欠发达地区（汕头市、潮州市）以可支配收入的 1.2% 作为用水户支付意愿；经济不发达地区（韶关、清远、河源等）居民收入较低，以可支配收入的 1.0% 作为用水户支付意愿；部分地区（湛江市等）居民收入虽然较低，但其边际成本较高，以可支配收入的 1.2% 作为用水户支付意愿。

8.2.3.3　广东省居民用水阶梯水价

阶梯水价的确定原则如下：

1）定额以内的水价，按全成本水价确定；

2）超定额以外的水价，按全成本水价的 1.5 倍确定；

3）水价的调整采用分区分步走的办法逐步实施，在珠江三角洲等经济较发达的城市，争取在 2015 年底前对居民生活用水实施阶梯水价（目前深圳、珠海、广州等市已经开始实施），但在计价时，暂不计算资源成本，逐年增加资源成本的含量，水价则采取逐步调整的做法，资源成本和环境成本在 2020 年前调整到位。其他城市也逐步开始对居民生活用水实施阶梯水价，至 2020 年止资源成本全部计入，即达到全成本水价标准。

4）水资源费

考虑水资源费的特殊性以及水价调整的阶段性，建议水资源费在水价调整到位前，仍按现行标准单独收取。待水价完全调整到位后，在资源水价中以 0.025 元/m³ 列支，不再单独收取。

5）物价对水价的影响

考虑物价上涨等因素的影响，上述水价应作适当调整。建议在每次调价前，根据以往物价上涨指数对上述水价进行调整。2020 年和 2030 年水价调整，一方面考虑到广东省经济增长率达 7%，居民收入将增加；另外一方面考虑过去各地区水价调整增长率多在 5% 以上，同时考虑香港目前水价最高 9 元/m³，北京水价近期将达 4.7 元/m³ 等，广东省各地区 2020 年和 2030 年水价调整在 2010 年的基础上按年增长率 5% 计算。

基于上述原则，居民用水阶梯水价方案如表 8.3。

表 8.3　广东省不同地区居民生活用水阶梯水价方案　　　　单位：元/m³

不同地区阶梯水价		2020	2030
珠江三角洲	定额内水价	4.59 ~ 6.84	7.48 ~ 11.14
	定额外水价	6.89 ~ 8.26	11.22 ~ 16.71

不同地区阶梯水价		2020	2030
粤西	定额内水价	4.27~4.82	6.96~7.85
	定额外水价	6.41~7.23	8.44~11.78
粤东	定额内水价	3.42~4.59	5.57~7.48
	定额外水价	5.13~6.89	8.36~11.22
粤北	定额内水价	4.15~4.40	6.78~6.17
	定额外水价	6.23~6.60	8.17~8.76

8.2.3.4　两部制水价

两部制水价包括容量水价和水量水价，容量水价根据工程投资确定，水量水价根据工程运行费确定。

（1）容量水价

容量水价是固定资产折旧费与年实际售水量之比，再加上利润和税金即可，广东省各大片区供水的容量水价如表8.4。容量水价可一步到位。

表8.4　广东省不同地区工业用水水量水价方案　　　　　单位：元/m³

各区工业用水水量水价		2020	2030
珠江三角洲	定额内水价	3.67~5.48	3.85~5.75
	定额外水价	5.51~8.22	5.79~8.63
粤西	定额内水价	3.42~3.85	3.59~4.04
	定额外水价	5.13~5.78	5.39~6.07
粤东	定额内水价	2.74~3.67	2.88~3.85
	定额外水价	4.10~5.51	4.31~5.79
粤北	定额内水价	3.32~3.53	3.49~3.71
	定额外水价	4.98~5.29	5.23~5.55

（2）水量水价

全成本水价中的其他部分可归入水量水价。水量水价可分步调整，每隔两年调整一次，资源成本和环境成本在2020年前调整到位。

8.2.4　广东省水市场的建立及其运作模式

水权配置体制由行政配置转为市场配置是一项非常复杂的体制改革过程，水市场的建设应该以渐进方式推进。为了实现水权的市场配置，需要在水权行政配置框架下开展相关制度改革的准备。目前广东省应取消取水许可证不得转让、出租和转借的规定，构建水权交易配置的水市场，可在现行水权行政配置框架（即现行取水许可制度）下，从如下几方面开展水市场相关制度与环境的准备。

8.2.4.1 健全初始水权的分配程序

严格地讲，水市场是水权再配置的一种机制，是对初始水权行政配置机制的一种补充机制。只有在初始水权配置过程较为规范和公平，形成明晰初始水权的前提下，水市场才能发挥其水权再配置的功能。未来的水市场的形成，依赖于目前取水许可制度对初始水权的配置。为推进水权转让、出租和转借制度的建立，必须在做好水资源评价和开发利用规划的同时，积极贯彻水资源论证制度和取水许可审查制度，建立水量计量监控体系，以形成健全的初始水权分配程序。

根据初始水权组成要素，初始水权在保证流域河道内生态用水的先决条件下，拟进行两次分配。首先按行政区分配初始水权，可称第一次初始水权分配；然后在行政区内，按水功能进行第二次初始水权分配。目前研究的重点是第一次初始水权分配，而且是河道外用水权的分配。初始水权的权重分配原则应体现水资源流域合理配置，先生活再生产、娱乐，先传统（原取用水比例）再立新（重新分配取用水的比例）。建立新取水区与扩充用水比例时，应进行水权转让或采取必要的补偿机制。国家对流域、河段、水域的可开发利用水量进行宏观控制，可先采用国际上公认的河道外用水量控制在地表水资源量40%之内和调水量控制在河段断面水资源总量20%之内的原则，再根据开发利用水资源实际情况，在实践中适时修正、调控可利用水量。按照上述原则，通过流域规划，详细分析计算水资源总量及其可利用水量，进行初始水权的权重分配。

水权的初始分配是水市场发展的重要问题。只要水权是可以交易的而且交易成本不高，水就会流向价值最高的用途。因此，从效率角度看，水权的初始分配结果是可以变动的。但是，水权分配还必须考虑社会效益，适当照顾弱势群体；同时水权的初始分配必须保持公平。为了保证社会公平，水权的初始分配必须考虑人类生存的基本需要以及原使用者的权利，必须建立在对社会基本需求，特别是贫困人群需求，以及过去用水和将来发展需要综合考虑的基础上。在水权分配时，要保证人人都能获得赖以维持生命的水权；其次，要分配给原用水者一定比例的水权；剩余水的水权应该采用拍卖的形式出售给价格最高的竞标者。

水权的初始分配还要考虑水环境和生态保护问题，决不能把水权全部分配出去，以避免对河流中的鱼类和水生态系统造成毁灭性灾害，即在水权分配时，必须保留一部分水权，用于河流生态环境用水。

水市场的发育和完善需要政府的政策扶持和法律保护。水权的建立、保护和分配也需要政府完成，水市场的监管和利益协调都需要政府的参与。由于水资源的经济特征，完全自由竞争的水市场是不可能存在的。

8.2.4.2 流域水市场构架

流域是水资源核算的完整自然单元，是水权交易实施的最佳空间域。流域管理体制是水权交易的最适宜的制度环境，目前广东的水资源管理流域管理体制尚不成体系，建立完善的水资源流域管理体制是水市场建设的重要前期准备工作。主要应该做两件事情：一是制定水资源流域管理制度；二是建立水资源流域机构。

根据水资源的分布，水市场可以分两类三个递级层次来构架：第一类为流域内的水市场；第二类为跨流域的水市场。流域内的水市场又可分为以下三个递级层次：

1）流域内第一个层次的水市场称为一级市场，它是流域内的一级用水户间的水权交易市场，实现本流域内的水资源的优化配置。

2）流域内第二个层次的水市场称为二级市场，它是流域内的一级用水户与其地域或水系范围内的水厂、农业灌溉公司间以及各水厂、农业灌溉公司间的商品水买卖市场，实现本地区或水系范围内的水资源的优化配置。在保证人的基本生活用水、粮食安全生产用水的前提下，其他经济社会多样化用水实行自由竞争、市场调节。

3）流域内第三个层次的水市场称为三级市场，它是地域或水系范围内的水厂与城市居民、工业用水单位间，以及农业灌溉公司与农民用水者间的商品水买卖市场，实现一个城市或一个灌区范围内的水资源的优化配置。

对于第二类跨流域的水市场，由水供给的提供地区（一级用水户）和各跨流域的需水地（一级用水户），以及国家共同出资组成调水股份有限公司，负责调水工程的建设与运营。

通常政府可将水资源的经营权转让给若干个水经营户，水经营户按市场规则运作，对水资源进行开发利用。水经营户取得的水经营权可以相互转让。水市场架构示意图见图8.1。

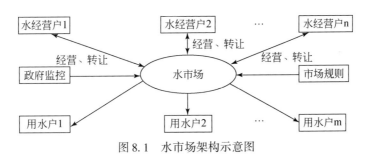

图8.1　水市场架构示意图

8.2.5　形成科学的水市场激励体系

（1）以市场经济条件下水价调整为基础

在市场经济条件下水价调整的思路和基本方案见表8.2、表8.3和表8.4，以促进科学的水市场的形成。

（2）水权水市场管理体制形成的促进作用

水权是基础，属国家所有，是宏观调控的主体（包括自然水资源和开发利用的水资源及其水量的分配与取水许可证);水市场是机制(包括运用经济杠杆和政策调节水的供需关系,促进水资源的合理配置和高效利用)。运用市场机制及规律,制定合理的水权水市场管理体制,建立和健全水法规及政策,为科学的水市场的形成提供良好的环境。

(3) 流域水资源水市场统一管理的行政监督

"三河"的分水与调水的成功实践表明:要建立水市场,水资源的统一管理体制是关键。目前广东省部分地区存在着工程型、水质型缺水现象,但体制型缺水尚未引起人们的高度重视和关注。因此,广东省及各地区建立、完善水市场的过程中,要加强团结治水,建立水资源的统一管理和统一调度的体制。按两类三个递级层次来构架流域水市场,统一管理水资源。

(4) 水资源实时监测系统建立的科技手段作用

已经进入信息时代的全球科技正在突飞猛进地发展着,科技进步势必对水资源的科学管理有积极的促进作用。新时期水利或水务管理部门的一项重要工作就是要促使水资源统一管理的数字化、网络化与信息化,采用遥感与 GIS 技术,建立全市水资源信息自动采集系统,建立相应的数据库和信息系统。

8.3　完善健全的水政策法规和执法体系

8.3.1　水政策法规体系现状评价

8.3.1.1　国际现代水法体系

从内容看,现代水法体系的组成如下:第一,综合性的水法,一般冠之为"水法"、"水资源法"、"水资源管理法"等名称,如英国的《水资源法》、美国的《水资源规划法》、《法国水法》等都是综合性较强的法律,大都包括水利、水资源保护、水权、水灾害等内容。第二,水资源利用法,如供水法、工业用水法、农业用水法、城市用水法、开采地下水法等,如美国的《供水法》。第三,水资源保护法,如水土保持法、风景河流法、水生生物保护法等,如美国的《水土保持和利用法》等。第四,水污染防治法,如美国的《水污染防治法》、英国的《河流防污法》和《河流洁净法》等。第五,水能法,如水电站法等。第六,水利法或水利工程法、水库法、水利设施法等,如美国的《科罗拉多河蓄水工程法》、《联邦水利工程游览法》等。第七,水运法,如航道法、航运法、船舶航行法、河道法等。第八,水害防治法。第九,特殊水体法(即有关河流或某个特定河流、湖泊或某个特定湖泊、流域或某个特定流域的法律,地下水法、饮用水源法),如英国的《河流法》等。第十,其他与水资源开发、利用、保护有关的法律,包括在工业法、农业法、矿产法、城市法、乡村法等法律中包含的有关水资源利用和保护的内容,如美国的《国家工业恢复法》就包含许多有关水资源利用和保护的内容。

　　西方发达国家很早就开始运用法律来管理水资源以及水务，水法体系较为完善。法国和英国都有全国性水法，十分注重以法制手段来规范各种水事行为。美国虽然没有全国性统一的水法，但其法制建设比较完善，有一套与市场经济体制相适应的水权制度或水管理制度，法律对于水资源开发利用和管理的每一个环节都有较为详尽的规定，其水资源管理以各州自行立法与州际协议为基本管理规则，州际水资源开发利用的矛盾由联邦政府有关机构（如垦务局、陆军工程师兵团、流域管理机构）进行协调，如协调不成则诉诸法律，通过司法程序予以解决。可见，完善的水法体系是发达国家水务管理的重要保证。

8.3.1.2　我国水利法规政策建设的进程与方向

　　《中华人民共和国水法》（2002 年）为我国水法体系的龙头法。除此之外，近年来，我国制定的与水有关的法律法规主要由包括《中华人民共和国水污染防治法》、《中华人民共和国防洪法》等在内的 90 余部法规政策（见表 8.5），这些立法活动标志着我国水法规体系的初步建立。

　　（1）《水法》的颁布标志我国走上了依法治水的新时期

　　1988 年 7 月 1 日我国颁布了《中华人民共和国水法》，这标志着我国开始进入依法治水的新时期。《水法》是依法治水的总章程，为我国水利事业的改革和发展提供了重要的法律保证。由于历史条件的限制和认识上的局限性，《水法》在一些方面尚有不完善之处，2002 年 8 月 29 日第九届全国人民代表大会常务委员会第二十九次会议修订通过后的《水法》以合理开发、利用、节约和保护水资源，防治水害，实现水资源的可持续利用为目的，适应我国社会主义市场经济体制下国民经济和社会发展的需要。

　　（2）防洪工作法治化

　　我国幅员辽阔，江河纵横、洪涝灾害频繁，党和政府十分重视防治洪涝灾害的工作。国家及水利行政主管部门先后颁布了《防汛条例》、《河道管理条例》、《黄河、长江、淮河、永定河防御特大洪水方案》、《蓄滞洪区安全与建设指导纲要》等。1998 年 1 月起正式实行的《中华人民共和国防洪法》更标志着我国防洪工作在法制轨道上迈上了一个新的台阶。该法对江河治理与河道防护、防洪区与防洪工程设施的管理、防汛抗洪与灾后救助、保障措施、法律责任等重大问题，都作了明确的法律规定。

　　（3）强化依法管理水资源

　　《水法》明确规定水资源属国家所有。强化水资源管理是水法制建设的重要内容。我国制定的《取水许可制度实施办法》、《城市节约用水管理规定》等法规就是强化对水资源进行统一管理、依法管理的有力措施，对缓解我国水资源紧缺、水资源的可持续利用将产生积极影响。

（4）重视水土保持和水资源保护

水资源是国民经济和社会发展不可缺少的重要自然资源。水资源保护历来是水利工作的重要环节，有关法律法规对水资源保护均作了一些规定。为了强化这方面工作，国家还专门以法律的形式颁布了《中华人民共和国水土保持法》、《中华人民共和国水污染防治法》等，为开展水土保持和水资源保护工作提供了法律保障。

（5）强化水工程建设和水工程管理

建设水利工程是实现除害兴利的重要手段。对水工程建设实施依法管理，是水利现代化建设的客观要求。我国已颁布的《水利工程建设程序管理暂行规定》、《水利工程项目报建管理办法》、《大中型水利水电工程建设征地补偿和移民安置条例》等法规，规范了工程建设程序，严格了工程建设管理，解决了工程建设与群众利益的矛盾，明确工程建设必须实行项目法人制、项目建设招投标制及建设监理制，使工程建设有法可依。《水法》、《河道管理条例》以及《水库大坝安全管理条例》等法律法规，针对强化水工程管理，制定了一系列专门条款，强化了依法治水、依法管理水，使工程管理工作开始走上法治化道路。

（6）优先发展的《水利产业政策》

《水利产业政策》是国家宏观指导水利产业经济运行的基本准则。它涉及项目分类、资金筹集、价格、收费和管理、节水、水资源保护和水利技术等方面的一系列重大问题。适用于我国江河湖泊综合治理、防洪除涝、灌溉、供水、水资源保护、水力发电、水土保持、开发水利和防治水害等多方面的立体活动。《水利产业政策》的颁布实施标志着我国水利走上了产业化管理的轨道。《水利建设基金筹集和管理办法》、《水利工程水费核实、计收和管理办法》、《水利工程管理单位财务管理办法》、《水利国有资产监督管理暂行办法》等法规规章长期地为加大水利建设投入，加快水利产业化进程，推进水利产业化法制化建设提供了法律保障。

表8.5 我国与水有关的主要法律规章

序号	法　规
1	中华人民共和国水法（2002）
2	中华人民共和国防洪法（1997）
3	中华人民共和国水污染防治法（1984年颁布，2008年修订）
4	中华人民共和国水污染防治法实施细则（2000）
5	中华人民共和国水土保持法（1991）
6	中华人民共和国水土保持法实施条例（1993）
7	国务院令第86号：《中华人民共和国防汛条例》（1991年颁布，2005年修订）
8	国务院令第552号：《中华人民共和国抗旱条例》（2009）
9	国务院令第496号：《中华人民共和国水文条例》（2007）

续表

序号	法 规
10	国务院令第 471 号：《大中型水利水电工程建设征地补偿和移民安置条例》（2006）
11	国务院令第 460 号：《取水许可和水资源费征收管理条例》（2006）
12	中华人民共和国水利部令第 10 号珠江河口管理办法（1999）
13	中华人民共和国水利令第 34 号：《取水许可管理办法》（2008）
14	中华人民共和国水利部令第 32 号：《水量分配暂行办法》（2008）
15	中华人民共和国水利部令第 30 号：《水利工程建设项目验收管理规定》（2007）
16	中华人民共和国水利部令第 29 号：《水利工程建设监理单位资质管理办法》（2007）
17	中华人民共和国水利部令第 28 号：《水利工程建设监理规定》（2007）
18	中华人民共和国水利部令第 27 号：《水行政许可听证规定》（2006）
19	中华人民共和国河道管理条例（1988）
20	中华人民共和国城市供水条例（1994）
21	中央直属水库移民遗留问题处理规划实施管理办法（2003）
22	中央财政预算内专项资金水利项目管理暂行办法（1998）
23	印发《关于加强工业节水工作的意见》的通知（2000）
24	饮用水水源保护区污染防治管理规定（1989）
25	引进国际先进水利科学技术计划项目管理办法（2009）
26	蓄滞洪区运用补偿暂行办法（2000）
27	铁路建设项目水土保持工作规定（1998）
28	特大防汛抗旱补助费使用管理办法（1999）
29	特大防汛抗旱补助费分配暂行规定（2001）
30	水政监察证件管理办法（2004）
31	水政监察工作章程（2000 年发布，2004 年修订）
32	水行政许可实施办法（2005）
33	水行政处罚实施办法（1997）
34	水文水资源调查评价资质和建设项目水资源论证资质管理办法（试行）（2003）
35	水土保持生态环境监测网络管理办法（2000）
36	水利行业利用外资项目前期工作管理办法（1996）
37	水利系统无线电技术管理规范（2004）
38	水利水电建设工程蓄水安全鉴定暂行办法（1999）
39	水利事业费管理办法（2000）
40	水利前期工作项目计划管理办法（1994）
41	水利前期工作投资计划管理办法（2006）
42	水利旅游项目管理办法（2006）

序号	法　规
43	水利建设基金筹集和使用管理暂行办法（1997）
44	水利建设工程施工分包管理规定（2005）
45	水利国有资产监督管理暂行办法（1996）
46	水利工程质量事故处理暂行规定（1999）
47	水利工程质量检测管理规定（2009）
48	水利工程质量监督管理规定（1997）
49	水利工程质量管理规定（1997）
50	水利工程建设项目招标投标管理规定（2002）
51	水利工程建设监理人员资格管理办法 2007
52	水利工程建设监理工程师管理办法（1999）
53	水利工程建设程序管理暂行规定（1998）
54	水利工程建设安全生产管理规定（2005）
55	水利工程供水价格管理办法（2003）
56	水利风景区管理办法（2004）
57	水利产业政策实施细则（1999）
58	水利产业政策（1997）
59	水利部重大科技项目管理暂行办法（1999）
60	水利部信息化建设管理暂行办法（2003）
61	水利部科技创新项目计划管理办法（1999）
62	水利部部属单位基础设施建设投资计划的管理暂行办法（2003）
63	水库降等与报废管理办法（试行）（2003）
64	水库大坝安全鉴定办法（2003）
65	水库大坝安全管理条例（1991）
66	水功能区管理办法（2003）
67	水工程建设规划同意书制度管理办法（试行）（2007）
68	入河排污口监督管理办法 2005
69	取水许可制度实施办法（1993）
70	取水许可申请审批程序规定（1994）
71	取水许可监督管理办法（1996）
72	开发建设项目水土保持设施验收管理办法（2005 年修订）
73	开发建设项目水土保持方案管理办法（1994）
74	开发建设项目水土保持方案编报审批管理规定（1995）
75	建设项目水资源论证管理办法（2002）
76	建设项目水资源论证报告书审查工作管理规定（试行）（2003）
77	河道管理范围内建设项目管理的有关规定（1992）

序号	法　　规
78	河道采砂收费管理办法（1990）
79	海砂开采使用海域论证管理暂行办法（1999）
80	国家蓄滞洪区运用财政补偿资金管理规定（2001）
81	电力建设项目水土保持工作暂行规定（1998）
82	城市排水许可管理办法（2006）
83	城市排水监测工作管理规定（1992）
84	城市排水当前产业政策实施办法（1991）
85	城市供水水质管理规定（2006）
86	城市供水水质管理规定（1999）
87	城市供水价格管理办法（2004 修订）
88	关于加强公益性水利工程建设管理的若干意见（2002）
89	关于城市规划区地下水取水许可管理有关问题的通知（1998）
90	关于征收水资源费有关问题的通知（1995）
91	关于启用和发放中华人民共和国取水许可证有关问题的通知（1994）
92	关于印发改革农业用水价格有关问题的意见的通知（2001）

8.3.2　水政策法规建设方案

8.3.2.1　广东省现行的水相关法规

在国家颁布的一系列水法律法规的基础上，广东省于 2003 年 8 月起，相继出台 7 项省地方性法规，11 项省政策规章、48 项规范性文件及一批相关政策法规。深圳、珠海、汕头等有立法权的地级以上城市也制定一系列地方性法规和政府规章。主要有：

- 《广东省水利工程管理条例》；
- 《广东省实施〈中华人民共和国水法〉办法》；
- 《广东省取水许可制度与水资源费征收管理办法》；
- 《广东省河道堤防管理条例》；
- 《广东省东深供水工程管理办法》；
- 《广东省东江水系水质保护条例》；
- 《广东省水利工程水费核订、计收和管理办法》；
- 《广东省水文管理办法》；
- 《广东省水库大坝安全管理实施细则》；
- 《广东省河口及滩涂管理条例》；
- 《广东省韩江流域水质保护条例》；
- 《广东省珠江三角洲水质保护条例》；

- 《广东省实施〈中华人民共和国水土保持法〉办法》;
- 《广东省水土保持补偿费征收和使用管理暂行规定》;
- 《广东省飞来峡水利工程移民安置办法》;
- 《广东省飞来峡水利枢纽管理办法》;
- 《广东省水土保持补偿费征收和使用管理暂行规定》;
- 《广东省东江水系水质保护经费使用管理办法》;
- 《广东省省属水电厂水库移民经费使用规定》;
- 《广东农村缺水地区使用排水设施暂行办法》;
- 《广东省发展小水电暂行办法》;
- 《广东省实施〈水利建设基金筹集和使用管理暂行办法〉细则》;
- 《广东省乳源瑶族自治县水资源管理条例》等。

2002 年 12 月颁布的《广东省实施〈中华人民共和国水法〉办法》是 2003~2014 年广东省水资源管理的基础法规依据之一,但《广东省实施〈中华人民共和国水法〉办法》自 2015 年 1 月 1 日施行后,2002 年 12 月 6 日颁布的《广东省水资源管理条例》同时废止,有关水资源管理的法规按照《广东省实施〈中华人民共和国水法〉办法》执行。除此之外,涉及规范现行广东省水资源管理体制的法规主要还有 2001 年颁布的《广东省河口滩涂管理条例》、1984 年颁布 1996 年 12 月最新修订的《广东省河道堤防管理条例》、2000 年 1 月颁布的《广东省水利工程管理条例》、《广东省实施〈中华人民共和国水土保持法〉办法》等。

8.3.2.2　水现行法规存在的问题

(1) 法规、政策不配套,水资源统一管理和保护的力度不够

沿海城市的风暴潮灾害是主要自然灾害之一。现有的相关防洪、防风法规、政策中应包括 "受风暴潮威胁的沿海地区的县级以上地方人民政府应当把防御风暴潮纳入本地区的防洪规划,加强海堤(海塘)、挡潮闸和沿海防护林等防御风暴潮工程体系建设,监督建筑物、构筑物的设计和施工符合防御风暴潮的需要" 等内容。这一点对沿海城市 "三防" 工作至关重要。有关水权、水市场和水价体制的法规体系尚未建立。缺乏与水资源统一管理职能相吻合的城乡水资源与供排水一体化管理的政策法规。

(2) 在废水排放方面缺乏排水管理条例

部分城市如珠海市,在没有成立水务局前,废水排放管理体制政出多门、管养不分、浪费资源。该市 "二级政府、三级管理、四级网络" 的城管体制改革,未改变市、区两层排水管理体制 "管养职能合一、政事合一" 的状态。由于市、区两层管理权、责、利不明确,在城市排水、污水集中处理设施的规划、建设、运行管理等方面主要在资金来源、配套改造计划落实、工程报建验收以及档案资料管理等环节上不协调。尤其在维护经费分配上,中间环节多,下拨渠道不畅,责权相互脱节。两层排水管理部门均包含建、管、养职能,内部利益合一,无法对养护工作效率和经费效益进行成

本核算，排水设施管养消极、保守，使原本不足的资金更显紧缺。

（3）在现行体制下，政事、事企、管养基本不分

长期以来计划经济管理模式下形成的行业垄断和特殊地位，缺乏竞争，其运行机制采取"行政命令"办事和"计划"办事的模式，一切由政府包揽，管理部门主要起上传下达的作用，运行维护是给多少钱办多少事，依赖性强。由于地位特殊，垄断经营掩盖了行业竞争，制约了城市排水管理水平、资金投入效益、生产效率的提高。

（4）在水资源管理、水环境保护的各项法规之间缺乏有机的联系

省市现有的有关环境、水利（水务）的法规条文对水资源保护和监督工作的规定不具体，不明确，缺乏可操作性，如《珠海市饮用水源水质保护条例》仅对饮用水源地制定了水质保护的政策性条文。现行的环境法规对水资源保护仅是从环境角度管理，而没有从水的资源性角度考虑；各市水利（水务）部门缺乏水资源保护的统一条例、规章，工作随意性大。水资源保护工作与防汛、水利（水务）工程不同，其重心是监督与管理，并需有系列的条例、法规作为行政依据。目前大部分城市仍缺乏水资源保护及其实施的条例、规章和细则。

8.3.2.3 水政策法规建设方案

（1）尽快修订和完善地方水政策法规

- 广东省及各市水土保持与生态建设条例；
- 广东省及各市供水条例；
- 广东省及各市水利（水务）工程与资产管理条例；
- 广东省及各市废污水治理和排放条例；
- 广东省及各市节水条例；
- 广东省及各市防洪保险政策；
- 广东省及各市水利（水务）企业化建设与管理办法；
- 广东省主要江河流域水资源分配办法；
- 广东省及各市水利（水务）现代化建设优先发展政策；
- 广东省及各市水利（水务）信息化建设政策；
- 广东省及各市水上旅游资源保护条例等；
- 并促请珠江水利委员会制定珠江法并报国家审批实施。

（2）加强水法规的宣传

广东省及各市水利（水务）工作者应向省、市居民大力宣传水利（水务）法规、政策，使居民了解、熟悉主要的水法规、政策，提高全民的水法规意识，营造和改善依法制水的软环境，从而提高水行政执法力度。水法规宣传应形成制度，通过制订宣传计划，定期持久地开展。

（3）执法队伍与执法体系的建设

1）树立法制观念，增强依法行政意识

依法行政是省市水利（水务）工作者在管理水事过程中必须具备的素质，他们行使权利必须依据国家、广东省和各市的法律、法规和政策。因此，要增强水利（水务）工作者的法律意识，使他们自觉维护法律的权威，牢固树立法律至高无上、法律面前人人平等的观念，以身作则，严于律己，廉洁奉公，依法行事。在法律规定的范围内活动，做到依法行政。

2）加强法制学习，提高水行政执法水平

加强执法队伍与执法体系的建设。省市水利（水务）部门应将原属各部门的水事执法人员统一起来，成立省市水政监察大（支）队，统一涉水政策法规的宣传、教育、管理、督察和执法。并按照水行政监察规范化建设的"八化"标准，进行统一的水法律法规培训，既要学习《宪法》、《民法》、《刑法》等一般性法律，也要学习《水法》、《防洪法》、《水土保持法》、《河道管理条例》等水事法律；既要学习《行政诉讼法》、《行政复议法》、《行政处罚法》等行政法律，也要学习《合同法》、《公司法》、《会计法》、《招标投标法》等财经法律。这些法规、条例的颁发实施，为省市水利（水务）工作者依法行政提供了强有力的武器。实现水行政执法人员统一管理，统一着装，统一执法，统一调度，统一持证上岗，解决重点工作中执法人员不足、素质不高的问题，加大对水事活动中违法行业的打击力度，从而树立水政执法人员的良好形象。

8.4　协作共享的科技与人才队伍体系

8.4.1　水利科技发展体系建设

8.4.1.1　水利科技体系的指导思想、原则与目标

珠江三角洲地区水利科技发展体系的指导思想是：认真贯彻落实党和国家关于发展水利的各项方针政策，依靠科学技术的进步与创新，采用先进技术，实现对水资源的合理开发、高效利用、优化配置、全面节约和综合治理，有效地解决洪涝灾害、水污染等问题，为水利事业的发展提供决策支持和技术支撑。

水利科技体系改革的基本原则是：要有利于科学技术的发展，有利于科研院所综合实力的增强，有利于科技人员及广大职工群众物质与文化生活水平的提高。

水利科技体系改革的目标是：优化水利科技力量和科研机构布局，调整结构，分流人员，建立与社会主义市场经济体制相适应的、以政府为主导、全社会广泛参与的新型水利科技体制，建立"开放、流动、竞争、协作"的新型运行机制。通过改革，逐步构建新型的水利科技创新体系，包括机构布局科学、学科结构合理、人员精干、具有世界先进水平的水利科学研究开发体系，队伍多元化、运行市场化、形式多样化的水利科技服务体系以及水利科技推广体系。

8.4.1.2 水利科技发展的任务

现代社会是高新技术带动经济发展的社会，高新技术的发展是社会取得快速发展的关键。对水利科技，高新技术更是充当支撑框架的角色，推动着水利事业的高速发展，例如水资源的优化调度与配置、水环境实时监控、水利信息网络传输、水利数据自动获取、洪水预报预警及灾害评估、大型工程的设计与施工技术、污水处理系统自动化监控、水利办公自动化等方面，都迫切需要采用计算机技术、网络技术、微电子技术、现代通信技术、遥感技术、地理信息系统、全球定位系统及自动化技术等高新技术，特别是水资源与水环境的监控及其自动化管理系统和防洪潮信息系统的建设，从某种意义上说，这些系统建设就是水利现代化的技术实现。

因此，建设协作共享的水利科技平台，用高新技术改造水利传统行业，是当前水利科技发展的任务，具体包括：

1）在防洪减灾方面，进行流域一体化防洪规划理论的研究，探索珠江三角洲地区洪水成因及演变规律，建立以高新技术为基础的一体化的防洪信息指挥调度系统，并开发不同尺度洪水预报模型，不断加快引进开发高新技术，提高水灾监测、预报、评估及防洪工程安全监测水平；

2）在水环境保护技术方面，逐步在河涌、口门等地建立水环境实时监控系统，实现一体化的自动化水环境管理；开展水污染分析及对策研究，开展不同类型水域的水体纳污能力的研究，以确定其水环境容量；

3）在河湖整治技术方面，充分利用高新技术，深入研究河道泥沙与区域环境演变的基础理论，研究河湖关系的演变规律；

4）在水利信息化方面，广泛采用计算机技术、网络技术、现代通讯技术，实施技术改造，加强技术集成，率先开展水资源实时监控管理系统的试点工作。通过试点摸索经验，做好示范，形成技术规范，逐步建立水资源实时动态监控管理系统，以信息化带动水利现代化；

5）加快水利科技合作平台建设，加强与科研院校和设计研究院所合作，加强各城市间的交流与合作，建立解决水利关键科技问题的科技创新平台，如国家工程中心、省部重点实验室等。

8.4.1.3 水利科技发展体系建设方案

协作共享的水利科技发展体系，包括"一个一体化，两个研究，一个投入"的建设。

（1）"一个一体化"

水利科技的发展，不仅要充分利用外部的有利条件和机遇，更要从内部寻找体制上的新动力。水利科技现代化建设，离不开跨流域跨行政区水利问题的协调与合作。克服行政分割、区域性基础设施不平衡和协调体制不够健全等带来的区域壁垒，共同推进科技创新体系的建设，有利于突破行政区划界限，在更大范围、更广领域和更高层次上优化科技资源配置，提高区域创新能力从而增强区域一体化的动态竞争力，对促进广东省的水利发展具有十分重大的战略意义。具体如下：

1）统一战略，整合资源，引导合作，提高水利科技综合实力

一体化的科技发展体系要立足于广东中长期科技发展规划纲要、"十一五"科技发展规划以及各个城市水利科技发展需求，结合广东省水环境背景，加快推进城市防洪基础设施建设对接，提高区域水利工程防灾减灾能力，加强水资源管理、开发利用、保护和水生态环境治理工作的对接，制定统一的区域科技发展战略和布局规划，以区域水资源可持续利用支撑和保障区域经济可持续发展。

2）加强交流，分步实施，资源共享，共建科研平台

加快广东省一体化水利科技发展进程，各地既要按照"错位发展、资源共享、优势互补、合作共赢"的原则，加快广东省一体化水利科技发展进程，也要结合实际创造性地工作，努力走出具有自身特点的水利科学发展之路。通过各个地市的科技联动，充分发挥先行者的带头示范作用，依托深圳市先行先试与改革创新上的经验，打破门槛，协调行动，以科学规划为手段，推进区域水利科技合作平台建设。

一是促进各城市间的技术交流与合作，共同向水利科技现代化发展。联合开展广东省水利科技发展的政策研究，营造良好的政策氛围，增强区域的集聚力量。制定联合科技攻关管理办法，实现集资投入，共同管理，形成一个交流信息、开展科技研究的整体平台。

二是积极推进与科研院校和设计研究院的科技交流。结合广东省洪涝咸潮灾害、水资源短缺、水生态、水环境状况恶化等问题，为各对口部门之间开展多领域、多层次科技合作提供便利，举办专题科技展览和会议，为联合攻关创造良好的环境和条件。

三是整合资源。水利科技资源是水利科技创新的基本保障，应以先进的信息技术手段对各类水利资源进行整合，构建信息分享平台。在推进方式上建议分三步实施：首先选择成熟的科技资源作为试点进行整合，以科技信息资源和科技成果资源的共享为突破口；其次，加强跨部门合作，整合科研院所和高校，交流共享科技成果、优势研究领域和学科方向等信息，联合共建科技教育信息网，提高基础资源的共享水平；最后，广东省水利科技资源开发要与国家水利科技条件平台建设有机结合起来，既保留广东省自身的特色，又能成为国家科技条件的一部分，为国家科技发展战略提供保障。

（2）"两个研究计划"

"两个研究计划"包括水资源开发利用基础研究计划和水资源开发利用应用与实验技术研究计划。

1）水资源开发利用基础研究计划

针对气候变化和剧烈人类活动影响导致的水文水资源水环境变化，加强极端水文水资源事件发生的机理研究，研究气候变化和人类活动的水资源响应。以河口区风暴潮、海平面上升、咸潮上溯和上游来水变化为重点。

加强广东省一体化的水源优化布局、供排水布局、洪涝风险区域联防、水污染联

合控制治理、水生态联合修复改善、水务一体化管理等方法方案研究。

分阶段设立水文水资源学、气象学、地理学、河流动力学、河口理论、环境学以及地理信息系统与遥感应用等方面的科研课题，充分利用水利科技创新平台，与有关高校和科研院所合作开展研究，为广东省水资源开发利用的现代化建设提供理论方法基础。

针对广东省本身水文气象特点，开展各类基础研究。这些基础研究包括：

- 河涌、水闸、口门水资源特点和泥沙运动规律；
- 咸潮运动规律；
- 人类活动及气候变化影响下的水文水资源特征及水文极值事件；
- 风暴潮数值模拟；
- 洪潮涝组合；
- 生态需水；
- 水资源承载力；
- 水价水市场；
- 污水处理回用；
- 清污分流的供排水布局与水资源优化配置等。

2）水资源开发利用应用与实验技术研究计划

制订分阶段的利用科技创新平台开展开发利用工程和非工程新技术、节水新技术、水土保持新技术、水资源决策支持与信息化技术、水污染控制与水资源保护新技术以及水资源工程建设的新材料新工艺等方面研究的课题计划。应用技术研究应突出结合广东省水资源开发利用的紧迫需求。

- 提高预警预报方面

开展现代防洪防风防旱减灾保障体系的理论研究。建设防洪除涝防风暴潮区域一体化的联防体系。综合工程措施及非工程措施，引进供水风险分析理论，开展流域防洪防风防旱规划理论的研究。重视洪水、风暴潮、台风等成因及预报方法的研究，探索其成因及演变规律，开发不同尺度的预报模型。制定分阶段的防洪（潮）除涝及防风暴潮新技术、开展防洪（潮）除涝系统仿真实验。

- 防咸蓄淡方面

研究在自然力与人类活动交互作用下，河口地区水循环理论模型及计算方法，研究河口地区咸潮演变规律及其调控手段、措施，研制河口地区河库联合优化调度方案。

- 河口整治防止淤积方面

在深入研究泥沙运动基本规律理论的基础上，总结各种类型河道整治工程的规划设计原则和方法。继续实施珠江河口整治工程，统筹协调珠江流域防洪工程标准，完善防洪防潮抗旱指挥系统和防御超标准洪水预案建设。

- 水利设施建设方面

要紧紧围绕水利的重大问题开展科技攻关，制定分阶段的水利现代化建设新材料、新模型实验等研究计划和方案。开发研制高强、高性能混凝土，高性能防水、密封、抗冲磨、抗气蚀、防酸雨、耐老化等新型防护材料。

加快推进水利基础设施建设，完善水利防灾减灾工程体系，优化水资源配置，强化水资源保护和水污染治理，确保防洪安全、饮水安全、粮食安全和生态安全，建立现代化水利支撑保障体系。

- 水资源利用方面

重视水的资源特性及环境特性的双重特性相结合问题，坚持水量与水质的统一，探讨其理论基础和定量分析方法。重视水资源利用的有效性问题，建立水资源开发的科学评估体系。在水土保持及生态环境建设技术方面，要开展典型地区的水土保护综合治理技术研究。制定分阶段的节水实验、污水处理与回用实验等研究计划和方案。

水环境改善和生态修复要建设一体化的清污分流的供排水格局，协调上下游、左右岸的水污染控制格局，区域共同行动的水系河涌生态修复格局。加强江河治理和水生态保护的基础设施建设，加快水文、水资源和水环境实时监控系统建设。

水资源安全保障要建设一体化的水源地布局和保护体系、一体化的水资源配置体系，加强珠江流域水资源统一管理，实施西江上游骨干水库、东江三大水库、韩江梯级电站的联合调度，保障珠江三角洲地区及港澳地区的供水安全。

- 科技基础平台建设方面

加强重点实验室、工程技术研究中心、科技试验站、科学数据和文献资料共享平台等科技基础平台建设，推进技术信息资源共享，加强技术交流与合作，引进和吸收国内外先进的技术和经验。

- 体系方面

加快技术成果的推广和转化，完善质量技术监督体系和技术标准体系。

（3）"一个投入"

"一个投入"指加大科技投入，确保科研顺利进行。为完成上述科研工作，必须与有关设计研究部门合作建立起为解决广东省水利关键科技问题进行攻关的科技创新平台，并予以足够的科研经费保障。

8.4.2　人才队伍体系建设

结合广东省研究基地和省级重点实验室建设，通过培养与引进，建设一支学历、职称与年龄结构合理的满足本省水资源发展的高素质人才队伍。

8.4.2.1　水利（水务）系统人才需求预测

为满足广东省 2015 年水利（水务）基本实现现代化和广东省 2020 年基本实现现代化对水利（水务）人才的基本要求，对广东省水利（水务）系统人才需求有如下建议。

（1）按学历要求

为满足"三防"和水利（水务）建设等部门对高层次人才需求，在规划期内，研究生以上学历人员比例超过 6%；为满足水利（水务）系统主要业务部门对人才的要求，本科以上学历人员比例超过 40%，专科以上学历人员比例超过 50%，中专（中技）以上学历人员比例超过 85%。结合各地市经济社会与城市化水平，预测至 2010 年各地水利（水务）系统需求量见表 8.6。2020、2030 水平年在该水平上还应略有提高。

（2）按技能职称要求

为满足水利（水务）建设事业对人才的需求，具有中高级以上职称人员比例应超过 40%（省及各市引进与培训人才结构见表 8.6），并且相关专业人员职称应有合适的比例。同时每年接受各类培训教育的职工超过职工总人数的 35%。

表 8.6 广东省及各地市至 2010 年引进与培训人才结构　　　　　　单位：%

地区或单位	中专以上学历的百分比	大专以上学历的百分比	本科以上学历的百分比	研究生以上学历的百分比	中高级以上职称的百分比
水利厅机关及直属单位	80	60	40	10	40
广州市	70	45	30	5	38
深圳市	80	60	40	10	40
珠海市	55	40	30	3.5	35
惠州市	50	35	25	3	32
中山市	55	40	30	3.5	35
东莞市	60	40	30	4	37
佛山市	60	45	30	3.5	36
汕头市	55	35	25	3	32
茂名市	45	30	20	2.5	28
肇庆市	50	35	20	2.5	30
潮州市	47	30	20	2.5	25
揭阳市	45	25	20	2	25
阳江市	40	30	20	2.5	25
清远市	40	30	20	2	20
云浮市	45	30	20	2	22
梅州市	45	30	20	2	22
汕尾市	45	30	20	2.5	25
河源市	40	25	15	2	20
韶关市	40	25	15	2	20

8.4.2.2 水资源人才队伍引进与培育

（1）水资源开发利用人才引进

针对上述人才学历、职称结构不太合理的现实，按照水资源相关各个部门对不同结构人才的总体需求,在现有各类专业人才和管理人才的基础上,制定水资源开发利用管理人才的分阶段引进计划。引进人才必须强调高素质和适用性。

在充分依靠现有力量的基础上,重点依托综合性大学院所,培养和引进一批高水平的人才,重点从事水利(水务)发展的全局性、方向性、战略性问题的研究以及重大科技攻关活动。要重视对科技创新带头人的培养和使用,努力为他们的成长创造良好的环境和条件,在重大项目的科研实践中促使优秀人才特别是青年人才脱颖而出。特别要抓好以下三类人才的引进、培养和使用:

- 精通政策、擅长于管理的复合型管理人才;
- 既懂经营,又了解相关技术知识的经营性人才;
- 专业技术开发人才和咨询服务人才。

要着重营造能吸引人才,留住人才,用好人才的环境氛围,建设良好的"人才生态环境",大力加强人才再生和储备能力,要改变传统、陈旧的人才管理模式,提高政府主管部门人才管理和鉴别水平,为产学研一体化发展提供人才保障。

(2)水资源人才培训

根据水资源开发、利用、治理、节约、配置、保护、管理以及与经济社会发展相适应的水资源可持续利用对人才发展的需求,结合人才引进计划,从现有各类专业人才和管理人才中选拔有发展前途的人员进行专门培训。制定分阶段分专业的水资源开发利用管理人才培训计划。

- 职工学历教育

制定选拔基础好、有发展潜力的中青年干部参加职工学历教育计划:①每年选拔若干名优秀者参加水资源管理学习,单位给予资金上的帮助,并为其培训提供方便;②可选派英语能力强的中青年干部,出国考察学习,将国外的先进经验引进回国;③与学校及科研院所联合培养人才,与水利(水务)相关专业建立交流机制。

- 职工培训

职工教育培训可从四个方面进行:一是把在工作岗位上表现出色的文化层次较高的青年职工送到高等院校继续深造,培养高层次的优秀管理和技术人才;二是根据需要开办一些短期培训班,开阔职工视野,提高职工队伍整体素质,特别是重要岗位上的人员素质;三是鼓励职工自学成才,发展函授教育,委托大专院校开办在职学历班,提高在职职工的学历层次;四是选拔优秀人才到发达国家考察、进修,学习发达国家的先进经验和技术。

9 主要成果和结论

9.1 主 要 成 果

　　华南湿润地区具有水系交错、水资源总量丰沛但时空分布不均、经济社会高速发展、城市化程度高、人口密度大等特点，水资源系统受多变异因素驱动，产生的水资源问题更加突出且更具复杂性和不确定性。本研究针对华南湿润地区用水强度高、水污染形势严峻的大背景，以水资源可持续开发、利用、节约和保护为核心，以水资源优化配置为手段，研制了一套完整的变化环境下区域水资源系统规划体系理论。

　　1）针对华南湿润地区用水强度大、水体污染严重的特点，系统研究了华南湿润地区水资源规划体系的特点与内涵，组成了包含高效利用的节水型社会体系、科学合理的水资源动态需求体系、健康优美的水生态环境体系、统一优化的水资源配置体系、健全完善的非工程保障体系五大部分的水资源规划体系，涵盖了水资源可持续开发、利用、保护和节约所有方面，是迄今为止广东省最全面深入的水领域研究成果。

　　2）按照流域与行政区域有机结合的原则，保持行政区域与流域分区的统分性、组合性与完整性，在流域水资源二级分区的基础上，本次水资源规划体系计算单元共划分水资源三级区 13 个，四级区 42 个，五级区 158 个；同时，为保证研究成果更好地应用于以后长时期的水资源开发、利用和管理，所有计算成果均统计到 152 个县级行政区域。本次研究是我国唯一将计算单元细化至五级水资源分区和县级行政区的省级水资源综合规划。

　　3）运用复杂性理论、统计学、GIS 等多交叉学科理论，研制了水文要素变异识别理论与方法，系统研究了变化环境下华南湿润地区水文要素变异特征及其驱动机理：运用 MK、Couple 函数等统计学理论，构建了网河区水文要素变异识别方法，揭示了西北江三角洲洪枯遭遇特征及其演变趋势；运用小波分析理论，研究了网河区盐水入侵与潮汐、径流的交互作用关系，量化了盐水入侵与潮汐、径流的滞时特征；基于 DEM 与 GIS 技术，提出了一种利用神经网络进行气候要素空间插值以揭示气象要素空间分布变化的新方法——BPANNSI；利用系统动力学模型与 BPANN-CA 模型的理论框架，结合分布式水文模型技术，提出了土地利用变化的水文系统效应的识别方法。

　　4）基于水资源需求系统演化过程中其驱动力与"水资源需求势能"梯度方向一致的概念，提出了水资源需求势能的表达式；运用自组织数据挖掘技术以及系统动力学理论，构建了多种河道外水资源动态需求预测模型，从全省、各地级行政区与水资源分区三个层面进行统筹平衡，系统科学地研究了广东省河道外水资源需求趋势。

　　5）基于系统动力学原理，构建了用水胁迫下的水资源需求预测模型，系统研究了气候变化、社会经济、人口增长等因素对水资源动态需水的不确定性影响，分析了用水总量控制和用水效率下经济社会需水量演化机理，提出了广东省水资源需求的增长拐点。

6）针对华南湿润地区河流湖泊众多，形态各异，水文、水动力条件也不同的特点，根据内水域的形态特征、水动力条件和污染物的稀释混合特性，分别建立了狭长型单向河流、宽阔型单向河流、感潮河段三种不同类型的水质数学模型，首次系统地分类、分单元计算了广东省河流一级、二级水功能区水环境容量与纳污能力，完整提出了近、远期污染物控制方案。

7）研制了南方湿润区变化环境下的基于多智能体建模的水资源优化配置模型。把流域水资源配置系统的多层次抽象为多个智能体（Agent）组成的多智能体（MAS）系统。将配置模型中的智能体主要简化为水源 Agent（包括水库调蓄 Agent）、需水 Agent、供水 Agent、水资源调配 Agent 等几个部分，通过建立多智能体模型，实现对多个 Agent组之间利益博弈的协调关系，完成全流域优化的水资源配置目标任务。

8）针对华南湿润地区水资源时空分布不均、经济社会发展与水土资源及其供水工程能力空间分布不协调的特点，首次提出了资源型水资源配置和工程型水资源配置的理念与方法。

9）提出了按照水系节点计算水资源可利用量的概念。按照流域水系特点，某一控制节点的来水，除上游未被用完的水资源量（河道来水量）以外，还包括上一个计算单元的回归水量。水资源可利用量必须以水资源优化配置为基础，从上至下逐节点计算水资源可利用量，而不能按照传统概念以流域整体计算水资源可利用量。

10）针对水资源管理中流域上、下游水文频率不同步，降水频率与径流频率不同步的问题，提出了运用典型年型水资源配置结果反映不同来水频率下的水资源配置情况的方法。

11）针对流域受水区范围和水资源配置对象差异，创立并提出了完全流域和不完全流域两种不同模式的水资源配置理论与方法。

9.2　主要结论

9.2.1　水资源演变趋势及其开发利用评价

9.2.1.1　广东省水资源演变趋势

（1）水资源演变情势现状

根据降雨和地表水资源的多年变化规律，将 1956~1979 年和 1980~2000 年两个系列进行对比分析，降雨量和水资源量总体上来说比较稳定，广东省平均降雨量略为减小 0.2%，地表水资源量略增加了 1.6%，但是局部地区降雨量和地表水资源量变化较明显。

（2）年降雨量的趋势变化

广东省降雨充沛，多年平均降雨量为 1771 mm，但地区变幅较大，变化范围为1200～2800 mm。大致形成三个高值区和六个低值区。

广东省主要河流不同时间段的降雨量基本稳定，不同系列年降雨量均值与长系列均值比较，略有增减，不同系列变化率基本在±3.0% 以内。只有西江流域和北江流域1990～2000 年的降雨量变化稍大些，但相对 1956～2000 年长系列年降雨量均值的变化率也未超出±4.0%，分别为-3.9% 和 3.6%。

（3）年蒸发能力的变化

广东省多年平均年水面蒸发量为 1024.2 mm，在各蒸发站中，多年平均年水面蒸发量汕头南澳站最大，达到 1247.6 mm，清远马屋站最小，仅 783.8 mm。本省多年平均水面蒸发量年内分布不均，其中 6～10 月五个月水面蒸发总量为 552.7 mm，达到全年水面蒸发量的 53.9%。

采用气象部门 20cm 口径蒸发皿长期观测的年水面蒸发量资料分析，1980～2000 年系列多年平均年水面蒸发量普遍小于 1979 年以前系列的多年平均年水面蒸发量。根据气象部门 20cm 口径蒸发皿长期观测的年水面蒸发量年际变化分析，广东省 84 个气象站点的 1980～2000 年系列多年平均年水面蒸发量有 69 站减少，平均减少 7.87%；有15 站增加，平均增加 2.89%；广东省平均减少 5.95%。本省各水资源二级区的蒸发能力都有较明显的减少，其中减小程度最大的是粤西诸河流域，减少率为 9.91%；减少程度最小的是北江流域，减少率为 3.64%。

（4）年径流量的变化

广东省平均年径流深变化范围为 400～1800 mm，属于丰水带和多水带。广东省年径流地区分布，大致以径流深等值线 1000 mm 线划分为高值区和低值区。大于1000 mm 的有三个高值区，即粤东沿海莲花山东南迎风坡、粤西沿海云开大山东南迎风坡及东、北江中下游，最高达 1600～1800 mm；雷州半岛为广东省最低区，等值线由北向南递减，变化范围为 700～400 mm。

广东省主要河流 1980～2000 年径流呈现出增加态势，但增加幅度不大，基本在5.0% 以内。只有西江和北江 1990～2000 年的增加趋势相对明显些，西江广西境内同期降雨增大的趋势比较明显。北江 1990～2000 年来流域平均年降雨量比长系列偏大3.6%，天然径流比长系列偏大 6.1%。

（5）水资源可利用量

广东省水资源可利用量相对丰富，西江、北江、东江、珠江三角洲、韩江、粤东沿海和粤西沿海多年平均水资源可利用量分别为 740 亿 m^3、144 亿 m^3、134 亿 m^3、713亿 m^3、86 亿 m^3、29 亿 m^3 和 57 亿 m^3。

9.2.1.2 水资源开发利用评价

（1）供水量演变趋势

2010 年广东省总供水量为 425.29 亿 m^3（不包括对香港供水量 7.7 亿 m^3 和对澳门供水量 0.62 亿 m^3）。广东省以地表水源供水为主，占总供水量的 94.7%，地下水源仅占 5.0%，其他水源占 0.3%。

1980～2010 年期间，广东省供水量呈逐年增加的趋势，且地表水供水量增幅较大。2000 年和 2010 年，在各水源供水中，地表水源供水量所占比例最大，占总供水量的 94.96% 和 94.7%。

（2）用水量演变趋势

2010 年，广东省用水总量中，生产、生活和生态用水量分别为 352.49、67.70、5.10 亿 m^3。从各行业用水变化情况看，1980～2010 年，广东省用水结构发生了较大的变化：工业用水比例由 4.6% 上升到 23.1%，生活用水由 7.7% 上升到 22.6%，农业用水则由 87.7% 下降到 54.3%。2000 年本省工业、农业、生活用水比例为 26.3∶58.2∶15.5；到 2010 年，广东省工业、农业、生活用水比例达到 23.1∶54.3∶22.6。

9.2.1.3 重点流域水文要素变异性识别

针对华南地区剧烈人类活动、气象要素变化导致来水过程发生异变的特点，对水文要素显著变异的两个流域——珠江三角洲、东江流域，对于海平面上升与河道挖沙等剧烈人类活动引发的咸潮上溯变异，以及由土地利用变化和降雨、蒸发、气温、湿度等气象要素变化引起的流域径流特征变异进行了识别和解析。

（1）珠江三角洲

1）高要、石角、马口、三水站的年径流序列的 Hurst 系数分别为 0.59、0.53、0.802、1.157。说明高要、石角站无变异，而马口站属于中变异类型，三水站属于强变异类型。

2）洪（枯）水遭遇结果。高要石角联合分布重现期小于单站设计重现期，且在指定重现期下，联合分布设计值大于单站设计值。条件概率分析结果分别显示：西江、北江洪量遭遇的可能性要高于洪峰遭遇的可能性、两江（西江、北江）枯水遭遇的可能性要高于洪水的可能性。

3）盐度变化存在 24.6 h 和 14.8 d 的主周期成分，还存在不明显的 12.3 h 和 30 d 次变化周期，与磨刀门水道不规则半日潮与半月潮结论一致。

4）咸潮上溯时磨刀门盐度变化受潮汐驱动影响，盐度与潮差的相关关系较为稳定，一致表现为盐度变化超前于潮差变化。总体来看，广昌站盐度变化超前于潮差变化的时间略小于平岗站。广昌站盐度超前潮差变化 3.1±0.6 d，平岗站超前潮差变化 3.9±0.6 d。对应潮差越大的年份，盐度与潮差之间的位相角越大，盐度变化提前潮差变化越多，即潮汐动力越强，对盐度变化的影响越大。

5）磨刀门水道上游径流动力对盐度变化存在明显抑制作用，一致表现为盐度变化滞后于合流量变化。总体来看，广昌站盐度变化滞后于潮差变化的时间略大于平岗站。广昌站盐度变化滞时为 3.9±0.6 d，平岗站盐度变化滞时为 3.7±0.6 d。位相角的变化与上游同期径流量的变化亦存在一定对应关系，即当上游径流量由大到小变化时，位相角也表现出由大到小变化的规律，其对盐度变化的抑制作用也会增强。

（2）东江流域

1）基于 DEM 与 GIS 技术，提出了一种利用神经网络进行气候要素空间插值的新方法——BPANNSI；并将该方法与非参数统计方法相结合，全面系统地分析了东江流域气象要素在时空场中的变化情况。结果表明，东江流域 1956～2000 年降雨量不存在明显的变化趋势，不存在突变点，存在明显的 12 年周期震荡；平均气温整体的上升趋势非常显著，1990 年前后发生了非常明显的变暖突变；流域年蒸发皿蒸发量整体的下降趋势非常显著，且在 1986 年前后发生了非常明显的下降突变。

2）揭示了东江流域近 45 年来的水文系统变化情况及其对气候与土地利用变化的响应。结果表明：博罗站年天然径流序列、降雨量序列增加趋势不明显，年蒸发皿蒸散发量下降趋势不明显，径流系数增加趋势不明显，均没有通过突变检验；但都呈现出了一定的变化，径流、降雨序列存在明显的 12 年主周期震荡；博罗站径流系数序列 1973 年发生了由少到多的变化，但没达到显著性水平。

3）利用系统动力学模型与 BPANN-CA 模型的理论框架，结合分布式水文模型技术，分别探讨了五种土地利用情景的水文系统效应。结果表明：流域五种土地利用情景下的土地利用变化都使流域径流深逐渐增加，蒸发皿蒸发量逐渐减少，土壤含水量减少；土壤含水量对土地利用变化的敏感性比径流深和蒸散发量的敏感性要大。

4）提出了东江流域径流序列变异的驱动力体系，应用灰关联分析法计算了东江流域年径流量与气象要素之间的灰关联系数，与年径流量关系密切程度从大到小顺序为年降水量、平均相对湿度、年平均最低温、年均气温、年蒸发皿蒸发量、日照时数、年平均日较差、年最高温。东江流域年径流量的演变与年降水量、年平均相对湿度、年蒸发皿蒸发量、平均日较差最为密切。

5）揭示了土地利用/土地覆被变化引起的流域下垫面条件变化是影响东江流域径流变化的主要因素，即城市建设造成的不透水面积增加、农业和其他活动造成的水土流失和植被退化等减小了流域的贮水能力，间接地减少了流域的蒸发，这是引起流域内径流增加的主要原因。人类活动使径流增加，时段 1973～1990 年、1991～2000 年、1973～2000 年的径流深增加量分别为 26.51、55.52、36.87 mm，其影响程度（指人类活动影响占 REG 的比重）分别为 2.73%、6.28%、3.92%。

6）运用 Morlet 小波分析广东省鉴江流域多年径流的周期；提出了基于流域多年径流丰枯特性三维指标因子的 k-means 聚类法，并用其分析径流丰枯特性；使用 R/S 方法检测径流变异点。研究结果表明：广东省鉴江流域多年径流周期以 10 a 为第一主周期，第 2、3 主周期分别为 30 a 和 3 a。在综合考虑径流的量与结构的情况下，广东省鉴江流域径流的枯水年份为 1956 年、1958 年、1962 年、1963 年、1964 年、1977 年、1980 年、1991 年、1999 年及 2000 年，枯水年份与丰水年份的年内丰枯比差别不大，年内枯水期径流变差系数在枯水年份最小，丰水年份最大。1995～1997 年是广东省鉴江流域多年径流的变异期。

9.2.2　变化环境下的需水过程变化

1）揭示了水文要素变异下的水资源需求势能变化。本研究引入在水资源需求系统演化过程中存在"水资源需求势能"的概念，水资源需求的驱动力与水资源需求势能梯度方向一致，基于此定义，提出了水资源需求势能的表达式；

2）提出了水资源需求驱动力的构成：由自然条件力、社会经济力和水资源管理力组成，且三者合力的大小与方向决定着水资源需求变化。

3）建立了基于自组织数据挖掘的河道外水资源量需求预测的模型。鉴于水资源需求三种驱动力的大小确定以及合力的形成机制十分复杂，本研究引入数据挖掘中的自组织数据挖掘方法来建立河道外水资源量需求预测模型，具有不需要有足够的先验信息和理论、着重从数据或实验中得到分析结果等特点，适合于目前水资源需求预测的特点。

4）按照最严格水资源管理用水总量控制和用水效率控制的要求，为分析气候变化、社会经济、人口增长等因素对水资源动态需水不确定性影响，基于系统动力学原理，研制了多要素约束胁迫的需水预测系统动力学模型，研究了用水胁迫下经济社会需水量演化机理。得出未来一段时期广东省需水量将会继续持续增加，到 2025～2030 年间，广东省水资源需求量将达到最高峰，之后需水总量将出现平稳趋势的结论。

5）在深入探讨广东省水资源需求总量变化趋势和用水效率趋势基础上，综合利用多种水资源需求预测方法，从全省、各地级行政区与水资源分区三个层面进行统筹平衡，科学预测了广东省河道外水资源需求趋势。经预测，到 2020、2030 水平年，全省多年平均总需水量分别为 520.44 亿 m^3、536.96 亿 m^3，年均递增率分别为 0.58%、0.31%。

9.2.3　水环境保护和生态修复

1）以广东省水功能区纳污能力为基础，运用污染控制理论，分别从水功能区和行政区域两个层面，提出了广东省近远期污染物总量控制方案。2020 年 COD、氨氮的控制量为 95.46 万 t、4.46 万 t，分别需要削减 97.57 万 t、9.95 万 t，COD 排放削减率为 50.6%，氨氮排放削减率为 69.0%；2030 年 COD、氨氮的控制量分别为 70.34 万 t、3.36 万 t，分别需要削减 157.21 万 t、13.46 万 t，COD 排放削减率为 69.1%，氨氮排放削减率为 80.0%。

2）坚持"优先控源、综合整治、整体保护"的理念，通过实施以源头和全过程控制为主的全区域水污染综合治理，重视结合生态环境修复的水文化和水景观建设，突出以水源区、水库库区为重点的水土保持生态治理和小流域综合治理，提出了广东省水环境保护实施方案，实现了水源地一体化保护、水污染源一体化控制和全区域人–水–环境生态的健康和谐共处。

3）以恢复城市河涌生态系统为目标，以正本清源、截污限排、污水回用为指导方针，坚持以人为本、以治水为中心，建设人、水、生态环境和谐的河涌体系，提出了珠江三角洲地区 13 条界河及跨地市河涌的生态修复方案，通过有效的综合治理和一系列整治修复措施，建立功能完整、健康有活力的河涌水系，达到泄洪顺畅、排涝安全、水质清洁、生态健康、景观优美"五位一体"的总体目标。

9.2.4 水资源优化配置

1）研制了南方湿润区变化环境下基于多智能体建模的水资源优化配置模型。把流域水资源配置系统的多层次抽象为多个智能体（Agent）组成的多智能体（MAS）系统。将配置模型中的智能体主要简化为水源 Agent（包括水库调蓄 Agent）、需水 Agent、供水 Agent、水资源调配 Agent、调配方案诊断 Agent 和调配方案校正 Agent 等几个部分。基于抽象出的水资源配置系统的水源、需水、调配、供水等多个智能体，组成一个大型的 MAS，其目标就是通过建立多智能体模型，在多个 Agent 组之间实现良好的协作关系，完成更为复杂的全流域水资源配置目标任务。基于多智能体系统的水资源配置模型求解采用人工免疫算法，即将水资源调配优化问题中待优化的问题对应为免疫应答中的抗原，可行解对应抗体，可行解质量对应免疫细胞与抗原的亲和度，如此将优化问题的寻优过程与生物免疫系统识别抗原并实现抗体进化的过程对应起来，将生物免疫应答中的进化链（抗体群→免疫选择→细胞克隆→高频变异→克隆抑制→产生新抗体→新抗体群）抽象为数学上的进化寻优过程，形成水资源配置的智能优化算法。

2）提出了广东省水资源优化配置的总体布局。广东省水资源配置的总体格局是坚持以西、北、东、韩江为核心水源，在保障西江流域行政区用水的前提下拓展西江水源供水，保护利用鉴江、漠阳江、九州江、榕江、练江、黄冈河、龙江、螺河等直流入海河流。结合水功能区划，在区划水系实行取排水清污分流的原则，系统安排设置水源地。实行强化节水措施，实施水资源的时空联调和合理调配，特别是西、北、东江水资源整合和珠江三角洲地区水源地一体化建设；发挥韩江潮州水利枢纽作用，保障供水，并促进粤东诸河水生态和环境恢复。在供水实施方面，合并分散的镇级水厂，结合地形地貌条件，在水源地采取集中和分散相结合的办法布设取水点和水厂，设置应急备用水源，按照"以需定供"与"以供定需"相结合的原则，分片联网保障供水。

3）提出了资源型水资源配置和工程型水资源配置的理念与方法。对于资源型水资源配置，以各计算分区水资源可利用量系列为配水来源，以各单元区预测的需水量为配给对象，不加水资源工程约束，进行优化配置计算，得到的结果为各计算区的资源型优化配置水量；在上述资源型水资源优化配置的基础上，加上各计算分区最大可供水能力的约束条件，这样优化计算得到的结果即为工程型水资源配置水量。将此结果与水资源需求预测进行对比，可以确定工程型供水量、供水保证率与缺水量。综合资源型水资源配置和工程型水资源配置结果，可清晰明确各计算单元的缺水类型以及解决措施。

4）提出了运用典型年型水资源配置结果反映不同来水频率下的水资源配置情况的方法。水资源配置过程中，区域降水的时空分布特征直接影响水资源需求，而主要水系来水情况直接决定水资源可利用量。近年来伴随全球气候持续变化和人类活动影响，流域上下游水文频率不同步、降水频率与径流频率不同步的现象异常明显，造成无法用统一的来水频率（50%、75%、90%或95%）汇总水资源配置结果。例如，在某三级水资源分区范围内，因降水与来水时空分布不均，某一年份其所属各四级及以下水资源分区的来水频率不相同，部分计算单元来水频率为50%，而某些计算单元来水频率为75%或90%不等，无法用统一的来水频率自下而上汇总各计算单元水资源配置结果。鉴于此，本次水资源合理配置研究，创新性地选用典型年型水资源配置结果，来反映某种来水频率下的水资源配置情况，解决了长期以来因流域上下游水文频率不同步而导致的水资源配置统计结果不合理的问题。

5）创立并提出了完全流域和不完全流域两种不同模式的水资源配置理论与方法。一类流域如东江流域来水（无外流域调水）和分水对象均基本完整地位于流域之内，或本流域内的取水量和供水范围完全确定（如东江对香港供水确定为11亿 m^3/a），属于完全流域水资源配置，其水资源配置的范围和对象明确，直接通过流域水资源配置和水资源供需分析，确定各计算单元的水资源配置结果；另一类流域存在入境水（如鉴江流域有西江调水）或者受水对象不完全在流域内（如鉴江流域的水资源配置对象——湛江市和茂名市均是部分位于流域内，流域外的部分也对鉴江流域有需水要求，但流域能承受流域外多大范围的配水量不明确），即水资源配置的范围和对象均不明确，属于不完全流域水资源配置，需要在第一次大范围水资源配置确定流域受水范围和分配对象后，以受水范围内需水为对象进行二次水资源优化配置，确定各计算单元的水资源分配方案。

9.2.5　水资源非工程保障体系

1）提出了水资源管理体系建设方案。广东省水资源管理实行行政区域管理与流域管理相结合的管理体制：流域管理注重整个流域的水循环，目标是使流域内水资源得到有效利用，注重水环境和生态环境保护，流域管理指导区域管理；区域管理目标是综合利用辖区内的水资源，发展区域经济，区域管理实行从上到下的分级管理。

2）提出了城乡水务一体化管理的模式。重点解决广东省各市目前水资源管理体制中存在的"多龙管水"，条块分割，城、乡水利（水务）管理相分离，水质管理和水量管理相分离，"政企不分"、"管养合一"、缺乏市场竞争机制，统一的政策法规不健全，造成的水资源管理混乱等问题，实现水资源统一管理的制度化、规范化、法制化、科学化、市场化、现代化。

　　3）提出了符合市场规律的水价体制改革方案。按照分步实施的原则，建议先对珠江三角洲等经济较发达地区的城市，在 2015 年底前对居民生活用水实施阶梯水价，2020 年前其他城市逐步开始对居民生活用水实施阶梯水价，至 2020 年达到全成本水价标准；对工业用水实施容量水价和水量水价的两部制水价。